普通高等教育"十一五"国家级规划教材
全国高等农林院校规划教材

# 林木遗传学基础

(第2版)

张志毅 主编

中国林业出版社

## 内容简介

本书是在第1版的基础上,根据细胞遗传、分子遗传、统计遗传以及生物技术等遗传学领域的研究进展进行了补充和完善,系统地介绍了遗传学基本概念、基本原理和分析方法;教材内容取材注重经典遗传学和现代遗传学的结合,力求反映学科的最新进展;教材表现形式图文并茂,文字精炼,便于教师讲解和学生理解。

全书共分15章。主要内容包括:绪论、遗传的细胞学基础、遗传物质的分子基础、遗传的三大基本定律、遗传的变异、细菌与病毒的遗传、基因工程和基因组学、细胞质遗传与雄性不育、数量遗传基础、遗传图谱构建与基因定位、遗传与发育、近亲繁殖与杂种优势、群体遗传。

本书适用于森林资源类、植物生产类、生物科学类等专业本科生的遗传学教学,亦可供相关专业的研究生、专科生以及科技工作者参考使用。

---

**图书在版编目(CIP)数据**

林木遗传学基础 / 张志毅主编. —2版. —北京:中国林业出版社,2012.3 (2021.5重印)
普通高等教育"十一五"国家级规划教材　全国高等农林院校规划教材
ISBN 978-7-5038-6510-7

Ⅰ. ①林⋯　Ⅱ. ①张⋯　Ⅲ. ①树木学:植物遗传学-高等学校-教材
Ⅳ. ①S718.46

中国版本图书馆 CIP 数据核字(2012)第 037176 号

---

**中国林业出版社·教材出版中心**

策划、责任编辑:肖基浒

电话:(010)83143555　　　传真:(010)83143516

| | |
|---|---|
| 出版发行 | 中国林业出版社(100009　北京市西城区德内大街刘海胡同7号) |
| | E-mail: jiaocaipublic@163.com　电话:(010)83143500 |
| | http://www.forestry.gov.cn/lycb.html. |
| 经　销 | 新华书店 |
| 印　刷 | 三河市祥达印刷包装有限公司 |
| 版　次 | 2011年6月第2版 |
| 印　次 | 2021年5月第5次印刷 |
| 开　本 | 850mm×1168mm　1/16 |
| 印　张 | 27.25 |
| 字　数 | 634千字 |
| 定　价 | 66.00元 |

未经许可,不得以任何方式复制或抄袭本书之部分或全部内容。

**版权所有　侵权必究**

## 高等农林院校森林资源类教材
## 编写指导委员会

主　任：尹伟伦
副主任：杨传平　曹福亮　陈晓阳

**林学组**
组　长：陈晓阳
副组长：薛建辉　赵雨森　洪　伟
委　员：（以姓氏笔画为序）
　　　　　亢新刚　冯志坚　孙向阳　刘桂丰　刘建军
　　　　　张志翔　张　健　邢世岩　汤庚国　李凤日
　　　　　李志辉　佘光辉　胥　辉　周志翔　项文化
　　　　　胡海清　高捍东　徐立安　郭晋平　戚继忠
　　　　　童再康　翟明普
秘　书：韩海荣

**森保组**
组　长：骆有庆
副组长：叶建仁　王志英
委　员：（以姓氏笔画为序）
　　　　　王　军　孙绪艮　朱道弘　闫　伟　迟德富
　　　　　张立钦　陈顺立　欧晓红　贺　伟　黄大庄
　　　　　曹支敏　嵇保中　韩崇选　温俊宝
秘　书：田呈明

# 《林木遗传学基础》（第2版）编写人员

**主　　编**　张志毅

**副 主 编**　张金凤　张德强

**编写人员**　（按姓氏笔画排序）
　　　　　　李　伟（北京林业大学）
　　　　　　李颖岳（北京林业大学）
　　　　　　杨敏生（河北农业大学）
　　　　　　刘桂丰（东北林业大学）
　　　　　　安新民（北京林业大学）
　　　　　　庞晓明（北京林业大学）
　　　　　　段安安（西南林业大学）
　　　　　　徐吉臣（北京林业大学）
　　　　　　续九如（北京林业大学）
　　　　　　张志毅（北京林业大学）
　　　　　　张德强（北京林业大学）
　　　　　　张金凤（北京林业大学）

# 第 2 版前言

本教材是1990年出版的全国高等林业院校试用教材《林木遗传学基础》的修订版。第一版教材由朱之悌院士主编，该教材针对林业高等院校遗传学的教学需要，具有简明扼要、深入浅出的特点，受到众多农林院校的欢迎，一再印刷，为我国林学专业人才的培养发挥了重要作用。

遗传学是林学等与生物科学相关专业的基础学科，其理论知识涵盖范围广，且与实际应用联系紧密。近20年来，遗传学发展迅猛，新的研究成果不断涌现。为了向学生及时介绍遗传学科的最新进展，使学生了解和掌握遗传学的新理论和新方法，提高林业高等院校的遗传学教学质量，满足林业行业在新的基因组学时代的人才培养需求，非常有必要对原教材进行增补和修改。

本书是以《林木遗传学基础》(第1版)为基础，根据细胞遗传、分子遗传、统计遗传以及生物技术等领域的研究进展改编的。在教材内容方面，力求反映学科的最新进展，同时尽量结合林木良种选育的实践特点和需求，系统介绍遗传学的理论和分析方法。在教材表现形式方面，为便于教师讲解和学生理解，力求图文并茂；增加了"本章提要"、"思考题"、"主要参考文献"，以及附录遗传学专业词汇英汉对照和遗传学相关网站，方便学生自学和拓展学习。

本书由张志毅教授主编，张金凤教授、张德强教授为副主编。正文共分15章，具体编写分工如下：第1章绪论由张志毅编写；第2章遗传的细胞学基础由张金凤编写；第3章遗传物质的分子基础由徐吉臣编写；第4章孟德尔遗传定律和第5章连锁遗传由张志毅、张金凤编写；第6章基因与基因突变由庞晓明编写；第7章染色体畸变由刘桂丰编写；第8章细菌与病毒的遗传由张德强编写；第9章基因工程与基因组学由安新民编写；第10章细胞质遗传与雄性不育由李颖岳编写；第11章数量遗传基础由续九如编写；第12章遗传图谱构建与基因定位由张德强编写；第13章遗传与发育由段安安编写；第14章近亲繁殖与杂种优势由李伟编写；第15章群体遗传学由杨敏生编写。全书第1、2、4、5、6、7、10、11章由张金凤统稿；第3、8、9、12、13、14、15章由张德强统稿。

感谢第一版的主编朱之悌院士以及原编写组，他们对遗传学的精辟认识和简明优美的文字表达，为我们今天的改编奠定了良好的基础。胡冬梅老师为本书绘制了部分插图，李慧研究生完成了部分章节文字录入与编排，感谢他们为本教材的出版付出的辛苦。还要感谢中国林业出版社为本教材的出版所提供的有益帮助。

遗传学领域宽广，分支众多，发展迅速，尽管我们竭尽全力，希望能承续第一版教材经久不衰的魅力，但限于编者水平，一定还会有诸多疏漏和错误之处，敬请读者批评、指正！

在本教材即将完成前夕，主编张志毅教授不幸逝世，他生前对本教材的编写倾注了大量心血，谨以本书的出版表达全体编写人员的深切怀念！

编 者
2011 年 3 月

# 第1版前言

编写一本适用于我国林业院校的遗传学教材，是当前刻不容缓的事。新中国成立以来，我国林业院校遗传学教材变化很大，自70年代以后各校才根据现代遗传学的体系开设遗传学课程，作为指导林木育种学的理论基础。因此对我国林木遗传学的教学来说，就有个转轨定向的问题，就有个学习普及和重新讲授现代遗传学问题，这就产生了编写遗传学教材的必要性。其次，目前在我国各行各业高等院校的遗传学教学中，几乎都有以行业特点组织编写的遗传学，如植物遗传学、微生物遗传学、人类遗传学、动物遗传学等教材，唯独没有林木遗传学。1980年全国林业院校51位林木遗传育种学的主讲教师利用在北京西山开会的机会，一致主张针对木本植物的特点，编写一本适合林业院校教学需要、篇幅较小、精简扼要的遗传学教材，以满足当前教学需要，同时对这本教材的内容和学时也作了讨论，制定了教学大纲，并建议各兄弟院校试行编写，以推陈出新，推动教学。我们这本"林木遗传学基础"就是出于这一倡议，根据上述教学大纲而编写的。开初以油印的方式，1983年以后改用铅印，在北京林业大学和其他一些兄弟院校林业专业中试用。在广泛听取本专业师生意见的基础上，1988年又进行了大量的修改和补充，1989年作为全国试用教材，交由中国林业出版社出版发行。

本书内容除绪论外，共分十一章，由五个部分组成：第一部分（第一章至第四章）主要阐述遗传的细胞学基础及遗传的基本规律；第二部分（第五章）为分子遗传学基础；第三部分（第六章至第八章）为遗传的变异，包括基因突变、染色体数目及结构的变异；第四部分（第九章）为细胞质遗传；第五部分（第十章和第十一章）为林木群体遗传和数量性状遗传。第一章由林惠斌同志编写；第九章由朱大保同志编写；第十章和第十一章由续九如同志修改和编写；绪论和其余各章则由朱之悌同志编写、林惠斌同志修改。由于编者水平有限，错误和疏漏之处在所难免。敬希读者批评指正。

朱之悌<br>
1989年7月于北京

# 目 录

第2版前言
第1版前言

1 绪 论 ································································· (1)
  1.1 遗传学基本概念 ············································· (1)
  1.2 遗传学的产生与发展 ········································ (3)
  1.3 遗传学的研究途径 ·········································· (7)
  1.4 遗传学的意义与作用 ········································ (8)

2 遗传的细胞学基础 ················································ (11)
  2.1 细胞的结构和功能 ·········································· (11)
    2.1.1 原核细胞 ·············································· (11)
    2.1.2 真核细胞 ·············································· (12)
  2.2 染色体 ······················································· (15)
    2.2.1 染色质与染色体 ····································· (15)
    2.2.2 染色体的形态 ········································ (16)
    2.2.3 染色体的结构 ········································ (18)
    2.2.4 染色体的数目 ········································ (19)
    2.2.5 染色体组型及分析 ··································· (20)
  2.3 染色体在细胞分裂中的行为 ······························· (21)
    2.3.1 细胞周期 ·············································· (21)
    2.3.2 有丝分裂中染色体的行为 ························· (23)
    2.3.3 减数分裂中染色体的行为 ························· (25)
    2.3.4 遗传的染色体学说 ··································· (29)
  2.4 生物的生殖 ·················································· (30)
    2.4.1 有性生殖 ·············································· (30)
    2.4.2 无性生殖 ·············································· (35)
  2.5 生活周期 ···················································· (36)

2.5.1 低等植物的生活周期 …………………………………… (36)
2.5.2 高等植物的生活周期 …………………………………… (37)
2.5.3 高等动物的生活周期 …………………………………… (38)

# 3 遗传物质的分子基础 …………………………………………… (41)
## 3.1 遗传物质 ………………………………………………………… (41)
### 3.1.1 DNA 是主要的遗传物质 …………………………………… (42)
### 3.1.2 RNA 也是遗传物质 ………………………………………… (47)
## 3.2 核酸分子的基本构成 …………………………………………… (48)
### 3.2.1 DNA 研究的历史 …………………………………………… (48)
### 3.2.2 核酸及其分布 ……………………………………………… (49)
### 3.2.3 DNA 的分子结构 …………………………………………… (49)
### 3.2.4 RNA 的分子结构 …………………………………………… (53)
## 3.3 遗传物质的复制 ………………………………………………… (56)
### 3.3.1 DNA 复制的模型 …………………………………………… (56)
### 3.3.2 原核生物 DNA 的合成 ……………………………………… (57)
### 3.3.3 真核生物 DNA 的合成 ……………………………………… (61)
## 3.4 遗传信息的转录 ………………………………………………… (63)
### 3.4.1 RNA 复制的一般特点 ……………………………………… (63)
### 3.4.2 原核生物 RNA 的合成 ……………………………………… (64)
### 3.4.3 真核生物遗传物质的转录和加工 …………………………… (65)
## 3.5 遗传密码与遗传信息的翻译 …………………………………… (67)
### 3.5.1 遗传密码 …………………………………………………… (67)
### 3.5.2 蛋白质的合成 ……………………………………………… (72)
### 3.5.3 中心法则及其发展 ………………………………………… (76)

# 4 孟德尔遗传定律 ………………………………………………… (78)
## 4.1 分离定律 ………………………………………………………… (78)
### 4.1.1 孟德尔的豌豆杂交试验 …………………………………… (78)
### 4.1.2 分离现象的解释 …………………………………………… (80)
### 4.1.3 分离定律的验证 …………………………………………… (82)
### 4.1.4 显性的表现 ………………………………………………… (84)
### 4.1.5 分离定律的应用 …………………………………………… (85)
## 4.2 独立分配定律 …………………………………………………… (85)
### 4.2.1 两对相对性状的遗传 ……………………………………… (85)
### 4.2.2 独立分配现象的解释 ……………………………………… (87)
### 4.2.3 独立分配定律的验证 ……………………………………… (88)
### 4.2.4 多对基因的遗传 …………………………………………… (90)

4.2.5　独立分配定律的应用 ……………………………………………………(92)
　4.3　遗传基本数据的统计学处理 ……………………………………………………(92)
　　　4.3.1　概率原理 …………………………………………………………………(93)
　　　4.3.2　二项式展开 ………………………………………………………………(94)
　　　4.3.3　$\chi^2$ 测验 …………………………………………………………………(96)
　4.4　基因互作 …………………………………………………………………………(98)
　　　4.4.1　基因互作的主要类型 ……………………………………………………(98)
　　　4.4.2　多因一效与一因多效 ……………………………………………………(102)

# 5　连锁遗传 ……………………………………………………………………………(105)
　5.1　连锁与交换 ………………………………………………………………………(106)
　　　5.1.1　性状连锁遗传现象 ………………………………………………………(106)
　　　5.1.2　连锁遗传的解释 …………………………………………………………(107)
　5.2　交换值及其测定 …………………………………………………………………(110)
　　　5.2.1　交换值 ……………………………………………………………………(110)
　　　5.2.2　交换值的测定 ……………………………………………………………(111)
　　　5.2.3　干扰和符合 ………………………………………………………………(112)
　5.3　基因定位与连锁遗传图 …………………………………………………………(112)
　　　5.3.1　基因定位 …………………………………………………………………(112)
　　　5.3.2　连锁遗传图(遗传图谱) …………………………………………………(115)
　5.4　真菌类的连锁遗传分析 …………………………………………………………(116)
　5.5　连锁遗传定律的应用 ……………………………………………………………(117)
　5.6　性别决定与性连锁 ………………………………………………………………(118)
　　　5.6.1　性染色体与性别决定 ……………………………………………………(118)
　　　5.6.2　伴性遗传 …………………………………………………………………(120)
　　　5.6.3　从性遗传与限性遗传 ……………………………………………………(122)

# 6　基因与基因突变 ……………………………………………………………………(125)
　6.1　基因 ………………………………………………………………………………(125)
　　　6.1.1　基因的概念 ………………………………………………………………(125)
　　　6.1.2　基因的表达调控 …………………………………………………………(127)
　6.2　基因突变 …………………………………………………………………………(137)
　　　6.2.1　基因突变的概念 …………………………………………………………(137)
　　　6.2.2　基因突变的一般特征 ……………………………………………………(138)
　　　6.2.3　基因突变的分子基础 ……………………………………………………(140)
　　　6.2.4　基因突变的鉴定 …………………………………………………………(146)
　　　6.2.5　基因突变的诱发 …………………………………………………………(148)
　6.3　转座因子 …………………………………………………………………………(152)

  6.3.1 转座因子的发现 …… (152)
  6.3.2 转座因子的结构特性 …… (153)
  6.3.3 转座因子的遗传学效应和应用 …… (156)

# 7 染色体畸变 …… (160)
## 7.1 染色体结构变异 …… (160)
  7.1.1 染色体缺失 …… (160)
  7.1.2 染色体重复 …… (163)
  7.1.3 染色体倒位 …… (166)
  7.1.4 染色体易位 …… (170)
## 7.2 染色体数目变异 …… (175)
  7.2.1 染色体组与染色体倍性 …… (175)
  7.2.2 整倍体变异 …… (176)
  7.2.3 多倍体形成途径 …… (178)
  7.2.4 非整倍体变异 …… (179)
## 7.3 染色体变异的应用 …… (182)
  7.3.1 染色体结构变异的应用 …… (182)
  7.3.2 染色体数目变异的应用 …… (185)

# 8 细菌与病毒的遗传 …… (193)
## 8.1 细菌和病毒的特点 …… (193)
  8.1.1 细菌的特点及培养技术 …… (193)
  8.1.2 病毒的特点及种类 …… (195)
  8.1.3 细菌和病毒在遗传研究中的优越性 …… (197)
  8.1.4 细菌和病毒的拟有性过程 …… (197)
## 8.2 噬菌体的遗传分析 …… (198)
  8.2.1 噬菌体的结构与生活周期 …… (198)
  8.2.2 噬菌体的基因重组与作图 …… (200)
  8.2.3 λ噬菌体的基因重组与作图 …… (202)
## 8.3 细菌的遗传分析 …… (203)
  8.3.1 转化 …… (203)
  8.3.2 接合 …… (206)
  8.3.3 性导 …… (214)
  8.3.4 转导 …… (215)

# 9 基因工程与基因组学 …… (220)
## 9.1 基因工程 …… (220)
  9.1.1 基因工程的基本原理 …… (221)

    9.1.2 基因工程的一般步骤 ……………………………………………………… (222)
    9.1.3 限制性内切核酸酶与连接酶 ………………………………………………… (222)
    9.1.4 基因工程中的载体 …………………………………………………………… (225)
    9.1.5 基因克隆与 cDNA 文库 ……………………………………………………… (230)
    9.1.6 转基因技术及其应用 ………………………………………………………… (238)
  9.2 基因组学 ………………………………………………………………………………… (242)
    9.2.1 基因组学的概念及基因组计划 ……………………………………………… (242)
    9.2.2 基因组图谱的构建 …………………………………………………………… (245)
    9.2.3 基因组图谱的应用 …………………………………………………………… (246)
    9.2.4 后基因组学 …………………………………………………………………… (248)

# 10 细胞质遗传与雄性不育 ……………………………………………………………… (253)
  10.1 细胞质遗传的概念与特点 ……………………………………………………………… (253)
    10.1.1 细胞质基因与细胞质遗传的概念 …………………………………………… (253)
    10.1.2 细胞质遗传的特点 …………………………………………………………… (254)
  10.2 母性影响 ………………………………………………………………………………… (254)
    10.2.1 椎实螺外壳旋转方向的遗传 ………………………………………………… (254)
    10.2.2 面粉蛾眼色的遗传 …………………………………………………………… (255)
  10.3 叶绿体遗传 ……………………………………………………………………………… (256)
    10.3.1 叶绿体遗传的表现 …………………………………………………………… (256)
    10.3.2 叶绿体遗传的分子基础 ……………………………………………………… (257)
  10.4 线粒体遗传 ……………………………………………………………………………… (259)
    10.4.1 线粒体遗传的表现 …………………………………………………………… (259)
    10.4.2 线粒体遗传的分子基础 ……………………………………………………… (261)
  10.5 其他细胞质遗传基因 …………………………………………………………………… (263)
    10.5.1 共生体的遗传 ………………………………………………………………… (263)
    10.5.2 质粒的遗传 …………………………………………………………………… (265)
  10.6 植物雄性不育的遗传与应用 …………………………………………………………… (266)
    10.6.1 植物雄性不育的类别及遗传特点 …………………………………………… (266)
    10.6.2 植物雄性不育的发生机理 …………………………………………………… (269)
    10.6.3 植物雄性不育的应用 ………………………………………………………… (271)

# 11 数量遗传基础 ……………………………………………………………………………… (274)
  11.1 数量性状的特征及其遗传基础 ………………………………………………………… (274)
    11.1.1 数量性状的概念和特征 ……………………………………………………… (274)
    11.1.2 数量性状的遗传基础 ………………………………………………………… (275)
  11.2 数量性状分析的统计学基础 …………………………………………………………… (278)
    11.2.1 群体平均值 …………………………………………………………………… (278)

11.2.2 方差与标准差 …………………………………………………………… (278)
11.2.3 变异系数 ………………………………………………………………… (280)
11.2.4 协方差 …………………………………………………………………… (280)
11.2.5 方差分析 ………………………………………………………………… (281)
11.2.6 协方差分析 ……………………………………………………………… (286)
11.3 数量性状表型值与表型方差的分解 ………………………………………… (287)
11.3.1 表型值及其分解 ………………………………………………………… (287)
11.3.2 表型方差及其分解 ……………………………………………………… (287)
11.3.3 亲属间的遗传协方差 …………………………………………………… (288)
11.4 主要遗传参数 ………………………………………………………………… (289)
11.4.1 重复力 …………………………………………………………………… (289)
11.4.2 遗传力 …………………………………………………………………… (291)
11.4.3 遗传相关 ………………………………………………………………… (295)
11.5 数量性状的选择改良与遗传参数的应用 …………………………………… (297)
11.5.1 数量性状的选择改良 …………………………………………………… (297)
11.5.2 遗传参数的应用 ………………………………………………………… (298)

# 12 遗传图谱构建与基因定位 …………………………………………………… (303)
12.1 分子标记 ……………………………………………………………………… (304)
12.1.1 限制性片段长度多态性 ………………………………………………… (304)
12.1.2 随机扩增多态性 DNA …………………………………………………… (305)
12.1.3 扩增性片段长度多态性 ………………………………………………… (306)
12.1.4 简单序列重复 …………………………………………………………… (308)
12.1.5 表达序列标签 …………………………………………………………… (309)
12.1.6 单核苷酸多态性 ………………………………………………………… (309)
12.2 遗传连锁图谱构建 …………………………………………………………… (311)
12.2.1 遗传作图群体 …………………………………………………………… (312)
12.2.2 遗传图谱的制作 ………………………………………………………… (313)
12.3 数量性状基因的定位 ………………………………………………………… (320)
12.3.1 QTL 分析方法 …………………………………………………………… (321)
12.3.2 QTL 分析的研究进展 …………………………………………………… (323)
12.4 质量性状基因的定位 ………………………………………………………… (325)
12.4.1 近等基因系分析法 ……………………………………………………… (325)
12.4.2 混合分群分析法 ………………………………………………………… (326)
12.5 基于候选基因的联合遗传学研究 …………………………………………… (327)
12.5.1 特点 ……………………………………………………………………… (327)
12.5.2 应用 ……………………………………………………………………… (327)
12.6 重要经济性状的图位克隆 …………………………………………………… (328)

12.7 分子标记辅助选择育种 …………………………………………… (329)
    12.7.1 MAS 的应用 ……………………………………………………… (329)
    12.7.2 影响 MAS 的关键因素 …………………………………………… (330)

# 13 遗传与发育 ……………………………………………………………… (333)
## 13.1 发育遗传学概述 …………………………………………………… (334)
## 13.2 细胞核与细胞质在个体发育中的作用 …………………………… (336)
    13.2.1 细胞核在细胞生长和分化中的作用 …………………………… (336)
    13.2.2 细胞质在细胞生长和分化中的作用 …………………………… (337)
    13.2.3 细胞核与细胞质在个体发育中的相互关系 …………………… (338)
    13.2.4 环境条件对个体发育的影响 …………………………………… (339)
## 13.3 基因对个体发育的调控 …………………………………………… (339)
    13.3.1 个体发育的阶段性 ……………………………………………… (340)
    13.3.2 基因与发育模式 ………………………………………………… (341)
    13.3.3 基因与发育工程 ………………………………………………… (344)
    13.3.4 植物花器官的发育 ……………………………………………… (348)
## 13.4 细胞的全能性 ……………………………………………………… (350)
    13.4.1 植物细胞的全能性 ……………………………………………… (350)
    13.4.2 动物细胞的全能性 ……………………………………………… (351)

# 14 近亲繁殖与杂种优势 …………………………………………………… (354)
## 14.1 近亲繁殖及其遗传效应 …………………………………………… (354)
    14.1.1 近亲繁殖的概念 ………………………………………………… (354)
    14.1.2 自交的遗传效应 ………………………………………………… (356)
    14.1.3 回交的遗传效应 ………………………………………………… (358)
    14.1.4 近亲繁殖在育种中的应用 ……………………………………… (359)
## 14.2 纯系学说 …………………………………………………………… (360)
## 14.3 杂种优势 …………………………………………………………… (361)
    14.3.1 杂种优势的表现 ………………………………………………… (361)
    14.3.2 杂种优势的遗传假说 …………………………………………… (363)
    14.3.3 杂种优势的分子机理 …………………………………………… (365)
    14.3.4 杂种优势在育种中的应用 ……………………………………… (366)
    14.3.5 杂种优势的固定 ………………………………………………… (368)

# 15 群体遗传学 ……………………………………………………………… (371)
## 15.1 基因频率与基因型频率 …………………………………………… (371)
    15.1.1 基因频率与基因型频率的概念 ………………………………… (371)
    15.1.2 基因频率与基因型频率的关系 ………………………………… (372)

## 15.2 遗传平衡定律 …………………………………………………………………… (373)
### 15.2.1 遗传平衡定律的主要内容 ……………………………………………… (373)
### 15.2.2 遗传平衡定律的应用和扩展 …………………………………………… (376)
## 15.3 影响遗传平衡的因素 …………………………………………………………… (379)
### 15.3.1 选择 ……………………………………………………………………… (379)
### 15.3.2 突变 ……………………………………………………………………… (383)
### 15.3.3 遗传漂变 ………………………………………………………………… (384)
### 15.3.4 迁移 ……………………………………………………………………… (385)
### 15.3.5 非随机交配 ……………………………………………………………… (386)
## 15.4 遗传多样性 ……………………………………………………………………… (387)
### 15.4.1 遗传多样性的概念 ……………………………………………………… (387)
### 15.4.2 遗传多样性的测定与评价 ……………………………………………… (387)
### 15.4.3 遗传多样性的保护与利用 ……………………………………………… (393)
## 15.5 进化与物种形成 ………………………………………………………………… (394)
### 15.5.1 达尔文进化学说及其发展 ……………………………………………… (394)
### 15.5.2 分子进化与中性学说 …………………………………………………… (397)
### 15.5.3 物种的形成 ……………………………………………………………… (402)

# 附 录 …………………………………………………………………………………… (407)
## 附1：遗传学专业词汇英汉对照 ……………………………………………………… (407)
## 附2：遗传学相关网站 ………………………………………………………………… (419)

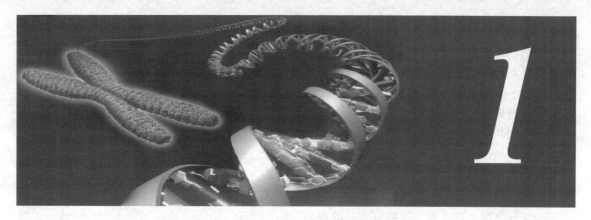

# 绪论

遗传是生命世界的一种最普遍的现象，是生物的一种属性。遗传使生物体繁衍与其相似的同种生物，使它们的特征得以延续；而变异则形成了千千万万的形形色色的有差异的生物种类。遗传和变异构成了生物进化的基础和条件。遗传学是阐明生命现象和规律的一门自然科学。它犹如一座大厦，是在人类认识发展的过程中建立、发展，并在实践中不断添砖加瓦、发展完善起来的。

## 1.1 遗传学基本概念

遗传学（genetics）是研究生物遗传和变异的科学。它是自然科学中一门十分重要的理论学科，是生命科学的一个重要分支。它涉及生命的起源和生物进化的机理；它又直接为动植物和微生物的育种工作服务，是良种选育和遗传控制改良的理论基础，与人类医学和保健事业也有十分密切的关系。所以遗传学不仅在理论研究上，而且在生产实践上都有十分重大的意义，是当今生物科学中最为活跃的学科之一。

遗传学研究的对象是生物的遗传和变异，遗传和变异是生物界最普遍和最基本的两个特征。所谓遗传（heredity），是指亲代与子代之间相似的现象；变异（variation）则是指亲代与子代之间、子代个体之间存在的差异。生物因为有遗传的特性，才可以繁衍后代，保持物种的相对稳

> 遗传学是当今生物科学中最为活跃的学科之一，遗传学的研究领域涵盖病毒、细菌、各种植物和动物以及人体等各种生命形式。作为一门实验科学，遗传学涵盖了分子、细胞、个体到群体的不同层次，各自采用独特的研究途径，可分为分子遗传学、细胞遗传学、经典遗传学和生物统计遗传学。作为生物学知识的核心，遗传学统一了生物学的各个学科。作为一门应用科学，遗传学在农林业中指导品种选育和良种繁育，在医学领域中研究疾病的机理并指导人们的医疗保健，在人类自身发展方面又是优生优育政策的理论基础。遗传学发展迅速，已进入基因组学时代，其对整个社会的影响长久而深远。

定性；同时，生物因为有变异的特征，才可以产生新的性状，才会有物种进化的新品种供选育。举例说明，林木育种不论繁殖了多少代，也不论分布有多广，但松树终究还是松树、杨树终究还是杨树，不会发生种瓜得豆、育柳成杨的情况。这说明遗传是以稳定性为前提和基础的，没有稳定性，也就不称其为遗传，这是生物最普遍、最基本的特征之一；然而，遗传的稳定性仅仅是相对的，遗传只意味着相似，绝不是相同。亲子代之间，子代每个个体之间，总是存在或多或少的差异，绝不会完全相同，例如，一窝小猫，它们彼此之间在毛色、外形、胖瘦、生长发育速度等性状上总会有些差异。不仅它们彼此有差异，与亲代之间也有差异，这种有差异的现象，称作变异。生物性状的丰富性和多样性，正是源于变异，变异是生物又一个最普遍、最基本的特征。变异是绝对的，无一例外地贯穿于生物系统发育和个体发育过程中。

遗传与变异是既对立又统一的矛盾的两个方面。它们相互对立、相互制约，在一定条件下又相互转化。试想，一方面，如果没有遗传，那么生物的性状就得不到继承与积累，就没有稳定的性状；如果没有变异，则新性状将不会产生，物种就不会有发展和进化的动力。另一方面，遗传的性状受到变异的影响，新产生的性状又得到遗传。所以遗传不单是消极的、保守的，同时也是积极的、创新的，而变异不单是负面的、消失的，而且也是进取的、创造的。在物种进化发展的漫长历史中，自然选择为遗传与变异确定了方向。遗传和变异这对矛盾不断地运动，经过自然选择，形成了形形色色的物种；通过人工选择，才能育成符合人类需要的动植物和微生物新品种。因此，遗传、变异和选择是生物进化和新品种选育的三大因素。

遗传学研究的主要内容是由细胞到细胞、由亲代到子代、由世代到世代的生命信息的传递，而细胞中的染色体（chromosome）则是生命信息传递的基础。染色体的组成是脱氧核糖核酸（deoxyribonucleic acid，DNA）和蛋白质骨架，它们有机地结合形成核蛋白（nucleoprotein）。DNA 是主要的遗传物质，普遍存在于生物体所有的细胞中，主要存在于细胞核内的染色体上。DNA 分子通常性质很稳定，并具有自我复制的能力。位于 DNA 分子长链上的基因（gene）负责将亲代特征的遗传信息传递给子代。在少数情况下，DNA 分子某部分的基因能够发生改变，即突变（mutation），这就使生物产生性状（character 或 trait）变异。基因还可以发生重组（recombination）。高等真核生物在形成生殖细胞的过程中，来源于父本和母本的基因可以改变其在染色体上的原有状态和位置，使其双亲的某些基因组合在一起，并传递给后代，使后代表现出不同于双亲的性状。基因是通过转录、翻译产生蛋白质，从而直接决定生物性状的表现；或者生成一种酶，催化细胞内某种生化反应过程，从而间接决定性状的表现。基因不仅在生物个体的生命活动中起着最基本的作用，而且基因还会通过其频率的改变导致整个群体的改变或者进化。当然，任何生物的生长发育都必须具有相应的必要的环境，而遗传和变异的表现都与环境有关。因此，研究生物的遗传和变异，必须与其所处的环境相联系。

综上所述，可知遗传学研究的任务自然就是从研究遗传变异的现象出发，了解引起遗传变异的原因，阐明生物遗传和变异的现象及其表现的规律；探索遗传和变异的原因及其物质基础，揭示其内在的规律；从而进一步指导动物、植物和微生物的育种实践，为新品种选育和遗传控制服务，使遗传学造福于人类。

## 1.2 遗传学的产生与发展

人类在远古时代就已经发现遗传和变异的现象,并且通过有意识或无意识的选择,培育成大量有用的优良动植物品种。有许多考古学的证据比如原始艺术、保存下来的骨头和头骨、干种子等可以证明几千年前人类成功培养驯化的动物和植物的情况。在非洲的尼罗河流域,公元前 4000 年就有人类选择和饲养蜜蜂来生产蜂蜜的活动的记载。我国湖北地区新石器时代末期的遗址中还保存有阔卵圆形的粳稻谷壳,说明人类对植物品种的选育具有更悠久的历史。亚述人的艺术作品中有描绘人类对枣椰树进行人工授粉的情景,人们推测它是发生于古巴比伦(图 1-1)。

**图 1-1 描绘人类对枣椰树进行人工授粉的浮雕**(公元前 800 年)
(大都会博物馆)(引自 Klug,2007)

最初人们的想法可能是,选择有经济价值的个体,比如那些对人类伤害最小、可以提供较多肉食、果实或谷粒硕大的个体,并把这些个体分离出来进行繁殖。尽管如此,这些仅仅是史前时期人类对遗传变异现象的观察和无意识运用,人类并没有对生物遗传和变异的机制进行严谨的、系统的研究。直到 18 世纪下半叶和 19 世纪上半叶,才由法国学者拉马克(J. B. Lamarck,1744—1829)和英国生物学家达尔文(C. R. Darwin,1809—1882)对生物界的遗传和变异现象进行了比较系统的研究。

拉马克认为环境条件的改变是生物变异的根本原因,提出"器官的用进废退"(use and disuse of organ)和"获得性状遗传"(inheritance of acquired character)等学说。虽然这些假说具有唯心主义的成分,但是对于后来的生物进化学说的发展以及遗传和变异的研究起了重要的推动作用。

达尔文在1859年发表了著名的《物种起源》(The Origin of Species),提出自然选择的进化论。他认为生物在很长的一段时间内累积着微小的变异,当发生生殖隔离后就形成了一个新物种,而后新物种又继续发生着变异进化。这有力地论证了生物是由简单到复杂、由低级到高级逐渐进化的,否定了物种不变的谬论。对于遗传和变异的解释,达尔文在1868年发表的《驯养下动植物的变异》(Variations of Animals and Plants under Domestication)中认可获得性状遗传的某些论点,并提出泛生假说(hypothesis of pangenesis),认为动物的每个器官里都普遍存在微小的泛生粒,它们能够分裂繁殖,并能在体内流动,聚集到生殖器官里,就形成生殖细胞。当受精卵发育为幼小个体时,各种泛生粒进入各器官发生作用,因此表现出亲代和子代间的遗传。如果亲代的泛生粒发生改变,则子代表现变异。以上这一假说内容全是推想,并未获得科学的证实。

达尔文之后,德国生物学家魏斯曼(A. Weismann,1834—1914)首创了新达尔文主义,在生物科学中广泛流行。这一论说支持达尔文的自然选择理论,但否定获得性状遗传学说。他提出种质连续论(theory of continuity of germplasm),认为多细胞的生物体是由体质(somatoplasm)和种质(germplasm)两部分所组成,种质是指性细胞和能产生性细胞的细胞。种质在世代之间连续遗传,体质是由种质产生的。环境只能影响体质,不能影响种质,所以获得性状是不能遗传的。种质连续论有一定的科学合理性,在后来生物科学中,特别是对遗传学发展起了重大而广泛的影响。但是,这样把生物体绝对化地划分为种质和体质是错误的、片面的。在植物界这种划分一般是不存在的,在动物界也仅仅是相对的。

遗传和变异规律被真正科学、系统地进行研究是从孟德尔(G. J. Mendel,1822—1884)(图1-2)开始的。孟德尔于1856—1864年从事豌豆杂交试验,将这些奠基性的试验进行细致的后代记载和统计分析,1866年发表"植物杂交试验"论文,首次提出分离定律和独立分配定律两大遗传基本规律,认为性状遗传是受细胞里的遗传因子(hereditary factor)控制的。非常遗憾的是这一重大理论当时未受到学术界的重视。

重新发现孟德尔遗传定律的时间是1900年,那一年孟德尔论文的价值才被3个不同国家的3位植物学家发现。这3位科学家是荷兰阿姆斯特丹大学教授狄·弗里斯(H. de Vries)、德国土宾根大学的教授柯伦斯(C. E. Correns)和奥地利维也纳农业大学的讲师柴马克(E. V. Tschermak)。狄·弗里斯研究月见草,柯伦斯研究玉米,柴马克研究

图1-2 孟德尔(G. J. Mendel)

豌豆,三者均从自己的独立研究中都发现了孟德尔当年提出的遗传学定律,并且当他们在查找资料时都发现了孟德尔的论文。1900年也因孟德尔遗传规律的重新被发现,被公认为是遗传学建立的一年。自此,孟德尔被人们誉为"遗传学之父"。

孟德尔奠定的遗传学理论的精髓是"颗粒遗传"说,其遗传学定律的中心内容是:遗

传因子是独立的，呈颗粒状，互不融合、互不影响，独立分离，自由组合。

孟德尔的遗传定律在1900年后才被认识的另外一重要原因是：此时期，细胞学经历了一个重要发展阶段——染色体被认识了解，而且推测是遗传物质的载体；有丝分裂的意义已被明确，减数分裂开始被人们理解，认识到减数分裂过程中同源染色体分开，形成配子，接着受精结合成为合子。这些都为孟德尔假设的证实，奠定了基础。经过这些研究讨论之后，人们接受了孟德尔的遗传理论，1906年，"遗传学"这一学科名称，首次为贝特森(W. Bateson)提了出来。

1906年贝特森等人在香豌豆杂交试验中发现了性状的连锁现象。约翰逊(W. L. Johannsen，1859—1927)于1909年发表了"纯系学说"，并且最先提出"基因"一词，以代替孟德尔的遗传因子概念。在这一时期，细胞学和胚胎学已有很大的发展，对于细胞结构、有丝分裂、减数分裂、受精过程以及细胞分裂过程中染色体的动态等都已研究得比较清楚。

1910年以后，摩尔根(T. H. Morgan，1866—1945)证明了孟德尔的遗传定律与染色体的遗传行为一致，把孟德尔所讲的遗传因子(基因)具体定位到细胞核内的染色体上，从而创立了基因论。他以果蝇为材料，进行了大量的遗传试验，在许多野生型红眼果蝇中，发现了一只白眼的雄果蝇。他抓住这一偶然发现，终于发现了与孟德尔的分离和独立分配定律并称为遗传学三大定律的——连锁定律，也因这一发现，他于1933年获得诺贝尔生物学奖。他证明了基因就在染色体上，染色体是基因的载体，基因呈直线排列。这个时候，细胞学研究把遗传学从个体研究水平推进到细胞学研究水平，于是细胞遗传学遂告诞生。此时的遗传学，即建立在细胞染色体的基因理论基础之上的遗传学，被称为经典遗传学，或经典遗传学发展阶段。

1927年马勒(H. J. Muller，1890—1967，获1946年诺贝尔奖)和斯塔德勒(L. J. Stadler，1896—1954)几乎同时采用X射线照射的方法，分别诱导果蝇和玉米突变成功。1937年布莱克斯利(A. F. Blakeslee，1874—1954)等利用秋水仙素诱导植物多倍体成功，为遗传变异开创了新的途径。20世纪30年代，随着玉米等杂种优势在生产上的利用，研究者们提出了杂种优势的遗传假说。由于许多因素会造成实验误差，为了区分和判断误差的性质，运用统计学原理进行处理是十分必要的。1930—1932年，赖特(S. Wright)、费希尔(R. A. Fisher)和霍尔丹(J. B. S. Haldane)等人使用数理统计学方法分析性状的遗传变异，分析遗传群体的各项遗传参数，为数量遗传学和群体遗传学奠定了基础。

1940年遗传学研究进入了一个快速发展时期，生化学家和微生物学家将先进的研究手段应用到遗传学的研究中来。他们使用研究的材料不是之前常见的豌豆、果蝇等动植物了，而改为小巧、繁殖快的微生物。如1941年比德尔(G. W. Beadle，1903—1989)和泰特姆(E. L. Tatum，1909—1975，获1958年诺贝尔奖)用红色面包霉(*Neurosopora crassa*)为材料，系统地研究了基因与生化合成间的关系，证明基因在代谢中是通过它所控制的酶，去控制生化反应，从而控制遗传的性状。于是比德尔提出"一个基因，一个酶"的理论，使微生物遗传学和生化遗传学得到了发展。

1944年艾弗里(O. T. Avery)等人用肺炎双球菌转化试验，有力地证明了脱氧核糖核酸(DNA)就是遗传物质。1952年赫尔希(A. D. Hershey)和蔡斯(M. Chase)在大肠杆菌的T2噬菌体内，用放射性同位素标记试验，进一步证明DNA是T2的遗传物质。

1953年4月25日,美国学者沃森(J. D. Watson)和英国学者克里克(F. H. C. Crick)在《自然》杂志上发表了他们的研究论文"核酸的分子结构——脱氧核糖核酸的结构",标志着遗传学乃至整个生物学进入分子水平的新时代,宣告了分子遗传学的诞生。两人合作共同提出了著名的DNA双螺旋结构模型(图1-3)。这一模型更清楚地说明了遗传物质就是DNA分子,基因就是DNA的片段,它控制着蛋白质的合成。两人于1962年共享诺贝尔奖。这一理论对DNA的分子结构、自我复制、相对稳定性和变异性,以及DNA作为遗传信息的储存和传递等提供了合理的解释;明确了基因是DNA分子上的一个片段,为进一步从分子水平上研究基因的结构和功能、揭示生物遗传和变异的奥秘奠定了基础。这是遗传学和生物学的划时代杰作。

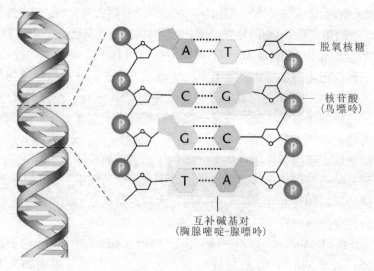

**图1-3 DNA的双螺旋结构**

之后,分子遗传学表现出巨大的生命力,使得遗传学取得了飞速的发展。1955年本泽尔(S. Benzer)首次提出T4噬菌体的rⅡ座位的精细结构图。1957年弗南克尔-柯拉特(H. Fraenkel-Corat)和辛格发现烟草花叶病毒(tobacco mosaic virus, TMV)的遗传物质是RNA。1958年梅希尔逊(M. Meselson)和斯塔尔(F. Stahl)证明了DNA的半保留复制;同年,科恩伯格(A. Kornberg,获1959年诺贝尔奖)从大肠杆菌中分离得到DNA聚合酶Ⅰ。1959年奥乔(S. Ocboa,获1959年诺贝尔奖)分离得到第一种RNA聚合酶。1961年,雅各布(F. Jacob)和莫诺(J. Monod,获1965年诺贝尔奖)提出细菌中调控基因表达的操作子(元)模型。1961年,布伦勒(S. Brenner)、雅各布和梅希尔逊发现了信使RNA(mRNA)。1965年霍利(R. W. Holley,获1968年诺贝尔奖)首次分析出酵母丙氨酸tRNA的全部核苷酸序列。1966年,尼伦伯格(M. W. Nirenberg)和霍拉纳(H. G. Khorana,获1968年诺贝尔奖)等建立了完整的遗传密码。

20世纪70年代后,分子遗传学家已成功地进行人工分离基因和人工合成基因,开始发展遗传工程这一新的研究领域。1970年史密斯(H. O. Smith,获1978年诺贝尔奖)首次分离到限制性内切酶;同年,巴尔的摩(D. Baltimore,获1975年诺贝尔奖)分离到RNA肿瘤病毒的反转录酶。1972年贝格(P. Berg)在离体条件下首次合成重组DNA。1977年吉尔伯特(W. Gilbert)、桑格(F. Sanger)(两人获1980年诺贝尔奖)和马克山姆(A. Mlaxam)发明了DNA序列分析法。1982年经美国食品及药物管理局批准，采用基因工程方法在细菌中表达生产的人的胰岛素进入市场，成为基因工程产品直接造福于人类的首例。1983年，扎布瑞斯克(P. Zambryski)等用根癌农杆菌转化烟草，在世界上获得首例转基因植物。现在，人类已经用遗传工程的方法改造生物性状和创造新的生命形态，利用这项技术生产药品、疫苗和食品，辅助诊断和治疗遗传疾病。

20世纪90年代初，美国率先开始实施"人类基因组计划"(human genome project)，旨在测定人类基因组全部约32亿个核苷酸对的排列次序，构建控制人类生长发育的约3.5万个基因的遗传和物理图谱，确定人类基因组DNA编码的遗传信息。随后，大肠杆菌、酵母、线虫、果蝇、小鼠、拟南芥、杨树、水稻等模式生物的基因组全序列也陆续测定。这为进一步揭开生命过程中生长、发育、衰老、疾病和死亡的奥秘做好了准备，是一项重大的有深远影响力的科学研究。

21世纪，遗传学的发展将进入"后基因组时代"，这是一个富有挑战性的时代。遗传学将进一步阐明人类及其他动植物的基因组编码的蛋白质的功能，弄清DNA序列所包含遗传信息的生物学功能。

遗传学是生命科学的最基础的学科，也是发展最快的学科。回顾遗传学100余年的发展史，我们可以清晰地看到差不多每10年就有一次重大的提高和突破。如今的遗传学已从孟德尔、摩尔根时代的细胞学水平，深入发展到现代的分子水平，在广度和深度上都有了质的飞跃。遗传学迅速发展的2个原因，一方面由于遗传学与许多学科相互交叉和渗透，共同促进发展；另一方面由于遗传学广泛应用近代化学、物理学、数学的新成果、新技术和新仪器设备，因而能由表及里、由宏观到微观，逐步地加深对遗传物质结构和功能的研究。现代遗传学已发展有30多个分支，如数量遗传学、群体遗传学、细胞遗传学、发育遗传学、分子遗传学、基因组学、进化遗传学、林木遗传学、作物遗传学、人类遗传学、辐射遗传学、医学遗传学和遗传工程等。过去受林木生长周期长的制约，林木遗传学的发展一直比较缓慢。但杨树作为木本植物的模式树种，其全基因组测序的完成使林木遗传学研究进入了基因组学时代。现在，基因组学信息为全面系统分析树木某一生命活动所涉及的遗传背景提供了强大的工具。基因组学研究使林木遗传学实现了跨越式发展，使人们对林木基因组的物理结构和可能编码的所有基因及其所在的整个调控网络有了比较全面深入的了解。

综上所述，遗传学发展迅速，其中分子遗传学和基因组学已经成为生物科学中最活跃和最有生命力的学科；而遗传工程将是分子遗传学中最重要的研究方法。遗传学的发展正在向人类展示出无限美好的前景。

## 1.3 遗传学的研究途径

遗传学研究的领域非常广阔，包括病毒、细菌、各种植物和动物以及人体等生命形式。研究层次从分子水平、染色体水平到群体水平。现代遗传学依据研究途径一般可划分为4个主要分支，即经典遗传学、细胞遗传学、分子遗传学和生物统计遗传学。各个研究途径之间相互联系、相互重叠、相互印证,共同组成一个不可分割的整体。

经典遗传学途径是研究遗传性状从亲代到子代的传递规律。通常将具有不同性状的个体进行交配,通过对连续几个世代的分析,研究性状从亲代传递给子代的一般规律。在对人体进行研究时,则采用谱系分析。通过对多个世代的调查,追踪某个遗传特征的传递方式,推测其遗传模式。

细胞遗传学途径是在细胞层次上进行遗传学研究的,其分支学科称为细胞遗传学。这个途径主要使用各类显微镜,着重研究细胞中染色体的起源、组成、变化、行为和传递等机制及其生物学效应。20世纪初,就是利用光学显微镜发现了细胞有丝分裂(mitosis)和减数分裂(meiosis)过程中的染色体及其行为变化的。发现染色体及其在细胞分裂过程中的行为,不仅对孟德尔规律的重新发现和证实起到了重要作用,而且还奠定了遗传的染色体理论基础。该理论认为染色体是基因的载体,是传递遗传信息的功能单位。后来,随着高分辨率的光学显微镜、电子显微镜等的发明,人类已经能够直接观察遗传物质的结构特征及其在基因表达过程中的行为变化,使细胞遗传学的研究视野扩大到分子水平。

分子遗传学途径是对遗传物质DNA从分子的水平上研究其结构特征、遗传信息的复制、基因的结构与功能、基因突变与重组、基因的调节表达等内容。分子遗传学是遗传学中最有生命力、发展最迅速的一大分支。在分子水平上对遗传信息进行研究始于20世纪40年代。开始的研究对象只是细菌和病毒,但通过这些研究,现在我们已经知道了许多真核生物遗传信息的特征、复制和调节表达机制。在20世纪70年代,随着重组DNA技术(recombinant DNA)的发明与应用,人类可以在实验室内有目的地将任何生物的基因连接到细菌或病毒DNA上,进行大量克隆(cloning),扩增出目的基因。DNA重组技术在分子遗传学研究中是一项普遍使用的、非常重要的基本技术,它不仅使遗传研究不断向更深层次发展,而且还对医学和农林业具有重要的实践意义。

生物统计遗传学(biometrical genetics)途径是在生物各类性状的表型、分子等大量数据的基础上,使用数理统计学方法,计算出各种遗传参数来分析生物的遗传变异。根据研究的对象不同,又可分为数量遗传学(quantitative genetics)和群体遗传学(population genetics)等。数量遗传学是研究生物体数量性状即由多基因控制的性状遗传规律的分支学科;而群体遗传学是研究基因频率在群体中的变化、群体的遗传结构和物种进化的学科。较早时期,生物统计遗传学是依据群体中不同个体的表型来研究遗传和变异,但现在已经向研究群体内分子水平变异的方向发展,涉及遗传连锁分析、遗传关联分析、群体遗传结构与分化分析、基因网络分析等众多内容。

## 1.4 遗传学的意义与作用

遗传学的深入研究,不仅直接关系到遗传学本身的发展;而且在理论上对于探索生命的本质和生物的进化,对于推动整个生物科学和有关学科的发展都有着巨大的作用。

在遗传学的研究上,试验材料从豌豆、玉米、果蝇等高等动植物发展到红色面包霉、大肠杆菌、噬菌体等一系列的低等生物,试验方法从生物个体的遗传分析发展到少数细胞或单细胞的组织培养技术。这些发展对于遗传研究的材料和方法是一个重大的进步;而且在认识生物界的统一性上也具有重大的理论意义。因为低等生物，特别是微生物繁殖快、数目多、变异多、易于培养、便于化学分析；而利用高等动植物以及人体的少数离体细胞，也能应用类似于培养细菌的方法进行深入的遗传研究，这就可以更好地提高试验准确性。研究资料清楚地表明最低等的和最高等的生物之间所表现的遗传和变异规律都是相同的，这一点有力地证明了生物界遗传规律的普遍性。

随着遗传学研究的深入，在理论上必然涉及生命的本质问题。近年来分子生物学，其中更重要的是分子遗传学的发展，充分证实以核酸和蛋白质为研究基础，特别是以 DNA 为研究的基础，来认识和阐述生命现象及其本质，这是现代生物科学发展的必然途径。

遗传学与进化论有着不可分割的关系。遗传学是研究生物上下代或少数几代的遗传和变异，进化论则是研究千万代或更多代数的遗传和变异。所以，进化论必须以遗传学为基础。达尔文的进化论是 19 世纪生物科学中一次巨大的变革，它把当时由于物种特创论的影响，生物科学中各学科互不相关的研究统一在进化论的基础上，使它们成为相互具有关联的学科。但是，由于社会条件和科学水平的限制，特别是当时遗传学还没有建立，达尔文没有、也不可能对进化现象作出充分而完美的解释。直到 20 世纪遗传学建立以后，尤其是近代分子遗传学发展以后，进一步了解遗传物质的结构和功能，及其与蛋白质合成的相互关系，才可能精确地探讨生物遗传和变异的本质，从而也才可能了解各种生物在进化史上的亲缘关系及其形成过程，真正认识到生物进化的遗传机理。因此，分子遗传学的发展与达尔文的进化论相比，可以说是生物科学中又一次巨大的变革。

在生产实践上，遗传学对农林业科学起着直接的指导作用。要提高育种工作的预见性，有效地控制有机体的遗传和变异，加速育种进程，就必须在遗传学的理论指导下，开展品种选育和良种繁育工作。在农业方面，我国首先育成矮秆优良水稻品种，并在生产上大面积推广，从而获得显著的增产，就是这方面的一个典型事例，在国外也有一些类似的事例。例如，在墨西哥育成矮秆、高产、抗病的小麦品种；在菲律宾育成抗倒伏、高产、抗病的水稻品种等。正是由于这些品种的推广，使一些国家的粮食产量有着不同程度的增加，引起农业生产发生显著的变化。在林业方面，我国采用杂交技术培育出了中林 46 杨、小黑杨、群众杨，尤其采用染色体加倍与杂交相结合的技术培育出了毛白杨三倍体新品种，在生产上大面积推广，取得了很好的增产效果，国外也育成了大批的林木新品种。例如，欧美杨无性系 I-72、I-214，以及我国近年引进的优良欧美杨无性系 I-107 等，对世界林业生产起了很大的推动作用。

遗传学在医学中也同样起着重要的指导作用。遗传学的发展，使研究人员得以广泛开展人类遗传性疾病的调查研究，深入探索癌细胞的遗传机理，从而为保健工作提出有效的诊断、预防和治疗的措施，为消灭致命的癌症展示出乐观的前景。重组 DNA 的技术为基因操纵和基因克隆铺平了道路。人类的许多重要基因被分离、整合到各种载体，并转移到寄主细胞中，组成可以合成各种蛋白质的生产中心。

随着人类社会和工农业生产的发展，有计划地控制人口的增长已经成为世界各国普遍性的问题；我国已明确提出，实行计划生育是一项基本国策。因此，为了防治遗传性疾病和畸形胎儿的出现，积极普及遗传学知识，认真做好产前检查和遗传咨询工作，确保少生优生，是提高我国民族的遗传素质和促进社会主义建设的重要保证。

此外，遗传学对社会性问题的认识和解决、司法鉴定和人的科学世界观形成等也有重要影响。在社会性问题方面，遗传学为认识种族、性别差别和解决由此产生的社会偏见提供了解决途径；为全球性关注的生态环境的保护、人类遗传健康等问题提供了理论指导。在法律特别是司法鉴定方面，如亲子关系鉴定、强奸、凶杀以及其他犯罪确认等，发挥着不可替代的作用。在影响人的世界观形成方面，最典型的例子是生命的起源和进化。遗传学研究发现，所有生物都采用相似的机制贮存和表达遗传信息，各种生物的许多结构特征，甚至基因结构都存在一定的同源性。这种生物界各种生物之间都存在亲缘关系的思想，从根本上改变了以前认为人类是天地万物中心的世界观。由此可见，遗传学知识影响着我们生活的各个方面。

近几十年来，遗传学已经取得了突飞猛进的进展。在 21 世纪，人们将会越来越认识到现代遗传学在科学发展、社会进步、生产力提高等各方面所产生的重要作用，以 DNA 为核心的遗传学科的发展必将在人类发展史上留下不可磨灭的功绩。

## 思考题

1. 什么是遗传学？为什么说遗传学诞生于 1900 年？
2. 什么是遗传？什么是变异？它们有何区别与联系？
3. 在达尔文之前有哪些思想与达尔文理论有联系？
4. 孟德尔遗传理论的精髓是什么？
5. 遗传学 4 个主要分支学科的研究手段各有什么特点？
6. 遗传学的应用前景如何？

## 主要参考文献

朱之悌. 1990. 遗传学[M]. 北京：中国林业出版社.
朱军. 2001. 遗传学[M]. 3 版. 北京：中国农业出版社.
刘庆昌. 2007. 遗传学[M]. 北京：科学出版社.
戴灼华，王亚馥，粟翼玟. 2008. 遗传学[M]. 2 版. 北京：高等教育出版社.
王柏臣，甘四明，卢孟柱，等. 2009. 林木遗传学发展[R]//中国科学技术协会(China Association for Science and Technology). 2008—2009 林业科学学科发展报告，83-102.
杨传平，沈熙环，卢孟柱，等. 2009. 林木育种学发展[R]//中国科学技术协会(China Association for Science and Technology). 2008—2009 林业科学学科发展报告，103-111.
陈晓阳，沈熙环. 2005. 林木育种学[M]. 北京：高等教育出版社.
赵寿元，乔守怡. 2001. 现代遗传学[M]. 北京：高等教育出版社.
KLUG W S, CUMMINGS M R, SPENCER C A. 2007. Essentials of Genetics[M]. 6$^{th}$ ed. New Jersey：Pearson Education, Inc.
HARTWELL L H, HOOD L, GOLDBERG M L, et al. 2008. Genetics：From Genes to Genomes[M]. 3$^{rd}$ ed. New York：McGraw-Hill Companies, Inc.
HARTL D L, JONES E W. 2001. Genetics：Principles and Analysis[M]. 5$^{th}$ ed. Massachusetts：Jones and Bartlett Publishers.
TIMOTHY L, WHITE W, THOMAS ADAMS, DAVID B. NEALE. 2007. Forest Genetics[M]. CABI Publishing.

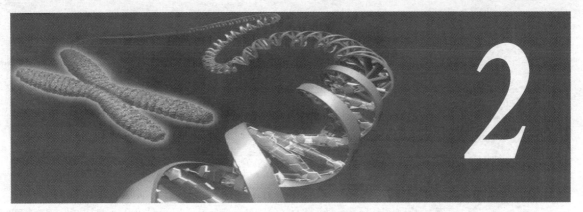

# 遗传的细胞学基础

细胞（cell）是生物体形态结构和生命活动的基本单位。生物界除了病毒和噬菌体等最简单的生物外，所有具有独立生命活动的生物都是由细胞构成的。生物生长发育与繁殖、遗传变异与进化等重要生命活动是以细胞为基础进行的。所以学习遗传学，研究生物遗传和变异的规律及其内在机理，必须要有一定的细胞学基础，对细胞的结构和功能、细胞中的遗传物质即染色体的结构与功能、染色体在细胞分裂中的行为及遗传的染色体学说、生物繁殖方式与生活周期等要有非常清楚的认识。

> 细胞是生物进行生命活动的基本结构单位。细胞质中多个细胞器含有自己的DNA，且大多是半自主性的，与核遗传体系相互依存。细胞核中的染色体是主要遗传物质，对控制细胞发育和性状遗传都起主导作用。细胞（生物）之间的遗传联系主要是通过有丝分裂和减数分裂维持的，生物遗传和变异的规律及其机理蕴涵其中。生活周期包括无性的孢子体世代和有性的配子体世代，二者交替发生保证了世界上生命世世代代的繁衍生息。

## 2.1 细胞的结构和功能

每种细胞都具有一定的结构，各种生物在细胞的结构和组成上是不同的。根据细胞结构的复杂程度，可把生物界的细胞分为2类：一类是原核细胞（prokaryotic cell），只有拟核而没有细胞核和细胞器，结构比较简单；另一类是真核细胞（eukaryotic cell），具有细胞核和各种细胞器，结构比较复杂。

### 2.1.1 原核细胞

原核细胞（图2-1）一般较小，直径为 1~10 μm，主要由细胞壁（cell wall）、细胞膜（plasma membrane）、细胞质（cytoplasma）和拟核（nucleoid）组成。

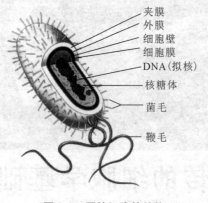

图 2-1 原核细胞的结构
（引自 Russell，2000）

细胞壁 在原核细胞外面起保护作用，是由蛋白聚糖（peptidoglycan）构成，蛋白聚糖是原核生物所特有的化学物质。

细胞膜 位于细胞壁内，其组成和结构与真核细胞相似。

细胞质 位于细胞膜内，由 DNA、RNA、蛋白质及其他小分子物质构成。原核细胞的细胞质内不存在线粒体（mitochondria）、叶绿体（chloroplast）、内质网（endoplasmic reticulum）、高尔基体（Golgi body）等有膜的细胞器，仅有核糖体（ribosome）。细胞质内没有分隔，是个有机的整体；也没有任何内部支持结构，所以主要靠其坚韧的外壁来维持形状。

拟核 原核细胞内遗传物质 DNA 存在的区域，称作拟核，但其外面并无外膜包裹。

具有原核细胞的生物统称为原核生物（prokaryote），各种细菌、蓝藻等低等生物均属于原核生物。

## 2.1.2 真核细胞

真核细胞一般比原核细胞大，直径为 10~100 μm，其结构和功能也比原核细胞复杂得多。真核细胞不仅含有核物质，而且有核结构，即核物质被核膜包被在细胞核里。另外，真核生物还含有线粒体、叶绿体、内质网等各种由膜包被的细胞器。除了原核生物以外，所有的高等植物、动物，以及单细胞藻类、真菌和原生动物等都具有这种真核细胞结构。

尽管真核细胞形态和功能各不相同，但有一些特点是所有真核细胞所共有的。如所有的真核细胞都由细胞膜与外界隔离，细胞质内有各种膜包被的细胞器（organelle）和起支持作用的细胞骨架（cytoskeleton），以及核膜包被的细胞核等。此外，植物细胞还有细胞壁。

**(1) 细胞壁**

植物细胞不同于动物细胞，在其细胞膜的外围有一层由纤维素和果胶质等构成的细胞壁。这是由细胞质分泌出来的物质，对植物细胞和植物体起保护和支持作用。在植物的细胞壁上有许多称为胞间连丝（plasmodesma）的微孔，它们是相邻细胞间的通道，是植物所特有的构造。通过电子显微镜可以看到，植物相邻细胞间的质膜是由许多胞间连丝穿过细胞壁联结起来的，因而相邻细胞的原生质是连续的。胞间连丝有利于细胞间的物质转运；并且大分子物质可以通过质膜上这些微孔从一个细胞进入另一个细胞。

**(2) 细胞膜**

细胞膜是一切生活细胞不可缺少的表面结构，是包被细胞内原生质（protoplasm）的一层薄膜，简称质膜（plasma membrane 或 plasmalemma）。它使细胞成为具有一定形态结构的单位，借以调节和维持细胞内微小环境的相对稳定性。

细胞膜与细胞内所有的膜相结构一样，主要由蛋白质和磷脂组成，其中还含有少量的糖类物质、固醇类物质及核酸等。大量试验证明，细胞膜不是一种静态的结构，它的组成经常随着细胞生命活动变化而发生变化。现在认为质膜是流动性的嵌有蛋白质的脂质双分子层的液态结构，其厚度为7～10 nm。它的主要功能在于能主动而有选择地通透某些物质，既能阻止细胞内许多有机物质的渗出，同时又能调节细胞外一些营养物质的渗入。许多研究证明，质膜上各种蛋白质，特别是酶，对于多种物质透过质膜起关键性的作用。质膜上一些蛋白质可与某些物质结合，引起蛋白质的空间结构改变，即所谓变构作用，因而导致物质通过细胞膜而进入细胞或从细胞中排出。此外，质膜对于信息传递、能量转换、代谢调控、细胞识别和癌变等方面，都具有重要的作用。

**（3）细胞质**

细胞质是在质膜内环绕着细胞核外围的原生质胶体溶液，内含许多蛋白质分子、脂肪、溶解在内的氨基酸分子和电解质；在细胞质中分布着蛋白纤丝组成的细胞骨架及各种细胞器。细胞骨架的主要功能是维持细胞的形状、运动并使细胞器在细胞内保持在适当的位置。细胞器是指细胞质内除了核以外的一些具有一定形态、结构和功能的物体。它们包括线粒体、叶绿体、核糖体、内质网、高尔基体、中心体（central body）、溶酶体（lysosome）和液泡（vacuole）等（图2-2）。

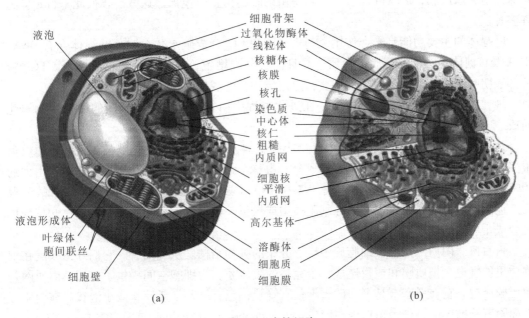

**图2-2 真核细胞**
(a)植物细胞 (b)动物细胞

其中有些细胞器只是某些生物细胞所特有的。例如，中心体只存在于动物和一些蕨类及裸子植物；叶绿体只存在于绿色植物。

线粒体、叶绿体等细胞器含有自己的DNA且与核内DNA的碱基成分有所不同，所以有它们各自的遗传体系，是细胞质遗传体系中重要组成部分。它们大多是半自主性的细胞器，与核遗传体系是相互依存的关系。现已证明线粒体、叶绿体、核糖体和内质网等具有重要的遗传功能。

**线粒体**　线粒体是动植物细胞质中普遍存在的细胞器。在光学显微镜下，它呈很小的线条状、棒状或球状；其体积大小不等，一般直径为 $0.5\sim1.0\mu m$，长度为 $1\sim3\mu m$，最长的可达 $7\mu m$。线粒体是由内外 2 层膜组成，外膜光滑，内膜向内回旋折叠，形成许多横隔。线粒体含有多种氧化酶，能进行氧化磷酸化，可传递和贮存所产生的能量，因而成为细胞内氧化作用和呼吸作用的中心，是细胞的动力工厂。

线粒体含有大量的脂类，主要是磷脂类，它是线粒体双膜结构的重要成分。线粒体含有 DNA、RNA 和核糖体，具有独立合成蛋白质的能力。线粒体含有的 DNA，使有它自己的遗传体系。但试验证明，线粒体的 DNA 与其同一细胞的核内 DNA 的碱基成分有所不同，并且这 2 种 DNA 在杂交试验中并不相互作用。线粒体的 DNA 也不与组蛋白相结合，而像细菌体内那样形成环状 DNA 分子。因此，线粒体与细胞核是 2 个不同的遗传体系。此外，线粒体具有分裂增殖的能力；还有资料证明，线粒体具有自行加倍和突变的能力。

**叶绿体**　叶绿体是绿色植物细胞中所特有的一种细胞器。叶绿体的形状有盘状、球状、棒状和泡状等。其大小、形状和分布因植物和细胞类型不同而变化很大。高等植物一般呈扁平的盘状，长度为 $5\sim10\mu m$。细胞内叶绿体的数目在同种植物中是相对稳定的。叶绿体也有双层膜，内含叶绿素的基粒是由内膜的折叠所包被，这些折叠彼此平行延伸为许多片层。

叶绿体的主要功能是光合作用，利用光能和 $CO_2$ 合成碳水化合物。叶绿体含有 DNA、RNA 及核糖体等，能够合成蛋白质，并且能够分裂增殖，还可以发生白化突变。这些特征都表明叶绿体具有特定的遗传功能，是遗传物质的载体之一。

现在认为线粒体、叶绿体可能是在进化过程中由寄生于真核细胞内的原核生物演化而成。

**核糖体**　核糖体是直径为 200Å 的微小细胞器，其外面没有膜包被，在细胞质中数量很多。它是细胞质中一个极为重要的成分，占整个细胞重量的很大比例。核糖体是由大约 40% 的蛋白质和 60% 的 RNA 所组成，其中 RNA 主要是核糖体核糖核酸（rRNA），故又称为核糖蛋白体。核糖体可以游离在细胞质中或核里，也可以附着在内质网上。已知核糖体是合成蛋白质的主要场所。

**内质网**　内质网是真核细胞质中广泛分布的膜相结构。从切面看，它们好像布满在细胞质里的管道，把质膜和核膜连成一个完整的膜体系，为细胞空间提供了支架。内质网是单层膜结构。它在形态上是多型的，不仅有管状，也有一些呈囊腔状或小泡状。在内质网外面附有核糖体的，称为粗糙内质网（rough endoplasmic reticulum）或称颗粒内质网（granular endoplasmic reticulum），它是蛋白质合成的主要场所，并通过内质网将合成的蛋白质运送到细胞的其他部位。不附着核糖体的，称为平滑型内质网（smooth endoplasmic reticulum），它可能与某些激素合成有关。

**中心体**　中心体是动物和某些蕨类及裸子植物细胞特有的细胞器。其含有一对由微管蛋白组成、结构复杂的中心粒（centriole）。它与细胞有丝分裂和减数分裂过程中纺锤丝（spindle fiber）的形成有关。在有些生物中，中心粒来源于另一种称作基体（basal body）的结构，它与细胞纤毛（cilia）和鞭毛（flagella）的形成有关。近来有很多报道认为中心粒和基体含有 DNA，可能与其复制有关，但还需要进一步研究证实。

**(4) 细胞核**

细胞核简称为核(nuclear)。核的形状不同,一般为圆球形,但在不同生物和不同组织的细胞中有很大的差异。核的大小也不同,就植物细胞核的直径计算,小的不到 1μm,大的可达 600μm,一般为 5~25μm。核是由核膜(nuclear membrane)、核液(nuclear sap)、核仁(nucleolus)和染色质(chromatin)4 部分组成。其中染色质及其进一步浓缩后形成的染色体是细胞中遗传物质的主要载体,是细胞核遗传体系的中心。

**核膜** 核膜是核的表面膜,也为双层的磷脂膜,膜上分布着直径 400~700Å 的核孔(nuclear pore),它们在很多地方通过内质网膜与质膜相通,参与核与质之间的物质交流。在细胞分裂的前期,核膜开始解体,形成小泡状物,散布在细胞质中;到细胞分裂末期,核膜重新形成,并把染色质包被起来。

**核液** 核内充满着核液,在电子显微镜下,核液是分散在低电子密度构造中直径为 100~2 000Å 的小颗粒和微细纤维。由于这种小颗粒与细胞质内核糖体的大小类似,因而有人认为它可能是核内蛋白质合成的场所。在核液中含有核仁和染色质。

**核仁** 核内一般有一个或几个折光率很强的核仁,其形态为圆形,其外围不具有薄膜。核仁主要是由蛋白质和 RNA 聚集而成的,还可能存在类脂和少量的 DNA。在细胞分裂过程中,核仁有短时间的消失,实际上只是暂时的分散,以后又重新聚集起来。核仁的功能目前还不够清楚,一般认为它与核糖体的合成有关系,是核内蛋白质合成的重要场所。

**染色质和染色体** 在细胞尚未进行分裂的核中,可以见到许多由碱性染料而染色较深的、纤细的网状物,这就是染色质。当细胞分裂时,核内的染色质卷缩而呈现为一定数目和形态的染色体。当细胞分裂结束进入间期时,染色体又逐渐松散而回复为染色质。所以说,染色质和染色体实际上是同一物质在细胞分裂过程中所表现出的不同形态。染色体是核中最重要而稳定的成分,它具有特定的形态结构和一定的数目,具有自我复制的能力;并且积极参与细胞的代谢活动,在细胞分裂过程中能呈现连续而有规律性的变化。染色体是细胞中遗传物质的主要载体,对控制细胞发育和性状遗传都起主导作用。

具有真核细胞的生物统称为真核生物(eukaryote)。真核生物是由原核生物进化而来。现存的 200 多万种生物,绝大多数都属于真核生物。

## 2.2 染色体

### 2.2.1 染色质与染色体

染色质是在间期细胞核内易被碱性染料着色的一种无定形物质,由 DNA、组蛋白、非组蛋白和少量 RNA 组成。非组蛋白和 RNA 的含量随细胞的生理状态而变化。染色质在细胞分裂的间期是由染色质丝(chromatin fiber)或称核蛋白纤维丝组成的网状结构。在细胞分裂期,染色质丝经螺旋化形成具有一定形态特征的染色体。间期染色质分为 2 种类型,即常染色质(euchromatin)和异染色质(heterochromatin)。

常染色质是构成染色质的主要成分,染色较浅且着色均匀。在细胞分裂间期,常染色质呈高度分散状态，伸展而折叠疏松，其 DNA 包装比为 1/2 000~1/1 000，即 DNA 的实际长度为染色质纤维长度的 1 000~2 000 倍。常染色质的 DNA 复制发生在细胞周期 S 期的早期和中期，主要由单一序列和中度重复序列 DNA 构成。常染色质是染色质中转录活跃部位，处于常染色质状态只是基因转录的必要条件，而不是充分条件。随着细胞分裂的进行，这些染色质区段由于逐步的螺旋化而染色逐渐加深。

异染色质是指间期细胞核内染色质丝中染色很深，而在细胞分裂的中期和后期又染色很浅或不染色的区段。异染色质在间期核中处于凝缩状态，无转录活性，又称非活动染色质(inactive chromatin)，在细胞间期中表现为晚复制、早凝缩。常染色质和异染色质在化学性质上并没有什么差异，二者在结构上是连续的，只是核酸的紧缩程度及含量上的不同。在同一染色体上由于螺旋化程度的不同而表现不同染色反应称为异固缩(heteropycnosis)现象。染色质的这种结构与功能密切相关，常染色质可经转录表现出活跃的遗传功能，而异染色质一般不编码蛋白质，只对维持染色体结构的完整性起作用。

异染色质又可分为组成性异染色质(constitutive heterochromatin)和兼性或功能性异染色质(facultative heterochromatin)。组成性异染色质就是通常所指的异染色质，是一种永久性异染色质，在染色体上的位置较固定，在间期细胞核中仍保持螺旋化状态，染色很深，在光学显微镜下可鉴别。与常染色质相比，异染色质的 DNA 具有较高比例的 G、C 碱基，序列高度重复。组成性异染色质在染色体上的分布因物种不同而异，大多数生物的异染色质集中分布于染色体的着丝粒周围。一般无表达功能，只与染色体的结构有关；其 DNA 合成较晚，发生在细胞周期 S 期的后期。兼性异染色质，又称 X 性染色质。它起源于常染色质，具有常染色质的全部特点和功能，其复制时间、染色特征与常染色质相同。但在特殊情况下，在个体发育的特定阶段，它可以转变成异染色质。一旦发生这种转变，则获得了异染色质的属性，如发生异固缩、迟复制、基因失活等变化。它可以在某类细胞或个体内表达，而在另一类细胞或个体内不表达。如雌性哺乳动物的 X 染色体就为兼性异染色质。对某个雌性动物来说，其中一条 X 染色体表现为异染色质而完全不表达其功能，而当其位于雄性动物中，其表现为功能活跃的常染色质。

染色体(或染色质)在细胞中具有特定的形态和数目，有自我复制的能力，并积极参与细胞代谢活动，表现出连续而有规律的变化，在控制生物性状的遗传和变异上有着极其重要的作用。遗传学中通常把控制生物的遗传单位称为基因，遗传学已证明基因按一定顺序排列在染色体上。因此，染色体是生物遗传物质的主要载体。

## 2.2.2 染色体的形态

染色体是染色质在细胞分裂过程中经过紧密缠绕、折叠、凝缩、精巧包装而形成的具有固定形态的遗传物质的存在形式。各个物种的染色体都各有特定的形态特征。在细胞分裂过程中，染色体的形态和结构表现为一系列规律性的变化，其中以有丝分裂中期和早后期染色体的表现最为明显和典型。

根据细胞学的观察，在外形上，每个染色体(图 2-3)都有一个着丝粒(centromere)和被着丝粒分开的两个臂(arm)：短臂(p arm)和长臂(q arm)。由于着丝粒区浅染内缢，所以也称主缢痕(primary constriction)，着丝粒是一种高度有序的整合结构，在结构和组成上都是非均一的。在细胞分裂时,纺锤丝就附着在着丝粒区域,这就是通常所称的着丝点(spindle fiber attachment)或动粒(kinetochore)的部分。它对于细胞分裂过程中染色体的行为是非常重要的。在某些染色体的 1 个或 2 个臂上还另外有缢缩部分,染色较淡,称为次缢痕(secondary constriction),它的位置是固定的,通常在短臂的一端。某些染色体次缢痕的末端所具有的圆形或长形的突出体,称为随体(satellite),它是识别某一特定染色体的重要标志之一。

染色体的着丝粒位置恒定,因此着丝粒的位置直接关系染色体的形态特征。根据着丝粒的位置可以将染色体进行分类,如果着丝粒位于染色体的中间,成为中间着丝粒染色体(metacentric chromosome),则两臂大致等长,因而在细胞分裂后期当染色体向两极牵引时表现为 V 形。如果着丝粒较近于染色体的一端,成为近中着丝粒染色体(sub-metacentric chromosome),则两臂长短不一,形成一个长臂和一个短臂,因而表现为 L 形。如果着丝粒靠近染色体末端,成为近端着丝粒染色体(acrocentric chromosome),则有一个长臂和一个极短臂,因而近似于棒状。如果着丝粒就在染色体末端,成为端着丝粒染色体(telocentric chromosome),由于只有一个臂,故亦呈棒状。此外,某些染色体的两臂都极其粗短,则呈颗粒状(图 2-4)。

图 2-3 中期染色体形态的示意
1. 长臂 2. 主缢痕 3. 着丝点
4. 短臂 5. 次缢痕 6. 随体

图 2-4 后期染色体形态的示意
1. V 形染色体 2. L 形染色体
3. 棒状染色体 4. 粒状染色体

在细胞分裂过程中,着丝粒对染色体向两极牵引具有决定性的作用。如果某一染色体发生断裂而形成染色体的断片,则缺失了着丝粒的断片将不能正常地随着细胞分裂而分向两极,因而常会丢失。反之,具有着丝粒的断片将不会丢失。

此外,染色体的次缢痕一般具有组成核仁的特殊功能,在细胞分裂时,它紧密联系着核仁,因而称为核仁组织中心(nucleolar organizer)。例如,玉米第 6 对染色体的次缢痕就明显地联系着一个核仁。

端粒(telomere)是真核生物染色体臂末端的特化部分,往往表现对碱性染料着色较深。它是一条完整染色体所不能缺少的,对维持染色体的稳定性起着重要的生物学功能。端粒由高度重复的 DNA 短序列串联而成,在进化上高度保守,不同生物的端粒序列都很相似,人的序列为 TTAGGG。端粒起到细胞分裂计时器的作用,端粒核苷酸每复制一次减少 50~100bp,其复制过程要靠具有反转录酶性质的端粒酶(telomerase)来完成。端粒对于真核生物线性染色体的正确复制是必需的。端粒丢失或端粒酶失活可导致细胞衰老。

在某些生物的细胞中,尤其是在它们发育的某个阶段,可以观察到一些特殊的染色体。它们的特点是体积巨大,相应的细胞核及整个细胞的窖也随之增大,此类染色体称为巨型染色体(giant chromosome)。例如,动物卵母细胞中所观察到的灯刷染色体(lampbrush chromosome)和双翅目昆虫的幼虫中的多线染色体(polytene)。

### 2.2.3 染色体的结构

人类体细胞内46条染色体中所含有的DNA总长达2m,平均每条染色体的DNA分子长约5cm,而细胞核的直径只有约6μm。显然,这么长的DNA分子必须经过非常精确的折叠装配才能形成一定结构和形态的染色体,从而压缩到细胞核里,这也是真核细胞的一个显著特点。许多学者对染色体的结构提出了各种模型,其中科恩伯格等人根据大量实验证据提出的染色质的基本结构单位核小体(nucleosome)模型得到普遍公认,并更新了人们关于染色体结构的传统观念。

核小体是构成染色质的结构单位(图2-5),使染色质中的DNA、RNA和蛋白质组成一种致密的结构。每个核小体由包括166bpDNA和4种组蛋白H2A、H2B、H3和H4各2个分子,共8个分子组成八聚体。长166bpDNA分子以左手方向螺旋盘绕八聚体1.75圈,所形成的核小体直径约为10nm。DNA双螺旋的螺距为2nm,166bp的DNA分子长70nm,因此从DNA分子包装成核小体,DNA压缩了7倍,同时直径加粗了5倍。核小体之间以组蛋白H1和DNA结合联结起来,其中可能还含有非组蛋白。用核酸酶水解核小体后产生一种只含140bp的核心颗粒。这样由核心颗粒加联结区就构成了核小体的基本结构单位,许多这样的单位重复连接起来形成直径11nm核小体串珠结构,该结构称为染色质纤维或核丝(nucleofilament),也称为多核小体链(polynucleosomal chain)。这是染色质包装的一级结构,核小体的形成是染色体中DNA压缩的第一步。DNA包装成染色体的下一个水平的变化是在组蛋白H1存在下,由直径11nm串联排列的核小体进一步螺旋化,每一圈由6个核小体构成外径30nm内径10nm,螺距11nm的中空螺线管(solenoid),这时DNA又压缩了6倍,形成染色体包装的二级结构。30nm的纤丝和非组蛋白骨架结合形成很多侧环(loop),每个侧环长10~90kb,约0.5μm,人类染色体约2 000个环区。带有侧环的非组蛋白骨架进一步形成直径为700nm的螺旋,构成染色单体。再由2条

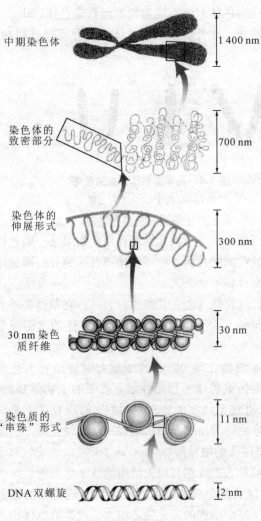

图2-5 从DNA到染色体(引自戴灼华,2008)

姊妹染色单体形成中期染色体,其直径为1 400nm。

## 2.2.4 染色体的数目

各种生物的染色体数目都是恒定的,而且它们在体细胞中是成对的,在性细胞中是单的,故在染色体数目上,生物的体细胞是其性细胞的1倍,通常分别以$2n$和$n$表示。例如,油松$2n=24$,$n=12$;杨树$2n=38$,$n=19$;茶树$2n=30$,$n=15$;水稻$2n=24$,$n=12$;普通小麦$2n=42$,$n=21$;家蚕$2n=56$,$n=28$;人类$2n=46$,$n=23$。在生物的体细胞内,具有同一种形态特征的染色体通常成对存在。这种形态和结构相同的一对染色体,称为同源染色体(homologous chromosome)。同源染色体不仅形态和结构相同,而且它们所含的基因位点也往往相同。一对同源染色体与另一对形态结构不同的染色体之间,则互称为非同源染色体(non-homologous chromosome)。如玉米共有10对染色体,形态相同的每一对染色体相互之间称为同源染色体,而这10对同源染色体彼此之间又互称为非同源染色体。又如,果蝇有4对染色体,这4对染色体之间彼此互称为非同源染色体。由此可见,根据上述同源染色体的概念,体细胞中成双的各对同源染色体实际上可以分成两套染色体。而在减数分裂以后,其雌雄性细胞将只存留一套染色体。

各物种的染色体数目往往差异很大,动物中某些扁虫只有2对染色体($n=2$),甚至线虫类的一种马蛔虫变种只有1对染色体($n=1$);而另一种蝴蝶(Lysandra spp.)可达191对染色体($n=191$);在被子植物中有种菊科植物(Haplopappus gracillis)也只有2对染色体,但在隐花植物中瓶尔小草属(Ophioglossum)的一些物种含有400~600对以上的染色体。被子植物(angiosperms)常比裸子植物(gymnosperms)的染色体数目多些。但是,染色体数目的多少与该物种的进化程度一般并无关系。某些低等生物可比高等生物具有更多的染色体,或者相反,表2-1为一些生物的染色体数目。但是染色体的数目和形态特征对于鉴定系统发育过程中物种间的亲缘关系,特别是对植物近缘类型的分类,常具有重要的意义。

表2-1 一些常见生物的染色体数目

| 物种名称 | 染色体数目($2n$) | 物种名称 | 染色体数目($2n$) |
| --- | --- | --- | --- |
| 水稻 Oryza sativa | 24 | 花生 Arachis hypogaea | 40 |
| 小麦属 Triticum | | 马铃薯栽培种 Solanum tuberosum | 48 |
| 　一粒小麦 T. monococcum | 14 | 甘薯 Ipomoea batatas | 90 |
| 　二粒小麦 T. dicoccum | 28 | 甘蔗 Saccharum officenarum | 80,126 |
| 　普通小麦 T. destivum | 42 | 糖用甜菜 Beta vulgaris | 18 |
| 大麦 Hordeum sativum | 14 | 烟草 Nicotiana tabacum | 48 |
| 玉米 Zea mays | 20 | 芸薹属 Brassica | |
| 高粱 Sorghum vulgare | 20 | 　白菜型油菜 B. campestris | 20 |
| 黑麦 Secale cereale | 14 | 　芥菜型油菜 B. juncea | 36 |
| 燕麦 Avena sativa | 42 | 　甘蓝型油菜 B. napus | 38 |
| 粟 Setaria italica | 18 | 棉属 Gossypium | |
| 大豆 Glycine max | 40 | 　亚洲棉 G. arboreum | 26 |
| 蚕豆 Vicia faba | 12 | 　陆地棉 G. hirsutum | 52 |
| 豌豆 Pisum sativum | 14 | 圆果种黄麻 Corchorus capsularis | 14 |

(续)

| 物种名称 | 染色体数目(2n) | 物种名称 | 染色体数目(2n) |
| --- | --- | --- | --- |
| 大麻 Cannabis sativa | 20 | 家蚕 Bombyx mori | 56 |
| 西瓜 Citrullus vulgaris | 22 | 拟南芥 Arabidopsis thaliana | 10 |
| 黄瓜 Cucumis sativus | 14 | 果蝇 Drosophila melanogaster | 8 |
| 南瓜 Cucurbita pepo | 40 | 蜜蜂 Apis mellifera | 32 |
| 萝卜 Raphanus sativus | 18 | 小白鼠 Mus musculus | 40 |
| 番茄 Lycopersicum esculentum | 24 | 大家鼠 Rattus norvegicus | 42 |
| 洋葱 Allium cepa | 16 | 鸡 Gallus domesticus | 78 |
| 甜橙 Citrus sinensis | 18,36 | 猪 Sus scrofa | 38 |
| 苹果 Malus pumila | 34 | 黄牛 Bos taurus | 60 |
| 桃 Prunus persica | 16 | 马 Equus calibus | 64 |
| 巴梨 Pyrus communis | 34 | 猕猴 Macaca mzlatta | 42 |
| 松 Pinus spp. | 24 | 人 Homo sapiens | 46 |
| 白杨 Populus alba | 38 | 链孢霉 Neurospora crassa | $n=7$ |
| 茶 Thea sinensis | 30 | 青霉菌 Penicillium spp. | $n=4$ |
| 桑 Morus alba | 14 | 莱因依藻 Chlamydomonas reinhardi | $n=16$ |

有些生物的细胞中除了具有正常恒定数目的染色体以外,还常出现额外的染色体。通常把正常的染色体称为 A 染色体;把这种额外染色体统称为 B 染色体,也称为超数染色体(supernumerary chromosome)或副染色体(accessory chromosome)。至于 B 染色体的来源和功能,尚不甚了解。

原核生物虽然没有一定结构的细胞核,但它们同样具有染色体。通常为 DNA 分子(细菌、大多数噬菌体和大多数动物病毒)或 RNA 分子(植物病毒、某些噬菌体和某些动物病毒),没有与组蛋白结合在一起;在形态上,有些呈线条状,有些连接成环状。通常在原核生物的细胞里只有一个染色体,因而它们在 DNA 含量上远低于真核生物的细胞。例如,大肠杆菌含有一个染色体,呈环状。它的 DNA 分子中含有的核苷酸对为 $3\times10^6$,长度为 1.1mm。而蚕豆配子中染色体($n=6$)的核苷酸对为 $2\times10^{10}$,长度为 6 000mm;豌豆配子中染色体($n=7$)的核苷酸对与长度分别为 $3\times10^{10}$ 和 10 500mm。

### 2.2.5 染色体组型及分析

不同物种和同一物种的染色体大小差异都很大,而染色体大小主要对长度而言;在宽度上,同一物种的染色体大致是相同的。一般染色体长度变动幅度为 $0.2\sim50.0\mu m$;宽度变动幅度为 $0.2\sim2.0\mu m$。

各种生物的染色体形态结构不仅是相对稳定的,而且大多数高等生物是二倍体(diploid),其体细胞内染色体数目一般是成对存在的。近年来由于染色技术的发展,在染色体长度、着丝点位置、长短臂比、随体有无等特点的基础上,可以进一步根据染色的显带表现区分出各对同源染色体,并予以分类和编号。例如,人类的染色体有 23 对($2n=46$),其中 22 对为常染色体,另一对为性染色体(X 和 Y 染色体的形态、大小和染色表现均不同)。目前国际上已根据人类各对染色体的形态特征及其染色的显带表现,把它们统一地划分为7组(A，B，…，G)，分别予以编号(表2-2 和 图2-6)。

染色体组型(genome)或染色体核型(karyotype)是指生物细胞核内的染色体数目及其各种形态特征的总和。对不同生物的染色体组型的各种特征进行定性和定量的分析和研究，称为染色体组型分析(genome analysis)，或称核型分析(analysis of karyotype)。

表2-2 人类染色体组型的分类

| 类别 | 染色体编号 | 染色体长度 | 着丝点位置 | 随体 |
| --- | --- | --- | --- | --- |
| A | 1~3 | 最长 | 中间，近中 | 无 |
| B | 4~5 | 长 | 近中 | 无 |
| C | 6~12，X | 较长 | 近中 | 无 |
| D | 13~15 | 中 | 近端 | 有 |
| E | 16~18 | 较短 | 中间，近中 | 无 |
| F | 19~20 | 短 | 中间 | 无 |
| G | 21~22，Y | 最短 | 近端 | 有 |

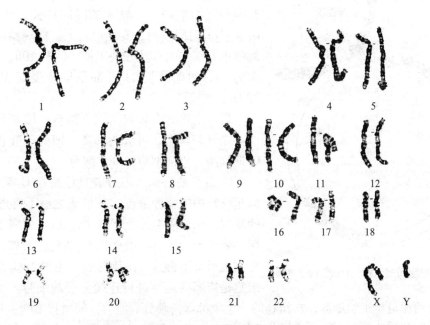

图2-6 人类男性染色体核型图(引自 Klug, 2008)

染色体的组型分析在研究遗传疾病的机理和临床诊断、判断分析物种间的亲缘关系、揭示物种起源进化过程的遗传机制、分析生物物种染色体数目和结构变异、对远缘杂种进行鉴定以及对单个染色体进行识别等方面均有着重要的作用。

## 2.3 染色体在细胞分裂中的行为

### 2.3.1 细胞周期

细胞增殖是生命的基本特征，种族的繁衍、个体的发育、机体的修复等都离不开细胞增殖。不管是单细胞生物，还是多细胞生物，要保持其生长必须有 3 个前提。首先是细胞体积的增加；其次是遗传物质的复制；最后是要有一种机制保证遗传物质能从母细胞精确地传递给子细胞，即细胞分裂。因此，细胞分裂是生物进行生长和繁殖的基础。遗传学许多基本理论和规律都是建立在细胞分裂基础上的。细胞分裂包括无丝分裂（amitosis）、有丝分裂和减数分裂 3 种形式。

细胞周期（cell cycle），指细胞从前一次分裂结束到下一次分裂终结所经历的过程，所需的时间称为细胞周期时间。可分为 4 个时期：①$G_1$ 期（gap1），指从有丝分裂完成到 DNA 复制之前的间隙时间，它主要进行细胞体积的增长，并为 DNA 合成作准备，不分裂细胞则停留在 $G_1$ 期，也称为 $G_0$ 期；②S 期（synthesis phase），指 DNA 复制的时间，染色体数目在此期加倍；③$G_2$ 期（gap2），指 DNA 复制完成到有丝分裂开始之前的一段时间，为细胞分裂作准备；④M 期或称 D 期（mitosis，division），指细胞分裂开始至结束的时间（图 2-7）。

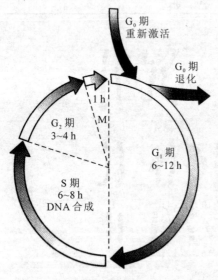

图 2-7　细胞周期示意（引自戴灼华，2008）

这 4 个时期的长短因物种、细胞种类和生理状态的不同而不同。一般 S 的时间较长，且较稳定；$G_1$ 和 $G_2$ 的时间较短，变化也较大。据观察哺乳动物离体培养细胞的有丝分裂周期，$G_1$ 为 10h，S 为 9h，$G_2$ 为 4h，间期共长 23h。而细胞分裂期 M 全长只有 1h。

真核生物的个体或组织，细胞群按其是否处于增殖或分裂状态，可分为 3 类，即处于静止状态的 $G_0$ 期细胞、周期细胞和分化细胞。

$G_0$ 细胞是指那些不分裂只停留在 $G_1$ 期的细胞。如花粉粒中的营养细胞，在形成之后不再进行 DNA 的复制，细胞周期停止于 $G_1$ 期，因其脱离了细胞周期，处于静止状态，因而是 $G_0$ 细胞。又如，茎的皮层细胞通常不再进行细胞分裂，也视为 $G_0$ 期。周期细胞是指那些能够进行连续分裂的细胞。如植物根尖、茎尖的原分生组织细胞，在植物的一生中都保持着分裂能力，使植物不断生长。生物体内还有一些细胞不可逆地脱离了细胞周期，失去分裂能力，成为分化细胞。如韧皮部中的筛管细胞。

有关细胞周期的遗传控制是当今遗传学研究中非常活跃的一个领域。最近研究发现，在细胞周期中的各个时期之间都存在着控制决定点（principal decision point），这些决定点控制着细胞是否进入细胞周期中的下一个时期。它们由细胞周期蛋白（cyclic protein）及依赖于周期蛋白的激酶（cyclic-dependent kinases，CDK）共同调控。在细胞周期转换过程中，一个最重要的控制点就是决定细胞是否进入 S 期，即从 $G_1$→S 期的 DNA 合成起始转换点。该决定点存在于 $G_1$ 中期，细胞接收内外的信息后，在 $G_1$ 期细胞周期蛋白及其 CDK 共同作用下，调控细胞是否通过该控制点。当细胞通过了该控制点，细胞就进入下一轮的 DNA 复制。如果在 $G_1$ 后期，发生营养缺乏或 DNA 损伤等，都可以影响 $G_1$ 期细胞周期蛋白及其

CDK 的作用，从而阻止细胞进入 S 期，使细胞停留在 $G_1$ 期而成为 $G_0$ 细胞；$G_0$ 与 $G_1$ 之间的转换是一可逆的过程。如果该控制点失控，往往会引起细胞大量增殖而导致肿瘤的发生。正是由于这一转换过程，才赋予了生命机体和组织的细胞多样性，才有了分别处于分裂的周期细胞、静止 $G_0$ 细胞和分化细胞等混合细胞群体的存在。进入细胞周期其他时期也都有其控制点，其调控方式与进入 S 期相类似，如细胞进入有丝分裂期的控制点是由 M 期细胞周期蛋白及其 CDK 所控制（图 2-8）。

无丝分裂也称直接分裂，它不像有丝分裂那样经过染色体有规律的和准确的分裂过程，而只是细胞核拉长，缢裂成两部分，接着细胞质也分裂，从而成为两个细胞。因为在整个分裂过程中看不到纺锤丝，故称为无丝分裂，是低等生物如细菌等的主要分裂方式。这种分裂方式过去认为在高等生物中比较少见，只有在高等生物的某些专化组织或

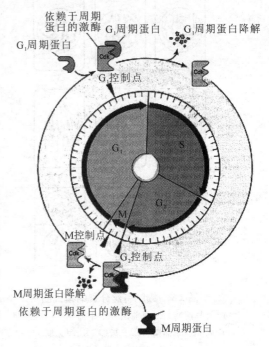

图 2-8　细胞周期的遗传控制（引自 Russell，2000）

病变和衰退组织中可能发生，或在高等植物某些生长迅速的部分可能发生，例如，小麦的茎节基部和番茄叶腋发生新枝处，以及一些肿瘤和愈伤细胞。近年的观察资料表明高等生物的许多正常组织也常发生无丝分裂，例如，植物的薄壁组织细胞、木质部细胞、绒毡层细胞和胚乳细胞等，还有动物胚的胎膜、填充组织和肌肉组织等。

## 2.3.2　有丝分裂中染色体的行为

有丝分裂是一个没有明显界限的细胞分裂的连续过程，包含 2 个紧密相连的过程：先是细胞核分裂，即核分裂为 2 个；后是细胞质分裂，即细胞分裂为二，各含有 1 个核。但为了便于描述，一般把核分裂的变化特征分为 4 个时期（图 2-9）：前期（prophase）、中期（metaphase）、后期（anaphase）和末期（telophase）。细胞在分裂前处于间期（interphase）。

现就 4 个时期分述如下。

**前期**　是有丝分裂的开始阶段，细胞核内出现细长而卷曲的染色体，而后逐渐缩短变粗。晚前期可以看到每条染色体含有由着丝粒相连接的 2 条姊妹染色单体（sister chromatid），表明此时染色单体已经在间期完成了自我复制，但染色体的着丝粒还没有分裂。核膜破裂标志着前中期（prometaphase）的开始，这时核仁消失，核膜崩解，允许纺锤体进入核区。一种特化的结构——动粒（kinetochore）在每一条染色体的着丝粒两侧形成。动粒与动粒微管（kinetochore microtubule）相连；动物细胞中中心体分裂为二，并向两极分开；每个中心体周围出现星射线，在前期最后阶段将逐渐形成丝状的纺锤丝。但是高等植物细胞没有中心体，只从两极出现纺锤丝。

中期 核仁和核膜均消失了，细胞核与细胞质已无可见的界限，细胞内出现清晰可见由来自两极的纺锤丝所构成的纺锤体。纺锤丝（动粒微管）为染色体定位，从而使它们的着丝粒排列在两个纺锤体极中间的平面上，染色体的长轴与纺锤体轴垂直。染色体所在的平面称为赤道板（metaphase plate）。由于这时染色体具有典型的形状，故最适于采用适当的制片技术鉴别和计数染色体。

后期 每个染色体的着丝粒分裂为二，这时各条染色单体已各成为1个染色体。一旦染色体上成对的动粒分开，并列的染色单体（chromatid）也跟着分开。随着纺锤丝的牵引每个染色体分别向两极移动，因而两极各具有与原来细胞同样数目的染色体。胞质分裂（cytokinesis）通常在后期末开始。

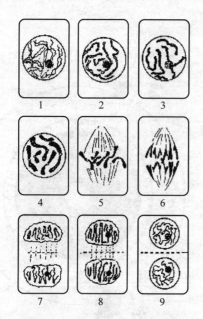

图 2-9 细胞有丝分裂的模式图
1. 极早前期 2. 早前期 3. 中前期 4. 晚前期
5. 中期 6. 早后期 7. 晚后期 8. 早末期 9. 末期

末期 移到两极的染色体开始解螺旋，又变得松散细长，恢复间期伸展的状态。在两极围绕着染色体出现新的核膜，纺锤体消失，核仁重新出现。于是在1个母细胞内形成2个子核。

接着细胞质分裂，纺锤体的赤道板区域形成细胞板，分裂为2个细胞，完成了有丝分裂和细胞分隔过程。

有丝分裂的全过程所经历的时间，因物种和外界环境条件而不同，一般以前期的时间最长，可持续 1～2h；中期、后期和末期的时间都较短，5～30min。例如，同在25℃条件下，豌豆根尖细胞的有丝分裂时间约需83min；而大豆根尖细胞约需114min。又同一蚕豆根尖细胞，在25℃下有丝分裂时间约需114min；而在3℃下，则需880min。

此外，应该指出有丝分裂过程中的特殊情况：一是细胞核进行多次重复的分裂，而细胞质却不分裂，因而形成具有很多游离核的多核细胞。二是核内染色体分裂，即染色体中的染色线连续复制，但其细胞核本身不分裂，结果加倍了的这些染色体都留在一个核里，这就称为核内有丝分裂（endomitosis）。这种情况在组织培养的细胞中较为常见，植物花药的绒毡层细胞中也有发现。核内有丝分裂的另一种情况是染色体中的染色线连续复制后，其染色体并不分裂，仍紧密聚集在一起，因而形成多线染色体（polytene chromosome）。双翅目昆虫的摇蚊（Chironomus）和果蝇（Drosophila）等幼虫的唾腺细胞中发现巨大染色体，亦称唾腺染色体（salivary chromosome），即为典型的多线染色体。由于核内有丝分裂，唾腺染色体中含有的染色线可以多达千条以上，而且它们的同源染色体发生配对，所以在唾腺细胞中染色体数目减少一半。它们比一般细胞的染色体粗 1 000～2 000 倍，长 100～200 倍。巨型染色体可呈现出许多深浅明显不同的横纹和条带。这种横纹和条带的形态和数目在同一物种的不同细胞中是一样的；并且横纹和条带的变化与其遗传的变异是密切关联的。因此，这种巨型染色体的多线结构在遗传学的研究上具有重要的意义。

染色体在有丝分裂过程中的变迁是：从间期的 S 期到前期再到中期，每个染色体具有 2 条染色单体（由 2 条完整的双链 DNA 分子所组成）。从后期至末期直至下 1 个细胞周期的 $G_1$ 期，每条染色体只有 1 条染色单体（1 条完整的 DNA 双链）。

有丝分裂的遗传学意义在于 1 个细胞产生了 2 个子细胞，每个子细胞均含有与亲代细胞在数目和形态上完全相同的染色体。这是由于在间期核内每个染色体准确地复制成 2 条一模一样的染色单体，为形成 2 个子细胞在遗传组成上与母细胞完全一样提供了基础。在分裂期复制的各对染色体有规则而均匀地分配到 2 个子细胞中去，从而使 2 个细胞与母细胞具有同样质量和数量的染色体。总之，有丝分裂的主要特点是：细胞分裂一次，染色体复制一次，遗传物质均分到 2 个子细胞中。

对细胞质来说，在有丝分裂过程中虽然线粒体、叶绿体等细胞器也能复制，也能增殖数量。但是它们原先在细胞质中分布是不均匀的，数量也是不恒定的，因而在细胞分裂时它们是随机而不均等地分配到 2 个子细胞中。由此可知，任何由线粒体、叶绿体等细胞器所决定的遗传表现，不可能与染色体所决定的遗传表现具有同样的规律性。

这种均等方式的有丝分裂既维持了个体的正常生长和发育，也保证了物种的连续性和稳定性。多细胞生物的生长主要是通过细胞数目的增加和细胞体积的增大而实现的，所以通常把有丝分裂称为体细胞分裂。植物采用无性繁殖所获得的后代所能保持其母本的遗传性状，就在于它们是通过有丝分裂而产生的。

### 2.3.3 减数分裂中染色体的行为

减数分裂，又称为成熟分裂（maturation division），是在性母细胞成熟时，配子形成过程中所发生的一种特殊的有丝分裂。因为它使体细胞染色体数目减半，故称为减数分裂。它是包括 2 次连续的核分裂而染色体只复制了 1 次，每个子细胞核中只有单倍数的染色体的细胞分裂形式。2 次连续的核分裂分别称为第一次减数分裂（或减数分裂 I，meiosis I）和第二次减数分裂（减数分裂 II，meiosis II）。在 2 次减数分裂中都能区分出前期、中期、后期和末期。减数分裂 I 导致染色体的数目从二倍体减少到单倍体，减数分裂 II 导致姊妹染色单体的分离。结果经 2 次减数分裂而产生的 4 个细胞核中都只有一套完整的单倍体基因组。在大多数情况下，减数分裂都伴随着胞质分裂，所以一个二倍体的细胞经过减数分裂产生 4 个单倍体的细胞。例如，水稻的体细胞染色体数 $2n=24$，经过减数分裂后形成的精细胞和卵细胞都只是原有染色体数的一半，即 $n=12$。但通过受精，精细胞和卵细胞相结合，使合子又恢复了体细胞的正常染色体数目（$2n$），从而保证了物种染色体数目的恒定性。

减数分裂的主要特点：首先是各对同源染色体在细胞分裂的前期配对（pairing），或称联会（synapsis）。其次是细胞在分裂过程中包括 2 次分裂：第一次是减数的，第二次是等数的。其中以第一次分裂的前期较为复杂，又可细分为 5 个时期。减数分裂的整个过程（图 2-10）可以概述如下。

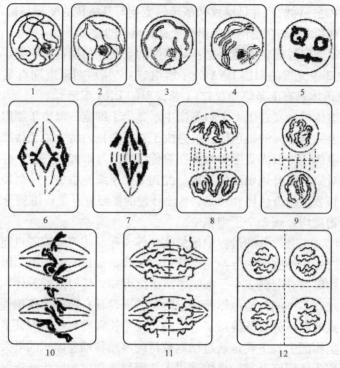

图 2-10 减数分裂的模式图

1. 细线期　2. 偶线期　3. 粗线期　4. 双线期　5. 终变期　6. 中期Ⅰ
7. 后期Ⅰ　8. 末期Ⅰ　9. 前期Ⅱ　10. 中期Ⅱ　11. 后期Ⅱ　12. 末期Ⅱ

#### 2.3.3.1　第一次减数分裂

**(1)前期Ⅰ** (prophase Ⅰ)

虽然DNA的合成发生在S期,但复制的产物直到前期Ⅰ才能观察到。前期Ⅰ经历的时间较长,变化较多,又可分为以下5个亚时期(substage):

细线期(leptonema)　由于染色体在间期已经复制,这时每个染色体都是由1个共同的着丝粒联系的2条染色单体所组成。此期可观察到核内出现细长如线的染色体,看不出染色体的双重性。

偶线期(zygonema)　各同源染色体分别配对,出现联会现象。$2n$个染色体经过联会而成为$n$对染色体。各对染色体的对应部位相互紧密并列,逐渐沿着纵向联结在一起,这样联会的一对同源染色体,称为二价体(bivalent)。一般在这时出现多少个二价体,即表示有多少对同源染色体。根据电子显微镜的观察,同源染色体经过配对在偶线期已经开始形成联会复合体(synaptonemal complex,SC)(图2-11)。它是同源染色体联会过程中形成的一种独特的亚显微的非永久性的复合结构。由配对着的同源染色体的相对面各产生1个侧结构,称为侧成分(lateral element),2个侧成分在中央合并成1个中央成分(central element),也称为中体。研究表明,SC的主要功能是,一方面使同源染色体的2个成员稳定在大约120nm的恒定距离中,是同源染色体配对的必要条件;另一方面可能会在适当条

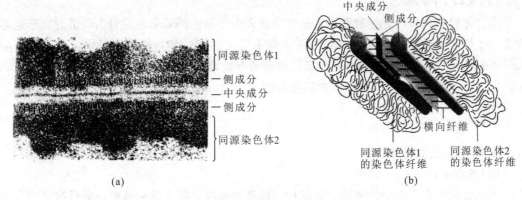

图 2-11 联会复合体(引自戴灼华，2008)
(a)电镜照片 (b)结构示意

件下激活染色体的交换和遗传重组。通常联会复合体出现于偶线期，成熟于粗线期，消失于双线期。

粗线期(pachynema) 二价体逐渐缩短加粗，因为二价体实际上已经包含了4条染色体单体，故又称为四合体或四联体(tetrad)。在二价体中1个染色体的2条染色单体，互称为姊妹染色单体；而不同染色体的染色单体，则互称为非姊妹染色单体(non-sister chromatid)。一般认为同源染色体的联会复合体的形成是在粗线期完成的。此时非姊妹染色单体间出现交换(crossing over)，因而造成遗传物质的重组。

双线期(diplonema) 四合体继续缩短变粗，各个联会了的二价体虽因非姊妹染色体相互排斥而松散，但仍被1~2个至几个交叉(chiasmata)联结在一起。这种交叉现象就是非姊妹染色体之间某些片段在粗线期发生交换的结果。在电子显微镜下观察，这时的联会复合体的横丝物质脱落了，只是在交叉处还未脱落。

终变期(diakinesis) 染色体变得更为浓缩和粗短，这是前期Ⅰ终止的标志。这时可以观察到交叉向二价体的两端移动，并且逐渐接近于末端，这一过程称作交叉的端化(terminalization)。此时，每个二价体分散在整个核内，可以一一区分开来，所以是鉴定染色体数目的最好时期。

(2)中期Ⅰ(metaphase Ⅰ)

核仁和核膜消失，细胞质里出现纺锤体。纺锤丝与各染色体的着丝点连接。从纺锤体的侧面观察，各二价体不是像有丝分裂中期各同源染色体的着丝点整齐地排列在赤道板上；而是分散在赤道板的两侧，即二价体中2个同源染色体的着丝点是面向相反的两极的，并且每个同源染色体的着丝点朝向哪一极是随机的。从纺锤体的极面观察，各二价体分散排列在赤道板的近旁。这时也是鉴定染色体数目的最好时期。

(3)后期Ⅰ(anaphase Ⅰ)

由于附着各个同源染色体的着丝点的纺锤丝的牵引，各个二价体各自分开，这样把二价体的2个同源染色体分别向两极拉开，每一极只分到每对同源染色体中的1个，实现了$2n$数目的减半($n$)。这时每个染色体还是包含2条染色单体，因为它们的着丝粒并没有分裂。

**(4) 末期Ⅰ**(telophase Ⅰ)

染色体移到两极后,松散变细,逐渐形成2个子核;同时细胞质分为2部分,于是形成2个子细胞,称为二分体(dyad)。在末期Ⅰ后大都有一个短暂停顿时期,称为中间期(interkinesis),相当于有丝分裂的间期;但有两点显著的不同:一是时间很短,二是DNA不复制,所以中间期的前后DNA含量没有变化。这一时期在很多动物中几乎是没有的,它们在末期Ⅰ后紧接着就进入下一次分裂。

### 2.3.3.2 第二次减数分裂

**(1) 前期Ⅱ**(prophase Ⅱ)
每个染色体有2条染色单体,着丝粒仍连接在一起,但染色单体彼此散得很开。

**(2) 中期Ⅱ**(metaphase Ⅱ)
每个染色体的着丝粒整齐地排列在各个分裂细胞的赤道板上。着丝粒开始分裂。

**(3) 后期Ⅱ**(anaphase Ⅱ)
着丝粒分裂为二,各个染色单体由纺锤丝牵引分别拉向两极。

**(4) 末期Ⅱ**(telophase Ⅱ)
拉到两极的染色体形成新的子核,同时细胞质又分为2部分。这样经过2次分裂,形成4个子细胞,这称为四分体(tetrad)或四分孢子(tetraspore)。各细胞的核里只有最初细胞的半数染色体,即从$2n$减数为$n$。

染色体在减数分裂过程中的变化是:从前期Ⅰ至中期Ⅰ,染色体数为$2n$,由于同源染色体的联会,使来自父本和母本的每条具有2条染色单体的染色体配对。从后期Ⅰ至中期Ⅱ,由于配对的同源染色体分开,进入子细胞的染色体数由$2n$减少为$n$,但每条染色体仍有2条染色单体。从后期Ⅱ至末期Ⅱ,每个着丝粒都一分为二,使得每条染色单体分开。进入每个子细胞的就是只有一条染色单体的染色体,仍保持染色体数为$n$。

减数分裂在遗传学上具有重要的意义。首先,减数分裂时核内染色体严格按照一定的规律变化,最后经过2次连续的分裂形成4个子细胞,发育为雌雄性细胞,但遗传物质只进行了1次复制,因此,各雌雄性细胞只具有半数的染色体($n$)。这样雌雄性细胞受精结为合子,又恢复为全数的染色体($2n$)。从而保证了亲代与子代之间染色体数目的恒定性,为后代的正常发育和性状遗传提供了物质基础;同时保证了物种的相对稳定性。

其次,各对同源染色体在减数分裂中期Ⅰ排列在赤道板上,然后分别向两极拉开,但各对染色体中的2个成员在后期Ⅰ分向两极时是随机的,即一对染色体的分离与任何另一对染色体的分离不发生关联,各个非同源染色体之间均可能自由组合在1个子细胞里。$n$对染色体,就可能有$2^n$种自由组合方式。例如,水稻$n=12$,其非同源染色体分离时的可能组合数即为$2^{12}=4\ 096$。这说明各个细胞之间在染色体组成上将可能出现多种多样的组合。

最后,同源染色体的非姊妹染色单体之间的片段还可能出现各种方式的交换,这就更增加了这种差异的复杂性。因而为生物的变异提供了重要的物质基础,有利于生物的适应及进化,并为人工选择提供了丰富的材料。

## 2.3.4 遗传的染色体学说

当孟德尔定律于 1900 年被重新发现后不久,大量研究的假设认为,基因位于染色体上。其中最强有力的证据就是孟德尔的分离定律和独立分配定律与减数分裂过程中染色体行为的平行关系。基于鲍维里(T. Boveri),威尔森(E. B. Wilson)以及其他科学家的理论思想和实验结果,萨顿(W. S. Sutton)以及鲍维里于 1902—1903 年间首先提出了遗传的染色体学说(chromosome theory of inheritance)。在 1902 年的一篇论文中,萨顿推测:"父本和母本染色体联会配对以及随后通过减数分裂的分离构成了孟德尔遗传定律的物质基础。"1903 年,他提出孟德尔的遗传因子是由染色体携带的,因为①每个细胞包含每一染色体的 2 份拷贝以及每一基因的 2 份拷贝;②全套染色体,如同孟德尔的全套基因一样,在从亲代传递给子代时并没有改变;③减数分裂时同源染色体配对然后分配到不同的配子中,如同一对等位基因分离到不同的配子中;④每对同源染色体的 2 个成员独立地分配到相反的两极,而不受其他同源染色体独立分配的影响,孟德尔假设的各对不同的等位基因也是独立分配的;⑤受精时,来自卵细胞的一套染色体随机与所遇到的一套来自精子的染色体结合,从 1 个亲本获得的所有基因也会随机地与从其另 1 亲本获得的所有基

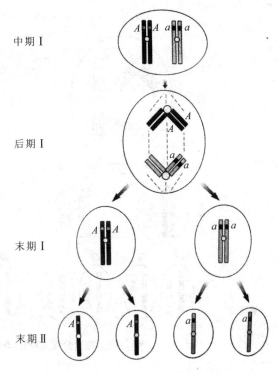

图 2-12　分离定律染色体基础示意

因结合;⑥从受精卵分裂得到的所有细胞其染色体的一半和基因的一半起源于母本,另一半起源于父本。

按照上述学说,对孟德尔的分离定律和独立分配定律就可以这样理解:在第一次减数分裂时,由于同源染色体的分离,使位于同源染色体上的等位基因分离,从而导致性状的分离(图 2-12)。由于决定不同性状的 2 对非等位基因分别位于 2 对非同源染色体上,形成配子时同源染色体上的等位基因分离,非同源染色体上的非等位基因以同等的机会在配子内自由结合,从而实现了性状的自由组合(图 2-13)。

萨顿这个假设引起了科学界广泛的注意,因为这个假设十分具体,染色体是细胞中具体可见的结构。但要证实这个假设,自然是要把某一特定基因与特定染色体联系起来。首先做到这一点是美国实验胚胎学家摩尔根的研究小组,他们把控制果蝇眼睛颜色的基因定位在了果蝇的 X 染色体上。这部分内容在以后的章节会有详细介绍。

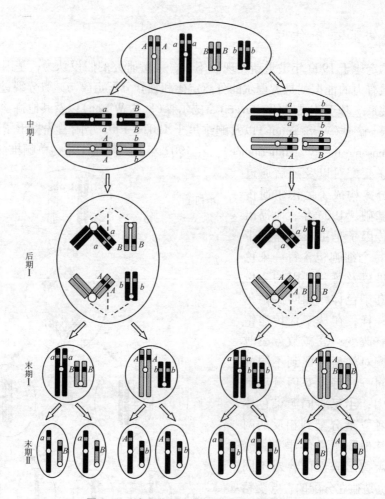

图 2-13 独立分配定律的染色体基础示意

## 2.4 生物的生殖

### 2.4.1 有性生殖

有性生殖(sexual reproduction)是生物界最普遍的生殖方式,众所周知,大多数动植物甚至人类生命的繁衍、遗传物质的传承都是通过有性生殖完成的。高等动物的生殖细胞在胚胎发生时即已形成,但直到个体发育成熟时才继续发育,经减数分裂生成染色体数目减半的精子($n$)和卵子($n$)。高等植物的有性生殖是在花器中完成的,经过减数分裂,雄蕊形成小孢子($n$)发育成花粉,雌蕊形成大孢子($n$)发育成八核胚囊(embryo sac)。

#### 2.4.1.1 动物精子和卵细胞的形成

大多数高等动物都是雌雄异体的。它们的生殖细胞分化很早,在胚胎发生过程中即形成,这些细胞藏在生殖腺(gonad)里,在雌性性腺里为卵原细胞(oogonia),雄性性腺(精巢)里有精原细胞(spermatogonium)。它们都是通过有丝分裂产生，所以其染色体数目与其他体细胞同为 $2n$。性原细胞在经过多次有丝分裂后停止分裂，开始长大，在雌性和雄性个体的性腺中分别形成初级卵母细胞(primary oocyte)和初级精母细胞(primary spermatocyte)。

初级卵母细胞接着发生减数分裂，但当细胞在完成前期Ⅰ的双线期后，分裂过程暂时停止，暂停时间的长短因生物种类的不同而不同。在此期间，雌性个体的卵母细胞发生一系列的变化，进行营养物质的积累，为继续分裂和受精作准备。随着性的成熟，暂时停止的减数分裂继续进行，并形成2个各含有一整套染色体的单倍体的细胞，但它们所含的细胞质很不对称。其中一个细胞含有极大部分的细胞质，称为次级卵母细胞(secondary oocyte)，而另一个细胞只含极少部分细胞质，称为第一极体(polar body)。随后，次级卵母细胞进行减数第二次分裂，形成2个单倍体的子细胞。次级卵母细胞的胞质再次发生不对称分裂，其中一个细胞得到几乎全部的细胞质，发育成为卵细胞(egg)，而另一个细胞成为第二极体。第一极体可能退化或者继续分裂产生2个第二极体。因此，在减数分裂形成的4个子细胞中只有1个细胞发育成为卵细胞，3个第二极体最终都退化解体[图2-14(a)]。

随着性的成熟，雄性个体的初级精母细胞发生减数分裂，形成2个含有半数染色体($n$)的次级精母细胞(secondary spermatocyte)。这2个次级精母细胞都经过减数分裂的第二次分裂形成4个单倍体的精细胞(spermatid)，再经过一系列的变化，发育成为成熟的精子(sperm)[图2-14(b)]。

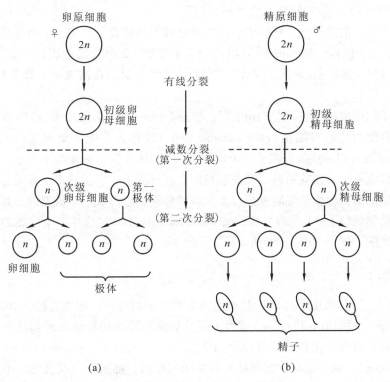

图 2-14　高等动物性细胞的形成过程
(a)卵细胞形成　(b)精子形成

### 2.4.1.2 植物大小孢子的发生和雌雄配子的形成

高等植物不存在早期已分化了的生殖细胞，而是到个体发育成熟时，才从体细胞中分化形成花器（图 2-15），在花器中进行有性生殖的全部过程。当然，并非花器各部分组织都与有性生殖过程具有直接的联系；有直接联系的只是雄蕊和雌蕊。由雄蕊和雌蕊内的孢原细胞经过一系列的有丝分裂和分化，最后经过减数分裂发育成为雄性配子和雌性配子，即精子和卵细胞。

雌性配子的形成过程是[图 2-16(a)]：在雌蕊（pistil）子房（ovary）里着生胚珠（ovule），在胚珠的珠心组织里分化为大孢子母细胞或胚囊母细胞（megaspore mother cell 或 megasporocyte），由一个大孢子母细胞（$2n$）经过减数分裂，形成直线排列的 4 个大孢子（macrospore）（$n$），即四分孢子。其中近珠孔端的 3 个大孢子自然解体，而远离珠孔的一个大孢子继续发育，这个大孢子的核通过连

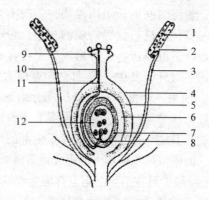

图 2-15　植物的雌蕊和雄蕊
1. 花粉粒　2. 花药　3. 花丝　4. 子房　5. 子房壁
6. 珠被　7. 珠心　8. 珠孔　9. 柱头　10. 花柱
11. 花粉管　12. 胚囊

续 3 次有丝分裂，依次形成二核胚囊、四核胚囊和八核胚囊，其中 3 个为反足细胞（antipodal cell），2 个为极核（polar nucleus）组成为一个细胞，2 个为助细胞（synergid），另一个为卵细胞。这样由 8 个核（实际是 7 个细胞）所组成的胚囊，在植物学上称为雌配子体（female gametophyte）。

雄性配子的形成过程是[图 2-16(b)]：雄蕊（stamen）的花药（anther）中分化出孢原组织，进一步分化为花粉母细胞（pollen mother cell）或称为小孢子母细胞（microsporocyte）（$2n$），经过减数分裂形成四分孢子（tetraspore）（$n$），从而发育成 4 个小孢子（microspore），并进一步发育成 4 个单核花粉粒。在花粉粒的发育过程中，它经过 1 次有丝分裂，形成营养细胞和生殖细胞；而生殖细胞又经过 1 次有丝分裂，才形成一个成熟的三胞花粉粒，其中包括 2 个精细胞（$n$）和 1 个营养核（vegetative nucleus）（$n$）。这样一个成熟的花粉粒在植物学上称为雄配子体（male gametophyte）。

### 2.4.1.3 受精

雄配子（精子）与雌配子（卵细胞）融合为 1 个合子的过程，称为受精（fertilization）。植物在受精前有一个授粉（pollination）过程，就是指成熟的花粉粒落在雌蕊柱头上，由于花粉的来源不同，植物的授粉方式可以分为 2 大类：自花授粉（self-pollination）和异花授粉（cross pollination）。同一朵花内或同株上花朵间的授粉，都属于自花授粉。不同株的花朵间授粉，则属于异花授粉。为了区分各种植物的授粉类型，一般用天然异花授粉百分率表示。各种植物的天然异花授粉百分率除了由其遗传基础和花器构造等内在因素所决定以外，也常因开花时的外界环境，如风力、昆虫、光照、温度等因素的影响，而有一定的变化。

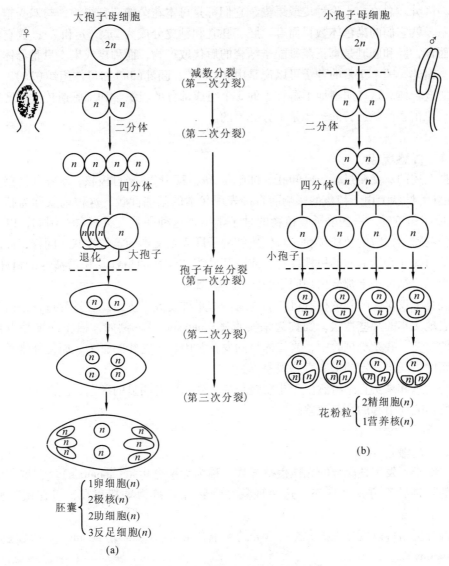

**图 2-16　高等植物雌雄配子形成的过程**
(a) 雌配子形成　(b) 雄配子形成

授粉后，花粉粒在柱头上发芽，形成花粉管，穿过花柱、子房和珠孔，进入胚囊。花粉管延伸时，营养核走在 2 个精核的前端。花粉管进入胚囊一旦接触助细胞即破裂，助细胞也同时破裂。2 个精核与花粉管的内含物一同进入胚囊，这时一个精核($n$)与卵细胞($n$)受精结合为合子(zygote)($2n$)，将来发育成胚(embryo)；同时另一精核($n$)与 2 个极核($n+n$)受精结合为胚乳核($3n$)，将来发育成胚乳。这一过程称为双受精(double fertilization)。

通过双受精而最后发育成种子，这是种子植物的特点。种子的主要组成部分是胚、胚乳和种皮。胚和胚乳都是通过受精而形成的，但种皮并不是受精的产物。双子叶植物的种皮是由胚珠的珠被发育而成的；单子叶植物中禾本科植物的颖果上的种皮很薄，常与果皮合生不易区分。总之，不论种皮或果皮，它们都是母本花朵的营养组织，与双受精过程并没有联系，就它们的染色体数目而言，胚、胚乳和种皮分成为 $2n$、$3n$ 和 $2n$；就它们的遗传组成而言，胚和胚乳是真正雌雄配子结合的后代或产物，而种皮或果皮只是母体组织的一部分。因此，一个正常的种子可以说是由胚($2n$)、胚乳($3n$)和母体组织($2n$)3方面密切结合的嵌合体。这样明晰地了解种子的3个组成部分的组织学和细胞遗传学的区别，对于正确认识植物性状遗传的规律是十分必要的。

#### 2.4.1.4　直感现象

根据上述的双受精过程，已知胚乳细胞是 $3n$，其中 $2n$ 来自极核，$n$ 来自精核。如果在 $3n$ 胚乳的性状上由于精核的影响而直接表现父本的某些性状，这种现象称为胚乳直感(xenia)或花粉直感。一些单子叶植物的种子常出现这种胚乳直感现象。例如，以玉米黄粒的植株花粉给白粒的植株授粉，当代所结种子即表现父本的黄粒性状。同样，以胚乳为非甜质的植株花粉给甜质的植株授粉，或以胚乳为非糯性的植株花粉给糯性的植株授粉，在杂交当代所结种子上都会出现明显的胚乳直感现象。

胚乳直感仅仅影响到杂种有机体的本身。如果种皮或果皮组织在发育过程中由于花粉影响而表现父本的某些性状，则称为果实直感(metaxenia)。例如，棉花纤维是由种皮细胞延伸的。在一些杂交试验中，当代棉籽的发育常因父本花粉的影响，而使纤维长度、纤维着生密度表现出一定的果实直感现象。

胚乳直感和果实直感虽然由于花粉是否参与受精而有明显的区别，但是，它们都同样是由花粉影响而引起的直感现象。

#### 2.4.1.5　无融合生殖

雌雄配子不发生核融合的无性生殖方式，称为无融合生殖(apomixis)。它被认为是有性生殖的一种特殊方式或变态。这一现象在动物界和植物界都存在，但在植物界更为普通。

无融合生殖可以概分为2大类：营养的无融合生殖(vegetative apomixis)和无融合结子(agamospermy)。

营养的无融合生殖包括那些代替有性生殖的营养生殖类型。例如，大蒜的总状花序上常形成近似种子的气生小鳞茎，可代替种子而生殖。

无融合结子是指能产生种子的无融合生殖。主要包括单倍配子体无融合生殖(haploid gametophyte apomixis)、二倍配子体无融合生殖(diploid gametophyte apomixis)和不定胚(adventitious embryo)3种类型。

单倍配子体无融合生殖：是指雌雄配子体不经过正常受精而产生单倍体胚($n$)的一种生殖方式，简称为单性生殖(parthenogenesis)。凡由卵细胞未经受精而发育成有机体的生殖方式，称为孤雌生殖(female parthenogenesis)。这种卵细胞本身虽没有受精而发育成单倍体的胚，但是它的极核细胞却必须经过受精才能发育成胚乳。因此，在这一生殖过程中授粉仍是必要的条件。大多数植物的孤雌生殖都是这样产生的。在这种生殖类型中，也有因为精子进入卵细胞后未与卵核融合即发生退化、解体，因而卵细胞单独发育成单倍体的胚，这称为雌核发育(gynogenesis)。在远缘杂交时往往会出现这种现象。

与雌核发育相对的是雄核发育(androgenesis)，亦称为孤雄生殖(male parthenogenesis)。精子入卵后尚未与卵核融合，而卵核即发生退化、解体，雄核取代了卵核地位，在卵细胞质内发育成仅具有父本染色体的胚。近年来，通过花药或花粉的离体培养，利用植物花粉发育潜在的全能性而诱导产生单倍体植株，即是人为创造孤雄生殖的一种方式。

二倍配子体无融合生殖：是指从二倍体的配子体发育而成孢子体的那些无融合生殖类型。胚囊是由造孢细胞形成或者由邻近的珠心细胞形成，由于没有经过减数分裂，故胚囊里所有核都是二倍体($2n$)。因此，又称为不减数的单性生殖。

不定胚是最简单的一种方式。它直接由珠心或珠被的二倍体细胞形成胚，完全不经过配子阶段。这种现象在柑橘类中往往是与配子融合同时发生的。柑橘类中常出现多胚现象，其中一个胚是正常受精发育而成的，其余的胚则是珠心组织的二倍体体细胞进入胚囊发育成的不定胚。

此外，单性结实(parthenocary)也是一种无融合生殖。它是在卵细胞没有受精，但在花粉的刺激下，果实也能正常发育的现象，葡萄和柑橘的一些品系常有自然发生的单性结实。利用生长素代替花粉的刺激也可能诱导单性结实，在番茄、烟草和辣椒等植物的培育过程中常采用此方法。

在上述的各种无融合生殖方式中，有些可形成单倍体的胚，从而分离出各种遗传组成的后代；有些可以形成二倍体的胚，从而产生与亲本遗传组成相同的后代。因此，在植物育种工作，如何利用无融合生殖特点，大量培育单倍体植株，或固定杂种优势的遗传组成，已经成为一项重要的研究课题。

### 2.4.2 无性生殖

无性生殖(asexual reproduction)是指不经过生殖细胞的结合，由亲体直接产生新个体的生殖方式。常见的无性生殖方式有：分裂生殖、孢子生殖、出芽生殖和营养生殖等，其中营养生殖是高等植物通过亲本营养体的分割来繁殖后代的一种方式。例如，植物利用块茎、鳞茎、球茎、芽眼和枝条等营养体产生后代，都属于无性生殖。由于它是通过体细胞的有丝分裂而生殖的，后代与亲代具有相同的遗传组成，因而后代与亲代一般总是简单地保持相似的性状。

无性生殖的优点是：后代的遗传物质来自一个亲本，有利于保持亲本的性状。从一个祖先经无性繁殖所产生的一群生物体，称为克隆(clone)。该名词是威伯(Webber)于1903年提出的。个体水平的克隆，称为无性繁殖系，是指通过无性繁殖获得的基因型完全相同的众多的生物个体。扩展了的概念有细胞克隆、基因克隆或DNA分子克隆等。细胞克隆是指来源于同一祖先细胞的、基因型完全相同的众多的子细胞。基因克隆或DNA分子克隆是指核苷酸序列完全相同的基因或DNA分子的众多拷贝。进行无性生殖的生物，其变异主要来自基因突变和染色体畸变，一般没有基因重组。原因是在无性生殖过程中不经过减数分裂，一般不发生基因重组。

## 2.5 生活周期

生活周期(life cycle)，也称为生活史，是指生物从合子形成开始到生长、发育直到死亡的过程中所发生的一系列事件的总和。从一个受精卵(合子)发育成为一个孢子体(sporophyte)($2n$)，这称为孢子体世代，在此期间没有发生有性事件，所以也称为无性世代。孢子体经过一定的发育阶段，某些特化的细胞进行减数分裂，染色体数减半，形成配子体(gametophyte)($n$)，产生雌性和雄性配子，这称为配子体世代，就是有性世代。雌性配子和雄性配子经过受精作用形成合子，于是又发育为新一代的孢子体($2n$)。大多数有性生殖生物的生活周期包括一个有性世代和一个无性世代，这样二者交替发生，称为世代交替(alternation of generations)。孢子体世代通过减数分裂产生配子体，进入配子体世代，在此过程中，亲代的遗传物质通过染色体的分离和交换产生新的组合。单倍性的配子体间的融合，产生了几乎无穷的新的遗传重组而进入孢子体世代。通过这一减(减数分裂)一增(受精)的作用，生物的生活周期保证了各物种不同世代间染色体数目的恒定，这是性状稳定的前提；同时也为遗传物质的重组创造了机会，这是变异的主要来源。

在高等动植物生活周期中，一般是孢子体世代占据主要地位，其个体大、结构复杂、生存时间长，而配子体世代体积微小，生存时间短；而且配子体寄生于孢子体上生存，依赖于孢子体提供营养。例如，被子植物的根、茎、叶等营养器官，花器官中的花被、雄蕊的花粉囊壁和花丝，雌蕊中的珠心、珠被等都属孢子体；而配子体只有花中的花粉细胞和胚囊。

各种生物的生活周期是不同的。深入了解各种生物的生活周期的发育特点及其时间的长短，是研究和分析生物遗传和变异的一项必要前提。

### 2.5.1 低等植物的生活周期

红色面包霉是丝状的真菌，属于子囊菌(*Ascomycetes*)。它在近代遗传学的研究上具有特殊的作用。因为红色面包霉一方面能有性生殖，并具有像高等动植物那样的染色体；另一方面它能像细菌那样具有相对较短的世代周期(它的有性世代可短到10天)，并且能在简单的化学培养基上生长。现以红色面包霉为例(图2-17)说明低等植物的世代交替。

与大多数真菌一样，红色面包霉通过多细胞的菌丝体(mycelium)形成单细胞的分生孢子(conidium)，再由分生孢子发芽形成新的菌丝，这是它的无性世代，也是它的单倍体世代($n=7$)。一般情况下，它就是这样循环进行无性繁殖。但是，有时红色面包霉会产生两种不同生理类型的菌丝，一般分别假定为正($+$)和负($-$)接合型(conjugant)菌丝，类似于雌雄性别，通过融合和异型核(heterocaryon)的接合(conjugation)(即受精作用)而形成二倍体的合子($2n=14$)，这便是它的有性世代。合子本身是短暂的二倍体世代。红色面包霉的有性过程也可以通过另一种方式来实现。因为它的"$+$"和"$-$"2种接合型的菌丝都可以产生原子囊果和分生孢子。如果说原子囊果相当于高等植物的卵细胞，则分生孢子相当于精细胞。这样当"$+$"接合型($n$)与"$-$"接合型($n$)融合和受精以后，便形成二倍体的合子($2n$)。无论上述哪种方式，在子囊果(perithecium)里子囊(ascus)的菌丝细胞中

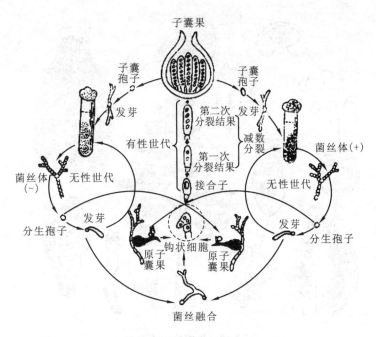

图 2-17 红色面包霉的生活周期

合子形成以后，立即进行两次减数分裂（一次 DNA 复制和二次核分裂），产生出 4 个单倍体的核，这时称为四分孢子。四分孢子中每个核进行一次有丝分裂，最后形成 8 个子囊孢子（ascospore），其中有 4 个为"+"接合型，另有 4 个为"-"接合型，二者总是成 1∶1 的比例分离。子囊孢子成熟后，从子囊果中散出，在适宜的条件下萌发形成新的菌丝体。

许多真菌和单细胞生物的世代交替，与红色面包霉基本上是一致的。它们的不同点在于二倍体合子经过减数分裂以后形成 4 个孢子，而不是 8 个孢子。单细胞生物进行无性繁殖时，通过有丝分裂由一个细胞变成 2 个子细胞。它们进行有性繁殖时，也是通过 2 个异型核的接合而发生受精作用，但没有菌丝的融合过程。

## 2.5.2 高等植物的生活周期

高等植物的一个完整的生活周期是从种子胚到下一代的种子胚；它包括无性世代和有性世代两个阶段。现以松树为例（图 2-18），说明高等植物的生活周期。

松树由种子萌发要经历几年甚至几十年的时间才长成大树，这是它的无性世代。然后在一年生枝的顶部和基部分别形成雌雄生殖器官——大、小孢子叶球即雌球花和雄球花。大、小孢子叶球上分别形成大、小孢子囊，囊内分别产生大孢子和小孢子。从大、小孢子的形成，到发育成雌雄配子体，直至进一步发育成雌雄配子——精核和卵核，是它的有性世代。以后精子卵子结合形成合子，又进入无性世代。

由此可见，高等植物的配子体世代是很短暂的，而且它是在孢子体内度过的。在高等植物的生活周期中大部分时间是孢子体体积的增长和组织的分化。

综上可知，低等植物和高等植物的一个完整的生活周期，都交替进行着无性世代和有

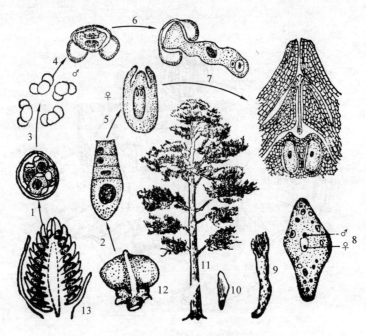

图 2-18　松树的生活周期

1. 由小孢子母细胞经减数分裂形成四分体　2. 由大孢子母细胞经减数分裂产生四分体　3. 带有气囊的花粉粒　4. 带有粉管细胞和生殖细胞的成熟花粉粒　5. 胚珠中雌配子体里产生两个颈卵器　6. 萌发的花粉管　7. 受精前的胚珠（带有精核的花粉管穿过珠心直抵内藏卵细胞的颈卵器）　8. 精卵结合而受精　9. 胚　10. 种子　11. 种子萌发长成大树　12. 珠鳞（大孢子叶球）上有 2 个胚珠（大孢子囊）　13. 带有小孢子囊的小孢子叶球

性世代。它们都具有自己的单倍世代和二倍世代，只是各世代的时间和繁殖过程有所不同，这种不同从低等植物到高等植物之间存在着一系列的过渡类型。生命越向高级形式发展，它们的孢子体世代越长，并且与此相适应地，它们的繁殖方式越复杂，繁殖器官和繁殖过程也越能受到较好的保护。

## 2.5.3　高等动物的生活周期

现以果蝇为例（图 2-19），说明高等动物的一般生活周期。果蝇属于双翅目（Diptera）昆虫，由于它生活周期短（在 25℃ 条件下饲养，约 12 天完成一个周期），繁殖率高，饲养方便，而且它的变异类型丰富，染色体数目少（$2n=8$），有利于观察研究。所以，果蝇也一直是遗传学研究中的好材料。

果蝇的生活周期与高等动物的没有本质区别，都是雌雄异体，生殖细胞分化早。当个体发育到性成熟时，在雄蝇的精巢内产生雄配子（精子），在雌蝇的卵巢内产生雌配子（卵细胞），完成其配子体世代。然后通过交配使精子与卵细胞结合而成为受精卵，恢复染色体数为 $2n$ 的孢子体世代，从而发育成为子代个体。所不同的是果蝇像很多昆虫一样，属完全变态型，产出的受精卵即脱离母体独立进行发育，并且从受精卵开始，还需经过幼虫和蛹的变态阶段再羽化为成虫。而多数高等动物以及人类的受精卵是在母体内发育成为个体的。

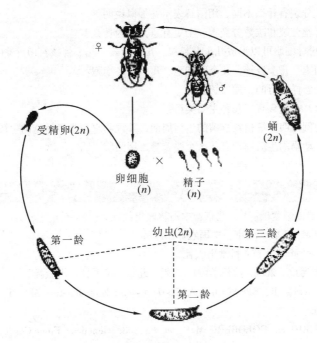

图 2-19　果蝇的生活周期

大多数高等动物和植物在生活周期上的差异主要是：动物通常是从二倍体的性原细胞经过减数分裂即直接形成精子和卵细胞，其单倍体的配子时间很短。而植物从二倍体的性原细胞经过减数分裂后先产生为单倍体的雄配子体和雌配子体，再进行一系列的有丝分裂，然后才形成精子和卵细胞。

## 思考题

1. 名词解释

   原核细胞　真核细胞　染色体　染色单体　着丝粒　细胞周期　同源染色体　异源染色体　无丝分裂　有丝分裂　单倍体　二倍体　联会　胚乳直感　果实直感

2. 简述真核细胞和原核细胞的主要区别。
3. 简述高等植物细胞与高等动物细胞的区别。
4. 细胞的膜体系包括哪些膜结构？细胞质里包括哪些主要的细胞器？各有什么特点？
5. 一般染色体的外部形态包括哪些部分？染色体形态有哪些类型？
6. 简述染色体的结构。
7. 玉米二倍体的染色体数是 20，写出玉米下列细胞中的染色体数目。

   （1）叶　（2）根　（3）胚乳　（4）胚囊母细胞　（5）胚　（6）卵细胞　（7）反足细胞　（8）花药壁　（9）花粉管核

8. 细胞周期的 4 个主要阶段是什么？哪些阶段是在间期发生的？什么事件可以区分 $G_1$、S 和 $G_2$ 期？
9. 解释为什么单个细胞的染色体数与其 DNA(C 值)在细胞分裂的不同时期不同步。
10. 假定一个杂种细胞里含有 3 对染色体，其中 A、B、C 来自父本、A′、B′、C′来自母本，通过减数分裂能形成几种配子？写出各种配子的染色体组成。

11. 有丝分裂和减数分裂有什么不同，用图解表示并加以说明。
12. 在遗传学上，有丝分裂和减数分裂哪一个更有意义，为什么？
13. 植物的10个花粉母细胞可以形成几个花粉粒、几个精核、几个管核？10个卵母细胞可以形成几个胚囊、几个卵细胞、几个极核、几个助细胞、几个反足细胞？
14. 植物的双受精是怎样进行的，用图解表示。
15. 何谓无融合生殖？它包含有哪几种主要类型？
16. 以红色面包霉为例说明低等植物真菌的生活周期，并说明它与高等植物的生活周期有何异同。
17. 高等植物和高等动物的生活周期有什么主要差异，用图解说明。

## 主要参考文献

朱之悌. 1990. 林木遗传学基础[M]. 北京：中国林业出版社.

朱军. 2001. 遗传学[M]. 3版. 北京：中国农业出版社.

刘庆昌. 2007. 遗传学[M]. 北京：科学出版社.

戴灼华, 王亚馥, 粟翼玫. 2008. 遗传学[M]. 2版. 北京：高等教育出版社.

KLUG W S, CUMMINGS M R, SPENCER C A. 2007. Essentials of Genetics[M]. 6$^{th}$ ed. New Jersey：Pearson Education, Inc.

HARTWELL L H, HOOD L, GOLDBERG M L, et al. 2008. Genetics：From Genes to Genomes[M]. 3$^{rd}$ ed. New York：McGraw-Hill Companies, Inc.

HARTL D L, JONES E W. 2001. Genetics：Principles and Analysis[M]. 5$^{th}$ ed. Massachusetts：Jones and Bartlett Publishers.

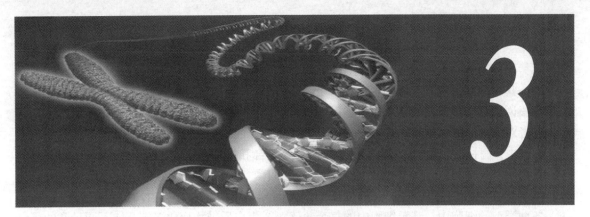

# 3 遗传物质的分子基础

生命是物质运动的一种特殊形式，因而生命过程中性状的形成和变化必须有其物质基础。主导生命的遗传物质基础是什么？无数的事实证明，作为遗传物质应至少满足下列条件：一是具有储存携带生物一切必要遗传信息的潜在能力（storage of information），组成遗传物质的单位经过特定的组装后，可以形成不同的遗传特征，亦即遗传物质具有千变万化的能力或称"可塑性"。二是在细胞的繁殖过程中能精确地复制（replication）自己，使遗传信息能够全部传递到子细胞中，从而维持种族遗传的稳定，或称遗传物质的"连续性"。三是遗传物质能够控制生物个体的发育和性状表达（expression of information），使得生物体通过一定的形式表现出来。四是遗传物质的结构和构成具有"相对"稳定的特性，即为了适应外界环境的变化，遗传物质具备发生变异的能力，具有"变异性"（variation by mutation）。

## 3.1 遗传物质

植物个体的后代总是保持着亲本的基本特征，如植株的高矮、叶子的形状、种子的大小等。这些现象表明，生物个体存在着一种特殊的物质，能够将亲代的信息传递到后代中去。这种能够被运载、传递并影响后代个体表现特征的物质，称为遗传物质（genetic information）。

> 在探索核酸是主要遗传物质的基础上，掌握遗传物质的特征，了解脱氧核糖核酸、核糖核酸和蛋白质的化学结构特征；了解原核生物和真核生物在DNA复制、RNA转录以及蛋白质合成的过程和异同，充分把握中心法则的全过程；了解在探索遗传信息传递的分子机制过程中几个里程碑式的事件，包括遗传物质的验证、DNA双螺旋的发现、遗传密码的解释、中心法则的完善等；掌握遗传信息传递过程的原理和理论基础，提高对生物遗传本质的认识，为深入发掘遗传物质的潜能，有计划的人工操作和改造遗传物质等奠定理论基础。

遗传物质的发现源于19世纪60年代,并在随后的50年里不断得到理论的充实和发展。其中,以达尔文、孟德尔、魏斯曼、约翰逊、摩尔根及其学生均对遗传物质提出了各种假说,对遗传学科的建立作出了巨大贡献。此后,为了进一步研究遗传物质的本质,研究者对染色体的化学组成进行了分析,发现染色体的主要成分为蛋白质和核酸。其中,蛋白质由20种氨基酸构成,这些氨基酸不同的组合和排列,形成了各具结构和功能特点的蛋白质。这也与20世纪中期以前相当长的时间内,蛋白质被认为是遗传物质这一观念相悖。其主要论点包括:①染色体物质的绝大部分是蛋白质;②蛋白质(特别是酶)存在于各种类型的细胞中,甚至细胞中的每个角落;③蛋白质结构变化多端;④不同种类的蛋白质执行着各自不同的功能,与性状的生成有直接的关系。

20世纪40年代,美国细菌学家艾弗里等经过合理的实验设计,证明了细胞核中的脱氧核糖核酸可能是遗传物质。研究结果发表时,曾引起了遗传学界的震惊和质疑。但毫无疑问,对DNA的认识是遗传学发展史上的一次重大突破。诺贝尔奖评选委员会惋惜地承认:"艾弗里于1944年关于DNA携带信息的发现代表了遗传学领域中一个最重要的成就,他没能得到诺贝尔奖金是很遗憾的。"50年代中期,美国科学家赫尔希等研究噬菌体时发现,噬菌体DNA能携带母体病毒的遗传信息并传递到后代中去。这一发现,使得科学界接受了DNA是遗传信息载体的理论,并由此开创了遗传学研究的新篇章,成为了现代遗传学研究中里程碑的事件。由于这一发现,赫尔希等于1969年被授予诺贝尔生理学与医学奖。

## 3.1.1 DNA是主要的遗传物质

根据遗传物质的基本特征,经过几代科学家严谨的科学实验,证明了只有核酸才能担负遗传物质的重任。生化分析表明,核酸分为脱氧核糖核酸和核糖核酸两类。在大部分生物体细胞内,DNA是染色体的主要化学成分,充当遗传物质的作用,在部分病毒等不含DNA的微生物中,RNA则充当遗传物质的功能。

### 3.1.1.1 DNA是遗传物质的间接证据

证据之一,DNA与染色体共存。1903年,美国学者萨顿和德国生物学家鲍维里根据各自的研究,认为孟德尔"遗传因子"与配子形成和受精过程中的染色体行为具有平行性,及遗传因子位于染色体上,圆满地解释了孟德尔遗传现象。随后,摩尔根对果蝇的性状遗传研究也证明了这一论点,为遗传物质落座于染色体上作出了决定性贡献。生化分析证实,DNA是染色体上的主要成分之一,并且是所有生物染色体所共有的成分,而染色体上另外一种主要成分——蛋白质则不同,在一些低等的物种中只有裸露的DNA分子存在。

证据之二,DNA的含量分析。一个特定的生物种,无论处于什么发育阶段,也无论是何种组织细胞类型,不论其大小和功能如何,细胞里的DNA含量总是保持恒定,而配子细胞DNA的含量总是体细胞含量的一半(表3-1)。在遗传过程中,雌雄配子结合使得体细胞恢复亲本的DNA含量,从而保持遗传过程中DNA含量的稳定。而在一些多倍体物种中,细胞中DNA的含量也随染色体倍数的增加,呈现倍数性的递增(表3-2)。相比之下,细胞内的RNA和蛋白质含量在不同细胞间的变化缺少相应的关联。

表 3-1　不同物种单倍体和二倍体个体 DNA 的含量　　　　　单位：×10⁻⁹ mg

| 物　种 | 单倍体配子 | 二倍体 |
|---|---|---|
| 人　类 | 3.25 | 7.30 |
| 鸡 | 1.26 | 2.49 |
| 鳟　鱼 | 2.67 | 5.79 |
| 鲤　鱼 | 1.65 | 3.49 |
| 鲥　鱼 | 0.91 | 1.97 |

注：引自 William，2002

表 3-2　酵母多倍体系中，每个细胞 DNA 的含量　　　　　单位：×10⁻⁹ mg

| 倍数性 | 每个细胞中 DNA 含量 | 倍数性 | 每个细胞中 DNA 含量 |
|---|---|---|---|
| 单倍体 | 2.26 ± 0.23 | 三倍体 | 6.18 ± 0.60 |
| 二倍体 | 4.57 ± 0.60 | 四倍体 | 9.42 ± 1.77 |

证据之三，DNA 的化学性质。许多实验结果显示，能改变 DNA 结构的化学物质，都会引起生物个体表现性状的改变，如亚硝胺等。另外，紫外光照射也会引起物种个体性状的变异，并能传递给后代。不同光谱的紫外光产生的性状变异频率不同，引起最大突变率的光谱范围在 260nm 左右，说明此处的紫外光导致了遗传物质的改变。而细胞中不同的有机分子对紫外光的吸收光谱不同，其中 DNA 的吸收光谱与引起最大突变频率的紫外光谱相吻合（图 3-1），说明紫外光通过破坏作为遗传物质的 DNA 而导致生物性状的变异。

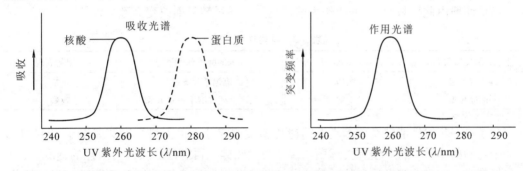

**图 3-1**　核酸和蛋白质紫外吸收光谱与紫外引起个体性状变异频率的比较（引自 William，2002）

证据之四，DNA 储存的信息量巨大。生化分析表明，DNA 主要由 4 种碱基组成，这 4 种碱基可具有不同的组合和排列方式，产生千变万化的构成信息，以构成不同基因形式，满足生物生存和适应不同环境的需要。假如，一个基因的构成包含 1 000 个碱基，那么它可能的基因类型将达到 $4^{1\,000}$ 个。

证据之五，DNA 在代谢上比较稳定。利用带有放射性标记元素进行标记，发现细胞中的许多成分处于不断的动态转化中，如蛋白质和 RNA 分子，从其生产过程到功能实施，经常遭遇各种修饰、结合、断裂等活动，而 DNA 分子却很少或者根本不发生变化，一种元素一旦成为 DNA 的成分，那么在细胞保持健全生长的条件之下，这种元素不会离开 DNA，说明 DNA 在分子水平上保持相对稳定性。

### 3.1.1.2 DNA 是遗传物质的直接证据

证明 DNA 是遗传物质,更为直接的手段是将特定的 DNA 转入另外一个个体中,观察由此带来的性状变化,分析传递给后代的可能性。最为经典的两个案例是肺炎双球菌的转化试验和噬菌体的侵染试验。

**(1) 肺炎双球菌的转化实验**

肺炎双球菌(*Streptococcus pneumonia*)能引起人的肺炎和小鼠的败血症。1927 年,英国的格里菲斯(F. Griffith)发现动物体内存在两种类型的肺炎双球菌,一种是致病型的,菌株细胞的表面有多糖类的胶状荚膜,比较光滑,可以保护菌株不被宿主正常的防御机构所破坏,称为光滑型或 S 型(shiny-surfaced colonies);另一种为非致病型的,可以在动物体内存在但不致病,菌株细胞的表面不含有多糖类的胶状荚膜,因而比较粗糙,称为粗糙型或 R 型(rough colonies)。

格里菲斯设计并进行了几个对比实验:将正常活着的 S 型肺炎双球菌注入小鼠体内,会导致小鼠败血症而死亡;将正常活着的 R 型肺炎球菌注入小鼠体内,小鼠正常存活;将高温杀死的 S 肺炎球菌注入小鼠体内,小鼠正常存活;而将正常的 R 型肺炎球菌与高温杀死的 S 型肺炎病球菌混合注入小鼠体内,小鼠死亡。对后一结果的解释,格里菲斯推论是 S 型肺炎双球菌中的遗传物质转入了 R 型菌中,使不具致病性的 R 型菌转变成具有致病能力的 S 型菌(表3-3)。由于蛋白质对高温敏感而失去活性,而 DNA 不受高温的影响,格里菲斯由此推断 DNA 可能作为遗传物质,通过转移而改变其致病性。

表 3-3 肺炎球菌试验

| 注入的肺炎球菌类型 | 小鼠的表现 | 注入的肺炎球菌类型 | 小鼠的表现 |
| --- | --- | --- | --- |
| 正常 S 型 | 致病 | 高温杀死 S 型 | 正常 |
| 正常 R 型 | 正常 | 高温杀死 S 型 + 正常 R 型 | 致病 |

为了进一步验证能转换球菌类型的遗传物质的成分,美国科学家艾弗里于 1944 年设计一个巧妙的实验,将 S 型肺炎球菌高温杀死后粉碎,再悬浮后获得可溶性的提取物,其中包括糖类、脂类、蛋白质和核酸等成分。将这些提取混合物质与 R 型菌进行混合培养,发现可以导致 R 型细菌的转化;去除糖类、脂类后,提取物还导致 R 型球菌的转化;继续用蛋白酶处理提取物以去除蛋白质,仍导致 R 型细菌的转化;进一步用 RNA 酶处理提取物,继续导致 R 型细菌的转化;最后用 DNA 酶处理提取物,R 型球菌转化为 S 型球菌的过程被终止(图 3-2)。这些现象表明,DNA 调控着致病性的改变,只有 S 型球菌的 DNA 渗入到非致病型的 R 型球菌中,才能引起 R 型球菌稳定的遗传变异,转变为具有致病能力的 S 型球菌。由此可见,DNA 是遗传物质。

实验结果发表后,科学界对此提出质疑,认为 R 型细菌可能自发转变为 S 型,从而导致致病性的改变。然而进一步分析发现,不同菌株间含有不同的多糖和蛋白质,感染动物后诱导生成的抗体不同,据此将肺炎双球菌又分为 I 型、II 型、III 型等。前述转化试验所用的 R 型菌株为 II R,高温杀死的 S 型菌株为 III S。剖检转化后菌株的情况,发现致病的 S 型是 III S,因此推论转化试验产生的致病性 S 型不是由受体的 II R 型转变而来,而是

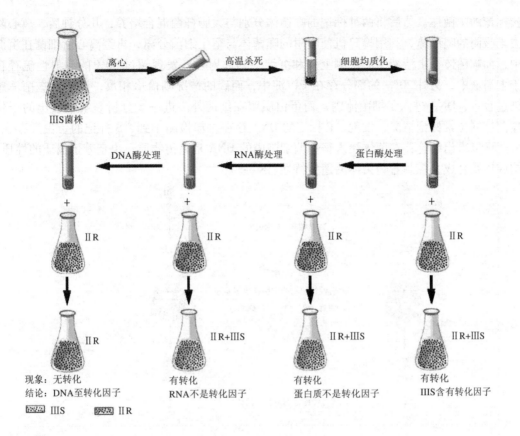

图 3-2 艾弗里的肺炎球菌试验(引自 William，2002)

从杀死的ⅢS型菌株中获得某种遗传物质，恢复了因基因突变而丧失的合成荚膜的能力，导致ⅡR型到ⅢS型的转化。

**(2) 噬菌体感染实验**

噬菌体是一种以细菌为宿主的寄生微生物。生化分析表明，大肠杆菌 T2 噬菌体由两部分组成，一部分是蛋白质形成的外壳，另一部分是包含其中的 DNA，蛋白质和核酸的含量各占 50% 左右。当 T2 感染大肠杆菌时，它的尾部吸附在菌体上，一段时间后，大肠杆菌体内生成大量噬菌体，随后大肠杆菌菌体裂解，释放出几十乃至几百个与原来感染细菌一样的 T2 噬菌体。因此可以推断，T2 噬菌体尾部感染菌体时，向大肠杆菌体内释放一些遗传物质，在大肠杆菌的合成体系下，引导噬菌体 DNA 和蛋白质的重新合成，并组装成具有同样特征的噬菌体，因此这些被注入的物质是携带遗传信息的遗传物质。

为了证明这种遗传物质是 DNA 还是蛋白质，1952 年，赫尔希和蔡斯等依据蛋白质和核酸构成的特异性设计了一个全新的实验：一方面，构成蛋白质的甲硫氨酸和半胱氨酸含有硫，这是 DNA 所不具备的；另一方面，磷主要存在于 DNA 中，至少占 T2 噬菌体含磷量的 99%。利用这种差异特性，用磷或硫的同位素分别标记 DNA 或蛋白质，可以追踪 DNA 和蛋白质在遗传过程中的行为。在实际操作中，先在含有放射性同位素 $^{32}$P 的培养基上培养获得 DNA 标记的噬菌体，或者在含有放射性同位素 $^{35}$S 的培养基上培养获得蛋白质标记的噬菌体。然后将两种标记的噬菌体分别与大肠杆菌混合培养，几分钟后，离心除去未吸附的噬菌体，利用捣碎机使吸附的噬菌体与宿主细菌分离，再经离心后细菌在沉淀中，而噬菌体在上清液中。检测上清和沉淀中的放射性，发现超过80%的放射性硫存在于上清液中，另外20%的部分存在于沉淀中，而磷的情况则恰恰相反，说明在噬菌体感染过程中，DNA进入了细菌体内，而蛋白质留在细菌外。进一步分析裂解释放出的子代噬菌体同位素标记情况，发现 $^{32}P$ 标记的DNA存在，却检测不到 $^{35}S$ 标记的蛋白质存在。由此可以得出结论：噬菌体注入宿主菌细胞内的DNA是遗传物质，决定着蛋白质的性质、构成以及合成，控制着噬菌体的遗传特性（图3-3）。

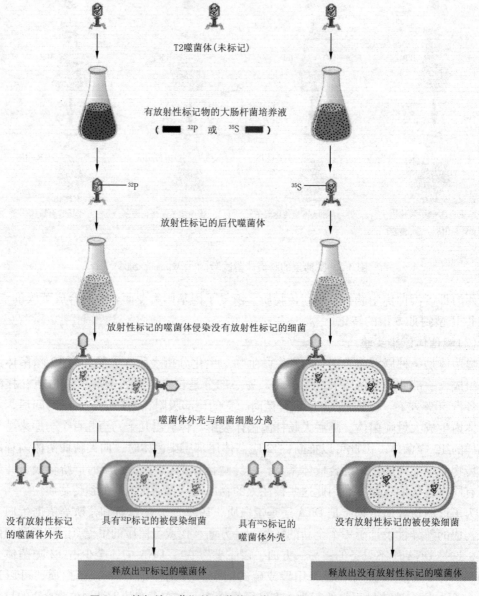

**图 3-3 赫尔希—蔡斯的噬菌体感染试验**（引自 William, 2002）

## 3.1.2 RNA 也是遗传物质

在目前发现的生物个体中,绝大多数物种存在 DNA,并充当遗传物质的角色。但也发现一些微生物如病毒并不含有 DNA,而只有 RNA 存在。实验证明,这些物种内的 RNA 作为遗传信息的载体,维持其特定物种的延续,充当了遗传物质的作用。最经典的实验是烟草花叶病毒的感染和繁殖实验。

### 3.1.2.1 烟草花叶病毒的侵染实验

烟草花叶病毒是由 RNA 和蛋白质组成的管状小颗粒,它的中心是螺旋的 RNA,外部包裹蛋白质的外壳。1956 年,格勒(Gierev)和施拉姆(Schramm)研究烟草花叶病毒时,把 TMV 放在水和苯酚中震荡,使 RNA 和蛋白质分离,然后用 RNA 和蛋白质分别感染烟草。结果显示,分离的烟草花叶病毒蛋白质不能使烟草感染病毒,而分离的烟草花叶病毒 RNA 能使烟草感染病毒,表明在烟草花叶病毒中,亲代传递到子代的遗传物质是 RNA,而不是蛋白质。

以此为基础,弗南克尔—柯拉特利用两种不同的病毒——烟草花叶病毒和车前草病毒(holmes ribgrass virus,HRV)进行了重组侵染试验,以验证 RNA 的遗传物质特性。首先分离获得 TMV 的蛋白质外壳、RNA 和 HRV 的蛋白质外壳和 RNA。将 TMV 的蛋白质外壳与 HRV 的 RNA 聚合并感染烟草,烟草表现出的病症与 HRV 产生的病毒斑相同;而将 TMV 的 RNA 与 HRV 的蛋白质外壳聚合并感染烟草时,烟草所得的病症与 TMV 产生的病毒斑相同(图 3-4)。换言之,用重新组合的病毒感染烟草时,烟草所得的病症总是跟组合 RNA 的病毒斑一致,即亲本的 RNA 决定了后代的病毒类型。

在其他一些 RNA 病毒研究中,诸如脊髓灰质炎病毒 RNA、脑炎病毒 RNA、新城鸡瘟病毒 RNA 等都能单独地引起宿主的感染,进一步证明了在只含有 RNA 的病毒中,完成复

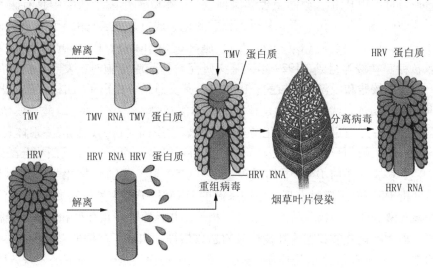

图 3-4 烟草花叶病毒和车前草病毒的重组侵染试验

制和形成新病毒颗粒的遗传信息携带在 RNA 上，RNA 也可以作为遗传物质。

#### 3.1.2.2 体外合成 RNA 侵染试验

1965 年，N. Pace 和 S. Spiegelman 从大肠杆菌病毒噬菌体 Qβ 中，分离获得的 RNA 能够进行体外复制，所用的 RNA 复制酶源于噬菌体侵染后的大肠杆菌，将这种体外复制的 RNA 加入到大肠杆菌后，同样能引起大肠杆菌感染。

#### 3.1.2.3 反转录病毒

反转录病毒(retroviruses)由一条单链或双链 RNA 构成，包含一个反转录酶基因，编码形成髓核中的反转录酶，使单链 RNA 的基因组反转录成双链 DNA，并整合到宿主细胞 DNA 中长期保持，或传递给子代细胞；DNA 也可以进一步转录生成新的 RNA，并包装成新的子代病毒颗粒。双链 RNA 病毒基因组的双链 RNA 在病毒 RNA 聚合酶作用下，可转录正链 RNA，作为 mRNA 翻译结构蛋白，或者作为病毒基因组的模板复制形成子代病毒的双链 RNA，如人类的艾滋病毒(human immunodeficiency virus，HIV)等。

## 3.2 核酸分子的基本构成

### 3.2.1 DNA 研究的历史

1869 年，瑞士生化学家米歇尔(F. J. Miescher)在外科手术绷带上的脓血细胞中，分离出一种既不溶解于水、醋酸，也不溶解于稀盐酸和食盐溶液的未知的含磷有机化合物，并具有很强的酸性。由于是从细胞核中分离出来，故称之为核素(nuclein)。1889 年，瑞典著名生化学家奥尔特曼(R. Altman)建立了分离纯化核素的方法，并将其重新定名为核酸(nucleic acid)。1901 年，德国生理学家柯塞尔(A. Kossel)发现核酸中具有碳水化合物(糖)，并于 20 世纪 20 年代，研究分析了核酸的化学成分，证实它由 4 种不同的碱基即腺嘌呤(Adenine，A)、鸟嘌呤(Guanine，G)、胞嘧啶(Cytosine，C)和胸腺嘧啶(Thymine，T)，以及核糖、磷酸等组成。1929 年，莱文研究动物胸腺细胞时，发现了核酸的 2 种存在方式，即核糖核酸和脱氧核糖核酸。1930 年，莱文总结并提出了"四核苷酸"假说(tetra-nucleotide hypothesis)，认为核苷酸是核酸的基本组成单位，核酸是"磷酸—核糖—磷酸"的核苷多聚体，由此奠定了核酸的化学基础。但该学说同时认为，核酸多聚体是由"四核苷酸结构"重复形成，每个四核苷酸结构包含 4 种碱基各一个，DNA 是四核苷酸结构的简单重复，4 种碱基在任何 DNA 中都是等量的。1950 年，美国生物化学家查尔加夫(E. Chavgaff)分析 DNA 的组成时发现，不同来源的 DNA 分子中 4 种碱基的含量是不相同的，而嘌呤类核苷酸和嘧啶类核苷酸的总数总是相等，并且腺嘌呤核苷酸和胸腺嘧啶核苷酸的总数相等，鸟嘌呤核苷酸和胞嘧啶核苷酸的总数相等，构成了严格的碱基配对，称作"碱基互补原则"，又称查尔加夫规则或查尔加夫的当量规律。进一步研究还发现，随着 DNA 来源的不同，4 种碱基可以按不同的序列排列，表现出极大的多样性和特异性，换言之，4 种含氮碱基的比例在同物种不同个体间是一致的，但在不同物种间则有差异(表 3-4)。

表 3-4  不同物种核酸的组成成分分析

| 样 品 | A | T | G | C | A/T | G/C | (A+G)/(C+T) | (A+T)/(C+G) |
|---|---|---|---|---|---|---|---|---|
| 酵 母 | 24 | 25 | 14 | 13 | 1.0 | 1.1 | 1.0 | 1.8 |
| 人精子 | 29 | 31 | 18 | 18 | 0.9 | 1.0 | 1.0 | 1.7 |
| 人 类 | 30.9 | 29.4 | 19.9 | 19.8 | 1.1 | 1.0 | 1.0 | 1.5 |
| 大肠杆菌 | 24.7 | 23.6 | 26 | 25.7 | 1.0 | 1.0 | 1.0 | 0.9 |
| 橙黄八叠球菌 | 13.4 | 12.4 | 37.1 | 37.1 | 1.1 | 1.0 | 1.0 | 0.3 |

查尔加夫规则的提出对后来 DNA 双螺旋结构的提出起到了十分重要的作用。1952年，富兰克林(R. Franklin)和威尔金斯(M. H. F. Wilkins)拍摄了第一张清晰的 DNA 结晶 X 衍射照片。以此为基础，美国科学家沃森和克里克于 1953 年提出了 DNA 的双螺旋结构理论。近些年来，由于核酸生物学功能的发展，核酸化学得以更深入的研究，有关核酸的修饰、核酸的代谢、核酸在遗传过程中的作用等方面也都有了比较深入的认识，为遗传工程学的兴起，为人工合成新的器官、组织甚至新的生命，最大限度地为人类服务提供了理论保障。

### 3.2.2  核酸及其分布

原核细胞生物无完整的细胞核结构，DNA 游离于细胞质中；真核生物细胞中的 DNA 存在于细胞核中，并与特定蛋白结合，形成一定大小和空间形态的染色体。进一步研究发现，真核生物细胞质中的一些细胞器诸如线粒体、叶绿体等也含有 DNA，并编码与之结构功能相应的少量蛋白质。

与细胞器的 DNA 不同的是，细胞核 DNA 的转录产物 RNA 分子存在于细胞核中，也可以存在于细胞质中。在细胞核的 RNA 多数位于核仁上，少量存在于染色体上；在细胞质中的 RNA 多存在于核糖体上，少量弥散于细胞质中。

### 3.2.3  DNA 的分子结构

#### 3.2.3.1  构成 DNA 的基本元素

分析化学证明，核酸分子由 3 个部分组成，含氮碱基、5 个碳原子组成的核糖分子以及磷酸根等。含氮碱基有两种结构类型，即含有 2 个苯环的嘌呤类碱基和含有 1 个苯环的嘧啶类碱基。在 DNA 中的含氮碱基有 4 种：鸟嘌呤、胸腺嘧啶、腺嘌呤和胞嘧啶。DNA 分子的五碳糖分子实际上是一个多羟基醛，1~4 位碳原子与一个醛基构成五环结构，5 位碳原子游离于五环以外。1，3，4，5 位碳原子均连接一个羟基，2 位碳原子相应位置为氢基，DNA 分子也因此得名脱氧核糖核酸(图 3-5)。

经过一系列化学反应，1 分子的含氮碱基、1 分子的五碳糖和 1 分子的磷酸根聚合成 1 个小的核酸单体，称为"核苷酸"(nucleotide)(图 3-6)。五碳糖 1 位碳原子上的羟基与嘌呤类碱基 9 位氮原子或嘧啶类碱基 1 位氮原子上的氢基连接，形成核苷(nucleoside)，五碳糖 5 位碳原子上的羟基与磷酸根连接，即形成单核苷酸。每一单核苷酸以碱基的名字嘌呤类碱基：

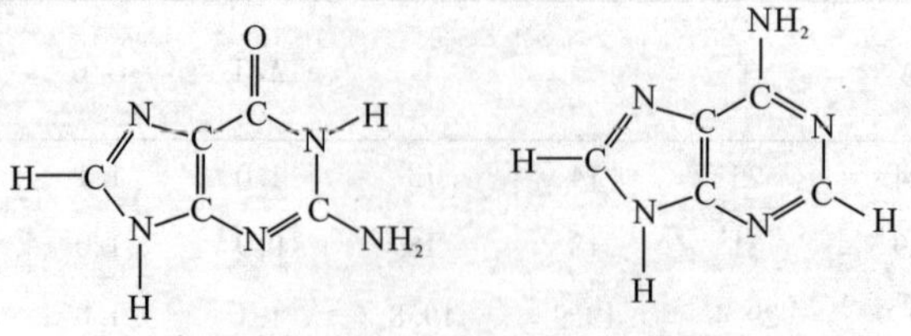

鸟嘌呤　　　　　　　腺嘌呤

嘧啶类碱基：

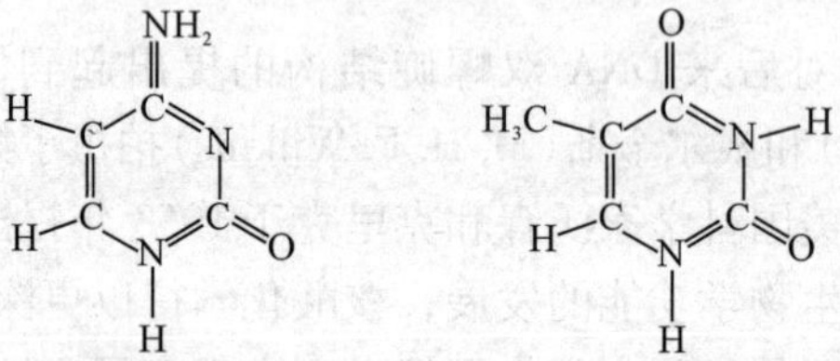

胞嘧啶　　　　　　　胸腺嘧啶

五碳糖：

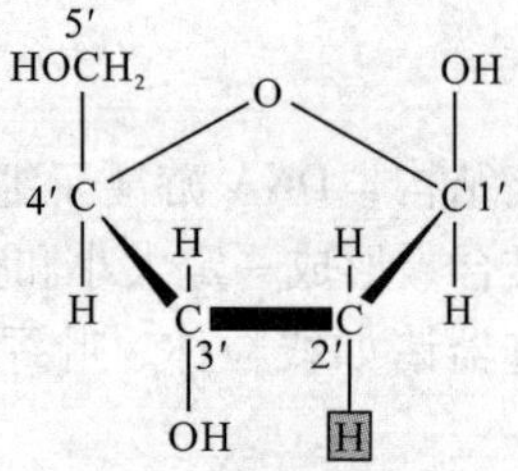

2-脱氧核糖

**图 3-5　DNA 中的碱基和五碳糖**

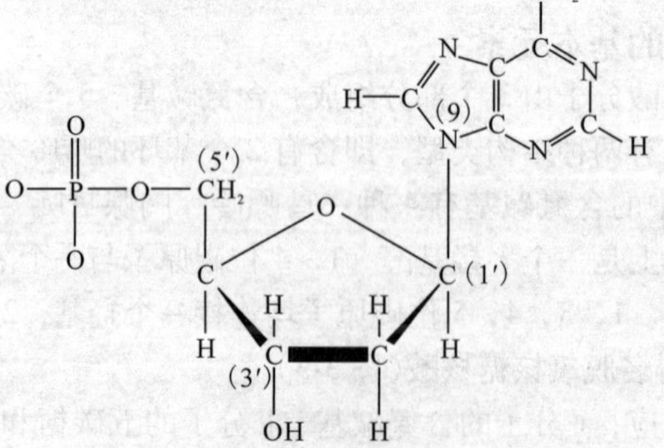

脱氧核糖核酸

**图 3-6　核酸的基本构成元素——核苷酸(单磷酸腺苷酸)**

命名，如腺嘌呤核苷酸、胸腺嘧啶核苷酸等。如果一个单核苷酸上只连有一个磷酸根，为单磷酸核苷酸（nucleotide monophosphates，NMP）；连有两个磷酸根，为二磷酸核苷酸（nucleotide diphosphates，NDP）；连有三个磷酸根，为三磷酸核苷酸（nucleotide triphosphates，NTP）。三磷酸核苷酸是合成 DNA 或 RNA 的前体，三磷酸腺苷酸（adenosine triphosphate，ATP）和三磷酸鸟苷酸（guanosine triphosphate，GTP）在细胞能量代谢过程中起到至关重要的作用，因为由 ATP 到 ADP 或由 GTP 到 GDP 裂解一个磷酸根的过程中，可以产生大量的能量，并由此促进细胞中一些生化反应的进行。

单个的核苷酸五碳糖 5 位碳原子上的磷酸基与相邻核苷酸五碳糖 3 位碳原子上的羟基作用，形成连接，连续几个核苷酸的连接则形成寡聚核苷酸链（oligonucleotides），更多个核苷酸单线串联在一起，形成多聚链（polynucleotide），直至形成一个单链 DNA 分子，特定 DNA 分子的 4 种不同核苷酸也因此按一定顺序排列。

### 3.2.3.2 DNA 的空间结构

DNA 空间结构的研究源于 20 世纪 40 年代，当时 X 射线衍射技术广泛用于研究分析分子结构，当 X 射线穿过分子晶体之后，由于组成晶体原子的排列差异，会形成一种特定的明暗交替的衍射图形，借此判断原子的空间位置。1947 年，英国结晶学家奥斯特伯（W. Asbury）利用此技术观察到了 DNA 的空间结构，发现由类似于硬币状的单位叠摞而成。40 年代末，英国生物物理学家威尔金斯等改进了技术，重新进行了 DNA 的 X 射线衍射分析，发现 DNA 分子的空间结构呈规律性的排列，并初步推论 DNA 是一个螺旋形的结构。

1951 年，英国物理化学家富兰克林（R. Franklin）纯化了 DNA 样品，并获得了非常清晰的 DNA 晶体衍射照片，证实了这种结构由一恒定的重复单位组成，并指出 DNA 中的磷酸基团可能位于螺旋体的外部。1953 年，英国剑桥大学的沃森和克里克，在总结了前人经验的基础上，推论出 DNA 的空间结构是以两条核苷酸链组成的双螺旋形式并行存在，并系统阐述了 DNA 的空间结构组成（图 3-7），主要包括内容如下：

①两条 DNA 多聚链围绕一个轴心，形成一个右手螺旋的空间结构。
②两条 DNA 链反向平行，一条链的方向为 $3'\rightarrow 5'$，另外一条链的方向是 $5'\rightarrow 3'$。
③两条链上的碱基位于螺旋内侧，呈平面结构，垂直于轴心摆列，间距 0.34nm。
④两条链上的碱基以氢键的形式配对连接，配对原则遵循 A/T 和 C/G，其中 A/T 的连接氢键有 2 条，C/G 间的连接氢键有 3 条。
⑤一个完整的螺旋长度为 3.4nm，包含 10 个碱基，每个碱基的旋转角度为 36°（最新的研究显示，一个完整的螺旋包含 10.4 个碱基，每个碱基的旋转角度为 34.6°）。
⑥沿轴心呈现大小槽的间隔状态。
⑦双螺旋的直径为 2.0nm。

如此建立的 DNA 结构模型，合理解释了 DNA 在细胞中的稳定特性和理化特性：一是依靠两条链上的配对碱基间带正电的氢原子和带负电的氧原子的氢键作用，将两条链连接为一个整体；二是依靠核苷酸构成单元的空间位置，疏水的碱基位于螺旋内侧，而亲水的五碳糖和磷酸基团位于螺旋的外侧。

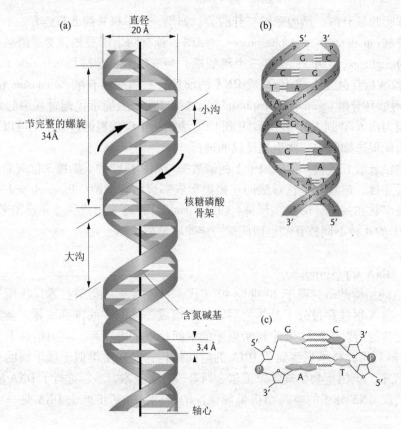

图 3-7　DNA 的双螺旋结构模型(引自 William, 2002)

($1\text{Å} = 10^{-10}$ m)

DNA 双螺旋结构的发现,是遗传学发展史上具有里程碑意义的事件,由此开创了现代分子遗传学发展的新局面,对于研究和认识生命现象与本质具有重要的意义。三位对 DNA 双螺旋结构发现作出突出贡献的科学家威尔金斯、克里克和沃森,也因此被授予 1962 年的诺贝尔生理学或医学奖。

实际上,沃森—克里克建立 DNA 模型的过程并非一帆风顺。按照最初的设想,沃森与克里克认为 DNA 的螺旋结构应该是三螺旋,糖和磷酸位于中间,4 个碱基位于外侧,然而构建出的 DNA 三螺旋结构模型与 DNA 的衍射图像和理化特性有许多矛盾之处。随后,根据富兰克林的一些建议以及拍摄的高清晰度的 DNA 晶体衍射照片,沃森和克里克重新设计出正确的 DNA 双螺旋结构(图 3-7)。科学界因此认为,富兰克林也是发现 DNA 双螺旋结构的重要创意者,她对生物科学的贡献是不可抹杀的。

随着单晶体 X 射线分析技术的发展,分辨率从原来的 5nm 提高到 0.1nm,接近一个原子大小的水平。科学家因此分析了高盐条件下 DNA 的结构形式(前述 DNA 样品的分析是在低盐条件下进行的,这是一般生物体细胞生存的环境),发现了 DNA 的其他结构方式。这种 DNA 的空间构型更为紧凑,一个完整的螺旋直径为 2.3nm,包含 11 个碱基,另外碱基的方向有微小改变,沿轴心方向横向倾斜和移位。为了与沃森—克里克双螺旋模型区分,将这一种形式称为 A 型,而将沃森—克里克双螺旋模型称为 B 型(图 3-7)。

1979 年，A. Wang 等分析了一个仅含 CG 碱基的人工合成的 DNA 片段，发现了 DNA 的第三种结构方式，其特点是左手螺旋，一个完整的螺旋长度为直径 1.8nm，包含 12 个碱基，每个碱基的旋转角度为 36°，称为 Z 型结构(图 3-8)。

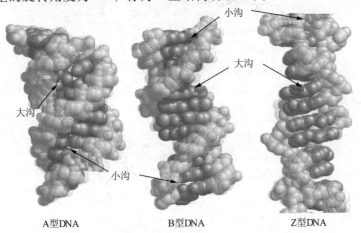

图 3-8  DNA 三种空间结构 A、B、Z 型的比较
(引自 http：//www.tulane.edu/~biochem/nolan/lectures/rna/DNAstruc2001.htm)

## 3.2.4  RNA 的分子结构

### 3.2.4.1  RNA 的构成元素

RNA 分子与 DNA 分子链构成方式相似，单个的核苷酸五碳糖 5 位碳原子上的磷酸基与相邻核苷酸五碳糖 3 位碳原子上的羟基作用，形成寡聚核苷酸链连接，连接于五碳糖上的 4 种不同的核苷酸按一定顺序排列而致。不同的是尿嘧啶(Uracil, U)取代了胸腺嘧啶，核糖取代了脱氧核糖亦即五碳糖 2 位碳原子上连接的是羟基而非氢基，RNA 分子也因此得名核糖核酸(图 3-9)。另外，DNA 多以双链形式存在，而 RNA 多采用单链形式(在少数以 RNA 为遗传物质的病毒中可以双链形式存在)。有些 RNA 分子可发生自身回折，形成区段性的双链配对结构。

### 3.2.4.2  RNA 的类型

依据 RNA 分子功能的不同，RNA 可以分为 3 种类型：核糖体 RNA(ribosomal RNA, rRNA)、信使 RNA(messenger RNA, mRNA)以及转移 RNA(transfer RNA, tRNA)。3 种类型 RNA 的结构存在一定的区别。

mRNA 是以 DNA 为模板转录而生成的带有遗传信息的一类单链核糖核酸，它也是蛋白质合成的模板，决定肽链的氨基酸排列顺序。单链 mRNA 分子通常可以自身回折，产生许多区域双链结构，使得 RNA 具有相对稳定的结构状态(图 3-10)。在原核生物中，约有 66.4% 的核苷酸可以配对成区域性的双链结构形式，而在真核生物 mRNA 中，这个比例有所降低，但某些 mRNA 中也具有丰富的配对区域，如鸭珠蛋白和兔珠蛋白的 mRNA 分别有 45%~60% 和 55%~62% 的核苷酸碱基形成配对结构。

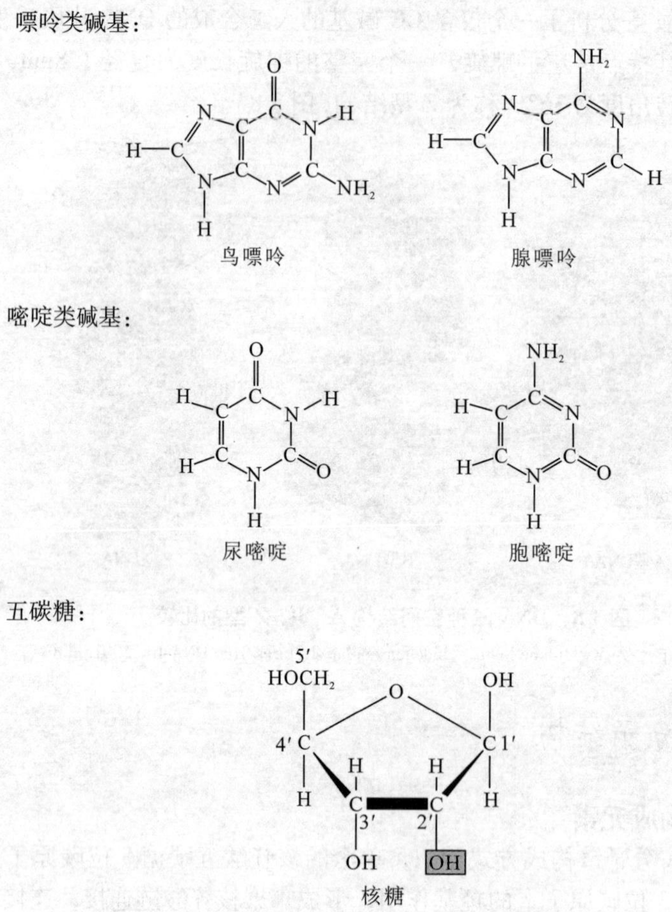

嘌呤类碱基：

鸟嘌呤　　　　　　　腺嘌呤

嘧啶类碱基：

尿嘧啶　　　　　　　胞嘧啶

五碳糖：

核糖

图 3-9　RNA 中的碱基和五碳糖

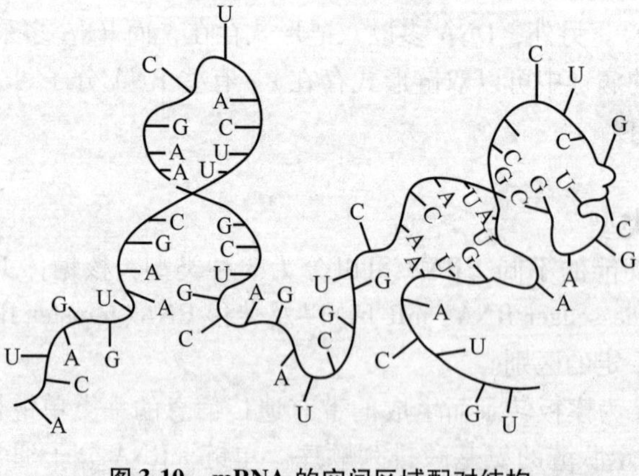

图 3-10　mRNA 的空间区域配对结构

rRNA 是细胞中含量最多的一类 RNA，是构成核糖体结构的重要组成部分，约占 RNA 总量的 80%。单链 rRNA 分子也区域性地形成回折，形成一定的空间构象（图 3-11）。在原核生物细胞中，组成核糖体的 rRNA 有 5S、16S 和 23S 3 种类型，而在真核生物细胞中，

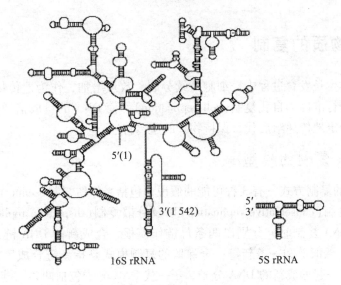

图 3-11　rRNA 的空间区域配对结构(5S 和 16S)

组成核糖体的 rRNA 有 5S、5.8S、18S 和 28S 4 种类型。

tRNA 是细胞中最小的一类 RNA，由 70~90 个核苷酸组成，主要功能是运载特定的氨基酸到核糖体上。tRNA 除了 4 种普通碱基外，还含有相当数目的稀有碱基，有的 tRNA 含有的稀有碱基达到 10%，如假尿嘧啶核苷(ψ)、各种甲基化的嘌呤和嘧啶核苷、二氢尿嘧啶(hU 或 D)和胸腺嘧啶(T)核苷等。各种形式的碱基构成了 tRNA 特定的类似三叶草形的空间结构，包括一个氨基酸臂，连接特定的氨基酸，不同 tRNA 的氨基酸臂长短不一，核苷酸数从二至十几不等；一个 TψC 环，参与与核糖体的结合；一个 DHU 环，参与氨酰基 - tRNA 合成酶的结合；一个反密码子环，参与与 mRNA 的结合(图 3-12)。

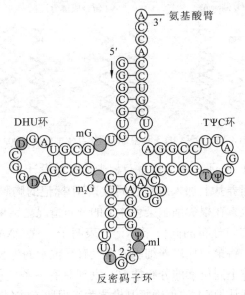

图 3-12　tRNA 的空间结构模型

## 3.3 遗传物质的复制

在生物个体生长发育过程中,细胞持续分裂,数量增加,作为遗传物质的 DNA 在细胞分裂前必须进行准确的自我复制(self replication),使 DNA 的量成倍增加,以将亲代的遗传信息全部稳定地传递给后代,保持物种的遗传特性。

### 3.3.1 DNA 复制的模型

有关 DNA 的复制方式,有 3 种可能的假说,包括半保留复制(semiconservative replication)、全保留复制(conservative replication)以及分散复制(dispersive replication)等。半保留复制是指在 DNA 复制时,分别以两条母链作模板,合成新的 DNA 链,形成的子一代 DNA 分子包括一条旧链和一条新链;全保留的复制模式是指新链合成后,两条旧链或两条新链分别合在一起形成新的 DNA 分子,子一代 DNA 分子包括两条旧链或两条新链;分散复制模式的新链合成时,两条新旧链交错连接,子一代 DNA 分子中的每条链都是新旧链的复合体(图 3-13)。

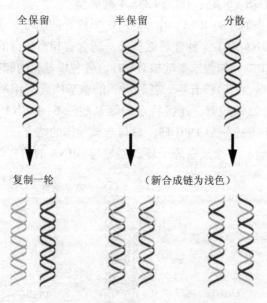

**图 3-13　DNA 的 3 种复制模型**(引自 William, 2002)

1957 年,泰勒(J. H. Taylor)等人以蚕豆根尖为材料设计了一个试验,对上述 3 个假说进行了鉴定:在生长培养基上加入放射性同位素 $^3$H 标记的胸腺嘧啶一定时间后,利用放射自显影技术观察同位素在根尖细胞染色体上的分布情况。结果显示,第一代细胞分裂后,两条染色单体均有均匀分布的同位素标记,表明子一代 DNA 分子包含新合成子链,否定了全保留复制假说。将第一代培养细胞放在没有同位素的生长培养基上继续生长,观察第二代分裂细胞染色体上同位素的分布情况,发现只有一条染色单体被同位素所标记,否定了分散复制模式,确认 DNA 的正确复制模式为半保留方式(图 3-14)。

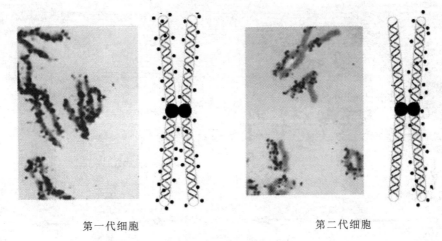

第一代细胞　　　　　　　　　　　第二代细胞

**图 3-14　蚕豆根尖细胞染色体的放射自显影分析**(引自 William, 2002)
左侧为电镜照片,右侧为模拟图示

1958 年,梅希尔逊和斯塔尔以大肠杆菌为材料进行了另外一个试验:在其生长培养基中加入同位素 $^{15}N$ 标记的 $NH_4Cl$,繁殖 15 代后,使所有的大肠杆菌 DNA 被 $^{15}N$ 所标记,然后转移至含同位素 $^{14}N$ 标记的 $NH_4Cl$ 培养基中生长。在培养的不同时段,连续收集部分细菌并裂解细胞,利用氯化铯(CsCl)密度梯度离心法(density gradient centrifugation),离心结束后,从管底到管口的 CsCl 溶液从高到低形成密度梯度,观察同位素标识 DNA 在离心管中所处的位置。由于 $^{15}N$ 标记的 DNA、$^{14}N$ 标记的 DNA 和普通的 DNA 密度大小依次降低,不同重量的 DNA 分子因此停留在与其相当的 CsCl 密度处,在紫外光下可以观察到不同密度的 DNA 分子分布在不同的区带。

实验结果表明:在全部由 $^{15}N$ 标记的培养基中得到的细菌 DNA 显示为一条重密度带,位于离心管的管底;当转入 $^{14}N$ 标记的培养基中繁殖后第一代,得到了一条中密度带,这是 $^{15}N$-DNA 和 $^{14}N$-DNA 的杂交分子;第二代有中密度带及低密度带两个区带,表明它们分别为 $^{15}N/^{14}N$-DNA 和 $^{14}N/^{14}N$-DNA;随着在 $^{14}N$ 培养基中培养代数的增加,低密度带增强,而中密度带逐渐减弱。为了证实第一代杂交分子确实是一半 $^{15}N$-DNA 和一半 $^{14}N$-DNA,将这种杂交分子加热变性,对于变性前后的 DNA 分别进行 CsCl 密度梯度离心,结果变性前的杂交分子为一条中密度带,变性后则分为两条区带,即重密度带($^{15}N$-DNA)及低密度带($^{14}N$-DNA)。这一实验结果只有用半保留复制的理论才能得到圆满的解释(图 3-15)。

### 3.3.2　原核生物 DNA 的合成

DNA 的复制是以 DNA 为模板,将游离的 4 种脱氧单核苷酸(dATP,dGTP,dCTP,dTTP,简写为 dNTP)聚合成子链 DNA 分子的过程。全部过程可以分成起始、延长和终止三个阶段,需要多种酶和蛋白因子等的参与。

#### 3.3.2.1　DNA 复制的起始

DNA 分子的复制是从特定部位开始的,称为复制起始点(origin of replication, ori)。

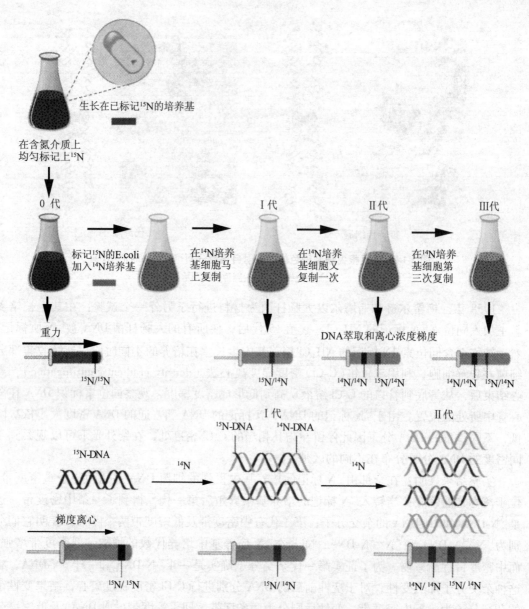

图 3-15 大肠杆菌 DNA 的密度梯度离心分析(引自 William, 2002)
上图为实验流程，下图为利用半保留复制模型进行解释

DNA 复制从起始点开始到终点为止，每个这样的 DNA 单位称为复制子或复制叉(replicon)。

DNA 的复制起始点在结构上具有特殊性，多为重复序列或富含 AT 碱基。大肠杆菌染色体 DNA 复制起始点 oriC 由 245 个核苷酸组成，是一系列对称排列的反向重复序列，即回文结构(palindrome)，其中包含有 9 个核苷酸和 13 个核苷酸组成的保守序列。DNA 复制时，特定蛋白因子 DnaA 首先结合于 9 核苷酸区，使得 DNA 空间结构改变，引导另一种蛋白因子 DnaB 和 DnaC 插入到双链之间，导致 DNA 解链，这一过程需要解链酶(helicase)的存在，以打开 DNA 双链之间的氢键连接，同时需要 ATP 分解提供能量。随后，单链结合蛋白(single-stranded binding proteins, SSBPs)与解开的单链 DNA 结合,维持 DNA 链的开放稳定状态不再螺旋化,并且避免核酸内切酶对单链 DNA 的水解,保证了单链 DNA 作为模板时的伸展状态。

当解链过程进行时,复制叉前端会产生更大的扭曲,因此需要解旋酶(gyrase)的作用,切开环状双链 DNA 的两条链,分子中的部分经切口穿过,使 DNA 分子从超螺旋状态转变为松弛状态。DNA 复制完成后,解旋酶在 ATP 的参与下,使 DNA 分子从松弛状态恢复超螺旋状态。因此,解旋酶催化的拓扑异构化反应包括解环链和打结两种功能(图3-16)。

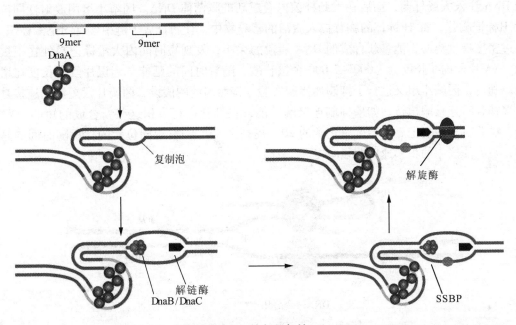

**图 3-16 大肠杆菌 DNA 的复制起始**(引自 William, 2002)

高度解链的模板 DNA 与多种蛋白质因子的结合,促进引物酶(primase)结合上来。引物酶是一种特殊的 RNA 聚合酶,可催化短片段 RNA 的合成,长度一般为 5~15 个核苷酸,后续过程中 DNA 聚合酶Ⅲ以这个片段为引物,开始 DNA 的复制过程。

### 3.3.2.2 DNA 复制的延伸

在原核生物中,DNA 复制的延伸是以母链 DNA 为模板,以短的 RNA 片段引导,依靠 DNA 聚合酶Ⅲ的催化作用,按碱基配对的原则,沿母链 DNA 3′→5′的方向合成一条新的 DNA 子链。DNA 聚合酶Ⅲ是一个多亚基组成的蛋白质分子,合成 DNA 时以二聚体形式存在。在大肠杆菌染色体 DNA 进行复制时,DNA 聚合酶Ⅲ全酶并与几个启动蛋白、解链酶等构成一个复制体(replisome),导引着 DNA 双链沿同一方向同时进行 DNA 合成,这与 DNA 双链相反的走向是矛盾的。20 世纪 60 年代,日本学者冈崎(Reiji Okazaki)为此提出了一个假说,他将 DNA 3′→5′方向的母链称前导链(leading strand),以此为模板进行复制时,可连续复制合成一条 5′→3′方向的 DNA 子链;而另一条母链 DNA 是 5′→3′方向,称作随从链(lagging strand)。以此作为模板时,母链 DNA 需要在 DNA 聚合酶Ⅲ全酶上绕转 180°形成一个回折(loop),使之与前导链的合成方向以及复制体移动方向保持一致。当片段合成到回折的 5′端时,随从链片段合成终止,回折得以恢复。因此,以随从链为模板合成的 DNA 只能为一个短的片段。冈崎由此推断,随从链上应该有很多复制起点,复制合成许多条 5′→3′方向的短链,再经进一步的连接,形成一条完整的 DNA 子链,这些短的合成片段被称为冈崎片段(Okazaki fragments)(图 3-17)。由于前导链的合成是连续进行的,而随从链的合成是不连续进行的,所以总体上看 DNA 的复制是半不连续复制。为了检验不连续复制的预测,冈崎等进行了脉冲标记实验:噬菌体侵染大肠杆菌时,将自身的 DNA 注入大肠杆菌,而后在大肠杆菌内合成新的噬菌体 DNA。冈崎小组用放射性同位素$^3$H标记胸苷,将$^3$H 标记的胸苷掺入激活的营养物中,让新合成子链中含有同位素标识。通过密度梯度离心,测量新合成的 DNA 片段的大小,发现短时间内大量标记都处在很短的 DNA 片段内,长度为 1 000~2 000 个核苷酸,随着时间的延伸,标识片段的长度在增加。随后,冈崎小组又进行了抑制连接酶实验。按照冈崎的假设,冈崎片段短链的连接是由多核苷酸连接酶执行,如果抑制连接酶功能,在细胞内将累积这些新合成的短的 DNA 链。试验时,他们把反应温度由正常的 20℃提高到 43℃,发现同位素的标识随时间的延伸,在大片段中的积累速度明显减慢。

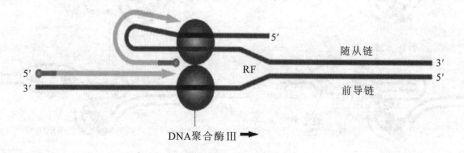

**图 3-17　DNA 的半不连续复制**(引自 William, 2002)

DNA 聚合酶是 DNA 复制所必需的。1957 年,科恩伯格首次在大肠杆菌中发现 DNA 聚合酶Ⅰ,后来又相继发现了 DNA 聚合酶Ⅱ和 DNA 聚合酶Ⅲ。这些酶的共同性质是:①需要 DNA 模板,因此这类酶又称为依赖 DNA 的 DNA 聚合酶(DNA dependent DNA polymerase, DDDP);②需要 RNA 或 DNA 作为引物(primer),即 DNA 聚合酶不能从头催化 DNA 的起始;③催化 dNTP 加到引物的 3′末端,因而 DNA 合成的方向是 5′→3′;④3 种 DNA 聚合酶都属于多功能酶,它们在 DNA 复制和修复过程的不同阶段发挥作用。

研究发现,DNA 聚合酶有 3 种不同的作用:第一种作用是 5′→3′方向的 DNA 聚合活性,这是 DNA 聚合酶最主要的活性,按模板 DNA 上的核苷酸顺序,将互补的 dNTP 逐个加到引物 RNA 的 3′端,并促进 3′端与 dNTP 的 5′端形成磷酸二酯键,酶的专一性表现为新进入的 dNTP 必须与模板 DNA 碱基配对时才有催化作用。DNA 聚合酶的第二种作用是具有外切核酸酶活性,它从 DNA 的 3′→5′方向识别并切除 DNA 生长链末端与模板 DNA 错配的核苷酸,这种校对功能是保证 DNA 准确复制不可缺少的,对于遗传信息稳定地传递给后代起着至关重要的作用。DNA 聚合酶的第三种作用是从 DNA 链的 5′→3′方向切断连接核苷酸的磷酸二酯键,每次可切除 10 个核苷酸。酶的这种活性机制一方面用于去除复制起始时 DNA 5′端的 RNA 引物，另一方面对 DNA 损伤的修复或者去除 DNA 的变异起着重要的作用。

DNA 聚合酶Ⅰ兼具 DNA 聚合酶的 3 种功能，DNA 聚合酶Ⅱ和 DNA 聚合酶Ⅲ只有前面 2 种功能。在细胞中 3 种酶的含量不同，如一个大肠杆菌细胞中约含 DNA 聚合酶Ⅰ分子 400 个，DNA 聚合酶Ⅱ分子 17～100 个，而 DNA 聚合酶Ⅲ分子只有 15 个左右。但实验证明，大肠杆菌中 DNA 的复制主要靠 DNA 聚合酶Ⅲ起作用，其催化 dNTP 掺入 DNA 链的速率最快，每个酶分子每分钟可以达到 9 000 核苷酸。冈崎片段合成后，其 5′端的 RNA 引物由 DNA 聚合酶Ⅰ的 5′→3′外切酶活性切除，由此造成的空隙再由 DNA 聚合酶Ⅰ的 5′→3′聚合活性催化 dNTP 得到填补，所以 DNA 的复制是在 DNA 聚合酶Ⅲ和 DNA 聚合酶Ⅰ互相配合下完成的。而 DNA 聚合酶Ⅰ和 DNA 聚合酶Ⅱ在 DNA 错配的校正和修复中起作用。

#### 3.3.2.3 DNA 复制的终止

DNA 复制完成后，靠旋转酶或拓扑酶将 DNA 分子引入超螺旋结构。在常规情况下，细胞中的 DNA 复制一经开始就会连续复制下去，直至完成细胞中全部基因组 DNA 的复制。对于环状 DNA 而言，如大肠杆菌染色体，DNA 具有复制终止位点，此处可以结合一种特异的蛋白质分子 Tus，通过阻止解链酶的解链活性而终止复制。

### 3.3.3 真核生物 DNA 的合成

真核生物的 DNA 复制过程与原核生物基本相似，然而真核生物是一个更为高级而严密的生命个体，含有较大的基因组 DNA，并且 DNA 与蛋白质结合成染色体，使得真核生物 DNA 的复制又具特殊性，主要包括以下几个特点：

第一，真核生物 DNA 复制的速度约为 60 个核苷酸/s，仅为原核生物 DNA 复制的速度几分之一至几十分之一，而大肠杆菌 DNA 复制的速度为 1 700 个核苷酸/s。如此慢的速度有利于对错配碱基的修复，使得真核生物遗传的稳定性更高。

第二，与原核生物不同，真核生物 DNA 复制有许多起始点，包含更多的复制子。大肠杆菌一般只含一个复制子，而酵母细胞中含约 250～400 个复制子，在哺乳动物中约有 25 000 个复制子（图 3-18）。真核生物众多复制子的存在，弥补了其复制速度慢的问题。

第三，真核生物复制启动位点为富含 A/T 区。由于碱基 A-T 间的配对只有 2 个氢键的作用，使得此处双链间的结合

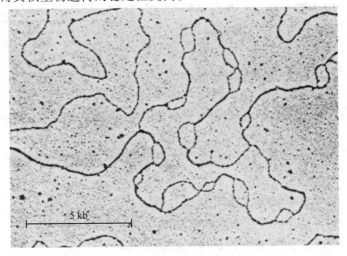

图 3-18　真核生物中的多复制子电镜照片（引自 William，2002）

力比其他区域小得多，有利于解链酶的解链过程。

第四，在真核生物中，DNA与组蛋白结合形成核小体，因此DNA复制起始时，这些组蛋白首先被剥离，在DNA复制过程中，组蛋白不断重新结合于已复制的部分，因此，电镜观察这一阶段的DNA，常发现多个核小体串珠的现象(图3-19)。

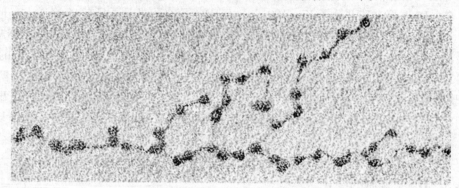

图3-19 真核生物DNA复制过程中串珠的核小体电镜照片(引自William, 2002)

第五，真核生物DNA聚合酶的拷贝数和种类较多。在动物细胞中可超过50 000个拷贝，而原核生物的大肠杆菌中的DNA聚合酶Ⅲ只含约15个拷贝；真核生物有α、β、γ、δ、ε及ξ等6种不同类型的DNA聚合酶，它们的基本特性与大肠杆菌DNA聚合酶相似，其主要活性是催化dNTP的5′→3′聚合活性。真核细胞在DNA复制中起主要作用的是DNA聚合酶α，参与复制的成员还有δ和ε，DNA聚合酶β和ξ主要与DNA修复有关，DNA聚合酶γ在线粒体DNA的复制中起作用。

第六，真核生物染色体是线性DNA，而DNA聚合酶只能催化DNA从5′→3′的方向合成，因此当复制叉到达线性染色体末端时，前导链可以连续合成到头，而由于随从链是以不连续的形式合成冈崎片段，所以不能完成线性染色体末端的复制。深入的研究表明，真核生物染色体两端有一特殊结构，由保守的重复

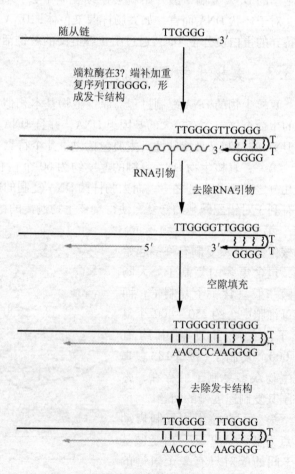

图3-20 真核生物端粒区的复制模型(引自William, 2002)

寡核苷酸序列构成，称为端粒(telomeres)。真核生物体内存在一种特殊的反转录酶，称为端粒酶(telomerase)，由蛋白质和RNA两部分组成，其RNA部分包含有与端粒重复区互补的序列。如线虫端粒酶的RNA片段长度为139碱基，包含一个5′AACCCC3′的序列，可与端粒区DNA互补。端粒酶以此RNA为模板，在随从链端粒区DNA的3′末端增加几个拷贝的重复序列，这些延长的序列产生回折，相对应的两个鸟嘌呤(G)间形成发卡结构(hairpin loop)。进一步通过DNA聚合酶的修补连接作用，完成与临近冈崎片段的连接，并通过酶的作用切掉多余的发卡结构，完成DNA复制(图3-20)。

## 3.4 遗传信息的转录

DNA携带着决定生物特征的遗传信息，但只有通过蛋白质才能表达出它的生命意义。分析研究表明，生物细胞中没有DNA直接指导蛋白质合成的系统，并且细胞学观察显示，DNA存在于细胞核中，而蛋白质的合成却是在细胞质中。因此，必须有一种中间介导物，联络信息的传递过程。许多生理生化特性分析表明，RNA是生命信息表达的桥梁，RNA介导了遗传信息的表达过程：

第一，RNA与DNA具有相似的化学构成和理化特性，RNA与DNA分子杂交的结果，也显示出两者组成上的一致性。

第二，与DNA一样，RNA是在细胞核中合成的。

第三，细胞质中存在大量的RNA，或参与核糖体的构成，或游离于细胞中。

第四，细胞中RNA与蛋白质的含量是相称的。

因此，在遗传信息表达过程中，DNA首先指导RNA的合成，进而引导蛋白质的合成。这种以DNA为模板合成RNA的过程称为转录(transcription)或RNA复制。

### 3.4.1 RNA复制的一般特点

RNA的转录合成类似于DNA的复制，都是上一个核苷酸的3′—OH末端与下一个核苷酸的5′磷酸根结合形成磷酸二酯键，以5′→3′的方向聚合而成寡聚核苷酸链，直至生成完整的RNA分子。然而，转录又具有自身的一些特点：

第一，RNA的启动合成不需要解链酶、回旋酶等的作用，RNA聚合酶可以直接与DNA模板链的特定位点结合，即可将核苷酸依次加入。

第二，RNA的启动合成不需要引物。

第三，DNA的两条多苷酸链中只有一条链作为RNA合成的模板，称为模板链(template strand)，又称作无意义链(partner strand)；另一条不作为模板的链称作编码链，又称有意义链。编码链的序列与转录本RNA的序列相同，只是编码链上的碱基T在转录本RNA中替换为碱基U。由于RNA的转录合成是以DNA的一条链为模板而进行的，转录是不对称的，所以这种转录方式又称为不对称转录。

第四，RNA的合成是以功能单位为基础的，在生物个体发育的任何阶段，只有部分基因或功能单位发生转录，且每个基因的转录都受到相对独立的控制，因此，转录过程在时间上是阶段性的，在空间上是段落性的，RNA合成过程中有明显的终止信号。

第五，RNA 聚合酶缺乏 $3'\to 5'$ 外切酶活性，所以没有校正功能。

### 3.4.2 原核生物 RNA 的合成

RNA 合成的过程主要可分为识别与起始、延长和终止 3 个阶段。

#### 3.4.2.1 RNA 合成的识别与起始

转录是从 DNA 分子的特定部位开始的，这个部位也是 RNA 聚合酶结合的初始位点，具有特殊的结构，称为启动子(promotor)。将 DNA 上开始转录的第一个碱基定为 +1，沿转录方向顺流而下的核苷酸序列依次用正值表示，逆流而上的核苷酸序列均用负值表示。

对原核生物的 100 多个启动子序列进行比较后发现，在 RNA 转录起始点上游大约 -10 和 -35 处有两个保守的序列。其中 -35 区的序列多为 5′TTGACG 3′，是 RNA 聚合酶中的 δ 亚基识别并结合的位置，与转录起始的辨认有关，决定了启动子的强度或转录的效率；-10 区的序列多为 5′ TATAAT 3′，称为 TATA 盒(TATA box)，这是 Pribnow 首先发现的，所以又称 Pribnow 框。

转录是以 DNA 为模板，利用 RNA 聚合酶酶促核苷酸的聚合过程，因此 RNA 聚合酶又称为依赖 DNA 的 RNA 聚合酶(DNA-dependent RNA polymerase，DDRP)。大肠杆菌 RNA 聚合酶由 5 个亚基组成，$\alpha\alpha\beta\beta'\delta$。δ 亚基的功能是辨认转录起始点，多数 δ 亚基的分子量为 70 kDa，其他少数不同分子量的 δ 亚基用于识别特殊类型的启动子序列；去掉 δ 亚基的部分又称为核心酶，核心酶可以催化核苷酸间磷酸二酯键的形成，其中的 ββ′ 亚基是酶和核苷酸底物结合的部位；α 亚基决定哪些基因被转录，与转录基因的类型和种类有关。

#### 3.4.2.2 RNA 转录的起始和延伸

在原核生物中，当 RNA 聚合酶的 δ 亚基发现其识别位点时，全酶就与启动子区特定结合。由于 RNA 聚合酶分子很大，能覆盖大约 60bp 的 DNA 序列，跨度从 -40 到 +20 区，造成 DNA 发生局部的解链，形成全酶和启动子的开放性复合物。在开放性启动子复合物中起始位点和延长位点被相应的核苷酸充满，在 RNA 聚合酶 β 亚基催化下形成 RNA 的第一个磷酸二酯键。RNA 合成的第一个核苷酸多为 GTP，另外一些或为 ATP。随后 δ 因子从全酶上解离下来，并与另一个核心酶结合成全酶而得以重复利用。

RNA 链的延长靠核心酶的催化，使得上一个核苷酸的核糖 3′-OH 与下一个能配对 DNA 模板的三磷酸核苷起反应形成磷酸二酯键。聚合进去的核苷酸又有核糖 3′-OH 游离，这样就可按模板 DNA 的指引，顺序延长下去。因此，RNA 链的合成是沿着 DNA 链 $3'\to 5'$ 方向移动，而合成的 RNA 方向是 $5'\to 3'$。整个转录过程是由同一个 RNA 聚合酶完成的一个连续不断的反应，37℃下的转录速度大约是 50 个核苷酸/s。

#### 3.4.2.3 转录的终止

转录是在 DNA 模板某一特定位置上停止的。通过比较若干原核生物 RNA 转录终止位点附近的 DNA 序列，发现 DNA 模板上的转录终止信号有 2 种情况：一种是不依赖于蛋白质因子而实现的终止作用；另一种是依赖蛋白质辅因子才能实现终止作用，这种蛋白质辅因子称为释放因子，又称 ρ 因子。两种终止信号有共同的序列特征，约含 40 个碱基，是一段方向相反、碱基互补的回文序列，使转录生成的 RNA 形成发卡结构，阻碍了 RNA 聚合酶进一步发挥作用。不依赖 ρ 因子的终止序列中富含 GC 碱基对，其下游有 6~8 个碱基 A；而依赖 ρ 因子的终止序列中 GC 碱基对含量较少，其下游也没有固定的特征。

### 3.4.3 真核生物遗传物质的转录和加工

真核生物的 DNA 转录过程与原核生物的基本相似，但由于真核细胞遗传构成及功能的复杂性，其转录过程也有其特点。

#### 3.4.3.1 转录的识别和启动

与原核生物一样，真核生物基因的转录识别和启动也需要特定的启动子序列，但真核生物中至少存在 3 种顺式启动因子（cis-acting elements）：第一种因子是 TATA 盒，位于基因的约 -25~-30 区，其保守序列为 5′-TATAAAA-3′，主要用于 DNA 的解链，固定转录的起点；第二种因子是 CAAT 盒（CAAT box），位于约 -70~-80 区，其保守序列为 5′-GGTCAATCT-3′，与转录起始频率有关。例如，兔子的 β 珠蛋白基因 CAAT 盒缺失 GG 后，转录效率只有原来的 12%；第三种因子是增强子（enhancer），其位置不太固定，可存在于启动子上游或下游，主要功能是增强基因的转录效率。例如，人类胰岛素基因 5′ 末端上游约 250 个核苷酸处有一组织特异性增强子，在胰岛素 β 细胞中有一种特异性蛋白因子，可以作用于这个区域以增强胰岛素基因的转录。在其他组织细胞中没有这种蛋白因子，所以也就没有此作用。这就是为什么胰岛素基因只有在胰岛素 β 细胞中才能很好表达的重要原因。

原核生物靠 RNA 聚合酶自身即可完成从起始、延长、终止的转录全过程，真核生物中的 RNA 合成酶不能直接与 DNA 模板结合，转录过程需要多种蛋白因子的协助。其中一类称为转录因子（transcription factor），能与 RNA 聚合酶形成转录起始复合物，共同参与转录起始，具有调节转录效率的功能，如人类细胞中的 TFⅡA、TFⅡB、TFⅡD 等。有些转录因子在特定组织细胞，特定的时间、空间、发育阶段，或特定的环境下表达，故称为诱导性转录因子，与表达某些特异蛋白质分子有关。

#### 3.4.3.2 转录的延伸、终止和后加工

真核生物细胞 DNA 转录的延伸过程与原核生物中的雷同，但真核生物细胞中含有 3 种类型的 RNA 聚合酶（Ⅰ、Ⅱ、Ⅲ），它们专一性地转录不同类型的基因。其中，RNA 聚合酶Ⅰ位于核仁中，负责转录编码 rRNA 的基因，合成 RNA 的活性最显著；RNA 聚合酶Ⅱ位于核质中，负责 mRNA 的合成；RNA 聚合酶Ⅲ也位于核质中，主要负责合成 tRNA、5S rRNA 和许多小的核内 RNAs。

与原核生物细胞一样，真核细胞的转录终止也有特定的信号。在 3′ 端终止密码的下游有一段 AATAAA 的核苷酸序列，它可能对 mRNA 的加尾有重要作用。这个序列的下游有一个反向重复序列，转录后可形成一个发卡结构。该发卡结构可以阻碍 RNA 聚合酶的

移动。发卡结构末尾的一串 U 与转录模板 DNA 中的一串 A 之间形成的氢键结合力较弱，使 mRNA 与 DNA 杂交部分的结合不稳定，mRNA 容易从模板上脱落下来，同时 RNA 聚合酶也从 DNA 上解离下来，转录终止。爪蟾 5SRNA 的 3′末端有 4 个 U，其前后的序列富含 GC 碱基。这种序列特征高度保守，从酵母到人都很相似，是所有真核生物 RNA 聚合酶Ⅲ 转录的终止信号，任何改变这种序列特征的突变都将导致转录终止位置的改变。

### 3.4.3.3 转录的后加工

原核生物如细菌中，DNA 转录成的 RNA 即时具有完整的功能，或用于指导遗传信息翻译成蛋白质。而在真核生物中，DNA 的转录产物只是一个前体，还需进一步的加工修饰，才能完成后续的功能。

1970 年，J. Darnell 等在哺乳类细胞的核中发现了一些特异构象的 RNA 分子（heterogeneous nuclear RNA，hnRNA），序列与细胞质中的 mRNA 相似，但大小不同，推论是 DNA 转录后的 mRNA 的前体，经过进一步的修饰加工后才成为成熟的有功能的 mRNA 分子，并转移至细胞质中。深入研究发现，转录后修饰过程包括 RNA 5′端和 3′端的修饰、内部序列的重新拼装以及个别碱基的修饰等。

RNA 5′端的修饰在转录完成前就开始了，主要是增加一个甲基化的鸟嘌呤核苷酸（7-methyl guanosine，7mG），又称为 5′帽子，其作用是保护 RNA 的 5′端免受攻击，促进成熟的 mRNA 穿透核膜进入到细胞质中。

RNA 的 3′端修饰可分为两个步骤：一是酶切去掉转录 RNA 前体 3′端 10～35 个碱基的保守序列（一般为 5′-AAUAAA- 3′），然后通过多聚腺苷酸化（polyadenylation）作用将多达 250 个腺嘌呤核苷酸依次加入到 3′末端，形成一个多聚腺苷酸（polyA）的尾巴，因此，RNA 的 3′端修饰过程又称为 3′加尾，其作用是保护转录产物免受降解。

比较 mRNA 和模板 DNA 的序列即可发现，一些区段性的 DNA 片段没有在 mRNA 当中出现，也因此不能被翻译成蛋白质序列，这些片段称为内含子（intron），对应的能够出现在 mRNA 中并能翻译的 DNA 片段称为外显子（exon）。因此，RNA 合成后的第三种修饰，是对 RNA 内部序列进行内含子剪切和外显子的重新组装。mRNA 和对应 DNA 区段的分子杂交结果，出现了几个回折（loop），也证明了这一点（图 3-21）。

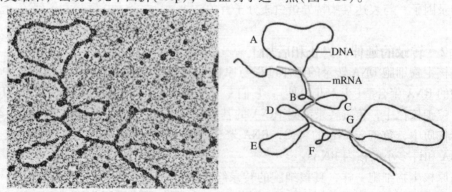

图 3-21　mRNA 和 DNA 杂交的电镜观察照片（左）和示意图（右）（引自 William，2002）

不同基因所含内含子的大小、多少不相同，大多数基因的内含子只有几个，但也有少数基因的内含子达到几十个，如胶原蛋白基因至少具有 40 个内含子。序列分析发现，内含子 5′端通常以 GU 开始，而在 3′端以 AG 结束。目前，发现的切除内含子的机制都与此有关。第一种是自切机制(self-excision process)，1982 年，T. Cech 和他的同事发现有些内含子(通常源于 rRNA 基因的转录产物)自身具有酶的功能，称为核酶(ribozymes)，它通过鸟嘌呤间的相互作用，切除掉内含子。另外一种机制是针对 mRNA 转录前体，这一过程需要一种裂解体(spliceosome)的存在，这种裂解体由一些小的核 RNA(small nuclear RNAs, snRNAs)和一些蛋白质分子复合而成。这些 snRNAs 大小为 100～200 个碱基，富含尿嘧啶。通过这种裂解体和内含子中腺嘌呤、鸟嘌呤的作用，切除掉内含子，外显子片段再经连接后即形成有功能的 mRNA 分子。

此外，RNA 合成后的修饰还包括个别碱基的甲基化、磷酸化、乙酰化等过程，可以协调转录基因的功能；一些碱基的替换(substitution)、插入(insertion)、缺失(deletion)等修饰作用，可以修正基因的遗传结构，又称为 RNA 编辑(RNA editing)。

## 3.5 遗传密码与遗传信息的翻译

DNA 转录产生 3 种类型的 RNA，即携带遗传信息的 mRNA、核糖体构成部分的 rRNA，以及具有转运氨基酸功能的 tRNA。遗传信息的表达即是以 mRNA 为模版，以 tRNA 为工具，在 rRNA 构建的核糖体上合成功能性蛋白质的过程，称为遗传信息的翻译(translation)或蛋白质的合成，其中包括遗传信息由核酸向氨基酸的转换以及氨基酸多肽链的合成组装等过程。

### 3.5.1 遗传密码

蛋白质中常见的氨基酸有 20 种，而遗传信息的构成单元 A、T、C、G 却只有 4 种。那么，核苷酸如何排列来决定一个特定氨基酸？换言之，由核酸向氨基酸转换的遗传密码(genetic code)是什么？科学家们由此进行了严密的数学推理和实验设计来加以论证和破译。

#### 3.5.1.1 遗传密码的诠释

1954 年，物理学家 G. Gamov 根据 DNA 中存在 4 种核苷酸和蛋白质中存在 20 种氨基酸的对应关系，提出几种遗传密码的可能性：如果一个核苷酸为一种氨基酸编码，那么 DNA 分子只能编码 4 种氨基酸($4^1=4$)；如果每 2 个核苷酸为一种氨基酸编码，那么 DNA 分子可编码决定 16 种氨基酸($4^2=16$)；如果每 3 个核苷酸为一种氨基酸编码，那么 DNA 分子可编码决定 64 种氨基酸($4^3=64$)；如果每 4 个核苷酸为一种氨基酸编码，那么 DNA 分子可编码决定 256 种氨基酸($4^4=256$)，依此类推。很显然，1 或 2 个核苷酸决定一种氨基酸的策略会造成一个密码子对应几个氨基酸的情况，从而导致蛋白质合成的混乱；而 4 个或超过 4 个核苷酸决定一种氨基酸的策略，会造成多种密码子为一种氨基酸编码的情况，这不符合物种进化过程中遵循的经济原则，也不利于物种的进化，因为变异是进化的基础，如果遗传信息的变异不能导致性状的改变，变异是无效的。相比之下，3个核苷酸决定一种氨基酸的策略是最理想的，因为在有3种核苷酸条件下，64是能满足于20种氨基酸编码的最小数。因此得出结论，3个核苷酸决定一种氨基酸，又称为三联体密码，并进一步推断，一种氨基酸可能有不止一个密码。

1961年，克里克等人进行了噬菌体突变体实验，发现信息链增加或减少一个核苷酸会造成蛋白质合成的受阻，但增加或减少3个核苷酸，蛋白质合成可以正常进行。由此确认了遗传物质是以三联体核苷酸的形式编码20种不同的氨基酸，而且是由一个固定点开始，朝着一个方向顺序地读下去。这一试验结果使原来靠数学推论出的结果找到了实验依据。

### 3.5.1.2 遗传密码的解读

破译密码先后发展了4种方法，用了近十年的时间，于1965年完成。

**(1) 单个核苷酸的多聚物(RNA homopolymers)**

1955年，M. Grunberg-Manago和S. Ochoa发现了一种多聚核苷酸磷酸化酶(polynucleotide phosphorylase)，该酶不需要DNA模板，可以将不同的核苷酸分子连接起来，形成人工的RNA。1961年，美国学者尼恩伯格和Mathaei利用这种酶，体外合成了尿嘧啶的多聚体(polyU)，并加入到无细胞蛋白质合成系统中。对合成产物分离、纯化和序列分析后发现，合成肽链中的氨基酸残基全部是苯丙氨酸(poly-Phe)，因此认定三联碱基UUU是Phe的密码子。随后又合成了polyA和polyC，并分别作为模板进行体外无细胞多肽链合成，发现polyA和polyC分别可指导合成多聚赖氨酸(poly-Lys)和多聚脯氨酸(poly-Pro)多肽链，确定了三联碱基AAA是赖氨酸(Lysine，Lys)的密码子，CCC是脯氨酸(proline，pro)的密码子。但是类似的实验不能证明GGG是何种氨基酸的密码子，因为polyG产生牢固的氢键结合，形成三股螺旋，而不与核糖体结合。

**(2) 混合共聚物(mixed copolymers)实验对密码子的破译**

1963年，Speyer和Ochoa等发展了用两个碱基的共聚物破译密码的方法。即用2个或多个不同的核苷酸按比例混合，形成混合共聚物(mixed copolymers)或异源多聚物(heteropolymers)，并预测多聚链中特定三联体的比例，进一步利用无细胞蛋白质合成体系，合成氨基酸多肽链并分析其中各种氨基酸的种类和比例，通过氨基酸与三联体核苷酸的比例对应关系，建立三联体与氨基酸之间的关联。例如，以A和C为原料，按1:5的比例混合并合成polyAC，可以推论polyAC中含有8种可能的三联体密码子，分别是CCC、CCA、CAA、AAA、AAC、ACC、ACA和CAC。预测其中AAA出现的概率，应为$(1/6)^3 \approx$ 0.4%；AAC出现的概率为$(1/6)(1/6)(5/6) \approx 2.3\%$，以此类推。进一步分析以此polyAC为模板合成的氨基酸多肽链序列，显示由6种氨基酸组成，分别是天冬氨酸(Asp)、组氨酸(His)、苏氨酸(Thr)、谷氨酸(Glu)、脯氨酸(Pro)和赖氨酸(Lys)，将产物中不同氨基酸的比例与核苷酸多聚物中不同密码子的比例进行对比，即可确定相互的对应关系。最后确定Lys的密码子为AAA，三联体1C2A(AAC、ACA、CAA)的比例大约是Glu比例的3倍，推论是AAC、ACA、CAA其中之一，依此类推(图3-22)。

| 三联体组成 | 三联体的理论概率 | 三联体 | 概率合计(%) |
|---|---|---|---|
| 3A | $(1/6)^3 = 1/216 = 0.4\%$ | AAA | 0.4 |
| 1C:2A | $(1/6)^2(5/6) = 5/216 = 2.3\%$ | AAC ACA CAA | 3 » 2.3 = 6.9 |
| 2C:1A | $(1/6)(5/6)^2 = 25/216 = 11.6\%$ | ACC CAC CCA | 3 » 11.6 = 34.8 |
| 3C | $(5/6)^3 = 125/216 = 57.9\%$ | CCC | 57.9 |
| | | | 100.0 |

遗传信息的化学合成 ↓

CCCCCCCACCCCCAACCACCCCCACCCCCACCAA  RNA

遗传信息的翻译 ↓

| 合成肽链的氨基酸比例(%) | 对应的三联体组成 |
|---|---|
| 赖氨酸Lys | AAA |
| 谷氨酸Glu | 1C : 2A |
| 天冬氨酸Asp | 1C : 2A |
| 苏氨酸Thr | 2C : 1A |
| 组氨酸His | 2C : 1A, 1C : 2A |
| 脯氨酸Pro | CCC, 2C : 1A |

**图 3-22  寡聚二核苷酸合的多肽链氨基酸比例预测**(引自 William, 2002)

**(3) 重复共聚物实验(repeating copolymers)破译密码**

20 世纪 60 年代初期,G. Khorana 等人合成出短重复序列(如 2,3 或 4 个核苷酸)的 RNA 分子,预测可能的三联体。将这种序列加入到无细胞蛋白质合成系统中,分析合成多肽链中氨基酸的种类和排列,并与预测的三联体进行对比,建立氨基酸与三联体之间的关系。例如,二聚体(UG)n 可产生 UGU 和 GUG 2 种三联体,可形成的多肽链是 Cys-Val-Cys-Val……,由此判断三联体 UGU 和 GUG 分别编码半胱氨酸(Cys)和缬氨酸(Val);而三聚体(UUG)n 可产生 UUG 或 UGU 或 GUU 3 种不同的三联体类型和 3 种不同的多肽 - polyLeu、polyCys 和 polyVal,对应比较后确定三联体 AAG、AGA、GAA 分别编码亮氨酸、半胱氨酸和缬氨酸(图 3-23)。

在这一过程中,也发现一些重复共聚物如(GAUA)n 等不能合成多肽链,四聚体(GAUA)n 可产生 GAU、AGA、UAG、AUA 4 种三联体类型,通过前面的实验可以确定 GAU、AGA 和 AUA 可分别编码 asp、arg 和 Ile,但没有发现 UAG 所对应的氨基酸,因此推论,UAG 是一个翻译终止信号,又称为终止密码子。类似的三联体还有 UAA 和 UGA。

**(4) 三联体与氨基酸的结合试验**

1964 年,尼恩伯格和 Leder 研究发现,在缺乏蛋白质合成所需因子的条件下,特异氨基酸-tRNA(aa-tRNA)能与核糖体-mRNA(只包含 3 个核苷酸聚合物)复合物结合,这种结合物不能透过特定的滤膜。例如,三核苷酸 UUU 与核糖体结合后,与携带同位素标识的不同氨基酸的 tRNA 进行配对,发现只能与苯丙氨酸-tRNA (phe-tRNA)结合,由此推断苯丙氨酸的密码子为 GUU(图 3-24)。借助这一新的实验手段,有近 50 个三联体得以破译,另外一些三核苷酸序列与核糖体结合的效率较差,不能确定与之对应的特异的氨基酸。

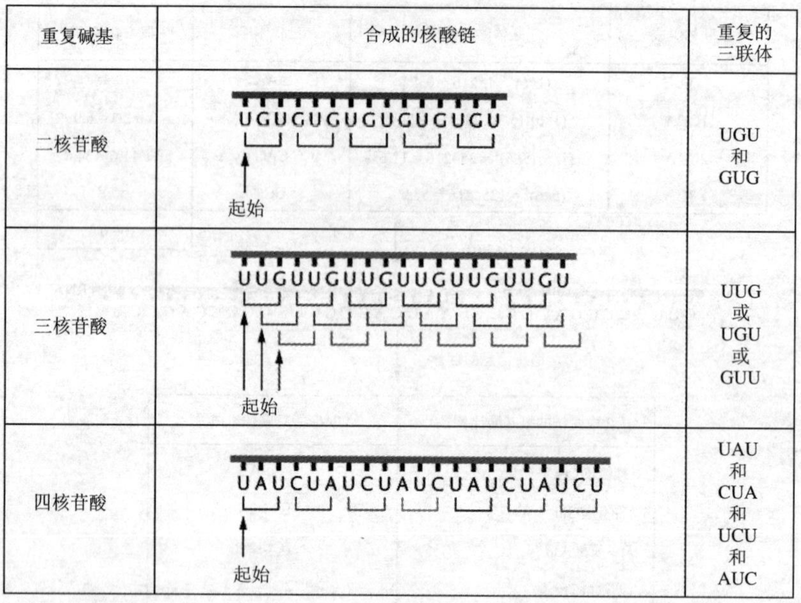

重复碱基
合成的核酸链
重复的三联体
二核苷酸
UGUGUGUGUGUGUGU
起始
UGU
和
GUG
三核苷酸
UUGUUGUUGUUGUUGU
起始
UUG
或
UGU
或
GUU
四核苷酸
UAUCUAUCUAUCUAUCUAUCU
起始
UAU
和
CUA
和
UCU
和
AUC

**图 3-23　利用重复共聚物破译密码**(引自 William, 2002)

小亚基
核糖体
大亚基
5′
3′
UUU
合成的RNA三联体
AAA
phe
tRNAphe
UUU
AAA
密码子
反密码子
mRNA-tRNA-核糖体复合体
核糖体、UUU三联体与phe-tRNA
的复合体不能透过滤膜

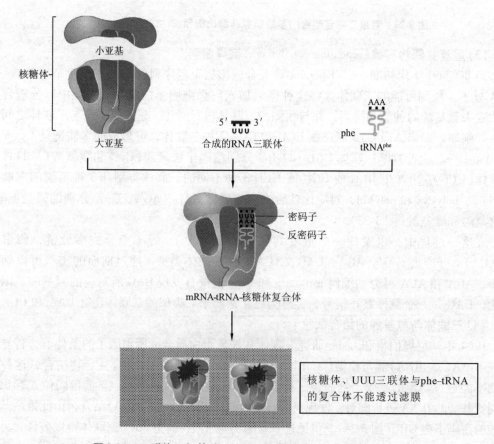

**图 3-24　三联体、氨基酸、tRNA 结合试验**(引自 William, 2002)

进一步分析生物体中各种不同的基因及其翻译的多肽链序列，发现多数基因第一个三联体为 AUG，编码蛋氨酸(met)，在原核生物如细菌中也存在少数的以 GUG 三联体起始，因此称这两种三联体为起始密码子。

1965 年，Francis Crick 综合各种技术研究的成果，构建出一套完整的遗传密码子系列（表3-5）。生物个体按照这一密码本，有条不紊准确翻译着不同的蛋白质。它揭示了遗传信息表达的途径，成为 20 世纪生命科学中最伟大的成就之一。1968 年，尼恩伯格和霍拉纳因在破译遗传密码方面的重要贡献，获得了诺贝尔生理学或医学奖。

表 3-5　20 种氨基酸的遗传密码字典

| 第一碱基 | 第二碱基 | | | | | | | | 第三碱基 |
|---|---|---|---|---|---|---|---|---|---|
| | U | | C | | A | | G | | |
| U | UUU | 苯丙氨酸 Phe | UCU | 丝氨酸 Ser | UAU | 酪氨酸 Tyr | UGU | 半胱氨酸 Cys | U |
| | UUC | | UCC | | UAC | | UGC | | C |
| | UUA | 亮氨酸 Leu | UCA | | UAA | 终止信号 | UGA | 终止信号 | A |
| | UUG | | UCG | | UAG | | UGG | 色氨酸 Trp | G |
| C | CUU | 亮氨酸 Leu | CCU | 脯氨酸 Pro | CAU | 组氨酸 His | CGU | 精氨酸 Arg | U |
| | CUC | | CCC | | CAC | | CGC | | C |
| | CUA | | CCA | | CAA | 谷氨酰胺 Gln | CGA | | A |
| | CUG | | CCG | | CAG | | CGG | | G |
| A | AUU | 异亮氨酸 Ile | ACU | 苏氨酸 Thr | AAU | 天冬酰胺 Asn | AGU | 丝氨酸 Ser | U |
| | AUC | | ACC | | AAC | | AGC | | C |
| | AUA | | ACA | | AAA | 赖氨酸 Lys | AGA | 精氨酸 Arg | A |
| | AUG | 甲硫氨酸 Met（兼起始信号） | ACG | | AAG | | AGG | | G |
| G | GUU | 缬氨酸 Val | GCU | 丙氨酸 Ala | GAU | 天冬氨酸 Asp | GGU | 甘氨酸 Gly | U |
| | GUC | | GCC | | GAC | | GGC | | C |
| | GUA | | GCA | | GAA | 谷氨酸 Glu | GGA | | A |
| | GUG | | GCG | | GAG | | GGG | | G |

注：第一碱基、第二碱基、第三碱基顺次组成一个密码子，对应右侧的氨基酸。

归纳起来，遗传密码体系有以下几个特征：①遗传密码是核苷酸以线性方式排列的；②三个连续的核苷酸编码一个特定的氨基酸；③一个密码子只能编码一个特定的氨基酸；④遗传密码有兼并性(degeneracy)，亦即几个密码子可编码同一个氨基酸，18 个氨基酸有此特性；⑤遗传密码包括启动信号(ATG)启动翻译过程和终止信号(TAG、TAA、GTA)终止翻译过程；⑥mRNA 链上的密码是连续的，不中断的；⑦一个基因上的密码子是不能重叠的；⑧密码子系统是通用的，适用于所有的生物。

1966 年，克里克对密码子的兼并性进行了深入的分析，发现密码子的兼并性主要在于第三个碱基的变化，并提出了密码子兼并性的"摆动假说"(wobble hypothesis)：密码子的前两个碱基是决定特定氨基酸的主要部分,而第三个碱基的配对可以是不严谨的,如密码子第三位上的 C 或 U 可以与 tRNA 上的 G 配对,A 或 G 可以与 tRNA 上的 U 配对,C 或 U 或 A 可以与 tRNA 上的 I(inosine,次黄嘌呤,一种稀有碱基)配对。密码子兼并性的结果,一是减少了因碱基突变导致的合成错误蛋白质的概率,二是可以减少 tRNA 的种类,提高资源的利用效率,大约 30 个不同的 tRNA 分子即可满足所有 61 个密码子的需求。目前的分析显示,细菌中含 30~40 个 tRNA 分子,动物和植物细胞中约含有 50 个 tRNA 分子。

对更多物种或核外遗传体系的研究发现,密码子系统并不是一成不变的。如三联体 CUA 正常编码 Leu,但在酵母线粒体 DNA 中编码 Thr。另外一些变化的密码子体系如表 3-6。

表 3-6　非正常编码的遗传体系比较

| 三联体 | 正常编码 | 改变的编码 | 物种资源 |
| --- | --- | --- | --- |
| UGA | 终止信号 | Trp | 人类和酵母 mtDNA、支原体 |
| CUA | Leu | Thr | 酵母 mtDNA |
| AUA | Ile | Met | 人类 mtDNA |
| AGA | Arg | 终止信号 | 人类 mtDNA |
| AGG | Arg | 终止信号 | 人类 mtDNA |
| UAA | 终止信号 | Gln | 草履虫、四膜虫、棘尾虫 |
| UAG | 终止信号 | Gln | 草履虫 |

### 3.5.2　蛋白质的合成

蛋白质生物合成在细胞质中的核糖体上进行,合成过程分为 5 个阶段,即氨基酸的活化、多肽链合成的起始、肽链的延长、肽链的终止和释放、蛋白质合成后的加工修饰等。

#### 3.5.2.1　氨基酸的活化

氨基酸的活化是指氨基酸结合于 tRNA 上的过程。首先,氨基酰 tRNA 合成酶利用 ATP 提供能量,催化氨基酸形成氨基酰-AMP,每种氨基酸有其特定的合成酶催化。然后氨基酰被转移到特定 tRNA 的氨基酸臂(即 3′-末端)上。在原核细胞中,起始氨基酸——甲硫氨酸活化后,还需要进一步甲酰化,即通过甲酰化酶的作用,形成甲酰甲硫氨酸-tRNA,而真核细胞没有此过程。

#### 3.5.2.2　多肽链合成的起始

核糖体包含有 2 个大小亚基,由 rRNA 和蛋白质分子组合成特定的空间构象。其中小亚基形成了 mRNA 的结合位点,大亚基则形成了 3 个通道,分别为 A 位点(aminoacyl,氨基酰)、P 位点(peptidyl,多肽)和 E 位点(exit,退出),用于氨基酰-tRNA 的进入、多肽链的合成和泌出。构成真核生物和原核生物大小亚基的 rRNA 的种类、大小、蛋白质分子的数量等都有很大的不同,分别形成了真核生物核糖体的 60S、40S 大小亚基和原核生物核糖体的 50S、30S 大小亚基(图 3-25)。

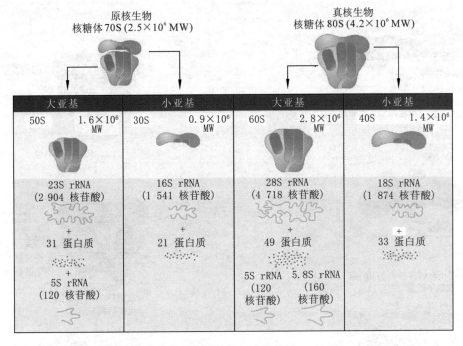

图 3-25　原核与真核生物核糖体组成的比较（引自 William，2002）

原核生物中每一个 mRNA 都有核糖体结合位点，即位于起始密码子 AUG 上游 8～13 个核苷酸处，通常为 5′-AGGAGG-3′，可与 30S 小亚基中的 16S rRNA 3′端一部分序列互补。这种结合反应由起始因子（initiation factor，IF1，2，3）介导，然后在起始因子 2 的作用下，携带第一个甲酰甲硫氨酸（或甲酰蛋氨酸）的 tRNA（fMet-tRNA），通过密码子与反密码子配对关系，在 P 位点处与 mRNA 分子中的 AUG 相结合，形成一个起始复合体，甲硫氨酸的甲酰化是形成这一复合体所必需的（图 3-26 第一步反应）。接着，50S 大亚基与 30S 小亚基复合体结合（图 3-26 第二步反应）。随后，与 mRNA 第二个密码子对应的氨基酰 tRNA 进入 A 位（图 3-26 第三步反应）。

与原核生物不同，真核细胞蛋白质合成的起始复合物的形成需要更多的起始因子参与（近 10 种）；其起始甲硫氨酸不需要甲酰化；mRNA 5′端的核糖体识别序列为 5′-ACCAUGG-3′，使 mRNA 上的起始密码 AUG 在 Met-tRNA 的反密码位置固定下来，进行翻译起始。

### 3.5.2.3　多肽链的延长

多肽链上每增加一个氨基酸都需要经过进位、转肽和移位三个步骤：大小亚基结合后，释放起始因子，蛋白延长因子（elongation factor，EF）EF-tu 与 GTP 以及第二个氨基酰-tRNA 结合，进入 A 位点，随后释放 EF-Tu 和 GDP，完成"进位"的过程；接着，在核糖体转肽酶作用下，P 位上的氨基酸链脱落，通过—COOH 基与 A 位上氨基酸的 α-NH 基形成肽键，形成二肽酰 tRNA，这是"转肽"的过程；随后，P 位上无负荷氨基酸的 tRNA 进入 E 位，并由此泌出，核蛋白体向 mRNA 3′端方向移动一组密码子，使得原来结合二肽酰

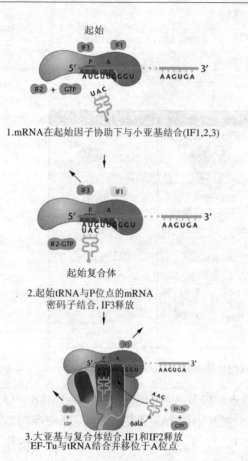

图 3-26　多肽链合成的起始
（引自 William，2002）

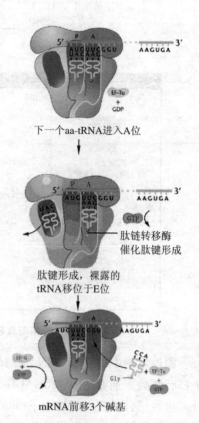

图 3-27　多肽链合成的延伸过程
（引自 William，2002）

tRNA 的 A 位转变成了 P 位，A 位空出，这是"移位"过程（图 3-27）。以后，肽链上每增加一个氨基酸残基，即重复上述进位、转肽、移位的步骤，延伸的肽链方向从氮基端（N 端）到羧基端（C 端）。

### 3.5.2.4　翻译的终止及多肽链的释放

翻译的终止依靠释放因子（release factor，RF）的参与和终止信号的识别。无论原核生物还是真核生物都有 3 种终止密码子 UAG、UAA 和 UGA，没有与之结合的 tRNA；原核生物有 3 种释放因子——RF1、RF2 和 RF3：RF1 识别 UAA 和 UAG，RF2 识别 UAA 和 UGA，RF3 的作用是促进大、小亚基的解离。真核生物中只有 1 种释放因子 eRF，它可以识别 3 种终止密码子。

当终止信号出现时，释放因子作用于 A 位点，使转肽酶活性变为水解酶活性，将肽链从结合在 tRNA 的 CCA 末端上水解下来。随后，mRNA 与核糖体分离，最后一个 tRNA 脱落，核糖体大、小亚基在 RF3 作用下解离，并重新参与新肽链的合成，依次循环往复。

无论是原核细胞还是真核细胞，蛋白质合成都是高效进行的。在大肠杆菌中，每个细胞中约含有 10 000 个核糖体，每条链 37℃时合成氨基酸的速度为 15 个/s，这对于大肠杆菌是十分重要的，因其 mRNA 在细胞中的存活时间只有几分钟。在真核细胞中，mRNA 存活时间较长，达几个小时，真核生物细胞中的核糖体数量也是原核细胞的几倍，并且一条 mRNA 链上常结合着几个甚至几百个核糖体，每个核糖体都独立完成一条多肽链的合成，由此导致一条 mRNA 链上同时合成多条相同的多肽链，大大提高了翻译的效率。蚊蝇巨型唾液腺细胞蛋白质合成过程中的电镜照片清楚地显示了这一点（图3-28）。

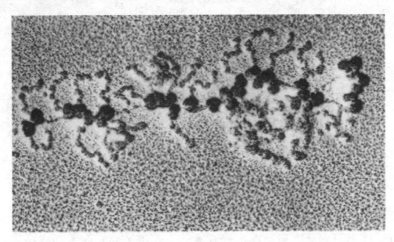

图 3-28　蚊蝇巨型唾液腺细胞蛋白质合成时的电镜照片（引自 William，2002）

### 3.5.2.5　蛋白质的运输和加工

不论是原核还是真核生物，在细胞质中合成的蛋白质须定位于细胞特定的区域以行使特定功能，或者分泌到细胞外。在细菌细胞中，一般靠扩散作用移至目的地，如到达内膜的参与能量代谢和营养物质转运的蛋白质，外膜的促进离子和营养物质进入细胞的蛋白质，内外膜之间的各种水解酶以及营养物质结合蛋白等。

在真核生物细胞中，合成蛋白质的运输依靠其特殊的细胞器——内质网（ER）进行。实际上，合成蛋白质的核糖体常附着于内质网上，这些内质网又称为粗糙内质网。对于一些越膜蛋白，其 N 端常具有 15~30 个以疏水氨基酸为主的 N 端信号序列或称信号肽，很容易插入并锚定在胞膜或内质网的脂双层结构内，并导引后续的其他肽段部分顺利通过膜，位于内膜外表面或内质网内腔壁上的信号肽酶随后将信号肽序列切除，蛋白顺利跨越胞膜或进入到内质网内腔中。

内质网不仅为蛋白质多肽的运输构建了高效率的运输通道，同时也是蛋白质多肽进行加工修饰的第一场所，主要包括一些化学基团的共价修饰，如磷酸化、糖基化、羟基化、形成二硫键、亚基的聚合等，以此完成多肽链的功能特征。图 3-29 显示了一个多肽链进入内质网的过程，并在寡聚糖转移酶的作用下，使内质网外膜上附着的糖基转移到了新合成的多肽链上，促使合成蛋白质的糖基化。

此外，从核糖体上释放出来的多肽链还需特定的剪切、金属离子的耦合、空间结构的形成等。如人体血红蛋白的形成过程中需要 4 个多肽链耦合 4 个铁原子；原核生物几乎所有蛋白质都是从 N-甲酰蛋氨酸开始，合成结束后需要水解酶去除甲酰基；新合成的胰岛

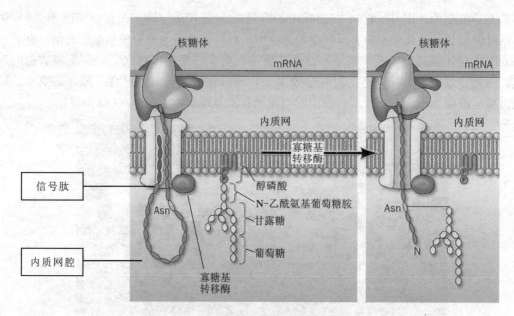

图 3-29　内质网上合成蛋白质的糖基化过程

素多肽链为 110 个氨基酸残基组成的前胰岛素原,在内质网腔壁上切除信号肽后形成 86 个氨基酸残基的胰岛素原,然后被运到高尔基复合体,再经修剪成为成熟的 51 个氨基酸残基的胰岛素;多数新合成的多肽链常卷曲形成一定的空间结构,这个过程需要一类"分子伴侣"(chaperones)蛋白质的参与。这类蛋白质本身不参与最终装配产物的组成,但能介导合成的蛋白质肽链正确装配成有功能活性的空间结构。

### 3.5.3　中心法则及其发展

　　1958 年克里克在 DNA 双螺旋结构基础上,对细胞内遗传信息流向进行总结,提出了中心法则(central dogma),认为脱氧核糖核酸(DNA)是生物界遗传的主要物质基础;生物个体的遗传特征以密码(code)的形式编码在 DNA 分子上,表现为特定的核苷酸排列顺序即遗传信息;通过 DNA 的复制,将遗传信息由亲代细胞传递给子代细胞,以保持遗传的稳定性;在个体发育过程中,遗传信息通过 DNA 转录传递给 mRNA,并指导蛋白质的翻译合成;通过蛋白质的功能作用,使个体表现出特定的性状。简言之,遗传信息的传递方向是从 DNA 到 RNA 再到蛋白质的过程,这个信息流向是单向的,不可逆的(图 3-30 实线部分)。

　　1956 年,烟草花叶病毒侵染试验,证明了在没有 DNA 的生物如病毒中,RNA 作为遗传物质进行着信息的传递。1961 年,Temin 等人发现了反转录酶(reverse transcriptase)。1970 年,特明(H. M. Temin)和巴尔的摩(D. Baltimore)发现了一些 RNA 致癌病毒在宿主细胞中的复制过程,即先以病毒的 RNA 分子为模板合成一个 DNA 分子,再以 DNA 分子为模板合成新的病毒 RNA,mRNA 进一步借助宿主的蛋白质合成系统,翻译合成病毒蛋白,完成自身生命信息的交替。第一步反应需要反转录酶的存在,是一个反转录过程,这是中心法则提出后的新发现,克里克因此于 1970 年修补了中心法则(图 3-30 虚线部分)。

朊病毒（Prion）是一种引起人类 Kuru 病、CJD 病、GSS 病，以及动物疯牛病、羊瘙痒病等疾病的元凶。分析证明，这种朊粒不是真正的病毒，而是不含核酸的蛋白质颗粒。1935 年，法国研究人员通过接种发现，这种病可在羊群中传染，意味着这种病原体能在受感染的宿主细胞内产生与自身相同的分子，且实现相同的生物学功能，即引起相同的疾病，也意味着这种蛋白质分子具有负载和传递遗传信息的责任，但是否通过核酸起作用（图 3-30 大虚线部分），还有待更深入的剖析。

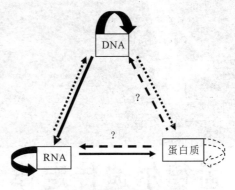

图 3-30　遗传物质的信息传递

### 思考题

1. 构成遗传物质的必备条件是什么？
2. 简述证明 DNA 是遗传物质的肺炎双球菌试验和病毒侵染试验的原理和过程。
3. 简述证明 RNA 是遗传物质的烟草花叶病毒侵染试验的原理和过程。
4. 简述 DNA 双螺旋结构发现的意义。
5. 简述证明 DNA 半保留复制模型的试验过程和原理。
6. 简述原核生物和真核生物 DNA 合成的特点。
7. 简述原核生物和真核生物 RNA 合成的特点。
8. 简述原核生物和真核生物蛋白质合成的特点。
9. 简述遗传密码的主要特征。
10. 简述遗传密码子的"摇摆学说"及其生物学意义。

### 主要参考文献

刘祖洞. 1990. 遗传学[M]. 2 版. 北京：高等教育出版社.

王亚馥, 戴灼华. 1998. 遗传学[M]. 北京：高等教育出版社.

徐晋麟, 徐沁, 陈淳. 2003. 现代遗传学原理[M]. 北京：科学出版社.

赵寿元, 乔守怡. 2001. 现代遗传学[M]. 北京：高等教育出版社.

李振. 2004. 分子遗传学[M]. 2 版. 北京：科学出版社.

盛祖嘉, 沈仁权. 1988. 分子遗传学[M]. 上海：复旦大学出版社.

朱玉贤, 李毅. 2002. 现代分子生物学[M]. 2 版. 北京：高等教育出版社.

WILLIAM S. KLUG and MICHAEL R. CUMMINGS. 2002. Essentials of Genetics[M]. 4$^{th}$ ed. Hong Kong：Pearson Education North Asia Limited and Higher Education Press.

# 4 孟德尔遗传定律

本章将系统介绍孟德尔的颗粒遗传思想及其发现的分离定律和独立分配定律，这两个定律合称孟德尔遗传定律。通过孟德尔的豌豆杂交试验，介绍孟德尔的遗传分析方法，先提出遗传因子的概念，它具有独立分离，自由组合的特性；再提出解释分离现象和自由组合现象的假说；然后用其独创的测交法及自交法进行验证。通过遗传因子即基因在生物杂交、世代繁衍过程中的表现，总结出遗传规律并说明孟德尔遗传定律的应用。此外，对遗传基本数据的统计学处理和孟德尔遗传定律的发展——基因互作现象加以介绍。

孟德尔出生于奥地利西里西亚(现属捷克)海因策道夫村(Heinzendorf)。母亲是个园林工人，父亲是个擅长嫁接的农民。受家庭影响，孟德尔自幼酷爱自然科学。他于1851—1853年在维也纳大学学习，1854年从维也纳到修道院当修道士，讲授物理和自然科学课程16年，直至1868年当选为修道院院长。孟德尔从1856年起就在修道院的花园里种植豌豆，开始他的"豌豆杂交试验"，直至1864年进行了8年的豌豆杂交试验，在前人的基础上把植物杂交的工作向前推进了一大步，1866年发表研究论文，确定了生物性状遗传的两条基本规律——遗传因子分离和多对因子分离后的自由组合。这两个定律后来被称为孟德尔定律，即分离定律(the law of segregation)和独立分配定律(the law of independent assortment)。

## 4.1 分离定律

### 4.1.1 孟德尔的豌豆杂交试验

当人们研究生物的遗传和变异的内在规律时，无论是质量方面，还是数量方面，总是根据连续世代之间性状的表现进行分析的。那么性状是什么呢？所谓性状(character)就是生物体形态、结构和生理、生化等特性的统称。孟德尔在研究性状的遗传时，又把性状总体区分为各个单位作为研究对象。例如，豌豆的花色，种子的形状，子叶颜色……所以，把能够被区分开的每一个具体性状称为单位性状(unit character)。每个单位性状在不同个体间又有各种不同的表现，如豌豆花色有红色和白色，种子形状有圆形和皱形，子叶颜色有黄色和绿色，茎有高和矮等。遗传学中把这种同一单位性状在不同个体间所表现出来的相对差异称为相对性状(contrasting character)。孟德尔就是用具有明显差异的7对相对性状的豌豆品种来进行遗传的杂交试验的，这7对相对性状的内容可见表4-1。他将相对性状不同的亲本(parents，P)，分别进行杂交(杂交以"×"表示；"×"前面的是母本，用♀表示；"×"后面的是父本，用♂表示)，在杂交时，必须先将母本花蕾的雄蕊完全摘除，称为去雄，然后将父本的花粉授到已去雄的母本柱头上，称为人工授粉。去了雄和授了粉的母本花朵还必须套袋隔离，防止其他花粉授粉。F (filial generation)表示杂种后代。杂交获得杂种一代(以$F_1$表示)，是指杂交当代所结的种子及由它所长成的植株。又让$F_1$代自交(以⊗表示)，自交是指同一植株上的自花授粉或同株上的异花授粉。自交后获得杂种二代(以$F_2$表示)，将它们单收单播，以此类推，$F_3$、$F_4$分别表示杂种第三代、杂种第四代。孟德尔一共做到第六代，按照杂交后代的系谱进行详细的记录，采用统计学的方法计算杂种后代表现相对性状的株数，最后分析了它们的比例关系。现以其中的红花×白花的杂交组合的试验结果为例，图示说明如图4-1。

由图4-1可见，$F_1$植株全部开红花。在$F_2$群体中出现了开红花和白花两种类型，共929株，其中开红花的705株，开白花的224株，两者的比例接近于3∶1。用两个纯系亲本进行杂交时，在一对相对性状中，$F_1$代表现出来的性状，称为显性性状(dominant character)；未能表现出来的性状，称为隐性性状(recessive character)。

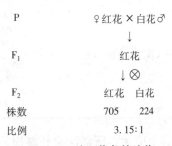

图4-1 豌豆花色的遗传

孟德尔还反过来进行白花(♀)×红花(♂)的杂交，结果与前一杂交组合完全一致，$F_1$植株全部开红花，$F_2$群体中的红花和白花植株的比例同样也接近于3∶1。如果把前一种杂交组合称为正交，则后一种杂交组合即称为反交。正反交的结果完全一样，说明了$F_1$代和$F_2$代的性状表现不受亲本组合方式的影响。孟德尔在豌豆的其他6对相对性状的杂交试验中，都获得了同样的试验结果(表4-1)。

通过7对相对性状的杂交试验，结果表现了3个有规律性的共同现象：

①不论正交或反交，$F_1$植株都只表现出一个亲本的某个性状，而另一亲本的性状则未表现出。

②$F_2$植株在性状上表现出不同，变得不一致，一部分植株表现了一个亲本的性状，其余的植株则表现另一个亲本的性状，即显性性状和隐性性状在$F_2$代中都表现了出来。

③$F_2$群体中显性性状和隐性性状植株数常成一定的分离比例，大致是3∶1。

表 4-1　孟德尔豌豆一对相对性状杂交试验结果

| 性状 | 相对性状 | $F_1$ 表型 | $F_2$ 表型 | 比例 |
| --- | --- | --- | --- | --- |
| 种子 | 圆粒/皱粒 | 全部圆粒 | 5 474 圆粒<br>1 850 皱粒 | 2.96∶1 |
| | 黄色/绿色 | 全部黄色 | 6 022 黄色<br>2 001 绿色 | 3.01∶1 |
| | 饱满/缢缩 | 全部饱满 | 882 饱满<br>299 缢缩 | 2.95∶1 |
| 豆荚 | 绿色/黄色 | 全部绿色 | 428 绿色<br>152 黄色 | 2.82∶1 |
| | 轴生/顶生 | 全部轴生 | 651 轴生<br>207 顶生 | 3.14∶1 |
| 花色 | 紫色/白色 | 全部紫色 | 705 紫花<br>224 白花 | 3.15∶1 |
| 植株长度 | 长茎/短茎 | 全部长茎 | 787 长茎<br>277 短茎 | 2.84∶1 |

综上所述，所谓性状分离现象（character segregation）就是两个纯合亲本杂交，$F_1$ 性状一致，仅表现显性性状，$F_1$ 自交后代 $F_2$ 群体中显性性状和隐性性状又同时出现的现象。

### 4.1.2　分离现象的解释

孟德尔为了解释性状分离现象，提出了遗传因子分离假说，其主要内容是：

第一，性状是由遗传因子控制的，一对相对性状是由一对遗传因子所控制的。

第二，遗传因子在体细胞中是成对的，一个来自父本，一个来自母本。

第三，杂种 $F_1$ 的遗传因子互不混杂，各自独立，且存在显隐性关系。$F_1$ 代植株有一个控制显性性状的遗传因子和一个控制隐性性状的遗传因子。

第四，杂种 $F_1$ 在形成配子时，每对遗传因子彼此分离，各自分配到不同的配子中去，每一个配子只含有每对遗传因子中的一个。

第五，杂种 $F_1$ 产生的不同类型的配子数目相等，雌雄配子的结合是随机的，即结合成合子的机会均等。

根据这些假定，孟德尔圆满地解释了他所观察到的性状分离的遗传现象。为清楚起见，我们可以用遗传因子的图解来解释上述的实验和假说。用一些字母符号来表示相对性

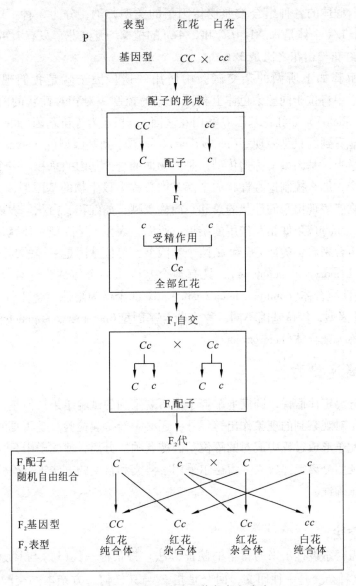

图 4-2 孟德尔的豌豆花色杂交试验

状的遗传因子，大写字母表示显性遗传因子，小写字母表示隐性遗传因子。孟德尔的豌豆花色杂交试验可以用图 4-2 表示。

$C$ 表示显性性状红花的遗传因子，$c$ 表示隐性性状白花的遗传因子。开红花的亲本具有一对遗传因子 $CC$，开白花的亲本具有一对遗传因子 $cc$。开红花的亲本产生的配子中只有一个遗传因子 $C$，开白花的亲本产生的配子中只有一个遗传因子 $c$。受精后，雌雄配子结合形成的 $F_1$ 代应该是 $Cc$。由于 $C$ 是显性遗传因子，所以 $F_1$ 植株开红花。在 $F_1$ 代植株产生配子时，由于 $C$ 和 $c$ 分配到不同的配子中去，所以不论是雌配子还是雄配子，有两种可能：一种是 $C$，一种是 $c$，两种配子的数量相等，比例为 $1:1$。$F_1$ 自交时，雌雄配子随机组合。最后，$F_2$群体的各种组合按照遗传因子的类型归纳，分为 3 种：1/4 个体是 $CC$，2/4 个体是 $Cc$，1/4 个体是 $cc$。$1/4CC$ 和 $2/4Cc$ 的植株均开红花，只有 $1/4cc$ 植株开白花，所以 $F_2$ 植株中红花与白花之比是 3∶1。

孟德尔在解释如上所做的杂交试验中所用的遗传因子就是我们现在所称的基因（gene）。遗传学中将位于同源染色体上相同位点的控制一对相对性状的两个不同的基因称为等位基因（allele），如红花基因 $C$ 和白花基因 $c$，相互为等位基因（alleles）。在上述试验中，我们所能看到的只是表现型（phenotype），而看不到基因型（genotype），但基因型是内因。在遗传学中，基因型又称遗传型，是生物体的全部基因的总和。一个生物体的性状何止几千几百个，那么控制这些性状的全部基因总称为该生物的基因型，如 $CC$、$Cc$、$cc$。表现型是指生物能表现出来的性状的总和，简称表型，如红花、白花。表现型是基因型和内外环境（environment）条件相互作用的结果。所以，表型＝基因型＋环境，即 P＝G＋E。

从基因的组合来看，类似 $CC$ 和 $cc$ 两个基因型，等位基因是一样的，这在遗传学上称为纯合基因型（homozygous genotype），具有纯合基因型的个体称为纯合体（homozygote），$CC$ 的个体为显性纯合体（dominant homozygote），$cc$ 的个体为隐性纯合体（recessive homozygote）；而 $Cc$ 基因型，等位基因不同，称为杂合基因型（heterozygous genotype），具有杂合基因型的个体称为杂合体（heterozygote）。

### 4.1.3 分离定律的验证

孟德尔的分离定律假说，圆满地解释了他所观察到的试验结果。但是一个假说或理论能否成立，除了对观察到的现象作出解释外，还必须经得起检验。是否真的像孟德尔所预想的那样，在配子形成过程中成对的等位基因彼此独立分离，使配子中只含有成对基因中的一个，为了证明分离定律成立，孟德尔采用了测交和自交的方法进行检验，并证实了分离定律假说的正确性。

#### 4.1.3.1 测交法

这是一种孟德尔设计出来的科学的验证方法。将杂种一代（$F_1$）与其隐性纯合体亲本（P）的杂交。这种杂交是一种回交，回交是指 $F_1$ 与其任何一方亲本的交配。如果 $F_1$ 限定与其隐性纯合体亲本交配，则称为测交。测交所得的后代为测交子代，用 $F_t$ 表示。根据 $F_t$ 所表现出的表现型种类和比例，就可以确定出被测个体是纯合体还是杂合体。一个双隐性亲本，因只能产生一种含隐性基因的配子，在形成合子时不会发生掩盖作用，其子代 $F_t$ 只能表现出另一种配子所含基因的表现型。

例如，某被测豌豆个体为圆形种子豌豆，不知其是纯合体还是杂合体。当被测个体与皱形种子豌豆（隐性的 $rr$ 纯合体）杂交时，由于隐性纯合体只能产生一种含 $r$ 基因的配子，所以如果 $F_t$ 种子形状全部是圆粒，就说明该被测豌豆是 $RR$ 纯合体，因为它只产生一种含 $R$ 基因的配子。如果在 $F_t$ 中有一半的植株种子是圆粒，一半的植株种子是皱粒，就说明被测豌豆的基因型是 $Rr$（图 4-3）。

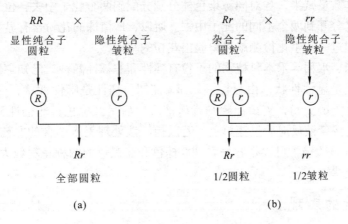

**图 4-3 豌豆圆粒和皱粒一对基因的分离**

### 4.1.3.2 自交法

孟德尔为了验证遗传因子的分离，也曾以 $F_2$ 植株自交产生的 $F_3$ 植株，然后根据 $F_3$ 的性状表现来证实他所设想的 $F_2$ 基因型。如果在形成配子时，等位基因分离，那么，可以设想 $F_2$ 的皱形种子只能产生皱形种子的 $F_3$，而圆粒种子中由于 1/3 是 $RR$ 型的纯合体，2/3 是 $Rr$ 型的杂合体，所以前者自交产生的 $F_3$ 植株应该全部表现显性，都是圆粒；而后者自交产生的 $F_3$ 植株应该又分离为 3/4 的显性植株和 1/4 的隐性植株。实际自交试验结果（表 4-2）与孟德尔设想的相似：如 $F_2$ 是皱粒种子，$F_3$ 的种子一定是皱粒；$F_2$ 是圆粒种子，在 565 株 $F_3$ 中，有 193 株依然是圆粒种子，另外 372 株 $F_3$ 分离为 3/4 圆粒 1/4 皱粒。这说明 $F_2$ 圆粒种子植株中，分离个体和不分离个体的比例为 372∶193 = 1.93∶1，接近于 2∶1。而且其他 6 对相对性状 $F_2$ 显性性状的分离结果也无不接近于 2∶1 的，孟德尔一直将实验做到 4~6 代，一一验证，全部符合该比例。

**表 4-2 豌豆 $F_2$ 显性植株分别自交后的 $F_3$ 表现型种类及其比例**

| 性 状 | 在 $F_3$ 表现显性∶隐性 = 3∶1 的株系数 | 在 $F_3$ 完全表现显性性状的株系数 | $F_3$ 株系总数 |
| --- | --- | --- | --- |
| 花 色 | 64(1.80) | 36(1) | 100 |
| 种子性状 | 372(1.93) | 193(1) | 565 |
| 子叶颜色 | 353(2.13) | 166(1) | 519 |
| 豆荚性状 | 71(2.45) | 29(1) | 100 |
| 未熟豆荚色 | 60(1.50) | 40(1) | 100 |
| 花着生位置 | 67(2.03) | 33(1) | 100 |
| 植株高度 | 72(2.57) | 28(1) | 100 |

### 4.1.3.3 $F_1$ 花粉鉴定法

细胞遗传学已经证明等位基因分离是在杂种的细胞进行减数分裂形成配子的时候发生

的。随着染色体数量减半,各对同源染色体分别分配到两个配子中去,位于同源染色体上的等位基因随之分开到两个不同的配子中去。所以,$F_1$植株的花粉含有显性基因或隐性基因中的一种,通过一些生化检测就可检验出花粉的基因型。

例如,玉米、水稻等禾本科植物的子粒有糯性和非糯性两种,已知它们受一对等位基因控制。非糯性是显性性状,由显性基因 $Wx$ 控制;糯性是隐性性状,受 $wx$ 基因控制。糯性玉米只含有支链淀粉,支链淀粉与稀碘液反应后呈红棕色;非糯性玉米含有直链淀粉,直链淀粉与稀碘液反应后呈蓝黑色。若以稀碘液处理玉米杂合的非糯性植株的花粉,即 $F_1$ 的花粉,在显微镜下可以很容易看到红棕色和蓝黑色的两种花粉粒大致上各占一半,从而验证分离定律。

### 4.1.4 显性的表现

第一,从孟德尔的豌豆杂交试验可以看出,两个各自表现出一对相对性状之一的纯合亲本杂交后,$F_1$ 只表现出一个亲本的性状,而不是两个亲本性状的中间型或同时分别表现出双亲的性状。一般来说,显性就是指完全显性(complete dominance)。但后来人们发现,相对性状之间除了完全显性外,还存在不完全显性(incomplete dominance)、共显性(codominance)和镶嵌显性(mosaic dominance)3 种情况。

第二,不完全显性是指 $F_1$ 表现为两个亲本的中间类型。例如,紫茉莉的花色遗传就属于典型的不完全显性类型。紫茉莉红花植株($RR$)与白花植株($rr$)杂交,$F_1$ 植株($Rr$)开粉红花,$F_1$ 自交之后,$F_2$ 中有 3 种类型,红花($RR$)、粉红花($Rr$)和白花($rr$),其比例为 1:2:1。开粉红花的 $F_1$ 植株就是两个亲本的中间类型。

第三,共显性是指双亲的性状同时在 $F_1$ 个体上表现出来。例如,人类的血型除了 ABO 血型系统外,还有 MN 血型系统。M 型血是由 $L^M$ 基因控制,其红细胞存在 M 抗原;N 型血是由 $L^N$ 基因控制,其红细胞存在 N 抗原。当 M 型血的人($L^M L^M$)与 N 型血的人($L^N L^N$)结婚,他们所生的小孩的血型为 MN 型,其红细胞上既有 M 抗原也有 N 抗原,这就是共显性。任何一个人,有可能是 M 型血、N 型血或者是 MN 型血的其中一种。由于 MN 血型系统不产生针对 M 抗原和 N 抗原的抗体,所以在输血时不必考虑 MN 血型,因此,很多人并不知道自己属于 MN 血型中的哪一种。当两个 MN 型血的人结婚,其子女中 M 型、MN 型和 N 型概率应为 1:2:1。

第四,镶嵌显性是指双亲的性状同时在 $F_1$ 个体的不同部位上表现出来。例如,我国遗传学家谈家桢教授(1909—2008)1946 年发现的异色瓢虫的色斑遗传现象。异色瓢虫的鞘翅上有很多色斑变异,鞘翅的底色为黄色。黑缘型($S^{Au} S^{Au}$)鞘翅的前缘呈黑色,均色型($S^E S^E$)鞘翅的后缘呈黑色。当 $S^{Au} S^{Au}$ 型与 $S^E S^E$ 型杂交后,$F_1$ 瓢虫($S^{Au} S^E$)既不是黑缘型,也不是均色型,而是表现出一种新的鞘翅色斑图案,两个亲本鞘翅上黑色斑纹叠加在一起,中间仍呈黄色,前后缘都呈黑色,黄色底色被黑色斑纹所覆盖,黑色对黄色呈显性,两个亲本的黑色斑纹发生镶嵌显性。

生物内部环境条件如体内生理环境、激素等生化水平条件的改变可对显性性状的表现产生影响。例如,人中年秃头是由单基因控制的,不含秃头基因的人,无论男女,全都表现正常;而有一对秃头等位基因的纯合体人,无论男女,全都表现秃头;而对携带一个秃头基因和一个正常基因的杂合体人，如果是男性，则表现为秃头，如果是女性，则表现为正常。这也就是中年男性秃头人数远多于中年女性人数的原因，这种差异是由人体内的激素水平不同造成的。

外部环境条件如温度、水分、光照、营养条件等的改变也可对显性性状的表现产生影响。例如，金鱼草的红花品种与白花品种杂交后产生的子代，如果在低温和强光照下，花为红色；如果在高温和遮光条件下，则花为象牙色。又如，辣椒花蕾及果有朝上和朝下两种，两者杂交后的子代初开的花朝上，后来又逐渐朝下。这种显性的转变与气温变化有关系。显性性状在不同的环境条件下发生转换的现象称作显性转换（reversal of dominance）。

### 4.1.5 分离定律的应用

孟德尔的分离定律不仅具有重要的理论意义，而且更具有影响深远的实践意义：它为动、植物杂交育种工作提供理论基础，指导良种繁育工作的开展。

根据分离定律，我们必须重视表现型和基因型之间的区别与联系。对于一个表现显性的生物材料，如果不知道其是否为纯合体，可以通过自交或测交的方法来确定。生产实践中就是利用纯种不分离，杂种必分离的规律鉴定品种或品系是否是纯合体。在植物杂交育种过程中，有时会由于去雄不干净而得到假杂种，根据分离定律可以区别真伪杂种。例如，玉米子粒黄色对无色是显性性状，如果用无色玉米作母本，黄色玉米作父本，杂交之后母本植株上应该结黄色子粒。如果母本所结子粒中有无色的，说明这些无色子粒是母本去雄不净造成的，应当及早剔除。

孟德尔的分离定律表明，杂种通过自交将产生性状的分离，同时也将基因纯合。在杂交育种工作中，在杂种后代连续进行自交和选择，达到促使个体间的性状分离和个体基因型纯合的目的。根据各个性状的遗传研究，可以较准确地估计出后代分离的类型及其出现概率，从而有计划地进行种植和培养，提高了育种效率。例如，水稻抗锈病和不抗锈病分别由显性基因和隐性基因决定，在它们的 $F_2$ 群体内虽然有抗锈病植株，但是根据分离定律，可以知道其中某些抗锈病植株的抗病性仍要分离。因此，还需要进一步的自交，然后进行选择，才能从中选出真正抗病性稳定的纯合体。

此外，从分离定律中可知，杂种产生的配子的基因型是纯粹的，因此可以利用花粉植株加倍的方法，培育出纯合二倍体，为育种工作开辟了新途径。

## 4.2 独立分配定律

孟德尔在研究了一对相对性状的遗传规律之后，提出了分离定律。但是植物体有许多个相对性状，分离定律是解释不了的。为了回答多个相对性状从亲本到子代的遗传问题，孟德尔进一步研究了两对及两对以上相对性状之间的遗传关系，提出了独立分配定律，又称自由组合定律。

### 4.2.1 两对相对性状的遗传

孟德尔仍以豌豆为材料，研究了两对相对性状的遗传。选取具有两对相对性状差异的纯合亲本进行杂交。例如，一个豌豆亲本为黄色子叶、圆粒与另一个亲本为绿色子叶、皱粒杂交。杂交后代$F_1$都结黄色子叶、圆粒豌豆，表明黄色子叶和圆粒都是显性性状。由$F_1$长成的植株(共15株)自交，得到556粒$F_2$种子。这个时候出现了性状分离，有4种类型，其中2种类型与亲本相同，另外2种类型为亲本性状间的相互组合。4种类型间有一定的比例关系(图4-4)。

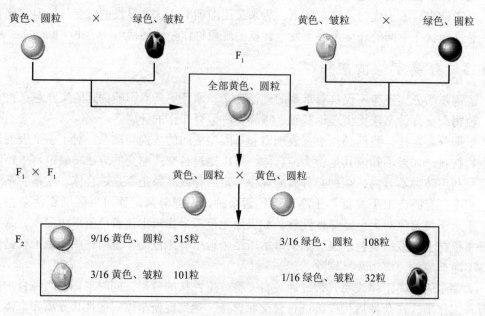

图4-4　豌豆两对相对性状的遗传

从单个性状来看，如只看黄色子叶和绿色子叶，不管圆粒皱粒，或者只看圆粒皱粒，不管黄色子叶和绿色子叶，则可发现，尽管是两对相对性状，但各自都遵守分离定律：$F_1$显性，$F_2$分离，分离比为3:1。

黄色:绿色 = (315 + 101) : (108 + 32) = 416 : 140 ≈ 3 : 1

圆粒:皱粒 = (315 + 108) : (101 + 32) = 423 : 133 ≈ 3 : 1

说明两对相对性状是彼此独立地从亲代遗传给子代的，互相不干扰。同时在$F_2$群体内两种重组型个体的出现，说明两对性状的基因在从$F_1$遗传给$F_2$时，是自由组合的。按照概率定律，两个独立事件同时出现的概率，为分别出现的概率的乘积。因而黄色子叶、圆粒同时出现的机会应为$\frac{3}{4} \times \frac{3}{4} = \frac{9}{16}$，黄色子叶、皱粒同时出现的机会应为$\frac{1}{4} \times \frac{3}{4} = \frac{3}{16}$，绿色子叶、圆粒同时出现的机会应为$\frac{1}{4} \times \frac{3}{4} = \frac{3}{16}$，绿色子叶、皱粒同时出现的机会应为$\frac{1}{4} \times \frac{1}{4} = \frac{1}{16}$。用另一种方式表达即为：

$$\text{黄色子叶}\frac{3}{4} : \text{绿色子叶}\frac{1}{4}$$

$$\times \quad \text{圆粒}\frac{3}{4} : \text{皱粒}\frac{1}{4}$$

$$\text{黄色、圆粒}\frac{9}{16} : \text{黄色、皱粒}\frac{3}{16} : \text{绿色、圆粒}\frac{3}{16} : \text{绿色、皱粒}\frac{1}{16}$$

将孟德尔试验的 556 粒 $F_2$ 种子,分别乘以 $\frac{9}{16}$、$\frac{3}{16}$、$\frac{3}{16}$、$\frac{1}{16}$,按以下所列的理论数值与实际结果比较,从统计分析来看,是完全符合的(表 4-3)。

表 4-3　豌豆两对相对性状杂交的实验结果

| 项　目 | 黄色、圆粒 | 黄色、皱粒 | 绿色、圆粒 | 绿色、皱粒 |
| --- | --- | --- | --- | --- |
| 实得粒数 | 315 | 101 | 108 | 32 |
| 理论粒数 | 312.75 | 104.25 | 104.25 | 34.75 |
| 差　数 | +2.25 | -3.25 | +3.75 | -2.75 |

## 4.2.2　独立分配现象的解释

孟德尔在分离定律的基础上,提出了两对和两对以上相对性状自由组合的理论,即独立分配定律。其基本要点是:控制不同相对性状的等位基因在配子形成过程中,一对等位基因与另一对等位基因的分离和组合是互不干扰,各自独立地分配到配子中去的。

以上述杂交试验为例,用 $Y$ 和 $y$ 分别代表黄色子叶和绿色子叶的一对基因,$R$ 和 $r$ 分别代表种子圆粒和种子皱粒的一对基因。那么黄色、圆粒亲本的基因型为 $YYRR$,绿色、皱粒亲本的基因型为 $yyrr$。可用图 4-5 表示等位基因的分离和组合。

从图 4-5 可以看出,$F_1$ 植株的基因型是 $YyRr$,它们产生的雌、雄配子都是 4 种,即 $YR$、$Yr$、$yR$ 和 $yr$,其中 $YR$ 和 $yr$ 称为亲本型配子,$Yr$ 和 $yR$ 称为重组型配子,且 4 种配子数目相等,为 $1:1:1:1$。雌雄配子结合成合子,共有 16 种可能的组合。$F_2$ 群体中一共有 9 种基因型。因为 $Y$ 对 $y$ 为完全显性,$R$ 对 $r$ 为完全显性,所以 $F_2$ 中只有 4 种表现型,其比例为 $9:3:3:1$,这与试验结果是相符的。

现在我们从细胞学的角度看一下这 4 种配子是怎样形成的。$Y$ 和 $y$ 是一对等位基因,位于同一对同源染色体的相对位点上。$R$ 和 $r$ 是另一对等位基因,位于另一对同源染色体的相对位点上。这两对等位基因互称为非等位基因(non-allele)。$F_1$ 的基因型是 $YyRr$,当它的孢母细胞进行减数分裂形成配子时,随着这两对同源染色体在后期 I 的分离,$Y$ 与 $y$ 一定分别进入不同的二分体,$R$ 与 $r$ 也一定分别进入不同的二分体。此时,在其中一个孢母细胞内,可能是 $Y$ 和 $R$ 进入一个二分体,而 $y$ 和 $r$ 进入另一个二分体,最后形成 1/2 的 $YR$ 配子和 1/2 的 $yr$ 配子;而在另外一个孢母细胞内,是 $Y$ 和 $r$ 进入一个二分体,而 $y$ 和 $R$ 进入另一个二分体,最后形成 1/2 的 $Yr$ 配子和 1/2 的 $yR$ 配子。由于发生这两种分离的孢母细胞数目是均等的,所以这 4 种类型的配子数目相等,为 $1:1:1:1$ 的比例。雌、雄配子都是这样。雌雄配子相互随机结合,因而有图 4-6,共出现 16 种组合,在表现型上出现 $9:3:3:1$ 的比例。

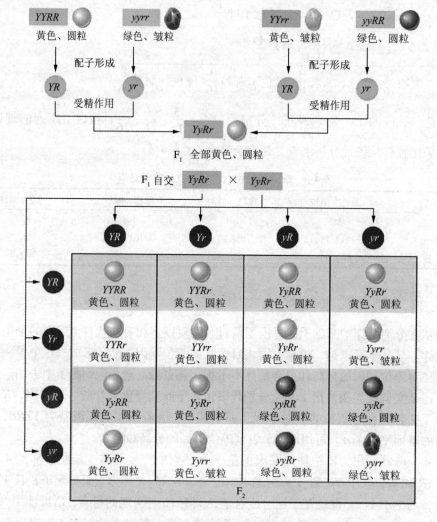

图 4-5  豌豆黄色、圆粒 × 绿色、皱粒的 $F_2$ 分离图解

所以,孟德尔独立分配定律的实质在于:控制两对性状的两对等位基因,分别位于不同的同源染色体的相对位点上。在减数分裂形成配子的过程中,每对同源染色体上的每一对等位基因发生分离,而位于非同源染色体上的基因可以自由组合。

### 4.2.3 独立分配定律的验证

#### 4.2.3.1 测交法

孟德尔为了验证两对基因的独立分配定律,同样采用了测交法。就是用 $F_1$ 与双隐性纯合体(绿色子叶皱粒豌豆)测交。当 $F_1$ 形成配子时,不论雌配子或雄配子,都有4种类型,即 YR、Yr、yR、yr,而且出现的比例相等,即 1∶1∶1∶1。由于双隐性纯合体的配子只有 yr 一种,因此测交子代种子的表现型种类和比例,将反映 $F_1$ 所产生的配子种类和比例。表 4-4 说明孟德尔所得到的实际试验结果与测交的理论推测是完全一致的。

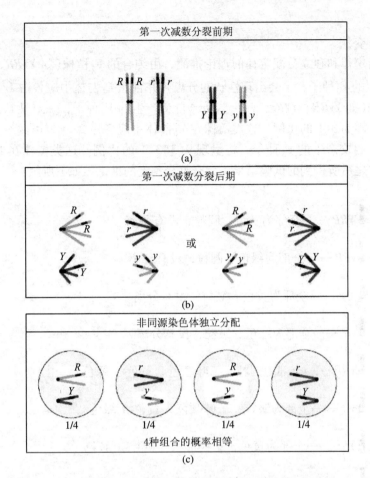

**图 4-6 两对同源染色体的独立分配示意**
（a）同源染色体配对　（b）同源染色体分离　（c）非等位基因的自由组合

**表 4-4 豌豆黄色、圆粒 × 绿色、皱粒的 $F_1$ 和双隐性亲本测交的结果**

$F_1$ 黄色、圆粒 $YyRr$ × 绿色、皱粒 $yyrr$

| | 配子 | $YR$ | $Yr$ | $yR$ | $yr$ |
|---|---|---|---|---|---|
| 理论期望的测交后代 | 基因型<br>表现型种类<br>表现型比例 | $YyRr$<br>黄色、圆粒<br>1 | $Yyrr$<br>黄色、皱粒<br>1 | $yyRr$<br>绿色、圆粒<br>1 | $yyrr$<br>绿色、皱粒<br>1 |
| 孟德尔的实际测交结果 | $F_1$ 为母本<br>$F_1$ 为父本 | 31<br>24 | 27<br>22 | 26<br>25 | 26<br>26 |

### 4.2.3.2 自交法

按照分离定律和独立分配定律的理论推测,由纯合的 $F_2$ 植株(如 $YYRR$、$yyRR$、$YYrr$、$yyrr$)自交产生的 $F_3$ 种子,不会出现性状的分离,并且在 $F_2$ 群体中应各占 1/16。由一对基因杂合的植株(如 $YyRR$、$YYRr$、$yyRr$、$Yyrr$)自交产生的 $F_3$ 种子,一对性状是稳定的,另一对性状将分离为 3∶1 的比例。这类植株在 $F_2$ 群体中应各占 2/16。由两对基因都是杂合的植株($YyRr$)自交产生的 $F_3$ 种子,将呈现 9∶3∶3∶1 的比例。这类植株在 $F_2$ 群体中应占 4/16。孟德尔之后所得到的试验结果,完全符合预定的推论,如下所示:

$F_2$      $F_3$

38 株 $\frac{1}{16}$ $YYRR$ ⟶ 全部为黄色、圆粒,没有分离

35 株 $\frac{1}{16}$ $yyRR$ ⟶ 全部为绿色、圆粒,没有分离

28 株 $\frac{1}{16}$ $YYrr$ ⟶ 全部为黄色、皱粒,没有分离

30 株 $\frac{1}{16}$ $yyrr$ ⟶ 全部为绿色、皱粒,没有分离

65 株 $\frac{2}{16}$ $YyRR$ ⟶ 全部为圆粒,子叶颜色 3 黄色∶1 绿色

68 株 $\frac{2}{16}$ $Yyrr$ ⟶ 全部为皱粒,子叶颜色 3 黄色∶1 绿色

60 株 $\frac{2}{16}$ $YYRr$ ⟶ 全部为黄色,子粒形状 3 圆粒∶1 皱粒

67 株 $\frac{2}{16}$ $yyRr$ ⟶ 全部为绿色,子粒形状 3 圆粒∶1 皱粒

138 株 $\frac{4}{16}$ $YyRr$ ⟶ 9 黄色、圆粒∶3 黄色、皱粒∶3 绿色、圆粒∶1 绿色、皱粒

## 4.2.4 多对基因的遗传

当具有 3 对不同相对性状的植株杂交时,只要这 3 对性状的遗传基因分别在 3 对非同源染色体上,它们的遗传都是符合独立分配定律的。如果以黄色子叶、圆粒、红花豌豆植株和绿色子叶、皱粒、白花豌豆植株杂交,$F_1$ 全部为黄色、圆粒、红花。$F_1$ 的 3 对杂合基因分别位于 3 对染色体上,减数分裂过程中,这 3 对染色体有 $2^3 = 8$ 种可能的分离方式,因而产生 8 种雌、雄配子($YRC$、$YrC$、$yRC$、$YRc$、$yrC$、$Yrc$、$yRc$、$yrc$),并且各种类型配子的数目相等。由于各种雌雄配子之间的结合是随机的。$F_2$ 将产生 64 种组合,8 种表现型,27 种基因型(表 4-5)。

雌雄配子的自由组合,常用棋盘方格图解法进行分析。但是,遇到复杂的基因组合时,也可以先将各对基因杂种的分离比例分解开,然后按同时发生事件的概率进行计算。例如,含有 3 对相对性状杂种的杂交($YyRrCc \times YyRrCc$),可以看作是 3 个含有一对相对性

表 4-5  豌豆黄色、圆粒、红花×绿色、皱粒、白花的 $F_2$ 基因型、表现型及其 $F_3$ 分离的比例

| 基因型 | 基因型比例 | 表现型 | 表现型比例 | $F_3$ 的分离比例 |
|---|---|---|---|---|
| YYRRCC | 1 | 黄色<br>圆粒<br>红花 | 27 | 不分离 |
| YyRRCC | 2 | | | 黄色:绿色 = 3:1 |
| YYRrCC | 2 | | | 圆粒:皱粒 = 3:1 |
| YYRRCc | 2 | | | 红花:白花 = 3:1 |
| YyRrCC | 4 | | | 黄圆:黄皱:绿圆:绿皱 = 9:3:3:1 |
| YYRrCc | 4 | | | 圆红:圆白:皱红:皱白 = 9:3:3:1 |
| YyRRCc | 4 | | | 黄红:黄白:绿红:绿白 = 9:3:3:1 |
| YyRrCc | 8 | | | 黄圆红:黄圆白:黄皱红:绿圆红:黄皱白:绿圆白:绿皱红:绿皱白 = 27:9:9:9:3:3:3:1 |
| yyRRCC | 1 | 绿色<br>圆粒<br>红花 | 9 | 不分离 |
| yyRrCC | 2 | | | 圆粒:皱粒 = 3:1 |
| yyRRCc | 2 | | | 红花:白花 = 3:1 |
| yyRrCc | 4 | | | 圆红:圆白:皱红:皱白 = 9:3:3:1 |
| YYrrCC | 1 | 黄色<br>皱粒<br>红花 | 9 | 不分离 |
| YyrrCC | 2 | | | 黄色:绿色 = 3:1 |
| YYrrCc | 2 | | | 红花:白花 = 3:1 |
| YyrrCc | 4 | | | 黄红:黄白:绿红:绿白 = 9:3:3:1 |
| YYRRcc | 1 | 黄色<br>圆粒<br>白花 | 9 | 不分离 |
| YyRRcc | 2 | | | 黄色:绿色 = 3:1 |
| YYRrcc | 2 | | | 圆粒:皱粒 = 3:1 |
| YyRrcc | 4 | | | 黄圆:黄皱:绿圆:绿皱 = 9:3:3:1 |
| yyrrCC | 1 | 绿色<br>皱粒<br>红色 | 3 | 不分离 |
| yyrrCc | 2 | | | 红花:白花 = 3:1 |
| YYrrcc | 1 | 黄色<br>皱粒<br>白花 | 3 | 不分离 |
| Yyrrcc | 2 | | | 黄色:绿色 = 3:1 |
| yyRRcc | 1 | 绿色<br>圆粒<br>白花 | 3 | 不分离 |
| yyRrcc | 2 | | | 圆粒:皱粒 = 3:1 |
| yyrrcc | 1 | 绿色皱粒白花 | 1 | 不分离 |

状的杂种之间的杂交,即 $(Yy \times Yy)(Rr \times Rr)(Cc \times Cc)$。那么,每一个杂种的 $F_2$ 按 3:1 比例分离,因此,含有 3 对相对性状杂种的 $F_2$ 表现型的比例就是 $(3:1) \times (3:1) \times (3:1)$,或 $(3:1)^3$ 的展开。如果有 $n$ 对独立基因,则其 $F_2$ 表现型的比例应为 $(3:1)^n$ 的展开(表 4-6)。

由表 4-6 可见,只要各对基因都是独立遗传的,那么其杂种后代的分离就有规可循。在 1 对等位基因的基础上,每增加 1 对等位基因,$F_1$ 形成的不同配子的种类就增加为 2 的倍数,即 $2^n$;$F_2$ 的基因型种类就为 3 的倍数,即 $3^n$;$F_1$ 配子可能的组合数就为 4 的倍数,即 $4^n$。

表 4-6  杂种杂合基因对数与 $F_2$ 表现型和基因型种类的关系

| 杂种杂合基因对数 | 显性完全时 $F_2$ 表现型种类 | $F_1$ 形成的不同配子种类 | $F_2$ 基因型种类 | $F_1$ 产生的雌雄配子的可能组合数 | $F_2$ 纯合基因型种类 | $F_2$ 杂合基因型种类 | $F_2$ 表现型分离比例 |
|---|---|---|---|---|---|---|---|
| 1 | 2 | 2 | 3 | 4 | 2 | 1 | $(3:1)^1$ |
| 2 | 4 | 4 | 9 | 16 | 4 | 5 | $(3:1)^2$ |
| 3 | 8 | 8 | 27 | 64 | 8 | 19 | $(3:1)^3$ |
| 4 | 16 | 16 | 81 | 256 | 16 | 65 | $(3:1)^4$ |
| 5 | 32 | 32 | 243 | 1 024 | 32 | 211 | $(3:1)^5$ |
| ⋮ | ⋮ | ⋮ | ⋮ | ⋮ | ⋮ | ⋮ | ⋮ |
| $n$ | $2^n$ | $2^n$ | $3^n$ | $4^n$ | $2^n$ | $3^n - 2^n$ | $(3:1)^n$ |

## 4.2.5 独立分配定律的应用

孟德尔提出的独立分配定律,首先为自然界千千万万性状变异的来源作出了科学的解释。独立分配定律是在分离定律的基础上,进一步揭示了两对或两对以上基因之间分离和自由组合的关系。按照独立分配定律,亲本间有 2 对相对基因差异时,$F_2$ 有 $2^2 = 4$ 种表现型;4 对基因差异时,$F_2$ 有 $2^4 = 16$ 种表现型。设两个亲本有 $n$ 对基因的差别,而这些基因都是独立遗传的,那么 $F_2$ 将有 $2^n$ 种不同的表现型。假设 $n = 20$,$F_2$ 将有 $2^{20} = 1 048 576$ 种不同的表现型,并且 $F_2$ 的基因型数目就更为复杂了。这在理论上向我们阐述了生物变异的丰富性和类型多样性的来源。生物有了这么丰富的变异,才能广泛适应变化多样的自然环境条件。

除了选择自然界的优良品种外,独立分配定律告诉我们,杂交育种是培育新品种的有效手段。通过性状间的自由组合,我们可以将亲本双方的优良性状集中于一个个体上,去掉亲本的不利性状,获得亲本的有利性状,得到自然界中不曾存在的理想类型。

根据独立分配定律中各种基因型组合出现的概率,可以确定在杂交育种试验中应采取的规模,预测后代中出现新类型的比例,更有把握地选出所需的类型,减少工作盲目性。如果杂交亲本的差异大,需要重组的性状多,后代群体就要大一些,如果两亲本差异小,需要重组的性状少,则后代群体就可小一些。例如,一无芒水稻品种感病,另一有芒水稻品种抗病。已知有芒($A$)对无芒($a$)为显性性状,抗病($R$)对感病($r$)为显性性状。在有芒、抗病($AARR$)与无芒、感病($aarr$)的杂交组合中,$F_2$ 分离出无芒抗病($aaR\_$)植株的概率为 3/16,其中纯合的($aaRR$)植株为 1/3,杂合的($aaRr$)植株为 2/3。在 $F_3$ 植株中,纯合的不再分离,而杂合的会继续分离。因此,如希望在 $F_3$ 中获得 10 个稳定遗传的无芒、抗病($aaRR$)品系,那么可知在 $F_2$ 至少要选择 30 株以上无芒、抗病的植株,以供 $F_3$ 选择株系鉴定。

## 4.3 遗传基本数据的统计学处理

孟德尔对他自己所得出的分离比并未作过统计学分析,并且也没有认识到该处理的必要性。但是他当时也注意到，需要子代个体数较多时才比较接近1:1、3:1等分离比；当子代个体数不多时，实际所得到的比例与理论比例常常会表现明显的波动。直到20世纪初期，孟德尔的遗传规律被重新发现和重视后，通过对大量的遗传试验资料进行统计分析，才明确和证实了统计学处理在遗传研究中的重要性和必要性。

### 4.3.1 概率原理

#### 4.3.1.1 概率的概念

概率(probability)，是指某事件发生可能性的大小。例如，在孟德尔的豌豆试验中，圆粒×皱粒的$F_1$是杂合基因型$Rr$。在$F_1$植株的花粉母细胞进行减数分裂时，$R$和$r$基因被分配到每个雄配子的机会均等，即在所有形成的雄配子中，带有$R$或$r$基因的概率各为1/2。

#### 4.3.1.2 概率的基本定理

在遗传学研究中，可以通过概率来推算遗传比率，从而分析和判断该比率发生的真实性。这主要根据概率的两个基本定理，即乘法定理和加法定理。

**(1) 乘法定理**

乘法定理是指两个或两个以上的独立事件同时发生的概率等于各个事件单独发生的概率的乘积。例如，豌豆黄色子叶、圆粒×绿色子叶、皱粒产生的杂种基因型$YyRr$，由于这两对性状是受两对独立遗传的基因所控制，表明它们是两个独立事件。所以，当植株在减数分裂形成配子时，两个非等位基因同时进入同一个雄配子的概率是各基因概率的乘积，即$\frac{1}{2} \times \frac{1}{2} = \frac{1}{4}$。同理，两个非等位基因同时进入同一个雌配子的概率将是$\frac{1}{2} \times \frac{1}{2} = \frac{1}{4}$。虽然高等动植物在减数分裂过程中所形成的4个大孢子，只有其中一个能继续发育为雌配子，但2个非等位基因所形成的每种基因型的配子概率仍然是1/4。在杂种植株$YyRr$中，杂合基因对数$n=2$，故该杂种可形成$2^n=2^2=4$种配子。根据概率的乘法定理，四个雌配子或四个雄配子中的基因组合及其出现的概率为：$YR = \frac{1}{2} \times \frac{1}{2} = \frac{1}{4}$，$Yr = \frac{1}{2} \times \frac{1}{2} = \frac{1}{4}$，$yR = \frac{1}{2} \times \frac{1}{2} = \frac{1}{4}$，$yr = \frac{1}{2} \times \frac{1}{2} = \frac{1}{4}$。

**(2) 加法定理**

加法定理是指两个或两个以上互斥事件同时发生的概率是各个事件各自发生的概率之和。所谓互斥事件(mutually exclusive events)是指某一事件出现，其他事件即被排斥。例如，豌豆子叶不是黄色就是绿色，只能有两种情况中的一种。因此，若问豌豆子叶黄色和绿色的概率是多少，则应该是二者概率之和，即$\frac{1}{2} + \frac{1}{2} = 1$。

根据概率的以上两个定理，现将豌豆杂种$YyRr$的雌雄配子发生的概率、通过雌雄配子随机结合所形成的合子基因型及其概率可表示为表4-7。

表 4-7　豌豆杂种 $YyRr$ 的雌雄配子发生的概率及子代的基因型和概率

| ♀配子 | ♂配子 | | | |
|---|---|---|---|---|
| | $\frac{1}{4}YR$ | $\frac{1}{4}Yr$ | $\frac{1}{4}yR$ | $\frac{1}{4}yr$ |
| $\frac{1}{4}YR$ | $\frac{1}{16}YYRR$ | $\frac{1}{16}YYRr$ | $\frac{1}{16}YyRR$ | $\frac{1}{16}YyRr$ |
| $\frac{1}{4}Yr$ | $\frac{1}{16}YYRr$ | $\frac{1}{16}YYrr$ | $\frac{1}{16}YyRr$ | $\frac{1}{16}Yyrr$ |
| $\frac{1}{4}yR$ | $\frac{1}{16}YyRR$ | $\frac{1}{16}YyRr$ | $\frac{1}{16}yyRR$ | $\frac{1}{16}yyRr$ |
| $\frac{1}{4}yr$ | $\frac{1}{16}YyRr$ | $\frac{1}{16}Yyrr$ | $\frac{1}{16}yyRr$ | $\frac{1}{16}yyrr$ |

由此可见，同一配子中具有互斥关系的等位基因不可能同时存在，只能存在非等位基因，故形成了 $YR$、$Yr$、$yR$、$yr$ 4 种配子，且概率各为 1/4。雌雄配子受精结合成为 16 种合子。各种雌配子和雄配子受精形成一种基因型的合子，它就不可能再同时形成另一种基因型的合子。也就是说，通过受精形成的组合彼此是互斥事件。因此，可以把上述 $F_2$ 群体的表现型和基因型进一步归纳成表 4-8。

表 4-8　豌豆杂种 $YyRr$ 自交产生的 $F_2$ 群体中各基因组合的概率

| 配子 | ♀ | ♂ | 概率 | ♀ | ♂ | 概率 | ♀ | ♂ | 概率 | ♀ | ♂ | 概率 | ♀ | ♂ | 概率 |
|---|---|---|---|---|---|---|---|---|---|---|---|---|---|---|---|
| 子代基因型的排列 | $YR$ | $YR$ | $\frac{1}{16}$ | $YR$ | $Yr$ | $\frac{1}{16}$ | $YR$ | $yr$ | $\frac{1}{16}$ | $Yr$ | $yr$ | $\frac{1}{16}$ | $yr$ | $yr$ | $\frac{1}{16}$ |
| | | | | $YR$ | $yR$ | $\frac{1}{16}$ | $yr$ | $YR$ | $\frac{1}{16}$ | $yR$ | $Yr$ | $\frac{1}{16}$ | | | |
| | | | | $Yr$ | $YR$ | $\frac{1}{16}$ | $Yr$ | $yR$ | $\frac{1}{16}$ | $yr$ | $Yr$ | $\frac{1}{16}$ | | | |
| | | | | $yR$ | $YR$ | $\frac{1}{16}$ | $yR$ | $Yr$ | $\frac{1}{16}$ | $yr$ | $yR$ | $\frac{1}{16}$ | | | |
| | | | | | | | $yR$ | $Yr$ | $\frac{1}{16}$ | | | | | | |
| | | | | | | | $Yr$ | $yR$ | $\frac{1}{16}$ | | | | | | |
| 组合 | 4 显性基因 | | $\frac{1}{16}$ | 3 显性基因 1 隐性基因 | | $\frac{4}{16}$ | 2 显性基因 2 隐性基因 | | $\frac{6}{16}$ | 1 显性基因 3 隐性基因 | | $\frac{4}{16}$ | 4 隐性基因 | | $\frac{1}{16}$ |

在 $F_2$ 的群体中，纯合基因型个体的概率较低，只有 $2^n = 2^2 = 4$ 种；而杂合基因型个体的概率较高，共有 $3^n - 2^n = 3^2 - 2^2 = 9 - 4 = 5$ 种。如杂合基因的对数增多，其差异将更大。

### 4.3.2　二项式展开

采用棋盘格法将显性和隐性基因数目不同的组合及其概率进行排列，工作较烦琐，采用二项式公式进行分析，则比较简便。

设 $p$ 为某一事件出现的概率，$q$ 为另一事件出现的概率，$p+q=1$。$N=$ 出现概率的事件数。二项式展开的公式为：

$$(p+q)^n = p^n + np^{n-1}q + \frac{n(n-1)}{2!}p^{n-2}q^2 + \frac{n(n-1)(n-2)}{3!}p^{n-3}q^3 + \cdots + q^n$$

当 $n$ 较大时，二项式展开的公式很长。为了方便，如果仅推算其中某一个事件出现的概率，可用以下通式：

$$\frac{n!}{r!(n-r)!}p^r q^{n-r}$$

$r$ 代表某一事件（基因型或表现型）出现的次数；$n-r$ 代表另一事件（基因型或表现型）出现的次数。! 代表阶乘符号，如 4!，即表示 $4\times 3\times 2\times 1=24$。应该注意：0! 或任何数的 0 次方均等于 1。

现仍以杂种 $YyRr$ 为例，用二项式展开法分析其后代群体的基因结构。

显性基因 $Y$ 或 $R$ 出现的概率 $p$ 为 1/2，隐性基因 $y$ 或 $r$ 出现的概率 $q$ 为 1/2；$p+q=1/2+1/2=1$。$n$ 为杂合基因个数。现 $n=4$，将它们代入二项式展开为：

$$(p+q)^n = \left(\frac{1}{2}+\frac{1}{2}\right)^4$$

$$= \left(\frac{1}{2}\right)^4 + 4\left(\frac{1}{2}\right)^3\left(\frac{1}{2}\right) + \frac{4\times 3}{2!}\left(\frac{1}{2}\right)^2\left(\frac{1}{2}\right)^2 + \frac{4\times 3\times 2}{3!}\left(\frac{1}{2}\right)\left(\frac{1}{2}\right)^3 + \left(\frac{1}{2}\right)^4$$

$$= \frac{1}{16}+\frac{4}{16}+\frac{6}{16}+\frac{4}{16}+\frac{1}{16}$$

这样计算所得的各项概率，即与表 4-8 所列的结果一致：4 显性基因为 1/16，3 显性基因和 1 隐性基因为 4/16，2 显性基因和 2 隐性基因为 6/16，1 显性基因和 3 隐性基因为 4/16，4 隐性基因为 1/16。

如果只了解 3 显性基因和 1 隐性基因个体出现的概率，即 $n=4$，$r=3$，$n-r=4-3=1$；则可采用单项事件概率的通式进行推算，亦可获得同样结果：

$$\frac{n!}{r!(n-r)!}p^r q^{n-r} = \frac{4!}{3!(4-3)!}\left(\frac{1}{2}\right)^3\left(\frac{1}{2}\right) = \frac{4\times 3\times 2\times 1}{3\times 2\times 1\times 1}\cdot\frac{1}{8}\cdot\frac{1}{2} = \frac{4}{16}$$

二项式展开不仅可以用于杂种后代 $F_2$ 群体基因型的排列和分析，还可以用于测交后代 $F_t$ 群体的表现型的排列和分析。这是因为，测交后代显性个体和隐性个体出现的概率也分别是 1/2（$p=1/2$，$q=1/2$）。

除此之外，如果推算杂种自交的 $F_2$ 群体中不同表现型的个体出现的频率，同样可以采用二项式进行分析。根据孟德尔的遗传规律，一对完全显隐性的杂合基因型，其自交的 $F_2$ 群体中，显性性状出现的概率 $p$ 为 3/4，隐性性状出现的概率 $q$ 为 1/4；$p+q=3/4+1/4=1$。

$n$ 代表杂合基因对数，则二项式展开为：

$$(p+q)^n = \left(\frac{3}{4}+\frac{1}{4}\right)^n$$

$$= \left(\frac{3}{4}\right)^n + n\left(\frac{3}{4}\right)^{n-1}\left(\frac{1}{4}\right) + \frac{n(n-1)}{2!}\left(\frac{3}{4}\right)^{n-2}\left(\frac{1}{4}\right)^2 +$$

$$\frac{n(n-1)(n-2)}{3!}\left(\frac{3}{4}\right)^{n-3}\left(\frac{1}{4}\right)^3 + \cdots + \left(\frac{1}{4}\right)^n$$

例如，两对基因杂种 $YyRr$ 自交产生的 $F_2$ 群体，其表现型个体的概率按上述 $\frac{3}{4}:\frac{1}{4}$ 的概率代入二项式展开为：

$$(p+q)^n = \left(\frac{3}{4}+\frac{1}{4}\right)^2$$

$$= \left(\frac{3}{4}\right)^2 + 2\left(\frac{3}{4}\right)\left(\frac{1}{4}\right) + \left(\frac{1}{4}\right)^2$$

$$= \frac{9}{16} + \frac{6}{16} + \frac{1}{16}$$

这表示具有两个显性性状($Y\_R\_$)的个体出现的概率为 9/16，出现一个显性性状和一个隐性性状($Y\_rr$ 和 $yyR\_$)的个体的概率为 6/16，表现两个隐性性状($yyrr$)的个体的概率为 1/16；即表现型的遗传比率为 9∶3∶3∶1。

同理，如果是 3 对基因杂种 $YyRrCc$ 自交，其 $F_2$ 群体的表现型概率，可按二项式展开求得：

$$(p+q)^n = (p+q)^3$$

$$= \left(\frac{3}{4}\right)^3 + 3\left(\frac{3}{4}\right)^2\left(\frac{1}{4}\right) + 3\left(\frac{3}{4}\right)\left(\frac{1}{4}\right)^2 + \left(\frac{1}{4}\right)^3$$

$$= \frac{27}{64} + \frac{27}{64} + \frac{9}{64} + \frac{1}{64}$$

这表明具有 3 个显性性状($Y\_R\_C\_$)的个体的概率为 27/64，表现 2 个显性性状和 1 个隐性性状($Y\_R\_cc$、$Y\_rrC\_$ 和 $yyR\_C\_$ 各占 9/64)的个体的概率为 27/64，表现 1 个显性性状和 2 个隐性性状($Y\_rrcc$、$yyR\_cc$ 和 $yyrrC\_$ 各占 3/64)的个体的概率为 9/64，表现 3 个隐性性状($yyrrcc$)的个体概率为 1/64；即其表现型的遗传比率为 27∶9∶9∶9∶3∶3∶3∶1。

若需要了解 $F_2$ 群体中某一种表现型个体出现的概率，同样也可用上述单个事件概率的通式进行推算。例如，在 3 对基因杂种 $YyRrCc$ 的 $F_2$ 群体中，表现两个显性性状和一个隐性性状的个体出现的概率是多少？即 $n=3$，$r=2$，$n+r=3-2=1$。则可按上述通式求得：

$$\frac{n!}{r!(n-r)!}p^r q^{n-r} = \frac{3!}{2!(3-2)!}\left(\frac{3}{4}\right)^2\left(\frac{1}{4}\right) = \frac{3\times 2\times 1}{2\times 1\times 1}\cdot\frac{9}{16}\cdot\frac{1}{4} = \frac{27}{64}$$

### 4.3.3 $\chi^2$ 测验

在遗传学试验中，实际考察的子代绝不可能是被测动、植物的全部配子受精结合的子代，而永远只是一部分。并且还由于其他种种因素的干扰，实际获得的各项数值与其理论上按概率估算出的期望值常存在一定的偏差。如果对实验条件严加控制，并且群体较大，试验结果的实际数值就会接近期望的理论数值。如果两者之间出现偏差，想知道究竟是试验误差造成的，还是真实的差异，可用 $\chi^2$ 测验进行判断。进行 $\chi^2$ 测验时可利用以下公式，即

$$\chi^2 = \sum \frac{(O-E)^2}{E}$$

式中，$O$ 为实测值，$E$ 为理论值，$\sum$ 为总和的符号，表示许多上述比值的总和。从上述公式可以看出，所谓 $\chi^2$ 值即平均平方偏差的总和。

例如，用 $\chi^2$ 测验检验上一节中两对相对性状的杂交试验结果，列于表 4-9 中。

**表 4-9　孟德尔两对基因杂种自交结果的测验**

| 性　状 | 圆粒、黄色 | 圆粒、绿色 | 皱粒、黄色 | 皱粒、绿色 | 总数 |
|---|---|---|---|---|---|
| 实测值($O$) | 315 | 108 | 101 | 32 | 556 |
| 理论值($E$) | 312.75 | 104.25 | 104.25 | 34.75 | 556 |
| ($O-E$) | 2.25 | 3.75 | -3.25 | -2.75 | 0 |
| $(O-E)^2$ | 5.06 | 14.06 | 10.56 | 7.56 | |
| $\dfrac{(O-E)^2}{E}$ | 0.016 | 0.135 | 0.101 | 0.218 | |
| $\chi^2 = \sum \dfrac{(O-E)^2}{E}$ | | $\chi^2 = 0.016 + 0.135 + 0.101 + 0.218 = 0.47$ | | | |

注：理论值是由总数 556 粒种子按 9:3:3:1 分配求得的。

有了 $\chi^2$ 值，还需要有自由度（用 $df$ 表示，$df = k - 1$，$k$ 为类型数），就可以查出 $P$ 值。$P$ 值是指实测值与理论值相差一样大以及更大的积加概率。例如，子代为 1:1 或 3:1 的 2 种分离类型场合，自由度是 1；而在 9:3:3:1 的 4 种分离类型情况下，自由度为 3，在这样的实例中，就可以说，自由度一般为子代分离类型的数目减 1，即自由度 = $k - 1$。

由表 4-9 求得 $\chi^2$ 值为 0.47，自由度为 3，查表 4-10 即得 $P$ 值为 0.90~0.99 之间，说明实际值与理论值差异发生的概率在 90% 以上，因而样本的表现型比例符合 9:3:3:1。要指出的是，在遗传学实验中 $P$ 值常以 5%（0.05）为标准，$P > 0.05$ 说明"差异不显著"，$P < 0.05$ 说明"差异显著"；如果 $P < 0.01$ 说明"差异极显著"。

**表 4-10　$\chi^2$ 表**

| $df$ | $P$ | | | | | | | | | | |
|---|---|---|---|---|---|---|---|---|---|---|---|
| | 0.99 | 0.95 | 0.90 | 0.80 | 0.70 | 0.50 | 0.30 | 0.20 | 0.10 | 0.05 | 0.01 |
| 1 | 0.000 16 | 0.04 | 0.016 | 0.064 | 0.148 | 0.455 | 1.074 | 1.642 | 2.706 | 3.841 | 6.635 |
| 2 | 0.0201 | 0.103 | 0.211 | 0.446 | 0.713 | 1.386 | 2.408 | 3.129 | 4.605 | 5.991 | 9.210 |
| 3 | 0.115 | 0.352 | 0.584 | 1.005 | 1.424 | 2.366 | 3.665 | 4.642 | 6.251 | 7.815 | 11.345 |
| 4 | 0.297 | 0.711 | 1.064 | 1.649 | 2.195 | 3.357 | 4.878 | 5.989 | 7.779 | 9.488 | 13.277 |
| 5 | 0.554 | 1.145 | 1.610 | 2.343 | 3.000 | 4.351 | 6.064 | 7.269 | 9.236 | 11.070 | 15.086 |
| 6 | 0.872 | 1.635 | 2.204 | 3.070 | 3.828 | 5.345 | 7.231 | 8.588 | 10.645 | 12.592 | 16.812 |
| 7 | 1.239 | 2.167 | 2.833 | 3.822 | 4.671 | 6.346 | 8.783 | 9.803 | 12.017 | 14.067 | 18.475 |
| 8 | 1.646 | 2.733 | 3.490 | 4.594 | 5.527 | 7.344 | 9.524 | 11.030 | 13.362 | 15.507 | 20.090 |
| 9 | 2.088 | 3.325 | 4.168 | 5.380 | 6.393 | 8.343 | 10.656 | 12.242 | 14.684 | 16.919 | 21.666 |
| 10 | 2.558 | 3.940 | 4.865 | 6.179 | 7.627 | 9.342 | 11.781 | 13.442 | 15.987 | 18.307 | 23.209 |

注：表内数字是各种 $\chi^2$ 值，$df$ 为自由度，$P$ 是在一定自由度下 $\chi^2$ 值大于表中数值的概率。

$\chi^2$ 测验法不能用于百分比，如果遇到百分比，应根据总数将它们化成频数，然后计算差数。例如，在一个实验中得到雌果蝇 44%，雄果蝇 56%，总数是 50 只，现在要测验一下这个实际数值与理论数值是否相符，这就需要首先把百分比根据总数化成频数，即 50 × 44% = 22 只，50 × 56% = 28 只，然后按照 $\chi^2$ 测验公式求 $\chi^2$ 值。

## 4.4 基因互作

根据独立分配规律，$F_2$ 出现 9:3:3:1 的分离比例，表明这是由两对等位基因自由组合的结果。但是，两对等位基因的自由组合却不一定会出现 9:3:3:1 的分离比例，研究表明这是由于不同对基因间相互作用的结果，这种现象称为基因互作（interaction of genes）。下面就两对独立遗传的等位基因的各种互作方式举例予以简介。

### 4.4.1 基因互作的主要类型

#### 4.4.1.1 互补作用

两对独立遗传基因中都有显性基因存在时，个体表现为一种性状；当两对基因中只有一对基因为显性或两对基因均为纯合隐性基因时，个体表现为另一种性状，这种基因互作的类型称为互补作用（complementary effect）。发生互补作用的基因称为互补基因（complementary gene）。例如，有人用香豌豆（*Lathyrus odoratus*）中的两个白花品种，二者进行杂交，产生的 $F_1$ 开紫花。$F_1$ 植株自交，其 $F_2$ 群体分离为 9/16 紫花：7/16 白花。对照独立分配定律，可知该杂交组合是两对基因的分离。从结果来看，说明两对显性基因有互补作用。如果紫花所涉及的两个显性基因为 $C$ 和 $P$，就可以确定杂交亲本、$F_1$ 和 $F_2$ 各种类型的基因型如下：

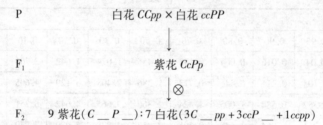

上述试验中，$F_1$ 和 $F_2$ 的紫花植株均表现其野生祖先的性状，这种现象称为返祖遗传（atavism）。这两种显性基因在进化过程中，如果显性基因 $C$ 突变成隐性基因 $c$，就会产生一种白花品种；如果显性基因 $P$ 突变成隐性基因 $p$，又会产生另一种白花品种。当这两个品种杂交后，两对显性基因重新遇到结合，于是出现了祖先的紫花。互补作用在很多动、植物中都有发现。

#### 4.4.1.2 积加作用

当两对或者两对以上的基因互作时，显性基因对数积累越多，性状表现越明显，这种基因互作称为积加作用（additive effect）。例如，如果用两种圆球形南瓜（*Cucurbita pepo*）杂交，$F_1$ 产生扁盘形，$F_2$ 出现 3 种果形：9/16 扁盘形，6/16 圆球形，1/16 长圆形。扁盘形对圆球形为显性，圆球形对长圆形为显性。它们的遗传行为分析如下：

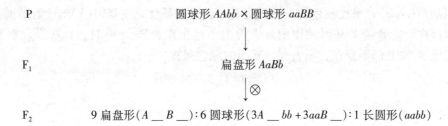

从以上分析可知，$A$ 和 $B$ 同时存在时，形成扁盘形；只有显性基因 $A$ 或 $B$ 之一存在时，形成圆球形；两对基因都是隐性时，则形成长圆形。

#### 4.4.1.3 重叠作用

如果两对或者两对以上的等位基因同时控制一个单位性状，只要其中一对等位基因存在显性基因，个体便表现显性性状，两对基因都为纯合隐性时，个体表现隐性性状，$F_2$ 产生 15∶1 的比例，这种基因互作称为重叠作用(duplicate effect)。这类表现相同作用的基因，称为重叠基因(duplicate gene)。例如，荠菜(*Bursa pursa-pastoria*)中常见的植株是三角形蒴果，极少数植株是卵形蒴果。将这两种植株杂交，$F_1$ 全是三角形蒴果。$F_2$ 分离为 15/16 三角形蒴果，1/16 卵形蒴果。卵形蒴果的后代不再分离；三角形蒴果的后代有一部分不发生分离，一部分分离为 3/4 三角形蒴果和 1/4 卵形蒴果，还有一部分又分离为 15/16 三角形蒴果和 1/16 卵形蒴果。由此可知，上述试验中 $F_2$ 出现 15∶1 的比例，实际上只是 9∶3∶3∶1 比例的变型，只是前三种的表现型没有区别。这显然是由于每对基因中的显性基因都具有使蒴果表现为三角形的作用。如果没有显性基因，就表现为卵形蒴果。如用 $T_1$ 和 $T_2$ 表示这两个显性基因，则三角形蒴果亲本的基因型为 $T_1T_1T_2T_2$，卵形蒴果亲本的基因型为 $t_1t_1t_2t_2$。$F_1$ 和 $F_2$ 的各种基因型如下：

$$P \quad\quad 三角形\ T_1T_1T_2T_2 \times 卵形\ t_1t_1t_2t_2$$

$$F_1 \quad\quad 三角形\ T_1t_1T_2t_2$$

$$F_2 \quad 15\ 三角形(9T_1\_T_2\_ + 3T_1\_t_2t_2 + 3t_1t_1T_2\_): 1\ 卵形(t_1t_1t_2t_2)$$

当杂交试验有 3 对重叠基因时，依此类推，则 $F_2$ 的分离比将相应地成为 63∶1。在这里虽然它们的显性基因的作用是相同的，但并不表现累积的效应。基因型内的显性基因数目不等，并不改变性状的表现，只要有一个显性基因存在，就能使显性性状得到表现。但在某些情况下，重叠基因也表现累加的效应。

#### 4.4.1.4 显性上位作用

两对独立遗传基因同时对一对性状发生作用，而且其中一对基因对另一对基因的表现有遮盖作用，这种基因互作类型称为上位作用(epistasis)。起遮盖作用的基因称为上位基因。如果起遮盖作用的是显性基因，称为显性上位作用(epistatic dominance)。例如，影响西葫芦(squash)果皮颜色的显性白皮基因($W$)对显性黄皮基因($Y$)有上位性作用。当 $W$ 基因存在时能遮盖 $Y$ 基因的作用，表现为白色果皮；缺少 $W$ 时，$Y$ 基因表现其黄色作用；如果 $W$ 和 $Y$ 都不存在，则表现 $y$ 基因的绿色果皮。

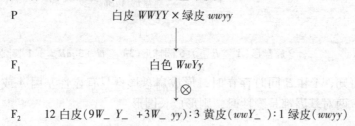

$F_2$　　12 白皮($9W\_Y\_ + 3W\_yy$)：3 黄皮($wwY\_$)：1 绿皮($wwyy$)

### 4.4.1.5　隐性上位作用

在两对互作的基因中，其中一对隐性基因对另一对基因起上位性作用，称为隐性上位作用(epistatic recessiveness)。例如，玉米胚乳颜色的遗传，当基本色泽基因 $C$ 存在时，另一对基因 $Prpr$ 都能表现各自的作用，即 $Pr$ 表现紫色，$pr$ 表现红色。缺 $C$ 基因时，隐性基因 $c$ 对 $Pr$ 和 $pr$ 起上位作用，使得 $Pr$ 和 $pr$ 都不能表现其性状，玉米胚乳呈白色。

P　　　　红色蛋白质层 $CCprpr$ × 白色蛋白质层 $ccPrPr$

F$_1$　　　　　　紫色 $CcPrpr$

F$_2$　　9 紫色($C\_Pr\_$)：3 红色($C\_prpr$)：4 白色($3ccPr\_ + 1ccprpr$)

要注意上位作用和显性作用的不同，上位作用发生于两对不同等位基因之间，而显性作用发生于同一对等位基因的两个成员之间。

### 4.4.1.6　抑制作用

在两对独立基因中，其中一对显性基因，本身并不表现性状，但当其处于显性纯合或杂合状态时，却对另一对基因的表现有抑制作用(inhibiting effect)，称为抑制基因。例如，玉米胚乳蛋白质层颜色杂交试验中，白色×白色，$F_1$ 表现白色，$F_2$ 表现 13 白色：3 有色。如果 $C$(基本色泽基因)和 $I$(抑制基因)决定蛋白质层的颜色，$F_1$ 及 $F_2$ 的基因型如下：

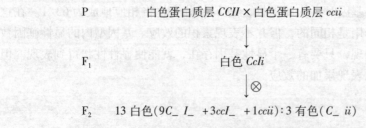

$F_2$　　13 白色($9C\_I\_ + 3ccI\_ + 1ccii$)：3 有色($C\_ii$)

$C\_I\_$ 表现白色是由于 $I$ 基因抑制了 $C$ 基因的作用，同样 $ccI\_$ 也是白色。$ccii$ 中虽然 $ii$ 并不起抑制作用，但 $cc$ 也不能使蛋白质层表现颜色，因此也是白色。只有 $C\_ii$ 表现有色。抑制作用和上位作用不同，抑制基因本身不能决定性状，而显性上位基因除遮盖其他基因的表现外，本身还能决定性状。

以上是假定两对独立基因共同决定同一性状时所表现的各种情况。如果共同决定同一性状的基因对数更多，后代表现分离的比例将更加复杂。为了说明上述两对基因互作的 6 种情况的关系，可将它们进一步简单化，归纳列成模式图 4-7。

图 4-7 以两对基因 $Aa$ 和 $Bb$ 的互作为例，假定各对基因的显性作用是完全的，按自由分离和独立分配规律，$F_2$ 出现的 9 种基因型及其比例，如图中最上一表所示。在基因不发生互作的情况下，4 种表现型的比例(9:3:3:1)列于图 4-7 的中央一表，这是一个基本类型。在此基础上，由于基因互作的情况不同，才出现 6 种不同方式的表现型和比例。而各种表现型的比例都是在两对独立基因分离比例 9:3:3:1 的基础上演变而来的。只有表现型的比例有所改变，而基因型的比例仍然和独立分配是一致的。由此可知，由于基因互作，杂交分离的类型和比例与典型的孟德尔遗传的比例虽然不同，但并不能因此否定孟德尔遗

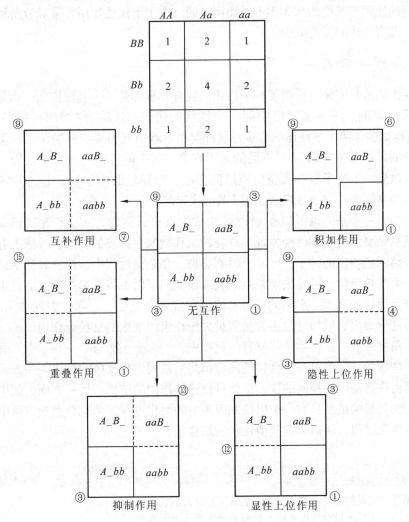

**图 4-7　两对基因互作的模式图**

方格中虚线表示合并的表现型，圆圈里数字表示各种比例数字

传的基本规律，而应该认为这是对它进一步的深化和发展。

实际上，基因互作可以分为基因内互作（intragenic interaction）和基因间互作（intergenic interaction）。基因间互作指不同位点非等位基因相互作用，表现为上位性和下位性。性状的表现都是在一定环境条件下，通过这两类基因互作共同或单独发生作用的产物。

基因内互作在大多数情况下，两对等位基因都表现完全显性作用。例如，上述各基因互作的实例中，两对基因各表现完全显性作用。也有少数情况，一对等位基因表现完全显性，另一对表现不完全显性。例如，有一种牛的毛色，红色（$A$）对白色（$a$）为不完全显性，杂合型（$Aa$）表现灰色。无角（$B$）对有角（$b$）为完全显性。两对杂合基因型的 $F_2$ 代的分离比例为：3/16 红色无角（$AAB\_$）：6/16 灰色无角（$AaB\_$）：1/16 红色有角（$AAbb$）：2/16 灰色有角（$Aabb$）：3/16 白色无角（$aaB\_$）：1/16 白色有角（$aabb$）。上述显性上位作用、隐性上位作用和抑制作用，都是基因内和基因间相互共同作用的结果。由于基因互作，往往使杂种后代分离的比例和典型的 9:3:3:1 的比例不同。由于上位性作用，常导致杂种后代表现型的组数比没有互作的大为减少。

## 4.4.2 多因一效与一因多效

基因互作的这些实例，说明了一个性状的发育并不都受一个基因控制，而是经常受许多不同基因的影响。许多基因影响同一个性状的表现，这称为"多因一效"（multigenic effect）。遗传试验证明，生物体的许多性状都是由多基因互相影响所决定的。例如，玉米正常叶绿素的形成至少与 50 多对不同的基因有关，其中的任何一对发生改变，都会使叶绿素消失或改变。玉米子粒胚乳蛋白质层的紫色，已知是由 $A_1$、$A_2$、$A_3$、$C$、$R$、$Pr$ 等 6 对不同的显性基因和一对隐性抑制基因 $i$ 共同决定的。

相对应的，一个基因也可以影响许多性状的发育，称为"一因多效"（pleiotropism）。孟德尔在豌豆杂交试验中就已经发现，红花的植株结灰色种皮的种子，叶腋上有黑斑；开白花的植株结白色种皮的种子，叶腋上没有黑斑。在杂交后代中，这三种性状总是一起出现，像是一个遗传单位。可见决定豌豆红花或白花的基因不但影响花色，而且也控制种皮颜色和叶腋上黑斑的有无。水稻的矮生基因也常常有多效性，它除了表现矮化的作用外，一般还有提高分蘖力、增加叶绿素含量和扩大栅栏组织细胞的直径等作用。

从整体角度来看，在生物个体发育的过程中，"多因一效"和"一因多效"现象是普遍存在和容易理解的。生物每一个性状的发育都是一系列生化反应的结果。一方面，一个性状的发育是由许多基因所控制的许多生化过程连续作用的结果。另一方面，如果某一基因发生了改变，其影响虽然只有一个以该基因为主的生化过程，但也会影响与该生化过程有联系的其他生化过程，从而影响其他性状的发育。

**思考题**

1. 遗传因子分离假说的主要内容是什么？怎样来验证此假说？
2. 在遗传学中，为什么说分离现象比显隐性现象有更重要的意义？
3. 讨论分离定律的表现形式（3:1，1:2:1，1:1），为什么会有这些不同？在一对基因的遗传中，$F_2$ 中发现 1:2:1 的表型分离比例，为什么不能说是对分离定律的否定？

4. 某种树木的绿叶($G$)对黄叶($g$)为显性,请注明下列杂交组合亲本和子代的可能基因型。
   (1)绿叶×黄叶,后代全部为绿叶;
   (2)绿叶×绿叶,后代3/4绿叶:1/4黄叶;
   (3)绿叶×黄叶,后代1/2绿叶:1/2黄叶;
   (4)绿叶×绿叶,后代全部为绿叶。

5. 小麦毛颖基因$P$为显性,光颖基因$p$为隐性。写出下列杂交组合的亲本基因型。
   (1)毛颖×毛颖,后代全部毛颖;
   (2)毛颖×毛颖,后代3/4毛颖:1/4光颖;
   (3)毛颖×光颖,后代1/2毛颖:1/2光颖。

6. 小麦无芒基因$A$为显性,有芒基因$a$为隐性。写出下列各杂交组合中$F_1$的基因型和表现型。每一组合的$F_1$群体中,出现无芒或有芒个体的机会各为多少?
   (1)$AA \times aa$  (2)$AA \times Aa$  (3)$Aa \times Aa$  (4)$Aa \times aa$  (5)$aa \times aa$

7. 小麦有稃基因$H$为显性,裸粒基因$h$为隐性。现以纯合的有稃品种($HH$)与纯合的裸粒品种($hh$)杂交,写出其$F_1$和$F_2$的基因型和表现型。在完全显性条件下,其$F_2$基因型和表现型的比例是多少?

8. 大豆的紫花基因$P$对白花基因$p$为显性,紫花与白花大豆杂交的$F_1$全为紫花,$F_2$共有1 653株,其中紫花1 240株,白花413株,试用基因型说明这一试验结果。

9. 纯种甜粒玉米和纯种非甜粒玉米间行种植,收获时发现甜粒玉米果穗上结有非甜粒的子实,而非甜粒玉米果穗上找不到甜粒的子实,如何解释这种现象?怎样验证解释?

10. 花生种皮紫色($R$)对红色($r$)为显性,厚壳($T$)对薄壳($t$)为显性。$R-r$和$T-t$是独立遗传的。指出下列各种杂交组合:①亲本的表现型、配子种类和比例;②$F_1$的基因型种类和比例、表现型种类和比例。
    (1)$TTrr \times ttRR$  (2)$TTRR \times ttrr$  (3)$TtRr \times ttRr$  (4)$ttRr \times Ttrr$

11. 番茄的红果($Y$)对黄果($y$)为显性,二室($M$)对多室($m$)为显性。两对基因是独立遗传的。当一株红果、二室的番茄与一株红果、多室的番茄杂交后,子一代($F_1$)群体内有:3/8的植株为红果、二室的,3/8是红果、多室的,1/8是黄果、二室的,1/8是黄果、多室的。试问这两个亲本植株是怎样的基因型?

12. 下表是不同小麦品种杂交后代产生的各种不同表现型的比例,试写出各个亲本的基因型。

**小麦品种杂交后代表现型**

| 亲本组合 | 毛颖抗锈 | 毛颖感锈 | 光颖抗锈 | 光颖感锈 |
|---|---|---|---|---|
| 毛颖感锈×光颖感锈 | 0 | 18 | 0 | 14 |
| 毛颖抗锈×光颖感锈 | 10 | 8 | 8 | 9 |
| 毛颖抗锈×光颖抗锈 | 15 | 7 | 16 | 5 |
| 光颖抗锈×光颖抗锈 | 0 | 0 | 32 | 12 |

13. 大麦的刺芒($R$)对光芒($r$)为显性,黑稃($B$)对白稃($b$)为显性。现有甲品种为白稃,但具有刺芒;而乙品种为光芒,但为黑稃。怎样获得白稃、光芒的新品种?

14. 小麦的相对性状,毛颖($P$)是光颖($p$)的显性,抗锈($R$)是感锈($r$)的显性,无芒($A$)是有芒($a$)的显性。这三对基因之间没有互作。已知小麦品种杂交亲本的基因型如下,试述$F_1$的表现型。
    (1)$PPRRAa \times ppRraa$  (2)$pprrAa \times PpRraa$  (3)$PpRRAa \times PpRrAa$  (4)$Pprraa \times ppRrAa$

15. 光颖、抗锈、无芒($ppRRAA$)小麦和毛颖、感锈、有芒($PPrraa$)小麦杂交,希望从$F_3$选出毛颖、抗锈、无芒($PPRRAA$)的小麦10个株系,试问在$F_2$群体中至少应选择表现型为毛颖、抗锈、无芒($P\_R\_A\_$)的小麦多少株?

16. 设有3对独立遗传、彼此没有互作，并且表现完全显性的基因 $Aa$、$Bb$、$Cc$，在杂合基因型个体 $AaBbCc(F_1)$ 自交所得的 $F_2$ 群体中，试求具有5显性基因和1隐性基因的个体的概率，以及具有2显性性状和1隐性性状个体的概率。

17. 基因型为 $AaBbCcDd$ 的 $F_1$ 植株自交，设这4对基因都表现完全显性，试述 $F_2$ 代群体中每一类表现型可能出现的概率。在这一群体中，每次任意取5株作为一样本，试述3株显性性状、2株隐性性状，以及2株显性性状、3株隐性性状的样本可能出现的概率各为多少？

18. 设玉米子粒有色是独立遗传的3对显性基因互作的结果，基因型为 $A\_\ C\_\ R\_$ 的子粒有色，其余基因型的子粒均无色。有色子粒植株与以下3个纯合品系分别杂交，得到下列结果：

    （1）与 $aaccRR$ 品系杂交，获得50%有色子粒；

    （2）与 $aaCCrr$ 品系杂交，获得25%有色子粒；

    （3）与 $AAccrr$ 品系杂交，获得50%有色子粒。

    试问这些有色子粒亲本是怎样的基因型？

19. 萝卜块根的形状有长形的、圆形的，也有椭圆形的，以下是不同类型杂交的结果：

    长形 × 圆形 → 595 椭圆形；

    长形 × 椭圆形 → 205 长形，201 椭圆形；

    椭圆形 × 圆形 → 198 椭圆形，202 圆形；

    椭圆形 × 椭圆形 → 58 长形，112 椭圆形，61 圆形。

    说明萝卜块根形状属于什么遗传类型，并自定基因符号标明上述各杂交组合亲本及其后代的基因型。

20. 假定某个二倍体物种含有4个复等位基因（如 $a_1$、$a_2$、$a_3$、$a_4$），试决定在下列3种情况可能有几种基因组合？

    （1）一条染色体；

    （2）一个个体；

    （3）一个群体。

21. 怎样应用分离定律和独立分配定律来指导林木育种实践工作？

## 主要参考文献

朱之悌. 1990. 林木遗传学基础[M]. 北京：中国林业出版社.

浙江农业大学. 1989. 遗传学[M]. 2版. 北京：中国农业出版社.

蔡旭. 1988. 植物遗传育种学[M]. 2版. 北京：科学出版社.

刘祖洞. 1990. 遗传学[M]. 2版. 北京：高等教育出版社.

赵寿元, 乔守怡. 2001. 现代遗传学[M]. 北京：高等教育出版社.

GARDNER E J, et al. 1991. Principles of Genetics[M]. 8th ed. New York：John Wiley & Sons, Inc.

GOODENOUGH U. 1984. Genetics[M]. 3th ed. Washington：Saunders College Publishing.

PAI A C, ROBERTS H M. 1981. Genetics, Its Concepts and Implications[M]. New Jersey：Prentice Hall, Inc.

RUSSELLP J. 1990. Essential Genetics[M]. 2nd ed. London：Blackwell Scientific Publications.

SUZUKI D T, et al. 1981. An Introduction to Genetic Analysis[M]. 2nd ed. New York：W. H. Freeman and Company.

ATHERLY A G, et al. 1999. The Sciednce of Genetics[M]. Washington：Saunders College Publishing.

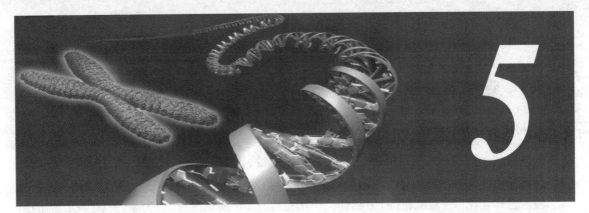

# 5 连锁遗传

1900年孟德尔遗传规律被重新发现以后，引起生物学界的广泛重视。人们以更多的动、植物为材料进行杂交试验，获得大量可贵的遗传资料，其中属于两对相对性状遗传的结果，有的符合独立分配规律，但有的却并不符合，因此不少学者对于孟德尔的遗传规律曾一度产生怀疑。但是不久之后，1906年贝特森等人在香豌豆杂交试验中发现性状的连锁遗传现象。1910年以后，摩尔根以果蝇为试验材料，把基因的遗传与染色体在细胞减数分裂中的动态行为结合起来，创立了基因论，论证了染色体是基因的载体，基因直线排列在染色体上。由于一般生物染色体很少超过100条，而基因则数以千万计，于是染色体和基因不可能1∶1分配，只能是一对染色体上载有很多对基因。所以位于不同染色体上的基因，遗传时遵守自由组合定律；而位于同一对染色体上的基因，实际上不属于独立遗传，而是遵守另一遗传定律，即连锁（linkage）遗传定律。于是继孟德尔揭示的两条遗传定律之后，连锁遗传成为遗传学中的第三大遗传定律。由此可见，摩尔根的工作对孟德尔的遗传规律不是一种简单的修正，而是具有重大意义的补充和发展。

> 本章主要介绍连锁遗传现象；摩尔根的果蝇杂交试验及其创立的基因论，论证了染色体是基因的载体，基因直线排列在染色体上；连锁遗传定律内容和连锁与交换的机制；测交法和自交法两种交换值的测定与计算方法；三点测验连锁分析的计算方法；基因间距离、交换值、遗传距离及连锁强度的关系；性别决定与伴性遗传。

## 5.1 连锁与交换

### 5.1.1 性状连锁遗传现象

性状连锁遗传现象是1906年贝特森和庞内特(R. C. Punnett)在香豌豆的两对性状杂交试验中首先发现的。试验的杂交亲本：一个是紫花、长花粉粒，另一个是红花、圆花粉粒。已知紫花($P$)对红花($p$)为显性，长花粉粒($L$)对圆花粉粒($l$)为显性，杂交试验的结果如图5-1所示。

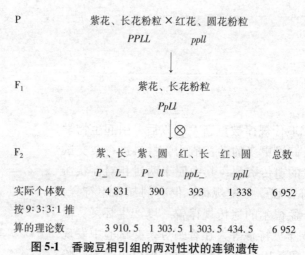

**图 5-1 香豌豆相引组的两对性状的连锁遗传**

首先从上述结果可以看到，如果只考虑一对相对性状，它们的分离都接近3:1的比例，说明孟德尔的分离定律是存在的。

紫:红 = (4 831 +390):(393 +1 338) = 5 221:1 731 = 3.01:1

长:圆 = (4 831 +393):(390 +1 338) = 5 224:1 728 = 3.02:1

其次，按照孟德尔两对相对性状的独立分配定律，$F_2$会出现4种表现型，但是它们却并不符合定律所讲的9:3:3:1的分离比例。它们实际数与理论数相差很大。其中与亲本相同的性状(紫、长和红、圆)的实际数多于理论数，而重新组合的性状(紫、圆和红、长)的实际数却少于理论数。总之，在$F_2$表现型中，像亲本组合的实际数偏多，而重新组合的实际数偏少，这显然不能用独立分配规律来解释。

贝特森的第二个试验用的两个杂交亲本品种是紫花圆花粉和红花长花粉(图5-2)。试验结果的表现与第一个试验基本相同，同9:3:3:1的独立遗传比例相比较，在$F_2$的4种表现型中仍然是亲本组合性状(紫、圆和红、长)的实际数多于理论数，重新组合性状的实际数少于理论数，同样不能用独立分配定律来解释。

以上两个试验结果都表明，原来为同一亲本所具有的两个性状，在$F_2$中常常有联系在一起遗传的倾向，这种现象称为连锁遗传。

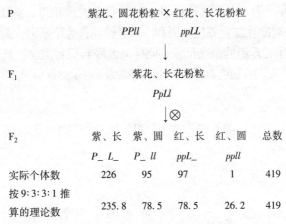

**图 5-2 香豌豆相斥组的两对相对性状的连锁遗传**

遗传学中把像第一个试验那样，甲乙两个显性性状联系在一起遗传，而甲乙两个隐性性状联系在一起遗传的杂交组合，称为相引相或相引组（coupling phase）；把像第二个试验那样，甲显性性状和乙隐性性状联系在一起遗传，而乙显性性状和甲隐性性状联系在一起遗传的杂交组合，称为相斥相或相斥组（repulsion phase）。

## 5.1.2 连锁遗传的解释

虽然贝特森和庞内特从他们的杂交试验结果中发现了性状连锁遗传现象，但当时他们并未对此作出圆满的解释。1911 年摩尔根和他的同事们以果蝇为试验材料，通过大量遗传研究，对连锁遗传现象作出了科学的解释。

摩尔根在研究果蝇的两对常染色体上的基因时发现了类似的连锁现象。一对基因决定果蝇眼颜色，红眼为显性（$pr^+$），紫眼为隐性（$pr$）；另一对基因决定翅长，长翅即正常翅为显性（$vg^+$），残翅为隐性（$vg$）。在试验中，摩尔根用 $prprvgvg$ 个体与 $pr^+pr^+vg^+vg^+$ 个体杂交，然后再对双因子杂合的 $F_1$ 雌蝇进行测交，所得结果如图 5-3 所示。

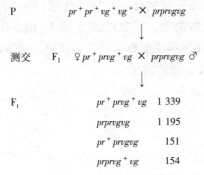

**图 5-3 果蝇相引组的两对相对性状的连锁遗传**

从上述测交结果可以看出，$F_1$ 虽然形成 4 种配子，但显然 4 种配子的比例不符合 1∶1∶1∶1，而是两种亲型配子 $pr^+vg^+$ 和 $prvg$ 多，两种重组型配子 $pr^+vg$ 和 $prvg^+$ 少。并且，两种亲型配子数大致相等，为1∶1；两种重组型配子数也大致相等，为1∶1。

如果双亲各带一对隐性纯合等位基因和一对显性纯合等位基因，杂交后测交的结果又如何呢？接着摩尔根又做了相斥组的杂交试验，同样地也将$F_1$进行测交，其结果如图5-4所示。

P　　$pr^+pr^+vg\ vg \times prprvg^+vg^+$

↓

测交　$F_1$　♀$pr^+prvg^+vg \times prprvgvg$ ♂

↓

$F_t$　　$pr^+prvg^+vg$　157

$prprvgvg$　146

$pr^+prvgvg$　965

$prprvg^+vg$　1 067

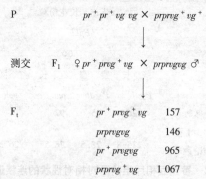

**图5-4　果蝇相斥组的两对相对性状的连锁遗传**

相斥组的测交试验结果与相引组的基本一致，同样证实$F_1$的4种配子数不相等，两种亲型配子（$pr^+vg$ 和 $prvg^+$）数多，两种重组型配子（$pr^+vg^+$ 和 $prpr$）数少，而且分别为1∶1。

在相引组和相斥组中都出现这样的实验结果的原因是什么呢？摩尔根的解释是：假定控制眼色和翅长的两对基因位于同一同源染色体上。因此，在相引组中$pr^+$和$vg^+$应该锁在一条染色体上，而$pr$和$vg$则应该连锁在其同源的另一条染色体上，那么两亲本的同源染色体所载的基因分别就是$\frac{pr^1\quad vg^1}{pr^+\quad vg^+}$和$\frac{pr\quad vg}{pr\quad vg}$，其$F_1$就应该是$\frac{pr^+\quad vg^+}{pr\quad vg}$。那么，$F_1$在减数分裂时，来自父母双方的两条同源染色体$pr^+vg^+$和$prvg$分开且被分配到不同的配子中去。这就是亲本型配子的产生过程。在这种情况下，基因的行为与减数分裂中染色体的行为是一致的。同源染色体上非等位基因组合可能像一对等位基因一样分离，在后代中仍然保持在一起。例如，已知果蝇灰体（$b^+$）对黑体（$b$）为显性，长翅（$vg^+$）对残翅（$vg$）为显性。用灰体残翅（$b^+b^+vgvg$）的雄蝇与黑体长翅（$bbvg^+vg^+$）的雌蝇交配，得到的$F_1$代全为灰体长翅（$b^+bvg^+vg$）。然后用$F_1$代的雄蝇与黑体残翅（$bbvgvg$）的雌蝇进行测交，结果测交后代$F_t$中只出现了两种亲本类型，其数量各为50%（图5-5）。因为测交后代的表现型种类和比例可以反映杂种个体所形成的配子种类和比例，所以图5-5的测交结果表明$F_1$雄蝇只形成了$b^+vg$和$bvg^+$两种类型的精子。

P　　♀$\frac{b\quad vg^+}{b\quad vg^+}$　×　$\frac{b^+\quad vg}{b^+\quad vg}$♂

↓

测交　$F_1$　♂$\frac{b\quad vg^+}{b^+\quad vg}$　×　$\frac{b\quad vg}{b\quad vg}$♀

↓

$F_t$　　$\frac{b\quad vg^+}{b\quad vg}$　　$\frac{b^+\quad vg}{b\quad vg}$

**图5-5　果蝇的完全连锁**

从上面试验可以看出，所谓连锁遗传，是指在同一同源染色体上的非等位基因联系在一起遗传的现象。当在同一同源染色体的两个非等位基因之间不发生非姊妹染色单体之间的交换，使得这两个非等位基因总是联系在一起而遗传的现象，称作完全连锁（complete linkage）。完全连锁的情况极少见，在雄性果蝇和雌性家蚕中也只发现有极个别的例子。也就是说，上面试验中 $b^+b$ 和 $vg^+vg$ 两对非等位基因完全连锁在同一同源染色体上。因此，测交后代只会出现亲本型个体，且数目相等，这正是完全连锁的遗传特点。

上面已经说过，完全连锁的情形是极少见的。一般的情形都是不完全连锁（incomplete linkage）。不完全连锁，是指同一同源染色体上的两个非等位基因之间或多或少地发生了非姊妹染色单体之间的交换，测交后代中大部分为亲本型，少部分为重组类型的现象。所以，当两对非等位基因为不完全连锁时，$F_1$ 不仅能产生亲本型配子，也能产生重组型配子。

所谓交换（cross over），是指同源染色体的非姊妹染色单体之间的对应片段的交换，从而引起相应基因之间的交换与重组（recombination）。

简森斯（Janssens）1909 年根据两栖类和直翅目昆虫的减数分裂的观察，在摩尔根等人确立遗传的染色体学说之前，就提出了一种交叉型假设（chiasmatype hypothesis），其要点是：

第一，在减数分裂前期，尤其是双线期，配对中的同源染色体不是简单地平行靠拢，而是在非姊妹染色单体间有某些点上显示出交叉缠结的图像，每一点上这样的图像称为一个交叉（chiasma），这是同源染色体间对应片段发生过交换的地方。

第二，处于同源染色体的两个非等位基因之间如果发生了交换，就导致这两个连锁基因的重组。

交叉现象标志着各对同源染色体中的非姊妹染色单体的对应区段间发生了交换。所以说，交叉是交换的结果。一个交叉就代表一次交换。现在已知，除着丝点以外，非姊妹染色单体的任何位点都可能发生交换。但在交换频率上，靠近着丝点的位置低于远离着丝点的位置。由于发生了交换而引起同源染色体间非等位基因的重组，打破了原有的连锁关系，因而表现出不完全连锁。

现以玉米第 9 对染色体上的 $Cc$ 和 $Shsh$ 两对基因为例说明交换与不完全连锁的形成。非姊妹染色单体之间的交换，可能发生在 $Cc$ 和 $Shsh$ 两对连锁基因相连区段之间，也可能发生在它们相连区段之外（图 5-6）。

对相引组 $\frac{C\ Sh}{C\ Sh} \times \frac{c\ sh}{c\ sh}$ 而言，其 $F_1$ 为 $\frac{C\ Sh}{c\ sh}$。当 $F_1$ 进行减数分裂形成配子时，如果某一个孢母细胞内第 9 对染色体的交换发生在两个非姊妹染色单体的 $Cc$ 和 $Shsh$ 基因之外，则最后产生的全部配子是亲本型的（$\underline{C\ Sh}$ 和 $\underline{c\ sh}$）；如果另一个孢母细胞内，正好发生在两个非姊妹染色单体的 $Cc$ 和 $Shsh$ 基因之间，那么在最后产生的配子中，一半是亲本型（$\underline{C\ Sh}$ 和 $\underline{c\ sh}$），一半是重组型（$\underline{C\ sh}$ 和 $\underline{c\ Sh}$）。所以重组型配子是在连锁基因之间发生交换的结果。

重组型配子少于配子总数 50% 的原因是，即使 100% 的孢母细胞内，一对同源染色体之间的交换都发生在某两对连锁基因之间，最后产生的重组型配子也只能是配子总数的一

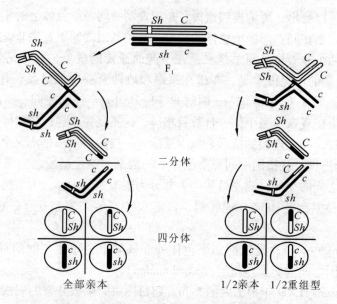

图 5-6 交换与重组型配子形成过程的示意

半,即 50%。但是这种情况是很难发生的,甚至是不可能发生的。通常的情况是在一部分孢母细胞内,一对同源染色体之间的交换发生在某两对连锁基因相连区段之内;而在另一部分孢母细胞内,该两对连锁基因相连区段之内不发生交换(图 5-7)。由于后者产生的配子全部是亲本型的,前者产生的配子一半是重组型的,所以,就整个 $F_1$ 植株来说,重组型配子自然就少于 50% 了。

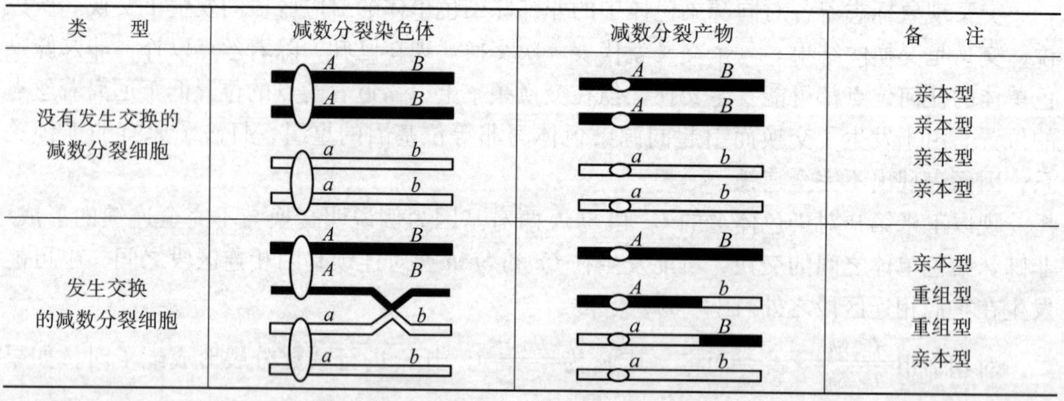

| 类型 | 减数分裂染色体 | 减数分裂产物 | 备注 |
|---|---|---|---|
| 没有发生交换的减数分裂细胞 | $A$ $B$<br>$A$ $B$<br>$a$ $b$<br>$a$ $b$ | $A$ $B$<br>$A$ $B$<br>$a$ $b$<br>$a$ $b$ | 亲本型<br>亲本型<br>亲本型<br>亲本型 |
| 发生交换的减数分裂细胞 | $A$ $B$<br>$A$ $B$<br>$a$ $b$<br>$a$ $b$ | $A$ $B$<br>$A$ $b$<br>$a$ $B$<br>$a$ $b$ | 亲本型<br>重组型<br>重组型<br>亲本型 |

图 5-7 染色体内重组及其减数分裂产物

## 5.2 交换值及其测定

### 5.2.1 交换值

交换值(crossing-over value),严格地讲是指同源染色体的非姊妹染色单体间有关基因的染色体片段发生交换的频率。就一个很短的交换染色体片段来说,交换值就等于交换型配子(重组型配子)占总配子数的百分率,即重组率(recombination frequency)。但在较大的染色体区段内,由于双交换或多交换常可发生,因而用重组率来估计的交换值往往偏低。一般来说,估算交换值用下列公式表示:

交换值(%) = (重组型配子数/总配子数) × 100%

应用该公式估算交换值,需要知道重组型配子数。测定重组型配子数的方法有测交法和自交法2种。

## 5.2.2 交换值的测定

### 5.2.2.1 测交法

用测交法测定交换值,是使杂种 $F_1$ 与隐性纯合体测交,然后根据测交后代的表现型种类和数目,来计算重组型和亲本型配子的数目。

现以玉米子粒颜色和形状这两对连锁基因为例,已知玉米子粒的有色($C$)对无色($c$)为显性,饱满($Sh$)对凹陷($sh$)为显性。以 $CCShSh$ 和 $ccshsh$ 杂交获得 $F_1$,然后用双隐性纯合体与 $F_1$ 测交,试验结果如下(图5-8):

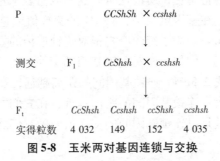

**图 5-8 玉米两对基因连锁与交换**

由测交结果可以求得:

重组型配子数 = 149 + 152 = 301

总配子数 = 4 032 + 149 + 152 + 4 035 = 8 368

交换值 = $\frac{301}{8\ 368} \times 100\% = 3.6\%$

### 5.2.2.2 自交法

由于有些植物进行测交比较困难,像小麦、水稻、豌豆及其他自花授粉作物。它们不仅去雄和授粉比较困难,而且进行一次授粉只能得到少量种子。因此,这一类作物在测定交换值时不利用测交,而最好利用自交结果。利用自交结果(即 $F_2$ 资料)估算交换值的方法很多,这里只介绍其中的一种。

利用 $F_2$ 试验数据估计重组频率较测交法复杂。连锁双因子杂合体会形成4种配子,但 $F_2$ 的表型上不符合9∶3∶3∶1的比例或不出现以9∶3∶3∶1为基础改变的分离比例。一个明显的现象就是与亲本表型相同的配子类型比较多,重组的类型比较少。

以前面香豌豆连锁遗传的相引组试验数据来说明估算交换值的具体方法。香豌豆的

$F_2$ 有 4 种表现型，可以推想它的 $F_1$ 能够形成 4 种配子，其基因组成为 $PL$、$Pl$、$pL$ 和 $pl$。假定各种配子的比例分别为 $a$、$b$、$c$、$d$，经过自交而组合起来的 $F_2$ 结果，是这些配子比例的平方即 $(aPL: bPl: cpL: dpl)^2$，其中 $ppll$ 的个体数是 $d$ 的平方，即 $d \times d = d^2$。反过来说，$ppll$ 的 $F_1$ 配子必然是 $pl$，其频率为 $d^2$ 的开方，即 $d$。本例 $F_2$ 表现型 $ppll$ 的个体数 1 338，为总数 6 952 的 19.2%，$F_1$ 配子 $pl$ 的频率为 $\sqrt{0.92} = 0.44$，即 44%。配子 $PL$ 同 $pl$ 的频率是相等的，也应为 44%，它们在相引组中都是亲本型配子。而重组型的配子 $Pl$ 和 $pL$ 各为 $(50-44)\% = 6\%$。于是 $F_1$ 形成 4 种配子的比例便为 $44PL: 6Pl: 6pL: 44pl$ 或 $0.44PL: 0.06Pl: 0.06pL: 0.44pl$。交换值是两种重组型配子数之和，那么交换值就为 $6\% + 6\% = 12\%$。

交换值的范围在 0～50% 之间。当交换值越接近 0 时，说明连锁强度越大，发生交换的孢母细胞数越少。当交换值越接近 50% 时，连锁强度越小，两个连锁的非等位基因之间发生交换的情况越多。交换值会因外界和内在条件的影响而发生变化。例如，性别、年龄、温度等条件对某些生物的交换值都会有所影响；染色体的部位不同、染色体发生畸变等也会影响交换值。因此，在测定交换值时总是以正常条件下生长的生物作为研究材料，并从大量资料中来求得比较准确的结果。尽管如此，交换值还是相对稳定的。

由于交换值具有相对的稳定性，所以通常以这个数值表示两个基因在同一染色体上的相对距离，或称遗传距离。在基因定位中，将 1% 的交换值或重组率定义为一个遗传图距单位（genetic map unit, m. u.）。为了纪念摩尔根对连锁遗传的发现，一个图距单位也称作一个厘摩（centimorgan, cM）。例如，两对连锁基因的交换值为 3.5%，就算它们染色体上相距 3.5 个遗传图距单位或 3.5cM。连锁基因间的距离越远，在它们之间发生交换的孢母细胞数越多，交换值就越大；连锁基因间的距离越近，在它们之间发生交换的孢母细胞数越少，交换值就越小。这就是以连锁基因间的交换值当做它们之间的距离的原因。

### 5.2.3 干扰和符合

根据概率的乘法定律，如果两个单交换的发生是彼此独立事件，那么双交换出现的理论值应该是：单交换 $a$ 的百分率 × 单交换 $b$ 的百分率。但是很多试验证明，一个单交换发生后，在它邻近再发生第二个单交换的机会就会减少，这种现象称为干扰（interference）。对于受到干扰的程度，通常用符合系数或称并发系数（coefficient of coincidence）来表示。

$$符合系数 = \frac{实际双交换值}{理论双交换值}$$

符合系数经常在 0～1 之间变动。当符合系数为 1 时，表示两个单交换是独立发生的，彼此完全没有受干扰。当符合系数为 0 时，表示有完全的干扰，即一点发生交换，其邻近一点就一定没有发生交换。

## 5.3 基因定位与连锁遗传图

### 5.3.1 基因定位

基因定位（gene mapping）是指根据重组值确定不同基因在染色体上的相对位置和排列

顺序的过程。连锁遗传图（chromosome map）是指依据基因之间的交换值（或重组值），确定连锁基因在染色体上的相对位置而绘制的一种简单线性示意图。图距（map distance）是指两个基因在染色体图上距离的数量单位。

基因定位的主要方法是两点测验法和三点测验法。

#### 5.3.1.1 两点测验法

两点测验法（two-point testcross）是基因定位中最基本的一种方法，它先通过杂交，获得所测性状的杂合基因型，然后用隐性亲本对杂合体进行测交来确定每两对性状是否属于连锁遗传，再根据交换值来确定它们在同一染色体上的位置。例如，为了确定 $Aa$、$Bb$、$Cc$ 3 对基因在染色体上的相对位置，可先对 $Aa$ 和 $Bb$ 进行杂交，$F_1$ 用 $aabb$ 测交，求得该两对基因的重组率以确定它们是否连锁和相对距离，并用同样的方法确定 $Bb$ 和 $Cc$ 以及 $Aa$ 和 $Cc$ 各两对基因的重组率和连锁关系。

如果通过这样 3 次试验，确定 $Aa$ 和 $Bb$ 间、$Bb$ 和 $Cc$ 间、$Aa$ 和 $Cc$ 间都是连锁的，于是就可以根据 3 个重组率（交换值）的大小，来确定这 3 对基因在染色体上的相对距离和排列次序。如果 $A$ 和 $B$ 的交换率是 5%，就说明 $AB$ 的遗传距离是 5 cM；$A$ 和 $C$ 的交换率是 7%，就说明 $AC$ 的遗传距离是 7 cM。但有了这两个数字还不能确定它们的排列次序，因为 $A$ 可能在 $B$ 和 $C$ 之间，也可能 $B$ 在 $A$ 和 $C$ 之间，因此必须测得 $B$ 和 $C$ 之间的交换率。如果 $B$ 和 $C$ 之间的交换率是 12%，则表明 $A$ 在 $B$ 和 $C$ 之间 [图 5-9（a）]，如果 $B$ 和 $C$ 之间的交换率是 2%，则表明 $B$ 在 $A$ 和 $C$ 之间 [图 5-9（b）]。这样经过 3 次两个基因间的测交，就可确定基因间的相对距离和排列顺序，这就是基因定位的两点测验法。

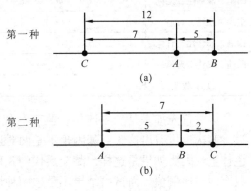

图 5-9　两点测验法

#### 5.3.1.2 三点测验法

三点测验法（three-point testcross）是基因定位比较简便和常用的方法，它是通过一次杂交和一次用隐性亲本测交，所得结果可确定 3 对基因在染色体上的位置。这种方法比两点测验估算的交换值更加准确，而且一次试验能同时确定 3 对连锁基因的位置。

现以玉米 $Cc$、$Shsh$ 和 $Wxwx$ 3 对基因为例，说明三点测验法的具体方法和步骤（图 5-10）。玉米饱满胚乳基因 $Sh$ 对凹陷基因 $sh$、非糯性胚乳基因 $Wx$ 对糯性基因 $wx$、糊粉层有色基因 $C$ 对无色基因 $c$ 为显性，这 3 对基因都位于玉米第 9 对染色体上。试验先把下列两亲本杂交，获得 $Shsh\ Wxwx\ Cc$ 的杂合体，然后 $F_1$ 再用隐性纯合子测交，根据所得结果计算交换值进行基因定位：

$$P \quad \text{凹陷、非糯性、有色} \times \text{饱满、糯性、无色}$$
$$shsh\ ++\ ++\quad ++\ wxwx\ cc$$
$$\downarrow$$
$$\text{测交}\quad F_1 \quad \text{饱满、非糯性、有色} \times \text{凹陷、糯性、无色}$$
$$+sh\ +wx\ +c\ \downarrow\ shsh\ wxwx\ cc$$

**图 5-10 玉米三点测验法亲代及子代遗传图**

根据表 5-1 中 8 种表现型及其子粒数来看，首先看出这 3 对基因不是独立遗传的，即不是分别位于非同源的 3 对染色体上。

**表 5-1 玉米三点测验的测定结果**

| 测交后代的表现型 | 据测交后代的表现型推知的 $F_1$ 配子种类 | 子粒数 | 交换类别 |
| --- | --- | --- | --- |
| 饱满、糯性、无色 | + wx c | 2 708 | 亲本型 |
| 凹陷、非糯性、有色 | sh + + | 2 538 | |
| 饱满、非糯性、无色 | + + c | 626 | 单交换 |
| 凹陷、糯性、有色 | sh wx + | 601 | |
| 凹陷、非糯性、无色 | sh + + | 113 | 单交换 |
| 饱满、糯性、有色 | + wx + | 116 | |
| 饱满、非糯性、有色 | + + + | 4 | 双交换 |
| 凹陷、糯性、无色 | sh wx c | 2 | |
| 总 数 | | 6 708 | |

因为首先如果是独立遗传，测交后代的 8 种表现型比例就应该相等，而现在相差甚远。其次也可看出这 3 对基因也不是两对连锁在一对同源染色体上，另一对位于另一对染色体上。因为如果是这样，测交后代的 8 种表现型就应该每 4 种表现型的比例一样，总共只有两类比例值。而试验结果不是这两种情况。现在 8 种表型的遗传比例是每 2 种一样，总共有 4 类不同的比例值，这正是 3 对基因连锁在一对同源染色体上的特征。

从表 5-1 的子粒数还可以看出，在测交子代的 8 种表现型中，可以区分出 2 种亲本型、4 种单交换型和 2 种双交换型。其中 2 种亲本型个体数应该是最多的，因双交换型一连发生两次单交换，其频率必然比单交换要低，所以双交换型应该是最少的。在本例中，测交后代群体内的饱满、糯性、无色和凹陷、非糯性、有色无疑是 $F_1$ 的两种亲本型配子（+wx c 和 sh + +）产生的后代。而双交换类型与亲本型相比，应只有一个性状有差别，而且控制该差别性状的基因应在另外两个基因的中间。饱满、非糯性、有色（+ + +）和凹陷、糯性、无色（sh wx c）两种配子，就应该是 $F_1$ 的双交换型配子，它们与亲本型配子相比，只有饱满与凹陷这对相对性状有差异。所以可以确定 3 个连锁基因在染色体上的位置是 sh 在 wx 和 c 两者之间。

由此可见，利用三点测验法时，首先要在 $F_1$ 中找出双交换类型（即个体数最少的），然后以亲本类型（即个体数最多的）为对照，在双交换型中与亲本型有差异的性状的控制基因就是三个连锁基因中在中间位置的基因，它们的排列顺序就被确定下来。

3 对基因在染色体上的顺序已经排定，就可以进一步估算交换值，以确定它们之间的距离。由于每个双交换都包括两个单交换,所以在估算两个单交换值时,应该分别加上双交换值,才能正确地反映实际发生的单交换频率。在本例中:

$$双交换值 = \frac{4+2}{6\ 708} \times 100\% = 0.09\%$$

$$wx-sh\ 间的单交换值 = \frac{601+626}{6\ 708} \times 100\% + 0.09\% = 18.4\%$$

$$sh-c\ 间的单交换值 = \frac{116+113}{6\ 708} \times 100\% + 0.09\% = 3.5\%$$

这样,3 对基因在染色体上的位置和距离可以确定如下(图 5-11):

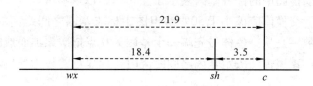

**图 5-11  三点测验法**

## 5.3.2  连锁遗传图(遗传图谱)

通过两点测验或三点测验,可以确定连锁基因间的相对距离与排列顺序,从而使各个基因的位置确定下来,绘制成图,即为连锁遗传图,又称为遗传图谱(genetic map)。存在于同一染色体上的基因群,称为连锁群(linkage group)。一种生物连锁群的数目与染色体

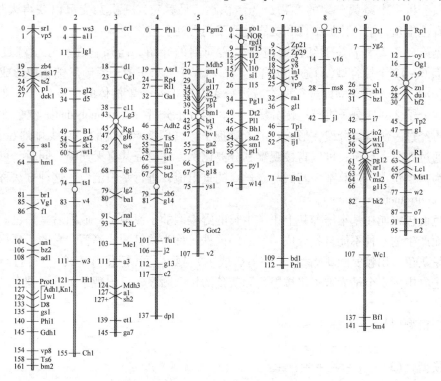

**图 5-12  玉米的连锁遗传图**(引自 Gardner,1991)

的对数是一致的。换句话说，有 n 对染色体就有 n 个连锁群。例如，雌果蝇的染色体对数是 $n=4$，所以有 4 个连锁群；玉米的染色体对数是 $n=10$，所以有 10 个连锁群；杨树的染色体对数是 $n=19$，所以有 19 个连锁群。如果因为现有资料积累的不多，还不足以把全部连锁群绘制出来，此时连锁群的数目会暂时少于染色体对数。连锁群的数目一般不会超过染色体的对数，但有些动物的成对性染色体可能有 2 个不同的连锁群。

绘制连锁遗传图时，要把最先端的基因点当做 0，依次向下排列。以后发现新的连锁基因，再补充定出位置。如果新发现的基因位置应在最先端基因的外端，那就应该把 0 点让位给新的基因，其余基因的位置作相应的变动。

现将玉米连锁遗传图中的部分基因表示于图 5-12，以供参考。

需要指出的是，交换值应该小于 50%，但图中标志基因之间距离的数字却有超过 50 的。这是因为这些数字是从染色体最先端一个基因为 0 点依次累加而成的。

因此，在应用连锁遗传图决定基因之间距离时，以靠近的较为准确。

## 5.4 真菌类的连锁遗传分析

一些真菌和单细胞水藻，它们的每一个减数分裂细胞会形成四分子，四分子都被包含在一个孢囊状结构中，可以很容易被分离出来，从而实现对每个减数分裂的产物进行分析研究。因此，真菌类非常有利于研究基因间的连锁交换现象。它们有如下一些特点：①子囊孢子是单倍体，没有像二倍体那样的显隐性复杂性，表型直接反映基因型；②一次只分析一个减数分裂的产物；③体积小，易养殖，一次杂交可以获得大量后代；④进行有性生殖，染色体的结构和功能类似于高等动、植物。

根据第 2 章 2.5 节关于红色面包霉生活周期的介绍。已知它在有性生殖过程中正(+)和负(-)2 个接合型($n$)通过接合受精，就在子囊果里的子囊菌丝细胞中形成二倍体的合子($2n$)。这个合子立即进行两次减数分裂，产生 4 个单倍体的子囊孢子，即称四分孢子或四分子。对四分子进行遗传分析，称为四分子分析(tetrad analysis)。红色面包霉的四分子再经过一次有丝分裂，形成 8 个子囊孢子，它们按严格的顺序直线排列在子囊里。因此，通过四分子分析，可以直接观察其分离比例，并验证其有无连锁。同时，可以将着丝点作为一个位点，估算某一基因与着丝点的重组值，进行基因定位，这种方法称为着丝点作图(centromere mapping)。

红色面包霉能在基本培养基上正常生长的野生型的子囊孢子，成熟后呈黑色。由于基因突变而产生的一种不能自我合成赖氨酸的菌株，称为赖氨酸缺陷型，它的子囊孢子成熟较迟，呈灰色。用赖氨酸缺陷型（记作 $lys^-$ 或 -）与野生型（记作 $lys^+$ 或 +）进行杂交，在杂种的子囊中的 8 个子囊孢子将按黑色和灰色的排列顺序，可出现下列 6 种排列方式或 6 种类型。

非交换型 (1) + + + + − − − −
　　　　　(2) − − − − + + + +
交换型　 (3) + + − − + + − −
　　　　　(4) − − + + − − + +

(5) + + - - - - + +
(6) - - + + + + - -

根据子囊中子囊孢子的排列顺序,可以推定(1)、(2)两种子囊类型中的等位基因 $lys^+/lys^-$ 是在减数分裂第一次分裂时分离的,属于第一次分裂分离(first division segregation),这说明同源染色体的非姊妹染色单体在着丝点与等位基因之间没有发生交换,故称为非交换型。在(3)、(4)、(5)、(6)4种子囊类型中的等位基因 $lys^+/lys^-$ 是在减数分裂第二次分裂时分离的,属于第二次分裂分离(second division segregation),这说明着丝点与等位基因之间发生了交换,故称为交换型。

由图5-13可见,上述的交换型(3)、(4)、(5)、(6)4种类型,都是由于着丝点与+/-等位基因间发生了交换,而且交换是在同源染色体的非姊妹染色单体间发生的,即发生在四线期。由此可知,在交换型的子囊中,每发生一个交换,一个子囊中就有半数孢子发生重组。因此,它的交换值可按下式估算:

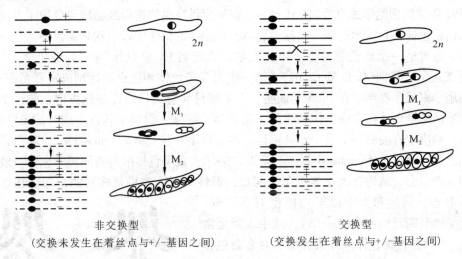

非交换型　　　　　　　　　　　交换型
(交换未发生在着丝点与+/-基因之间)　　(交换发生在着丝点与+/-基因之间)

**图 5-13　红色面包霉不同菌株杂交产生的非交换型和交换型的示意**

$$交换值 = \frac{交换型子囊数}{交换型子囊数 + 非交换型子囊数} \times 100\% \times \frac{1}{2}$$

例如,在试验观察结果中有9个子囊对 $lys^-$ 基因为非交换型,5个子囊对 $lys^-$ 基因为交换型,则:交换值 = $\frac{5}{9+5} \times 100\% \times \frac{1}{2} = 18\%$

所获得的交换值即表示 $lys^+/lys^-$ 与着丝点间的相对距离为18。

## 5.5　连锁遗传定律的应用

连锁遗传规律证实了控制性状遗传基因的载体是染色体。通过交换值的测定可以进一步确定基因在染色体上相互之间的距离和顺序,它们呈直线排列。这为遗传学的发展奠定了坚实的科学理论基础。

连锁基因重组类型的出现频率据交换值的大小而变化。因此,在杂交育种时,如果所涉及的基因具有连锁遗传的关系,安排工作就要考虑相应的连锁遗传规律。

杂交育种的目的在于,利用基因重组的方法综合亲本优良性状,育成新的优良品种。当基因连锁遗传时,人们想要的重组基因型的出现频率因交换值的大小而有很大差别。如果交换值大,重组型出现的频率高,获得理想个体类型的机会就大。反之,交换值小,获得理想个体类型的机会就小。因此,要想在杂交育种工作中得到足够的理想类型,就需要认真估计预测有关性状的连锁强度,以便安排规模合适的试验,得到足够的育种群体。

## 5.6 性别决定与性连锁

### 5.6.1 性染色体与性别决定

#### 5.6.1.1 性染色体

1891年德国细胞学家亨金(H. Henking)在半翅目昆虫的精母细胞减数分裂中发现了一种特殊的染色体。它实际上是一团异染色质,在一半的精子中带有这种染色质,另一半没有。当时他对这一团染色质的性质不太理解,就起名"X染色体"和"Y染色体"。直到1902年美国的麦克朗(C. E. McClung)才第一次把X染色体和昆虫的性别决定联系在一起。后来细胞学家威尔森终于在1905年证明,在半翅目和直翅目许多昆虫中,雌性个体具有两套普通的染色体即常染色体和两条X染色体。后来人们将生物许多成对的染色体中,直接与性别决定有关的一个或一对染色体,称为性染色体(sex chromosome);其余各对染色体则统称为常染色体(autosome),通常以A表示。常染色体的每对同源染色体一般都是同型的,即形态、结构和大小等都基本相似;但性染色体如果是成对的,却往往是异型的,即形态、结构和大小以至功能都有所不同。

例如,果蝇有四对染色体($2n=8$),其中3对是常染色体,1对是性染色体。雄果蝇除3对常染色体而外,有一大一小的1对性染色体,大的称为Y染色体,小的称为X染色体。雌果蝇除三对与雄性完全相同的常染色体外,另有1对X染色体。因此,雌果蝇的染色体为AA+XX;雄果蝇的为AA+XY(图5-14)。

图5-14 果蝇的常染色体和性染色体

#### 5.6.1.2 性别决定的几种类型

由性染色体决定雌雄性别的方式主要有以下2种类型。

**(1) XY型**

人类、所有哺乳类、某些两栖类和某些鱼类,以及很多昆虫和雌雄异株的植物等的性别决定都是XY型。这类生物在配子形成时,由于雄性个体是异配子性别(heterogametic sex),可产生含有X或Y的两种雄配子,而雌性个体是同配子性别(homogametic sex),只产生含有X的一种雌配子。因此,当雌雄配子结合受精时,含X的卵细胞与含X的精子结合形成的受精卵(XX),将发育成雌性;含X的卵细胞与含Y的精子结合形成的受精卵

(XY)，将发育成雄性。因而雌性和雄性的比例（简称性比）一般总是1∶1。

与XY型相似的还有XO型。它的雌性的性染色体为XX；雄性的性染色体只有一个X，而没有Y，不成对。其雄性个体产生含有X和不含X两种雄配子，故称为XO型。蝗虫、蟋蟀等属于这一类型。

**(2) ZW型**

家蚕、鸟类（包括鸡、鸭等）、蛾类、蝶类等属于这一类型。该类跟XY型恰好相反，雌性个体是异配子性别，即ZW，而雄性个体是同配子性别，即ZZ。在配子形成时，雌性个体产生含有Z或W的两种雌配子，而雄性只产生含有Z一种雄配子。故在它们结合受精时，所形成的雌雄性比同样是1∶1。

**(3) 其他**

高等动物的性别决定除上述两种类型以外，还有第三种情况，即取决于染色体的倍数；换言之，即与是否受精有关。例如，蜜蜂、蚂蚁等由正常受精卵发育的二倍体($2n$)为雌性；而由孤雌生殖而发育的单倍体($n$)则为雄性。

#### 5.6.1.3 性别决定的畸变

性别决定偶然会有一些畸变现象，通常是源于性染色体的增加或减少，引起性染色体与常染色体两者正常的平衡关系受到破坏。例如，雌果蝇的性染色体是2X，而常染色体的各对成员是2A，那么两者之比是X∶A=2∶2=1。但是，假如某个体的性染色体是1X，而常染色体的各对成员仍是2A，那么，两者之比是X∶A=1∶2=1/2=0.5，这样，该个体就可能发育成雄性；同样，如X∶A=3∶2=1.5，就可能发育成超雌性；如X∶A=1∶3=0.33，就可能发育成超雄性；如X∶A=2∶3=0.67，就可能发育成间性(inter sex)。果蝇的染色体组成与性别的关系列于表5-2。试验观察表明，超雌和超雄个体的生活力都很低，而且高度不育。间性个体总是不育的。

表5-2 果蝇染色体组成与性别的关系

| X | A | X/A | 性别类型 | X | A | X/A | 性别类型 |
|---|---|---|---|---|---|---|---|
| 3 | 2 | 1.5 | 超雌 | 3 | 4 | 0.75 | 间性 |
| 4 | 3 | 1.33 | 超雌 | 2 | 3 | 0.67 | 间性 |
| 4 | 4 | 1.0 | 雌(4倍体) | 1 | 2 | 0.5 | 雄 |
| 3 | 3 | 1.0 | 雌(3倍体) | 2 | 4 | 0.5 | 雄 |
| 2 | 2 | 1.0 | 雌(2倍体) | 1 | 3 | 0.33 | 超雄 |

人类中也有性别畸形现象，例如，有一种睾丸发育不全的克氏(Klinefelter)综合征患者，就是由于性染色体组成是XXY，多了一个X。还有一种卵巢发育不全的唐氏(Turner)综合征患者，就是由于性染色体组成是XO，少了一个X。

#### 5.6.1.4 植物性别的决定

植物的性别差异不像动物那样的明显。低等植物只在生理上表现出性的分化，而在表型上却有很小差别。种子植物虽有雌雄性的不同，但多数是雌雄同花、雌雄同株异花，但也有一些植物是雌雄异株的，如杨树、大麻、菠菜、蛇麻、番木瓜、石刁柏等。据研究，蛇麻是属于雌性 XX 型和雄性 XY 型，而菠菜、番木瓜、石刁柏等则未发现有性染色体的区别。玉米是雌雄同株异花植物。研究表明，玉米性别的决定是受基因的支配。例如，隐性突变基因 $ba$ 可使植株没有雌穗只有雄花序，另一个隐性突变基因 $ts$ 可使雄花序成为雌花序并能结实。因此，基因型不同，植株花序表现也不同。

### 5.6.1.5 环境对性别分化的影响

性别也是一种性状，是个体发育的结果，所以性别分化受染色体的控制，也受环境的影响。

例如，在鸡群中常会遇见母鸡叫鸣现象，即通常所指的"牝鸡司晨"现象。经过研究发现，原来生蛋的母鸡因患病或创伤而使卵巢退化或消失，促使精巢发育并分泌出雄性激素，从而表现出母鸡叫鸣的现象。在这里，激素起了决定性的作用。如果检查这只性别已经转变的母鸡的性染色体，它仍然是 ZW 型，并未发生变化。

又如蜜蜂孤雌生殖发育成为单倍体($n=16$)的雄蜂，受精卵发育成为二倍体($2n=32$)的雌蜂。雌蜂并非完全能育，其中只有在早期生长发育中获得蜂王浆营养较多的一个雌蜂才能成为蜂王，并且具产卵能力，其余都不能产卵。很明显，雌蜂能否产卵，营养条件起了重要的作用。

还有蛙和某些爬行类动物的性别分化与环境温度有关。在某些蛙中，如果蝌蚪在 20℃ 下发育，形成的幼蛙群体中性比正常，雌雄各半；如果蝌蚪在 30℃ 下发育，则全部发育成雄蛙。蜥蜴的卵在 26~27℃ 下孵化，成为雌性，在 29℃ 下孵化则为雄性。鳄鱼卵在 33℃ 下孵化全为雄性，在 31℃ 下孵化全为雌性，在这两种温度之间孵化，则雌雄各半。

植物的性别分化也受环境条件的影响。例如，雌雄同株异花的黄瓜在早期发育中施用较多氮肥，可以有效地提高雌花形成的数量。适当缩短光照时间，同样可以达到上述目的。又如，南瓜降低夜间温度，会使它的雌花数量增加。

综上所述，可以把性别决定问题概括为：①性别同其他性状一样，也受遗传物质的控制。有时环境条件可以影响甚至转变性别，但不会改变原来决定性别的遗传物质。②环境条件所以能够影响甚至转变性别，是以性别有向两性发育的自然性为前提条件的。③遗传物质在性别决定中的作用是多种多样的。有的是通过性染色体组成；有的是通过性染色体与常染色体两者之间的平衡关系；也有的是通过整套染色体的倍数性。其中以性染色体组成决定性别发育方向的较为普遍。

## 5.6.2 伴性遗传

日常生活中有很多遗传实例值得我们关注，比如，为什么父亲的血友病不会遗传给儿子只遗传女儿？为什么在印第安人群中毛耳缘性状只在男性之间遗传？这些遗传现象都是伴性遗传(sex-linked inheritance)，又称性连锁(sex linkage)，是指性染色体上的基因所控制的某些性状总是伴随性别而遗传的现象。

#### 5.6.2.1 果蝇的伴性遗传

摩尔根发现黑腹果蝇是一种十分有利的遗传学研究材料。1909年他从培养的黑腹果蝇群体中，突然发现了第一个白眼果蝇。他牢牢地抓住这个"例外"，用它做了一系列巧妙的实验。

首先，摩尔根将这只白眼雄果蝇和红眼正常雌果蝇杂交，$F_1$都是红眼，可见红眼是显性基因。特别引人注意的是：在$F_2$群体中，所有白眼果蝇都是雄性而无雌性，这说明白眼这个性状的遗传是与雄性相联系的。从这个试验结果也可看出，雄果蝇的眼色性状是通过$F_1$代雌蝇传给$F_2$代雄蝇的，它同X染色体的遗传方式相似。于是，摩尔根等就提出了假设：果蝇的白眼基因($w$)在X性染色体上，而Y染色体上不含有它的等位基因。这样上述遗传现象就得到了合理的解释（图5-15）。

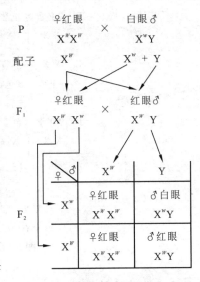

图5-15 果蝇白眼性状的连锁遗传

其次，为了验证这一假设的正确性，摩尔根等又用上述实验的那只白眼雄果蝇跟它的$F_1$红眼女儿交配（测交），结果产生了典型的测交比例：1/4红眼雌蝇、1/4红眼雄蝇、1/4白眼雌蝇和1/4白眼雄蝇。这表明$F_1$红眼果蝇的基因型是$X^W X^w$（图5-16），因此说明其假设是正确的。

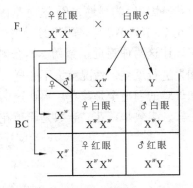

图5-16 $F_1$红眼果蝇(♀)与白眼果蝇(♂)的测交

#### 5.6.2.2 人类的伴性遗传

伴性遗传在人类中也是常见的，如色盲、A型血友病等就表现为性连锁遗传。

现以色盲病为例来说明。人类色盲有许多类型，最常见的是红绿色盲。对色盲家族系谱的调查结果表明，男性色盲病患者比女性多，而且一般是由男性通过他的女儿遗传给他的外孙。可见色盲遗传与上述果蝇眼色遗传是相类似的。已知控制色盲的基因是隐性基因$c$，位于X染色体上，而Y染色体上不携带它的等位基因。因此，女性在$X^C X^c$杂合条件下虽有隐性色盲基因，但不表现色盲；只有在$X^c X^c$隐性纯合条件下才表现为色盲。男性只有一条X染色体，且Y染色体上不携带对应的基因，所以当X染色体上携带$C$时就表现正常，一旦携带$c$时就表现色盲，所以男性比较容易患色盲病。所以可以推测出，如果母亲患色盲($X^c X^c$)而父亲正常($X^C Y$)，其儿子必患色盲，而女儿表现正常。这样子代与其亲代在性别和性状出现相反表现的现象，称为交叉遗传(criss-cross inheritance)。如果父亲患色盲($X^c Y$)，而母亲正常($X^C X^C$)，则其子女都表现正常。如果父亲患色盲而母亲又有杂合的色盲基因，其子和女的半数都患色盲；有些时候父母都表现正常，但其儿子的半数可能患色盲，这是因为母亲有潜在色盲基因的缘故。上述 4 种伴性遗传的情况如图 5-17 所示。

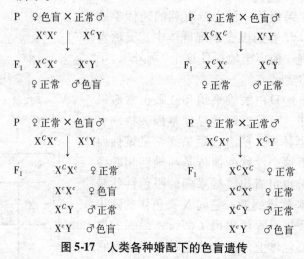

图 5-17 人类各种婚配下的色盲遗传

### 5.6.2.3 鸡的伴性遗传

芦花鸡羽毛呈黑白相间的芦花条纹状，它的毛色遗传也是性连锁。芦花基因($B$)对非芦花基因($b$)为显性，$Bb$ 这对基因位于 Z 染色体上，W 染色体上不含有其等位基因。以芦花母鸡($Z^BW$)与非芦花的公鸡($Z^bZ^b$)杂交，$F_1$ 公鸡的羽毛全是芦花，而母鸡全是非芦花。让这两种鸡近亲繁殖，$F_2$ 公鸡和母鸡中各有半数是芦花，半数是非芦花(图 5-18)。如果进行反交，情况就大不一样。以非芦花母鸡($Z^bW$)与芦花公鸡($Z^BZ^B$)杂交，$F_1$ 公鸡和母鸡的羽毛全是芦花。再让这两种芦花鸡近亲繁殖，$F_2$ 的公鸡全是芦花，母鸡同正交的一样，半数是芦花，半数是非芦花。

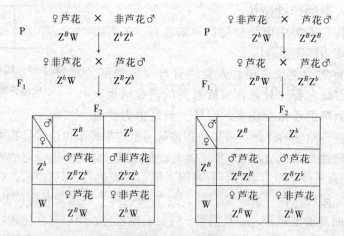

图 5-18 鸡的芦花条纹的遗传

## 5.6.3 从性遗传与限性遗传

从性遗传(sex-controlled inheritance)或称性影响遗传(sex-influenced inheritance)，是

指不含于 X 及 Y 染色体上基因所控制的性状，而因为内分泌及其他关系使某些性状或只出现于雌雄一方；或在一方为显性，另一方为隐性的现象。例如，羊的有角无角因品种不同而有 3 种特征，第一种是雌雄都无角，第二种是雌雄都有角，第三种是雌无角而雄有角。如以前两种交配，其 $F_1$ 雌性无角，而雄性有角。反交的结果和正交的完全相同。

限性遗传(sex-limited inheritance)，是指位于 Y 染色体(XY 型)或 W 染色体(ZW 型)上的基因所控制的遗传性状只局限于雄性或雌性上表现的现象。

限性遗传与伴性遗传不同，仅只限于其中一种性别上表现，而伴性遗传则可在雄性也可在雌性上表现，只是表现频率有所差别。限性遗传的性状多与性激素的种类、存在与否有关。例如，哺乳动物的雌性有发达的乳房，某种甲虫的雄性有角，等等。

性连锁遗传的理论对我国农业经济具有重要的实践意义。家养动物常因雌雄性别不同而表现很大差别的利用价值，畜牧业需要雌畜、雌禽，养蚕业需要雄蚕。如果能够有效地控制或在生育早期鉴别出它们的性别，这对生产将会带来很大便利。例如，为了鉴别小鸡的性别，可以利用芦花雌鸡跟非芦花雄鸡交配，在后代孵化的小鸡中凡属芦花羽毛的都是雄鸡，而非芦花羽毛的全是雌鸡，这样就能快速而准确地区分出鸡的雌雄来。

### 思考题

1. 试述连锁遗传与独立遗传的表现特征及其细胞学基础。
2. 试述交换值、连锁强度和基因之间距离三者的关系。
3. 在大麦中，带壳($N$)对裸粒($n$)、散穗($L$)对密穗($l$)为显性。今以带壳、散穗与裸粒、密穗的纯种杂交，$F_1$ 表现如何？让 $F_1$ 与双隐性纯合体测交，其后代为：带壳、散穗 201 株，裸粒、散穗 18 株，带壳、密穗 20 株，裸粒、密穗 203 株。
试问，这两对基因是否连锁？交换值是多少？要使 $F_2$ 出现纯合的裸粒散穗 20 株，至少应种多少株？
4. $a$、$b$、$c$ 三个基因都位于同一染色体上，让其杂合体与纯隐性亲本测交，得到下列结果：

| | |
|---|---:|
| + + + | 74 |
| + + c | 382 |
| + b + | 3 |
| + b c | 98 |
| a + + | 106 |
| a + c | 5 |
| a b + | 364 |
| a b c | 66 |

试求这三个基因排列的顺序、距离和符合系数。
5. 连锁遗传定律对林木育种工作有何指导意义？
6. 何谓性别决定？何谓性别分化？
7. 动物性别决定理论有哪些？你认为性别决定的实质是什么？
8. 简述环境对性别分化的影响。
9. 何谓伴性遗传、限性遗传和从性遗传？人类有哪些性状是伴性遗传的？

## 主要参考文献

朱之悌. 1990. 林木遗传学基础[M]. 北京：中国林业出版社.
浙江农业大学. 1989. 遗传学[M]. 2版. 北京：中国农业出版社.
刘庆昌. 2007. 遗传学[M]. 北京：科学出版社.
王亚馥. 1999. 遗传学[M]. 北京：高等教育出版社.
刘祖洞. 1990. 遗传学[M]. 2版. 北京：高等教育出版社.
周希澄, 等. 1989. 遗传学[M]. 2版. 北京：高等教育出版社.
LANG G H. 1991. 植物遗传学[M]. 顾铭洪，黄铁城，等译. 北京：北京农业大学出版社.
GARDNER E J, et al. 1991. Principles of Genetics[M]. 8$^{th}$ ed. New York：John Wiley & Sons, Inc.
GOODENOUGH U. 1984. Genetics[M]. 3$^{th}$ ed. Washington：Saunders College Publishing.
PAI A C, Roberts H M. 1981. Genetics, Its Concepts and Implications[M]. New Jersey：Prentice Hall International Inc.
RUSSELL P J. 1990. Essential Genetics[M]. 2$^{nd}$ ed. London：Blackwell Scientific Publications.
SUZUKI D T, et al. 1981. An Introduction to Genetic Analysis[M]. 2$^{nd}$ ed. New York：W. H. Freeman and Company.
WILLIAM S K, MICHAEL R C. 2000. Concepts of Genetics [M]. 6$^{th}$ ed. New Jersey：Prentice Hall International Inc.

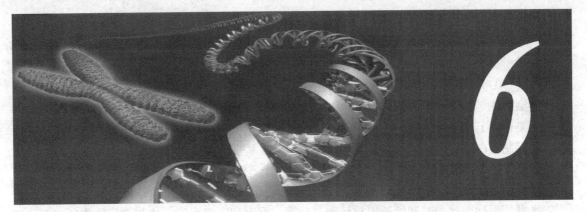

# 基因与基因突变

如果生物体的遗传物质世代精确传递而不发生任何变化，那么终将不适应不断变化的环境而逐渐灭绝。遗传变异是生物进化的源泉，包括基因重组、基因突变和染色体结构变异。孟德尔遗传以及连锁遗传中论述的可遗传变异均是由于基因重组和互作的结果，而不是基因本身发生了质的变化，基因突变则是指基因内部发生了化学性质的改变而产生变异。本章首先介绍了基因的概念和基因表达调控的途径，然后主要介绍了基因突变的一般特征、不同类型突变的分子基础、突变发生的机制、生物矫正错误（突变修复）的途径和转座因子的特点与应用等。

## 6.1 基因

### 6.1.1 基因的概念

**(1) 古典的基因概念**

基因是生物遗传的物质基础，也是遗传学的基础。长期以来，人们对基因概念的认识经历了一系列的发展过程。孟德尔认为生物性状的遗传是由一种称为遗传因子的颗粒所控制的，控制性状的遗传因子可以从亲代遗传给子代。1909 年，丹麦学者约翰逊提出"基因"（来源于达尔文的"泛生论"——Pangenesis）一词，代替了孟德尔的遗传因子。这个时期的基因概念被称为古典的基因概念，基因并不代表

> 基因是遗传学的中心，是遗传学的基本概念，所有的生物学性状都通过基因得以体现，因此，基因是整个生物学的核心。从孟德尔发现遗传因子至当今的基因组时代，基因的概念的演化就是遗传学发展的缩影。生物体各个细胞的 DNA 是相同的，纷繁复杂的性状是通过基因表达调控来实现的，基因调控机制决定基因表达的时空特性和表达量从而决定性状的表现。

物质实体，而只是一个假设的遗传单元。

1903年，萨顿和鲍维里首先发现了遗传过程中染色体与遗传因子行为的平行性，推测染色体是遗传因子的载体。从1910年起，摩尔根等通过果蝇杂交实验表明基因确实位于染色体上且直线排列，并在1926年发表"基因论"。他认为"基因首先是一个功能单位，能控制蛋白质的合成，从而控制性状发育；其次是一个突变单位，在一定条件下野生型基因能发生突变而表现为变异；最后，基因是一个重组单位，两个基因可通过重组产生与亲本不同的新类型，基因在染色体上按一定顺序、间隔一定距离线性排列，各自占有一定的区域。"因此，这个时期的基因被认为是功能、重组和突变三位一体的遗传单位。

**（2）新古典的基因概念**

斯特蒂文特（A. H. Sturtevent）等人研究果蝇棒眼突变时发现了基因的位置效应，表明性状表现不仅取决于单个基因，而是一段染色体。在后来的果蝇等多种生物研究中发现，根据表型标准被认为是一对突变的等位基因还可以发生重组而产生野生型表型。表现型上功能相似而位置十分接近的基因称为拟等位基因（Pseudoallele），拟等位基因的发现对"三位一体"的概念提出了质疑。

早在1902年，英国医生加罗德（Archibald Garrod）研究人类的一种疾病——黑尿酸症时就注意到基因和酶的关系。1941年，比德尔和泰特姆以红色面包霉为材料，证明基因的作用是通过控制一种特定酶的产生，后来进一步把他们的发现总结为"一个基因，一种酶"的假说，认为基因是通过酶的作用来控制性状发育的，从而把基因和性状在生物化学的基础上联系了起来，为基因功能研究提供了生化研究的新途径，标志着生化遗传学的兴起。

格里菲斯和艾弗里等多代人通过努力证实了DNA是主要的遗传物质，并在1953年由沃森和克里克提出了DNA双螺旋结构模型，揭示了基因的化学本质。1957年，本泽尔用大肠杆菌T4噬菌体作为材料，分析了基因内部的精细结构，提出了顺反子（cistron）概念。本泽尔发现在一个基因内部的许多位点上可以发生突变，并且基因内部的位点之间还可以发生交换，从而说明一个基因是一个遗传功能单位，打破了传统的"三位一体"基因概念。根据顺反子学说，通过顺反测验而发现的遗传功能单位被称为顺反子，实际上就是一个基因。在顺反子DNA片段内含有许多突变位点，称为突变子（muton），即可以产生变异的最小单位。顺反子内部不同位点之间可以发生交换，因此一个基因内含有多个重组单位，称为重组子（recon），即不能由重组分开的最小单位。显然，突变子和重组子理论上都可以最小到一个核苷酸对。本泽尔把基因（顺反子）定义为遗传上的一个不可分割的功能单位。从"一个基因，一种酶"的假说发展为"一个顺反子，一种多肽链"的假说。

**（3）基因的分子概念**

1961年，法国遗传学家雅各布和莫诺提出了乳糖操纵子模型。他们发现结构基因还受另外两个开关基因——操纵基因与启动基因的调控，操纵子模型丰富了基因的概念，证实基因的产物可能是蛋白质，也可能是RNA。

遗传密码的破译把核酸密码和蛋白质合成联系起来，经典分子生物学的基因概念形成：基因是编码一条多肽链或功能RNA所必需的核苷酸序列。其中，编码多肽链的基因被称为结构基因或蛋白编码基因。

一直以来，人们认为基因都是以一个连续的片段来转录生成一个连续的 RNA 并最终翻译成蛋白质的。然而，后来研究发现并不是所有的基因都是连贯的。罗伯茨（R. J. Roberts）和夏普（P. A. Sharp）于 1977 年分别在腺病毒中发现了基因断裂现象并提出了断裂基因（splitting gene）的概念。一个基因往往被一个或多个若干长度碱基对的插入序列（内含子）所间隔并由这些被隔开的片段（外显子）组成，这样的基因称为断裂基因。在真核细胞中断裂基因具有普遍性，断裂基因在原核细胞中也有发现。断裂基因的发现打破了基因是一段连续 DNA 片段的概念。选择性剪接（alternative splicing）的发现也打破了一个基因一种多肽的假说，一个基因可能编码几种不同的多肽。

**(4) 基因概念的发展**

重叠基因　传统的基因概念认为基因是相互隔开的单个实体，可是，1973 年韦纳（Weiner）等在研究大肠杆菌的 Qβ 病毒时，发现有两个基因编码蛋白质时是从同一个起点开始的，只不过终止点不同，因此编码分子量大的蛋白质基因包含了分子量小的蛋白质基因的序列。两个基因共有一段重叠的核苷酸序列，则称重叠基因（overlapping gene）。后来，又在多种生物上发现重叠基因的现象，最近大规模的转录谱研究更是发现了大量的重叠的转录物（transcripts）。

跳跃基因　麦克琳托克（B. McClintock）最先在玉米中发现某些遗传因子是可以转移位置的，后来证实某些成分位置的可移动性是一个普遍现象，并将这些可移动位置的成分称为跳跃基因（jumping gene）或转座因子（transposable elements）。

假基因　20 世纪 70 年代后期，研究者在定位几个基因的染色体位置时发现，他们找到的 DNA 序列和功能基因具有很高的相似性，但是都含有各种各样的变异，导致其不能表达，这些序列被称为假基因（pseudogene）。原来一直认为假基因功能已经丢失，只是"蛋白化石"，但近来发现有些假基因可能具有一定的功能。

近来，基因组计划后发现蛋白质编码基因仅占基因组很小的一部分，人们把更多目光投向 RNA 转录本（RNA transcript）。研究者们通过转录组研究（transcriptome）还发现，结构基因的编码序列可能结合来自相距数百数千个碱基的外显子，其中跨过了数个基因。此外，关于增强子等调控序列是否属于基因也还存在着争论。随着分子生物学、遗传学和基因组学等学科的不断发展，人们对基因的本质必将有进一步的认识，基因的概念也将不断地更新和发展。

## 6.1.2　基因的表达调控

基因表达（gene expression）是指基因通过转录和翻译而产生其蛋白质产物，或经转录直接产生 RNA 产物，如 tRNA、rRNA、mRNA 等。无论原核细胞还是真核细胞，它们的一切生命活动都与基因表达调控相关，都是特定的基因表达的结果。基因表达调控涉及中心法则中遗传信息流动的各个层次，包括转录前、转录水平、转录后、翻译水平、翻译后调控等，通过这些调控，精确地确定哪些基因表达、在何时表达、在何处表达和表达的量的多少。

基因表达调控可以分为正调控和负调控两种。正调控是指存在于细胞中的诱导物激活基因转录的过程。诱导物与调节蛋白结合形成复合物，与 DNA 序列以及 RNA 聚合酶相互作用，激活基因转录的起始。负调控与正调控相反，负调控是阻遏蛋白与 DNA 序列上的特异位点结合阻止转录的进行，或者是与 mRNA 序列结合阻止翻译的进行。无论是正调控还是负调控，都分为诱导和阻遏两种途径，诱导的过程是诱导物与阻遏蛋白结合使阻遏蛋白失活或者与无活性诱导蛋白结合使其获得活性；而阻遏的过程是辅阻遏物与阻遏蛋白结合使其获得活性或者与诱导物结合使其失活。正负调控和诱导阻遏的过程如图 6-1 所示。在原核生物中基因表达以负调控为主，而真核生物中基因表达以正调控为主。

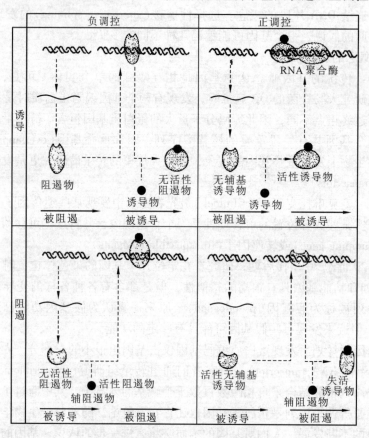

图 6-1　基因表达的正调控和负调控

基因表达的调控涉及蛋白质和 DNA 的相互作用，其中的 DNA 元件称为顺式作用元件（cis-elements），与 DNA 相互作用的蛋白质因子称为反式作用因子（trans-acting factor）。顺式作用元件指位于基因的旁侧序列或内含子等位置起调控作用的 DNA 序列，通常不编码蛋白质。通过基因编码的产物即蛋白质或 RNA（tRNA、rRNA 等）结合到靶位点上控制转录过程而调控另一个基因表达的过程，称为反式作用（trans-acting）。这些起作用的基因编码的产物即蛋白质或 RNA 则为反式作用因子。

#### 6.1.2.1　原核生物基因表达的调控

原核生物是单细胞生物，没有核膜和明显的核结构。原核生物基因表达的调控主要发生在转录水平，这样可以最有效且最为经济地从基因表达的第一步加以控制。转录调控以操纵子(operon)为单位,如大肠杆菌乳糖操纵子、色氨酸操纵子等。

若干功能上相关的结构基因在染色体上串联排列,由一个共同的控制区来操纵这些基因的转录,包含这些结构基因和控制区的整个核苷酸序列称为操纵子。操纵子是原核生物中基因表达的调节单位,它是包括结构基因、操纵基因、启动子的完整的调控系统。操纵子的活性由调节基因控制,调节基因的产物可以与操纵基因上的顺式作用元件结合,调节基因表达。

乳糖操纵子(Lac operon) 大肠杆菌可以利用乳糖作为碳源,通过β-半乳糖苷酶的催化生成半乳糖和葡萄糖。但是在试验研究中发现,在只含有葡萄糖的培养基中,β-半乳糖苷酶分子极少;当培养基中只含有乳糖时,大肠杆菌可以生成β-半乳糖苷酶分解利用乳糖;当培养基中同时含有乳糖和葡萄糖时,β-半乳糖苷酶分子又会降低到极低的水平,这说明当乳糖和葡萄糖同时存在时,大肠杆菌会优先利用葡萄糖。大肠杆菌乳糖代谢的这些特点是通过乳糖操纵子调控的。

乳糖操纵子有 3 个结构基因 *lac*Z、*lac*Y、*lac*A,分别编码 β-半乳糖苷酶、β-半乳糖苷透性酶和 β-半乳糖苷乙酰转移酶,其中前两种酶是大肠杆菌利用乳糖所不可缺少的。在结构基因上游有 2 个顺式作用元件,启动子(*P*)和操纵基因(*O*),它们与 3 个结构基因共同组成完整的操纵子。在操纵子的上游有 1 个调节基因(*lac*I),它的产物是可溶性蛋白质,可以与 DNA 序列结合,是典型的反式作用因子。

乳糖操纵子的负调控 *lac*I 基因编码一种阻遏蛋白,它有两个结合位点:一个可以结合诱导物即乳糖,另一个可以结合操纵基因 *O*。当培养基中缺乏乳糖时,阻遏蛋白总是结合在操纵基因 *O* 上,阻止 RNA 聚合酶起始转录结构基因,因此不能合成 β-半乳糖苷酶,只能利用培养基中的葡萄糖作为碳源。而当培养基中含有乳糖而不含葡萄糖时,乳糖作为诱导物可以与阻遏蛋白结合,改变阻遏蛋白的空间构象,使其从操纵基因 *O* 上脱落下来,这样 RNA 聚合酶就可以起始 3 个结构基因的转录,产生乳糖代谢酶(图6-2)。

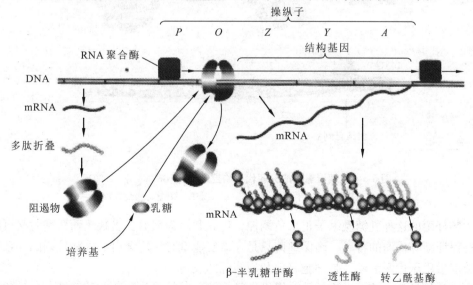

**图 6-2 乳糖操纵子的结构**(引自 Griffiths 等,2009)

**乳糖操纵子的正调控** 乳糖操纵子的负调控机制解释了大肠杆菌在葡萄糖缺乏而乳糖存在时可以产生乳糖代谢酶的原因。如果乳糖操纵子只存在上述的负调控的话，那么葡萄糖和乳糖同时存在时，大肠杆菌应该也会产生大量的乳糖代谢酶，但事实并非如此，这又是为什么呢？事实上，只要当葡萄糖存在时，大肠杆菌就不能产生乳糖代谢酶，这是由于乳糖操纵子调控过程中还存在另一种蛋白因子，这种蛋白因子的活性与葡萄糖有关，对乳糖操纵子起正调控作用。

研究表明，葡萄糖可以抑制腺苷酸环化酶活性，在缺乏葡萄糖时，腺苷酸环化酶催化 ATP 生成 cAMP，cAMP 可以与代谢激活蛋白 CAP 结合形成 cAMP-CAP 复合物，此复合物是乳糖操纵子的正调控因子，它的二聚体可以结合在 *lac* 启动子区域的特异序列上，改变启动子 DNA 构型，使 RNA 聚合酶和启动子 DNA 更加牢固地结合，提高转录效率。当有葡萄糖存在时，不能产生 cAMP，也不能形成 cAMP-CAP 复合物，即使在乳糖存在的情况下，RNA 聚合酶也不能与启动子有效地结合，基因不能表达。因此，只有当细胞中既有乳糖与阻遏蛋白结合，又有 cAMP-CAP 复合物与启动子结合时，转录效率最高（图 6-3）。

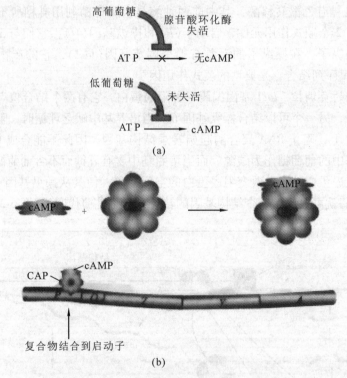

**图 6-3 乳糖操纵子的分解代谢物控制**（引自 Griffiths 等，2009）
（a）葡萄糖浓度水平调节 cAMP （b）cAMP-CAP 复合物激活转录

大肠杆菌的这种乳糖操纵子正、负调控，优先利用葡萄糖，当缺乏葡萄糖时又可以利用乳糖保证新陈代谢的特点，确保细菌只是在需要能量时，才会启动乳糖代谢的一系列酶来释放能量用于代谢活动，是细胞有效利用能源的表现。

**色氨酸操纵子** 前面讨论的乳糖操纵子是有关分解代谢基因活性的调控，色氨酸操纵子控制的是合成代谢酶基因,最终的产物是色氨酸。色氨酸操纵子有5个编码相关酶的结构基因,分别为 trpE、trpD、trpC、trpB、trpA,其5′端是启动子、操纵基因和前导序列(lead sequence)区域。

乳糖操纵子中阻遏蛋白与诱导物(乳糖)结合后就不再与操纵基因结合,从而RNA聚合酶与启动子结合起始基因转录,这种调节途径称为可诱导系统(inducible system)。而色氨酸操纵子不同,它的阻遏物需要与色氨酸结合形成复合物后才能与操纵基因结合,单独的阻遏物是无法结合操纵基因的。色氨酸操纵子的阻遏物是由距离其较远的 trpR 基因编码的,称为无辅基阻遏物;色氨酸称为辅阻遏物,像这种基因转录可以被阻遏物所阻遏的途径称为可阻遏系统(repressible system)。

当细胞中色氨酸不足时,无辅基阻遏物不会与操纵基因结合,转录可以顺利进行;当细胞中色氨酸浓度高时,部分色氨酸分子就可以与无辅基阻遏物结合形成复合物,结合到操纵基因序列上,阻碍转录的进行。色氨酸操纵子基因表达水平由色氨酸的含量水平决定,这种由代谢反应的终产物对反应的抑制作用称为反馈抑制(feedback suppression)。这种机制可以保证在细胞环境中色氨酸含量丰富时不至于浪费能量去合成更多的色氨酸,是生物长期进化过程中形成的经济原则(图6-4)。

色氨酸操纵子阻遏物的阻遏能力比较低,因此还需要其他的调控机制来调节色氨酸的合成途径,这种机制就是衰减作用(attenuation)。

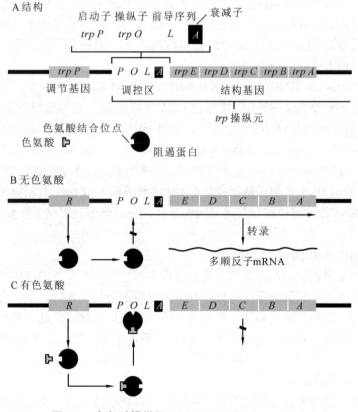

图6-4 色氨酸操纵子(引自 Klug 和 Cummings,2002)

**衰减作用** 色氨酸操纵子在结构基因与操纵基因之间有一段长 160bp 的序列,称为前导序列,其中含有的元件称为衰减子(attenuator),通过衰减子的作用可以使 mRNA 的转录速率下降。根据前面讨论的色氨酸操纵子的阻遏调控机制,当没有阻遏物与操纵基因结合时,RNA 聚合酶就能够启动转录,但实际上,色氨酸操纵子 mRNA 常常在转录进入第一个结构基因 trpE 之前就终止了,其原因就是衰减子的衰减作用。

前导序列可以编码 14 个氨基酸的前导肽,其中含有两个相邻的色氨酸残基。在大肠杆菌中,翻译与转录是偶联的,RNA 聚合酶一旦转录出 mRNA,核糖体就会开始翻译。当细胞中有大量色氨酸时,Trp-tRNA 供应充足,核糖体顺利通过两个连续的色氨酸密码子区而翻译出前导肽,影响 mRNA 的结构导致茎环形成,RNA 聚合酶不通过而终止转录。而当细胞中色氨酸处于低水平时,Trp-tRNA 的浓度相应也较低,核糖体在两个连续的色氨酸密码子区的翻译速度较慢,而不影响 RNA 聚合酶前进转录继续进行,并最终产生色氨酸合成代谢酶。因此,衰减子是一个转录暂停信号,而衰减作用是以翻译手段调控着基因的转录。

除了色氨酸操纵子外,还有其他一些合成酶操纵子也具有类似的衰减机制,如组氨酸操纵子、苯丙氨酸操纵子等。操纵子的衰减作用在阻遏物调控效率较低的情况下可以更有效地调节基因表达,反应快速而灵敏,两种方式协同控制基因表达,具有重要的生物意义。

一般来说,原核生物的基因表达调控主要集中在转录水平,这样符合生物界的经济原则。但是在转录之后,在翻译水平上也增添一些调节可以作为转录调节的补充。翻译调节主要有阻遏蛋白结合到 mRNA 上或者结合到核糖体上,阻碍翻译的进行。另外,mRNA 的寿命和二级结构也可以影响翻译的进行。

反义 RNA(antisense RNA)是一种能与 mRNA 互补的 RNA 分子。反义 RNA 调控的方式主要有多种:一种是反义 RNA 直接与靶 RNA 序列配对,这种配对可能是在 mRNA 的 SD 序列或者编码区形成 RNA-RNA 二聚体,使得 mRNA 与核糖体不能结合而阻断翻译过程;也可能与 mRNA5′端配对,阻碍 mRNA 的完整转录;反义 RNA 与靶 RNA 结合后,可能改变了靶 RNA 的构象致使其不能正常翻译;此外,反义 RNA 可能与 DNA 复制时的引物 RNA 结合而抑制 DNA 复制,从而控制着 DNA(如质粒 ColE1)的复制频率。

利用反义 RNA 技术可以抑制特定基因的表达,为基础研究提供了重要的工具。

#### 6.1.2.2 真核生物基因表达的调控

真核生物的基因表达调控比原核生物复杂得多,它们具有真正的细胞核,其基因的转录和翻译分别在细胞核和细胞质中进行。真核生物特别是高等生物,不仅是由多细胞构成的,而且还具有组织和器官的分化,存在着个体的生长和发育,因此,真核生物的基因表达调控可以分为更多的层次,包括染色质水平、DNA 水平、转录水平和翻译水平等层次的调控。

**(1)染色质水平的调控**

**异染色质化** 真核生物基因组与蛋白质结合,以核小体为基本单位形成染色质结构存在于细胞核中。真核生物这种独特的结构使得基因的转录需要以染色质的结构变化为前提。基因转录前,染色质会在特定的区域解螺旋而变得疏松。当一个基因处于活跃转录状态时,含有这个基因的染色质区域中蛋白质和 DNA 的结构也会变得松散,使得 DNA 酶 I 更易于接触染色质,此时转录区域的 DNA 对 DNA 酶 I 的敏感性要比非转录区域高得多。具有转录活性的染色质区域有一个中心区域对 DNA 酶 I 高度敏感,当用极低浓度的 DNA 酶 I 处理染色质时,DNA 在这些少数的特异位点被切开,称为超敏感位点。超敏感位点通常位于 5′端启动子区域,一般长 100~200bp,在此区域不存在核小体,此时的 DNA 易于和反式作用因子结合,利于基因的转录。基因的活跃转录是在常染色质上进行的,在一定的发育时期和生理条件下,某些特定的细胞中的染色质会凝聚变成异染色质。异染色质区域的基因没有转录活性,这也是真核生物基因表达调控的一种途径。例如,哺乳动物细胞中的某些物质能够使 X 染色体中的一条异染色质化,只有一条染色体具有转录活性,这就使得雌雄动物之间能够保持等量的基因产物,这个过程称为剂量补偿(dosage compensation)。

蛋白质修饰　真核细胞的 DNA 与组蛋白和非组蛋白结合,每个组蛋白的 N 末端都有丰富的赖氨酸和精氨酸,这些碱性氨基酸和 DNA 的磷酸基团之间存在着相互作用,保证染色质的结构。当组蛋白与 DNA 结合时,染色质并不能被转录,因此,组蛋白可以看作基因转录的抑制物。核小体核心组蛋白上某氨基酸可被共价修饰,包括甲基化、乙酰化、磷酸化和泛素化等,其中最主要的是赖氨酸残基上的氨基乙酰化,它使得核小体聚合能力受阻,DNA 易于从核小体上脱离,有利于基因转录。乙酰化作用是可逆的,组蛋白可以发生脱乙酰基作用而抑制基因转录。核心组蛋白上的不同修饰可以构成一个"密码",能影响与组蛋白—DNA 复合物相互作用的那些蛋白质及后续的基因调节,因此这些不同修饰被称为组蛋白密码(histone code)。

细胞核内不仅有组蛋白,还存在着大量的非组蛋白。非组蛋白是重要的反式作用因子,与 DNA 结合,调节基因表达,一般来说组蛋白是基因表达的抑制物,而非组蛋白是基因表达的调节物。非组蛋白在不同细胞中的种类和数量都不同,具有组织特异性,在基因表达调控、细胞分化控制和生物的发育中起着重要作用。

DNA 的甲基化与去甲基化　甲基化作用也可以发生在 DNA 上,真核生物中的大多数甲基化位点是胞嘧啶,甲基化的胞嘧啶可以通过复制掺入到正常的 DNA 中,这种甲基化在 CG 序列中频率最高。一般来说,DNA 甲基化后可以降低基因的转录效率,而去甲基化后转录可以得到恢复,真核生物 DNA 的甲基化与否可导致转录活性相差达上百万倍。但在一些低等生物,如酵母、果蝇中,至今没有发现甲基化。

**(2) DNA 水平的调控**

基因丢失(gene loss)、基因扩增(gene amplification)、基因重排(gene rearrangement)等是真核生物在 DNA 水平上对基因表达的调控,这种调节方式与转录和翻译水平的调节不同,它往往是由基因本身或者其拷贝数发生改变而达到调控相应基因产物的目的。

基因丢失经常发生在某些原生动物、线虫中等,在个体发育过程中,某些细胞往往丢掉整条或部分染色体,只有分化成生殖细胞的细胞中保留着所有染色体。不过目前在高等动植物中尚未发现类似的基因丢失现象。基因扩增是指细胞中某些特定基因的拷贝数大量增加的现象,它是细胞在短时间内满足对某种基因产物需求而对基因进行差别复制的一种调控手段。例如，基因组中的 rDNA 复制单位在某个时期能够从 DNA 上切除下来，形成环状分子，这种环状分子通过滚环式复制可以产生大量拷贝，以满足细胞的需求。

基因重排是指 DNA 分子内部核苷酸序列的重新排列。重排不仅可以形成新的基因，还可以调节基因的表达。例如，哺乳动物抗体的产生，抗体的重链（heavy chain，H 链）和轻链（light chain，L 链）都不是由一个完整的基因编码的，而是由不同的基因片段重排后形成的。随着 B 淋巴细胞的发育，抗体基因 DNA 发生重排，在每一个发育成熟的淋巴细胞中，只有一种重排的抗体基因。以这种重排的方式，约 300 个抗体基因片段可以产生 $10^8$ 个抗体分子（图 6-5）。

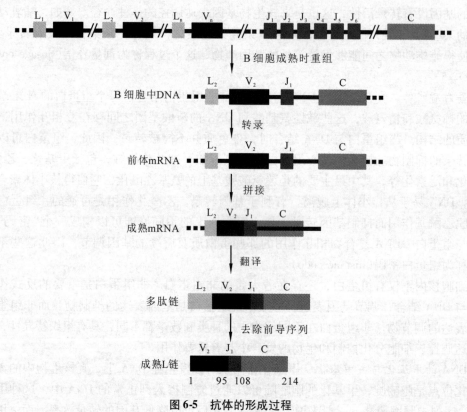

图 6-5　抗体的形成过程

**（3）转录水平的调控**

与原核生物相同，真核生物中转录水平的基因表达调控也是各种水平的调控中最主要的一种。转录水平的调控主要是依靠顺式作用元件与反式作用因子（转录因子）之间，也即 DNA 和蛋白质之间的相互作用来实现的。

真核生物中的基因中存在多种顺式作用元件，包括启动子、增强子、绝缘子、沉默子和应答元件等。启动子位于结构基因 5′端上游，紧邻转录起始位点，它指导 RNA 聚合酶与模板正确结合，启动转录。真核生物的启动子区域有多种元件，主要有：TATA 框，它位于 $-25 \sim -30$ bp 处，主要作用是使转录精确的起始；在 $-70 \sim -78$ bp 处有 CAAT 框，位于 $-80 \sim -110$ bp 的 GC 框，这两个元件的主要作用是调控转录起始的频率（图 6-6）。

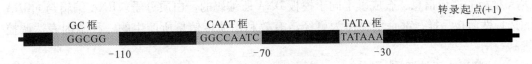

**图 6-6　真核生物 5′端的顺式调控元件**

　　增强子通常离转录起始位点较远，位于启动子上游 -700 ~ -1 000bp 处，它能够大幅提高靶基因的转录频率，如人的巨大细胞病毒的增强子可使珠蛋白基因表达频率高于该基因正常转录时 600 ~ 1 000 倍。增强子可以位于基因的 5′端，也可以位于基因的 3′端，还可以位于基因的内含子中。增强子的作用没有方向性，可以转移到其他基因附近，加强该基因的转录。基因中可能含有几个增强子，转录受不同增强子的调控，对不同的信号作出不同的反应。但也并不是所有基因都含有增强子（图6-7）。

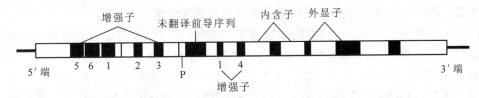

**图 6-7　典型的真核生物基因结构示意**

　　绝缘子是位于启动子与正调控元件或负调控元件之间的一种调控元件，绝缘子本身没有正效应或负效应，它的作用是阻止其他元件对启动子所带来的激活或失活效应。绝缘子与增强子不同，它具有方向性。目前，在果蝇的黄色基因、鸡和人的 β-珠蛋白基因中均发现了绝缘子的存在。沉默子是参与基因表达调控的一种负调控元件，它能够沉默基因的表达，其作用不受距离和方向的限制。应答元件是位于基因上游能被转录因子识别和结合，调控基因专一性表达的 DNA 序列，如热激应答元件（heat shock response element，HSE）、金属应答元件（metal response element，MRE）和血清应答元件（serum response element，SRE）等。应答元件的作用原理是特定的蛋白质因子与应答元件结合，调控基因表达。

　　真核生物中有大量的转录因子，有的结合在启动子区，有的结合在增强子区。转录因子与 DNA 顺式作用元件相互作用，调控基因表达。反式作用因子可以通过不同的途径发挥调控作用，包括蛋白质与 DNA 的相互作用，蛋白质可以通过其不同的二级结构与 DNA 分子结合，例如，螺旋-转角-螺旋、锌指结构、亮氨酸拉链等来调控基因表达；还可通过蛋白质与蛋白质之间的相互作用，例如，半乳糖基因的调控蛋白 GAL4p 总是与基因的上游激活序列结合，同时 GAL80p 与 GAL4p 结合覆盖了其活性区域，当半乳糖分子与 GAL80p 结合后，导致 GAL80p/GAL4p 构型发生改变，诱导 gal 基因表达。

　　真核生物还存在着基因转录后水平调控机制（post-transcriptional regulation），例如，mRNA 的修饰与选择性剪接、RNA 编辑等。同一个 mRNA 前体通过不同的剪接可以生成不同的成熟 mRNA 分子，翻译产生不同的蛋白质，这称为选择性剪接或可变剪接（alternative splicing）。选择性剪接增加了遗传信息的复杂性，是生物体有效利用遗传信息的一种途径。RNA 编辑是指成熟的 mRNA 分子由于核苷酸的插入、缺失或置换，改变了来自

DNA 模板的遗传信息，合成了不同于模板 DNA 所编码的蛋白质分子。RNA 编辑与 mRNA 的选择性剪接一样，都是生物体为更经济有效利用遗传信息所产生的一种基因表达调控机制。

**（4）翻译水平的调控**

真核生物的基因表达在翻译水平也存在着复杂的调控，蛋白质的合成由参与其过程的各个组分的活性高低共同决定。而且，真核生物基因转录翻译生成的多肽需要经过修饰、加工和折叠后才能成为有生物活性的蛋白质。

mRNA 的转运　　真核生物 mRNA 的转录和翻译分别在细胞核和细胞质中进行，成熟的 mRNA 需经过核膜运输后才能表达，因此，核膜也是控制基因表达的关键点。实验表明，几乎有一半的 mRNA 前体一直留在细胞核内，然后被降解。mRNA 在剪接过程中不能与核孔相互作用，当加工完成后，内含子被切除，mRNA 才能通过核孔进行转运，目前尚不清楚 mRNA 的输出时需要特殊的信号还是无规则的输出。

mRNA 的结构稳定性　　真核细胞细胞质中的 tRNA 和 rRNA 是比较稳定的，而 mRNA 的稳定性很不一致，有的 mRNA 寿命可达几个月，有的只有几分钟。因此，对于 mRNA 稳定性的调节也是基因表达调控的一个重要方面。mRNA 的降解速率和 mRNA 的结构特点有关，例如，mRNA 的 3′端的 poly A 不仅和 mRNA 穿越核膜的能力有关，而且其长度也会影响 mRNA 的稳定性；有 polyA 的 mRNA 比没有 polyA 的 mRNA 具有更高的翻译效率。随着翻译次数的增加，polyA 在逐渐缩短，当 polyA 缩短至不能与 polyA 结合蛋白（PABP）结合时，裸露的 mRNA3′端就会开始降解。

此外，mRNA 的其他结构如 5′端帽子结构、起始密码子的位置以及 5′端非翻译区的长度都会影响到翻译的效率和起始的精确性。

选择性翻译　　真核生物的不同 mRNA 与翻译起始因子的亲和性不同，使它们在翻译水平上产生差异，这种调控机制是由 mRNA 的二级结构和高级结构决定的。例如，α-珠蛋白和 β-珠蛋白的合成，在二倍体细胞中有 4 个 α-珠蛋白基因和 2 个 β-珠蛋白基因，但是两种蛋白质的浓度比实际上是 1∶1，这正是由于 β-mRNA 与起始因子的亲和性远大于 α-mRNA 的缘故。

翻译因子的磷酸化　　蛋白质合成的起始、延伸和终止都有许多因子的参与，翻译因子的磷酸化与蛋白质合成的强弱有关。某些翻译因子的磷酸化可以激活蛋白质合成，例如，哺乳动物的翻译起始因子 eIF-4B 和 eIF-4F，而某些翻译因子的磷酸化会抑制翻译，如哺乳动物的 eIF-2。

反义 RNA　　反义 RNA 是一种通过抑制翻译模板来调控基因表达的途径，它不仅存在于原核生物中，也存在于真核生物中。1984 年，Adelman 首次在真核生物大鼠中发现了反义 RNA。现在，通过转入目的基因的反义 RNA 来抑制目的基因表达的反义 RNA 技术已经成为一种常规基因操作手段。

蛋白质的翻译后加工　　真核生物基因翻译生成的多肽需要经过折叠、加工和修饰之后才能形成有活性的蛋白质。在蛋白质翻译后的加工过程中，存在着多种调控机制。许多蛋白质需要在伴蛋白的作用下，才能折叠成一定的空间构型，并具有生物学活性。有的蛋白质在翻译后需要切除 N 末端或 C 末端的一段序列才能形成有功能的空间构型，有的蛋白质前体需要像 RNA 一样切除位于序列内部的内含子，两端的外显子连接后形成成熟的蛋白质分子。某些蛋白质需要进行化学修饰，例如，甲基化、磷酸基化、乙酰基化等，这些基团可以连接到氨基酸侧链或者蛋白质的 N 端和 C 端；也有较为复杂的修饰，例如，蛋白质的糖基化，糖残基连接到丝氨酸或苏氨酸的羧基上形成 O-糖基化，或者连接到天冬酰胺的氨基上形成 N-糖基化，这些化学修饰对蛋白质的活性有着重要影响。

## 6.2 基因突变

基因突变是生物进化的重要源泉，突变产生的新基因可能使生物体获得新的性状，从而使其生理、发育模式发生转变，这种转变在某些情况下正是生物能够适应生存环境改变的关键。基因突变也是遗传育种的物质基础，它为人类广泛地利用，例如，通过采用雄性不育基因材料，人类更有效地实现了水稻、玉米等多种农作物杂种优势利用，省去了人工去雄的繁杂工作，使得生产效率大大提高。

### 6.2.1 基因突变的概念

#### 6.2.1.1 基因突变的概念

狄·弗里斯于 1901 年在他的突变学说中首次使用"突变"(mutation)一词，他在栽培月见草(Oenothera)中发现多种可遗传的变异。他发现这些变异是不连续的，好像突然发生，故取名突变。实际上后来的研究证明，他看到的这些变异有些属于染色体数目变异，有些则是由于杂种后代的分离造成的。摩尔根于 1910 年在大量红眼果蝇中发现了一只白眼雄蝇，进一步通过杂交试验证明是一个性连锁基因的突变。

基因突变(gene mutation)是指染色体上某一基因位点内部发生了化学性质的变化，与原来基因形成对性关系，即变为它的等位基因，基因突变又称点突变(point mutation)。例如，植物的高秆基因 $D$ 突变为矮秆基因 $d$，$D$ 与 $d$ 就形成对性关系，是一对等位基因。携带突变基因并表现突变性状的生物个体或群体或株系称作突变体(mutant)，而自然群体中最常见最典型的个体或株系称作野生型(wild type)。

#### 6.2.1.2 基因突变的分类

基因突变可以根据不同的依据进行分类的，这些依据主要是突变的不同方面的特征。下面就是突变的几种不同的分类。

**(1) 体细胞突变和性细胞突变**

这是依据发生突变的对象来区分的。基因突变可发生在生物个体发育的任何时期，因此对有性生殖的生物来说，体细胞和生殖细胞都可能发生突变，相应地称为体细胞突变(somatic mutations)和性细胞突变(gametic or germinal mutations)。

体细胞突变一般不能通过受精过程传递给后代。当代即能表现，与原性状并存，形成镶嵌现象，这种个体的组织器官是由基因型不同的细胞群所组成，称为嵌合体。突变的体细胞常竞争不过正常细胞，会受到抑制或最终消失，因此自然条件下，突变体出现的频率很低。植物芽原基早期的突变细胞可能形成一个突变的枝条,称为芽变(bud mutation, sport)。芽变在农业生产上有着重要意义,不少果树新品种就是由芽变选育成功的,如华盛顿脐橙和富士系苹果等优良品种的选育。林木树种发现的芽变较少,毛白杨易生根芽变是其中之一。而性细胞发生的突变可以通过受精过程直接传递给后代。

#### (2) 显性突变和隐性突变

显性突变(dominant mutation)指由原来的隐性基因突变为显性基因;隐性突变(recessive mutation)指由原来的显性基因突变为隐性基因。正常的、有功能的基因发生突变常常导致基因功能的丧失,因此,正突变通常都是隐性突变,且生物体中的致死突变大多为隐性突变。

显性突变一经产生,在当代就可以表现出来,而隐性突变则需要在发生后的若干代才能表现出来。显性突变和隐性突变纯合的时间不同,显性突变比隐性突变纯合所需的时间长。显性突变在第一代表现,第二代能纯合,但是真正获得纯合体要在第三代;隐性突变在第二代表现,第二代能纯合,同时在第二代也可以获得纯合体。

#### (3) 大突变和微突变

依据基因突变导致性状变异的程度来划分,突变可分为大突变和微突变。大突变(macromutation)指具有明显的、易识别的表型变异的基因突变。微突变(micromutation)则指突变效应表现微小的、较难察觉的基因突变。传统上大突变由于效应明显、遗传简单等特征受到遗传育种工作者的重视,而试验表明,在微突变中出现的有利突变率大于大突变。因此,育种工作中要特别注意微突变的分析和选择。

#### (4) 条件型突变和非条件型突变

从突变表现型对外界环境的敏感性来区分,可分为条件型突变(conditional mutation)和非条件型突变(non-conditional mutation)。只有在特定的条件下才表现突变性状的突变称为条件型突变。最常见的条件型突变为温度敏感突变(temperature-sensitive mutation)。例如,某些温度敏感型细菌突变类型在30℃时可以存活,而在低于30℃或高于42℃时就会死亡。

### 6.2.2 基因突变的一般特征

#### 6.2.2.1 基因突变的稀有性

常用突变率和突变频率来定量描述突变发生的概率。突变率(mutation rate)是指在一个世代中或其他规定的单位时间内发生突变的频率。在有性生殖的生物中,突变率通常用一定数目的配子中的突变型配子数来表示。在细菌和单细胞生物中,则用一次分裂过程中发生突变的概率表示。

基因突变在自然界中是很普遍的,任何细胞在任何时候都可能发生基因突变。但实际上在正常情况下,突变率往往是很低的。据估计,在自然条件下,高等生物中基因突变率为 $1 \times 10^{-8} \sim 1 \times 10^{-5}$,即在 $10 \times 10^4 \sim 1 \times 10^8$ 个配子中只有1个发生突变。此外,大多数破坏蛋白功能的突变在进化过程中可能被淘汰,因此,难以在自然群体中获得大量自发突变样本作为研究材料。自然条件下各种动、植物发生基因突变的频率不高,它可保持生物种性的相对稳定性。

#### 6.2.2.2 突变的重演性和平行性

突变的重演性是指同种生物不同个体间可以多次发生同样的突变。例如,摩尔根发现的果蝇白眼的突变曾多次发生;据记载安康羊是早在1791年在美国发现的一种矮腿的突变,大约在1876年灭绝了。然而20世纪在挪威和美国得克萨斯又先后发现了类似的突变,化石研究表明1475—1550年在英国也发生了类似的突变;脐橙果肉颜色相关基因的突变也在自然界中不同地点多次被发现。亲缘关系相近的物种基因组有较高的相似性,往往把发生相似的基因突变的现象称为突变的平行性。

突变的重演性和平行性可能是生物为适应相同或相似环境条件而发生的协同进化现象。突变的重演性和平行性对于开展人工诱变育种也具有一定的参考价值。例如,在扁桃中曾发现开花期(flowering date)较晚的突变材料,期望近缘的山杏等物种也存在着类似变异的潜力,为种质调查或诱变育种等提供参考。

#### 6.2.2.3 基因突变的可逆性

基因突变是可逆的,原来正常的野生型基因经过突变成为突变型基因的过程称为正向突变(forward mutation);突变型基因通过突变而成为原来的野生型基因的过程称为反向突变(回复突变)(back mutation)。但是真正的回复突变很少发生,多数所谓回复突变是指突变体所失去的野生型性状可以通过第二次突变而得到恢复,即原来的突变位点依然存在,但它的表型效应被第二位点的突变所抑制。染色体缺失或重复的遗传行为可能和突变的遗传行为相似,但它们一般是不可逆的,因此突变的可逆性可作为区分点突变和染色体缺失或重复的重要标志。基因正向突变的突变率一般要高于反向突变,典型的要高10倍以上,这可能是因为反向突变要重建特定正向突变所破坏的蛋白功能,所以对回复突变的要求要比正向突变的要求专一得多。

#### 6.2.2.4 基因突变的多方向性

基因突变的多方向性是指同一基因的突变可以向多方向发生。例如,一个基因 $A$,可以向多个不同方向突变为 $a_1$, $a_2$, $a_3$, …,并且 $a_1$, $a_2$, $a_3$ 分别表现出不用的性状,这些基因就称为复等位基因。复等位基因广泛存在于生物界中,最早发现的一个就是果蝇眼色的基因突变,对于红眼($W$)基因,其他复等位基因均为隐性,而它们相互之间一般呈现不完全显性的关系(图6-8)。

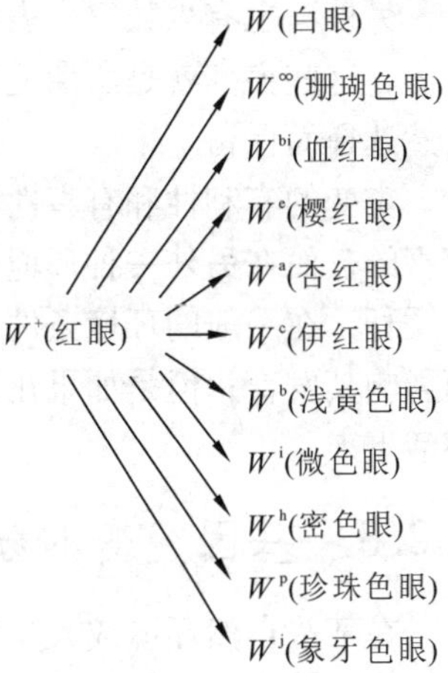

另一复等位基因的例子就是植物自交不亲和性,它是指某些植物在自花授粉时,或者相同基因型的个体异花授粉时,不能受精结实的现象。例如,烟草属植物的15个控制结实的复等位基因 $S_1$, $S_2$, $S_3$, …, $S_{15}$,如果具有其中某一基因的花粉落到含有相同基因的柱头上,则花粉不能萌发,不能完成受精过程,表现出相同基因之间的颉颃作用(图6-9)。

**图6-8 果蝇眼色的复等位基因**
(引自郭荣昌,1997)

$W$(白眼)
$W^{co}$(珊瑚色眼)
$W^{bl}$(血红眼)
$W^c$(樱红眼)
$W^a$(杏红眼)
$W^e$(伊红眼)
$W^b$(浅黄色眼)
$W^t$(微色眼)
$W^h$(密色眼)
$W^p$(珍珠色眼)
$W^i$(象牙色眼)
$W^+$(红眼)

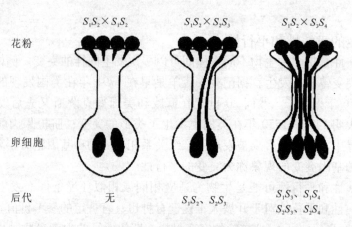

图6-9　烟草属自交不亲和复等位基因作用机制示意

#### 6.2.2.5 突变的有害性和有利性

绝大多数基因突变对生物来说都是有害的，通过自然选择的作用在其所在的群体中保持比较低的基因频率。由于野生型是经过长期自然选择保留下来的，从某种意义上讲是最能适应其生存环境的，大多数的突变对生物体本身来讲是有害的，不利于其生存的，因为突变基因型一般很难和野生的基因型具有同样的生存机会。基因突变一般表现为基因功能的丧失，某种性状或者是生活力、育性的下降，如人类的镰刀形贫血症、植物的雄性不育等，严重的基因突变还会导致生物体的死亡。

但在少数情况下，某些控制生物次要性状基因的突变，常常不影响生物体的正常生理活动和代谢过程，因而对生物的生存和繁殖能力影响较小，这样的突变也会被保留下来并逐渐成为物种的特征，这类突变称为中性突变(neutral mutation)例如，水稻芒的有无，小麦颖壳和子粒的颜色等。

另外，也有少数突变表现出对生物的生存和生长的有利。例如，植物的早熟性、抗病性等，这些突变就是所谓适应环境的突变，使得生物体能够在群体中取得优势，从而通过自然选择而保留下来。

突变的有利性和有害性也是相对的，有些突变在一定的环境条件下对生物体的生存是有害的，而在另外一种环境中却表现出对生物的生存和生长的有利性。例如，作物的高秆与矮秆，在一般的环境条件下，如果一株矮秆作物处于高秆作物中间，则光照会严重不足而影响其发育；但是如果在多风的地区，矮秆作物就会表现出较强的抗倒伏性，从而能够存活下来。

### 6.2.3　基因突变的分子基础

在某些自然环境或人为因素影响下，生物体内的DNA会损伤，使DNA分子结构受到破坏和改变，包括复制时碱基配对错误、碱基的插入或缺失、单链或双链的断裂等。如果受到损伤的DNA分子不经及时修复，不能完成复制、转录时，生物体就无法生存。如果在修复过程中发生错误，又经过复制以后就会产生稳定的双链突变。另外，转座因子的转座也会引起基因突变。

#### 6.2.3.1 突变的类型

最简单的突变是一种碱基为另一种碱基所代替,称为碱基的替换(substitution)。例如,双链 DNA 分子中的碱基对 A═T 被碱基对 G≡C 代替。替换分为两种类型:其中嘧啶碱与嘧啶碱之间的替换、嘌呤与嘌呤之间的替换,称为转换(transitions),如 A 变为 G,C 变为 T 等;而嘌呤与嘧啶碱基之间的替换,称为颠换(transversions),如 A 变为 T,G 变为 C 等(图6-10)。

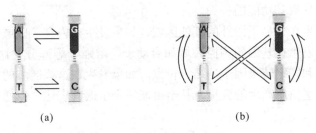

**图 6-10 基因替换的可能种类**
(a)转换 (b)颠换

缺失(deletion)或插入(insertion):原 DNA 分子碱基的数目发生减少或增加。缺失或插入的碱基对的数目可能是一个或少数几个,也有可能是较长的 DNA 片段,它们具有不同的形成机制。仅改变一个或几个碱基的突变称为点突变。

#### 6.2.3.2 突变的分子效应

如果突变发生在蛋白编码基因的多肽编码区域即外显子部分,可能出现如下几种不同的结果。

同义突变(synonymous mutations) 又称为沉默突变(silent mutations),由于密码子具有简并性,所以同一氨基酸可以对应多个不同的密码子,这种突变导致新密码子只是从同一种氨基酸的一个密码子变化成另一个密码子,因此并不影响氨基酸序列,更不会改变蛋白质的结构。

错义突变(missense mutations) 又称为非同义或异义突变(non-synonymous mutations),突变导致编码一种氨基酸的密码子变化成编码另一种氨基酸的密码子,或者是由终止密码子变为某一氨基酸的密码子,这样或使得蛋白质一级结构中某一氨基酸发生改变而影响蛋白质的结构,或由于翻译的延长使得肽链延长,结果可能使蛋白质活性丧失,也可能产生一种新的活性蛋白。

无义突变(nonsense mutations) 突变导致从一种氨基酸的密码子变化成一个终止密码子,使得翻译提前终止而引起的突变。突变的位点越靠近 3′ 端,多肽合成过程中停止得越早,形成的肽链越不完整,这样的蛋白质产物就越有可能失去原有的活性,多数情况下会导致完全失去蛋白质原有的活性。

移码突变(frameshift mutations) 由于碱基的缺少或插入从而导致 mRNA 上的三联体密码的阅读框架发生一系列的变化。由于遗传密码以三联体形式存在,所以如果插入或缺失的碱基是 3 的倍数，那么在肽链中会反映出一个或几个氨基酸的插入或缺失，而不影响后面的氨基酸序列；但如果插入或缺失的碱基数目不是 3 的倍数时，就会使后面的密码子发生变化，导致肽链中氨基酸序列发生改变，移码突变可能导致突变位点下游的氨基酸序列与原有的序列毫无关系，因此移码突变常常会失去原编码正常蛋白的结构和功能。例如，某一基因 mRNA 的一段为 GAA GAA GAA GAA…那么其产物应该是一段谷氨酸多肽，但是如果在开头插入一个 G，序列就会变成 GGA AGA AGA AGA A…就会变为一段以甘氨酸开头的精氨酸多肽，一旦这段 mRNA 位于蛋白质的功能区域，就会对蛋白质结构产生很大的影响，甚至导致其功能的丧失。

突变有可能发生在外显子以外的其他区域，如果发生在内含子区域一般不会造成任何影响。突变也可能发生在基因的调控区域如启动子、增强子等部分，这些部分是 RNA 聚合酶及其相关因子和特定转录因子的结合位点。如果发生在这些区域的突变影响到相关因子的结合则会改变蛋白质产生的数量，甚至可能完全阻遏其表达，但通常不会影响蛋白质的结构。

突变后 DNA 序列的改变和表型关系怎么样呢？突变事件通常是破坏性的，删除或改变了基因的关键性的功能区，这种变化干扰了野生型对某种表型的活性功能，其结果是产生了一种丧失功能的突变，即功能失去型突变(loss-of-function mutation)。其中完全丧失基因功能的突变称为无效突变(null mutation)。如果一个基因是必需的，那么无效突变将导致突变体死亡，这样的突变称为致死突变(lethal mutation)；突变后野生型的功能仍在表型上有所反映，较之无效突变，其表型没有发生那么明显的改变则称为渗漏突变(leaky mutation)。突变事件引起的遗传随机变化有可能使生物体获得某种新的功能，这种突变称为功能获得型突变(gain-of-function mutation)。在杂合体中，随机获得的新功能可以得到表达，因此获得功能的突变极有可能是显性的突变，并能产生新的突变。不是所有的突变都会产生表型的变异。

### 6.2.3.3 突变的修复

生物体的生存和延续要求 DNA 分子必须保持高度的完整性和精确性，但是 DNA 复制的过程受到多方面的潜在威胁，如果不能有效地修复突变，最终若干有害突变的累积将会导致其功能丧失。在长期进化过程中，细胞形成了多种修复系统来纠正偶然发生的 DNA 复制错误或 DNA 损伤。识别和修复损伤系统可以把 DNA 的损伤降低到最小，当一个 DNA 的改变未能及时被修复系统修复时就产生了突变。DNA 修复系统是维持生物体的遗传稳定性和地球上生命的生存所必不可少的，可以说是其安全保障系统。为了应对各种不同的损伤情况，细胞有多种应对 DNA 损伤修复系统，主要包括：

**(1) 直接修复系统**

直接修复系统(direct repair)是直接将受损碱基恢复到正常结构的修复系统。已知的直接修复途径包括：DNA 聚合酶的校正、光复活、去烷基化和单链断裂修复等。

通过 DNA 聚合酶校正　DNA 复制过程中掺入错误碱基是一类最常见的突变类型。原核 DNA 聚合酶Ⅲ掺入错误碱基的频率为 $10^{-5}$。原核 DNA 聚合酶都具有 $3'\rightarrow 5'$ 外切酶活性，可对复制过程中 99% 的错误掺入的碱基进行校正，从而大大减少 DNA 复制过程中的差错率,使最终的错配率为 $10^{-7}$。

光复活(photo-reactivation)  又称为光修复(light repair)。由于紫外线损伤,相邻的两个胸腺嘧啶会形成胸腺嘧啶二聚体,不能和互补链碱基配对,于是在 DNA 双螺旋结构上形成一个突起,直接影响了 DNA 分子的结构完整性,使其不能正常的复制、转录,是一种致死的损伤。光复活就是指在可见光(300~600 nm)的活化之下,由光裂合酶(photolyase)催化嘧啶二聚体之间的共价键断裂而直接恢复正常状态的过程(图6-11)。在黑暗中,光裂合酶不能发生作用,因此在缺乏可见光的情况下需要其他修复系统来修复嘧啶二聚体。

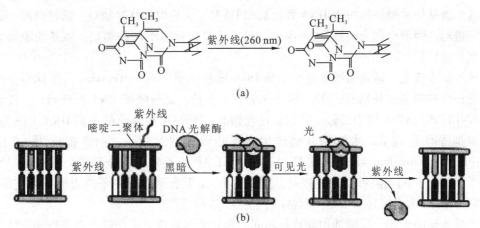

图 6-11  胸腺嘧啶二聚体的形成(a)及光复活修复途径(b)

去烷基化  细胞内存在的烷基转移酶和甲基转移酶可以将烷基化修饰的碱基去烷基化,使其恢复到正常碱基,从而使 DNA 分子得以修复。

单链断裂修复  物理射线等因素的诱导会使 DNA 形成单链断裂损伤,仅是一条单链的断裂可以通过 DNA 连接酶的作用直接修复,它催化 DNA 切口处形成磷酸二酯键而恢复 DNA 的完整结构。

**(2)错配修复系统**(mismatch repair system)

即使有 DNA 聚合酶的校正作用,最终还是有一定的错配率,未被校正的复制错误可能形成稳定的双链突变体。错配修复是校正上述错误的一种重要补救措施,可以修复大部分杂种 DNA 中的突变位点,从而降低错误率,经过错配修复的突变率可降低至 $10^{-10}$。

错配的过程包括双螺旋结构异常位点的识别、错误碱基的切除以及填补缺口和封闭切口。DNA 复制以后,蛋白质巡查新合成的 DNA 分子以确定是否还含有错配的碱基。这种错配修复系统可能检测到错配的碱基对 AC,而不会识别正确的碱基对 AT,但是在这个过程中,如何判断 DNA 分子的哪一条链含有发生突变的碱基,哪一条含有正常的碱基是错配修复系统的关键。例如,一个异常配对的碱基对 A=C,其中 A 是正确的,如果修复成 G≡C 就会产生错误,改变遗传信息。错配修复机制可以通过识别 DNA 复制后的化学修饰来判断错误碱基。研究发现,大肠杆菌 DNA 分子在复制过程中,模板链具有甲基化修饰,而新合成的链还没有来得及甲基化。所以可以通过识别两条链的甲基化状态来区分新旧链，从而切除错误的碱基，保证遗传信息的稳定性。真核生物种错配修复的机制尚不清楚，因为在某些真核生物中 DNA 分子并没有可识别的甲基化特征。如果错配修复失误，DNA 序列将被改变，现在已知的某种结肠癌的发生就与错配的失误有一定关系。

**（3）切除修复系统**

切除修复（excision repair）指切除 DNA 分子的损伤部分来进行修复。DNA 分子在细胞的生活周期中（$G_1$ 期）也会受到损伤，高能辐射、环境中的化学物质、自发的化学反应都会损伤 DNA。某些酶会"监督"细胞中的 DNA，当发现错配的、化学修饰的碱基，或者 DNA 某条链插入碱基时，这些酶会切断受损链，之后另一种酶会将包括受损碱基在内的临近几个碱基切除掉，然后由 DNA 聚合酶和 DNA 连接酶填补修复缺口。这种过程不需要光就能进行，因此也称为暗修复（dark repair），主要包括以下两种类型：碱基切除修复和核苷酸切除修复。

碱基切除修复　碱基切除修复主要靠 DNA 糖基化酶（DNA glycosylases）来执行，直接切除受损伤的碱基并替换它。DNA 糖基化酶有很多种，如尿嘧啶 DNA 糖苷酶专一性识别尿嘧啶并将其从 DNA 链中切除。其修复过程如下：①DNA 糖基化酶识别 DNA 上的损伤，化学修饰等异常碱基，水解糖苷键产生无嘌呤或无嘧啶位点，两者都称为 AP 位点（apurinic or apyrimidinic sites）；②AP 内切酶切开 AP 位点附近的糖和磷酸骨架，产生切口；③DNA 外切酶切除糖和磷酸残基，然后由 DNA 聚合酶以另一条链为模板补充缺口；④最后由 DNA 酶连接封闭切口恢复链的完整性（图 6-12）。

核苷酸切除修复　与碱基切除修复不同，核苷酸切除修复是切除含有突变部位的一小

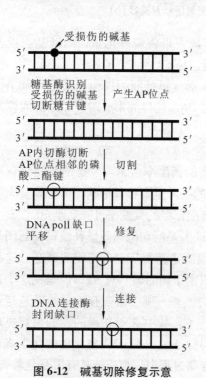

图 6-12　碱基切除修复示意

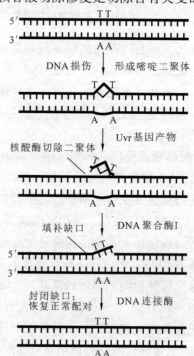

图 6-13　大肠杆菌 UvrABC 核苷酸切除修复途径

段 DNA 片段,然后再填补缺口的过程。以大肠杆菌胸腺嘧啶二聚体的切除修复为例,能够识别损伤部位的 UvrA$_2$UvrB 复合体沿着 DNA 双链移动,当发现严重凸起或扭曲的 DNA 时,UvrA 与 UvrB 分开,使 DNA 结合 UvrC,接着 UvrB 在胸腺嘧啶二聚体的 3′端 4~5 个核苷酸处切断 DNA,而 UvrC 则在损伤部位 5′端 8 个核苷酸处切断 DNA,随后解旋酶Ⅱ把 UvrC 和这段 12~13 个核苷酸的寡核苷酸链从 DNA 上去除,产生的缺口由 DNA 聚合酶Ⅰ填补,切口由 DNA 连接酶封闭(图 6-13)。

生物对一些切除修复缺陷疾病的易感性更加说明了对切除修复的依赖。例如人类的着色性干皮病,患者的切除修复酶系统存在缺陷,不能对紫外线诱发的突变进行有效地修复,因此这类患者不能接受阳光中的紫外线,否则可能会因为照射了几分钟的阳光而患上皮肤癌。

### (4)重组修复系统

重组修复(recombinational repair)是一种复制后的修复,它必须依赖于重组的过程。尽管生物细胞内存在着上述几种修复系统,但也不能保证在 DNA 复制之前将所有损伤都得到修复,在复制后的过程中,对 DNA 的损伤仍然可以继续修复。重组修复的过程是:当以损伤链为模板进行复制时,聚合酶会跳过损伤部分,而在损伤部位下游重新开始合成,这样在子链上就会留下一个缺口,另一条链则正常地完成复制过程。两条新合成的子链发生重组,带有缺口的子链以正常链为模板在 DNA 聚合酶和 DNA 连接酶的作用下完成修复(图 6-14)。

重组修复并不能去除 DNA 发生的损伤,这种损伤可能会伴随着遗传一代代保存下去,也可能会被其他修复系统修复。虽然重组修复中所涉及的酶大部分与遗传重组相同,但是双方都各自有其独有的蛋白参与,因此重组修复并不等同于遗传重组。

### (5)SOS 修复系统

SOS 修复系统(SOS repair)是 DNA 受到较严重的损伤,可能会影响其生存,而在其他修复系统不能正常工作时被启动的一种高效修复系统。SOS 修复与蛋白质 RecA 和 LexA 有关。RecA 与受损的 DNA 链结合而活化,活化的 RecA 诱导 SOS 基因的 SOS 修复转录抑制物(repressor)LexA 的水解,LexA 不再阻止 SOS 基因的转录,从而启动 SOS 系统。SOS 系统并不严格遵守互补配对原则,因此允许新生的 DNA 链越过受损害

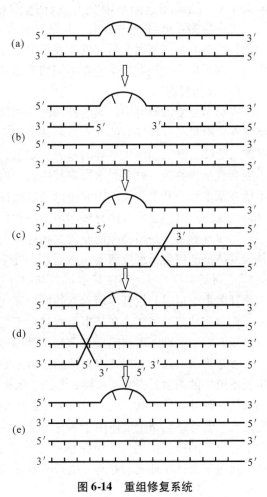

图 6-14 重组修复系统

的部分而继续复制，但是大大地增加了突变率，其代价是复制的保真度降低，因此被称为倾向差错修复(error prone repair)。这是生物为了生存而牺牲一定的忠实性的不得已而为之的措施。

依赖同源性的修复系统(homology-dependent repair system)，互补性保证其高忠实性，因此被认为是无差错的，包括切除修复系统和复制后修复系统两类。当碱基从DNA中被切除后，核酸内切酶会切除磷酸二酯键，然后DNA聚合酶合成DNA来填补缺口，最后连接酶使多聚核苷酸链恢复完整性。

### 6.2.4 基因突变的鉴定

突变体的筛选和获得往往是遗传分析工作的基础。我们知道基因突变具有稀有性的特点，因此自然状况下常常难以得到足够的突变体材料用于遗传分析。根据前面介绍的基因突变的原理，人们可以通过诱变的方法增加突变发生的频率，往往还结合特定的选择条件来获得理想的突变型。例如，诱变以后在高盐的培养基中筛选有可能获得耐高盐环境的突变型。

#### 6.2.4.1 细菌和真菌基因突变的筛选和鉴定

突变检测在单细胞（单倍性）生物如细菌和真菌上是相对容易的，因为不存在杂合体现象，所有的突变基因在当代就能表现出来。基本方法是选择培养法(selective culture system)，即根据突变型和野生型在不同培养条件中的生长能力差异来进行检测和筛选。

**(1) 大肠杆菌**

在细菌突变的研究中，大肠杆菌的应用最为广泛。野生型大肠杆菌的生存能力很强，能够在含有最低营养成分的基本培养基上正常生长，这说明其体内存在着合成有机物如氨基酸、嘌呤、嘧啶和维生素等的基因。如果其中某个合成途径的基因发生了突变，导致其不能合成某种物质，就会严重影响其生长，这种突变体称为营养缺陷型。营养缺陷型细菌不能在基本培养基上生长，因此可以通过菌体在培养基上的生长情况来鉴定突变体。大肠杆菌突变体的常用鉴定方法有影印培养法和青霉素法。

**影印培养法** 是指将经诱变的大肠杆菌先在完全培养基上培养，这样无论是野生型还是突变体都能够生长形成菌落。然后用一个"印章"式的接种工具，将完全培养基上的菌落"印"到基本培养基上和在基本培养基中补加了不同营养物质的补充培养基上。野生型大肠杆菌由于可以利用基本培养基的成分完成各种代谢活动，可以在基本培养基上存活下来，而营养缺陷型突变体在基本培养基上不能生存。通过观察一系列补充培养基上的表现就可以鉴定出这种营养缺陷型细菌究竟是哪种营养物质的缺陷型（图6-15）。

**青霉素法** 是指利用青霉素抑制细菌细胞壁合成的原理鉴定突变体的。但是只有处于生长增殖中的细菌对青霉素敏感，而处于休止状态的细菌对其则不敏感。经过诱变处理的细菌接种到基本培养基上后，没有突变的野生型细菌就会分裂繁殖，在青霉素的抑制下最终死亡。营养缺陷型突变体由于本身不能合成分裂所需要的营养物质，处于休止状态而避免了青霉素的抑制作用，从而在基本培养基上存活下来。之后再通过和影印法相同的方法，通过突变体在补充培养基上生长的情况就可以鉴定出营养缺陷型所缺乏的营养物质。

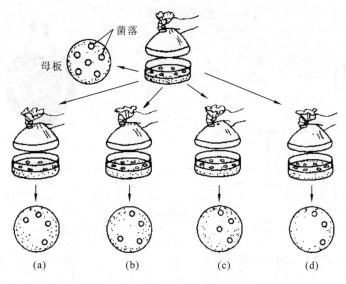

**图 6-15　影印培养法示意**
(a)、(b)、(c)添加不同营养组分的补充培养基　(d)基本培养基

**(2) 红色面包霉**

红色面包霉是丝状的真菌，世代周期相对较短且以单倍体世代为主，培养条件简单，因此是研究遗传学的好材料。野生型可以在由水、无机盐、蔗糖和一种维生素（生物素）组成的基础培养基（minimal culture medium）上正常生长和繁殖。而突变体则不能在基础培养上正常生长，只有当添加了某种营养物或者在含有所有营养物的完全培养基上（complete medium）才能正常生长。当发现一个在基础培养基上不能生长而在完全培养基上能生长的细胞时则能确定得到突变体。通过把突变型在分别添加一系列营养物的基础培养基中进行培养，则可确定突变型丧失了合成某种营养物质的能力（图 6-16）。

1941 年，比德尔和泰特姆利用 X 射线对红色面包霉的分生孢子进行诱变，获得了 3 种与精氨酸合成相关的突变体，其表现为：

突变型 a：无合成精氨酸的能力，必须提供精氨酸才能正常生长。

突变型 c：在提供精氨酸的条件下可以生长，不提供精氨酸而提供瓜氨酸的条件下也可以生长，说明它可以利用瓜氨酸合成精氨酸。

突变型 o：在提供精氨酸或瓜氨酸的条件下都可以正常生长，不提供这两种物质，而提供鸟氨酸时也可以正常生长，说明它可以利用鸟氨酸合成瓜氨酸。

由此试验结果就可以推断出精氨酸合成的步骤：合成前体→鸟氨酸→瓜氨酸→精氨酸，而突变型 o 是前体合成鸟氨酸途径中某一基因的突变体，突变型 c 是鸟氨酸合成瓜氨酸步骤中某一基因的突变体，突变型 a 则是瓜氨酸合成精氨酸步骤中某一基因的突变体。这一研究揭示了基因与性状表现的关系，即基因通过酶的作用来控制性状的表现，并提出"一个基因，一个酶"假说，认为一个基因通过控制一个酶的合成来控制某个种生化过程。

### 6.2.4.2　植物基因突变的筛选和鉴定

相对于微生物而言，植物基因突变的鉴定要更复杂些，主要包括真实性的鉴定和突变

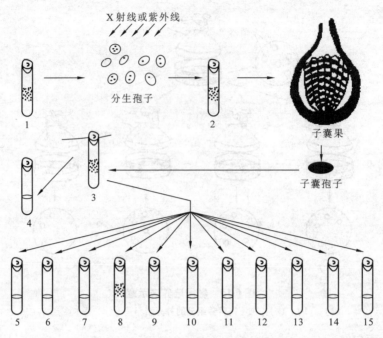

**图 6-16 红色面包霉营养缺陷型的鉴定方法**
1. 野生型 2. 受辐射的分子孢子与野生型交配 3. 子囊孢子生活在完全培养基中 4. 基本培养基
5~15. 基本培养基分别添加维生素、氨基酸、硫胺素、吡醇素、泛酸和肌醇等

性质鉴定等。

**（1）突变真实性鉴定**

从自然环境中或诱变处理的材料中，一旦发现与原始对照材料不同的变异体，首要的工作就是确定变异性状是受环境影响的结果还是真实的遗传改变，即突变真实性鉴定。变异有可遗传的变异与不遗传的变异（饰变），由基因突变引起的变异是可遗传的，而由环境条件导致的变异一般是不遗传的。为了揭示这个问题，可以把变异材料和原始材料种植在相同的环境条件下，与原始材料相比较，如果变异体材料还能表现出变异的特性，则可肯定所观察的变异是真实的变异。

**（2）突变性质鉴定**

通过杂交等遗传分析手段，能鉴定突变是受单基因控制还是受多基因控制，是否与细胞质遗传相关，还可对突变体进行进一步的基因定位和功能分析。

### 6.2.5 基因突变的诱发

基因突变可以自发产生，也可以诱导产生。自发突变（spontaneous mutation）是指没有人为因素影响即自然状态下发生的突变。诱发突变（induced mutation）是指由于人为施加的因素导致的突变。所有能诱发基因突变的因子称为诱变剂（mutagen）。

#### 6.2.5.1 自发突变

自发突变包括复制过程中发生的错误、自然环境因素对 DNA 造成的损伤和转座因子的作用。自然突变的概率是特定生物的固有特征，也称为本底水平(background level)。自发突变的频率平均为每一核苷酸每一世代 $10^{-9} \sim 10^{-8}$。

**(1) 复制过程中发生的错误**

原核 DNA 聚合酶Ⅲ体外错配率大约为 $10^{-5}$，但是聚合酶有校正的功能以保证正确配对，这个过程的错误率约为 $10^{-5}$，因此实际的错误率约为 $10^{-10}$。复制过程中不但可能发生碱基替换的变异，也可能发生插入或缺失的突变。

**(2) 自然损伤(spontaneous lesions)**

脱嘌呤和脱氨基是两种最为常见的 DNA 自然损伤。脱嘌呤(depurination)即 A 或者 G 从脱氧核糖和磷酸骨架上由于水解作用而脱离。脱嘌呤可以自发发生，也可以由诱变剂诱导。在复制过程中，脱嘌呤位点(apurinic site)没法引入合适的互补碱基，有时会在其互补的链上对应的位置随机引入一个碱基，因此有 75% 的机会导致错误碱基的引入。正常碱基的氨基(—NH₂)能转换成酮基(=O)，这种脱氨基作用(deamination)将改变碱基的正常配对能力。A 脱氨基将形成次黄嘌呤(hypoxanthine, H)，C 脱氨基形成 U。H 与 G 而不是 T 配对，因而将导致 AT→GC 的转换(transition)；U 与 A 而不是 G 配对，导致 GC→AT 的转换(transition)(图 6-17)。

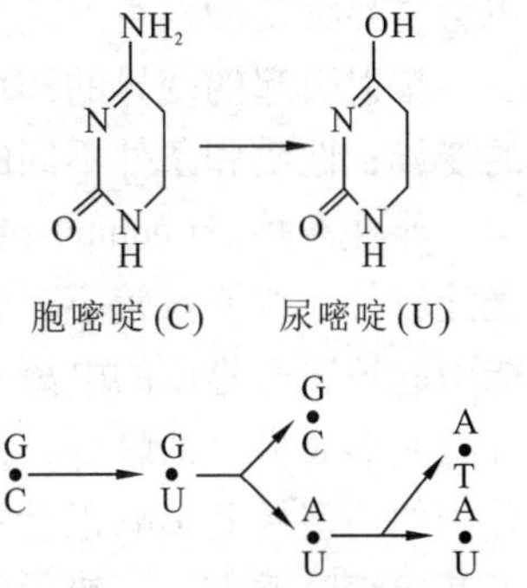

图 6-17 脱氨基的突变效应

此外，还有一类自然损伤是氧化性碱基损伤。活性氧(active oxygen species)如超氧自由基($O_2^-$)，氢氧基(hydroxyl radicals, —OH)和过氧化氢($H_2O_2$)等不仅能对 DNA 的前体(如 GTP)，也能对 DNA 本身造成氧化性损伤，从而引起突变。如 7, 8-二羟基-8-氧代鸟嘌呤，简称为氧代鸟嘌呤(8-oxodG)。8-oxodG 既能与 A 也能与 C 配对，如果在复制时与 A 配对，则产生 GC→TA 的替换(图 6-18)。

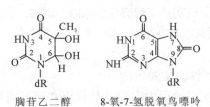

图 6-18 碱基的氧化损伤

#### 6.2.5.2 诱发突变

在自然情况下，突变发生的频率很低。根据基因突变的分子机制，可以采用各种物理和化学方式诱导高频率的突变，获得新种质，这也是遗传育种中较为常用的一种手段。例如，太空椒就是利用了太空中的射线对普通青椒种子进行物理诱变而培育出的新品种。

**(1) 物理诱变作用**

1927 年，马勒证明 X 射线处理可以显著地提高果蝇性连锁隐性致死突变频率。以后相继发现紫外线、γ 射线、α 射线、β 射线、中子、超声波和激光等多种物理因素都有诱变作用。根据作用特点，这些物理因素分为电离辐射和非电离辐射。

电离辐射(ionizing radiation)　电离辐射即高能辐射，能量高达 $10^4 \sim 10^6$ eV，包括带电的粒子射线 α 射线、β 射线，不带电的粒子射线 X 射线和 γ 射线和中子。电离辐射对生物分子的作用包括直接作用和间接作用。电离辐射的射线碰撞 DNA 分子时，射线的高能量使 DNA 分子的某些原子(基团)外围的电子脱离轨道,这些原子释放出高能电子变为带正电荷的离子,这就是初级电离或称为原发电离(primary ionization)。活跃的高能电子高速运动引起途经的其他原子电离,称为次级电离。电离辐射还能引起间接作用,与水和活体组织作用形成离子和自由基,主要是氢自由基(hydroxyl radicals)。活性很强的自由基能攻击 DNA 分子,可以改变一个碱基,但通常造成单链或双链的断裂。虽然由于自发突变存在的影响,极低水平的辐射所引起的突变很难检测到,但是大部分的实验结果还是支持了这样一个原则:电离辐射的与吸收的剂量成长比,没有阈值效应,甚至很低剂量的辐射也会诱导突变的发生。

辐射引起的变异的作用是随机的(无特异性),性质和条件相同的辐射可能引起不同的变异;性质和条件不同的辐射可能引起相同的变异。

非电离辐射(nonionizing radiation)　主要是指紫外线(UV radiation)。紫外线(UV)的光波较长,故能量较小,引起目标分子内的分子振动或促进电子进入较高能级。由于其不能引起被照射物质的电离,是非电离因素。它主要作用于嘧啶,使得同链上邻近的嘧啶核苷酸间形成多价的联合,最常见的是胸腺嘧啶二聚体(thymine dimmer)。二聚体扭曲 DNA 分子的构型从而影响正常的复制过程,导致基因突变的发生。由于紫外线能量较小,限制了其组织穿透力,一般适用于照射微生物和植物的花粉粒。

此外,热会引发水诱导的核苷酸糖和碱基间 N-糖苷键的断裂,这种断裂会形成一个 AP 位点或无碱基位点,且它在嘌呤中发生的频率比嘧啶中要多。剩下的糖-磷酸骨架并不稳定,会迅速降解,在双链 DNA 上留下一个沟。由于细胞内存在有效的修复系统,这种途径不是通常的诱变方式。尽管如此,缺口在某些情况下确实是引起突变的原因。例如,当大肠杆菌的 SOS 修复系统启动时,DNA 复制会不严格遵循碱基互补配对原则,从而引起突变。

**(2) 化学诱变作用**

许多化学试剂能与 DNA 发生作用并改变其化学特性。主要包括:

碱基类似物　是指正常碱基的衍生物,在 DNA 复制过程中它们能替代正常碱基而掺入到 DNA 分子中。一旦这些碱基类似物掺入 DNA 后,由于它们的配对能力不同于正常碱基,便引起 DNA 复制过程中其对应位置上插入不正确碱基。例如,5-溴尿嘧啶(5-bromouracil,5-BU)是胸腺嘧啶(T)的结构类似物,只是 C5 上的 $CH_3$— 被 Br 所取代。Bu 有两种互变异构体(tautomers),一种是酮式结构(第 4 位上有一个酮基),它可以代替 T 而掺入 DNA,并与 A 配对;当 5-BU 发生互变异构成为烯醇式(第 4 位上是一个羟基)后,则优先与 G 配对。当细菌在含有 5-Bu 的培养基中培养时,一部分 DNA 中的 T 便被 Bu(酮式结构)所取代,在 A—T 位置形成 A—Bu 配对。有很少的 5-Bu(酮式结构)会发生互变异构成为烯醇式而在下一轮 DNA 复制中与 G 配对,因此在原来 AT 的位置转换突变成为了 GC。此外,2-氨基嘌呤(2-aminopurine,2-AP)可作为腺嘌呤的类似物而与 T 配对,而质子化的 2-AP 则与 C 配对,因此也产生 AT→GC 或 GC→AT 的转换(图 6-19)。

烷化剂(alkylating agents)　它们都带有一个或多个活泼的烷基,如 $CH_3$— 和 $CH_3$—$CH_2$—,这些烷基能够移到其他电子密度较高的分子中,如氨基和酮基等,使碱基许多位置上增加了烷基,从而多方面改变氢键的结合能力。常用的有甲基磺酸乙酯(ethylmethane sulfonate,EMS)、甲基磺酸甲酯(MMS)、硫酸二乙酯(DES)、乙烯亚胺(EI)和芥子气

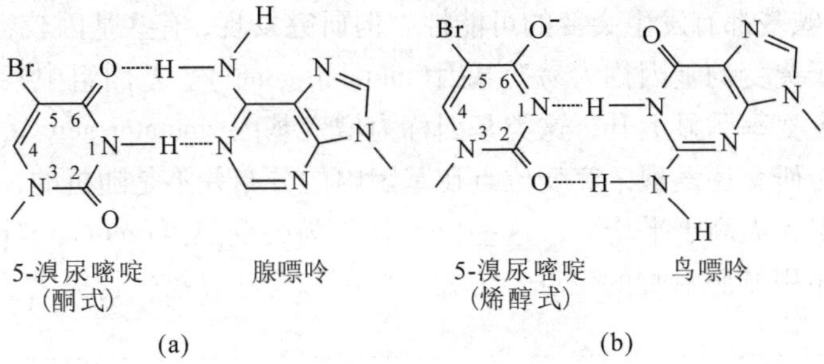

5-溴尿嘧啶　　　腺嘌呤　　　5-溴尿嘧啶　　　鸟嘌呤
（酮式）　　　　　　　　　　（烯醇式）
(a)　　　　　　　　　　　　(b)

**图 6-19　5-溴尿嘧啶的不同配对方式**

(nitrogen mustard，NM)等。例如，EMS 使 G 分子结构中的酮基发生烷化而形成 $O_6$-乙基鸟嘌呤($O_6$-ethylguanine)，它与 T 配对，从而导致受损 DNA 复制时 GC→AT 的转换（图 6-20）。

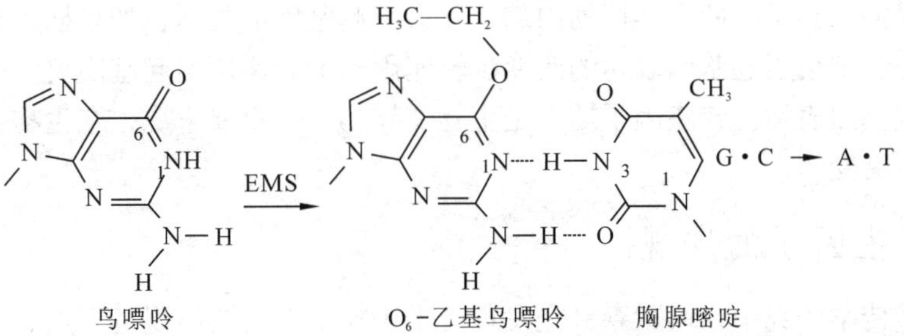

鸟嘌呤　　　　　　　　$O_6$-乙基鸟嘌呤　　胸腺嘧啶

**图 6-20　甲基磺酸乙酯的诱变机制**

**脱氨基**(deaminating agents)　亚硝酸($HNO_2$)等化学试剂也能如自然损伤一样引起脱氨基从而导致突变的发生。

**嵌入剂**(intercalating agents)　是另一类重要的化学诱变剂，主要包括吖啶类染料如吖啶橙(acridine orange)、原黄素(proflavin)等，另还有溴化乙锭(ethidium bromide，EB)。这些分子的化学结构都是扁平的，它们能插入到 DNA 双螺旋双链或单链的两个相邻的碱基之间，这个过程称为嵌入(intercalation)。嵌入剂的嵌入使相邻两个碱基之间的间距加大，导致 DNA 聚合酶在嵌入分子的对侧即新合成 DNA 链增加一个碱基。此外，嵌入分子的存在可能引起 DNA 模板的扭曲，导致 DNA 聚合酶跳过一个核苷酸。因此，嵌入剂会引起阅读框(open reading frame，ORF)的改变，导致移码突变（图 6-21）。

人工诱发突变可以几十倍、几百倍甚至上千倍地提高突变频率，因而诱发突变是创造遗传实验材料的一种重要手段，也是生物育种的一条重要途径。了解突变发生的规律对于生物进化研究和生物育种都具有重要意义。理论上，

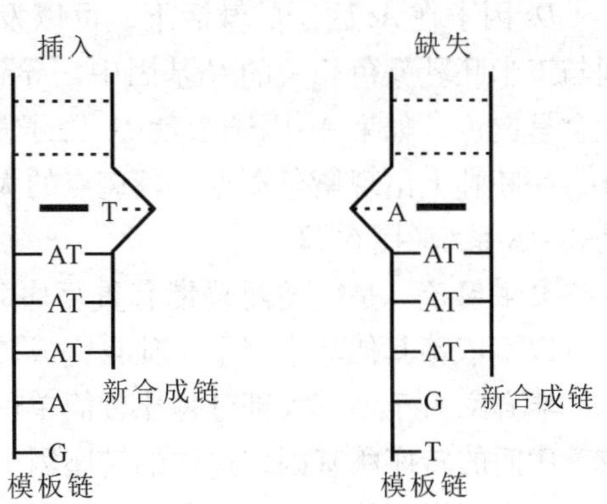

**图 6-21　嵌入剂的作用机制**(引自王镜岩，2002)

组成 DNA 的所有碱基都有发生突变的可能性。但研究发现，有些基因较容易发生突变，这种比一般基因易于突变的基因称为易变基因（mutable gene）。基因组中某些基因的突变可使整个基因组的突变率明显上升，这类基因称为增变基因（mutator gene），如 DNA 聚合酶的基因发生突变。研究还发现，突变位点在基因内的分布并不是随机的，某些位点上突变型很多，其突变率大大高于平均数，这些位点就称为突变热点（mutation hotspot）。含有某些化学修饰，如 5-甲基胞嘧啶的位点，为大肠杆菌和有些真核生物提供了突变热点。

## 6.3 转座因子

转座因子是指生物体基因组中能从一个位置移动到另一个位置的一段 DNA 序列。转座因子的共同特点是两端都具有重复序列，中间具有转座酶基因序列。转座的发生是通过转座子两端的 DNA 序列与宿主 DNA 序列发生重组来实现的。转座因子插入的位点往往是随机的，如果插入到基因的表达序列内部，就会引起基因的失活；如果插入到基因的表达调控序列部位，则会引起基因表达的改变。转座因子的转座可引起基因突变或者染色体重排，从而影响基因表达。转座因子插入是生物变异的一个重要来源，在生物实验中也常常利用它来产生突变体。

### 6.3.1 转座因子的发现

在玉米遗传学研究中，埃默森最先发现玉米子粒上有时会出现斑斑点点的现象，他猜测基因的不稳定性是可能的原因，但终究没得到确切的答案。20 世纪 40 年代，麦克琳托克在研究玉米色素斑形成时发现了一种不同寻常的现象，在某一个品系中，9 号染色体在某一位点断裂的非常频繁。她推断染色体在此位点断裂是由于两个遗传因子的存在，一个位于断裂位点，称为 $Ds$，另有一个遗传因子促使 9 号染色体在 $Ds$ 位点断裂，这个遗传因子称为 $Ac$。麦克琳托克开始假设 $Ac$ 和 $Ds$ 事实上是可以移动的遗传因子，因为她发现根本无法定位 $Ds$ 因子。在部分植株中，$Ds$ 因子位于某一位点，而在同一品系的另外一些植株中，$Ds$ 因子又位于另外一个位置。根据这些现象与大量的遗传学和细胞学研究结果，麦克琳托克在 1951 年提出了基因组中存在可移动遗传因子的假说。

$Ds$ 因子在 $Ac$ 因子的激活下，可以发生移动，插入到其他基因中。如果 $Ds$ 因子插入到与玉米胚乳颜色相关的 $C$ 基因中，导致 $C$ 基因失活，阻断了紫色素合成的途径，胚乳就会呈白色；如果 $Ac$ 因子激活 $Ds$ 因子从 $C$ 基因中转出，则会发生回复突变，产生紫色素，使胚乳上出现紫色斑点，且斑点的大小取决于发生回复突变的细胞分裂的次数，这就是 $Ac$-$Ds$ 系统（图 6-22）。

**自主因子** 是一类两端带有重复序列，并且中间带有一段转座酶基因的 DNA 片段。它可以不依赖其他转座因子，独自完成转座过程。

**非自主因子** 其大部分是比较简单的 DNA 片段，它们只有两端的反向重复序列，而缺乏中间的转座酶基因，这样的转座因子必须在转座酶的帮助下才能实现转座。

如上面提到的 $Ac$-$Ds$ 系统中，$Ac$ 因子的两端带有反向重复序列，并且本身可以编码转座酶，在转座酶的作用下，$Ac$ 因子就可以实现转座。而 $Ds$ 因子只是一段两端带有反向重

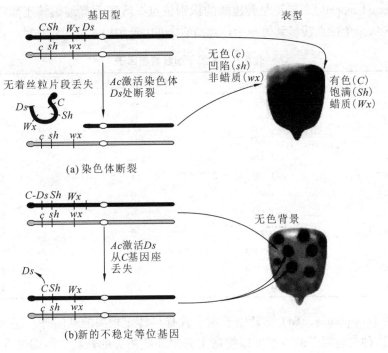

**图 6-22　Ds 转座导致玉米子粒斑点表现**（引自 Griffiths 等，2009）

(a) Ds 位于杂合的一条同源染色体的着丝粒与一系列显性标记之间，另一条同源染色体缺乏 Ds 而有几个隐性基因，在 Ds 处断裂产生携带显性标记的无着丝粒片段而丢失，故同源染色体上隐性基因表达，子粒产生无色扇形

(b) Ds 插入 C 基因后子粒为无色，当 Ac 激活 Ds 从 C 基因切离后，则子粒出现有色斑点，而且斑点的大小取决于产生它的细胞的分裂次数

复序列的 DNA 片段，本身不能编码转座酶，必须依赖 Ac 因子表达的转座酶才能实现转座，如果没有其他可以产生转座酶的遗传因子存在，Ds 因子只能在染色体的某个部位原地不动。另外，玉米的 En-Spm 系统也是一对自主与非自主转座因子的组合系统。

虽然转座因子由麦克琳托克在玉米中发现，但由于当时人们普遍难以理解这个超前的发现，因此没有受到应有的重视。直到后来证实在细菌等生物中也存在转座因子，才引起普遍重视，麦克琳托克在 1983 年被授予诺贝尔奖。经现代科学研究发现在已知的所有生物体中都存在转座因子。近年来的基因组研究结果表明人类基因组序列的大概一半是转座因子，转座因子约占水稻基因组组成的 35%，而占玉米基因组组成的 70% 以上。

## 6.3.2　转座因子的结构特性

### 6.3.2.1　原核生物的转座因子

根据分子结构和遗传性质可将原核生物中的转座因子分为插入序列、转座子、转座噬菌体等类型。

**插入序列（insertion sequence，IS）**　插入序列是最简单的转座元件，因为最初是从细菌的乳糖操纵子中发现了一段自发的插入序列，阻止了被插入的基因的转录，所以称为插入序列（IS）。大部分 IS 的序列为 0.7~1.8kb，它们的末端具有一段长 10~40 个碱基的倒位重复(inverted repeats)，这正是转座酶的识别位点。IS 序列都编码转座酶(transposase)，这种酶是 IS 从一个位点转移到另一个位点所必需的(表 6-1)。

表 6-1　IS 因子细菌转座因子

| 名称 | 长度(bp) | 靶 DNA 重复(bp) | 末端反向重复(bp) |
|---|---|---|---|
| IS*1* | 768 | 9 | 18/23 |
| IS*2* | 1 327 | 5 | 32/41 |
| IS*3* | 1 300 | 3 或 4 | 32/38 |
| IS*4* | 1 426 | 11 或 12 | 16/18 |
| IS*5* | 1 195 | 4 | 15/16 |
| IS*10*-R | 1 329 | 9 | 17/22 |
| IS*50*-R | 1 531 | 9 | 8/9 |
| IS*913*-R、L | 1 050 | 9 | 18/18 |
| IS*102* | 约 1 000 | 9 | 18/18 |
| IS*R1* | 约 1 100 | 未测 | 未测 |
| IS*8* | 约 1 150 | 未测 | 未测 |

**转座子(Transposons, Tn)**　转座子除了含有与转座相关的基因外，还含有抗药性等其他基因，这种转座因子的转座可以使宿主获得某些相关的性状。两端带有 IS 因子的转座子称为复合型转座子，如 Tn5、Tn10。

还有一类体积庞大的转座子称为 TnA 家族，它们两端没有 IS 因子，但有反向重复序列。例如，Tn3 两端不含 IS 因子，只是有短的重复序列。除了有氨苄青霉素抗性基因外，还有转座酶基因和一个编码阻遏物的调节基因。

转座子可以赋予宿主一定的表型，因此，人们也可以利用这一点来判断某一质粒上是否有转座子(表 6-2)。

表 6-2　Tn 的特征

| 转座子 | 抗性标记 | 长度(bp) | 反向重复序列中共同的序列(bp) | 靶 DNA 中产生的重复序列的大小(bp) |
|---|---|---|---|---|
| Tn*1*，Tn*2*，Tn*3* | 氨苄青霉素 | 4 975 | 38 | 5 |
| Tn*4* | 氨苄青霉素、链霉素、磺胺 | 205 000 | 短 | 含 Tn3 |
| Tn*5* | 卡拉霉素 | 5 400 | 8/9 | 9(Tn5 的每一端都由插入序列 IS*50* 按相反方向构成) |
| Tn*6* | 卡拉霉素 | 4 200 | | |
| Tn*7* | 三甲氧苄二氨嘧啶、链霉素 | 14 000 | | |
| Tn*9* | 氯霉素 | 2 638 | 18/23 | 9(Tn9 的每一端都是同向插入序列 IS*1*) |
| Tn*10* | 四环素 | 9 300 | 17/23 | 9(Tn10 的每一端都按相反方向构成的插入序列 IS*10*) |

**转座噬菌体**　Mu 噬菌体是一种溶源性噬菌体，也是一种 DNA 转座子。当 Mu 噬菌体侵染到宿主细胞体内时，会通过复制型转座作用将自己的 DNA 转座到宿主的染色体上。

它是一种高效的转座子,转座能力非常强,当细胞内有一个拷贝的 Mu 噬菌体 DNA 插入后,细胞就会频繁地发生新的突变。

#### 6.3.2.2 真核生物的转座因子

按照转座方式的不同,真核生物转座因子可分成两类:Ⅰ型转座因子,又称为反转录转座因子(retrotransposons);Ⅱ型转座因子,又称为 DNA 转座子。

**反转录转座子**  首先 DNA 转录为 RNA,在反转录酶的作用下合成 DNA,反转录的 DNA 插入基因组实现 DNA 的移动。反转录转座子包括具有长的末端重复(long terminal repeats,LTRs)和没有 LTRs 但以 poly(A)序列为末端的反转录转座子(non-LTR retrotransposons,也称 LINES element)两种。这两种因子在禾本科植物中普遍存在且有较大丰度。玉米基因组中至少 50% 由反转录转座子组成,反转录转座子是在过去 300 万年内插入的,使玉米的基因组扩大了 3~5 倍。非 LTR 型的反转录转座子有长散布重复序列元件(long interspersed repetitive elements,LINE)和短散布重复序列元件(short interspersed repetitive elements,SINE)两种。

LTR 型反转录转座子在其末端含有两个长 LTR,其中含有与反转录转座子转录相关的启动子和终止子。转座子内主要包含核心蛋白基因(gag)、酶基因区域(pol)和整合酶基因(int)3 个基因。*gag* 编码与反转录转座 RNA、蛋白质产生及包装有关的蛋白质;*pol* 编码反向复制或转座所需的反向转录酶和 RNase H;*int* 基因编码使 DNA 发生转座而插入染色体的整合酶。非 LTR 型反转录转座子比 LTR 型简单得多,其两端不含 LTR。LINE 也有 *gag* 和 *pol* 基因,但缺少编码整合酶基因,如人类基因组中的 LINE1 因子;SINE 不能编码任何与转座功能有关的蛋白质,但是可以依赖宿主中的反转座酶实现转座,如人类的 Alu(图 6-23)。

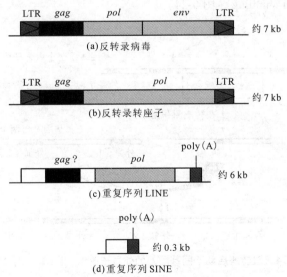

**图 6-23  4 种反转录转座因子结构比较**

(a)反转录病毒和(b)反转录转座子均含有长末端重复序列,归于 LTR 一类,只是后者缺编码外壳蛋白的基因(*env*)  (c)LINE 和(d)SINE 为非 LTR 反转座因子,两者在 3′端均有 poly(A)区

**DNA 转座子** 真核生物中发现的一些转座因子，它们的转座机制类似于细菌，像前面提到过的 IS 序列和转座子，转座的 DNA 片段可能是转座因子本身，也可能是转座因子的拷贝，以这种形式转座的转座因子称为 DNA 转座子。如玉米中 *Ac-Ds* 控制系统就是 DNA 转座子。果蝇中的 P 因子是第一个在分子水平上得到鉴定的 DNA 转座子。真核生物中还存在着许多 DNA 转座子，如玉米的 *Spm-dSpm* 系统，果蝇的 copia、Tip、FB 等。

转座子的进化及其对基因组产生的效应是当今基因动态领域研究的重要内容。转座子在生命体的所有分支领域均有发现，它们可能起源于共同祖先，也可能分别多次独立的出现，或者拥有同一起源然后通过横向基因转移散播到各个物种中。

### 6.3.3 转座因子的遗传学效应和应用

#### 6.3.3.1 转座因子的遗传学效应

转座因子在基因组中的转座很可能会引起基因表达的改变。研究发现果蝇所发生的自发突变中，一半以上是由转座因子所造成的。转座因子转座所产生的遗传学效应可以归结为如下几个方面：

**引起插入突变** 转座因子可以引起插入突变，如果插入基因的表达区域，可能导致基因失活；如果插入基因表达调控区域，则可能引起基因表达的变化。由于很多反转录转座子都含有增强子，所以在反转录转座子插入的位点附近的基因往往被诱导高表达。

**产生新基因** 有的转座因子带有抗性基因，它的插入不仅会引起插入突变，而且在这一位点还会出现一个新的基因，使宿主获得某种抗药性。另外，当两个相似的转座因子整合到染色体的相近位置，则位于它们之间的序列有可能被转座酶作用而转座，如果此 DNA 序列中含有外显子，则被切离而可能插入另一基因中从而产生新的基因，这种效应称为外显子改组（exon shuffling）（图 6-24）。

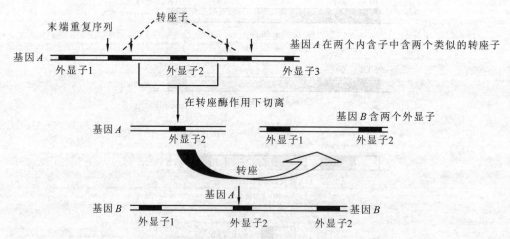

**图 6-24 双转座启动不同基因部的外显子改组**（引自李振刚，2002）

**造成插入位置上受体 DNA 形成正向序列** 不同的转座因子转座酶识别切开位点不同而造成重复碱基对数不同，如 3/IS3、5/Tn3、9/Tn10 等。

**引起染色体结构变异** 主要引起染色体缺失、倒位等畸变。例如，转座因子从原来位置切离时，准确的切离可以使原来突变的基因发生回复突变，如果切离不准确则可能造成点突变或引起染色体畸变(图6-25)。

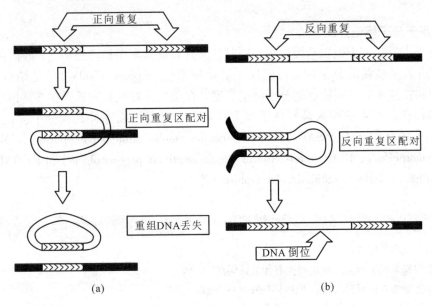

图 6-25　染色体结构变异
(a)缺失　(b)倒位

由于转座因子可以携带其他基因进行转座，形成重新组合的基因组，以及通过转座形成的大片段插入、缺失、倒位等均会造成新的变异。这些由转座因子引起的遗传效应可以使生物体发生众多变异，该变异可能在严酷的环境条件下提高生物的生存能力。转座子是生物基因组中重要的组成部分，对于基因组组成进化和基因表达调控等都具有重要意义。

#### 6.3.3.2　转座因子的应用

转座因子除了本身的遗传学效应外，还是遗传学研究中一个很有用的工具，在遗传育种上也有着重要应用。一方面，转座因子转座会在靶位点引起基因序列的变化从而引起基因结构和功能突变。另一方面，某些转座因子可能是调节基因活动的开关，如玉米的 $Ac$-$Ds$ 系统，花斑类型是 $Ac$ 和 $Ds$ 等多个基因相互作用的结果，其中 $Ac$ 起调节因子的作用，$Ds$ 起调节基因的作用。因此，转座因子插入是创造突变体的重要手段。转座因子可作为基因定位的标记，用于筛选插入突变和基因克隆等方面的研究，而且随着研究的深入应用越来越广泛。

**(1) 基因克隆**

转座子标签法(transposon tagging)是一种有效的基因克隆技术，广泛应用于植物基因的分离和克隆，其基本原理是：当内源或外源转座子插入到植物基因组中某个位置后，会造成插入位点基因或邻近基因的突变，导致表型变化，最终形成突变体植株。利用转座子上的已知序列设计探针或引物就可以从突变体的基因组中筛选到突变的基因，再通过一系列遗传分析和分子生物学等手段证实克隆到的基因与表型变化的关系。Federoff 等首次用转座子标签法从玉米中分离出 bronze 基因。Chuck 等用玉米的 *Ac* 转座子从矮牵牛中成功地克隆了一个花色素苷合成基因,这是第一个利用外源转座子在异源宿主中分离克隆基因的例子。

**(2) 用于分子标记开发**

转座子广泛分布于植物基因组中,同时它又具有重复末端和转座酶等,因而可以根据这些特点开发一些新的分子标记。转座子展示技术(transposon display)就是结合了 AFLP 分子标记和转座子的序列特点的分子标记类型。在染色体着丝粒附近存在着其他分子标记检测的"盲点",而着丝粒区是转座子富集区域,它正好可以弥补其他分子标记的不足。基于转座子的标记还有 S-SAP(sequence-specific amplification polymorphism),IMP(inter-MITE polymorphism),IRAP(inter-retrotransposon amplified polymorphism)和 REMAP(retro-transposon-microsatellite amplified polymorphism)等。

## 思考题

1. 简述基因概念的发展。
2. 原核生物和真核生物基因表达调控有什么异同点?
3. 原核生物基因表达调控"经济"原则体现在哪些方面?
4. 真核生物基因表达调控的主要途径有哪些?
5. 基因突变的分子基础是什么?
6. 植物突变鉴定包括哪些方面的内容?
7. 突变发生的来源有哪些?
8. 转座因子的遗传效应是什么?
9. 转座因子的应用有哪些?

## 主要参考文献

陈志伟,吴为人. 2004. 植物中的反转录转座子及其应用[J]. 遗传, 26(1):122-126.

戴朝曦. 1998. 遗传学[M]. 北京:高等教育出版社.

戴灼华,王亚馥,粟翼玟. 2008. 遗传学[M]. 2 版. 北京:高等教育出版社.

李振刚. 2008. 分子遗传学[M]. 3 版. 北京:科学出版社.

刘庆昌. 2009. 遗传学[M]. 2 版. 北京:科学出版社.

王亚馥,戴灼华. 1999. 遗传学[M]. 北京:高等教育出版社.

王亚馥,粟翼玟,袁妙葆,等. 1990. 遗传学[M]. 兰州:兰州大学出版社.

谢兆辉. 2010. 基因概念的演绎[J]. 遗传, 32(5):448-454.

杨业华. 2000. 普通遗传学[M]. 北京:高等教育出版社.

ANTHONY J F GRIFFITHS, SUSAN R WESSLER, RICHARD C LEWONTIN, et al. 2008. Introduction to Genetic Analysis[M]. 9th ed. New York:W. H. Freeman and Company.

GERSTEIN M B, BRUCE C, ROZOWSKY J S, et al. 2007. What is a gene, post-ENCODE[J]. History and updated definition. Genome Res, 17(6):669-681.

GIDNEY L. 2007. Earliest Archaeological Evidence of the Ancon Mutation in Sheep from Leicester[J]. UK. International Journal of Osteoarchaeology. 17:318-321.

PEARSON H. 2006. What is a gene[J]. Nature, 441(7092): 398-401.
PORTIN P. The Origin. 2000. Development and Present Status of the Concept of the Gene: A Short Historical Account of the Discoveries[J]. Current Genomics, (1): 29-40.
SUSAN ELROD, WILLIAM STANSFIELD. 2004. 遗传学[M]. 田清涞，等译. 北京：科学出版社.

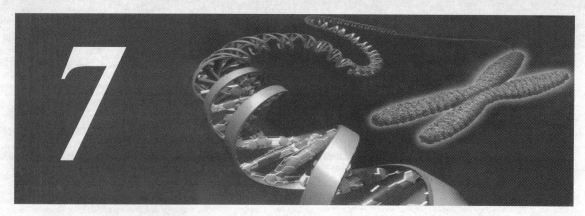

# 染色体畸变

染色体作为遗传物质的主要载体，在细胞分裂过程中能够准确地自我复制、均等地分配到子细胞中，以保持染色体形态、结构和数目稳定。然而染色体也同它所载的基因一样，稳定只是相对的，变异则是绝对的。在生物或理化等因素影响下染色体不仅可能发生结构上的变异，而且也能发生数目上的变异。这些改变将导致遗传信息的改变，最终表现为生物性状的变异。通过本章的学习应该掌握染色体变异的类型及遗传效应，染色体变异发生的机理，了解染色体变异在遗传育种实践中的作用。

染色体作为遗传物质的主要载体，在细胞分裂过程中能够准确地自我复制，均等地分配到子细胞中，从而保证了染色体形态、结构和数目的稳定。但染色体同基因一样，稳定是相对的，变异是绝对的，在生物或理化等因素作用影响下染色体将可能发生变异。染色体变异（chrornosomal variation）又称为染色体畸变（chromosomal aberration），它又包括染色体结构变异（variation in chromosome structure）和染色体数目变异（variation in chromosome number）2种类型。

## 7.1 染色体结构变异

### 7.1.1 染色体缺失

#### 7.1.1.1 缺失的类型和产生

缺失（deficiency，deletion）是指染色体断裂后发生错接时，丢失了原有的某一区段（带有的基因一起丢失）。失去原有某一区段的染色体称为缺失染色体。如果缺失的区段在染色体的一端，则称为顶端缺失（terminal deficiency），它是1917年布里奇斯（C. B. Bridges）首先发现的。布里奇斯在培养的野生型果蝇中偶然发现一只翅膀边缘有缺刻的雌蝇。研究证明，它的产生是由于果蝇X染色体上一小段包括红眼基因在内染色体的缺失。如果缺失的区段发生在染色体两臂的内部，称为中间缺失（interstitial deficiency）。

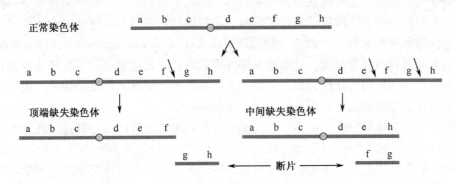

图 7-1　缺失的类型与形成(引自刘庆昌，2007)

例如，某染色体各区段的正常直线顺序是 abc·defgh("·"代表着丝粒)，缺失"gh"区段就成为顶端缺失染色体；缺失"fg"区段就成为中间缺失染色体。缺失的"gh"或"fg"区段无着丝粒，称为断片(fragment)(图 7-1)。

染色体在缺失了某臂的外端之后，形成一个有着丝粒的片段和一个无着丝粒的片段。其中的无着丝粒片段，在后来的细胞分裂过程中，由于不能移向两极而丢失。有着丝粒的片段由于断裂黏性末端不稳定，存在 3 种可能的前途：①与原来的断裂片段的黏性末端重新愈合，不产生染色体结构变异；②与另一个有着丝粒的片段愈合形成双着丝粒染色体(dicentric chromosome)。双着丝粒染色体在细胞分裂的后期，多数因受 2 个着丝粒相反方向移动形成的拉力而折断，再次造成结构变异而不能稳定存在；③在复制以后，姊妹染色单体在断裂末端愈合，同样形成双着丝粒染色体，必然在后续的细胞分裂中产生更为严重的断裂和结构变异，最终导致细胞或个体的死亡，一旦死亡，变异就被淘汰。所以，末端缺失染色体因它的不稳定性而极为罕见。

染色体一条臂上产生 2 次断裂，重接时将中间区段排除在外，就会形成中间缺失染色体。由于缺失的染色体没有外露的黏性末端而比较稳定，所以常见的缺失染色体多是中间缺失。除了染色体断裂之外，减数分裂时异常的不等交换也可产生染色体缺失。

如果按照同源染色体的组成来划分，则缺失类型可分为缺失纯合体(deficiency homozygote)和缺失杂合体(deficiency heterozygote)。某一对同源染色体的 2 条染色体在相同的区段缺失或不同区段缺失，称为缺失纯合体。一对同源染色体中，其中一条正常，另一条缺失的称为缺失杂合体。缺失纯合体丢失了缺失区段内的基因，缺失杂合体减少了缺失区段内的基因剂量。

### 7.1.1.2　缺失的细胞学鉴定

在发生缺失的当代细胞进行分裂时，后期可以观察到遗留在赤道板附近的无着丝粒的断片，但随着细胞世代的增加，无着丝粒的断片将从子代细胞中消失，人们只能根据缺失杂合体在减数分裂过程中染色体的联会情况加以鉴别。

顶端缺失杂合体形成的二价体中，在缺失的区段较长的情况下，可观察到非姊妹染色单体的末端长短不等。

顶端缺失染色体可能形成双着丝粒染色体，细胞分裂后期如果两个着丝粒分别被牵引向两极，着丝粒之间的区段将形成连接两极的染色体桥，并且被再次拉断形成新的不稳定断头。这一过程被称为断裂—融合—桥循环（breakage-fusion-bridge cycle），因为它会在每一次细胞分裂过程中反复出现。具有断头姊妹染色单体间彼此靠近，发生断头融合并形成断裂—融合—桥循环的可能性很高。如果一条染色体两个臂都发生顶端缺失，还可能发生两端的断头相互连接形成环状染色体（ring chromosome）。

中间缺失杂合体形成的二价体中，与缺失区段同源的正常区段会被排斥在外面，形成环状或瘤状突起，称为"缺失圈"或"缺失环"（图 7-2）。但这个判断并不十分可靠，因为重复杂合体的二价体也会表现类似的环和瘤，所以除了检查二价体突出的环和瘤以外，还必须参照染色体的正常长度、染色粒和染色节的正常分布、着丝粒的正常位置等进行比较鉴定。细胞学鉴定顶端缺失和微小的中间缺失都是比较困难的。

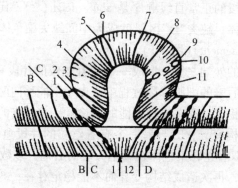

**图 7-2  "缺翅"杂合型果蝇幼虫唾液细胞已经联会的 X 染色体上的 1 个缺失环**（引自李惟基，2007）

图中只示出了染色体对的 1 个短的节段，即大段 3 的小分段 C 及其邻近部分

下面 1 条染色体从横纹 3C2 到横纹 3C11 都缺失了

如果缺失区段微小，缺失杂合体也可能并不表现明显的细胞学特征。因此，进行微小缺失的细胞学鉴定非常困难，需要借助更精细的细胞学、分子细胞学技术，如染色体显带（banding）、原位杂交（in situ hybridization）等，并结合类似突变基因遗传分析的程序才能完成。缺失纯合体在减数分裂过程中不会出现二价体配对异常现象。

### 7.1.1.3 缺失的遗传效应

染色体的某一区段缺失意味着该区段上载有的基因也随之丢失或剂量减少，从而有可能破坏长期进化过程中形成的遗传平衡，产生异常的遗传效应。

**(1) 缺失的致死效应**

基因的丢失或剂量减少通常有害于生物体的生长和发育，其有害程度因缺失区段内基因数的多少及其重要性的大小而不同。在高等生物中，缺失纯合体通常是很难存活的，在缺失杂合体中，若缺失区段较长，或缺失区段虽不很长，但缺少了对个体发育有重要影响的基因时，通常也是致死的。只有缺失区段不长，且又不含有重要基因的缺失杂合体才能生存，但生活力也很差。在人类中发现的"猫叫综合征"就是缺失杂合体的表现，缺失的是第 5 染色体短臂的一个很小区段（图 7-3），最明显的特征是患儿因喉肌发育不良导致哭

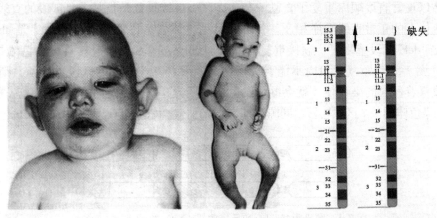

图 7-3　人类第 5 染色体短臂顶端缺失引起"猫叫综合征"（引自刘庆昌，2007）

声轻，音调高，如同猫叫，头颅小，生长缓慢，智力迟钝，通常在婴幼儿期即会夭折。

**(2) 假显性现象**

存活的缺失杂合体有时出现假显性现象（pseudodominance）。例如，麦克琳托克曾经做过的一个实验，以纯合绿茎（$plpl$）玉米为母本，与纯合紫茎（$PlPl$）玉米杂交，正常情况下子一代全部是紫茎，由此证明紫茎对绿茎为显性。但是，她在授粉前用 X 射线照射父本花粉时，发现 $F_1$ 中出现个别绿茎，这种遗传效应称为假显性。进一步研究发现，$Pl$ 基因位于玉米第 6 染色体外端，X 射线照射可导致部分花粉发生第 6 染色体外段缺失，这类花粉受精结合产生的后代中 $Pl$ 基因丢失，来自母本的 $pl$ 呈半纯合状态，所以，植株表现为绿色（图 7-4）。

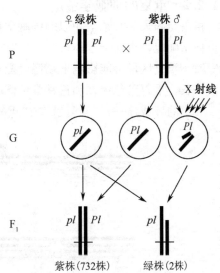

图 7-4　玉米植株颜色的假显性现象
（引自刘庆昌，2007）

**(3) 缺失染色体的传递**

植物中含缺失染色体的配子体一般是败育的，花粉尤其如此，胚囊的耐性比花粉略强些。含缺失染色体的花粉即使不败育，在授粉和受精过程中，也竞争不过正常的雄配子。因此，植物的缺失染色体主要是通过雌配子胚囊传递。

## 7.1.2　染色体重复

### 7.1.2.1　重复的类型和产生

染色体发生断裂和错接后增加了自己某一区段的现象称为重复（duplication）。重复可归纳为顺接重复（tandem duplication）和反接重复（reverse duplication）两大类型。顺接重复指染色体以正常直线顺序重复了自己的某一区段。反接重复是指某重复区段的直线顺序与它在染色体上的正常直线顺序相反。例如，某染色体各区段的正常直线顺序是 abc·defghi，倘若"def"区段重复了，顺接重复染色体是 abc·defdefghi，反接重复染色体是 abc·deffedghi（图 7-5）。重复区段内不能有着丝粒，如果着丝粒所在的区段重复了，则重复染色体变成双着丝粒的染色体，就会继续发生结构变异，很不稳定。重复和缺失总是伴随出现的，某染色体的一个区段转移给同源的另一个染色体之后，它自己就成为缺失染色体了。

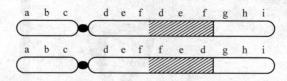

图 7-5　顺接重复（上）和反接重复（下）(引自李惟基，2007)

按照同源染色体组成的不同，又可将重复个体分为重复杂合体和重复纯合体。重复杂合体的同源染色体组成包括两种情况，一是由正常染色体和重复染色体组成；二是由重复区段不同的染色体组成。重复纯合体的同源染色体由重复区段相同的一对染色体组成。

#### 7.1.2.2　重复的细胞学鉴定

重复与缺失具有某些相似的细胞学特征。重复的存在通常需要通过镜检重复杂合体的二价体来确定，重复杂合体减数分裂时联会表现为（图 7-6）：①在染色体末端非重复区段较短时，重复区段可能影响末端区段配对，可能形成二价体末端不等长突出；②如果重复区段较长，重复染色体在和正常染色体联会时，重复区段就会被排挤出来，形成二价体的一个突出的环或瘤——"重复圈"或"重复环"。要注意不能与缺失杂合体的环或瘤混淆，

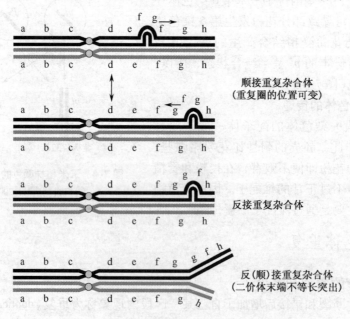

图 7-6　重复杂合体染色体联会(引自刘庆昌，2007)

二者需要参考染色体长度、带型、横纹、着丝点的位置等特征及性状变异加以区别;③如果重复区段极短,联会二价体可能就不会有环或瘤突出。因此,微小片段重复的细胞学鉴定是比较困难的,往往难以与具有遗传效应的基因突变区分。

### 7.1.2.3 重复的遗传效应

重复染色体重复区段上的基因数目增加,有可能改变生物进化过程中长期形成的遗传平衡,从而产生相应的遗传效应。过长区段重复或带有某些特殊基因的片段重复也会严重影响生活力、配子育性,甚至引起个体死亡。重复还能导致基因在染色体上的相对位置改变、重复区段两侧基因间连锁强度降低。重复也是生物进化的一种重要途径,它导致染色体 DNA 含量增加,为新基因产生提供材料。

**(1) 重复的剂量效应**

重复个体的性状变异因重复区段载有的基因不同而异。某些基因可能表现出剂量效应(dosage effect),即随着细胞内基因拷贝数增加,基因的表现能力和表现程度也会随之加强,因此,细胞内基因拷贝数越多,表现型效应就越显著。剂量效应一个经典的例子来自果蝇的眼色遗传。果蝇的眼色有朱红色($V$)和红色($V^+$)的差异,$V^+$为$V$的显性。$V^+V$基因型的眼色是红的。当$V$基因所在的染色体区段重复,杂合体($V^+VV$)却表现为朱红眼,这就是说,2个隐性基因的作用超过自己的显性等位基因,改变了原来的一个隐性基因与一个显性基因的平衡关系。既然2个$V$的作用比1个$V^+$的作用显著,说明基因的作用有剂量效应,即细胞内某基因出现的次数越多,表现型效应就越显著。

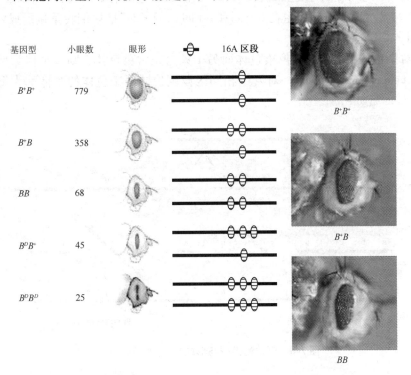

图 7-7 果蝇染色体 16A 区段的遗传效应(引自刘庆昌,2007)

果蝇的棒眼遗传是剂量效应的另一个例子，野生型果蝇的每个复眼大约由 780 个的红色小眼所组成，眼面呈椭圆形，果蝇第 1 染色体（X 染色体）的 16A 区段重复具有降低复眼中小眼数量，使眼面呈棒眼的效应，并且随 16A 区段重复数量增加小眼数量减低的效应也会加强。用 $B^+$ 表示野生型 X 染色体 16A 区段、$B$ 表示 16A 区段重复（棒眼）、$B^D$ 表示具有 3 个 16A 区段（重棒眼），各种基因型对应眼形如图 7-7 所示，重复杂合体（$B^+B$）小眼数约为 358 个，复眼眼面缩小，近似粗棒状（杂合棒眼）；重复纯合体（$BB$，棒眼）小眼数约为 68 个，眼面缩成棒状；重棒眼（$B^DB^D$）小眼数仅为 25 个，眼面进一步缩小。

**（2）重复的位置效应**

对果蝇棒眼的深入研究，还揭示了基因作用的另一个重要效应——位置效应（position effect）。即基因的表现型效应会随其在染色体上的位置不同而改变。图 7-7 中棒眼（$BB$）与杂合重棒眼（$B^DB^+$）均有 4 个 16A 区段，然而 $B^DB^+$ 的小眼数比 $BB$ 更少。这是由于重复区段的位置不同，表现型的效应不同。

### 7.1.3 染色体倒位

#### 7.1.3.1 倒位类型和产生

倒位是指染色体的某一区段的正常直线顺序颠倒了。倒位区段不包含着丝粒的中间区段倒位称为臂内倒位（paracentric inversion）。倒位区段包含着丝粒的倒位称为臂间倒位（pericentric inversion）。如图 7-8 所示，某染色体各区段的正常直线顺序是 abc·defgh，分别在长臂的 d-e 间和 g-h 间发生断裂，"efg" 区段倒转重接后形成臂内倒位染色体（abc·dgfeh）；如果 2 次断裂分别发生在 b-c 间和 e-f 间，"c·de" 区段倒转重接形成臂间倒位染色体（abed·cfgh）。

若某对染色体中 1 条为倒位染色体而另 1 条为正常染色体，则该个体为倒位杂合体（inversion heterozygote）；含有一对发生相同区段倒位同源染色体的个体称为倒位纯合体（inversion homozygote）。

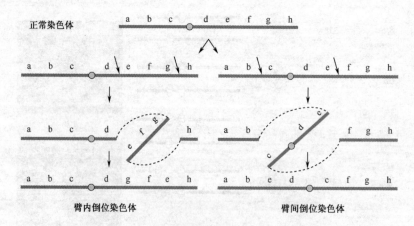

图 7-8　倒位的类型与形成（引自刘庆昌，2007）

### 7.1.3.2 倒位的细胞学鉴定

**(1) 臂间倒位**

臂间倒位纯合体中，一对同源染色体的着丝粒位置发生了变化，因此，在观察体细胞有丝分裂时，可根据染色体臂比的变化来发现这种变异。在倒位杂合体中，可在减数分裂染色体联会时观察到以下现象。①形成倒位圈：当倒位区段较长时，则倒位染色体与正常染色体所联会的二价体就会在倒位区段内形成"倒位圈"，倒位圈不同于缺失杂合体和重复杂合体的环或瘤，后二者是单个染色体形成的，前者是由一对染色体形成的；②倒位段不联会：当倒位区段很短时，只有正常区段联会；③正常区段不联会：当倒位区段极长时，倒位染色体就可能反转过来，使其倒位区段与正常染色体的同源区段进行联会，于是二价体的倒位区段以外的部分就只得保持分离(图7-9)。

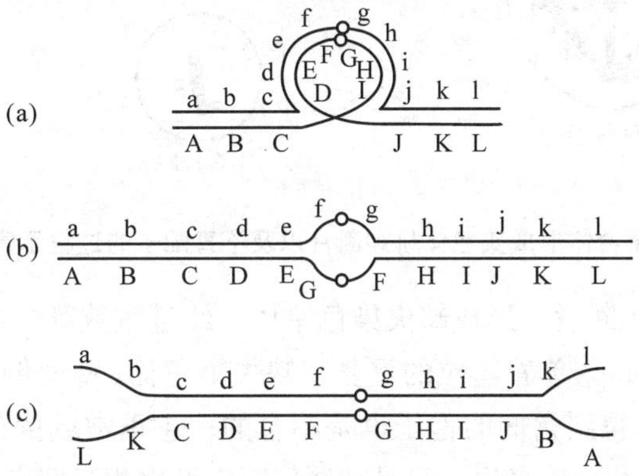

**图7-9 倒位段长度不同的杂合倒位体粗线期染色体的联会情况**(引自李惟基，2007)
(a)倒位段较长，同源染色体在倒位段与正常段都进行联会，形成倒位圈 (b)倒位段很短，只有正常区段联会，倒位段不联会 (c)倒位段极长，只有倒位段联会，正常区段呈单股状态

**(2) 臂内倒位**

如果是臂内倒位纯合体，同源染色体将正常联会而不表现异常。如果是臂内倒位杂合体，在同源染色体联会时也出现倒位圈，在倒位圈内由于非姊妹染色单体之间发生交换，其结果不仅能产生大量缺失、重复缺失染色单体、失去着丝粒的染色单体片段，而且也能产生双着丝粒染色单体。双着丝粒染色单体的两个着丝粒在后期向相反两极移动时，两个着丝粒之间的区段跨越两极，就构成所谓"后期桥"的形象(图7-10)。所以，某个体在减数分裂时形成后期Ⅰ或后期Ⅱ桥，可以作为鉴定是否出现臂内倒位的依据之一。

### 7.1.3.3 倒位的遗传效应

**(1) 部分配子不育**

无论是臂内倒位还是臂间倒位，对倒位杂合体来说，只要非姊妹染色单体之间在倒位圈内发生了交换，则所产生的交换染色单体不外乎4种(图7-11)：①无着丝粒断片(臂内倒位杂合体)，通常在后期Ⅰ断片被丢弃；②双着丝粒的缺失染色单体(臂内倒位杂合

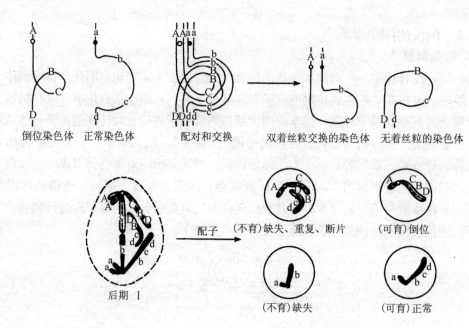

**图 7-10** 臂内倒位杂合体形成染色体桥和断片以及不育配子的过程示意（引自李惟基，2007）

体），在成为后期桥而折断后，形成缺失染色单体，经过减数第二次分裂，得到这种缺失染色体的孢子是不育的；③单着丝粒的重复－缺失染色体（臂间倒位杂合体）和缺失染色体（臂内倒位杂合体），得到它们的孢子也是不育的；④正常或倒位染色单体，它们的孢子是可育的，但对臂内杂合体来说，只是在倒位圈内发生相互双交换时才能产生这两种染色单体。既然倒位杂合体的大多数含交换染色单体的孢子是不育的，它所产生的交换配子数自然就显著地减少。但实际上不会是全部性母细胞在倒位圈内发生交换，所以结果只有部分配子（低于 50%）是不育的。

（2）倒位圈内基因之间重组率降低

臂内倒位或臂间倒位杂合体产生的部分配子，因为含缺失染色体或缺失—重复染色体而不育。这些异常染色体是经过染色单体交换形成的，即不育配子都是重组型配子，因此，臂内或臂间倒位杂合体都表现倒位圈内基因之间的重组率降低。

例如，玉米第 5 染色体的 5a 倒位（臂间倒位），是长臂 0.67 到短臂 0.0 之间的倒位，包括从着丝粒起到长臂 $pr$ 基因位点的区段。长臂上的 $bt_1$ 和 $pr$ 两个基因在倒位区段之内，短臂上的 $bm_1$ 和 $a_2$ 两个基因在倒位区段之外。$Bt_1$ 与 $pr$ 之间的正常重组率为 24%，与 $bm_1$ 之间的正常重组率为 1%，与 $a_2$ 之间的正常重组率为 8%，而 5a 倒位杂合体的这 3 个重组率分别下降到 0.4%、0% 和 4.5%。

（3）倒位与进化

据研究，倒位是物种进化的一个因素，因为它不仅改变了倒位染色体上的连锁基因的重组率，也改变了基因与基因之间固有的相关关系，从而造成遗传性状的变异。例如，果蝇就有一些具有不同倒位特点的种，分布在不同的地理区域。再如，欧洲百合（*Lilium*

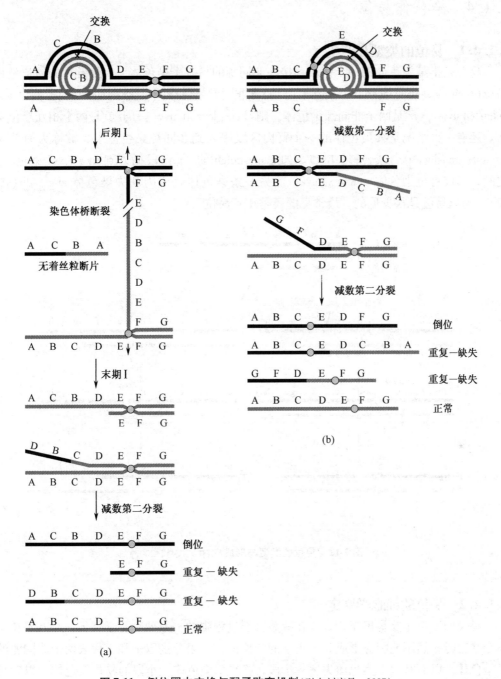

**图 7-11　倒位圈内交换与配子败育机制**(引自刘庆昌，2007)

martagon)和竹叶百合(*L. hansonii*)是百合属中的 2 个物种，染色体数目都是 $2n=24$，但是它们的形态特征存在明显差异，对二者杂交的 $F_1$ 代进行染色体镜检，观察到 6 个倒位圈，表明上述 2 个亲本物种之间存在 6 个相互倒位。

## 7.1.4 染色体易位

### 7.1.4.1 易位的类型和产生

易位是指某染色体的一个区段移接在非同源的另一个染色体上。最常见的易位是相互易位(reciprocal translocation，交互易位)，即非同源染色体间发生了区段互换。假设 abc·defgh 和 uvw·xyz 是两个非同源染色体，则 abc·deyz 和 uvw·xfgh 就是两个相互易位染色体。还有一种情况是某染色体的一个臂内区段嵌入到非同源染色体上，被称为简单易位(simple translocation)或转移(shift)。如 abc·defgh 的 efg 区段插入到 uvw·xyz 染色体 x-y 之间，形成易位染色体 uvw·xefgyz；而另一条染色体就成为缺失染色体 abc·dh(图7-12)。简单易位是很少见的，最常见的还是相互易位。

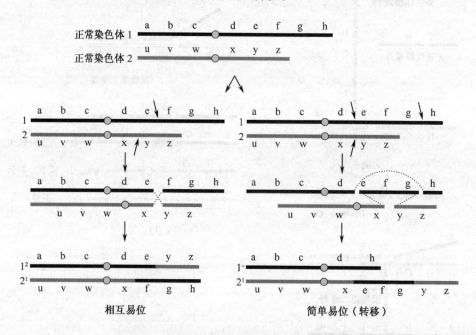

图 7-12 易位的类型与形成(引自刘庆昌，2007)

### 7.1.4.2 易位的细胞学鉴定

易位的鉴定主要是根据杂合体在减数分裂过程中的一系列细胞学特征。相互易位杂合体在联会时显然不能配对形成2个正常的二价体，如果分别以1和2代表两个非同源的正常染色体，以 $1^2$ 代表1染色体失去一小段，换得2染色体一小段的易位染色体，以 $2^1$ 代表2染色体失去一小段，换得1染色体一小段的易位染色体，则相互易位杂合体的2条正常染色体(1和2)与2条易位染色体( $1^2$ 和 $2^1$ )在联会时，对应区段交替同源配对形成含4条染色体($1-1^2-2-2^1$)的四重体(quadruple)，四重体在粗线期会呈十字形，$1-1^2$、$1^2-2$、$2-2^1$、$2^1-1$ 按同源区段配对形成4个区域构成十字形的4个臂，而十字交叉处为易位点(图7-13),4个配对的区域内均可发生非姊妹染色单体的交换。

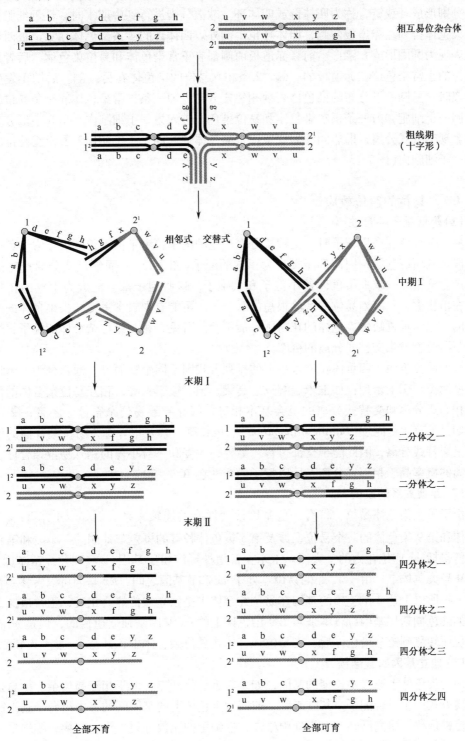

图7-13 相互易位杂合体染色体联会、分离与配子育性(引自刘庆昌,2007)

到了终变期,交换形成的交叉发生端化,上述十字形联会的形象将发生变化,4个染色体分别形成环或链,称为四体链或四体环。减数分裂进行到中期Ⅰ时,性母细胞的各对同源染色体排列在赤道板两侧,四体环也不例外。四体环的4条染色体在赤道板两侧的分布可表现为圆圈形或8字形。前者赤道板两侧都有正常染色体和易位染色体,后者是两条非同源的正常染色体在赤道板的一侧,2条相互易位的染色体在另一侧。后期Ⅰ发生染色体分离时,呈圆圈形分布的染色体表现相邻式分离,即一条正常染色体和一条易位染色体进入同一子细胞,另一条正常染色体和易位染色体进入另一子细胞内;呈8字形分布的染色体表现交替式分离,即非同源的2条正常染色体进入同一子细胞,2条相互易位的染色体另一子细胞内(图7-13)。

### 7.1.4.3 易位的遗传效应
**(1) 降低配子的育性**

易位杂合体在产生配子时,交替式分离产生的配子,由于都不曾缺失正常染色体的任何区段及其所载基因,因而都能发育为正常的配子(图7-13)。而邻近式分离产生的配子只能产生含重复—缺失染色体的小孢子和大孢子,这些孢子都只能成为不育的花粉和胚囊。在植物中,只有当易位的区段很短的时候,才可能有少数含重复缺失染色体的胚囊是可育的,但含重复缺失染色体的花粉则一般不育。可见,相互易位杂合体的配子育性,取决于不同植物发生交替式分离的概率。

根据研究表明,四重体在赤道板上的排列方式因不同生物而异,通常分为玉米型和月见草型两类。①玉米型:如玉米、豌豆、高粱、稻、矮牵牛等,相互易位杂合体的四重体发生相邻式分离和交替式分离的机会基本相等,因此导致易位杂合体半不育;②月见草型:如月见草、曼陀罗(*Datura stramonium*)、风铃草、紫万年青等,易位杂合体的四重体全部呈交替式分离,因此配子全部可育。另外,大麦和一粒小麦的相互易位杂合体,交替式分离的概率高于相邻式分离,所以配子的育性在70%~90%。

**(2) 连锁关系的改变**

由于发生染色体易位,将有一些基因改变原有的连锁关系。例如,玉米 $T_{5-9a}$ 是第5染色体和第9染色体的一个易位,涉及第5染色体长臂的染色节外侧的一小段和第9染色体短臂包括 $wx$ 座位在内的一大段。玉米正常植株糯淀粉层基因($wx$)和黄绿苗基因($v$)连锁在9号染色体上。由于 $T_{5-9a}$ 的易位点处于 $wx$ 和 $v$ 基因之间,$wx$ 基因可以转移到5号染色体上,所以上述2个连锁的基因在易位纯合体中是独立遗传的。相反,正常植株5号染色体的红色糊粉层基因($pr$)本来与第9染色体上的 $wx$ 基因是独立遗传的,但是 $pr$ 随染色体易位而转移到第9染色体后,在易位纯合体或易位杂合体中,都与 $wx$ 发生连锁。

**(3) 独立基因的假连锁**

两对染色体上原来不连锁的基因,如果靠近易位断点,由于相互易位杂合体总是以交替分离方式产生可育配子,其结果是,非同源染色体上的基因间的自由组合受到限制,产生假连锁现象。研究已知,在果蝇中雄蝇在性细胞的减数分裂中没有交换,雄蝇是完全连锁的。因此,果蝇雄体中的假连锁现象尤为清楚。

例如,果蝇的第2染色体上有褐眼基因 $bw$(brown eye),第3染色体上有黑檀体基因 $e$

(ebony body)。利用雄蝇的第2与第3染色体的易位杂合体(2-3)与这两个基因的隐性纯合雌蝇回交,由于雄蝇没有交换,所有易位杂合体($2/2^3$,$3/3^2$)只有4种亲本类型的配子。

4类配子纯合隐性的雌蝇所产生的一种类型的卵细胞结合时,得到4种表型,且应为1:1:1:1。但是相间分离产生的可育配子中有50%的配子同时具有两条易位的染色体,它们在同一配子体时,可以相互补充,保证了染色体组的完整性。如果这2条染色体一旦分离,就会出现细胞中染色体组的缺陷,造成致死。因此,上述回交后代中实际上只有两种表型存在,另两种表型的果蝇是致死的(图7-14)。

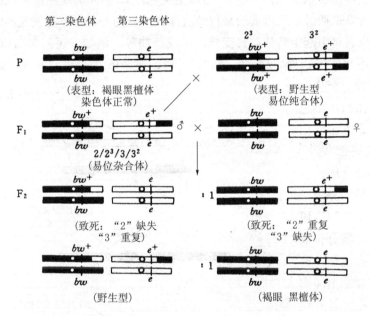

图7-14 果蝇假连锁现象(引自王亚馥,2000)

上述回交中只出现亲代表型:红眼、灰体的野生型($bw^+/bw$、$e^+/e$),以及褐眼、黑檀体($bw/bw$、$e/e$),而单突变型($bw/bw$、$e^+/e$),以及($bw^+/bw$、$e/e$),都不存在。这种非同源染色体上的基因在形成配子时相互不能自由组合的现象称为假连锁。假连锁也可以是不完全的交换,但在雄性果蝇中例外,是完全的假连锁。

**(4)降低重组率**

由于四重体结构影响易位点附近区段的配对、交换,所以易位杂合体邻近易位点的连锁基因间的重组率,往往低于正常个体的重组率。

例如,玉米第9染色体,在正常植株中,$yg_2$与$sh$之间的重组率为23%,$sh$与$Wx$之间的重组率为20%,可是易位杂合体的这两个重组率分别下降到11%和5%。又如,大麦的钩芒基因($K$)为直芒基因($k$)的显性,蓝色糊粉层基因($Bl$)为白色糊粉层基因($bl$)的显性,$K-k$和$Bl-bl$都在第4对染色体上,重组率为40%,可是$T_{2-4a}$、$T_{3-4a}$和$T_{4-5a}$等易位杂合体中,重组率则分别下降到23%、28%和31%。

**(5)易位与进化**

易位是形成新物种或新变种的重要因素。例如,曼陀罗的许多品系就是不同染色体的易位纯合体。曼陀罗的 $n=12$，为了研究方便，曾任意选定一个品系当做"原型一系"，把它的 12 对染色体的两臂都分别标以数字代号，即 1·2、3·4、5·6……23·24，·代表着丝粒。以原型一系为标准与其他品系比较，发现原型二系是 1·18 和 2·17 的易位纯合体；原型三系是 11·21 和 12·22 的易位纯合体；原型四系是 3·21 和 4·22 的易位纯合体。曼陀罗品系的形成还往往是易位染色体再次发生易位的结果。例如，94 品系是 1·14、2·17 和 13·18 的易位纯合体，1·14 和 13·18 两个易位染色体就是易位染色体 1·18 与原型染色体 13·14 再次易位形成的。17 变系是 9·13、10·24、14·23 易位纯合体。后两个染色体是易位染色体 10·14 与原型染色体 23·24 再次易位形成的。现已查明有将近 100 个变系是通过易位形成的易位纯合体，它们的外部形态都彼此不同。

易位还可以通过引起染色体数目变异而形成新物种。例如，还阳参属（$Crepis$）就存在染色体数目互不相同的物种，$2n=6, 8, 10, 12, 14, 16$ 等。研究发现，这是易位之后所形成的新物种。产生的原因是由于 2 条易位染色体中，一条从 2 条正常染色体得到的区段都很小，很容易在易位杂合体产生配子时丢失；另一条从 2 条正常染色体得到的区段都是它们的绝大部分，成为很大的易位染色体，称为罗伯逊易位染色体（图 7-15）。于是在这个易位杂合体的自交子代群体内，有可能出现染色体数目减少的易位纯合体。人类染色体的罗伯逊易位也常发生，最常见的是第 14 和 21 染色体之间的易位。

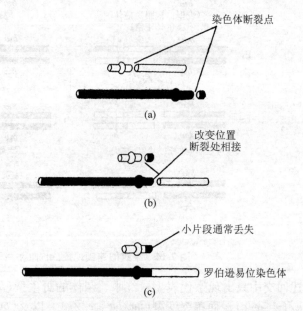

图 7-15　易位—染色体融合—染色体数目变异

（引自杨业华，2000）

**(6) 易位与致癌基因的表达**

近年来的研究发现，易位与致癌基因的表达也有关系。例如，人的 Burkitt 淋巴癌是一种发生在 B 细胞中的恶性肿瘤，它的发生是因为发生了相互易位。其中的一种易位就是第 8 染色体长臂（8q24）与第 14 染色体长臂（14q32）产生的断片相互易位。8q24 处有一个原癌基因 $c-myc$，染色体断裂后，$c-myc$ 位于断片上易位到 14 号染色体的断裂点上，而 14 染色体的断点附近具有疫球蛋白重链基因（$IgH$）。这样的相互易位把来自第 8 染色体的一个原癌基因 $c-myc$ 同 $IgH$ 基因相连，$c-myc$ 有可能被转录活性很高的疫球蛋白基因的调控元件所激活，从而导致肿瘤发生。

## 7.2 染色体数目变异

早在19世纪末,狄·弗里斯就在普通月见草中发现一种变异型,它的组织和器官比普通月见草要大得多,因此定名为巨型月见草(O. gigas)新种。当时狄·弗里斯认为巨型月见草是普通月见草通过基因突变而产生的。后来通过细胞学的研究,证实了巨型月见草的体细胞染色体数是28条($2n=28$),是普通月见草染色体数($2n=14$)的2倍。这就启发人们开始认识染色体数目的变异可以导致遗传性状的改变,由此开始了染色体数目变异的研究。

### 7.2.1 染色体组与染色体倍性

#### 7.2.1.1 染色体组的概念

一种生物维持其生命活动所需要的一套基本的染色体称为染色体组(genome)。染色体组所包含的染色体在形态、结构和连锁基因群上彼此不同,它们包含着生物体生长发育所必需的全部遗传物质,并且构成了一个完整而协调的体系,缺少其中的任何一条都会造成生物体的不育或性状的变异,这就是染色体组的基本特征,通常以"x"表示某生物的一个染色体组。

#### 7.2.1.2 染色体数目变异的类型

染色体数是x整倍数的个体或细胞称为整倍体(euploid),具有$2n=2x$的个体或细胞称为二倍体(diploid),$2n=4x$的个体称为四倍体(tetraploid),$2n=6x$的个体称为六倍体(hexaploid),以此类推。二倍体的配子内只有1个染色体组($n=x$),所以是一倍体(monoploid),四倍体与二倍体杂交($4x \times 2x$)子代是三倍体(3x, triploid),六倍体与四倍体杂交($6x \times 4x$)的子代是五倍体(5x, pentaploid)。三倍和三倍以上的整倍体统称为多倍体(polyploid)。

在某些生物,特别是在植物中存在着包含若干个祖先种(基本种)的染色体组,例如,小麦属的各个不同物种的染色体数都是以7个染色体为基数变化的($x=7$),如一粒小麦、野生一粒小麦,其$2n=2x=14$;二粒小麦、野生二粒小麦、硬粒小麦、提莫菲维小麦等,$2n=4x=28$,是基数7的4倍;普通小麦、斯卑尔脱小麦、密穗小麦$2n=6x=42$。一个染色体组所包含的染色体数,不同种属间可能相同,也可能不同。例如,大麦属$x=7$,葱属$x=8$,芸薹属$x=9$,高粱属$x=10$,烟草属$x=12$,稻属$x=12$,棉属$x=13$等。

因为自然界中大多数生物是二倍体,所以一倍体和多倍体生物都被视为染色体组数目的变异。这种变异表现为染色体组数目的减少或增加,即染色体组倍数发生变化,所以称为整倍体变异(euploidy variation)。染色体数目变异的另外一种形式,是个别染色体的增加或减少,通常以二倍体($2n$)为标准,在这个基础上增减个别几条染色体,相对于整倍体而言,发生这种变异形成的生物体称为非整倍体(aneuploid)。染色体数目变异的一些基本类型如表7-1。

表 7-1　染色体数目变异的基本类型

| 类型 | | | 染色体组(x)及其染色体 | 合子染色体数(2n)及组成 | | | 联会 |
|---|---|---|---|---|---|---|---|
| | | | | 染色体组数 | 染色体组类别 | 染色体 | |
| 整倍体 | 二倍体 | | $A = a_1 a_2 a_3$<br>$B = b_1 b_2 b_3$<br>$E = e_1 e_2 e_3$ | 2x<br>2x<br>2x | AA<br>BB<br>EE | $a_1 a_1 a_2 a_2 a_3 a_3$<br>$b_1 b_1 b_2 b_2 b_3 b_3$<br>$e_1 e_1 e_2 e_2 e_3 e_3$ | 3Ⅱ<br>3Ⅱ<br>3Ⅱ |
| | 同源 | 三倍体 | $A = a_1 a_2 a_3$ | 3x | AAA | $a_1 a_1 a_1 a_2 a_2 a_2 a_3 a_3 a_3$ | 3Ⅲ |
| | | 四倍体 | $A = a_1 a_2 a_3$ | 4x | AAAA | $a_1 a_1 a_1 a_1 a_2 a_2 a_2 a_2 a_3 a_3 a_3 a_3$ | 3Ⅳ |
| | 异源 | 四倍体 | $A = a_1 a_2 a_3$<br>$B = b_1 b_2 b_3$ | 4x | AABB | $(a_1 a_1 a_2 a_2 a_3 a_3)(b_1 b_1 b_2 b_2 b_3 b_3)$ | 6Ⅱ |
| | | 六倍体 | $A = a_1 a_2 a_3$<br>$B = b_1 b_2 b_3$<br>$E = e_1 e_2 e_3$ | 6x | AABBEE | $(a_1 a_1 a_2 a_2 a_3 a_3)(b_1 b_1 b_2 b_2 b_3 b_3)$<br>$(e_1 e_1 e_2 e_2 e_3 e_3)$ | 9Ⅱ |
| | | 三倍体 | $A = a_1 a_2 a_3$<br>$B = b_1 b_2 b_3$<br>$E = e_1 e_2 e_3$ | 3x | ABE | $(a_1 a_2 a_3)(b_1 b_2 b_3)(e_1 e_2 e_3)$ | 9Ⅰ |
| 非整倍体 | 亚倍体 | 单体 | $A = a_1 a_2 a_3$<br>$B = b_1 b_2 b_3$ | 2n-1 | AAB(B-1b_3) | $(a_1 a_1 a_2 a_2 a_3 a_3)(b_1 b_1 b_2 b_2 b_3)$ | 5Ⅱ+Ⅰ |
| | | 缺体 | $A = a_1 a_2 a_3$<br>$B = b_1 b_2 b_3$ | 2n-2 | AA(B-1b_3)(B-1b_3) | $(a_1 a_1 a_2 a_2 a_3 a_3)(b_1 b_1 b_2 b_2)$ | 5Ⅱ |
| | | 双单体 | $A = a_1 a_2 a_3$<br>$B = b_1 b_2 b_3$ | 2n-1-1 | AAB(B-1b_2-1b_3) | $(a_1 a_1 a_2 a_2 a_3 a_3)(b_1 b_1 b_2 b_2)$ | 4Ⅱ+2Ⅰ |
| | 超倍体 | 三体 | $A = a_1 a_2 a_3$ | 2n+1 | A(A+1a_3) | $a_1 a_1 a_2 a_2 a_3 a_3 a_3$ | 2Ⅱ+Ⅲ |
| | | 四体 | $A = a_1 a_2 a_3$ | 2n+2 | A(A+2a_3) | $a_1 a_1 a_2 a_2 a_3 a_3 a_3 a_3$ | 2Ⅱ+Ⅳ |
| | | 双三体 | $A = a_1 a_2 a_3$ | 2n+1+1 | A(A+1a_2+1a_3) | $a_1 a_1 a_2 a_2 a_2 a_3 a_3 a_3$ | Ⅱ+2Ⅲ |

## 7.2.2　整倍体变异

### 7.2.2.1　单倍体

单倍体是指体细胞含有一个染色体组的生物个体。

单倍体多见于低等生物的无性世代,如红色面包霉的菌丝体。高等二倍体生物经过单性生殖也能产生单倍体,如玉米的花粉离体培养。但单倍体一般是不育的,其原因是一倍体减数分裂时,$n$ 条非同源染色体各自以单价体(univalent)的形式存在,不发生联会,$n$ 条非同源染色体进入同一子细胞的概率极低,几乎不能形成具有完整染色体组的可育配子。在自然界中也有生存和繁殖的一倍体,如未受精卵发育而成的雄蜂,它们之所以能产生正常配子,是因为省略了减数第一次分裂(即"假减数")的缘故。

### 7.2.2.2　同源多倍体

**(1) 同源多倍体**

具有 3 个以上相同染色体组的细胞或个体称为同源多倍体(autopolyploid)。通常是由同一个体、同一纯种的染色体数目加倍而成。由二倍体的染色体加倍而成为同源四倍体。

染色体加倍可在体细胞有丝分裂过程中产生,如染色体已经复制而细胞不分裂,就可以产生多倍体细胞。这种情况如发生在受精卵发育初期,则以后发育而成的个体就是四倍体;如在较晚的时期,就可能成为四倍体和二倍体细胞组成的嵌合体。染色体加倍也可以发生在减数分裂过程中而产生未减数的配子,两个未减数的配子发育成为四倍体。一个未减数配子和一个正常配子受精就发育成为三倍体。

**(2) 同源多倍体的形态特征**

同源多倍体由于染色体组数目的增加可能给生物体带来一系列形态和细胞学的变化,常常造成某些性状的改变。例如,二倍体的西葫芦(*Cucurbita pepo*)本来结梨形果实,成为同源四倍体以后,所结果实却变成扁圆形。同源多倍体在形态上一般表现巨大型的特征。例如,四倍体葡萄的果实明显大于其二倍体;同源三倍体甜菜的块根比二倍体甜菜的大,同源四倍体草莓的果实比二倍体草莓的大。同时,同源多倍体的气孔和保卫细胞比二倍体大,单位面积内的气孔数比二倍体少。例如,二倍体桃树($2n = 2x = 16$)的气孔长 5.49,宽 4.23,而其三倍体($2n = 3x = 24$)分别为 6.1 和 4.45。另外,大多数同源多倍体的叶片大小、花朵大小、茎粗和叶厚都随染色体组数的增加而递增,而其成熟期则随着染色体组数的增加而递延。然而,这样的递增和递延关系是有一定限度的,超过一定倍数的限度,同源多倍体的器官和组织就不再随着增加了。例如,甜菜最适宜的同源倍数是 3 倍而不是 4 倍;玉米的同源八倍体植株比同源四倍体的矮,半支莲和车前的同源四倍体的花反而比二倍体的小。

**(3) 同源多倍体的基因剂量效应**

在同源多倍体的细胞中,同源染色体不是成对的,而是成组的。由 3 个或 3 个以上的同源染色体组成的一组染色体称为同源染色体组或同源组。

假如有 1 对等位基因 $A$ 和 $a$,对于 1 个二倍体生物,其基因型只有 $AA$、$Aa$、$aa$ 3 种形式,而同源三倍体的基因型就可出现 $AAA$(三式)、$AAa$(复式)、$Aaa$(单式)、$aaa$(零式)4 种形式。同理,同源四倍体就可有 $AAAA$(四式)、$AAAa$(三式)、$AAaa$(复式)、$Aaaa$(单式)、$aaaa$(零式)5 种不同的基因型。因此,随着同源染色体数目的增加,其基因剂量也随之增加。

一般情况下,由于基因剂量的增加,生化代谢活动也随之加强。例如,大麦同源四倍体的子粒蛋白质含量比二倍体原种提高 10%~12%;玉米同源四倍体的子粒类胡萝卜素含量比二倍体原种增加 43%,维生素 A 含量,比二倍体玉米高出 40%。但也有相反的情况,例如,二倍体大麦的白化基因($a_7$)是正常绿色基因($A_7$)的隐性,若二倍体大麦加倍为同源四倍体以后,零式植株仍然是白化致死,复式、三式和四式虽都是正常绿色的,但四式植株却比复式和三式植株矮小,结实率也较低。又如,菠菜是雌雄异株的植物,雌株是 XX 型,雄株是 XY 型,同源四倍体植株的 X 染色体和 Y 染色体有 5 种不同的组成:XXXX、XXXY、XXYY、XYYY 和 YYYY,其中只有 XXXX 发育为雌株,其余的都是雄株,说明菠菜的 Y 染色体具有重要的雄性决定效应。

### 7.2.2.3 异源多倍体

异源多倍体是指增加的染色体组来自不同物种,一般是由不同种、属间的杂交种染色体加倍形成的。例如，有甲、乙、丙 3 个不同的二倍体物种，其染色体组组成分别表示为 AA、BB、EE，其中甲二倍体的染色体组（x）以 A 表示，由 $a_1$、$a_2$ 和 $a_3$ 3 个染色体组成，即 $2n = 2x = 2A = (a_1a_2a_3)(a_1a_2a_3) = a_1a_1a_2a_2a_3a_3 = 6 = 3 \text{II}$；乙二倍体的染色体组以 B 表示，由 $b_1$、$b_2$ 和 $b_3$ 3 个染色体组成，$2n = 2x = 2B = (b_1b_2b_3)(b_1b_2b_3) = b_1b_1b_2b_2b_3b_3 = 6 = 3 \text{II}$；丙二倍体的染色体组以 E 表示，由 $e_1$、$e_2$ 和 $e_3$ 3 个染色体组成，$2n = 2x = 2E = (e_1e_2e_3)(e_1e_2e_3) = e_1e_1e_2e_2e_3e_3 = 6 = 3 \text{II}$。A、B 和 E 是毫无亲缘关系或亲缘关系非常疏远的 3 个染色体组（表 7-1）。在此基础上，倘若分别使甲、乙和丙二倍体的染色体数加倍，则分别形成甲、乙、丙 3 个不同的同源四倍体。即 AAAA、BBBB、EEEE。倘若甲同源四倍体与甲二倍体发生杂交，则其子代就是甲同源三倍体，即 $2n = 3x = 3A = AAA$。通过同样途径，也可以产生乙同源三倍体和丙同源三倍体。所以同源多倍体的合子染色体数是同一染色体组（x）的多次加倍。而异源多倍体的合子数是两个或两个以上不同染色体组的一次加倍。如上述的甲二倍体（$2n = 2A$）与乙二倍体（$2n = 2B$）杂交，其子一代为 $2n = AB = 6$，再使子一代的染色体数加倍，就成为 $2n = 4x = AABB = 12$ 的异源四倍体。同理，使这个异源四倍体与丙二倍体（$2n = 2E$）杂交，并使它们的异源三倍体子代（$2n = ABE = 9$）的染色体数加倍，就成为（$2n = AABBEE = 18$）的异源六倍体。由此可知，异源多倍体实际上是由染色体组不同的两个或更多个二倍体并合起来的多倍体。倘若使异源多倍体的染色体数再加倍，则加倍后的个体就成为同源异源多倍体（autoallopolyploid）。例如，使上述的异源四倍体（$2n = 4x = AABB = 12$）的染色体数加倍，就成为同源异源八倍体（$2n = 8x = AAAABBBB = 24$），即甲和乙 2 个同源四倍体并合起来的多倍体。

## 7.2.3 多倍体形成途径

### 7.2.3.1 自然发生

在自然条件下，由体细胞染色体加倍产生多倍体的情形很少见，存在于自然界的多倍体，主要是未减数的配子结合产生的。未减数配子，是指减数分裂异常，染色体复制一次、性母细胞只分裂一次所形成的配子。二倍体的未减数配子具有其体细胞的染色体组数目（2x）。2x 配子与正常配子结合可产生三倍体，例如，曾发现二倍体桃的大粒花粉（2x）授到自己的柱头上，产生三倍体的桃。如果 2x 的雌、雄配子结合，则可产生四倍体，例如，1927 年 Karpechenko 曾在远缘杂种植株上发现少量自交产生的四倍体种子。该远缘杂种植株分别是萝卜（*Raphanus sativus*，$2n = 2x = 18 = RR$）和甘蓝（*Brassica oleracea*，$2n = 2x = 18 = BB$），它们杂交得到的 $F_1$ 代（$2n = 2x = 18 = RB$）。这个 $F_1$ 代杂种属于二倍体，它在自然发生的异常减数分裂中，形成极少数可育的未减数配子（$n = 2x = 18 = RB$）。这些可育的雌、雄配子结合，便产生四倍体（$2n = 4x = 36 = RRBB$）的种子。Karpechenko 将这些种子播种，得到的植株地上部分像萝卜的茎叶，地下部分像甘蓝的根，已被科学界公认为一个新的属、并命名为 *Raphanobrassica* 属。

### 7.2.3.2 人工诱导

人工诱发多倍体主要是通过体细胞的染色体加倍，人们曾经采用过各种方法来诱发多倍体的产生，结果发现还是秋水仙碱溶液效果最佳，目前仍然广泛使用。秋水仙碱诱发多倍体的特殊效果是 1937 年 A. F. Blokeslee 在曼陀罗染色体加倍的研究中首先发现的。它的作用是抑制细胞分裂时纺锤体的形成，染色体正常复制而细胞不分裂，因此形成染色体数目加倍的细胞。当染色体已经加倍了的细胞不再接受秋水仙碱处理时，细胞又恢复正常的有丝分裂，结果形成多倍体组织。

例如，秋水仙碱处理种间杂种则可得到异源多倍体，将普通小麦($2n = 6x = 42 =$ AABBDD)与黑麦($2n = 2x = 14 = $ RR)的杂种($2n = 4x = 28 = $ ABDR，不育)进行染色体加倍，获得八倍体小黑麦($2n = 8x = 56 = $ AABBDDRR，可育)。我国遗传学家鲍文奎用这种方法选育的小黑麦品种已经在我国云贵高寒地区推广，小黑麦也被科学界公认为一个新的属，并命名为小黑麦属(*Triticale*)。

## 7.2.4 非整倍体变异

非整倍体(aneuploid)是整倍体中缺少或额外增加一条或几条染色体的变异类型。一般是由于减数分裂时一对同源染色体不分离或提前分离而形成 $n-1$ 或 $n+1$ 的配子，由这些配子和正常配子($n$)结合，或由它们相互结合便产生各种非整倍体。

在非整倍体范围内，又常常把染色体数多于 $2n$ 者称为超倍体(hyperploid)，把染色体数少于 $2n$ 者称为亚倍体(hypoploid)。为了便于比较说明，在叙述非整倍体时常把正常的 $2n$ 个体又称为双体(disome)，双体中缺一条染色体，使其中的某一对染色体变为一条即 $2n-1$，称为单体(monosomic)；双体缺了一对同源染色体，就称为缺体(nullisomic)，即 $2n-2$；如缺两条非同源染色体，成为 $2n-1-1$，称为双单体。如双体多 1 条染色体，使某一对同源染色体变为 3 条，就称为三体(trisomic)，即 $2n+1$；使某 1 对同源染色体变成 4 条同源染色体，称为四体(tetrasomic)，即 $2n+2$；多 2 条非同源染色体的称为双三体(ditrisomic)，即 $2n+1+1$(见表 7-1)。

### 7.2.4.1 亚倍体

**(1) 单体**

在自然界中，单体的存在往往是许多动物的种性，主要与性染色体有关，例如，许多昆虫(蝗虫、蟋蟀、某些甲虫)的雌性为 XX 型(即 $2n$)，雄性为 X 型(即 $2n-1$)；一些鸟类的雄性为 ZZ 型(即 $2n$)，雌性是 Z 型(即 $2n-1$)。动物中也有由于单体的出现导致生物体变异，例如，果蝇本来是 $2n = 8 = 4 II$(即 $2n$)，雌性是 XX 型，雄性是 XY 型，曾经发现一种所谓单体Ⅳ果蝇的 Y 染色体丢失了，从而变成 X 型(即 $2n-1$)。

在植物中，二倍体群体内出现的单体一般都不能存活，即使少数活下来的也是不育的。而植物的异源多倍体由于不同的染色体组中的某些染色体的功能可以相互补偿，所以植物异源多倍体的单体具有一定的活力和育性。例如，普通烟草是异源四倍体($2n = 4x = $ TTSS $= 48 = 24 II$)，其配子有 2 个染色体组($n = 2x = $ TS $= 24I$)。烟草是第一个分离出全套的 24 个不同单体的植物。通常把 2 个烟草染色体组的 24 条染色体分别用除 X 和 Y 以外的其他 24 个英文字母命名，因此，烟草的全套 24 个单体分别为 $2n-I_A$, $2n-I_B$, …, $2n-I_W$ 和 $2n-I_Z$。烟草的单体与正常双体之间，以及不同染色体的单体之间，在花冠大小、花萼大小、蒴果大小、植株大小、发育速度、叶形和叶绿素含量等方面，都表现出差异。再如，普通小麦也有 21 个不同染色体的单体（$2n-I_{1A}$, $2n-I_{1B}$, $2n-I_{1D}$, …, $2n-I_{7A}$, $2n-I_{7B}$, $2n-I_{7D}$）。各个单体之间或与正常双体之间，一般在性状表现上都具有极微小的差别，只是当栽培条件不良时，少数单体才变得可以辨认。例如，单体 $2n-I_{1D}$ 比其他单体的生长势弱、抗秆锈性能也不及它的双体姊妹系。

理论上讲，单体应该产生 1∶1 的 $n$ 和 $n-1$ 配子，因而自交子代应是双体∶单体∶缺体 = 1∶2∶1，但实际上，这个比例随着单价体在减数分裂过程中被遗弃的程度不同而改变，也随着 $n$ 和 $n-1$ 配子参与受精程度的不同而改变，还随着 $2n-1$ 和 $2n-2$ 幼胚能否持续发育程度的不同而改变。单价体在后期 I 被遗弃在细胞质中，就会减少自交子代群体内的单体数；参与受精的 $n-1$ 配子少于 $n$ 配子就会减少自交子代群体内的缺体数。根据普通小麦与单体的正反杂交的测定，在能够参与受精的花粉中，$n$ 的花粉占 96%（变异范围为 90%~100%），$n-1$ 的花粉占 4%（变异范围为 0~10%）；在能够参与受精的胚囊中，$n$ 胚囊只占 25%，$n-1$ 的胚囊占 75%。这样，在小麦单体的自交子代群体内，双体约占 24%，单体约占 73%，缺体只占 3%。仅就单体和双体来说，比例是 3∶1（表 7-2）。

表 7-2 普通小麦单体自交后代各类型出现的比例

| 胚囊 | 花粉 | |
|---|---|---|
| | ($n$)96% | ($n-1$)4% |
| ($n$)25% | 双体($2n$)24% | 单体($2n-1$)1% |
| ($n-1$)75% | 单体($2n-1$)72% | 缺体($2n-2$)3% |
| 类型比例 | 双体 24%∶单体 73%∶缺体 3% | |

**（2）缺体**

缺体一般均来自单体（$2n-1$）的自交后代，但在普通烟草单体的自交子代群体内见不到缺体，缺体在幼胚阶段就死亡了。因为它只有两组染色体，其中的异位同效基因不如普通小麦多，缺少了一对染色体有许多重要基因无法补偿。普通小麦的 21 个缺体都已分离出来，几乎所有的缺体生活力和育性都较低，可育的缺体一般都各具特征。例如，小麦 5A 染色体的一个臂上载有一组抑制斯卑尔脱小麦穗型的基因，缺了一对 5A 染色体，抑制基因就随着丢失了，于是 5A 染色体的缺体（$2n-II_{5A}$）就发育成斯卑尔脱小麦的穗型。又如，缺体 $2n-II_{7D}$ 的生长势不及其他缺体，大约有半数植株不是雄性不育，就是雌性不育；缺体 $2n-II_{4D}$ 的花粉表面正常，但不能受精；缺体 $2n-II_{3D}$ 的果皮是白色的，而它的双体姊妹系的果皮是红色。

由于不同染色体的缺体表现了不同的性状变异，以此为依据，能够检查出哪个单位性状的基因载在哪条染色体上。例如，决定普通小麦子粒颜色的 3 对独立分配基因（$R_1-r_1$，$R_2-r_2$ 和 $R_3-r_3$）分别位于 3D、3A 和 3B 染色体上。$R_1R_1r_2r_2r_3r_3$ 基因型的双体植株（18 II + 3D II$^{R_1R_1}$ + 3A II$^{r_2r_2}$ + 3B II$^{r_3r_3}$）结红皮子粒，而缺体（$2n-II_{3D}$）结出白皮子粒，其原因就是控制红皮子粒基因 $R_1R_1$（显性）随着 3D 染色体的缺失而丢失。

### 7.2.4.2 超倍体

与亚倍体相比，超倍体多出一条或若干条染色体，虽说是不平衡的，但对生物体的影响要小些。超倍体既可在异源多倍体的自然群体内出现，也可在二倍体的自然群体内出现。因为不论是异源多倍体还是二倍体，多余染色体的配子内各个染色体组都是完整的，有正常发育的可能。这就决定了二倍体的群体内能够同异源多倍体一样出现超倍体。例如，玉米、曼陀罗、大麦、番茄等虽然都是二倍体，但都曾分别分离出全套的三体。

**(1) 三体**

早在 1910 年人们在曼陀罗中发现了一种球形蒴果突变型。以后又陆续发现许多种不同的突变型。直到 1920 年才知道这些突变型比正常的曼陀罗（$2n=24=12\,\mathrm{II}$）多一个染色体（$12\,\mathrm{II}+1$），即 12 对染色体中有一对多出一个，实际上是 $11\,\mathrm{II}+1\,\mathrm{III}$，于是遗传学中就出现了三体这个名词。即三体是指细胞内某 1 对同源染色体又增加了 1 条，染色体由原来的 $2n$ 条变成了 $2n+1$ 条，或者说，染色体由原来的 $n$ 对（即 $n\,\mathrm{II}$）变成了 $n\,\mathrm{II}+\mathrm{I}$ 的形式。由于在 $n$ 对染色体中的某染色体由原来的 1 对变成了 3 条，而其余的 $n-1$ 对染色体仍是成双存在的，所以三体又可表示为 $(n-1)\,\mathrm{II}+\mathrm{III}$ 的形式，即 $2n+1=n\,\mathrm{II}+\mathrm{I}=(n-1)\,\mathrm{II}+\mathrm{III}$。三体因为所增加的染色体具有不同特点，又分为初级三体（primary trisomic）、次三体（secondary trisomic）、三级三体（tertiary trisomtc）和端体三体（telotrisomtc）。初级三体指在 $2n$ 基础上增加某一条正常染色体，自然界中发现的三体大多属于这种类型；次级三体指 $2n$ 基础上增加一条等臂染色体；三级三体指在 $2n$ 基础上增加一条易位染色体；端体三体指同源组的 3 条染色体中，2 条染色体正常，而外加染色体只有 1 个臂（图 7-16）。

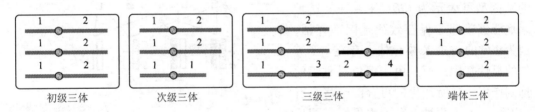

**图 7-16　几种主要类型三体的染色体组成**（引自刘庆昌，2007）

**(2) 四体**

四体是双体中的某对染色体，增加同源的 2 条染色体，可表示为 $2n+2$ 或 $(n-1)\,\mathrm{II}+\mathrm{IV}$。$(n-1)\,\mathrm{II}$ 表示 $(n-1)$ 对正常的同源染色体，$\mathrm{IV}$ 表示 4 条同源的染色体，称为四体染色体，绝大多数来源于三体的自交后代。例如，在普通小麦三体（$2n+1=43=20\,\mathrm{II}+\mathrm{III}$）的自交子代群体内，大约 1% 的植株是四体（$2n+2=44=20\,\mathrm{II}+\mathrm{IV}$）。已经从普通小麦的 21 个不同三体的子代群体内，分离出 21 个不同的四体。

据研究，普通小麦四体的自交子代群体内，大约有 73.8% 的植株仍然是四体，23.6% 是三体，1.9% 是正常的 $2n$ 植株。少数四体产生 100% 的四体子代，这说明四体远比三体稳定，说明在四体所产生的全部配子中，$n+1$ 的配子占多数，而且大部分能参与受精。既然四体的多数配子是 $n+1$ 的，说明四体在后期 I 主要是 2/2 分离的。

## 7.3 染色体变异的应用

### 7.3.1 染色体结构变异的应用

#### 7.3.1.1 利用缺失进行基因定位

利用缺失的细胞学鉴定与假显性现象可以确定基因在染色体上的大致区域,这种方法称为缺失定位或缺失作图(deficiency mapping)。高等植物中,首先采用诱导染色体断裂的方法处理显性个体的花粉,用处理后花粉给隐性性状母本授粉;然后观察后代中哪些个体表现假显性现象;对表现假显性现象个体进行细胞学鉴定。如果该个体发生了一个顶端缺失,就可以推测控制该变异性状的基因位于缺失区段。

中间缺失杂合体二价体上缺失圈显示了缺失区段在染色体上的位置,因而可据此定位表现假显性现象的基因。果蝇的缺失区段可以结合唾腺染色体观察进行更精确的鉴定,因而许多果蝇基因最初都是通过缺失定位(包括中间缺失)确定其在染色体上的位置。

#### 7.3.1.2 果蝇的 ClB 测定法

ClB 是遗传学实验材料中一种特殊的雌果蝇 C(crossover suppressor)指它的 X 染色体是倒位杂合体,因而具有抑制基因重组的作用; l (lethal)是存在于倒位段内的一个致死的隐性基因; B 是表现棒眼的显性基因,与 l 连锁,因此,上述雌果蝇的基因型可表示为 ClB//+++。这种果蝇能够携带、保存致死基因而存活,因为正常的一条 X 染色体上存在与 l 等位的显性基因;而且由于倒位对重组的抑制作用,它所产生的可育配子将只有 ClB 和 +++ 两种,在和雄果蝇交配后将只产生 4 种合子:ClB//(棒眼雌果蝇),+++//(正常雌果蝇),ClB/y(因无 l 的等位显性基因而在胚胎初期死亡),+++/y(正常雄果蝇),实验者可选择其中表现棒眼的果蝇,而达到保存致死基因 l 的目的(图 7-17)。

如果实验者需要检查射线照射果蝇群体之后,是否发生与基因 l 非等位的致死突变 l',则可用上述 ClB 雌果蝇与照射过的雄果蝇交配。当雄配子的 X 染色体存在 l' 时,交配后将产生以下合子:

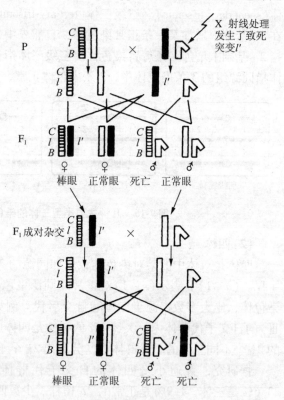

图 7-17 ClB 法检查果蝇 X 染色体上致死突变频率
(引自朱军,2005)

$ClB//l'$（携带 $l'$ 的 $ClB$ 雌果蝇，表现棒眼），$ClB/y$（胚胎早期死亡），$+++//l'$（携带 $l'$ 的正常雌果蝇，表现正常眼）。这时实验者可选择其中表现棒眼的果蝇，与正常雄果蝇（未照射的）交配，结果将产生以下合子：$ClB//+++$，$ClB//y$（胚胎早期死亡），$l'//+++$，$l'/y$（胚胎早期死亡），可根据这一代不出现雄果蝇的事实，判断在最初照射的果蝇群体中发生了 $l'$ 致死突变。

### 7.3.1.3 利用易位控制害虫

采用化学农药防治害虫效果不易控制，成本较高，还会造成环境污染，而天敌防治也存在难以控制天敌数量等问题，利用易位的半不育效应则可以有效地控制害虫。选择适宜剂量的射线照射雄性害虫，使其发生易位，放归自然，易位雄虫与自然群体中的雌虫交配，后代表现半不育（50%的卵不能孵化），长期处理，可以降低害虫的种群数量以达到控制害虫的目的。曾利用此法防治柑橘果蝇和玉米螟。

### 7.3.1.4 利用易位创造玉米核不育系的双杂合保持系

玉米雄性不育核基因（$ms$）通常对其雄性可育基因（$Ms$）为隐性，核雄性不育系（$msms$）与可育植株（$MsMs$）杂交后代雄性可育（$Msms$）；而不育系与杂合株（$Msms$）杂交后代为一半可育株（$Msms$）与一半不育株（$msms$）的混合群体。找不到能与不育系杂交产生完全不育系群体的保持系。已经发现玉米的第 1、3、5、6、7、8、9 和 10 染色体上都载有 $ms$ 及其等位的 $Ms$。

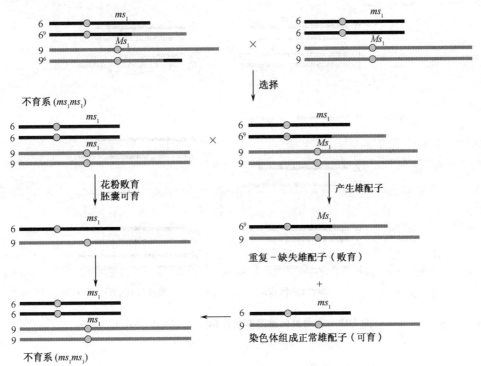

图 7-18　玉米雄性不育双杂合保持系获得与应用机制（引自刘庆昌，2007）

曾有人提出利用易位来创造核雄性不育系的双杂合保持系。以位于第6染色体上的不育基因$ms_1$不育系($ms_1ms_1$)为例，其双杂合保持系为：育性基因杂合($Ms_1ms_1$)、第6染色体杂合($66^999$–包含1条正常的第6染色体和1条6～9易位染色体，但具有一对正常的第9染色体)，可育基因$Ms_1$位于易位染色体上($6^9$)。其中第9染色体也可以是任意其他染色体，这种双杂合保持系可以从6－9相互易位杂合体($66^999^6$)与正常染色体、育性基因杂合体杂交后代中筛选得到(图7-18)。

玉米含有重复—缺失染色体的花粉一般是败育的，不能参与受精结实。双杂合保持系产生2种小孢子：带有$Ms_1$基因的花粉为重复—缺失小孢子，因而是败育的；带有$ms_1$基因的小孢子染色体组成正常，能够参与受精。雄性不育系与双杂合体杂交子代植株都是$ms_1ms_1$的雄性不育株，雄性不育性得到保持。

### 7.3.1.5　利用易位鉴别家蚕的性别

在家蚕养殖中，由于雄蚕丝质好、产量高、耐粗饲，经济价值明显高于雌蚕。所以蚕农需要早期区分家蚕的性别。已知家蚕的性别决定属于ZW类型，研究发现其卵壳颜色受第10染色体上的$B$基因控制，野生型卵壳为黑色($B$)，诱导突变可获得隐性基因($b$)，表现为白色卵壳。用X射线处理雌蚕，从后代中筛选得到带有W–10易位染色体(含$B$基因)的雌性品系。该品系与白卵雄蚕杂交后代中，黑卵全为雌蚕，而白卵全为雄蚕(图7-19)，采用电子光学识别仪就能够自动鉴别蚕卵的性别。

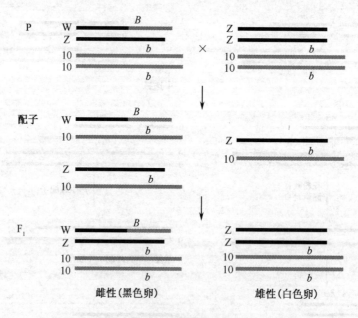

图7-19　利用易位鉴定家蚕性别(引自刘庆昌，2007)

## 7.3.2 染色体数目变异的应用

### 7.3.2.1 单倍体的应用

**(1) 加速基因的纯合进度**

单倍体本身的每个染色体组都是成单存在的，等位基因也都是单个的，如果人为地将它的染色体数加倍，使之成为二倍体或双倍体，不仅可以由不育变为可育，而且其全部基因可以达到一步纯合。在植物育种中，通过花药培养和花粉培养诱导产生单倍体，将其染色体加倍后，获得纯合二倍体，从而缩短育种时间，提高育种效率。例如：

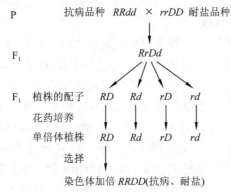

利用该方法，我国已培育获得烟草、水稻、小麦、杨树等多种植物新品。

**(2) 研究基因的性质和作用**

单倍体中的基因是成单存在的，隐性基因不受显隐性关系的影响而直接表现出来，因此单倍体是研究基因性质及其作用的良好材料。

**(3) 用于基因定位的研究**

单倍体的每对同源染色体和每对等位基因都只有一个成员，用分子生物学标记基因探针进行原位分子杂交的方法，可以研究基因在染色体上的位置。例如，马铃薯的同源四倍体就采用此技术进行基因定位研究。

**(4) 研究染色体之间的同源关系**

某些异源染色体之间并不都是绝对异源的，这一染色体组的某个或某些染色体与另一染色体组的某个或某些染色体之间可能存在部分同源的关系。在单倍体的孢母细胞内任何染色体都只有一个，因此可能同与自己有部分同源关系的另一个染色体联会成二价体，通过单倍体孢母细胞减数分裂时的联会情况，可以分析各个染色体组之间的同源或部分同源关系。例如，马铃薯($2n=48$)最初被认为是二倍体或异源多倍体，但经过单倍体染色体分析，发现其染色体可联会成12个二价体($n=24=12\text{Ⅱ}$)，因此，可以确定马铃薯是同源四倍体($2n=4x=12\text{Ⅳ}=48$)。

### 7.3.2.2 多倍体的应用

人工诱导多倍体在育种中具有重要的应用价值，可以克服远缘杂交的不孕性、创造远缘杂交育种的中间亲本和育成作物新类型。人工创造的多倍体可以是同源的，也可以是异源的；后者是使不育的种间或属间杂种的染色体数加倍所形成。

**(1) 克服远缘杂交的不孕性**

在植物育种工作中，常常需要使一些亲缘关系较远的植物杂交，以便得到兼具两个物种特征或特性的杂交后代，这就是所谓的远缘杂交。然而，远缘杂交常常不能成功，即杂交不孕，不能得到杂交种子。例如，在白菜（$B.\ chinensis$，$2n=20=10\text{II}$）与甘蓝（$2n=2x=18=9\text{II}$）杂交中，无论是正交还是反交都得不到种子。但是如果将甘蓝的染色体数加倍，成为同源四倍体（$4x=36=9\text{IV}$），以四倍体甘蓝与白菜进行正反交，结果都能得到种子。所以在进行种间杂交前，使某一个亲本种加倍成同源多倍体，是克服种间杂交不孕的一个途径。

**(2) 克服远缘杂种的不育性**

人工创造多倍体是克服远缘杂种不育性的重要手段。在远缘杂交的情况下，亲本染色体组之间一般都是非同源的，$F_1$是集合了一些差异悬殊的染色体组的个体，在减数分裂时，孢母细胞内必然出现大量的单价体，造成严重的不育。若使$F_1$植株的染色体数加倍，则减数分裂时各染色体组的各个染色体都能联会成二价体，由不育而成为可育，形成一个新的异源多倍体的物种。这方面的突出例子是小黑麦（$Triticale$）的育成。黑麦（$2n=2x=14=7\text{II}$）的特点是穗大、粒大，抗病和抗逆性强，但它的这些特点无法通过杂交转移给普通小麦，因为小麦与黑麦的杂种$F_1$（$2n=4x=ABDR=28$）是不育的。将它的染色体数加倍成为异源八倍体（$2n=8x=AABBDDRR=56=28\text{II}$），就成为可育的小黑麦。

**(3) 为远缘杂交育种创造多倍体的中间亲本**

在植物远缘杂交育种中，为了克服2个远缘亲本直接杂交产生后代不育的困难，通常的做法是先创造一个多倍体的中间亲本，再利用这个多倍体中间亲本与某一个亲本杂交。实际上是克服远缘杂种不育性的另一种表现形式。例如，普通烟草不抗花叶病，黏毛烟草抗花叶病，由于普通烟草与黏毛烟草杂交的$F_1$是不育的，阻碍了黏毛烟草的抗病基因（$N$）向普通烟草的转移。若将$F_1$加倍成异源六倍体，就成为将抗病基因（$N$）转移给普通烟草的中间亲本了。黏毛烟草（$2x=GG=24$），携带抗花叶病的显性基因$N$，普通烟草与黏毛烟草杂交$F_1$（$3x=TSG=36$），得到了黏毛烟草的抗病基因$N$，但不育。将$F_1$加倍，成为异源六倍体（$6x=TTSSGG=72=36\text{II}$）既抗病又可育，但具有黏毛烟草的野生性状。在育种上，人们只需要黏毛烟草的抗病基因（$N$），而不需要它的野生性状。以这个异源六倍体为中间亲本，再与普通烟草杂交，实际上是回交，从中选择抗病植株再与普通烟草回交，如此反复多次，最后可以得到抗花叶病的普通烟草品种。

**(4) 培育作物新类型**

迄今为止，已有许多多倍体品种或类型应用于农业生产。例如，同源四倍体的马铃薯（$2n=4x=48=12\text{IV}$）；同源四倍体的荞麦（$2n=4x=32=8\text{IV}$）；同源三倍体的甜菜（$2n=3x=27=9\text{III}$）；同源三倍体的无子西瓜（$2n=3x=33=11\text{III}$）；异源八倍体的小黑麦（$2n=8x=56=28\text{II}$），等等。这些多倍体品种无论在产量上还是品质上都表现出明显的优势。例如，同源四倍体荞麦，经过4代的选择，得到几个比二倍体（$2x=16=8\text{II}$）产量高3~6倍的品系，而且还能抗霜冻；同源四倍体黑麦产量比二倍体高30%；同源三倍体的甜菜产糖量比二倍体高20%；同源三倍体西瓜高度不育，无子，大大提高了商品价值。

异源多倍体比同源多倍体更能直接应用于生产。人工创造的异源多倍体的典型实例是小黑麦。目前栽培的小黑麦有异源六倍体和异源八倍体两种。小黑麦,顾名思义是小麦与黑麦的合成种。六倍体小黑麦($AABBRR$)的小麦亲本是硬粒小麦(*Triticum durum*)或波斯小麦(*T. persicum*),八倍体小黑麦($AABBDDRR$)的小麦亲本是普通小麦(*T. aestivum*)。国外栽培的主要是六倍体小黑麦,分布在五十多个国家,我国栽培的主要是八倍体小黑麦。

$$\begin{array}{ccc} 普通小麦 & \times & 黑麦 \\ AABBDD(2n=42) & \downarrow & RR(2n=14) \\ & ABDR & \\ & \downarrow 加倍 & \\ & AABBDDRR(2n=56) & \end{array}$$

八倍体小黑麦产量高,抗逆性和抗病性强,耐瘠耐寒,面粉白,蛋白质含量高,发酵性能好,茎秆可作青饲料,适于高寒山区种植,目前主要在云贵高原、黑龙江北部推广,比当地小麦增产30%~40%,比黑麦增产20%左右。

#### 7.3.2.3 非整倍体的应用

非整倍体本身在生产上并无直接的实用价值,但在遗传理论研究及育种中却有多方面的用途。例如,缺体、单体、三体都可进行基因所属染色体的测定,都可用于进行染色体的替换等。

**(1) 基因所属染色体的测定**

单体测验 包括隐性基因的测定和显性基因的测定。

隐性基因的测定 倘若某植物中发生了隐性突变$A \to a$,要想测定这个隐性突变基因$a$是在哪条染色体上,人们常采用单体测验,即以隐性$aa$表现型双体与显性$A$表现型的单体杂交,得到$F_1$代,观察$F_1$代植株的表现并镜检染色体,如果隐性$a$基因在该单体染色体上,$F_1$代的单体植株全部为隐性$a$表现型,而双体植株全部为正常的显性$A$表现型。

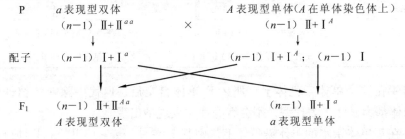

如果这个隐性$a$基因不在该单体染色体上,在杂交$F_1$中,无论是单体植株还是双体植株一律表现为正常的显性$A$表现型。

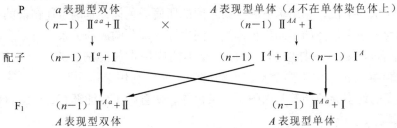

利用这种方法人们对一些植物的隐性基因进行了定位。例如,普通烟草曾经出现一种黄绿型的突变,是由隐性基因 $yg_2$ 决定的。用单体测验法进行测验,确定 $Yg_2$(绿) - $yg_2$ (黄绿)基因是在 S 染色体上。测定的方法是以 $yg_2yg_2$ 纯合的黄绿型双体植株($2n$),分别与 24 个绿叶单体 $2n-Ⅰ_A$, $2n-Ⅰ_B$, $2n-Ⅰ_C$, $2n-Ⅰ_D$, $\cdots$, $2n-Ⅰ_W$, $2n-Ⅰ_Z$ 杂交。对这 24 个杂交组合所产生的 $F_1$ 进行观察和镜检染色体数,发现唯独黄绿型×($2n-Ⅰ_S$) 的 $F_1$ 群体内,单体都是黄绿型的,双体都是绿叶的;而在其他 23 个杂交组合的 $F_1$ 群体内,单体和双体都是绿叶的。这就证明 $Yg_2-yg_2$ 这对基因是在 S 染色体上。

**显性基因的测定** 倘若要测定某显性基因 $A$ 是在哪条染色体上,同样可以用单体测验法进行测验。方法同前相似。先将 $A$ 表现型的纯合双体植株($2n$)与各个 $a$ 表现型单体 ($2n-1$) 分别杂交,如果 $A$ 基因在某染色体上,则有:

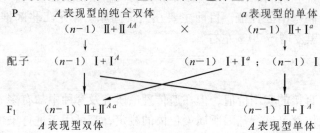

由于 $F_1$ 植株全部为 $A$ 表现型,所以单纯根据 $F_1$ 还无法决定,需要再将 $F_1$ 单体植株自交,根据 $F_2$ 的表现型来鉴定。

$$F_1 单体(n-1)Ⅱ+Ⅰ^A \xrightarrow{\otimes}$$

| 雌配子 | 雄配子 | |
|---|---|---|
| | $(n-1)Ⅰ+Ⅰ^A$ | $(n-1)Ⅰ$ |
| $(n-1)Ⅰ+Ⅰ^A$ | $A$ 表现型双体$(n-1)Ⅱ+Ⅱ^{AA}$ | $A$ 表现型单体$(n-1)Ⅱ+Ⅰ^A$ |
| $(n-1)Ⅰ$ | $A$ 表现型单体$(n-1)Ⅱ+Ⅰ^A$ | 缺体$(n-1)Ⅱ$ |

如果显性基因 $A$ 在这个单体染色体上,那么 $F_1$ 单体自交后,$F_2$ 代中除缺体植株外,无论是单体还是双体都为显性 $A$ 表现型,不会有隐性 $a$ 表现型出现。

如果 $A$ 基因不在某单体亲本的单体染色体上,则其 $F_1$ 单体[$(n-1)Ⅱ^{Aa}+Ⅰ$]所自交的 $F_2$ 群体内,双体、单体和缺体植株都会有少数是 $a$ 表现型的,表现出显隐性为 3:1 的比例。

对于异源多倍体植物来说,利用单体测定某基因的所属染色体,是确定连锁群的一个最重要的方法。因为异源多倍体的不同染色体组之间常存在部分同源的关系,有好多异位同效基因(polymeric gene);这些异位同效基因,是不能应用常规的两点或三点定位法,根据重组率(交换值)确定它们属于哪个基因连锁群的。人们利用单体测验法已经鉴定了普通烟草和普通小麦的许多异位同效基因的所属染色体,使育种工作能够有目标地替换染色体。

**三体测验** 对于多数二倍体生物，由于没有单体的存在，因此在基因定位中多采用三体。现以隐性基因的测定为例，说明三体测验的基本方法。

用隐性突变的双体（$aa$）作父本，与各个显性纯合 $A$ 表现型的三体母本杂交，得杂种 $F_1$，再将 $F_1$ 中的三体植株自交，根据 $F_2$ 群体性状分离情况进行判定，过程如下：

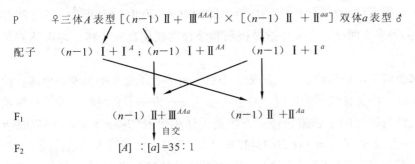

如果该隐性基因 $a$ 在三体染色体上，并且 $n+1$ 配子和 $n$ 配子同等可育，那么复式三体（$AAa$）自交后，$F_2$ 显性性状 $[A]$ 与隐性性状 $[a]$ 之比为 35：1 的比例。如果所要测验的基因不在三体染色体上，那么三体 $(n-1)\mathrm{II}^{Aa}+\mathrm{III}$ 自交后，$F_2$ 将表现 1 对杂合基因的分离，即显性性状 $[A]$ 与隐性性状 $[a]$ 之比为 3：1 的比例。因此，根据分离比例的不同，利用三体可以进行基因的定位。

**(2) 根据育种目标替换染色体**

**利用单体替换品种的染色体** 例如，某普通小麦优良品种的缺点是对某种病害表现敏感，有待改良。已知感病基因位于其 6B 染色体上，因此，理想的育种方案是将不抗病的某优良品种的 6B 染色体（$6B\mathrm{II}^{rr}$），替换成抗病品种的 6B 染色体（$6B\mathrm{II}^{RR}$）。具体方法是首先将待改良的品种转换为本品种的单体，即 $20\mathrm{II}+6B\mathrm{II}^{rr}\times$ 单体 $\to 20\mathrm{II}+6B\mathrm{I}^{r}$（单体）。再以 6B 单体（$20\mathrm{II}+6B\mathrm{I}^{r}$）为母本与某抗病品种（$20\mathrm{II}+6B\mathrm{II}^{RR}$）杂交，在 $F_1$ 群体内，不论是单体植株（$20\mathrm{II}+6B\mathrm{I}^{R}$），还是双体植株（$20\mathrm{II}+6B\mathrm{II}^{Rr}$）都是抗病的。淘汰双体植株，使单体植株自交得 $F_2$，淘汰 $F_2$ 群体内的单体（$20\mathrm{II}+6B\mathrm{I}^{R}$）植株和缺体（$20\mathrm{II}$）植株，对其双体（$20\mathrm{II}+6B\mathrm{II}^{RR}$）再进一步选择，或用它作为杂交亲本与其他优良品种杂交。这个 $F_2$ 的双体就是换进了一对载有抗病基因（$R$）的 6B 染色体的个体。过程如下：

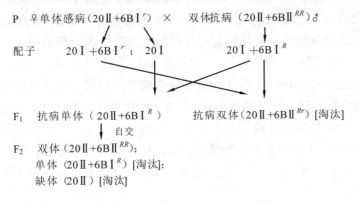

利用缺体进行染色体替换　例如，小麦抗秆锈 17 号生理小种的基因 $R$ 位于 6D 染色体上。甲品种是一个优良而不抗病的品种（$2n = 20\text{Ⅱ} + 6D\text{Ⅱ}^{rr}$），为使甲品种换进一对带有抗病基因 $R$ 的 6D 染色体，可用甲品种的 6D 缺体（$21\text{Ⅱ} - 6D\text{Ⅱ} = 20\text{Ⅱ}$）与抗病的乙品种（$20\text{Ⅱ} + 6D\text{Ⅱ}^{RR}$）杂交，$F_1$ 全部是 6D 单体（$20\text{Ⅱ} + 6D\text{Ⅰ}^{R}$），这种 $F_1$ 单体的自交，就能使 $F_2$ 群体内出现换进一对带有抗病基因（R）的 6D 染色体的双体（$20\text{Ⅱ} + 6D\text{Ⅱ}^{RR}$）。将（$20\text{Ⅱ} + 6D\text{Ⅱ}^{RR}$）与待改良品种多次回交、自交，选择抗病和综合性状优良的个体，即可达到预期目的。

单体或缺体配合倍半二倍体的利用　例如，小黑麦由于有了全套的黑麦染色体，使得小麦在获得了黑麦的一些优良性状的同时，也获得了黑麦的许多不良性状。为了克服这种现象，可使小麦只换取黑麦的个别染色体。方法是先使小黑麦（$2n = 8x = AABBDDRR = 56 = 28\text{Ⅱ}$）与普通小麦（$2n = 6x = AABBDD = 42 = 21\text{Ⅱ}$）杂交，得到倍半二倍体的 $F_1$（$2n = 7x = AABBDDR = 49 = 21\text{Ⅱ} + 7\text{Ⅰ}$）。这种 $F_1$ 植株在减数分裂时形成 21 个二价体和 7 个单价体（$21\text{Ⅱ} + 7\text{Ⅰ}$），这就使得 $F_1$ 的自交子代 $F_2$ 群体内，有可能出现 7 种不同的外加 7 个黑麦染色体的小麦，即 $2n + 1 = AABBDD + \text{Ⅰ}_{1R}，AABBDD + \text{Ⅰ}_{2R}，\cdots，AABBDD + \text{Ⅰ}_{7R}$。再使这些外加 1 个黑麦染色体的小麦与小麦的单体（或缺体）杂交，在它们的子代群体内有可能出现 $n = ABD + \text{Ⅰ}_R$ 的配子（R 代表黑麦染色体）与 $n - 1 = ABD - \text{Ⅰ}_T$ 的配子（T 代表小麦染色体）受精结合的 $2n - 1 + 1$ 个体（$20\text{Ⅱ} + \text{Ⅰ}_T + \text{Ⅰ}_R$），在这种个体的自交子代群体内，有可能出现换取了一对黑麦染色体的小麦（$2n = 20\text{Ⅱ}_T + \text{Ⅱ}_R = 21\text{Ⅱ}$）。它可以作为杂交育种工作中进一步杂交的亲本。

**(3) 非整倍体在生产上的应用**

大麦三级三体的创造和利用就是非整倍体在生产上应用的典型例子，为大麦杂交育种提供了新途径。大麦（$2n = 2x = 14$）是高度的自交作物，用其适当的品系配制杂交种可表现出明显的杂种优势。但由于大麦的核不育基因找不到稳定的保持系而难以杂交制种。为此，育种工作者利用染色体畸变方法创造出一种大麦"平衡三级三体"品系，从而克服了这种困难。

所谓的三级三体大麦，是在大麦额外三体染色体上带有一个显性可育基因（$Ms$）和显性标记茶褐色种皮基因（$R$），它们均与易位点紧密连锁。两条正常染色体上均具有隐性不育基因（$ms$）和隐性黄种皮基因（$r$）。在减数分裂时，由于额外染色体上带有非同源染色体的一个片段，因而不与另两条同源组的染色体配对，最后随机地分配到子细胞中去。因此，这种三级三体产生的配子有 2 种：一种是正常染色体的 $n$ 配子，其基因型为 $msr$，另一种是 $n + 1$ 型配子，基因型为（$msr/MsR$）。$n + 1$ 型的花粉生理功能极弱，在受精过程中竞争不过正常的花粉而不能参与授粉，在卵细胞中 $n + 1$ 与 $n$ 的比例也只有 3:7。在这个三级三体自交后代中，约有 70% 是黄种皮的雄性不育的二倍体（$ms/ms$），约有 30% 是茶褐色的三级三体（$msr/msr/MsR$）。由于种皮有 2 种颜色，可以将它们人为地分开。黄色种皮是雄性不育系，可用于配制杂交种；茶褐色种皮是三级三体，可作保持系用于第 2 年再生产（图 7-20）。

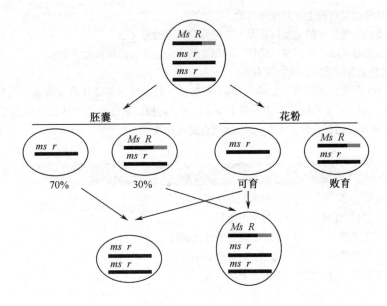

**图 7-20 大麦三级三体的保持**(引自刘庆昌，2007)

## 思考题

1. 名词解释

缺失杂合体　重复纯合体　易位杂合体　倒位杂合体　重复杂合体　缺失纯合体　倒位纯合体　易位纯合体　顶端缺失　中间缺失　顺接重复　反接重复　臂内倒位　臂间倒位　假显性　位置效应　剂量效应　简单易位　相互易位　半不育现象　单倍体　单体　三倍体　三体　同源多倍体　异源多倍体　多倍体　整倍体　非整倍体　染色体组　缺体　四体　超倍体　亚倍体　四倍体　整倍性变异　非整倍性变异

2. 判断题

(1) 同源多倍体虽然比二倍体增加了若干个染色体组，但基因没有发生突变，因而性状不会发生改变。　　　　　　　　　　　　　　　　　　　　　　　　　　　(　　)

(2) 易位杂合体在减数分裂时有两种分离形式，一是邻近式分离，二是交互式分离。前者所产生的配子都是正常的，而后者所产生的配子都是遗传不平衡的，且有致死效应。　(　　)

(3) 倒位杂合体的主要遗传效应是产生假连锁现象。　　　　　　　　　　　　(　　)

(4) 在非整倍体中$(2n-2)$和$(2n-1-1)$是一样的，因为两者都少了二条染色体。(　　)

(5) 单倍体和一倍体是相同的概念，它们的染色体数目都是体细胞的染色体数目的1/2。(　　)

3. 简答题

(1) 在育种中应如何利用染色体结构的改变和染色体数目的改变，请举例说明。

(2) 今有正常体、易位杂合体与易位纯合体三类玉米，你将怎样加以区别鉴定。

(3) 给你 A、B 两种植株，其中一株是同源多倍体，另一株是异源多倍体，你如何鉴定它们各是什么类型。

(4) 为什么多倍体在植物中比在动物中普遍的多？你能提出一些理由吗？

(5) 非整倍体可以用于鉴定基因位于哪个染色体上，为什么？

(6) 单倍体对遗传学研究、植物育种有何价值？

(7) 多倍体在远缘杂交育种上有何应用价值?
(8) 请阐明高等植物单倍体的主要特征及其在遗传育种上的意义。
(9) 你知道哪些途径可以产生同源三倍体? 同源三倍体为什么会出现高度不育?
(10) 多倍体在自然界可能以什么方式发生?
(11) 三体的 $n+1$ 胚囊的生活力一般远比 $n+1$ 花粉强。假设某三体植株自交时参与受精的有 50% 为 $n+1$ 胚囊，而参与受精的花粉中只有 10% 的 $n+1$ 花粉，试分析该三体植株的自交子代群体里，四体、三体所占的百分数和正常 $2n$ 个体所占的百分数。

## 主要参考文献

李惟基. 2007. 遗传学[M]. 北京: 中国农业大学出版社.
刘庆昌. 2007. 遗传学[M]. 北京: 科学出版社.
杨业华. 2000. 普通遗传学[M]. 北京: 高等教育出版社.
王亚馥. 2000. 普通遗传学[M]. 北京: 高等教育出版社.
朱军. 2005. 遗传学[M]. 北京: 中国农业出版社.

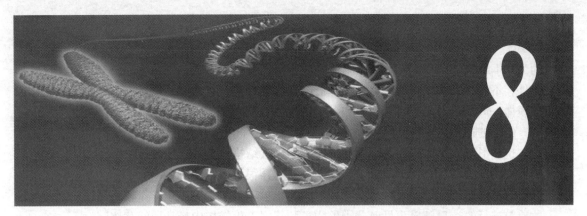

# 细菌与病毒的遗传

在学习细菌与病毒的遗传分析之前,首先应先来了解一下细菌和病毒的特点及其在遗传研究中的优越性。

## 8.1 细菌和病毒的特点

### 8.1.1 细菌的特点及培养技术

所有细菌(bacteria)都是比较小的单细胞生物,也是地球上最多的一类生物。不同细菌其大小不一,一般长 1~2 μm,宽约 0.5 μm。细菌的结构比较简单,主要由细胞壁、质膜、间体、核质体、核糖体和鞭毛组成(图 8-1)。其外围由一层或多层膜或壁所包被,内为含有核糖体的细胞质及含 DNA 被称为拟核(nucleoid)的区域。核质体的体积

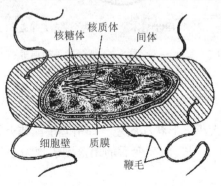

图 8-1 细菌(大肠杆菌)的结构模式

> 细菌与病毒属原核生物,是遗传学研究中理想的研究材料。由于具有遗传结构简单、繁殖速度快等特点,其(如细菌)遗传重组也不像真核生物那样具有规律性,因此有必要学习一下原核生物的遗传重组,特别是经典的实验材料——细菌和噬菌体。本章将重点讨论细菌及噬菌体的遗传特点、基因重组方式等。了解细菌和病毒的遗传分析对整个遗传学,特别是对分子遗传学的发展具有重大意义。

约为 0.1μm³，其中的 DNA 被紧紧地裹成一团，且呈裸露状态。在细胞质里，除大量核糖体外，不存在真核生物所特有的细胞器。细胞质外包被有质膜，质膜向内折叠形成间体或质膜体(mesosome)。通常认为其与细菌的细胞分裂有关。

细菌的遗传物质极其简单，其 DNA 主要以单个主染色体形式存在，不与组蛋白相结合，也不形成核小体，而是一个共价闭合的环状结构。此外，还含有一个或多个双链环状的 DNA 分子，即质粒(plasmid)；质粒大小差异很大，其上 DNA 可携带数个至数百个基因。有些细菌细胞可携带多达十几种不同的质粒。由于细菌质粒操作较为简便，因此对细菌质粒进行改造后已成为目前分子生物学和基因工程操作中最常用的载体。

由于细菌属单细胞生物，采用无性分裂方式，所以生长速度快，周期短，20min 即可完成一个世代。例如，在适宜条件下，以一个细胞为基数，每 20min 就能繁殖一代成为 2 个，繁殖 2 代成为 4 个。繁殖 $n$ 代，就有 $2n-1+1$ 个。因此，每个细胞在较短时间内(如一夜)就能裂殖到 $10^7$ 个子细胞而成为肉眼可见的菌落。

鉴于细菌具有上述特点，所以细菌易培养，简单的基本培养基即可满足培养要求。其培养技术也较为简单，一般采用平板培养法(plating culture)(图 8-2)。其主要过程为：用液体培养基培养细菌，待其繁殖到一定程度，用吸管吸取几滴培养液，滴到制备好的固体琼脂糖培养基上，并用一根无菌的玻璃涂布器将菌液涂布均匀。将平板密封后置于 37 ℃ 恒温培养，若涂布的细菌菌液浓度较低，则经过培养后可在平板上长出清晰可辨的单个细胞；若浓度较高，经过培养，细菌细胞裂殖增生，且集合成群，经过大约一夜，就可成为肉眼可见的菌落(colony)，由于菌落中的所有细胞最初均来自单个细菌细胞，因此，这一菌落又被称为无性繁殖系或克隆(clone)。

细菌的另一特点是在培养过程中很易发生突变。通常情况下，培养皿中每一细菌经过生长产生的菌落应具有共同的遗传组成，但由于繁殖速度快，很易发生突变，突变后所形成的菌落也会发生相应的变化。概括起来，细菌突变主要包括以下 3 种类型。

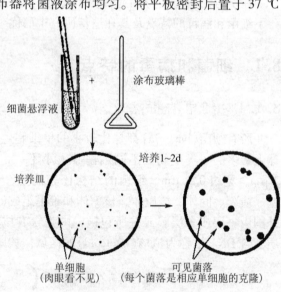

图 8-2 细菌的平板培养

### 8.1.1.1 形态性状突变

菌落形态性状的突变主要包括菌落的大小、形状和颜色。如引起小鼠肺炎的野生型肺炎双球菌本来形成大而光滑的菌落[图 8-3(a)]，而突变后的菌落则表现为小且表面粗糙[图 8-3(b)]。

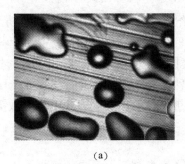 

(a) 　　　　　　　　　　(b)

**图 8-3　肺炎双球菌菌落形态**
(a) 肺炎双球菌野生型　(b) 肺炎双球菌突变型

### 8.1.1.2　生理特性突变

生理特性突变主要表现为丧失合成某种营养物质的能力，称为营养缺陷型（auxotroph）。如野生型细菌可以在只含有无机盐类、碳源和水等基本营养成分的基本培养基（minimal medium）上生长，若发生突变后则不能在基本培养基上生长，该菌就会死亡。该突变类型可用不同的选择性培养基（selective medium）测知突变的特性。如细菌丧失了合成组氨酸的能力，则该细菌将不能在基本培养基上生长，若加入组氨酸，该细菌就能生长，也称条件致死性突变（conditional-lethal mutation）。

### 8.1.1.3　抗性突变

抗性突变主要是指抗药性或抗感染性突变。在野生型细菌培养基中加入青霉素（penicillin），可以阻止细菌细胞壁的形成，从而杀死细菌，这类细菌被称为青霉素敏感型（$Pen^S$），但有时也会发现抗青霉素菌株（$Pen^R$）。

细菌的突变类型可采用影印培养法来进行高效鉴定。为高效检测、分离混合群体中不同突变类型，美国学者莱德伯格（J. Lederberg）于 1952 年设计了影印培养法（replica plating）来筛选鉴定突变体（Lederberg and Lederberg, 1952）。其方法是：先在一个母板上使细菌长成菌落，然后用一个比培养皿略小的木板，包上一层消过毒的丝绒，印在木板上，把菌落吸附在丝绒上，再把这块丝绒印到含有各种不同成分的培养基上（图 8-4）。凡不能出现在影印培养基上的菌落，说明它缺乏合成这一物质的能力，是该物质的营养缺陷型，可将其从木板上取下来做进一步研究。

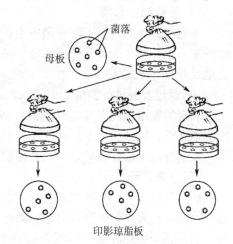

**图 8-4　细菌的影印培养法**

## 8.1.2　病毒的特点及种类

植物、动物和人类遭受病毒病的袭扰由来已久。许多记载表明至少在公元前 3 世纪 ~ 前 2 世纪印度和中国就存在天花。中国从公元 10 世纪宋真宗时就有接种人痘预防天花的记载,在家畜的病毒病中,狂犬病可能是最早有记载的。病毒(virus)最早是由荷兰科学家贝杰林克(Beijerinck)于 1898 年发现,直到 1935 年美国生化学家斯坦利(Stanley)才真正分离出病毒晶体(Zaitlin,1998)。病毒是一类非细胞型微生物,只含有一种核酸,DNA 或 RNA,仅能在活细胞中繁殖,是已知的微生物中较晚被发现的一类。直到电子显微镜应用后,人们才观察到病毒。病毒的基本特点如下。

**(1) 体积微小**

需通过电子显微镜放大几万倍或几十万倍才能看到。自然界中病毒大小差别很大,从十几纳米到十几微米不等。最小的如植物的联体病毒直径仅 18~20 nm,最大的动物痘病毒大小达(300~450)nm×(170~260)nm,最长的如丝状病毒科病毒粒子大小为 80nm×(790~14 000)nm。

**(2) 结构简单**

病毒不具备细胞结构,仅由蛋白质外壳包绕一团核酸组成,有些病毒还有一层包膜。核酸位于病毒核心部位,是决定病毒感染、增殖、遗传、变异的物质基础。一种病毒只含一种核酸,即 DNA 或 RNA,这是生物界的独特现象(图 8-5)。

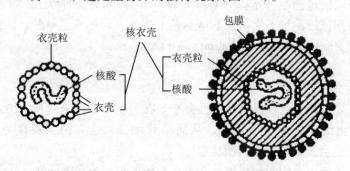

**图 8-5　病毒的基本结构(裸露病毒与包膜病毒)**

**(3) 不能独立繁殖**

不能在无生命的人工培养基中生长繁殖。由于病毒结构简单,不具备完成独立代谢活动的酶系统,仅含少数几种酶,因此必须在适合的活细胞中,依赖活细胞提供的酶系统、能量及养料等才能增殖。

**(4) 通过复制进行繁殖**

病毒的繁殖是依靠其组成中的核酸(DNA 或 RNA)侵入宿主细胞内,经过短时间后,宿主细胞就释放出成千上万甚至上百万个与亲代病毒完全相同的子代病毒。所以病毒不同于其他生物,不是分裂繁殖,而是复制,即以亲代病毒为模板,复制出大量相同的子代。

**(5) 分布广泛**

病毒在自然界广泛分布,人、动物、植物、昆虫,以及真菌和细菌等均有病毒寄居并引起感染,对人的健康和社会经济都有很大影响。人类急性传染病中约 70% 由病毒引起,有些病毒还会引起肿瘤。病毒传播有水平传播(通过黏膜表面和皮肤传播)和垂直传播(胎盘或产道)两种。

按照病毒感染的宿主类型可分为动物病毒、植物病毒和菌类病毒:

*动物病毒* 主要包括天花病毒(variola virus，DNA 类痘病毒)、流感病毒(正黏病毒科 RNA 病毒)、HIV 病毒(acquired immunodeficiency syndrome，AIDS，艾滋病毒，逆转录病毒)、流行性乙型脑炎病毒和"非典"病毒等。

*植物病毒* 常见的有烟草花叶病毒(tobacco mosaic virus，TMV)、郁金香碎色病毒(tulip breaking virus)、香石竹斑驳病毒(carnation mottle virus)、芜菁花叶病毒(turnip mosaic virus)和菜豆黄化叶病毒(bean yellow mosaic virus)等。

*菌类病毒* 细菌、真菌和藻菌等，细菌病毒称为噬菌体(phage)。

此外，依其与宿主细胞的相互关系，可分为烈性(virulent)噬菌体和温和(temperate)噬菌体。

## 8.1.3 细菌和病毒在遗传研究中的优越性

细菌和病毒作为遗传研究材料具有独特优势，了解细菌和病毒的遗传特点，极大地促进对现代分子生物学和分子遗传学的迅速发展。细菌和病毒在遗传研究中的优越性主要体现在以下几个方面：

第一，繁殖快，世代短。细菌 20min 一代，病毒 1h 可繁殖上百个。用它们作为研究材料，可以大大节约实验时间。

第二，易于管理和进行化学分析。因个体小，一个试管可装很多个体，易于获得足够的数量用于遗传分析。

第三，便于研究基因结构、功能及调控机制。细菌和病毒的遗传物质简单，易于进行基因定位、结构分析和分离。

第四，便于研究基因的突变和重组。裸露的 DNA 分子(有的病毒为 RNA 分子)，容易受环境条件的影响而发生突变；单倍体生物，不存在显性掩盖隐性问题，隐性突变也能表现出来。细菌具有转化、转导和接合作用，可以进行精密的遗传分析。

第五，便于进行遗传操作。染色体结构简单，没有组蛋白和其他蛋白的结合，更易于进行遗传工程的操作。

第六，可用作研究高等生物的简单模型。高等生物复杂，可用细菌来代替某种研究。

## 8.1.4 细菌和病毒的拟有性过程

有性过程是指遗传物质的交换和交流。在真核生物中，有性过程是在减数分裂过程中来实现遗传物质的交换和重组。而细菌和病毒则不同，不能像高等生物那样进行有性过程，细菌和病毒的遗传物质也可以从一个个体传递到另一个个体，也能形成重组体。但它不经过减数分裂和受精作用而使遗传物质重组的过程，称为拟有性过程。因此，拟有性过程是引起细菌、病毒间遗传物质转移与重组的过程，它也是研究遗传重组和基因结构的重要前提，特别是作为真核生物的遗传研究模型。细菌与细菌之间遗传物质的交流(拟有性过程)有 4 种不同的方式：转化(transformation)、接合(conjugation)、性导(sexduction)和转导(transduction)。当一个细菌被一个以上的病毒粒子所侵染时，噬菌体也能在细菌体内交换遗传物质。如果两个噬菌体属于不同品系，它们之间可以发生遗传物质的部分交换(重组)。下一节将讲述细菌和噬菌体遗传物质的交换过程，并且将利用这些方法作出细菌和噬菌体的染色体图。

## 8.2 噬菌体的遗传分析

早期电镜学家获得的最令人振奋的发现之一是细菌病毒-噬菌体，最初的电镜照片曾引起很大的轰动。德尔布鲁克、郝尔希和罗特曼揭示出噬菌体的一个拟有性过程，通过该过程，可以发生遗传物质的交换。这一重大发现促进了噬菌体遗传学的研究，从而获得了关于基因结构、重组机理和基因功能的大量知识。

### 8.2.1 噬菌体的结构与生活周期

细菌病毒被称为噬菌体（bacteria phage or phage），其结构很简单，基本上由一个蛋白质外壳包裹着一些核酸组成。某些动物病毒，如水痘病毒，含有某些碳水化合物和脂肪等。噬菌体的多样性来自组成其外壳的蛋白质种类，以及染色体类型和结构的不同。

遗传学上应用最广泛的是大肠杆菌的 T 噬菌体系列（T1～T7）。其结构大同小异，一般呈蝌蚪状。T 偶列噬菌体的结构如图 8-6 所示，具有六角形的头部，其内含有双链 DNA 分子，尾部包括一个中空的针状结构及外鞘（也称尾鞘），尾鞘的主要作用是通过收缩将 DNA 注入宿主细胞。末端是基板，由尾丝及尾针组成，尾丝起附着作用。

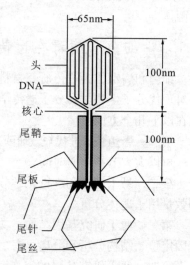

图 8-6 T 偶列噬菌体结构模式图

#### 8.2.1.1 烈性噬菌体

凡侵入细胞后，进行营养繁殖，导致细胞裂解的噬菌体称烈性噬菌体。此类噬菌体中，大肠杆菌 T-系偶数噬菌体的生活周期研究得最早和较深入，这里以 T-系偶数噬菌体（T1～T7）为模式介绍噬菌体的增殖，其增殖周期可分为 5 个阶段。

**(1) 吸附**

吸附（adsorption）是指病毒表面吸附蛋白与细胞受体蛋白特异性地结合、导致病毒附着于细胞表面。大肠杆菌的 T 系列噬菌体以其尾丝尖端附着于大肠杆菌的细胞壁上。附着时，噬菌体是以其尾丝尖端的蛋白质吸附在菌体细胞表面的特异受体上（图 8-7）。不同噬菌体吸附在不同的受体上。例如，T3、T4 和 T7 噬菌体吸附在脂多糖受体上；T2 和 T6 噬菌体的受体为脂蛋白；但是有尾巴的噬菌体并非都吸附在细菌的细胞壁上，有的是吸附在细菌荚膜上，有的如沙门氏菌的 X 噬菌体吸附在细菌的鞭毛上。

**(2) 侵入**

病毒或其一部分进入宿主细胞的过程称侵入（penetration）。侵入方式视宿主细胞性质而定。病毒侵入有细胞壁的细胞（细菌细胞与植物细胞）与无细胞壁的动物细胞的方式不一样。例如，噬菌体 T4 吸附在大肠杆菌细胞壁上后，先是尾丝收缩，使尾管碰及细胞壁，这时，尾管的溶菌酶溶解接触处细胞壁中肽聚糖，在细胞壁中"钻"了一个小孔，然后，通过尾鞘收缩而把尾管推出并插入细胞壁中，DNA就通过尾管"注射"到细菌细胞质中，而蛋白质留在菌体外（图8-7）。

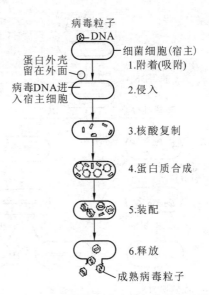

图8-7　T4噬菌体侵染大肠杆菌的生活周期

（3）复制

复制（replication）这一步骤主要指噬菌体DNA复制、转录与蛋白质外壳的合成（图8-7）。噬菌体DNA进入宿主细胞后，立即以噬菌体DNA为模板，利用细菌原有的RNA合成酶来合成早期mRNA，由早期mRNA翻译成早期蛋白质。这些早期蛋白质主要是病毒复制所需要的酶及抑制细胞代谢的调节蛋白质。在这些酶的催化下，以亲代DNA为模板，半保留复制的方式，复制出子代的DNA。在DNA开始复制以后转录的mRNA称为晚期mRNA，再由晚期mRNA翻译成晚期蛋白质。这些晚期蛋白质主要组成噬菌体外壳的结构蛋白质，如头部蛋白质、尾部蛋白质等。在这时期，细胞内看不到噬菌体粒子，称为潜伏期（latent period）。潜伏期是指噬菌体吸附在宿主细胞至宿主细胞裂解，释放噬菌体的最短时间。

（4）装配

装配（assembly）是指将合成的病毒各部件组装在一起成为成熟病毒粒子的过程。例如，大肠杆菌T4噬菌体的DNA、头部蛋白质亚单位、尾鞘、尾髓、基板、尾丝等部件合成后，DNA收缩聚集，被头部外壳蛋白质包围，形成廿面体的噬菌体头部。尾部部件也装配起来，再与头部连接，最后装配完毕，成为新的子代噬菌体（图8-7）。

（5）释放

病毒增殖的最后一个阶段就是释放（release）。很多病毒借助于自身的降解宿主细胞壁或细胞膜的酶（如T4噬菌体尾管的溶菌酶或流感病毒刺突的神经氨酸酶）裂解宿主细胞，一下子释放出大量子病毒（图8-7）。每一宿主细胞裂解后所释放病毒粒子的平均数量称为裂解量。不同病毒有不同的裂解量。

### 8.2.1.2　温和性噬菌体

有些噬菌体（如大肠杆菌λ噬菌体）侵染细菌后不产生子噬菌体和不引起细胞裂解，这些噬菌体称为温和噬菌体或溶源性噬菌体。

温和性噬菌体侵染宿主细胞后，其DNA可以整合到宿主细胞的DNA上，并与宿主细胞染色体DNA同步复制，但不合成自己的蛋白质壳体，因此宿主细胞不裂解而能继续生长繁殖。大肠杆菌λ噬菌体就属于温和性噬菌体。整合在宿主细胞染色体DNA上的温和噬菌体的基因称为原噬菌体（prophage）。个别噬菌体如大肠杆菌噬菌体P1，其温和噬菌体的核酸并不整合在细菌的DNA上，而在细胞质膜的某一位点上，呈质粒状态存在。人们

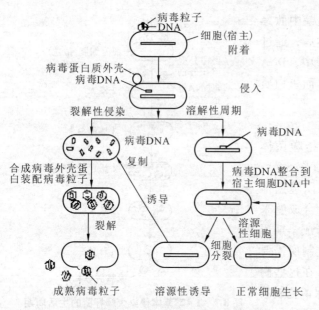

图 8-8 温和噬菌体的生活周期

把含有原噬菌体的细菌细胞称为溶源性细胞（lysogenic cell），并把温和噬菌体侵入宿主细胞后所产生的这些特性称为溶源性（图 8-8）。

温和性噬菌体与烈性噬菌体在遗传上不同。温和性噬菌体的基因组能整合到细菌染色体中，有一个与细菌染色体相附着的位点，并在其某种基因产物如整合酶的作用下，两者在此位点发生一次特异性重组。另外，温和性噬菌体又能编码合成一种称为阻遏体蛋白的基因 $C_1$，这种阻遏体能阻止噬菌体所有有关增殖基因的表达，从而使其不能进入营养状态。此外，还另有一些基因调节、控制阻遏体的合成，以维持稳定的溶原状态。如果阻遏体的活性水平降低，不足以维持溶原状态，原噬菌体就可离开染色体进入增殖周期，并引起宿主细胞裂解，这种现象称为溶源性细菌的自发裂解。也就是说，极少数溶源性细菌中的温和性噬菌体变成了烈性噬菌体。这种自发裂解的频率很低，如大肠杆菌溶源性品系的自发裂解频率为 $10^2 \sim 10^5$。

溶源细胞的诱发裂解用某些适量理化因子，如紫外线或各种射线，化学药物中的诱变剂、致畸剂、致癌物或抗癌物、丝裂霉素 C 等处理溶源性细菌，都能诱发溶源细胞大量裂解，释放出噬菌体的粒子。

## 8.2.2 噬菌体的基因重组与作图

早在 1936 年澳大利亚科学家布尔耐特（Burnet）就发现了噬菌体能产生突变体，其噬菌斑的外形和野生型的有明显区别，但当时未能引起足够重视，直到 1946 年赫尔希等不仅发现了噬菌体的 $r$、$h$ 突变类型，还发现了噬菌体的重组类型。这些发现有力地推动了噬菌体遗传学的发展。

赫尔希等研究的噬菌体遗传性状分为两类：一类是形成的噬菌斑（plaque）形态，即噬菌斑的大小、边缘清楚或模糊；另一类则是宿主范围（host range），即噬菌体感染和裂解细菌菌株的能力大小。而研究最广泛的噬菌斑突变体是 T 噬菌体 $r^-$ 突变体（$r$ 代表 rapid lysis，速溶性）。$r^+$ 代表正常型的 T 噬菌体，其产生的噬菌斑小且边缘模糊；而突变体（$r^-$）类型则产生约大 2 倍且边缘清晰的噬菌斑（图 8-9）。有些噬菌体的突变体能克服抗噬菌体菌株

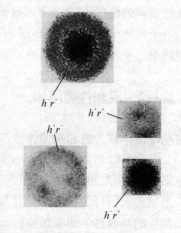

图 8-9 4 种基因型噬菌斑的形态

的抗性，称为宿主范围突变体（host range mutant）。如大肠杆菌（*Escherichia coli*）B 株是 T2 的宿主，有时它对 T2 产生抗性，这个菌株称为大肠杆菌 B/2 株。一种发生在 T2 上的 $h^-$ 突变体，能利用 B 株及 B/2 株；$h^+$ 则是未突变的噬菌体，只能利用 B 株（图 8-9）。

噬菌体的基因重组与细菌不同，而与真核生物的基因重组十分相似。杂交可在不同标记的噬菌体之间进行，然后通过计算重组噬菌体占总的子代噬菌体的比例来确定重组值。由于 $h^-$ 和 $h^+$ 均能感染 B 株，若用 T2 的

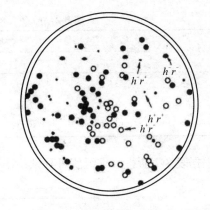

图 8-10　$h^+r^-$ × $h^-r^+$ 培养基中产生的 4 种噬菌斑

两个亲本 $h^-r^+$ 和 $h^+r^-$ 同时感染 B 株，则称为双重感染（double infection），那么在其子代中就可以得到 $h^+r^+$ 和 $h^-r^-$ 的重组体（图 8-10）。赫尔希等用 T2 噬菌体的两个不同表型特征：噬菌斑的形态和宿主范围来进行杂交，即让基因型为 $h^+r^-$ 的噬菌体与另一基因型为 $h^-r^+$ 的噬菌体进行杂交（图 8-10）。杂交时，$h^+r^-$ 和 $h^-r^+$ 混合感染 *E. coli* 的 B 株及 B/2 株，结果在接种的平板上长出了在表型上能够明显区分的 4 种类型（图 8-10）。

表 8-1　$h^+r^-$ × $h^-r^+$ 杂交产生的噬菌斑类型

| 噬菌斑表现型 | | 推导的基因型 | 遗传类型 |
|---|---|---|---|
| 透明 | 小 | $h^-r^+$ | 亲本型 |
| 半透明 | 大 | $h^+r^-$ | 亲本型 |
| 半透明 | 小 | $h^+r^+$ | 重组型 |
| 透明 | 大 | $h^-r^-$ | 重组型 |

依据噬菌斑的表型特征，可推导出噬菌体的基因型和遗传类型（表 8-1）。由表 8-1 可见，在出现的 4 种类型的噬菌斑中，小、透明（$h^-r^+$）和大、半透明（$h^+r^-$）属于亲本型噬菌斑，而小、半透明（$h^+r^+$）和大、透明（$h^-r^-$）则是亲本未有的噬菌斑类型。结果表明，$h^-r^+$ 和 $h^+r^-$ 之间有一部分染色体在 B 菌株的细胞中进行了重组，释放出的子噬菌体有一部分为 $h^+r^+$ 和 $h^-r^-$。人们利用基因在染色体上可发生遗传重组和交换这一原理进行遗传作图。首先利用下列公式可计算出两个位点的重组率：

$$重组值 = \frac{重组噬菌斑数}{总噬菌斑数} \times 100\%$$

$$= \frac{h^+r^+ + h^-r^-}{h^+r^- + h^-r^+ + h^+r^+ + h^-r^-} \times 100\%$$

此值即为重组率，去掉 % 就是两个位点的遗传距离，以 cM 表示，据此可进行遗传作图。

不同速溶菌的突变型在表现型上不同，可分别表示为 $r_a^-$、$r_b^-$、$r_c^-$ 等，若用 $r_x^- h^+ \times r_x^+ h^-$（$r_x$ 代表不同的 $r$ 基因）可获得如表 8-2 所示的试验结果。

表 8-2　$r_x^- h^+ \times r_x^+ h^-$ 噬菌斑数及重组值

| 杂交组合 | 各基因型(%) | | | | 重组值 |
| --- | --- | --- | --- | --- | --- |
| | $h^+ r^-$ | $h^- r^+$ | $h^+ r^+$ | $h^- r^-$ | |
| $h^+ r_a^- \times h^- r_a^+$ | 34.0 | 42.0 | 12.0 | 12.0 | 24/100 = 24% |
| $h^+ r_b^- \times h^- r_b^+$ | 32.0 | 56.0 | 5.9 | 6.4 | 12.3/100.3 = 12.3% |
| $h^+ r_c^- \times h^- r_c^+$ | 39.0 | 59.0 | 0.7 | 0.9 | 1.6/99.6 = 1.6% |

根据表 8-2 所得的重组值可分别绘出 $r_a$、$r_b$、$r_c$ 与 $h$ 的 3 个连锁图如图 8-11 所示：

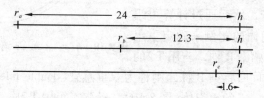

图 8-11　$r_a$、$r_b$、$r_c$ 与 $h$ 的连锁图

由于得到 3 种不同的重组值，表示 3 个 $r$ 基因的座位是不同的，所以可推测有 4 种可能的基因排列连锁图(图 8-12)。

那么，$r_a$、$r_b$、$r_c$ 和 $h$ 在染色体上的基因排列顺序如何呢？这可先只考虑 $r_b$、$r_c$ 及 $h$ 来确定是 $r_c - h - r_b$ 还是 $h - r_c - r_b$。为此需再作杂交 $r_c^- r_b^+ \times r_c^+ r_b^-$，所得重组值约 14，可知 $h$ 应位于 $r_b$ 及 $r_c$ 之间，又因为 T2 噬菌体的连锁图是环状的(图 8-13)，所以，$r_a$ 既可以靠近 $r_c$ 也可以靠近 $r_b$。

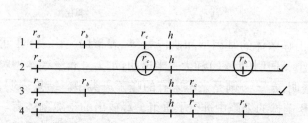

图 8-12　由重组值推测的 4 种可能的基因排列连锁图

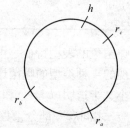

图 8-13　T2 噬菌体的环状连锁图

## 8.2.3　λ 噬菌体的基因重组与作图

凯泽(A. D. Kaiser)早在 1955 年最早进行了 λ 噬菌体的重组作图试验。他用紫外线照射处理噬菌体，从而得到 5 个 λ 噬菌体的突变系，每一突变系产生一种变异的噬菌斑表型。例如，$s$ 系产生小噬菌斑，$mi$ 系产生微小噬菌斑，$c$ 系产生完全清亮的噬菌斑，$co_1$ 系产生除了中央一个环之外其余部分都清亮的噬菌斑，$co_2$ 系产生比 $co_1$ 更浓密的中央环噬菌斑。后 3 个突变系的溶源性反应受到干扰，仅能进入裂解周期，所以形成清亮噬菌斑。野生型噬菌体的溶源性反应正常，因而有部分溶源化的细菌不被裂解，仍留在噬菌斑里，所以形成的噬菌斑是混浊的。

凯泽利用 λ 噬菌体的 $sco_1 mi$ 与噬菌体的 + + + 进行杂交作图，结果见表 8-3，所得后代有 8 种类型。病毒是单倍体，与二倍体生物不同，亲本组合与重组交换的组合可直接从后代中反映出来。与三点测验一样，8 个类型中数目最少的两个就是双交换的结果，频率最高的两个是亲本类型，其余的为单交换类型。由双交换的结果可知，这 3 个基因在染色体上的顺序是 $s - co_1 - mi$；其中，$s$ 与 $co_1$ 之间的图距约为 3.76 cM，$co_1$ 与 $mi$ 之间的图距则约为 6.16 cM；考虑到双交换的存在，$s$ 与 $mi$ 之间的图距应为 $8.2 + 2 \times 0.86 = 9.92$ cM，因此，可以最后确定这 3 个基因的遗传图谱(图 8-14)。

表 8-3　λ 噬菌体 $s\ co_1\ mi \times\ +\ +\ +$ 的杂交结果

| 类型 | | | | 数目 | 占总数(%) | 重组率(%) | | |
|---|---|---|---|---|---|---|---|---|
| 亲本类型 | + | + | + | 975 | | | | |
| | $s$ | $co_1$ | $mi$ | 924 | | | | |
| | | | | | 2.97 | √ | | √ |
| 单交换型 I | $s$ | + | + | 30 | | | | |
| | + | $co_1$ | $mi$ | 32 | | | | |
| | | | | | 5.3 | | √ | √ |
| 单交换型 II | $s$ | $co_1$ | + | 61 | | | | |
| | + | + | $mi$ | 51 | | | | |
| | | | | | 0.86 | √ | √ | |
| 双交换型 | $s$ | + | $mi$ | 5 | | | | |
| | + | $co_1$ | + | 13 | | | | |
| 合　计 | | | | 2 091 | | 3.76 | 6.16 | 8.2 |

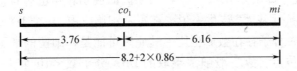

图 8-14　λ 噬菌体 $s$、$co_1$ 与 $mi$ 的基因连锁图

## 8.3　细菌的遗传分析

一个细菌 DNA 与另一个细菌 DNA 的交换重组可以通过 4 种不同的方式来实现，即转化、接合、性导和转导。

### 8.3.1　转化

转化(transformation)是指某些细菌(或其他生物)能通过其细胞膜摄取周围供体(donor)的染色体片段，并将此外源 DNA 片段通过重组整合到自己染色体组的过程。只有当整合的 DNA 片段产生新的表现型时，才能测知转化的发生。转化中接受供体遗传物质的一方称为受体(receptor)。

转化现象首先由格里菲斯于 1928 年在肺炎双球菌的转化试验中发现；并于 1949 年艾

弗里等在分子水平上加以研究，证实了转化因子就是 DNA，而且表明转化是细菌交换基因的方式之一。细菌的转化研究主要是由 3 种细菌来完成：肺炎双球菌（*Streptococcus pneumoniae*）、枯草杆菌（*Bacillus subtilis*）和流感嗜血杆菌（*Hemophilus influenzae*）。对于转化现象的发生，先前已有两个例证：一是用 2 个带有不同抗性的肺炎双球菌群体混合，可以发现带有双抗性的细菌。这推测是由于死亡的细菌裂解后，其 DNA 残留在培养基中，其他噬菌体细胞摄取这些 DNA 并发生转化，从而获得新的遗传性状。二是枯草杆菌活细胞表面分泌的 DNA 可被其他细胞摄取。因此，转化是细菌中一种非常普遍的现象，而不同细菌转化过程有一定差异，但它们都存在共同的转化机制。

#### 8.3.1.1 转化的机制

细菌活跃摄取外源 DNA 分子及具备重组程序所必需的酶是细菌转化的先决条件，概括起来，细菌的转化机制主要包括以下两个方面。

**(1) 供体 DNA 与受体细胞间的接触与互作**

转化的第一步是使供体 DNA 与受体细胞接触并发生互作，其影响因素主要包括：转化片段的大小、形态、浓度和受体细胞的生理状态。

转化片段的大小和形态　对于细菌转化来说，并非所有的外源 DNA 片段都能转化，只有具有一定大小且是双链 DNA 的片段才能够进行有效转化。如转化肺炎双球菌的 DNA 片段长度上至少要有 800 bp；而枯草杆菌的转化则片段长度至少要有 16 000 bp。虽然对供体 DNA 分子的上限要求并不十分严格，但在使用高浓度大分子 DNA 转化时，则仅有一部分 DNA 进入受体细胞。

转化片段的浓度　即供体 DNA 分子数与基因的成功转化也有直接关系。例如，对某一特定基因"链霉素抗性基因"转化来说，在每一细胞含有 10 个 DNA 分子之前，抗性转化体数目一直与 DNA 分子存在数成正比。其原因可能是，细菌的细胞壁或细胞膜上有固定数量的 DNA 接受位点，故一般细菌摄取的 DNA 分子数 < 10 个，一旦它们达到饱和，再增加 DNA 的数量也不能提高转化子数量，且这种解释目前已得到实验证实。

受体细胞的生理状态　受体细胞的生理状态也是影响转化效率的一个重要因素。在细菌转化时发现，并非所有的细菌细胞都能被转化，能够被转化的细胞在生理上必须处于感受态（competence），即细菌能够从周围环境中吸收 DNA 分子进行转化的生理状态。而感受态主要受一类表面蛋白或被称为感受态因子（competence factor）的影响，感受态因子可以在细菌间进行转移，从感受态细菌中传递到非感受态细菌中，可以使后者变为感受态。研究证明，这种感受态只能发生在细菌生长周期的某一时期。一般认为感受态出现在细菌对数生长后期，并且某些处理可以诱导或加强感受态，以大肠杆菌为例，用 $Ca^{2+}$ 处理对数生长后期的大肠杆菌可以增强其感受能力。

**(2) 转化 DNA 的摄取和整合过程**

细菌的遗传转化是一种遗传物质的重组过程。这一过程主要包括供体 DNA 与受体位点的结合、供体 DNA 由双链向单链的转变（conversion）、单链供体 DNA 的穿入、单链供体 DNA 片段与受体染色体之间的联会与整合、被整合的供体基因在转化细胞中的性状表达（phenotypic expression）（图 8-15）。

结合(binding) 当细菌细胞处于感受态时,外源双链DNA分子可结合在受体细胞受体位点上。此反应的最初是可逆的,结合的DNA可被DNA酶降解或被冲洗掉。但随着与细胞膜蛋白的进一步作用,其与细胞壁的结合则变得十分稳定而不可逆。受体结合位点饱和后,将阻止其他双链DNA的结合[图8-15(a)]。

穿入(penetration) 当细菌结合点饱和之后,细菌开始摄取外源DNA。细菌在摄取外源DNA时,由外切酶或DNA移位酶(translocase)降解其中一条链,并利用降解产生的能量,将另一DNA单条链拉进细胞中,该过程不可逆。此时,供体DNA不会再受到培养基中DNA酶的破坏[图8-15(a)]。

联会(synapsis) 当单链DNA片段进入受体细胞后,按各个位点与其相应的受体DNA片段联会。联会也可发生在异种DNA之间,这主要取决于种间亲缘关系的远近。亲缘关系越远、联会越小,转化的可能性也就越小[图8-15(a)]。

整合(integration) 整合是指单链的供体DNA与受体DNA对应位点的置换,从而稳定地渗入(incorporate)到受体DNA中,整合或DNA重组对同源DNA具有特异性。若是异源DNA,则视亲缘关系远近也可发生不同频率的整合。该反应实际上就是一个遗传重组过程。因而研究整合的分子机制,事实上也为遗传重组的分子机制作出了贡献[图8-15(b)]。

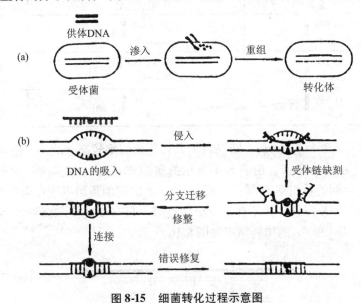

图8-15 细菌转化过程示意图
(a)供体DNA双链吸附,单链吸入并整合到受体,然后插入
(b)单链供体DNA整合的假说机制

## 8.3.1.2 共转化与基因重组作图

DNA片段进入受体细胞后,可与受体染色体发生重组。当两个基因紧密连锁时,它们就有较多的机会连在同一段DNA片段中,并同时被整合到受体染色体中,称作共转化(co-transformation)。共转化即两个基因同时转化的概率是两个基因单独转化概率的乘积。若每个基因的转化率是$10^{-3}$,那么这两个基因共转化的频率应为$10^{-3} \times 10^{-3} = 10^{-6}$。

如果两个基因距离很近,有可能位于同一个 DNA 片段上,它们共转化的频率将接近于单个基因转化的频率。若共转化的频率比两个单个基因转化频率相乘积高的话,这两个基因一定是紧密连锁的。基因的顺序可以通过共转化的结果来分析确定,例如,$p^+$ 和 $q^+$ 常常共转化,而 $q^+$ 和 $o^+$ 也常常共转化,但基因 $p^+$ 和 $o^+$ 从未发生共转化,那么这三个基因的顺序一定是 $p-q-o$。

由于可以控制转化片段的大小,因此两个基因共转化的频率可以和转化片段的平均大小相等。通过转化片段平均大小相关的共转化频率测定,就可以获得这些基因的连锁图谱。如莱德伯格等人用枯草杆菌做了如下实验,即以 $trp_2^+\ his_2^+\ tyr_1^+$ 为供体,以 $trp_2^-\ his_2^-\ tyr_1^-$ 为受体进行转化,结果如表 8-4。

表 8-4  $trp_2^+\ his_2^+\ tyr_1^+$(供体)× $trp_2^-\ his_2^-\ tyr_1^-$(受体)的转化子类型及重组率计算

| 座位 | 转化子类型 | | | | | | |
|---|---|---|---|---|---|---|---|
| $trp_2$ | + | − | − | − | + | + | + |
| $his_2$ | + | + | − | + | − | − | + |
| $tyr_1$ | + | + | + | − | − | + | − |
| 数目 | 11 940 | 3 360 | 685 | 418 | 2 600 | 107 | 1 180 |

| | 亲本类型 | 重组类型 | 重组值 |
|---|---|---|---|
| $trp_2$-$his_2$ | 11 940 ∣ 13 120<br>1 180 | 2 600 + 107 ∣ 6 785<br>3 660 + 418 | $\frac{6\ 785}{19\ 905} = 0.34$ |
| $trp_2$-$tyr_1$ | 11 940 ∣ 12 047<br>107 | 2 600 + 1 180 ∣ 8 125<br>3 660 + 685 | $\frac{8\ 125}{20\ 172} = 0.40$ |
| $his_2$-$tyr_1$ | 11 940 ∣ 15 600<br>3 660 | 418 + 1 180 ∣ 2 390<br>107 + 685 | $\frac{2\ 390}{17\ 990} = 0.13$ |

由表 8-4 可见,3 个基因 $trp_2$、$his_2$ 和 $tyr_1$ 共转化的频率较高,故这 3 个基因是连锁的,其中 $his_2$ 和 $tyr_1$ 连锁最为紧密。由表 8-4 显示的重组率可知,$trp_2$ 与 $his_2$ 之间的重组率为 34%,$trp_2$ 与 $tyr_1$ 之间的重组率为 40%,而 $his_2$ 与 $tyr_1$ 之间的重组率则仅为 0.13%。又因单交换时,染色体开环易降解,故不存在单交换类型,只有双交换和偶数的多交换才有效。所以,基因 $trp_2$、$his_2$ 和 $tyr_1$ 的排列顺序如图 8-16 所示。

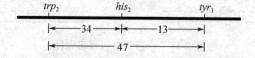

图 8-16  枯草杆菌基因 $trp_2$、$his_2$ 与 $tyr_1$ 的连锁图

## 8.3.2 接合

在原核生物中,两个细胞在相互接触过程中,遗传物质从供体(donor)——"雄性"转移到受体(receptor)——"雌性"的现象称为接合(conjugation)。

#### 8.3.2.1 接合现象的发现和证实

在过去相当长的时间里，研究人员曾认为细菌采用无性生殖方式，各细菌间没有遗传物质的交换。但直到 20 世纪四五十年代设计的两个科学实验才发现和证明了，细菌也像高等生物一样，能通过有性过程进行杂交和进行遗传物质交换。

**(1) 莱德伯格和泰特姆大肠杆菌接合试验**

1946，莱德伯格和泰特姆发现在大肠杆菌细胞之间通过接合可交换遗传物质。他们选用了大肠杆菌 K 12 菌株的两个营养缺陷型品系，A 菌株是 $met^- bio^- thr^+ leu^+$，即甲硫氨酸和生物素(biotin)缺陷型，它需要在基本培养基上添加甲硫氨酸和生物素才能生长；而 B 菌株是 $met^+ bio^+ thr^- leu^-$，即苏氨酸和亮氨酸缺陷型，它需要在基本培养基上添加苏氨酸和亮氨酸才能生长。因此，莱德伯格和泰特姆利用双营养缺陷型菌株进行的杂交试验，由于每一世代单基因回复突变的频率约为 $10^{-6}$，则 2 个或 2 个以上基因同时回复突变的频率则为 $10^{-12}$，频率低至几乎为零，这一设计已基本排除 A 或 B 品系发生回复突变产生原养型细菌的可能。

若将 A 菌株和 B 菌株分别置于基本培养基上培养则都不能生长，但莱德伯格和泰特姆将 A 菌株和 B 菌株混合培养在液体完全培养基上数小时后，将培养物离心，并且将洗涤的沉淀大肠杆菌细胞涂布在基本培养基上培养，结果发现长出了一些原养型($met^+ bio^+ thr^+ leu^+$)菌落，其频率大约为 $10^{-7}$(图 8-17)。这一结果暗示 A、B 两种菌株之间一定发生了遗传物质的重组。尽管回复突变的可能性被完全排除了，但人们还有两大疑问：一是认为细菌杂交实验所获得的重组子可能是转化的结果。因亲本细胞在处理过程中可能发生破裂，释放出转化因子，与另一亲本重组而产生原养型。二是认为培养基中两亲本的代谢产物互相弥补了对方的不足而得以生长。莱德伯格针对人们的这些质疑又进行了另一些试验。例如，他们用过滤的方法除去一个亲本细菌的细胞，只将滤液加入另一细菌的培养物中，并不能使后者转化产生原养型。这意味着要产生原养型必须要二品系细菌菌体的直接接触。

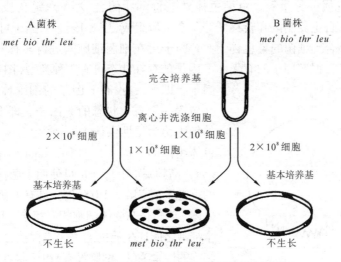

图 8-17 莱德伯格和泰特姆大肠杆菌接合试验

### (2) 戴维斯的 U 形管试验

戴维斯(Dawis)(1950)设计了科学的 U 形管试验证明了细胞直接接触是原养型细菌产生的必要条件。在这一实验室中，戴维斯设计的 U 形管的底部有一滤片横隔，上有微孔，可以通过小于 0.1 μm 的颗粒，即细菌细胞不能透过，而大分子如 DNA 物质可以自由通过。戴维斯将 A、B 菌株培养液分别放入 U 形管的两侧，一侧塞上棉塞，另一侧接上注射器(图 8-18)。当两种细菌培养物都增殖到饱和状态时，用注射器轻轻地把培养液从一臂经过滤器吸到另一臂。再轻轻地压

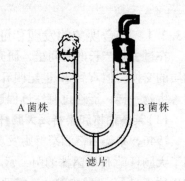

图 8-18　戴维斯的 U 形管试验

过去，让培养液能够充分混匀，但两种品系的细胞则无法接触，然后两侧的 A、B 菌株离心洗涤后涂布到基本培养基上，都不出现菌落，即不产生重组子。若培养液中有转化因子 DNA，或代谢产物的话是可以在两个品系之间充分交流的，但并未引起重组，因此完全可以排除转化和代谢产物互相补充的可能。而这也清楚地表明，两个菌株间的直接接触是产生原养型细胞的必要条件，为此才将细菌间这种遗传物质的重组方式称为接合。

在此基础上，1952—1953 年，英国微生物遗传学家海斯(Hayes)在实验过程中意外发现细菌杂交的过程是一单向遗传基因转移的过程，是"异宗配合"的，即细菌也分性别，雄性细菌是供体，雌性细菌是受体。不久，莱德伯格和他的妻子爱莎等也发现了这一现象，同时提出雄性供体细菌中存在着性因子(F 因子)而雌性细菌中则没有 F 因子的解释。

#### 8.3.2.2　F 因子及其在杂交中的行为

##### (1) F 因子及其存在状态

海斯等进一步研究发现，大肠杆菌的 A 菌株在接合中之所以能成为供体，是因为它含有一个性因子(sex factor)，又称致育因子(fertility factor)，简称 F 因子。F 因子的化学本质是 DNA，它属一种质粒，由染色体外共价环状闭合 DNA 双链构成，全长 94.5 kb，主要由重组区、自主复制区和转移区等 3 个区域组成(图 8-19)。F 因子可以自主状态存在于细胞质中或整合到细菌的染色体上，F 因子可在细菌细胞间进行转移并传递遗传物质。对大肠杆菌而言，据 F 因子的有无和 F 因子的存在状态可有 3 种类型(图 8-20)：①没有 F 因子，即 $F^-$，没有 F 因子的细胞称为雌性受体 $F^-$；②包含一个自主状态的 F 因子，即 $F^+$，含有 F 因子的细胞称为雄性供体 $F^+$；③包含一个整合到自己染色体组内的 F 因子，即 Hfr(high frequency recombination，高频率重组)，Hfr 可使两个菌株数杂交后所产生的重组体频率增加 1 000 倍。具有 F 因子的菌株可作为供体，当供体与受体细胞相互接合，F 性伞毛就成了 2 个细胞之间原生质的通道，或称接合管(图 8-21)。Hfr 细胞的性伞毛($F^-$ 细胞没有)由于附着病毒而清晰可见；这种病毒特异性地附着于这些伞毛上(图 8-21)。

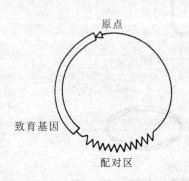

图 8-19　环形 F 因子染色体的三个区域

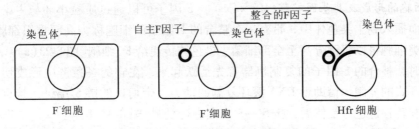

**图 8-20 大肠杆菌 F 因子的三种状态**

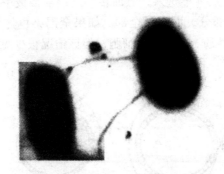

**图 8-21 两个大肠杆菌细胞杂交的电子显微镜照片**（×34 300）

（引自 Suzuki *et al.*, 1981）

### (2) F 因子在杂交中的行为

$F^+$ 向 $F^-$ 的转移（$F^+ \times F^-$） $F^+$ 细胞的 F 因子不依赖宿主染色体而独立地进行复制,当 $F^+$ 细菌和 $F^-$ 细菌接合时（$F^+ \times F^-$）,F 因子的新拷贝能在接合过程中转移到 $F^-$ 细胞中去,使 $F^-$ 细胞转变成 $F^+$ 细胞,在接合管形成后,F 因子双链中的一条链被内切酶切开,切开的链从 5′ 端先进入受体 $F^-$,在 $F^-$ 中从 5′→3′ 的方向复制形成一个完整的 F 因子。另一条没有切口的完整链留在供体内作为模板,进行复制,也形成一个完整的 F 因子。因此,两个接合的产物,即接合后体（exconjugant）都是 $F^+$,各具有一个 F 因子（图 8-22）。在接合中,F 因子传递和复制的过程是按 DNA 复制的滚环模型进行的。

上述 F 因子的传递与细菌染色体无关。但 F 因子偶然地（10 000 个 $F^+$ 细胞中有 1 个）能整合到细菌染色体中。在整合状态下的接合就可能引起细菌染色体片段的转移。

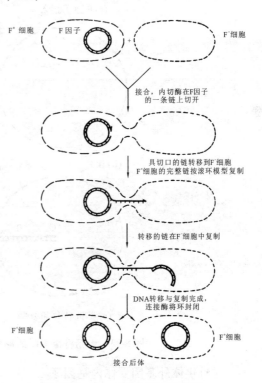

**图 8-22 $F^+ \times F^-$ 接合过程示意**

**Hfr 细胞的形成及其基因转移（Hfr×F⁻）** F 因子可以通过质粒小环与主染色体之间交换，从而插入到主染色体中，带有一个整合的 F 因子的细胞称为高频重组细胞，即 Hfr 细胞。这类细胞可以将部分甚至全部细菌主染色体传递给 F⁻细胞[图 8-23(a)]。

接合时，整合的 F 因子的复制机器首先活跃起来，在它的一条链中形成切口，并同时开始滚环式的复制，借助于 DNA 滚环复制的动力，带切口的链 5′端进入接合管。细菌的染色体和转移链进入受体后，按 5′→3′方向进行复制[图 8-23(b)]。

当 Hfr×F⁻开始时，F 因子仅有一部分进入 F⁻细菌，剩下部分基因只有等到细菌染色体全部进入到 F⁻细胞之后才能进入，然而转移过程常常被中断，所以接合后，F⁻细胞得到的仅仅是 F 因子的一部分，而不是全部。如果全部染色体转移了，F⁻就可以得到完整的 F 因子，获得 Hfr 的性质，变成 Hfr 细胞，但该情况很少见[图 8-23(c)]。

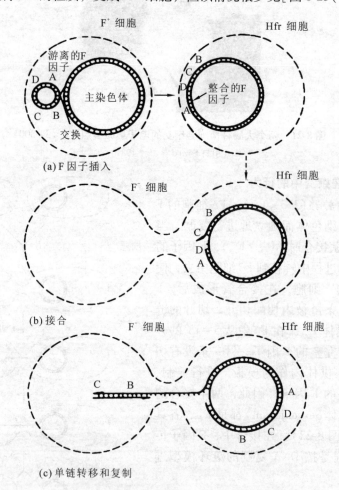

图 8-23 大肠杆菌 Hfr 的形成及其染色体向 F⁻细胞的转移图解

**(3) 供体外基因受体内基因子**

在 F⁺×F⁻或 Hfr×F⁻的接合中，供体并不丧失它的 F 因子或染色体，因为转移的物质是供体遗传物质的拷贝。实际上，受体细胞常常只接受部分的供体染色体，这些染色体称为供体外基因子(exogenote)，而受体的完整染色体则称为受体内基因子(endogenote)，在接合后的一个短时间内，供体外基因子与受体内基因子形成一段二倍体的 DNA，这样的细菌称为部分二倍体(partial diploid)或部分合子(merozygote)、半合子[图 8-24(a)]。

细菌接合后的重组就是在 $F^-$ 内基因子与供体外基因子之间进行的。部分二倍体的重组与真核生物中完整的二倍体之间的重组有两点不同。第一，部分二倍体中发生单数交换是没有意义的，因为单数交换使环染色体打开，产生一条线性染色体，而不能成活[图 8-24(b)]。第二，只有双交换或偶数的多次交换才能保持重组后细菌染色体的完整[图 8-24(c)]。

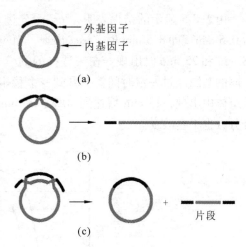

图 8-24　细菌部分二倍体的形成及其交换
(a)部分二倍体形成　(b)单数交换产生线性染色体
(c)双交换产生有活性的重组体和片段

### 8.3.2.3　中断杂交试验及染色体作图

为了证明接合时遗传物质从供体到受体细胞的转移是直线式进行的，1957 年沃尔曼和雅各布设计了一个著名的中断杂交试验。他们采用的菌株基因型为：

Hfr：$str^S\ thr^+\ leu^+\ azi^S\ ton^S\ gal^+\ lac^+$

$F^-$：$str^R\ thr^-\ leu^-\ azi^R\ ton^R\ gal^-\ lac^-$

在上述基因型中，$str$ 表示链霉素，$thr$、$leu$、$gal$、$lac$ 分别表示苏氨酸、亮氨酸、半乳糖和乳糖，$azi$ 和 $ton$ 则分别表示叠氮化合物和 T1 噬菌体；$R$ 和 $S$ 分别表示对某物质有抗性和敏感；$^+$ 代表原养型，$^-$ 代表营养缺陷型。

将上述两种类型的细胞混合培养，每隔一定时间取样，把菌液放在食物搅拌器内搅拌，以中断接合。将中断接合的细菌液体稀释后接种到含有链霉素的几种不同的完全培养基上，这样将杀死所有的 Hfr 供体细胞，然后对形成菌落的 $F^-$ 细胞用影印培养法测试其基因型，如检查 $F^-$ 细胞是否得到 $thr^+$，可用不加 $thr$ 而含 $str$、$leu$ 的培养基，在这种培养基上，只有 $thr^+str^R$ 类型的细胞才能生长，能生长的细胞就是供体 $thr^+$ 已经进入受体并发生了重组的细胞，以此来确定每个基因转移到 $F^-$ 细胞的时间，试验结果列于表 8-5。

表 8-5　大肠杆菌 Hfr($str^S\ thr^+\ leu^+\ azi^S\ ton^S\ gal^+\ lac^+$) × $F^-$
($str^R\ thr^-\ leu^-\ azi^R\ ton^R\ gal^-\ lac^-$)的结果

| 标记基因 | 转入的时间(min) | 频　率 |
| --- | --- | --- |
| $thr^+$ | 8 | 100(经选择的) |
| $leu^+$ | 8.5 | 100(经选择的) |
| $azi^S$ | 9 | 90 |
| $ton^S$ | 11 | 70 |
| $lac^+$ | 18 | 40 |
| $gal^+$ | 25 | 25 |

由表 8-5 显示的结果表明，$thr^+$ 最先进入 $F^-$ 细胞，接合 8 min 后便出现了重组体，随后 0.5 min，即 8.5 min 时，$leu^+$ 出现，而 $azi^S$、$ton^S$、$lac^+$ 和 $gal^+$ 则分别在 9 min、11 min、18 min 和 25 min 时出现。在被选择的 $thr^+$ $leu^+$ 的重组体中，其他的供体基因接连出现，不同的基因经过一定时间就上升到一个稳定的水平（图 8-25）。如在 11 min 时 $ton^S$ 首次在重组体中出现，15 min 后达到 40%，25 min 后达到 80%，其后即使再延长时间，其重组百分数也不会改变。

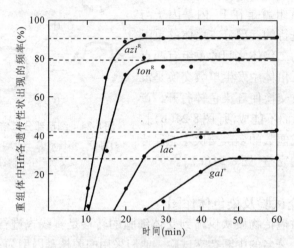

图 8-25　中断杂交后，重组体中 Hfr 遗传性状出现的频率（引自 Suzuki et al., 1981）

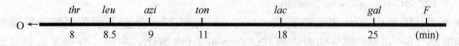

图 8-26　根据中断杂交试验绘制的连锁图

这一实验说明 Hfr 菌株的基因是按一定的线性顺序依次进入 $F^-$ 菌株，也就是说，染色体从原点开始是以直线方式进入 $F^-$ 细胞的。因此，根据中断杂交的实验，以 Hfr 基因在 $F^-$ 细胞中出现的时间为标准，可以作出大肠杆菌的遗传连锁图。如依据沃尔曼和雅各布的中断杂交实验结果，绘制出如图 8-26 所示的大肠杆菌相关基因的遗传连锁图。但用不同的 Hfr 菌株进行中断杂交实验所作出的大肠杆菌基因连锁图，其基因进入 $F^-$ 细胞转移的顺序不太相同。这个实验进一步说明 F 因子和细菌染色体都是环状的，而 Hfr 细胞染色体的形成，则因 F 因子插入环状染色体的不同位置而形成了不同的转移原点和转移方向（图 8-27）。

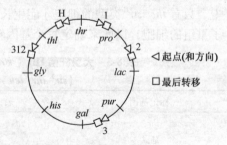

图 8-27　F 因子插入的位置及方向

### 8.3.2.4　重组作图

在上述的中断杂交试验中，是根据基因转移的先后顺序，以"min"为单位来表示基因间的距离。但事实上，若两个基因间的转移时间少于 2 min，用中断杂交法所得的图距显然就不太可靠，理应采用传统的重组作图法(recombination mapping)。

例如，有两个紧密连锁的基因 $lac^+$（乳糖发酵）和 $ade^-$（腺嘌呤缺陷型），为了求得这两个基因间的距离，可采用 Hfr $lac^+$ $ade^+$ 和 $F^-$ $lac^-$ $ade^-$ 的杂交实验。用完全培养基但不加腺嘌呤，可以选出 $F^-$ $ade^+$ 的菌落。由于 $ade$ 进入 $F^-$ 细胞的顺序较 $lac$ 晚，因此只要 $ade$ 进入 $F^-$ 细胞，$lac$ 自然也已经进入。如果选出 $ade^+$，同时也是 $lac^+$，说明 $lac$ 和 $ade$ 之间未曾发生过交换。如果是 $lac^-$，说明两者之间发生过交换（图8-28）。由此可计算出 $lac$-$ade$ 间的遗传距离或重组率为：

$$重组率 = \frac{lac^- ade^+}{lac^+ ade + lac^- ade^+} \times 100\%$$
$$= 22\%$$

可知，两基因间的重组值约等于22%。而这两个位点间的时间单位约为1 min，可见1个时间单位(min)大约相当于20%的重组值。用重组率与中断杂交法算得的基因间距离大致相符。因此，通过多个中断杂交试验结合基因重组作图分析，利用所得结果已绘制出大肠杆菌 K12 的环状遗传图（图8-29）。这一连锁图包含大约2 000个基因，整个染色体的转

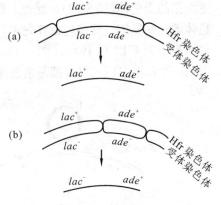

**图8-28** $ade^+$ 重组的2种形式

(a) 重组体的基因型是 $lac^+$ $ade^+$
(b) 重组体的基因型是 $lac^-$ $ade^+$

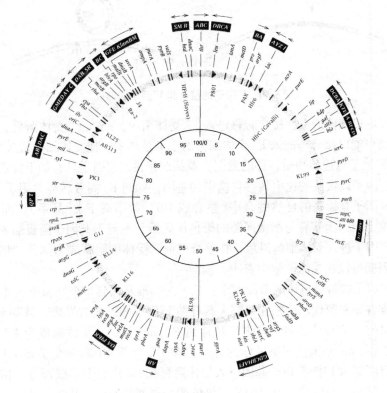

**图8-29** 大肠杆菌的环状连锁图（引自 Hartl and Jones, 2002）

图距用 min 表示，总长度为 100 min

移需要 100 min，所以其遗传图的总长度为 100 min。

## 8.3.3 性导

性导(sexduction)是指接合时由 F′因子所携带的外源 DNA 转移到细菌染色体的过程。

F 因子整合到宿主细菌染色体的过程是可逆的，当发生环出时，F 因子又重新离开宿主细菌的染色体(图 8-30)。然而，F 因子在环出时偶然不够准确，结果携带有宿主细菌染色体的一些基因，这一现象首先由阿代尔伯格(Adelberg)和伯恩斯(Burns)发现，并称这种 F 因子为 F′因子(1959)(图 8-30)。这种 F′因子所携带的细菌染色体的节段大小不限，可从一个标准基因到半个细菌染色体。

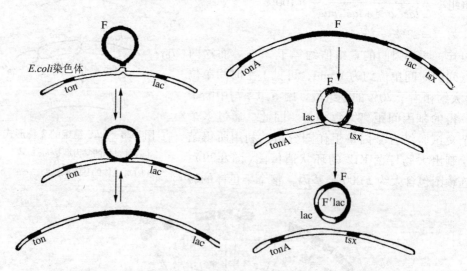

**图 8-30 F 因子的整合和 F′因子的形成**

F′因子可通过细菌的有性接合转移进入 F⁻ 受体菌中，进入 F⁻ 受体菌后，F′因子可能是游离的，也可能以接合态插入 F⁻ 受体细菌的主染色体中，使受体细菌构成部分二倍体，实现了通过 F′因子对遗传物质转移的意图。概括起来讲，F′因子具有如下特点：

第一，F′因子以极高的比率转移它携带的基因，如同 F⁺ 高效转移 F 因子一样。

第二，F′因子有极高的自然整合率(整合成 Hfr，频率高于 F⁺ 品系)，而且整合在一定的基因座位上，因为它有与细菌同源的染色体区段，不同于 F 因子随机插入。

第三，F′因子进入受体细胞以后，在整合以前，受体细胞就成为部分二倍体。F′因子所携带的基因就可以在受体细胞中表达。

第四，F′因子携带染色体的节段大小：从一个标准基因到半个细菌染色体。

例如，雅各布和阿代尔伯格在研究大肠杆菌 F′因子的形成时发现，某一 Hfr 菌株的 F 因子在环出时带走了 $lac^+$ 基因，当此 F′转移到 F⁻ $lac^-$ 以后，受体菌成为 F⁺ $lac^+$ 的比率很高。一般来说，$lac$ 基因位于染色体的远端，在 Hfr × F⁻ 中断杂交实验中只有 1/1 000 的重组率，但可能由 F′携带 $lac^+$ 基因进入受体后可在 $lac$ 位点上形成部分二倍体 F′ $lac^+$/$lac^-$，且 $lac^+$ 对 $lac^-$ 为显性，所以部分二倍体的表现型是 $lac^+$。另外，部分二倍体是不稳定的，造成 F′因子可能丢失，使得 F′ $lac^+$/$lac^-$ 回复为 $lac^-$，但 F′也可以与染色体发生重组，形成稳定的 $lac^+$ 菌株。

性导在细菌的遗传学研究中显得十分重要，主要包括：①由于能够从细菌中分离出大量的 F′因子，每一 F′因子携带有不同的基因片段，利用不同 F′的性导可以测定不同基因在一起转移的频率，进而利用不同基因在一起进行并发性导（co-sexduction）的频率来作图是建立遗传图谱的重要途径；②观察由性导形成的杂合部分二倍体中某一性状的表现，可以确定这一性状等位基因的显隐关系；③性导形成的部分二倍体也可用作互补测验，确定两个突变型是同属于一个基因还是不同基因。

### 8.3.4 转导

转导（transduction）是指以噬菌体为媒介所进行的细菌遗传物质重组的过程，是细菌遗传物质传递和交换方式之一。

#### 8.3.4.1 转导的发现

转导现象首先是由津德（Zinder）和莱德伯格于 1952 年在鼠伤寒沙门氏菌（*Salmonella typhimurium*）中发现的。他们使用沙门氏菌的两个营养缺陷型菌株进行杂交，一个不能合成苯丙氨酸、色氨酸和酪氨酸，即基因型为 $phe^-$、$trp^-$、$tyr^-$，另一则不能合成甲硫氨酸和组氨酸（$met^-$、$his^-$），结果在基本培养基上发现了原养型的菌落，且出现的频率约为 $10^{-5}$，这么高的频率不可能是回复突变的结果。由此可推测，这两个菌株之间在混合培养时一定发生了基因重组。那么是何种原因导致了这种基因重组的发生呢？是由于接合、性导、转化，还是另有其他原因呢？

为了进一步确定沙门氏菌是否发生了接合现象，津德和莱德伯格将上述两种菌株分别放在戴维斯 U 形管的两臂内进行培养，中间用玻璃滤板隔开，以防细胞直接接触，但允许比细菌小的物质通过，经培养后也获得了原养型重组体。这一实验排除了由于接合或性导而产生基因重组的可能性。那么除此之外，唯一可能的解释是，这种重组体是通过一种过滤性因子（filterable agent，FA）来实现的，且由于 FA 不受 DNA 酶的影响，这可进一步排除由于 DNA 片段通过滤片经转化实现基因重组的可能性。随后的研究证明，这种过滤性因子是一种被称为 P22 的溶原性噬菌体，也就是说，P22 的遗传信息可以整合到宿主的染色体中。对此还找到了充分的证据，①FA 的大小和质量与 P22 相同；②FA 用抗 P22 血清处理后失活。鉴于此，可以说津德和莱德伯格首次发现和鉴定了这种噬菌体介导的新的细菌基因重组方式，并称其为转导。

那么，噬菌体介导的转导是如何形成的呢？其主要过程如何？下面分普遍性转导和特殊性转导来详述其过程。

#### 8.3.4.2 普遍性转导

在噬菌体感染的末期，细菌染色体被断裂成许多小片段，在形成噬菌体颗粒时，少数噬菌体将细菌的 DNA 误认做是它们自己的 DNA，并以其外壳蛋白将其包围，从而形成转导噬菌体。由于可以转导细菌染色体组的任何不同部分，因此称为普遍性转导。现以 P22 噬菌体为例，说明普遍性转导的过程。

**(1) 转导过程**

P22 侵染细菌后，细菌染色体断裂成片段，在形成噬菌体颗粒时，偶尔错误地把细菌染色体片段包装在噬菌体蛋白质外壳内，其中并不包含噬菌体的遗传物质，这种假噬菌体称为转导颗粒(transducing particle)。由于决定噬菌体感染细菌能力的是噬菌体的外壳蛋白质，所以这种转导颗粒可以吸附到细菌上，并将它的内含物注入受体细菌后，形成部分二倍体，导入的基因经过重组，整合到宿主细菌的染色体上(图 8-31)。

由此形成的具有重组遗传结构的细菌细胞称作转导体(transductant)。而转导的细菌 DNA 片段约为一个噬菌体基因组大小。由于细菌染色体比噬菌体染色体大得多，所以在转导过程中，被错误包被进去的究竟是细菌染色体的哪一段则是随机的，因此，细菌染色体的任何部分都可能被噬菌体转化。

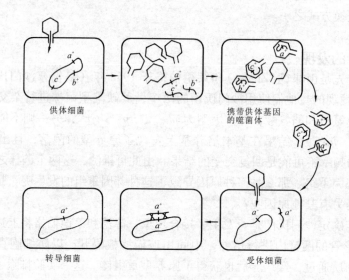

图 8-31 普遍性转导

**(2) 利用普遍性转导测定细菌基因间的连锁关系**

利用部分二倍体，还可以测定细菌基因之间的连锁关系。两个紧密连锁的基因往往可以一起被转导，这种转导现象称为共转导或合转导(co transduction)。共转导的频率越高，表明两个基因在染色体上的距离越近，连锁越紧密；相反，如果两个基因的共转导频率很低，则说明它们之间相距较远。

例如，先利用普遍性转导噬菌体 P1，侵染带有 $leu^+$、$thr^+$、$azi^R$ 3 个基因的大肠杆菌，再用来自后者(供体)的新一代 P1 侵染带有 $leu^-$、$thr^-$、$azi^S$ 的 3 个标记基因的大肠杆菌(受体)，然后将受体细菌进行特定培养，以测定这 3 个基因的连锁关系。为此，可采用如下主要方法：把受体细菌培养在一种可以选择 1~2 个标记基因而不选择其余标记基因的培养基上。例如，把受体细菌放在没有叠氮化钠(azi)但加有苏氨酸(thr)的基本培养基上培养，于是 $leu$ 就成为被选择的标记基因，因为在该基本培养基上只有 $leu^+$ 细胞才能生长。$thr$ 和 $azi$ 是未选择的标记基因，因为当培养基内有 $thr$ 时，其标记基因可能是 $thr^+$ 或 $thr^-$；而当培养基内无叠氮化钠时，其标记基因可能是 $azi^R$ 或 $azi^S$。

对每个选择的标记基因进行多次实验，以确定其未选择标记基因出现的频率。按照前面的原理，对那些 $leu^+$ 的细胞进一步进行涂布培养，以测试它们是 $azi^r$ 或 $azi^s$，还是 $thr^+$ 或 $thr^-$。3 次实验的结果列于表 8-6，由表 8-6 显示的结果可以确定这 3 个基因之间的顺序为：$thr^+$ $leu^+$ $azi^R$。因此，应用普遍性转导作图是比较精确的，这在中断杂交作图中是很难做到的。但是，普遍性转导作图仅仅是在对某一基因的位置有某些了解的前提下才能进行。所以当一个新的突变基因发现以后，首先是用中断杂交法对它做粗略的定位，然后才能用普遍性转导等方法作精细定位。

表 8-6　用 P1 噬菌体对大肠杆菌转导的实验结果

| 序号 | 选择标记 | 非选择标记 | 基因之间距离 | 培养基成分 |
| --- | --- | --- | --- | --- |
| 1 | $leu^+$ | 50% $azi^R$，2% $thr^+$ | $leu^+$ 与 $azi^R$ 近 | 含 $azi^R$ |
| 2 | $thr^+$ | 3% $leu^+$；0% $azi^R$ | $thr^+$ 与 $azi^R$ 远 | 无 leu |
| 3 | $thr^+$ $leu^+$ | 0% $azi^R$ | $thr^+$ $leu^+$ 近 | 无 thr leu |

此外，转导 DNA 进入受体细胞后，不与受体基因组交换，也不进行 DNA 复制，稳定独立地存在于细胞中。使后代细胞中只有一个细胞具有转导 DNA，其他细胞不含转导 DNA，后代细胞发生分离。由于细菌不断增殖，故该转导类型的细菌所占比例越来越少，以至于最终消失，称其为流产转导。

### 8.3.4.3　特殊性转导

特殊性转导（specialized transduction），也称局限性转导（restricted transduction），是指由温和性噬菌体进行的，仅能转移少数特定基因的转导，如 λ 噬菌体专门转导大肠杆菌的 gal 和 bio 基因所进行的转导。

该转导方式由津德和莱德伯格首次在 λ 噬菌体中发现，认为其转导与性导非常相似，它是依赖于原噬菌体在环出时发生的差错而进行的对特定基因的转导。多数噬菌体当整合在细菌染色体中时都占有一特定的位置，形成特殊性转导颗粒，这种颗粒能把细菌的基因由一个细胞转移到另一个细胞中去。原噬菌体离开细菌染色体时，偶尔可将噬菌体插入位点两边的细菌基因一起环落下来而形成混杂的 DNA 片段，该 DNA 片段由噬菌体蛋白质衣壳包裹，再去侵染其他宿主细菌，可将特定的细菌基因带入新的受体菌，进而重组整合。例如，λ 噬菌体，在大肠杆菌中的附着点（$att^λ$）一边具有半乳糖操纵子 gal，另一边具有生物素（biotin）合成的基因 bio。这里以 λ 噬菌体的 dgal 颗粒为例来叙述转导体的形成的过程（图 8-32）。进入受体的 λ $dgal^+$ DNA 首先以 $gal^+$ 区域和同源的受体染色体的 $gal^-$ 区配对，发生交换，通过交换形成转导体[图 8-32(b)]。其与普遍性转导不同，供体基因不是置换受体基因，而是 λ $dgal^+$ 整个地插入配对的地方，正常的 λ 在大肠杆菌中的附着点并没有被占据，这附着点通常被与 λ $dgal^+$ 同时进入的正常 λ 所插入[图 8-32(c)]。这样形成的转导子多数噬菌体基因带有两份，少数细菌基因如 gal 也带有两分，即 $gal^+/gal^-$。$gal^+/gal^-$ 细胞及它的后代都是能发酵半乳糖的，因为 $gal^+$ 对 $gal^-$ 为显性。用紫外线处理这种转导体可以诱导 λ 溶解，所产生的溶菌产物将包含约一半正常的噬菌体，和一半 λ $dgal^+$ 转导噬菌体。这样的溶菌产物称作高频转导溶菌产物，其中包含有大量的细菌 gal 基因。

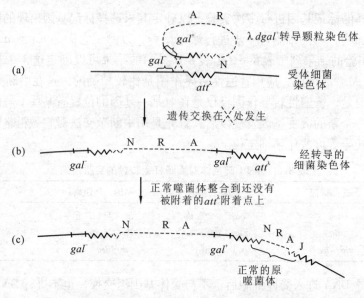

图 8-32 λ $dgal^+$ 转导颗粒转导 $gal^-$ 细菌的过程

## 思考题

1. 试描述细菌和病毒的特点及其在遗传研究中的优越性。
2. 试述转化、接合、性导与转导的概念与基本原理。
3. $F^-$ 菌株、$F^+$ 菌株与 Hfr 菌株有什么区别？
4. 当 Hfr $met^+\ thi^+\ pur^+$ × $F^-\ met^-\ thi^-\ pur^-$ 时，中断杂交实验表明，$met^-$ 最后进入受体，所以只在含 $thi$ 和 $pur$ 的培养基上选择 $met^+$ 接合后体。检验这些接合后体存在的 $thi^+$ 和 $pur^+$，发现各基因型个体数如下：

$met^+\ thi^+\ pur^+$ 280　　　　$met^+\ thi^+\ pur^-$ 0
$met^+\ thi^-\ pur^+$ 6　　　　　$met^+\ thi^-\ pur^-$ 52

试问：（1）选择培养基中为什么不考虑 $met$？
（2）基因顺序是什么？
（3）重组单位的图距有多大？
（4）为什么未出现基因型 $met^+\ thi^+\ pur^-$ 的个体？

## 主要参考文献

LEDERBERG J, LEDERBERG E M. 1952. Replica plating and indirect selection of bacterial mutants. Journal of Bacteriology [J]. 63 (3): 399-406.

BEIJERINCK M W. 1898. Concerning a contagium vivum fluidium as a cause of the spot – disease of tobacco leaves. Reprint from: Phytopathology Classics, Number 7. 1942. James Johnson, translator [M]. Minnesota: American Phytopathological Society Press.

ZAITLIN M. 1998. The discovery of the causal agent of the tobacco mosaic disease. Discoveries in plant biology [M]. S. – D. Kung and S. – F. Yang, eds: 105-110. Hong Kong: World Scientific Publishing Co., Ltd.

BURNET F M, LUSH D. 1936. The propagation of the virus of infectious ectromelia of mice in the developing egg[J]. J Path Bact, 43: 105-120.

HERSHEY A D. 1946. Mutation of bacteriophage with respect to type of plaque[J]. Genetics, 31: 620-640.

KAISER A D. 1955. A genetic study of the temperate coliphage[J]. Virology, 1(4): 424-443.

LESERBERG J, TATUM E L. 1946. Gene recombination in *Escherichia coli* [J]. Nature, 158: 558.

ADELBERG E A, BURNS S N. 1959. A variant sex factor in *Escherichia coli*[J]. Genetics, 44: 497.

ZINDER N D, LEDERBERG J. 1952. Genetic exchange in *Salmonella*[J]. J Bacteriol, 64: 679-699.

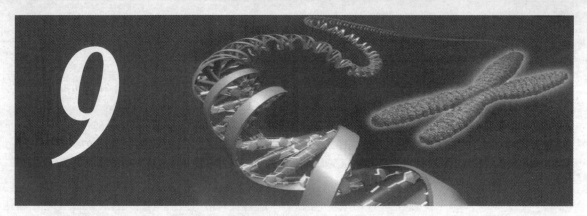

# 9 基因工程与基因组学

基因工程是一门发展十分迅速的新兴学科，以遗传学、生物化学、微生物学、分子生物学和工程学等学科为基础，并不断融合相关学科的最新研究成果，成为现代生物技术的核心组成部分，其研究成果极大地推动了生命科学的发展和产业结构的调整。自 1986 年首次提出基因组学（genomics）概念，经过 20 多年的发展，基因组学已经发展成为一门独立的学科，其目标是获得生物体全部基因组序列、注释全部基因、鉴定所有基因的功能及基因间的互作关系、阐明基因组的复制及其进化规律。

## 9.1 基因工程

基因工程（genetic engineering）是现代分子生物技术的重要组成部分，这一技术的兴起，标志着人类已进入定向控制遗传性状的新时代。一般认为，遗传工程是按照人们预先设计的蓝图，将一种生物的遗传物质绕过有性繁殖导入另一种生物中，使其获得新的遗传性状，从而形成新的生物类型的遗传操作（genetic manipulation）。遗传工程有广义和狭义之分，广义的遗传工程包括细胞工程和基因工程；狭义的遗传工程就是基因工程。一般所说的遗传工程多指基因工程。

20 世纪 40~60 年代，分子生物学上的三大理论发现：①遗传物质的化学本质是 DNA（艾弗里等，1944）；② DNA

> 本章将重点介绍基因工程的基本原理、步骤与方法，以及新型安全转基因技术和基因工程应用情况；同时重点介绍基因组学的概念、研究方法及基因组学的最新研究进展。

双螺旋结构模型和半保留复制机制（沃森和克里克，1953）；③遗传密码的破译（尼恩伯格等，1964）和"中心法则"（克里克，1957），为基因工程技术奠定了理论基础。20世纪60年代末70年代初，分子生物学上的三大技术发明：①限制性内切核酸酶的发现与DNA的切割技术（Smith和Wilcox，1970）；②DNA连接酶的发现（Weiss和Richardson，1966）与DNA片段的连接（Berg和Jackson，1972）；③基因工程载体的发现与应用（Cohen，1973），为基因工程技术奠定了技术基础。此外，外源DNA对大肠杆菌感受态细胞的转化技术、琼脂糖凝胶电泳技术以及Southern杂交技术等很快被运用于基因操作实验。至此，这些理论和技术为基因工程问世做好了准备。

1973年，Cohen等首次实现了重组质粒DNA对大肠杆菌的转化，同时将非洲爪蟾含核糖体基因的DNA片段与质粒pSC101重组，转化大肠杆菌，转录出相应的mRNA。这是基因工程发展史上第一次实现重组体成功转化的例子，基因工程从此诞生。此后便进入了基因工程迅速发展的阶段。1978年，美国基因技术公司（Genentech）开发出利用大肠杆菌合成人胰岛素的先进工艺，揭开了基因工程产业化的序幕。1980年首次通过显微注射培育出世界上第一个转基因动物——转基因小鼠，1983年采用农杆菌介导法培育出世界上第一例转基因植物——转基因烟草，1986年首次批准转基因烟草进行田间试验，1993年转基因番茄在美国被批准上市，1996年抗除草剂草甘膦的转基因大豆在阿根廷被批准商业化生产，2001年全球正式批准各种转基因植物120多个品种（系），15个以上的国家种植转基因植物，总面积超过 $5.2 \times 10^7 \ hm^2$，到2006年全球转基因作物面积达 $1.02 \times 10^8 \ hm^2$，产值达到 $6.2 \times 10^9$ 美元，种植转基因作物的国家达到22个。21世纪将是基因工程应用研究的鼎盛时期，基因工程技术在农、林、牧、渔、医等产业将具有广阔的应用前景。

## 9.1.1 基因工程的基本原理

基因工程的目标是实现外源基因的稳定高效表达，为此可以从4个方面考虑。

第一，利用载体DNA在受体细胞中独立于染色体DNA而自主复制的特性，将外源基因与载体分子重组，通过载体分子的扩增提高外源基因在受体细胞中的剂量，借此提高其宏观表达水平。这里涉及DNA分子高拷贝复制以及稳定遗传的分子遗传学原理。

第二，筛选、修饰和重组启动子、增强子、操作子、终止子等基因的转录调控元件，并将这些元件与外源基因精细拼接，通过强化外源基因的转录提高其表达水平。这里涉及基因表达调控的分子生物学原理。

第三，选择、修饰和重组核糖体结合位点及密码子等mRNA的翻译调控元件，强化受体细胞中蛋白质的生物合成过程。这里也涉及基因表达调控的分子生物学原理。

第四，基因工程菌（细胞）是现代生物工程中的微型生物反应器，在强化并维持其最佳生产效能的基础上，从工程菌（细胞）大规模培养的工程和工艺角度切入，合理控制微型生物反应器的增殖速度和最终数量，也是提高外源基因表达产物产量的主要环节，这里涉及的是生物化学工程学的基本理论。

因此，分子遗传学、分子生物学和生物化学工程学是基因工程原理的三大基石。

## 9.1.2 基因工程的一般步骤

基因工程的基本内容是有目的地对遗传物质功能单位进行综合，改良、创造有价值的分子或动物、植物以及微生物品系。基因工程与其他工程一样，是有设计、有蓝图、有预期目的而进行的一种创造性的工作。基因工程是在实验室条件下基于精密的分子设计而进行的分子水平上的操作。基因工程主要有以下步骤和过程。

**目的基因的分离**　从生物体的基因组或 cDNA 文库中分离克隆目的基因的 DNA 片段，或者根据已知目的蛋白质的基因序列人工合成目的基因的 DNA 片段。

**表达载体的构建**　构建能够将目的基因运载进入受体细胞克隆或表达的工具基因片段，如质粒、噬菌体、病毒等；将载体 DNA 与外源目的基因 DNA 进行适当的切割；用 T4 DNA 连接酶将酶切后回收的载体 DNA 与外源目的基因 DNA 连接，获得重组 DNA 分子。

**目的基因的转化**　通过转化、转染、转导或其他基因转移技术，将上述重组 DNA 分子导入受体细胞。

**转化体的筛选与检测**　通过选择标记基因进行初步筛选，进一步通过 PCR、Southern、Northern 等一系列分子检测，获得具有重组外源目的基因 DNA 分子的若干转化体。

**外源目的基因的表达分析**　对上述转化体进行生理生化指标的分析、表型的观测，筛选出外源目的基因高效表达的转化体。

## 9.1.3 限制性内切核酸酶与连接酶

限制性内切核酸酶、连接酶及其他 DNA 修饰酶等是 DNA 操作过程中常用的基本工具，DNA 的限制性酶切与连接已经成为基因工程最常用的技术之一，被广泛应用于 DNA 体外重组、文库构建、基因克隆、限制性酶切图谱构建、基因的表达载体构建以及核酸的修饰与分析等方面。

### 9.1.3.1 限制性内切核酸酶

限制性内切核酸酶(restriction endonuclease)是一类能识别双链 DNA 中特殊核苷酸序列，并使每条链的一个磷酸二酯键断开的内脱氧核糖核酸酶(endo-deoxyribonuclease)。目前发现有限制性内切核酸酶的生物主要是细菌，少数霉菌和蓝藻中也发现有限制性内切核酸酶。

**(1) 限制性内切核酸酶的类型**

至今发现的限制性内切核酸酶可分为 3 种类型，即 I 型酶、II 型酶和 III 型酶，它们各具特性(表9-1)。I 型酶和 III 型酶在同一蛋白质分子中兼有修饰(甲基化)作用及依赖于 ATP 的限制(切割)活性。I 型酶能识别专一的核苷酸顺序，并在识别点附近的一些核苷酸上切割 DNA 分子双链，但它随机切割的核苷酸顺序无专一性。III 型酶在识别位点上切割 DNA，然后从底物上解离。该类型酶也有专一的识别顺序，但不是对称的回文顺序，在识别顺序旁边几个核苷酸对的固定位置上切割双链。但这几个核苷酸对不是特异性的。因此，这种限制性内切酶切割后产生的一定长度 DNA 片段，具有各种单链末端，不能应

表 9-1　限制性内切核酸酶的类型及其主要特性

| 类　型 | Ⅰ型 | Ⅱ型 | Ⅲ型 |
| --- | --- | --- | --- |
| 1. 限制与修饰活性 | 多功能的酶 | 分开的内切核酸酶与甲基化酶 | 具有一种共同亚基的双功能酶 |
| 2. 蛋白结构 | 3 种不同的亚基 | 单一的成分 | 两种不同的亚基 |
| 3. 切割反应辅助因子 | ATG，$Mg^{2+}$，S-腺苷甲硫氨酸 | $Mg^{2+}$ | ATG，$Mg^{2+}$，S-腺苷甲硫氨酸 |
| 4. 特异性识别位点 | 无规律，如 *Eco*B：$TGAN_8$-TGCT；*Eco*B：$AACN_6GTGC$ | 旋转对称 | 无规律，如 *Eco*P1：AGACC；*Eco*P15：CAGCAG |
| 5. 切割位点 | 距识别位点至少 1kb 处可能随机切割 | 位于识别位点或其附近 | 距识别位点 3′端 24~26bp 处 |
| 6. 酶催化转移 | 不能 | 能 | 能 |
| 7. DNA 转座作用 | 能 | 不能 | 不能 |
| 8. 甲基化作用位点 | 特异性识别位点 | 特异性识别位点 | 特异性识别位点 |
| 9. 识别未甲基化序列进行酶切 | 能 | 能 | 能 |
| 10. 序列特异性切割 | 不是 | 是 | 是 |
| 11. 分子克隆中用途 | 无用 | 十分有用 | 很少采用 |

用于基因克隆。

Ⅱ型酶是由两种酶分子组成的二元系统：一种为限制性内切核酸酶，它切割某一特异性的核苷酸序列；另一种为独立的甲基化酶，它修饰同一识别序列。Ⅱ型酶能识别专一的核苷酸顺序，并在该顺序内的固定位置上切割双链。这类限制性内切酶识别和切割的核苷酸都是专一的，是 DNA 重组技术中最常用的工具酶。这种酶识别的专一核苷酸顺序最常见的是 4 个或 6 个核苷酸，少数也有识别 5 个核苷酸以及 7 个、8 个、9 个、10 个和 11 个核苷酸的。Ⅱ型酶的识别顺序是一个回文对称顺序（palindrome），或称为回文结构，限制酶的识别序列一般为 4~8 个核苷酸，这些序列大多呈回文结构，也就是说，序列正读和反读是一样的。即有一个中心对称轴，从这个轴朝 2 个方向"读"都完全相同。

**（2）两种特殊的Ⅱ型酶**

在基因工程操作中真正有用的是Ⅱ型酶，Ⅰ型酶和Ⅲ型酶都不常用。通常所说的限制性内切核酸酶是指Ⅱ型酶。同裂限制酶（isoschizomers）和同尾限制酶（isocaudamers）是两种特殊的Ⅱ型酶。

同裂限制酶　简称同裂酶，也称为同切点酶、异源同工酶，是指一类从不同的来源获得的限制性内切核酸酶，它们能够在 DNA 的相同识别位点切入，不一定切在识别序列的同一点。即有相同的识别序列，但切点不同。如 *Xma* Ⅰ切点是 C - CCGGG，*Sma* Ⅰ切点是 CCC - GGG。

同尾限制酶　简称同尾酶，也称为同切酶，指一类限制性内切核酸酶，它们的来源不同，能够对 DNA 切割产生相同的黏性末端，而其识别序列的特异性不同。同尾酶产生的 DNA 片段可以被 DNA 连接酶互相重组。如 *Mbo* Ⅰ、*Bam*H Ⅰ、*Bcl* Ⅰ、*Bgl* Ⅱ、*Xho* Ⅱ等是同尾酶。

表 9-2　常用的限制性内切核酸酶

| 限制性内切核酸酶 | 识别序列和切割位点 | 限制性内切核酸酶 | 识别序列和切割位点 |
| --- | --- | --- | --- |
| Acc Ⅰ | GT - (A/C)(T/G)AC | Not Ⅰ | GC - GGCCGC |
| BamH Ⅰ/Bst Ⅰ | G - GATCC | Pst Ⅰ | CTGCA - G |
| Bgl Ⅱ | A - GATCT | Sac Ⅰ/Sst Ⅰ | GAGCT - C |
| Cla Ⅰ | AT - CGAT | Sac Ⅱ | CCGC - GG |
| EcoR Ⅰ | G - AATTC | Sal Ⅰ | G - TCGAC |
| EcoR Ⅴ | GAT - ATC | Sca Ⅰ | AGT - ACT |
| Hinc Ⅱ/Hind Ⅱ | GT(T/C) - (A/C)AC | Sma Ⅰ | CCC - GGG |
| Hind Ⅲ | A - AGCTT | Xba Ⅰ | T - CTAGA |
| Kpn Ⅰ | GGTAC - C | Xho Ⅰ | C - TCGAG |
| Nco Ⅰ | C - CATGG | Xho Ⅱ | (A/G) - GATC(T/G) |
| Nde Ⅰ | CA - TATG | Xma Ⅰ | C - CCGGG |

分子克隆中常用的限制性内切核酸酶见表 9-2。

### 9.1.3.2　连接酶

**(1) 连接酶的概念**

DNA 片段之间的体外连接是 DNA 重组技术的关键步骤。DNA 连接本质上是一个酶促反应过程,需要 DNA 连接酶(ligase)的参与。DNA 连接酶是 1967 年在 3 个实验室同时发现的。它是一种能封闭 DNA 链上缺口的酶,借助 ATP 或 NAD 水解提供的能量,催化 DNA 链的 5′—$PO_4$ 与另一 DNA 链的 3′—OH 生成磷酸二酯键。但这两条链必须是与同一条互补链配对结合的(T4 DNA 连接酶除外),而且必须是两条紧邻 DNA 链才能被 DNA 连接酶催化成磷酸二酯键。目前 DNA 连接已成为生物工程最常用的技术之一,被广泛地应用于基因载体制备、基因克隆以及核酸的修饰与分析等方面。

DNA 连接酶广泛存在于各种生物体内,在大肠杆菌及其他细菌中,DNA 连接酶催化的连接反应是利用 $NAD^+$(烟酰胺腺嘌呤二核苷酸)作能源;在动物细胞及噬菌体中,则是利用 ATP(腺苷三磷酸)作能源。DNA 连接酶催化的连接反应分为 3 步:①由 ATP(或 $NAD^+$)提供 AMP,形成酶—AMP 复合物,同时释放出焦磷酸基团(PPi)或烟酰胺单核苷酸(NMN);②激活的 AMP 结合在 DNA 5′端的磷酸基团上,产生含高能磷酸键的焦磷酸酯键;③与相邻 DNA 链 3′端羟基相连,形成磷酸二酯键,并释放出 AMP。

**(2) 连接酶的种类**

根据发现连接酶的来源或作用于底物不同,可将连接酶分为以下 3 类。

**T4 噬菌体 DNA 连接酶**　又称 T4DNA 连接酶,分子质量为 68kDa,是 T4 噬菌体基因 30 编码的产物,需要 ATP 做辅助因子,最早从 T4 噬菌体感染的大肠杆菌中提取的。目前其编码基因已被克隆,并可在大肠杆菌中大量表达。

T4 噬菌体 DNA 连接酶的反应底物为黏端、切口、平末端的 RNA(效率低)或 DNA。低浓度的 PEG(一般为 10%)和单价阳离子(150~200 mmol/L NaCl)可以提高平末端连接速率。由于 T4 DNA 连接酶可连接的底物范围广,尤其是能有效地连接 DNA 分子的平头末端，因此在 DNA 体外重组技术中广泛应用。

**大肠杆菌 DNA 连接酶**　分子质量为 75 kDa，需要 $NAD^+$ 做辅助因子，由大肠杆菌基因组中的 lig 基因编码，现在该基因已经克隆并在大肠杆菌细胞中大量表达。

与 T4DNA 连接酶不同，大肠杆菌 DNA 连接酶几乎不能催化两个平头末端 DNA 分子的连接，它的适合底物是一条链带切口的双链 DNA 分子和具有同源互补黏性末端的不同 DNA 片段。由于大肠杆菌 DNA 连接酶对 DNA 末端要求比较严格（互补的黏性末端），所以它的连接产物转化细菌后，假阳性背景非常低，这是大肠杆菌 DNA 连接酶较 T4 噬菌体 DNA 连接酶的一个优点。

**T4 噬菌体 RNA 连接酶**　由 T4 噬菌体基因 63 编码，需要 ATP 做辅助因子，催化单链 DNA 或 RNA 的 5′磷酸与相邻的 3′羟基共价连接。此酶的主要用途是对 RNA 进行 3′末端标记，也就是将 $^{32}P$ 标记的 3′,5′-二磷酸单核苷(pNp)加到 RNA 的 3′端。

## 9.1.4　基因工程中的载体

在植物基因转化的研究中已建立了多种转化系统，如载体转化系统、原生质体 DNA 直接导入转化系统、基因枪 DNA 导入转化系统及利用生物种质细胞如花粉粒等介导转化系统，等等。但载体转化系统仍然是目前使用最多、机理最清楚、技术最成熟、成功实例最多的一种转化系统，也是植物基因工程最重要的一种转化系统。因此，所谓植物基因工程载体主要是指这一类载体。目前发展起来的植物基因转移的载体系统分为两大类：一类是病毒载体系统，另一类是质粒载体系统。另外，转座子系统也是新发展的一种载体系统。

### 9.1.4.1　基因工程载体的命名和种类
**(1) 植物基因工程载体的命名规则**

植物基因工程质粒载体的命名规则和细菌质粒有雷同之处，但由于其功能的特殊性，仍然有较大差异，具体可归纳如下：

第一，质粒及其他染色体外因子命名时都要使用与染色体位点明显区别的符号表达。天然存在的质粒，其符号的第一个字母要大写，并不用斜体字，书写时要用括号括起来，如(ColEl)。重组的质粒也可作类似处理，但通常是用小写字母"p"后加两个大写字母表示："p"表示(plasmid)，大写字母指建该质粒的研究人员或完成此项工作的研究机构，如 pSC101 中 SC 代表 Stanley Cohen（人名），pMT555 中 MT 表示 Manchester Technology（曼彻斯特理工学院）。上述两种字母命名法虽然仍在沿用，但并不是都符合标准。

第二，农杆菌中的质粒一般在命名中要表示出来，如 pTiT37 或 pAtT37。Ti 或 At 表示根癌农杆菌(*Agrobacterium tumefaciens*)的质粒类型。如果是发根农杆菌质粒则要用 pRiA4 或 pArA4 表示。Ri 或 Ar 表示发根农杆菌(*Agrobacterium rhizogenes*)的质粒类型。但是 pAtT37 或 pTiT37 和 pRiA4 或 pArA4 中的 T37 和 A4 并不是表示如前所述的研究人员或研究单位的名称缩写等，而是他们在研究该质粒时的编号或分类。

第三，每个基因位点均以三个斜体小写字母表示，如 *leu*（亮氨酸基因位点），但基因表现型则用正体表示，如 Leu。

第四，基因中任何位点发生突变则在该基因符号后加写该位点的斜体大写字母，如亮氨酸 A、B 位点分别为突变或缺陷型，则应写成 *leuA*、*leuB*。

第五，抗性和敏感性分别用 R 或 r，S 或 s 表示。

**(2) 植物基因工程载体的种类**

根据植物基因工程载体的功能及构建过程，可把有关载体分为 4 大类型，如图 9-1 所示。

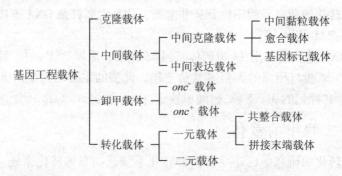

图 9-1　植物基因工程载体分类(引自王关林等，2002)

目的基因克隆载体　目的基因克隆载体与微生物基因工程类同，通常是由多拷贝的 *E. coli* 质粒为载体，其功能是保存和克隆目的基因。

中间载体　包括中间克隆载体和中间表达载体。中间克隆载体是由大肠杆菌质粒插入 T-DNA 片段及目的基因、标记基因等构建而成。它是构建中间表达载体的基础质粒；中间表达载体是含有植物特异启动子的中间载体，其功能是作为构建转化载体的质粒。

卸甲载体　卸甲载体是解除武装的 Ti 质粒或 Ri 质粒，其功能是作为构建转化载体的受体质粒(大质粒)。

植物基因转化载体　植物基因转化载体是最后用于目的基因导入植物细胞的载体，故又称工程载体。它是由中间表达载体和卸甲载体构建而成。根据它的结构特点又可分为两种转化载体，即一元载体系统和双元载体系统。

### 9.1.4.2　植物基因工程中常用的载体

植物基因工程中常用的载体包括 Ti 质粒(tumor inducing plasmid)载体和 Ri 质粒(root inducing plasmid)载体。实际工作中，绝大部分是采用 Ti 质粒，该载体系统是应用最为广泛的转化系统，利用此系统可转化大多数双子叶植物及少数单子叶植物。此外，植物病毒载体和转座子也具有巨大的应用潜力。下面以 Ti 质粒为主要内容叙述植物基因工程载体及其构建。

**(1) Ti 质粒载体类型**

Ti 质粒存在于根癌农杆菌中，通过伤口侵染植物，能使侵染部位产生瘤状突起。Ti 质粒是根癌农杆菌染色体外的遗传物质，为双股共价闭合的环状 DNA 分子，其分子量为 9 500~15 600kDa，约由 200kb 组成。Ti 质粒的分类　根据其诱导的植物冠瘿瘤中所合成的冠瘿碱种类不同，Ti 质粒可以分为 4 种类型：章鱼碱型(octopine)、胭脂碱型(nopaline)、农杆碱型(agropine)和农杆菌素碱型(agrocinopine)或称琥珀碱型(succinamopine)。表9-3 给出不同类型 Ti 质粒所诱导产生冠瘿碱的种类。

表 9-3  携带不同 Ti 质粒的根癌农杆菌诱导的冠瘿瘤所产生的冠瘿碱类型

| Ti 质粒类型 | 在肿瘤中发现的冠瘿碱 | 代表菌株 | 所含质粒 |
| --- | --- | --- | --- |
| 章鱼碱型<br>(octopine type) | 章鱼碱(octopine) | Ach5 | pTi Ach5 |
|  | 章鱼碱酸(octopine acid) | LBA4404 | pAL4404 |
|  | 组氨酸(histopine) | GV3111SE | pTiB6S3 – SE |
|  | 赖氨酸(lysopine) | LBAl010 | pTiB6S |
|  | 农杆碱(agropine) | MOGl01 | MOGl01/pMOG410 |
|  | 甘露碱(mannopine) | GV2260 | pGV2260 |
| 胭脂碱型<br>(nopaline type) | 胭脂碱(nopaline) | C58 | pTiC58 |
|  | 胭脂碱酸(nopaline acid) | pGV3850 | pTiC58/pBR322 |
|  | 农杆菌素 A(agrocinopine A) | A208SE | pTiT37 – SE |
|  | 农杆菌素 B(agrocinopine B) | MOG301 |  |
|  |  | LBA958 | pTiC58 |
| 农杆碱型<br>(agropine type) | 农杆碱(agropine) | A281 | PTiBO542 |
|  | 农杆菌素 C(agrocinopine C) | EHA101 | PTiBO542 |
|  | 农杆菌素 D(agrocinopine D) |  |  |
| 农杆菌素碱型<br>(agrocinopine type) | 农杆菌素 A(agrocinopine A) |  |  |
|  | 农杆菌素 B(agrocinopine B) |  |  |
|  | 农杆菌素 C(agrocinopine C) |  |  |
|  | 农杆菌素 D(agrocinopine D) |  |  |

注:引自何光源等,2007

**(2) Ti 质粒的结构及功能区域**

各种 Ti 质粒在结构上都可分为 T-DNA 区、Vir 区、Con 区、Ori 区 4 个部分(图9-2)。

T-DNA 区(transferred-DNA region)  T-DNA 是在农杆菌侵染植物体时,从 Ti 质粒上被切割下来转移到植物细胞中的一段 DNA,故称为转移 DNA,该段 DNA 上的基因与肿瘤形成有关。

Vir 区(virulence region)  该区段的基因激活 T-DNA 的转移,使农杆菌表现出毒性,故称为毒区。T-DNA 区与 Vir 区在质粒 DNA 上彼此相邻,合起来约占 Ti 质粒总长的 1/3。

Con 区(encoding conjugation region)  该区段上存在着与细菌间进行接合转移有关的基因(tra),调控 Ti 质粒在农杆菌之间的转移。冠瘿碱能激活 tra 基因,诱导 Ti 质粒的转移,因此称为结合转移编码区。

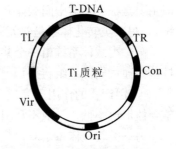

图 9-2  章鱼碱型 Ti 质粒基因图

Ori 区(origin of replication region)  该区段基因调控 Ti 质粒的自我复制,故称为复制起始区。

**(3) T-DNA 的结构特征**

章鱼碱型和胭脂碱型的 T-DNA 都有一段长 8~9 bp 的保守区,而且在几乎所有的肿瘤细胞系中都有这一段 DNA(图9-3)。章鱼碱型和胭脂碱型的功能区 DNA 顺序中同源性达 90%，T-DNA 含有激发和保持肿瘤状态所必需的基因，T-DNA 和植物 DNA 之间没有测到有同源性，叶绿体和线粒体的 DNA 中也没有发现 T-DNA 序列的存在，T-DNA 仅存在于植物肿瘤细胞的核 DNA 中。

| | | | | | |
|---|---|---|---|---|---|
| GCTGG | TGGCAGGATATATTG | TG | GTGTAAAC | AAATT | 胭脂碱 L |
| GTGTT | TGACAGGATATATTG | GC | GGGTAAAC | CTAAG | 胭脂碱 R |
| AGCGG | CGGCAGGATATATTC | AA | TTGTAAAT | GGCTT | 章鱼碱 L |
| CTGAC | TGGCAGGATATATTC | CG | TTGTAATT | TGAGC | 章鱼碱 R |

**图 9-3　T-DNA 的 25bp 边界序列**
方框标出边界序列，T-DNA 分别来自胭脂碱型和章鱼碱型；
第 16、17 位碱基在 4 个序列中不保守，用直线框标出

T-DNA 的两端左右边界各为 25 bp 的边界序列（border sequence），分别称为左边界（LB 或者 TL）和右边界（RB 或者 TR），LB 和 RB 是长为 25 kb 的末端重复序列，属于保守序列。但通常右边界更为保守，左边界在不同情况下有所变化。边界序列的核心部分长度为 14 bp，完全保守，可分为 10 bp（CA GGATATAT）和 4 bp（GTAA）两部分。左边界缺失突变仍能致瘤，而右边界缺失突变就不能致瘤，几乎没有 T-DNA 的转移，这说明了右边界在 T-DNA 转移中的重要性。

在章鱼碱型 T-DNA 的右边界的右边约 17 bp 处有 24 bp 的超驱动序列，简称 OD（overdrive sequence）序列，为有效转移 LB、RB 和 T-DNA 所必需，起增强子的作用。如果将其置于 25 bp 边界序列的上游，直至离边界 6 kb，仍有促进 T-DNA 转移的作用。在胭脂碱型 T-DNA 边界处没有类似的超驱动序列。OD 序列与农杆菌转化效率有关，除去 OD 序列，则农杆菌诱导肿瘤能力降低。

**（4）转化载体系统的构建**

通过对 Ti 质粒进行改造，在保留 T-DNA 的转移功能的同时使其致瘤性去功能化。把中间载体和 Ti 质粒构建成能侵染植物细胞的转化载体，才能用于植物基因的转化，它是由两种以上的质粒构成的复合型载体，故称为载体系统。目前已经建立许多种载体系统。但主要是根据两类中间载体开发出两类转化载体体系：一类是一元载体系统（整合载体系统），另一类转化体系是双元载体系统，最近还发展出一种载体卡盒系统。

第一类载体系统由一个共整合系统中间表达载体与改造后的受体 Ti 质粒组成。在农杆菌内通过同源重组将外源基因整合到修饰过的 T-DNA 上，形成可穿梭的共整合载体，在 *vir* 基因产物的作用下完成目的基因向植物细胞的转移和整合。但这类方法构建困难，整合体形成率低，一般不常用。该类一元载体系统示意如图 9-4 所示。

另一类转化体系是双元载体系统（图 9-5），它由两个分别含有 T-DNA 和 Vir 区段的相容性突变 Ti 质粒，即微型 Ti 质粒（mini-Ti plasmid）和辅助 Ti 质粒（helper Ti plasmid）构成，T-DNA 和 *vir* 基因在两个独立的质粒上，通过反式激活 T-DNA 转移到植物细胞基因组内。微型 Ti 质粒就是含有 T-DNA 边界缺失 *vir* 基因的 Ti 质粒，为一个广谱质粒。它含有一个广泛寄主范围质粒的复制起始位点（*ori*），同时具有选择性标记基因。辅助质粒为含有 Vir 区段但 T-DNA 缺失的突变型质粒，完全丧失了致瘤的功能。因此相当于共整合载体系统中的卸甲载体，其作用是提供 *vir* 基因功能，激活处于反式位置上的 T-DNA 转移。

由于 pRK2013 的"自杀"特性，最终在农杆菌中剩下微型 Ti 质粒和 Ti 质粒双元载体，此农杆菌可直接用于植物细胞转化。双元载体不需经过两个载体的共整合过程，因此构建的操作过程比较简单；由于微型 Ti 质粒较小，并无共整合过程，因此质粒转移到农杆菌比较容易，且构建的频率较高。另外，双元载体在外源基因的植物转化中效率高于一元载体。

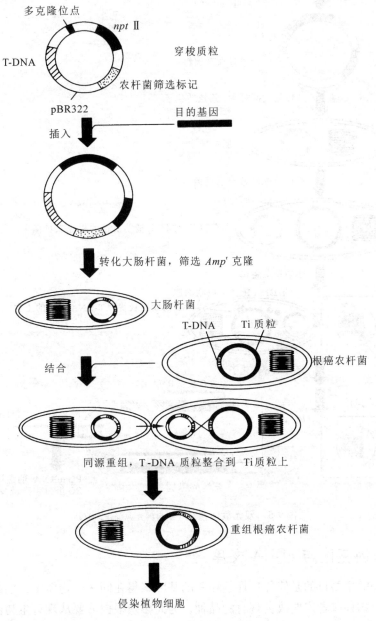

图 9-4　一元载体系统示意

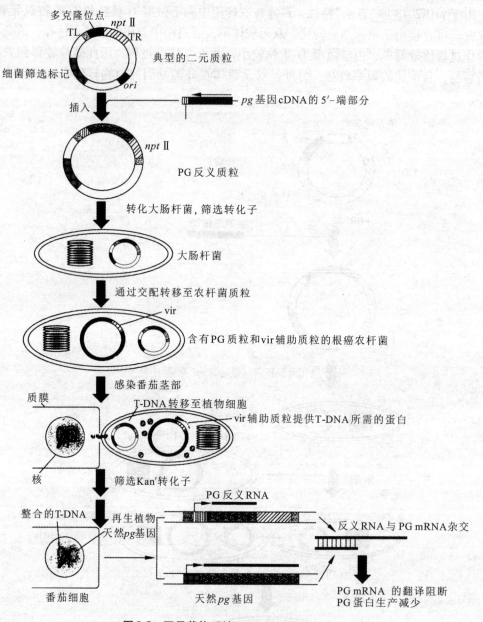

图 9-5 双元载体系统（引自何光源等，2007）

## 9.1.5 基因克隆与 cDNA 文库

基因工程的主要目的是使优良性状相关的基因聚集在同一生物体中，创造出具有高度应用价值的新物种或者定向改良现有的品种，为此必须根据需要从现有生物群体中分离克隆目的基因。在此介绍几种常用的基因克隆方法及 cDNA 文库。

#### 9.1.5.1 基因克隆

**(1) 目的基因分离克隆方法的选择策略**

随着分子生物学的迅速发展以及基因组学的创立，基因分离克隆技术不断创新，各种方法相继出现。但在实际研究工作中，需要根据具体情况选择一种或几种基因克隆方法相结合，从而简便、快捷、经济、高效地获得目的基因。图 9-6 汇总了基因分离克隆方法及其选择策略。

分离克隆目的基因的可能性有 3 种，即 3 种不同条件下，可根据要克隆的目的基因条

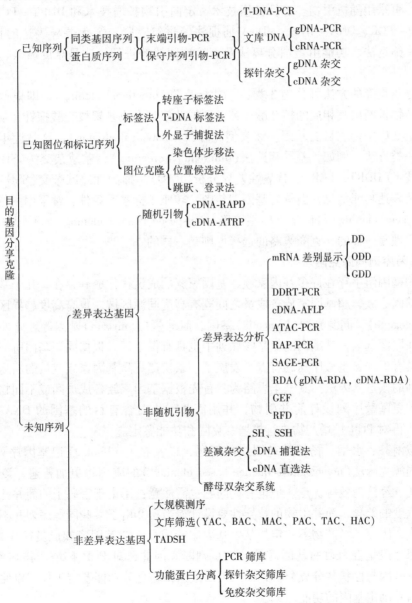

**图 9-6　基因分离克隆方法及其选择策略**(引自王关林等, 2002. 略作修改)

件选择相应的方法。

类型 Ⅰ 已知基因的序列。①已知 DNA 序列,包括 3 种情况,一是已知目的基因 DNA 的全部或部分 DNA 序列;二是已知其他物种的同类基因的 DNA 序列;三是已知目的基因 cDNA 全部或部分序列。②已知目的基因表达产物蛋白质等序列。在这两种情况一般采用 PCR 技术或探针分子杂交技术分离克隆目的基因。

类型 Ⅱ 已有基因图位或标记,转座子等条件,分别可采用转座子标签法、T-DNA 标签法及图位克隆技术进行分离克隆目的基因。

类型 Ⅲ 未知目的基因序列。①差异表达序列,即目的基因表达具有组织、器官等时空差异性。可采用随机引物多态性扩增技术,定向引物扩增技术和 DDRT – PCR、SSH – PCR、RAP – PCR、DNA – RDA、cDNA 捕捉法等进行克隆。②无差异表达的目的基因,可采用文库筛选法、功能组蛋白分离法及直接测序法等进行,这是难度最大、最烦琐的策略。

基因分离克隆的方法可分为 3 类:①功能克隆(functional cloning),即根据纯化的已知基因的产物推断出其相应的核苷酸序列,再据此序列合成寡聚核苷酸探针,从 cDNA 文库或基因组文库中钓取目的基因。②表型克隆(phenotypical cloning)。这是近年来发展十分迅速的一类方法,例如,差异筛选法(differential screening)、差减杂交法(SH)、mRNA 差别显示技术(DDRT – PCR)、代表性差异分析(RAD)、抑制性差减杂交(SSH)等。③无基因序列及表达功能信息,但具有基因遗传图、转座子标签等条件,常采用图位基因克隆(mapbased gene cloning)和转座子标签克隆(transposon tagging cloning)。不管怎样分类它们,基本原理是一样的,克隆策略的选择原则是一样的。

**(2)基因序列同源克隆法**

在植物基因组中存在许多基因家族,基因家族的成员往往成簇存在,几个基因家族组成一个超基因家族,超基因家族各成员之间既有高度同源区域,也有高度趋异区域,如原癌基因(oncogene)、同源异型(homeotic)基因、肌球蛋白(myosin)基因等。此外,在不同物种也存在同源基因,其编码的氨基酸序列中也具有保守区。根据同源基因所编码的蛋白质结构中具有保守氨基酸序列的特点,发展了一条快捷克隆基因家族成员的新途径——基于同源序列的候选基因法。其基本思路为:首先根据基因家族各成员间或不同物种同源基因间保守的氨基酸序列设计简并引物,并用简并引物对含有目的基因的 DNA 文库进行 PCR 扩增,再对 PCR 扩增产物进行扩增、克隆和功能鉴定。

随着拟南芥、水稻、杨树等基因组的解码,以及在 GenBank 登记基因序列的增多,基因序列同源克隆法(homologue sequence-based cloning)的应用将更加普遍,该方法具有快速、简便、经济高效等优点。但也有些问题也需注意:①由于密码子的简并性和同源序列间同源程度的差异,简并引物的特异性要设计得当;②由于某些同源序列并不专属于某一基因家族,因而扩增产物不一定是某一基因家族成员;③基因家族成员往往成簇存在,克隆的基因片段是否为目的基因尚需进一步判断。因此,对 PCR 扩增产物和克隆产物,有必要进行基因与性状共分离分析,插入失活或遗传转化等功能鉴定工作,以便最终筛选到目的基因并确定基因的功能。

**(3) 基因文库技术分离克隆目的基因**

文库(library)是指一种全体成员的集合。基因文库(gene library)则是指某一生物类型全部基因的集合。这种集合以重组体形式出现。某生物 DNA 片段群体与载体分子重组，重组后转化宿主细胞，转化细胞在选择培养基上生长出的单个菌落(或噬菌成活细胞)即为一个 DNA 片段的克隆。全部 DNA 片段克隆的集合体即为该生物的基因文库。根据基因类型，基因文库可分为基因组文库及 cDNA 文库。根据构建文库所用载体的不同，基因文库又可分为质粒文库(plasmid library)、噬菌体文库(phage library)、黏粒文库(cosmid library)及人工染色体文库(包括：yeast artificial chromosome，YAC；bacterial artificial chromosome，BAC；P1 - derived artificial chromosome，PAC；transformation - competent artificial chromosome，TAC；plant artificial chromosome，PAC)。

在实际应用中，应根据实验目的和需要，选择构建所需的基因文库类型。在研究植物基因组非编码序列、基因组作图或用于大规模测序时，构建基因组文库。在研究植物特定组织或特定发育阶段特异表达的基因时，构建 cDNA 文库。基因文库构建包括以下基本程序：①植物 DNA 提取及片段化，或是 cDNA 的合成；②载体的选择及制备；③DNA 片段或 cDNA 与载体连接；④重组体转化宿主细胞；⑤转化细胞的筛选。

当获得了含重组体的宿主细胞时，即完成了基因的克隆。基因的克隆只是分离基因的基础，基因克隆后还要对克隆的基因进行分离，通常可利用核酸探针、根据蛋白质序列合成的寡核苷酸探针，或者同源序列探针进行斑点原位杂交或 PCR 等方法将目的基因从文库中分离出来。还必须对分离出的目的基因进行必要的检测与分析，如进行序列测定、体外转录及翻译、功能互补实验等。通过这些实验确定出基因的结构及功能。至此才能算分离到了目的基因。所以，基因的克隆、克隆基因的分离、分离基因的鉴定是利用基因文库技术分离目的基因的主要内容。

**(4) 基因芯片技术分离克隆目的基因**

1991 年美国昂飞(Affymetrix)公司 Fodor 小组对原位合成的 DNA 芯片(DNA chip)作了首次报道，此后，以 DNA 芯片为代表的生物芯片(biochip)技术在生命科学各领域不断得到应用。所谓生物芯片是指高密度固定在固相支持介质上的生物信息分子(如寡核苷酸、基因片段、cDNA 片段或多肽、蛋白质)的微阵列。阵列中每个分子的序列及位置都是已知的，并且按预先设定好的序列点阵。生物芯片具有与芯片(大规模晶体管集成电路)相似的特点：微型化及能够同时并行处理大规模的信息。它对生物信息的分析是依据生物信息分子的相互识别，即核酸分子杂交的特异性及蛋白、多肽分子相互作用的专一性。固定在生物芯片上的探针与被标记的待检分子(靶分子)杂交后，杂交信号由特殊装置检出，输入计算机分析。生物芯片还可以对各种生化反应过程进行集成，从而实现对基因、抗原、配体等生物活性物质进行高效快捷的测试和分析。与常规技术相比，生物芯片技术的突出特点是高度并行性、多样性、微型化及自动化。

基因芯片(gene chip)是生物芯片的一种类型，其在介质上固定的是核酸类物质，主要用于 DNA、RNA 分析。根据核酸类物质的不同可分为 DNA 芯片和微点阵(microarray)两种类型。DNA 芯片是指主要利用原位合成法或将已合成好的一系列寡核苷酸(即用点样法)固定在介质上，制备成高密度的寡核苷酸(ODNs)阵列。寡核苷酸的长度随芯片用途不同而不同，但一般在50bp以内，以8~25 bp为多。DNA芯片主要用于基因转录情况分析、DNA测序、基因多态性及基因突变分析等，此类芯片一般由专门公司经特殊工艺制作而成，其特点是密度高，信息量大。微点阵是另一种基因芯片，是指利用点样法制备的较低密度的玻片或尼龙膜芯片。它制作工艺相对简单，可由实验人员根据各自目的自行制备。芯片上固定的探针可以是基因组或cDNA片段，也可以是寡核苷酸。其中cDNA微点阵在基因表达分析中具重要作用。

芯片技术包括3个过程：①阵列的集成，即芯片的制备。此过程包括探针的设计及点阵，将大量的信息分子按预先设定的阵列固定在介质(如玻片、硅片、尼龙膜、聚偏二氟乙烯膜等)上，实现高密度集成。集成路线有两种：原位合成及合成点样。②靶(待测)样品制备与分子杂交。采用常规方法分离纯化待测物质并进行标记，或利用样品制备芯片制备靶分子，然后杂交。③杂交信号检测及分析：主要通过激光扫描，将信号传递至计算机系统进行处理。

目前，由昂飞公司制备的包括人类、小鼠、拟南芥、水稻、杨树等的基因芯片已经商品化，并开发了整套分析技术和设备。该技术已在基因表达水平分析、新基因发现、目的基因分离、核酸序列测定、基因突变检测、基因多态性分析等方面得到应用，成为高效率、大规模获取相关基因信息及后基因组时代基因功能分析的最重要的技术之一。

**(5) 功能蛋白组技术分离克隆目的基因**

蛋白质组(proteome)是指细胞内全部蛋白质的存在及活动方式。即基因组表达产生的总蛋白质统称蛋白质组或蛋白组。功能蛋白组是指那些可能涉及特定功能机理的蛋白质群体。由于基因功能最终是以蛋白质的形式表现，所以仅有转录水平的信息有时不足以揭示基因在细胞内的确切功能，而来自细胞功能蛋白组的信息在基因功能鉴定上具有不可替代的重要作用。

利用功能蛋白组技术分离基因的策略在基因分离中占有重要地位。该策略的路线是从基因的功能信息出发，以生物某性状的基本生化过程及生化特征为依据，寻找产生生化特征的蛋白质基础，然后分离纯化功能蛋白。获得了纯化的功能蛋白(以下称目的蛋白)后，有两条路线可供选择：一条是以目的蛋白的一级结构为依据，先进行多肽链氨基酸序列分析。在获得起码的氨基酸序列信息后，或者是合成PCR引物，通过PCR扩增分离此目的蛋白基因；或者是合成寡核苷酸探针，通过核酸分子杂交从基因文库中分离此目的蛋白基因。另一条是用纯化的目的蛋白为抗原，制备高特异性抗体，利用抗体探针通过免疫反应从表达型基因文库中分离此目的蛋白基因。

与其他的基因分离克隆方法相比，该方法的特点是从基因的功能信息着手去获得基因的结构信息，即从蛋白质功能到基因序列。该方法的关键是确定并制备出高纯度的蛋白质。这需要对产生性状的生理生化机制及代谢途径有充分了解，并掌握蛋白质纯化技术及技巧。只要有足够纯的蛋白质并制备出高特异性的引物及探针，这一方法是行之有效的。该方法也是植物基因工程中最早采用的一种分离克隆基因的经典方法。

**(6) 图位克隆法分离克隆目的基因**

图位克隆(mapbased cloning)又称定位克隆(positional cloning)，由英国剑桥大学Coulson等人于1986年首次提出。随着各种植物分子标记图谱的相继建立，图位克隆技术发展成为一种新的基因克隆技术。其原理是根据功能基因在基因组中都有相对较稳定的基因座，在利用分子标记技术对目的基因进行精细定位的基础上，用与目的基因紧密连锁的分子标记筛选 DNA 文库(包括 YAC、BAC、TAC、PAC 或 cosmid 文库)，从而构建目的基因区域的物理图谱，再利用此物理图谱通过染色体步移(chromosome walking)逐步逼近目的基因或通过染色体登陆(chromosome landing)的方法最终找到包含该目的基因的克隆，并通过遗传转化试验证实目的基因的功能。

图位克隆技术主要包括 4 个基本技术环节：①目的基因的初步定位(maping the target gene)；②精细定位(fine mapping 或 high resolution mapping)；③构建目的基因区域的物理图谱(physical map)和精细物理图谱(Fine physical map)，直至鉴定出包含目的基因的一个较小的基因组片段；④筛选 cDNA 文库并通过遗传转化试验证实所获目的基因的功能和序列分析。

目前已建遗传图谱的植物已多达几十种，其中包括几乎所有重要的农作物及蔬菜，如玉米、水稻、小麦、大麦、燕麦、大豆、高粱、油菜、马铃薯、莴苣、番茄等。在木本植物中有杨树、苹果树、松树等。而且，随着各种植物的高密度遗传图谱和物理图谱的相继构建成功，结合 DNA 芯片、大规模测序技术、SNP 等新技术，图位克隆技术在植物的基因克隆中有着更广阔的应用前景。

**(7) mRNA 差别显示技术分离差别表达基因**

mRNA 差别显示技术(mRNA differential display)是对组织特异性表达基因进行分离的一种快速并行之有效的方法之一。mRNA 差别显示技术也称为差示反转录 PCR，简称为 DDRT - PCR。它是将 mRNA 反转录技术与 PCR 技术相互结合发展起来的一种 RNA 指纹图谱技术。该项技术是在 1992 年由美国哈佛大学医学分校 Dena - Farber 研究所的两位科学家 Liang 和 Pardee 首次提出的。该方法基于随机放大原理，以对照组和试验组的全部 mRNA 为模板，采用 PCR 技术合成 cDNA。然后将两组 cDNA 进行平行电泳，通过分析比较它们带型的差异，从凝胶中分离出差异区带，供进一步分析。

mRNA 差别显示技术具有以下优点：①简便，主要依靠 PCR 扩增和聚丙烯酰胺变性凝胶电泳；②灵敏度高，能检测丰度较低的目的 mRNA；③可重复性较好，90% ~ 95% 的条带在不同的反应中可以进行重复；④可获得多条差异条带，包含基因的上下游的调控基因；⑤可同时进行多样品和多处理的差异分析。

但该方法也存在一些局限性：利用这种方法检测到的往往是 3′端出现差异的基因，5′端表现差异的基因不易检测到。

**(8) 酵母双杂交系统分离克隆目的基因**

Fields 等(1989)首先描述了酵母双杂交系统(yeast two-hybrid system)，这一研究蛋白质间相互作用的新技术已经得到了广泛的应用。其原理是：真核细胞基因转录激活因子的转录激活作用是由功能相对独立的 DNA 结合结构域(binding domain，BD)和转录活化结构域(activation domain，AD)共同完成的。根据这一特点，如果使可能存在相互作用的两种蛋白 X 和 Y 分别在以和 BD/AD 形成杂合蛋白的形式的酵母中表达并分布于细胞核中，X 与 Y 之间的相互作用就可以将 BD 和 AD 在空间结构上重新联结为一个整体而与报告基因的上游激活序列(upstream activation sequence)结合，进而发挥激活转录的功能，使受调控的报告基因得到表达。根据这一原理，通过双杂交系统可以有效地分离能与一种已知靶蛋白相互作用的蛋白质的编码基因，研究已知蛋白间的相互作用、寻找在蛋白—蛋白相互作用中起关键作用的结构域、寻找与靶蛋白相互作用的新蛋白。

相信随着分子生物学技术的发展与推广，酵母双杂交技术在今后的功能基因组学研究中将发挥更大的作用。

**(9) T-DNA 标签法分离克隆目的基因**

同源或异源的转座子或 T-DNA 可以插入到基因组中导致基因结构的变化，从而产生突变基因型。自 1987 年 Feldman 等将 T-DNA 作为一种基因标签来筛选突变体以来，迄今为止，在植物上已获得了拟南芥、番茄、玉米、水稻、金鱼草等的转座子插入诱变和拟南芥、水稻等 T-DNA 插入诱变的突变群体，从而为克隆基因创造了条件。利用 T-DNA 或转座子标签法分离植物基因的主要步骤如下：①构建含有 T-DNA 或转座子的质粒载体；②将含有 T-DNA 或转座子的质粒载体通过农杆菌介导或其他适当的转化方法导入目标植物中；③T-DNA 或转座子插入突变的鉴定与分离；④转座子在目标植物体内的活动性能检测；⑤利用 T-DNA 或转座子序列作探针，与突变体基因组文库杂交，获得部分基因序列；⑥用部分基因序列作探针，与野生型基因组文库杂交，分离出完整的目的基因，最后用基因互补测验检测其功能。

由于 DNA 测序技术飞速发展，大量的基因序列信息展现在人们面前，新的未知功能的基因不断被发现，利用转座子或 T-DNA 标签鉴定基因的生物学功能得到越来越广泛的应用。

### 9.1.5.2 cDNA 文库

**(1) cDNA 文库的特征**

cDNA 文库是指含有重组 cDNA 的细菌或噬菌体克隆的群体。每个克隆只含一种 mRNA 的信息，足够数目克隆的总和包含细胞的全部 mRNA 信息。基因组含有的基因在特定的组织细胞中只有一部分表达，而且处在不同环境条件、不同分化时期的细胞其基因表达的种类和强度也不尽相同，所以 cDNA 文库具有组织细胞特异性。cDNA 文库显然比基因组 DNA 文库小得多，但能较容易地从中筛选克隆得到细胞特异表达基因。

**(2) cDNA 文库的用途**

cDNA 文库是发现新基因和研究基因功能的基础工具。cDNA 片段经标记可作为杂交探针，用于研究不同组织细胞和不同发育阶段的基因表达情况，并可通过与基因组文库的比较分析来探索基因的结构、表达及调控。与基因组文库相比，cDNA 文库便于克隆和大量扩增，可以从 cDNA 文库中筛选到所需目的基因，它是克隆、分离目的基因的重要途径之一，并且可用于该目的基因的表达。

**(3) SMART cDNA 文库构建**

SMART(switching mechanism at 5′end of the RNA transcript)技术的原理是：在合成 cDNA 的反应中加入的 3′末端带 Oligo(dG) 的 SMART 引物，在反转录反应时，在真核 mRNA 的 5′末端碰到特有的"帽子结构"即甲基化的 G 时连续在合成 cDNA 末端加上几个(dC)，SMART 引物的 Oligo(dG) 与合成 cDNA 末端突出的几个 C 配对后形成 cDNA 的延伸模板，反转录酶会自动转换模板，以 SMART 引物作为延伸模板继续延伸 cDNA 单链直到引物的末端，这样得到的所有 cDNA 单链的一端有含 oligo(dT) 的起始引物序列，另一端有已知的 SMART 引物序列,合成第二链后可以利用通用引物进行扩增,这样可以得到全长的 cDNA。采用 SMART cDNA library Construction Kit(Clontech)构建 cDNA 文库,需要少至 25ng 的 mRNA 或 50ng 的总 RNA 就可以得到 cDNA 库,而且得到的 cDNA 能够代表原有样品中的 mRNA 的丰度,可以应用于直接扩增基因、构建 cDNA 文库、已知序列钓全长 cDNA(RACE)和用于芯片检测的 cDNA 探针的扩增等。图 9-7 为 SMART cDNA library Construction Kit(Clontech)的流程。

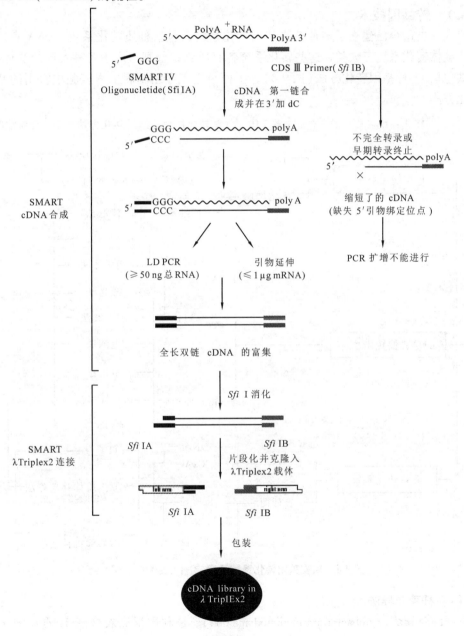

图 9-7 SMART cDNA 文库构建流程

## 9.1.6 转基因技术及其应用

植物遗传转化(plant genetic transformation)是指利用分子生物学的手段通过某种途径将外源基因导入受体植物基因组中,并使外源基因在受体植物细胞中得以表达和稳定遗传,获得人们所需要的具有新的性状特征的转基因植物的技术。

### 9.1.6.1 转基因技术

研究人员迄今已建立了多种植物基因转化系统,包括种质转化系统、DNA 直接转化系统、载体转化系统三大类,这些转化系统各有所长,分别适用于各种不同的受体植物。它们共包括 11 种基因转化方法(图9-8),下面将重点介绍基因工程实验中常用的几种基因转化方法。

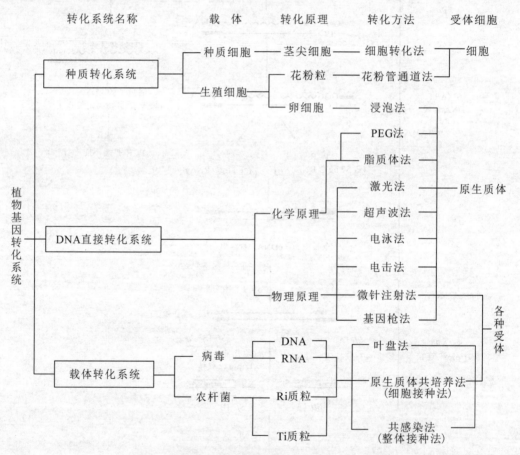

图 9-8　植物基因转化系统示意(引自王关林等,2002)

**(1)农杆菌介导法**

农杆菌介导法(agrobacterium-mediated method),是利用根癌农杆菌 Ti 质粒中 T-DNA 特殊识别序列将构建在 T-DNA 左右边界内的外源基因表达结构整合到宿主植物基因组中,实现其与宿主基因组一起遗传和表达。实践中最常用的方法有叶盘转化法(leaf disc transformation），该方法是由孟山都（Monsanto）公司 Horsch 等于 1985 年发展起来的一种转化方法，其主要步骤如下：将实验植物材料的叶片（或下胚轴、子叶、根等）进行表面消毒，用打孔器从消毒的叶片上切取叶盘，然后将叶盘浸泡在含有目的基因载体的对数生长期的土壤农杆菌菌液中数秒后，再置于培养基上共培养 2~3 d，待菌株在叶盘周围生长到肉眼可见菌落时再转移到含有抑菌剂的培养基中除去农杆菌，与此同时，在该培养基中加入抗生素进行转化体选择，经过 3~4 周培养可获得转化的再生植株。

叶盘转化法的优点是适用性广，对于那些能被根瘤农杆菌感染的、并能从叶片外植体再生植株的各种植物都可使用。此外，这种方法操作简单、可重复性高、获得转基因植株的周期短，可以在实验室内进行多次的重复试验培养大量转化植株，便于在实验室内进行大量常规培养。叶盘转化法现在已被广泛地应用并有了相对规范的操作方法。

**(2) 基因枪转化法**

基因枪法（particle bombardment 或 biolistics）也称为微弹轰击法（micro-projectile bombardment），是一种新型的遗传转化手段，它是继农杆菌介导转化法之后又一应用广泛的遗传转化技术。基因枪法是利用高速微弹粒将外源遗传物质导入受体植物细胞或组织中的独特方法。由于目前用农杆菌介导转化大多数单子叶植物存在较大困难，用基因枪法将外源 DNA 导入细胞就成为了单子叶植物遗传转化的主要手段。

基因枪转化方法的优点有：①无宿主限制，既适用于双子叶植物又适用于单子叶植物；②简化了质粒构建；③受体类型广泛；④可控度高，操作简便快速。

**(3) 花粉管通道法**

花粉管通道法（pollen-tube pathway）最早由我国科学家周光宇等建立，此法是将外源 DNA 或外源基因在受体授粉前后的适当时期注射或涂抹柱头，使 DNA 沿花粉管通道进入胚囊。其原理是授粉后使外源 DNA 能沿着花粉管渗入，经过珠心通道进入胚囊，转化尚不具备正常细胞壁的卵、合子或早期胚胎细胞。这一技术可应用于任何开花的植物。

花粉管通道法的优点有：①方法简便，易于掌握；②对单胚珠和多胚珠的单子叶和双子叶植物均适用；③可以直接选择生产上的主栽品种进行外源基因的导入；④通过外源基因转化植物，可了解一些具有重大经济价值，而遗传背景极差的农业性状是否通过基因片段进行转移，从而为植物基因工程课题选择打下基础；⑤可以用于大片段 DNA、重组 DNA 分子的导入。因此，花粉管通道法有其独特的优势与应用价值。

## 9.1.6.2　Gene-deletor 技术

**(1) Gene-deletor 技术的概念**

Gene-deletor 技术翻译为"外源基因清除"技术，该技术是指通过精确的分子设计，将细菌噬菌体和酵母的重组酶系统引入基因转化的表达载体系统，通过时空特异的启动子驱动重组酶基因在转基因植株中特异表达，从而根据人的意愿将果实、种子、块茎、块根、叶片等器官或整个转基因植株中的外源基因全部清除。由于外源基因清除技术具有彻底清除、高效清除和特异清除等优点，该技术被视为目前解决转基因植物生态安全和转基因食品安全问题的有效工具。

### (2) Gene-deletor 技术的原理

"外源基因清除"技术综合利用了两套位点特异重组酶的元件，即来源于细菌噬菌体的 Cre/LoxP 系统和来自酵母的 FLP/FRT 系统，这两套系统均通过重组酶识别特定的重组位点将插入该位点间的所有外源基因删除。其原理如图 9-9 所示，"外源基因清除"技术使用了新颖的识别位点，即一个 LoxP 和 FRT 的融合识别位点 LF（LoxP – FRT），识别序列为："ATAACTTCGTATAGCATACA TTATACGAAGTTATgaccGAAGTTCCTATACTTTCTAGAG-AATAGGAACTTCGGAATAGGAACTTC"，产生了一个全新的高效基因清除系统。当时空特异型启动子(诱导型启动子也可应用在该系统)驱动重组酶基因 *FLP* 或 *Cre* 表达时，重组酶 *FLP* 或 *Cre* 识别融合识别位点 LF，两个 LF 融合识别位点之间的所有目的基因和标记基因 DNA 序列由于发生重组而被切除，这些被切除的序列在细胞中会自动代谢降解。这样就可根据需要选用适当的启动子，在植物特定的发育阶段、特定器官的基因组中将外源转基因全部清除。

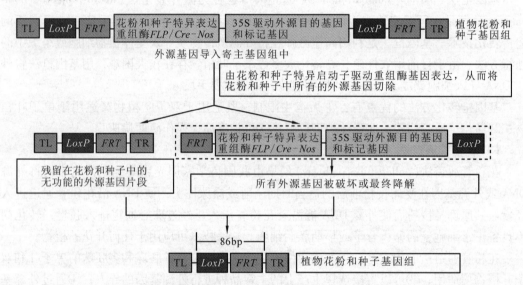

**图 9-9 "外源基因清除"技术原理示意**（引自安新民等, 2010）

TL 为 T-DNA 左边界序列，TR 为 T-DNA 右边界序列，L 为细菌噬菌体的 Cre/loxP 系统的识别位点 LoxP，F 为酵母的 FLR/FRT 系统的识别位点 FRT，FLP/Cre 为编码 FLP-FRT 和 Cre-LoxP 系统的重组酶基因，Nos 为 Nos 终止子，35S 为花椰菜病毒启动子，GOI 为感兴趣的基因，RAB5 来源于拟南芥的花粉和组织特异性启动子（PAB5 可以用其他特异或诱导型启动子替换）

### (3) Gene-deletor 技术的应用

Gene-deletor 技术可应用于植物抗性改良基因工程。在植物的抗生物逆境(抗虫、抗病等)和抗非生物逆境(抗旱、抗寒、抗冻、耐热、耐涝、耐盐等)转基因研究中，多数采用 CaMV 35S 启动子驱动相关抗逆基因，这些抗逆基因在转基因植株中组成型表达，因此存在通过花粉、种子途径扩散到近缘种或其他物种的风险，对生态环境和生物多样性可能产生不利的影响。采用 Gene-deletor 技术，通过精确的分子设计可将花粉和种子中的外源基因切除，从而切断了转基因植株中外源基因逃逸的途径，同时转基因植株的其他器官组织基因组中的外源基因则得以保留，获得抗逆的优良性状。

Gene-deletor 技术也可应用于植物品质改良基因工程。农作物、果蔬及多种经济作物大多以提供可食的果实、种子、叶、茎、根等食用器官或作为加工原料为目的，在以往的植物品质改良基因工程研究中，由于技术的局限，获得的转基因果实、种子、叶、茎、根及其他食用部分不仅含有外源目的基因及其表达产物，而且也含有筛选标记基因（如抗生素、抗除草剂等基因）及其表达产物，存在转基因食品的安全性担忧。采用 Gene-deletor 技术可使特定器官组织如果实、种子、茎、根、叶等其他食用部分中的所有外源基因被切除，由转基因植物产生非转基因的果实、种子等其他食用部分，从根本上解决了转基因植物的食品安全性问题。

此外，Gene-deletor 技术还可应用于植物生长、生殖调控基因工程研究方面，也可应用于生物能源植物基因工程等方面的研究。

### 9.1.6.3 转基因技术的应用

自 1983 年第一株转基因烟草问世以来，在短短的 20 多年时间里，植物转基因技术取得了长足的发展。在林、草、花卉及园艺植物等的基因工程方面也取得了较快的进展。

**（1）在林木遗传改良中的应用**

林业是国民经济的基础产业。森林作为陆地生态系统的主体，在改善生态环境、维护生态平衡、实现可持续发展中具有不可替代的作用。几十年来，科学家们应用常规的育种方法为林木的遗传改良作出许多努力，并取得了不少可喜的成绩。但由于林木为多年生植物，采用传统的育种方法进行新品种的选育时，育种的周期长，工序复杂，且受气候、地域和水分等多种因素的影响，因而选育新品种的难度较大。而基因工程的发展则为林木新品种的培育开辟了一条有效的途径。

自从帕森（Parson）等于 1986 年证实杨树可以进行遗传转化和外源基因在林木细胞中表达以来，林木基因工程研究已取得很大进展。现已对杨树（*Populus* spp.）、火炬松（*Pinus taeda*）、花旗松（*Pseudotsuga taxifolia*）、白云杉（*Picea glauca*）、桤木（*Alnus cremastogyne*）、刺槐（*Robinia pseudoacacia*）、蒙古栎（*Quercus mongolica*）、桉树（*Eucalyptus* spp.）、欧洲赤松（*Pinus sylvestris*）、欧洲云杉（*Picea abies*）等 20 多个树种进行了转化研究。已获得了许多树种的转基因苗木，其中杨树、松树、柳树（*Salix* spp.）、核桃（*Juglans regia*）、桉树、云杉等的转基因苗木已经进入田间试验阶段。当前林木转基因研究的领域包括材性改良、抗生物与非生物逆境、生长生殖调控抗和抗除草剂等方面。

**（2）在牧草和草坪草改良中的应用**

长期以来人们通过传统技术在驯化和改良牧草品种方面取得了一定成绩，但传统技术存在工作量大、周期长等缺点。近年来，植物基因工程研究得到了飞速发展，目前已渗透到牧草品质改良领域，并取得了可喜的进展。运用基因工程技术有可能定向地、跨物种地改造牧草，在提高牧草品质、增强抗逆性方面具有广阔前景。

草坪是现代化城市中不可缺少的生态环境组成部分，然而用传统的育种方法培育出抗除草剂、抗病虫、抗盐碱等的草坪草非常困难。传统的育种手段与现代转基因技术相结合，则有助于解决一些常规育种方法难以解决的问题。

目前牧草和草坪草的基因工程研究主要集中在品质改良、抗生物非生物逆境、抗除草剂等几方面。近年来，随着畜牧业以及现代园林绿化事业的发展，牧草和草坪质量的优劣已越来越被世界上许多国家所重视。

**(3) 在花卉改良中的应用**

近20年来，世界花卉业发展迅速，据资料统计，20世纪50年代，世界花卉业贸易额不足30亿美元，1990年为350亿美元，1995年增加到680亿美元，2005年贸易额已达到2 500亿美元。2005年我国花卉销售额达400亿元人民币，花卉出口占世界花卉贸易额的3%。随着经济的发展和生活水平提高，人们对花卉的需求量越来越大，对色、香、形等标新立异的花卉新品种的需求也日益强烈。

基因工程技术的发展和应用为花卉新品种培育提供了一套全新的思路，基因工程技术已成为花卉育种研究的热点。与传统杂交育种手段相比，基因工程育种具有定向修饰花卉某个或某些性状而保持其他优良性状不变的特点。通过引入外源基因可以扩大基因库。转基因花卉的观赏指标通过目测和少量辅助手段就可以很容易判断其性状优劣等优点。该技术现已在改良花色、花型、株型、生长发育、香味、花的大小、花的质感和采后保鲜等方面应用并取得了重要进展。

## 9.2 基因组学

### 9.2.1 基因组学的概念及基因组计划

#### 9.2.1.1 基因组学的概念

**(1) 基因组**

基因组(genome)一词是1920年Winkles用genes和chromosomes组合而成的，用于描述生物的全部基因和染色体组成的概念。基因组是指生物体的细胞中一套完整的遗传信息，通常以核内单倍数染色体包含的所有基因为一个基因组，与细胞、组织和器官的种类无关。

**(2) 基因组学**

1986年美国科学家Thomas Roderick提出了基因组学(genomics)的概念，是指对所有基因进行基因组作图，包括遗传图谱、物理图谱、转录图谱，核苷酸序列分析，基因定位和基因功能分析的一门科学。

**(3) 结构基因组学**

结构基因组学(structural genomics)是以全基因组测序为目标的结构基因组学。结构基因组学代表基因组分析的早期阶段，以建立生物体高分辨率的遗传、物理和转录图谱为主。

**(4) 功能基因组学**

功能基因组学(functional genomics)是以基因功能鉴定为目标的功能基因组学，代表着基因分析的新阶段，是利用结构基因组学提供的信息，系统地研究基因功能。它以应用高通量、大规模的实验方法以及计算机集成分析方法为特征。

### 9.2.1.2 基因组计划

**(1) 人类基因组计划**

人类基因组计划(human genome project，HGP)是由美国科学家于1985年率先提出，于1990年正式启动的。美国、英国、法国、德国、日本和中国的科学家共同参与完成了这一计划。该计划旨在对人类基因组精确测序，发现所有人类基因并搞清其在染色体上的位置，破译人类全部遗传信息。人类基因组计划与曼哈顿原子弹计划和阿波罗计划并称为三大科学计划。

2001年2月12日，美国Celera公司与政府资助的人类基因组计划分别在《科学》和《自然》杂志上公布了人类基因组精细图谱及其初步分析结果。其中，政府资助的人类基因组计划采取基因图策略，而美国Celera公司采取了"鸟枪策略"。全部人类基因组约有2.91Gbp，约有39 000多个基因；平均的基因大小有27kbp；目前已经发现和定位了26 000多个功能基因，其中尚有42%的基因尚不知道功能。整个人类基因组测序工作的基本完成，为人类生命科学开辟了一个新纪元，它对生命本质、人类进化、生物遗传、个体差异、发病机制、疾病防治、新药开发、健康长寿等领域，以及对整个生物学都具有深远的影响和重大意义，标志着人类生命科学一个新时代的来临。

此外，在人类基因组计划中，还包括对5种生物基因组的研究：大肠杆菌、酵母、线虫、果蝇和小鼠，称为人类的五种"模式生物"。

**(2) 拟南芥基因组计划**

拟南芥是第一个被完整测序的模式植物。与其他一些高等植物相比，拟南芥的基因组很小，5条染色体总共含约1.15亿个碱基对，这与水稻4.3亿、玉米24亿、小麦160亿个碱基对相比，形成巨大的反差。拟南芥基因组包含25 498个编码蛋白的基因和11 000基因家族。这些基因在功能类别上和其他开花植物大致相似，是一种特别理想的遗传学和分子生物学研究材料，广泛用于植物生命奥秘的研究探索。

目前，拟南芥基因组的研究已经进入了功能基因组学时代。2001年，美国国家科学基金会开始启动"拟南芥功能基因组研究2010计划"，并于2010年前破译拟南芥全部基因的功能。这是一项多国参加、自己选题、既合作又竞争的计划，有欧洲、北美、日本等参与，中国国家自然科学基金委员会也积极参与了此项计划，由北京大学组成项目组与美国耶鲁大学进行合作，开展"植物功能基因组研究——拟南芥全部转录因子的克隆与功能分析"的重大国际合作项目研究。研究人员将绘制出拟南芥的完整生物功能图谱，这张图好比制造航天飞机时所用的装配图，将帮助科学家确定拟南芥是如何实现各种生物机能的。

**(3) 水稻基因组计划**

水稻是最重要的粮食作物之一，全世界一半以上的人口以水稻为主食。"民以食为天"、"贵五谷而贱金玉"，这些充满哲理的古老格言，可以作为说明水稻基因组计划意义的首选注解。同时，由于水稻是禾本科中基因组最小(约4.3亿碱基对)的模式植物，因而水稻基因组计划意义不言而喻。1997年9月，水稻基因组测序国际联盟在新加坡举行的植物分子学大会期间成立。1998年2月，中国、日本、美国、英国、韩国五国代表制定了"国际水稻基因组测序计划(The International Rice Genome Sequencing Project，IRGSP)"，这是继人类基因组计划后的又一重大国际合作的基因组研究项目。

2002年4月5日,《科学》杂志发表了中国科学家《水稻(籼稻)基因组的工作框架序列图》一文。同年12月12日,中国科学院、国家科技部、国家发展计划委员会和国家自然科学基金委员会联合举行新闻发布会,率先宣布中国水稻(籼稻)基因组"精细图"已经完成。这张"精细图"覆盖了97%的基因序列,其中97%的基因被精确地定位在染色体上,覆盖基因组94%染色体定位序列的单碱基准确性达到了99.99%。这张图和构成它的DNA序列均已达到国际公认的基因精细图标准,建立了"全基因组鸟枪法"(a whole-genome shotgun approach)测序基因组组装的计算软件体系。它也是迄今为止唯一的基于全基因组鸟枪法构建的大型植物基因组高精度基因图。估计水稻基因数为3.8万~4万个。其中只有2%~3%的基因是两个水稻亚种特有的。研究中发现了100多万个单核苷酸多态性位点,将这些分子遗传标记在染色体上定位,可以用来鉴别基因的起源和进化。

水稻基因组计划的实施,不仅将为全球从事水稻和植物生物学研究的科学家提供急需的数据,为功能基因组学和蛋白质组学的研究奠定坚实基础,而且将为全面阐明水稻的生长、发育、抗病、抗逆和高产规律,推动遗传育种研究产生重大影响。

**(4) 杨树基因组计划**

从2002年起,美国能源部下属的联合基因组研究所(Joint Genome Institute,JGI)项目与多家研究机构(DOE Oak Ridge National Laboratory and Ghent University,Belgium;Genome Canada;Umea Plant Science Centre)启动了杨属植物基因组计划。该计划以毛果杨(*P. trichocarpa*)雌株无性系Nisqually-1为材料,采用全基因组鸟枪法进行全基因组测序。2006年杨树全基因组测序计划已经完成,结果发表在2006年9月15日的《科学》杂志上。这是继拟南芥和水稻之后第三个测定全序列的植物,并且是第一个测定全基因组序列的多年生木本植物。南京林业大学科研人员参与了此项研究。

杨树全基因组全序列用"鸟枪法"测定,序列库共含有764.9993万个序列片段,去除叶绿体基因组的污染,测得的序列大约为8×基因组长度。全基因组超过520兆个碱基对,超过4.5万个编码蛋白的基因被鉴定。有8 000对复制基因产生于杨树基因组的复制事件。与拟南芥基因组相比,杨树基因组具有更多的编码蛋白基因,杨树的同源基因数平均为拟南芥编的1.4~1.6倍。

杨树是木本植物的模式树种,同时也是世界上重要的工业用材树种,杨树全基因组计划实施的初衷是为生物能源开发提供知识储备,因此杨树全序列的测定也具有重要的应用价值。对于杨树属不同树种间开发有用等位基因,并通过遗传工程的手段进行基因重组进行遗传改良具有广阔的应用前景。

**(5) 葡萄基因组计划**

国际葡萄基因组计划(International Grape Genome Program,IGGP)由法国Genoscope国家基因测序中心的遗传学家Patrick Wincker领导,以法国和意大利组成的科学家团队完成,成为人类完成基因测序的第一种水果作物和第四种开花植物(其他3种分别是小麦、拟南芥和白杨树),这项成果有助于加深科学家对开花植物进化过程的理解。相关论文于2007年8月26日发表于《自然》杂志。

研究人员完整分析了"黑比诺"(Pinot Noir)葡萄的基因序列。该葡萄基因组的3 000

多个基因中有许多都是用来制造赋予葡萄香味的萜类化合物和丹宁酸(共有大约5亿个碱基对),而且这一比例大大超过了其他的植物。研究人员还专门研究了70~80个制造萜类化合物的基因,目的是能够通过基因改造,开发味道更加独特的葡萄酒,并增强葡萄对害虫和有害物(比如霉菌)的抵抗能力。

此次葡萄基因组的解密有助于科学家了解开花植物的一个关键进化过程,即大约2.5亿年前双子叶植物和单子叶植物的分化。此次测定的葡萄基因组与之前的小麦基因组对比表明,双子叶植物的基因组有大规模复制成为原来3倍的明显特点和标记。

## 9.2.2 基因组图谱的构建

基因组计划的基本目标是获得全基因组顺序,在此基础上再对所获得的序列进行解读。获取基因组顺序的主要方法是进行DNA测序,然后再将读取的顺序组装。基因组测序的第一步是构建基因组图谱。所谓基因组作图(genome mapping)是指根据已完成的研究成果和所掌握的相关技术进行分析,对DNA片段或基因在染色体或基因组中进行定位。根据采用的方法不同将基因组作图分为遗传作图(genetic mapping)和物理作图(physical mapping)两种类型。

### 9.2.2.1 遗传作图

**(1)遗传作图的概念**

遗传作图是采用遗传学分析方法将基因或其他DNA顺序标定在染色体上构建连锁图。这一方法包括杂交实验和家系(pedigree)分析。通过杂交育种实验或家系分析,计算连锁的遗传标记之间重组频率而确定它们之间的相对距离。遗传图距单位为厘摩(cM),每单位厘摩定义为1%交换率。

**(2)遗传作图的原理**

所有用遗传标记构建遗传连锁图的基本原理都是相同的。两点测验和三点测验是其基本程序,连锁的基本检测建立在对分离的成对基因座位的重组进行统计学评价的基础之上。由于作图群体的不断增大和标记数量的日益扩增,如今的图谱构建已不得不计算机化了。图谱构建过程主要包括:①选择建立适合的作图群体;②确立连锁群;③基因排序和遗传距离的确定。

**(3)遗传作图的标记**

遗传标记(genetic markers)是指可以稳定遗传的、容易识别的、特殊的遗传多态性表现形式。主要包括形态标记(morphological markers)、细胞学标记(cytological markers)、生化标记(biochemical markers)和分子标记(molecular markers)4种类型。

用于遗传作图的分子标记有如下几种:①限制性片段长度多态性(restriction fragment length polymorphisms,RFLP)。②简单序列长度多态性(simple sequence length polymorphisms,SSLP),SSLP产生于重复顺序的可变排列,同一位点重复顺序的重复次数不同,表现出DNA序列的长度变化,SSLP具多等位性(multiallelic),每个SSLP都有多个长度不一的变异体。有2种类型的SSLP常用于作图:一是小卫星序列(minisatellite),有时又称可变串联重复(available number of tandem repeats,VNTR),其重复单位的长度为数十个核苷酸。二是微卫星序列(microsatellite)，或简单串联重复(simple tandam repeats, STR)，其重复单位为 1~6 个核苷酸，由 10~50 个重复单位串联组成。③扩增性片断长度多态性(amplified fragment length polymorphisms, AFLPs)。④表达序列标签(expressed sequence tag, EST)。⑤单核苷酸多态性(single nucleotide polymorphisms, SNPs)。

#### 9.2.2.2 物理作图

**(1) 物理作图的概念**

由于遗传图分辨率有限、精确性较低，在进行大规模的 DNA 测序之前，对大多数真核生物的遗传图必须进行验证并利用其他作图技术予以校正和补充，需要进行物理图谱的构建。物理作图(physical mapping)是以已定位的 DNA 序列作为标志，利用分子遗传学和分子杂交的方法确定各种 DNA 标记在基因组 DNA 上相对位置的排列图，以 DNA 实际长度(bp、kb、Mb)为图距。

**(2) 物理作图的方法**

尽管已有许多物理作图技术问世，但最有用的方法为以下 4 类。

第一，限制性作图(restriction mapping)：它是将限制性酶切位点标定在 DNA 分子的相对位置。

第二，依靠克隆的基因组作图(clone-based mapping)：根据克隆的 DNA 片段之间的重叠顺序构建重叠群(contig)，绘制物理连锁图。

第三，荧光标记原位杂交(fluorescent in situ hybridization, FISH)：将荧光标记的探针与染色体杂交确定分子标记的所在位置。

第四，顺序标签位点(sequence tagged site, STS)作图：通过 PCR 或分子杂交将小段 DNA 顺序定位在基因组的 DNA 区段中。

### 9.2.3 基因组图谱的应用

随着分子生物学技术的发展，已经构建的基因组图谱越来越多，图谱密度不断增大，这些使得基因组图谱的在生物学研究中的应用也取得了很大的进展。

#### 9.2.3.1 在基因组测序中的应用

基因组测序的第一步是构建基因组图，然后将基因组区段分解逐个测序，最后进行组装。以基因组图指导的基因组测序有 2 种策略可供选择。

**(1) 重叠群法**

所谓重叠群(contig)是指相互间存在重叠顺序的一组克隆。根据重叠顺序的相对位置将各个克隆首尾连接，覆盖的物理长度可达百万级碱基对。在单个的重叠群中，采用鸟枪法测序，然后在重叠群内进行组装。这是一种由上至下(up to down)的测序策略。

**(2) 直接鸟枪法**

首先进行全基因组鸟枪法测序，再以基因组图的分子标记为起点将鸟枪法 DNA 片段进行组装。高密度的基因组图分子标记可以检测组装的 DNA 片段是否处在正确的位置，并校正因重复顺序的干扰产生的序列误排。这是一种由下至上(bottom to up)的测序策略。

因此，基因组图谱的绘制可为基因组的全面测序提供工作框架。

### 9.2.3.2 在基因克隆中的应用

基于作图的克隆法随着高密度遗传图谱和物理图谱的构建已成为可能，此即为运用反向遗传学途径克隆基因的典型例证。其过程为：首先，鉴定与目的基因连锁的分子标记。目前高信息量的分子标记技术以及 NIL、BSA 分析法和比较基因组作图等基因组研究的新技术，使得能够在目标基因的侧翼得到连锁非常紧密的标记。其次，由这些标记去筛选大片段 DNA 文库（YACs 或 BACs），鉴定出与标记有关的克隆，继之以亚克隆和染色体步查获得含目的基因的克隆片段，最后再辅之以转化和互补测验加以确证。近年来，运用基于图谱的克隆技术已分离到了大量的基因，尤其是与抗病有关的基因。

图位克隆是建立在分子标记和高密度的基因组图谱构建的基础上的一种基因克隆方法。因此，基因克隆是基因组作图最重要的应用之一。

### 9.2.3.3 在植物遗传研究中的应用

基因组图谱在植物遗传研究中的应用主要体现在以下几个方面。

**(1) 遗传多样性分析**

分子标记技术的发展和基因组图谱的绘制有益于植物资源的收集、分类和利用。解决了许多传统方法难以解决的问题，开创了植物资源分析、评价、保存及利用的新途径。

**(2) 基因定位**

基因定位一直是遗传学研究的重要范畴之一，它对育种家的意义之大是不言而喻的，同时它对绘制生物的基因图和由此研究生物的进化关系也有重要的意义。包括：质量性状基因的定位；数量性状基因的定位。与质量性状的基因定位相比，数量性状的基因定位比较复杂。大多数重要农艺性状，如产量、品质、熟期等均表现数量性状的遗传特点，即受许多数量基因座位（quantitative trait loci，QTLs）和环境因子的共同作用。数量遗传学的分析方法无法确定控制数量性状的 QTLs 的数目，更无法确定单个 QTL 的遗传效应以及它们在染色体上的位置。在绘制基因组图谱的基础上，将多基因性状分解成若干个单一的遗传组分，则可实现用研究单基因的方法去研究 QTLs，并进而可定位乃至克隆 QTLs。

**(3) DNA 指纹图谱**

指纹图谱是指能够反映生物个体间差异的电泳图谱，它具有类似于人的指纹那般的高度个体特异性和稳定可靠性。利用基因组 DNA 指纹图谱可进行品种鉴定、品种的亲缘关系分析，以及用于新品种登记和品种知识产权保护等。

### 9.2.3.4 在植物育种中的应用

分子标记技术和基因组图谱的出现，为传统的植物育种注入了新的活力，其主要作用体现在以下几方面。

**(1) 杂交亲本选配**

在植物杂交育种时正确选配亲本是其关键环节。单纯根据育种材料的表型特点选配亲本，往往会受到环境条件的干扰，若再辅之以 DNA 分子标记和基因组图谱的指导，将使得亲本选配更为快速、准确,从而提高育种效率。

**(2) 杂种优势预测**

杂种优势预测一直是许多育种工作者面临的难题。DNA 分子标记和基因组图谱的应用,使得能够在整个基因组范围内对大量亲本材料间的遗传距离进行估测,并在此基础上有效地预测具有强优势的组合。

**(3) 标记辅助选择**

植物的许多经济性状为数量性状,其表型受许多微效基因的控制,且易受环境的影响,此时根据表型提供的对性状遗传潜力的度量多是不确切的,因而选择往往是低效的。标记辅助选择,就是通过基因组图谱及其标记对目标性状实施间接选择,其前提是标记与目标性状紧密连锁。伴随着 DNA 分子标记技术的不断发展和基因组图谱加密,分子标记辅助选择正在成为植物育种的有效工具。

### 9.2.3.5 比较基因组作图

比较基因组作图(comparative mapping)研究主要是利用相同的 DNA 分子标记(主要是 cDNA 标记和基因克隆)在相关物种之间进行遗传或物理作图,比较这些标记在不同物种基因组中的分布特点,揭示染色体或染色体片段上的基因及其排列顺序的相同(共线性)或相似性(同线性),并由此对相关物种的基因组结构和起源进化进行分析。

## 9.2.4 后基因组学

由于人类、拟南芥、水稻、杨树等 50 多个物种的基因组计划取得了重大进展,提供了大量的生物学信息资源,使基因组研究由结构基因组学(structural genomics)进入了以功能基因组学(functional genomics)为标志的后基因组(post genomics)时代,从根本上改变了传统生物学研究的思维方式。该领域已经成为后基因组时代的研究热点。

### 9.2.4.1 功能基因组学的概念

功能基因组学又称后基因组学,是以全面研究所有基因功能为中心,强调发展和应用整体的实验方法分析基因组序列信息、阐明基因功能,其基本策略是从研究单一基因或蛋白质上升到从系统角度研究所有基因或蛋白质。这些功能直接或间接与基因转录有关,因此狭义的功能基因组学是研究细胞、组织和器官在特定条件下的基因表达,即转录组研究。广义的功能基因组学是指结合基因组来定量分析不同时空表达的 mRNA 谱、蛋白质谱及代谢产物谱,所有高通量研究基因组功能都归于功能基因组学研究范畴。功能基因组学除了转录组学、蛋白组学外,还包括在此基础上产生的不同分支,如代谢组学、糖组学等,即以-omics 为后缀的新学科。

### 9.2.4.2 转录组学的研究方法

**(1) 基因表达的系列分析**

基因表达的系列分析(serial analysis of gene expression, SAGE)是一种快速、详细研究基因表达的新技术。SAGE 技术的基本原理是用来 cDNA 3′端特定位置 3~9bp 长的序列所含有的足够信息鉴定基因组中的所有基因。这一段基因特异的序列被称为 SAGE 标签。通过对 cDNA 制备 SAGE 标签并将这些标签串联起来,然后对其进行测序,不仅可显示各 SAGE 标签所代表的基因在特定组织或细胞中是否表达,而且还可根据所测序列中各 SAGE 标签所出现的频率来确定其所代表的基因表达的丰度。

SAGE 是一种高通量的表达基因检测措施,获得基因表达谱十分方便。目前,SAGE 技术已广泛用于全面获取生物基因的表达信息、定量比较不同状态下的基因表达、寻找新基因等研究领域。SAGE 技术的不足是不能检测出稀有转录物。

**(2) 基因芯片技术**

基因芯片(gene chip)或微点阵(microarry)是将成千上万个寡核苷酸或 DNA 密集排列在固相支持物上作为探针,把要研究的样品标记后与微点阵进行杂交,用恰当的检测系统进行检测、根据杂交信号强弱及探针位置和序列,即可确定样品的表达情况以及突变和多态性的存在。运用该技术可以准确地描述不同组织在不同的发育阶段或在不同的环境条件下 mRNA 的水平,这些信息可以存储在基因表达的数据库中。

由于 Affymetrix 公司制备的基因芯片已经商品化,并开发了配套的分析技术和设备。该技术已成为功能基因组分析的最常用的技术之一。

**(3) 表达序列标签**

表达序列标签(expressed sequence tags,ESTs)是研究植物基因表达的一个有效方法。ESTs 提供了一个在生物中发现基因的方法。它反映了模式基因组和其他生物之间的一种同态现象。因此,当一个已知功能和特征的基因从一个植物中克隆出来后,就可以通过 EST 数据库去鉴定另一种植物中的具有同样特征的直向同源基因。ESTs 也可以标记多基因家族中的单个成员。但是,这些基因的准确功能还有待于通过进一步的实验方法去验证。

**(4) RNAi 技术**

RNAi(RNA interference)是指由短双链 RNA(dsRNA)诱导的同源 RNA 降解,从而导致靶基因的表达沉默,产生相应的功能表现型缺失的现象。这种因基因沉默现象发生在转录后水平,故又称为转录后基因沉默(PTGS)。RNAi 广泛存在于真菌、植物和动物中,是生物体在进化中形成的一种内在基因表达的调控机制。RNAi 技术是指利用体外合成的短双链 RNA(21~23 nt)抑制细胞内特定基因表达的技术,是一种基因沉默技术。RNAi 技术具有高度的特异性,它可以用于研究单基因功能或基因家族或具有高度相似性的一组基因中的单个基因的功能,还可以同时敲除基因家族中几个相关基因,从而解决由于多个基因的功能冗余而造成的难以检测到单个基因突变表型的问题。与反义 RNA 技术相比,RNAi 技术的沉默效率更高,效果更好。

目前,RNAi 技术作为一个强有力的反向遗传学工具,不仅提供了高效、特异性的抑制基因表达的手段,而且正成为基因功能研究、抗病毒感染研究和基因治疗研究的重要方法。

RNAi 被《科学》杂志评为 2002 年度十大科技之首,《自然》杂志亦将其评为 2002 年度最重要科技发现之一,2006 年诺贝尔生理学或医学奖授予了发现 RNA 干涉现象的两名美国科学家——安德鲁·菲尔(Andrew Fire)和克雷格·梅洛(Craig Mellocai)。随着人们对

RNAi 机制认识的不断深入，其在功能基因组的研究中有着广阔的应用前景。

#### (5) TILLING 技术

美国 Fred Hutchinson 癌症研究中心 Steven Henikoff 领导的研究小组将传统的化学诱变、PCR 技术及高通量的检测技术相结合，发展了一种全新的反向遗传学法——TILLING 技术。

TILLING(targeting induced local lesions in genomes)定向诱导基因组局部突变技术，该技术借助高通量、标准化的检测手段，快速有效地从经化学诱变剂甲基磺酸乙酯(EMS)诱变过的突变群体中鉴定出点突变。TILLING 技术的原理是：种子先经 EMS 处理并产生一系列点突变；种子经过培养后，获得第一代突变个体($M_1$)；$M_1$ 植株自花授粉，产生第二代植株($M_2$)；$M_2$ 植株个体抽提 DNA 存放于 96 孔微量滴定板，并保留 $M_2$ 代种子；将多个 96 孔微量滴定板合并到一个 96 孔板内从而得到 DNA 池；根据目标基因序列设计一对特异引物进行 PCR 扩增，两个引物分别用 700nm 和 800nm 荧光染料标记；PCR 扩增的片段变性、退火，从而得到野生型和突变型所形成的异源双链核酸分子；异源的双链核酸分子存在碱基错配，利用可识别错配碱基并在 3′端进行切割的 *CELI* 酶酶切；酶切产物用变性的聚丙烯酰胺(PAGE)凝胶进行分离，然后用标准的图像处理程序分析电泳图像，获得突变池；利用相同方法从突变池中筛选突变体，突变个体 PCR 片段经测序验证，并最终使表型得到鉴定。

#### (6) T-DNA 标签法

T-DNA 标签(T-DNA Tags)是目前使用最为广泛的一种植物功能基因组学研究手段，T-DNA 作为突变源已经应用于好几种植物，如拟南芥、水稻等。T-DNA 标签的原理是利用根瘤农杆菌 T-DNA 构建的载体介导转化，将一段已知的 DNA 序列(标签)整合到基因组 DNA 上。这段 DNA 随机插入到目的基因的内部或附近，就会影响到该基因的表达，从而使该基因"失活"并出现突变体的表型。如此一来，在失活的基因内部或附近插入一段已知序列的 DNA(T-DNA)标签，就可以使用如 TAIL-PCR 或质粒拯救等方法将该基因序列分离出来。

T-DNA 标签可以在短时间内产生大量转化子，是一种行之有效的研究方法。其优点在于，能够直接在基因组 DNA 中产生稳定的插入突变，不需要额外的步骤来稳定 T-DNA 插入序列。此方法在拟南芥和水稻的功能组学研究中应用较多。

### 9.2.4.3 蛋白质组学

在转录水平上所获取的基因表达的信息并不足以揭示该基因在细胞内的确切功能，直接对蛋白质的表达模式和功能模式进行研究就成为生命科学发展的必然趋势。蛋白质组(proteinome)是指一种基因组、一种生物或一种细胞/组织在精确控制其环境条件下，特定时刻所表达的全套蛋白质。蛋白质组学(proteomics)是指以蛋白质组为研究对象，在整体水平上研究细胞内全部蛋白质组成及其活动规律的一门科学，是连接基因组学、遗传学和生理学的一门科学。蛋白质组学技术将基因组序列信息和在特定组织、细胞或细胞器中执行生命功能的蛋白质有机地联系起来，并能全面检测不同组织器官所表达的蛋白质及在不同发育阶段、不同条件下蛋白质表达的差异。由于对"全部蛋白质"的研究极为困难，中国科学家提出了功能蛋白质组学(functional proteomics)，它以研究细胞内某功能相关的一群蛋白质或某特定条件下的一群蛋白质为研究对象，从局部入手，不断丰富总蛋白质组数据库，逐步综合并最终接近"全部蛋白质"的蛋白质组。

目前研究蛋白质组的方法有质谱分析(mass spectrometry，MS)、大规模酵母双杂交(yeast two-hybrid system)、双向凝胶电泳(2D-PAGE)、高效液相色谱(HPLC)、毛细管电泳(capillary electrophoresis，CE)等技术。

蛋白质组学的研究是后基因组时代的研究热点之一。

### 9.2.4.4 生物信息学

生物信息学(bioinformatics)是以计算机为工具，用数理及信息科学的理论和方法研究生命现象，对生物信息进行储存、检索和分析的一门新兴交叉学科。

生物信息学内涵非常丰富，其核心是基因组信息学，包括基因组信息的获取、加工、储存、分配、分析和诠释。基因组信息学的关键是"读懂"基因组的核苷酸顺序，即全部基因在染色体上的确切位置，以及各DNA片段的功能；同时在发现了新基因信息之后进行蛋白质空间模拟和预测，然后依据特定蛋白质的功能进行药物设计；了解基因表达的调控机理，根据生物分子在基因调控中的作用，描述生物体生理生化反应的内在规律。

生物信息学由数据库、计算机网络和应用软件三大部分组成。结构基因组学提供了巨大的核酸和氨基酸数据，功能基因组学的一个重要的任务就是充分利用数据库来研究基因功能。目前，绝大多数核酸和蛋白数据库由美欧日几家数据库系统产生，它们共同组成国际核酸序列数据库，实行数据交换，同步更新。海量生物学数据的积累，必将促使重大生物学规律的发现。

近年来，我国在基因组学研究领域取得了较大的进展。先后完成了国际人类基因组计划"中国部分"(1%)、国际人类单体型图计划(10%)、水稻基因组计划、家蚕基因组计划、家鸡基因组计划、抗"非典"研究、炎黄一号、大熊猫基因组计划等多项具有国际先进水平的科研工作，在《自然》和《科学》等国际一流的杂志上发表多篇论文，为中国和世界基因组科学的发展作出了突出贡献。

### 思考题

1. 基因工程的定义是什么？
2. 基因工程技术的理论和技术基础是什么？
3. 基因工程中常用的工具酶包括哪几类？限制性内切核酸酶分为几类？各有哪些特点？
4. 基因工程中常用的载体分为哪些类型？各有哪些特点？
5. 基因克隆的方法有哪些？各自有何特点？
6. Gene-deletor技术的原理是什么？其潜在应用体现在哪些领域？
7. 基因组学、功能基因组学、结构基因组学、生物信息学、蛋白组学的概念是什么？
8. 功能基因组学的研究方法有哪些？
9. 阐述RNAi(RNA interference)的原理及其在功能基因组学中的应用情况。

## 主要参考文献

布朗. T. A. 2003. 基因组[M]. 袁建刚, 周严, 强伯勤, 主译. 北京: 科学出版社.

王关林, 方宏筠. 2005. 植物基因工程[M]. 2版. 北京: 科学出版社.

杨金水. 2002. 基因组学[M]. 北京: 高等教育出版社.

楼世林, 杨盛昌, 龙敏南, 等. 2002. 基因工程[M]. 北京: 科学出版社.

MICHAEL HOPKIN. 2007. Vintage sequence could lead to improved pest resistance and new wine flavours [M]. Nature News. Aug. 26. doi: 10.1038/news070820-13.

LI Y, DUAN H, SMITH W. 2007. Gene-Deletor: A New Tool to Address Concerns Over GM Crops. ISB News Report, 6. http://www.isb.vt.edu/news/2007/news07.jun.htm.

LUO K, Duan H, ZHAO D G. et al. 2007. 'GM-gene-deletor': fused loxP-FRT recognition sequences dramatically improve the efficiency of FLP or CRE recombinase on transgene excision from pollen and seeds of tobacco plants[J]. Plant Biotech J, 5(2): 263-274.

TUSKAN G A, DIFAZIO S, Jansson S, et al. 2006. The genome of black cottonwood, *Populus trichocarpa* (Torr. & Gray)[J]. Science, 313(5793): 1596-1604.

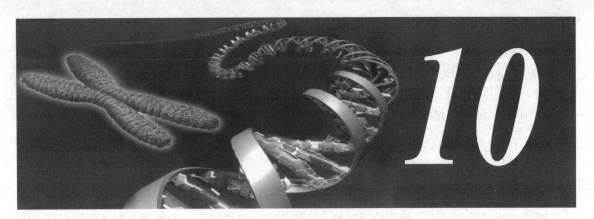

# 细胞质遗传与雄性不育

随着遗传学研究的不断深入,人们发现细胞核遗传并不是生物唯一的遗传方式。生物的某些遗传现象并不是或者不完全是由核基因所决定的,而是取决于或部分取决于细胞质内的基因。细胞质遗传的深入研究,是正确认识核质关系,全面理解生物遗传现象及改造和利用生物必不可少的一个部分。

## 10.1 细胞质遗传的概念与特点

### 10.1.1 细胞质基因与细胞质遗传的概念

由细胞内的基因即细胞质基因所决定的遗传现象和遗传规律称为细胞质遗传(cytoplasmic inheritance),也称为非染色体遗传(non-chromosomal inheritance)、非孟德尔遗传(non-Mendelian inheritance)、染色体外遗传(extra-chromosomal inheritance)、核外遗传(extra-nuclear inheritance)、母体遗传(maternal inheritance),等等。

研究发现,真核生物的细胞质中的遗传物质主要存在于线粒体、质体、中心体等细胞器中,这些细胞器在细胞内执行一定的代谢功能,是细胞生存不可缺少的组成部分。但是,在原核生物和某些真核生物的细胞质中,除了细胞器外,还有另一类被称为附加体(episome)和共生体(symbiont)的细胞质颗粒,如果蝇的δ(sigma)粒子,大肠杆菌的

> 细胞质遗传的特征是双亲对遗传的贡献不同,以及表型的分离是不规则的。细胞质颗粒或细胞质基因一方面能自律地复制,可以发生突变,具有与核基因相似的性质;另一方面,它们又与核基因相互依存,共同作用,显示着两者之间的密切关系。细胞质中遗传要素跟核基因相互作用所产生的禾谷类作物雄性不育在农业生产上有重要的作用,在制造杂种中常采用三系二区法。

F因子以及草履虫的卡巴粒(Kappa particle)等，它们并不是细胞生存必不可少的组成部分，但也能影响细胞代谢活动。通常把上述所有细胞器和细胞质颗粒中的遗传物质，统称为细胞质基因组(plasmon)。

### 10.1.2　细胞质遗传的特点

在真核生物有性生殖过程中，参与受精的雌性生殖细胞，即卵细胞内除细胞核外还含有细胞质内的各种细胞器，而雄性生殖细胞，即精细胞内除细胞核外几乎不含细胞质。在受精后形成的合子中，细胞核是由精、卵细胞共同提供的，而细胞质则全部或绝大部分由卵细胞提供。因此，细胞质基因只能通过卵细胞向后代传递，而不能通过精子遗传给子代，因此，由细胞质基因决定的性状的遗传具有以下特点：

①遗传方式是非孟德尔式的，杂交后代不表现出孟德尔式的分离比例；
②正交与反交的遗传表现不同，$F_1$只表现出母本性状；
③连续回交，母本的核基因按每回交一代减少一半的速度，直到几乎被全部置换掉，但母本的细胞质基因及其所控制的性状不会消失；
④非细胞器的细胞质颗粒中遗传物质的传递类似病毒的传导。

## 10.2　母性影响

在核遗传中，正交($AA \times aa$)和反交($aa \times AA$)的子代表型通常是一样的，因为两个亲本在核基因的贡献上是相等的，子代的基因型($Aa$)是一样的。可是，有的情况下正反交结果并不相同，子代的表型受到母本基因型的影响而和母本表型一样。这种由于母本基因型的影响，使子代表现母本性状的现象称为母性影响(maternal effect)，又称为前定作用(predetermination)。母性影响所表现的遗传现象与细胞质遗传十分相似，但它并不是由于细胞质基因组所决定的，而是由于核基因的产物在卵细胞中积累所决定的，因此不属于细胞质遗传的范畴。

### 10.2.1　椎实螺外壳旋转方向的遗传

椎实螺(*Limnaea peregra*)外壳旋转方向的遗传是母性影响的一个比较典型的例子。椎实螺是一种雌雄同体的软体动物，每个个体均能产生卵子和精子。繁殖时一般进行异体授精，两个个体相互交换精子，同时又各自产生卵子。但是如果单个饲养，它们就进行自体受精。

椎实螺外壳的旋转方向有左旋和右旋之分。鉴别方法是把螺壳开口朝向自己，从螺顶向下引垂线，若开口在左侧即是左旋，开口在右侧即是右旋。当以右旋个体为母本、左旋个体为父本进行杂交时，$F_1$全为右旋，$F_2$也全为右旋。但$F_2$自体受精后，$F_3$中3/4右旋，1/4左旋。若做反交试验，即当以左旋个体为母本、右旋个体为父本杂交时，$F_1$全为左旋，$F_2$全为右旋，$F_2$自交，$F_3$代中3/4右旋，1/4左旋(图10-1)。

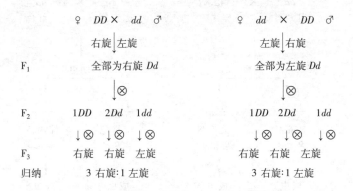

**图 10-1　椎实螺外壳旋转方向的遗传**

上述正反交的后代中，$F_3$ 外壳旋转方向均为右旋:左旋 = 3:1。此现象实际上反映了 $F_2$ 代的基因型 $D:dd=3:1$ 的分离比，说明后代的性状是由母体的基因型所决定的。

深入研究这一现象后，发现受精卵在第一次卵裂中期纺锤体的方向决定了成体外壳的旋转方向。纺锤体向左倾斜的受精卵发育成左旋的成体，而纺锤体向右倾斜的受精卵发育成右旋的成体。这种纺锤体倾斜方向的不同是由母体的基因型决定的，受精卵（子代）基因型对此不起作用。

## 10.2.2　面粉蛾眼色的遗传

在面粉蛾(*Ephestia kuehniella*)中，野生型幼虫的皮肤有色，复眼呈棕褐色，由显性基因 $A$ 控制。其色素是由犬尿氨酸衍生的犬尿素，犬尿氨酸是色氨酸的衍生物。当基因 $A$ 的突变型 $a$ 呈纯合状态时，幼虫的眼色为红色，皮肤上几乎没有色素。皮肤有色的显性纯合个体($AA$)和皮肤无色的隐性纯合个体($aa$)杂交的 $F_1$($Aa$)，不论正反交幼虫都表现出有色。$F_1$ 个体($Aa$)与无色个体($aa$)测交，亲本的性别就可以影响后代的表型：如果 $F_1$($Aa$)是雄蛾，$F_t$ 中 1/2 幼虫皮肤有色、成虫复眼棕褐色，1/2 幼虫皮肤无色、成虫复眼红色，符合孟德尔的 1:1 的比例分离；如果 $F_1$($Aa$)是雌蛾，$F_t$ 幼虫中全部为有色皮肤，到成虫时，复眼半数棕褐色，半数红色(图 10-2)。这一结果显然和一般的测交结果不同，也不符合伴性遗传的模式。

产生上述结果的原因在于，杂合体($Aa$)雌蛾的卵母细胞在完成减数分裂以前在卵细胞质中合成并积累了犬尿素。由其形成的卵细胞中，不论是 $A$ 卵还是 $a$ 卵，细胞质中都含有足量的犬尿素。甚至在它们的隐性纯合个体($aa$)后代中，这种色素仍分布于正在发育的幼虫细胞质中，表现出有色皮肤和棕褐色复眼。但是，这种个体由于缺乏 $A$ 基因，不能自己合成犬尿素，所以随着个体的发育，色素逐渐被稀释到许多细胞中，最终被消耗殆尽，到成虫时复眼变成红色。这是细胞质中储存的核基因产物影响后代表型的一个典型例子。只不过这种母性影响是暂时的，随着个体发育，便逐渐消失了。

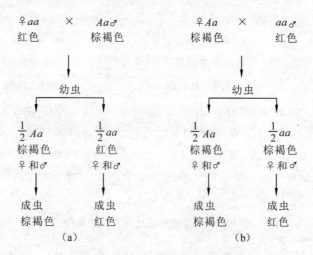

**图 10-2  面粉蛾色素遗传的母性影响**
(a) 杂合体雄蛾的测交  (b) 杂合体雌蛾的测交

## 10.3  叶绿体遗传

### 10.3.1  叶绿体遗传的表现

#### 10.3.1.1  紫茉莉花斑性状的遗传

1908年，孟德尔定律的重新发现者之一柯伦斯就曾报道过不符合孟德尔定律的遗传现象。他发现紫茉莉(*Mirabilis jalapa*)中有一种花斑植株，着生纯绿色、白色和花斑3种枝条。他用这3种枝条上的花粉相互授粉，杂交后代的表现如表10-1所示。

表 10-1  紫茉莉花斑性状的遗传

| 接受花粉的枝条 | 提供花粉的枝条 | 杂交后代的表现 |
| --- | --- | --- |
| 白色 | 白色<br>绿色<br>花斑 | 白色 |
| 绿色 | 白色<br>绿色<br>花斑 | 绿色 |
| 花斑 | 白色<br>绿色<br>花斑 | 花斑 |

表10-1的杂交结果表明，杂交后代植株所表现的性状完全是由母本枝条所决定的，而与提供花粉的父本枝条无关。

研究表明，花斑枝条的绿叶细胞含有正常的绿色质体(叶绿体)，白细胞只含无叶绿素的白色质体(白色体)，而在绿白组织之间的交界区域，某些细胞里既有叶绿体，又有白色体。植物的这种花斑现象是叶绿体的前体——质体变异造成的。叶绿体存在于细胞质中，雌配子中含有细胞质，而雄配子则不含有或极少含有细胞质。所以叶绿体的遗传符合细胞质遗传的特征。

类似紫茉莉花斑性状遗传的高等植物还有不少，如玉米、天竺葵、月见草、菜豆等。

#### 10.3.1.2 玉米叶片的埃型条纹遗传

玉米叶片的埃型条纹(striped iojap trait)是叶绿体遗传的另一例子。1943年，罗兹(M. M. Rhoades)报道，玉米的第7染色体上有一个控制白色条纹(iojap)的基因($ij$)，纯合的 $ijij$ 植株或是不能存活的白化苗，或是在茎和叶上形成有特征性的白绿条纹。以这种条纹植株与正常植株进行正反交，并将 $F_1$ 自交，其结果如图 10-3 所示。

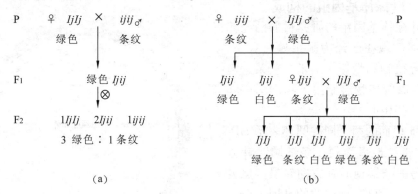

**图 10-3 玉米埃型条纹的遗传**
(a) 母本为正常绿色植株，表现孟德尔式遗传
(b) 母本为条形叶，不表现孟德尔式遗传

当以条纹植株作为父本给正常绿色植株授粉时，条纹性状按照孟德尔规律遗传；当以条纹植株作为母本与绿色植株杂交时，$F_1$ 就出现绿色、条纹和白化3种植株，并且没有一定的比例。若将 $F_1$ 中的条纹植株与正常绿色株回交，后代仍然出现不定比例的3种植株类型。继续用正常绿色株作父本与条纹植株回交，直到 $ij$ 基因被全部取代，仍然没有发现父本对这个性状的影响。因此，隐性核基因 $ij$ 引起了叶绿体的变异，呈现条纹或白化性状，变异一经发生，便能以细胞质遗传的方式稳定传递。这一例子清楚地显示，叶绿体这种细胞器在遗传上一方面有自主性，另一方面叶绿体受核基因效应的影响可以发生改变。

### 10.3.2 叶绿体遗传的分子基础

#### 10.3.2.1 叶绿体 DNA 的分子特点

叶绿体 DNA(即 ctDNA)是闭合环状的双链结构。它在氯化铯(CsCl)中的浮力密度因物种而异，但都与核 DNA 有不同程度的差异。如表 10-2 所示，3 种藻类 ctDNA 的浮力密度较其核 DNA 为轻，而 5 种高等植物 ctDNA 的浮力密度与其核 DNA 相差较小。

ctDNA 与细菌 DNA 相似，是裸露的 DNA。据测定，高等植物中，每个细胞内含有几千个拷贝。单细胞的鞭毛藻中约含有 15 个叶绿体，每个叶绿体内约有 40 个拷贝，一个个体中约含有 600 个拷贝。

表 10-2　绿藻与高等植物 ctDNA 与核 DNA 的浮力密度

| 生物种类 | 浮力密度 ctDNA | 核 DNA | 生物种类 | 浮力密度 ctDNA | 核 DNA |
|---|---|---|---|---|---|
| 小球藻（*Chlorella ellipsoidea*） | 1.692 | 1.716 | 菠菜（*Spinacia oleracea*） | 1.697 | 1.694 |
| 眼虫藻（*Euglena gracilis*） | 1.685 | 1.707 | 烟草（*Nicotiana* spp.） | 1.697 | 1.695 |
| 衣藻（*Chlamydomonas reinhardi*） | 1.695 | 1.723/4 | 洋葱（*Allium cepa*） | 1.696 | 1.691 |
| 蚕豆（*Vicia fuba*） | 1.697 | 1.695 | 小麦（*Triticum* spp.） | 1.697 | 1.702 |

注：浮力密度（buoyant density），是通过密度离心法测得的 DNA 分子量的一种度量，其单位是 g/cm³。

#### 10.3.2.2　叶绿体基因组的构成

关于叶绿体基因组的研究目前已经取得很大进展。现在已经为眼虫藻、衣藻、绿藻等低等植物和烟草、玉米、菠菜、豌豆、水稻等高等植物绘制出了物理图谱和遗传图谱（图 10-4）。

图 10-5 里面的两个同心圆环表示 ctDNA 的两条链，最里面的一条链顺时针方向转录，另一条链逆时针方向转录。黑方块（或黑线）表示已准确定位的基因，白方块表示基本定位的基因。最外面的完整圆环表示 Sal I 的酶切位点（线）和 Bam HI 的酶切位点（箭头）。最外面的一对弧线表示两个反向 DNA 重复序列。

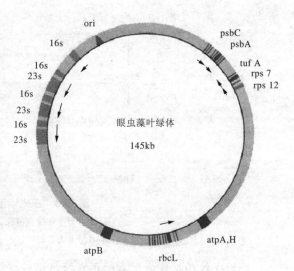

图 10-4　眼虫藻的叶绿体基因组图

里面的两个同心圆环表示 ctDNA 的两条链，最里面的一条链顺时针方向转录，另一条链逆时针方向转录。黑方块（或黑线）表示已准确定位的基因，白方块表示基本定位的基因。最外面的完整圆环表示 Sal I 的酶切位点（线）和 Bam HI 的酶切位点（箭头）。最外面的一对弧线表示两个反向 DNA 重复序列

tAla 等：tRNA 基因（目前已报道的 tRNA 基因有近 30 个，这里仅给出已测序的基因）；LS RuBp case：RB 羧化酶的大亚基（该基因的转录需要光）；rProt"S-4"：同 *Escherichia coli* 核糖体的 S₄ 蛋白相同的核糖体蛋白

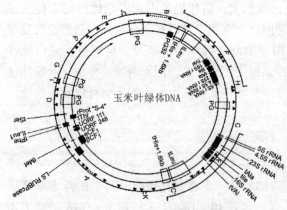

图 10-5　玉米的叶绿体基因组图

tAla 等：tRNA 基因（目前已报道的 tRNA 基因有近 30 个，这里仅给出已测序的基因）；LS RuBp case：RB 羧化酶的大亚基（该基因的转录需要光）；rProt"S-4"：同 *Esche-*

*richia coli* 核糖体的 $S_4$ 蛋白相同的核糖体蛋白。

多数植物的 ctDNA 大小约为 150kb，如烟草的 ctDNA 为 155 844bp，水稻的 ctDNA 为 134 525bp。每个 ctDNA 大约能编码 126 个蛋白质。其功能主要表现为：转录和翻译有关的基因、光合作用有关基因和氨基酸、脂肪酸等生物合成有关基因。ctDNA 序列中的 12% 专门为叶绿体的组成编码。

#### 10.3.2.3 叶绿体内遗传信息的复制、转录和翻译系统

根据对衣藻同步培养细胞的研究，发现叶绿体 DNA 是在核 DNA 合成前数小时合成的，两者的合成时期是完全独立的。在纤细裸藻中也发现同样结果。叶绿体 DNA 的复制方式与核 DNA 一样，都是半保留复制。

研究发现，菠菜叶绿体 mRNA 与其细胞质 mRNA 有所不同。前者能为大肠杆菌 70S 核糖体所翻译，却不能为小麦的 80S 核糖体所翻译。相反，菠菜的细胞质 mRNA 仅能为小麦的 80S 核糖体所翻译，却不能为大肠杆菌的 70S 所翻译。

在菠菜中发现叶绿体内的核糖体为 70S，而细胞质核糖体为 80S。叶绿体核糖体上的 RNA(rRNA) 碱基成分与细胞质的 rRNA 不相同，与原核生物的 rRNA 也不相同。已知叶绿体蛋白质合成中所需要的 20 种 tRNA 是由核 DNA 和 ctDNA 共同编码的，其中脯氨酸、赖氨酸、天冬氨酸、谷氨酸和半胱氨酸为核 DNA 所编码，其余的几十种氨基酸均为 ctDNA 所编码。现在已经确定，叶绿体中含有的 tRNA 与细胞质中含有的不相同。

叶绿体虽然具有一整套不同于核基因组的遗传信息的复制、转录和翻译系统，但在作用于某些性状时又不是独立于核基因组之外而进行的。叶绿体基因组与核基因组之间存在着十分协调的配合和有效的合作。例如，叶绿体中的 RuBp 羧化酶的生物合成，就需要这两个基因组的联合表达。RuBp 羧化酶由 8 个大亚基和 8 个小亚基组成，分子量分别为 $5.5 \times 10^5$ 和 $1.2 \times 10^4$，其中大亚基由叶绿体基因所编码，在叶绿体核糖体上合成，小亚基由核基因组编码，在细胞质核糖体上合成。

总之，叶绿体基因组是存在于核基因组之外的另一遗传系统，它含有为数不多但作用不小的遗传基因。但是，与核基因组相比，叶绿体基因组在遗传上所起的作用是十分有限的，因为就叶绿体自身的结构和功能而言，叶绿体基因组所提供的遗传信息仅仅是其中的一部分，对叶绿体十分重要的叶绿素合成酶系、电子传递系统以及光合作用中 $CO_2$ 固定途径有关的许多酶类，都是由核基因编码的。因此，就目前的研究结果看，叶绿体基因组在遗传上仅有相对的自主性或半自主性。

## 10.4 线粒体遗传

### 10.4.1 线粒体遗传的表现

#### 10.4.1.1 红色面包霉缓慢生长突变型的遗传

在红色面包霉的生活史中，两种接合型都可以产生原子囊果和分生孢子。原子囊果相当于一个卵细胞，它包括细胞质和细胞核两部分。原子囊果可以被相对接合型的分生孢子

所受精。分生孢子在受精中只提供一个单倍体的细胞核,一般不包含细胞质,因此分生孢子就相当于精子。

红色面包霉中有一种缓慢生长突变型,在正常繁殖条件下能很稳定地遗传下去,即使通过多次接种移植,它的遗传方式和表现型都不发生改变。将突变型和野生型进行正交和反交比较(图 10-6),当突变型的原子囊果与野生型的分生孢子受精结合时,所有子代都是突变型的;反交情况下,所有子代都是野生型的。在这两组杂交中,所有由染色体基因决定的性状都是 1:1 分离。也就是说,当缓慢生长特性被原子囊果携带时,就能传给所有子代;如果这种特性由分生孢子携带,就不能传给子代。

对生长缓慢突变型进行生化分析,发现它在幼嫩培养阶段不含细胞色素氧化酶,而这种氧化酶是生物体的正常氧化作用所必需的。由于细胞色素氧化酶的产生是与线粒体直接联系的,并且观察到缓慢生长突变型的线粒体结构不正常,所以可以推测有关的基因存在于线粒体中。

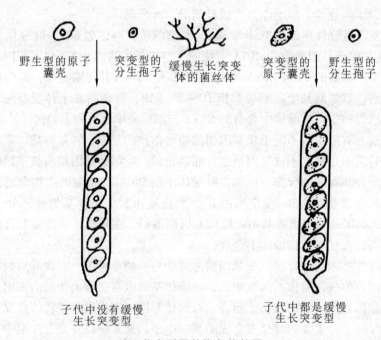

图 10-6 红色面包霉缓慢生长突变型的细胞质遗传

### 10.4.1.2 酵母小菌落的遗传

酿酒酵母(*Saccharomyces cerevisiae*)与红色面包霉一样,同属于子囊菌。无论是单倍体还是二倍体都能进行出芽生殖。只是它在有性生殖时,不同交配型相互结合形成的二倍体合子经减数分裂形成 4 个单倍体子囊孢子,不是顺序四分子而是散乱分布。

1949 年,伊弗鲁西(Ephrussi)等人发现,在正常通气情况下,每个酵母细胞在固体培养基上都能产生一个圆形菌落,大部分菌落的大小都很正常,但有 1%~2% 的菌落很小,其直径为正常菌落的 1/3~1/2,通称为小菌落(petite)。多次实验表明,用大菌落进行培养,经常产生少数小菌落;如果用小菌落培养,则只能产生小菌落。如果把小菌落酵母同正常个体交配,则只产生正常的二倍体合子,它们的单倍体后代也表现正常,不分离出小菌落(图10-7)。

这说明小菌落性状的遗传与细胞质有关。分析这种杂交后代,发现4个子囊孢子有2个是 $a^+$,2个是 $a^-$,交配型细胞核基因 $a^+$ 和 $a^-$ 仍遵循孟德尔定律进行分离,而小菌落性状没有像核基因那样分离,从而说明这个性状与核基因没有直接关系。进一步研究发现,小菌落酵母的细胞内不仅缺少细胞色素 a 和细胞色素 b,还缺少细胞色素氧化酶,不能进行有氧呼吸,因而不能有效利用有机物。已知线粒体是细胞的呼吸代谢中心,上述有关酶也存在于线粒体中,因此推断这种小菌落的变异与线粒体的基因组变异有关。

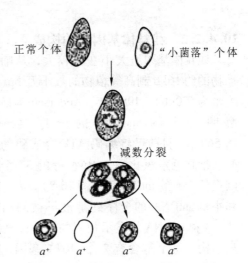

**图 10-7　啤酒酵母小菌落的细胞质遗传**
$a^+$ 和 $a^-$ 代表交配型基因;有小黑点的细胞质代表正常细胞质,没有小黑点儿的细胞质代表突变型

## 10.4.2　线粒体遗传的分子基础

### 10.4.2.1　线粒体 DNA 的分子特点

线粒体 DNA(mtDNA)是双链分子,是裸露的,一般为闭合环状结构,但也有线性的。其分子量约为 $60×10^6$,长度为 15~30μm。mtDNA 与核 DNA 有明显的不同:①mtDNA 与原核生物的 DNA 一样,没有重复序列;②mtDNA 的浮力密度比较低;③mtDNA 的碱基成分中 G、C 的含量比 A、T 少,如酵母 mtDNA 的 G、C 含量仅为 21%;④mtDNA 的两条单链的密度不同,一条称为重链(H 链),另一条称为轻链(L 链);⑤mtDNA 单个拷贝非常小,与核 DNA 相比仅仅是后者的 $1×10^{-5}$。

通常,线粒体中含有多个 mtDNA 拷贝。二倍体酵母约含 100 个拷贝,哺乳动物的每个细胞中含 1 000~10 000 个拷贝。人的 HeLa 细胞的每个线粒体中约含 10 个拷贝,每个细胞中约含 800 个线粒体(表 10-3),因此,每个 HeLa 细胞质约含 8 000 个拷贝。另外,mtDNA 在细胞总 DNA 中所占比例很小。

**表 10-3　几种生物的 mtDNA**

| 生物种类 | mtDNA 大小(kb) | 每细胞中线粒体数 | mtDNA 与核 DNA 比值 |
| --- | --- | --- | --- |
| 酵母 | 84 | 22 | 0.18 |
| 鼠(L 细胞) | 16.2 | 500 | 0.002 |
| 人(HeLa 细胞) | 16.6 | 800 | 0.01 |

#### 10.4.2.2 线粒体基因组的构成

线粒体基因组大小变化较大，从哺乳动物的约 16kb 到高等植物的数十万 bp（如玉米为 570kb）。1981 年，Anderson 等最早解明了人的 mtDNA 的全序列，为 16 569bp。目前已将编码 ATP 合成酶的亚基、细胞色素氧化酶、tRNA 等的 37 个基因定位于人的 mtDNA 上（图 10-8）。人、鼠和牛的 mtDNA 的全序列是最早被测出来的，3 种 mtDNA 均显示相同的基本遗传信息结构。每个都含有 2 个 rRNA 基因、22 个 tRNA 基因和 13 个可能的蛋白质结构基因。5 个基因编码已知的蛋白质，但其他可能的蛋白质结构基因的产物及功能目前尚未确定。酵母 mtDNA 比哺乳动物 mtDNA 大 5 倍以上（约 84kb），但酵母 mtDNA 的信息结构同哺乳动物的也非常相似。

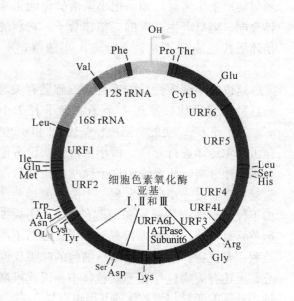

图 10-8　人、鼠和牛的线粒体基因组图

人、鼠和牛的 mtDNA 分别有 16 569bp、16 275bp 和 16 338bp。22 个 tRNA 基因的位置用各个 tRNA 所接受的氨基酸表示在圆环外。12S 和 16S rRNA 基因和 13 个开放阅读框架的位置用相应符号表示在圆环内。URF 表示尚未确定的开放阅读框架。$O_H$ 和 $O_L$ 表示两条互补链的复制起点

高等植物的 mtDNA 非常大，并且因植物种类不同而存在很大差异，其限制性内切酶谱复杂，因而制作其基因组图也相当困难，比动物的基因组图研究落后。但是一些高等植物的 mtDNA 的基因定位工作已相当突出。如 Lonsdale 等人（1984）已将玉米 mtDNA 的全序列基本测出来，其环状 mtDNA 含有约 570kb，其内部具有多个重复序列，主要的重复序列有 6 种（各有 2 个重复）。目前已有不少基因如编码 rRNA、tRNA、细胞色素 c 氧化酶的基因定位于玉米、小麦等 mtDNA 上。

#### 10.4.2.3 线粒体内遗传信息的复制、转录和翻译系统

mtDNA 的复制也是半保留式的，是由线粒体的 DNA 聚合酶完成的。线粒体中也含有核糖体和各种 RNA。线粒体核糖体在不同生物之间存在很大差异，如人的 HeLa 细胞的线粒体核糖体为 60S，由 45S 大亚基和 35S 小亚基组成，而其细胞质核糖体为 74S；酵母线粒体核糖体为 75S，由 53S 大亚基和 35S 小亚基组成，而其细胞质核糖体为 80S（由 60S 和 40S 组成）。试验证明线粒体的各种 RNA 都是由 mtDNA 转录来的，并已确定许多生物的 mtDNA 上的 RNA 基因的位置。线粒体核糖体还含有氨基酰 tRNA，能在蛋白质合成中起活化氨基酸的作用。

现已查明线粒体中有 100 多种蛋白质，其中只有 10 种左右是线粒体自身合成的，其中包括 3 种细胞色素氧化酶亚基、4 种 ATP 酶的亚基和一种细胞色素 b 亚基。线粒体上的其他蛋白质都是由核基因组编码的，包括线粒体基质、内膜、外膜以及转录和翻译机构所需的大部分蛋白质。研究还表明，线粒体可以产生一种阻遏蛋白，可以阻遏核基因的

表达。

近几年还发现人和牛线粒体 DNA 编码蛋白质的遗传密码与一般通用的密码有几处不同，而且人、牛线粒体与酵母线粒体也不尽相同。

综上所述，线粒体含有 DNA、具有转录和翻译的功能，构成非染色体遗传的又一遗传体系。线粒体能合成与自身机构有关的一部分蛋白质，同时又依赖于核编码的蛋白质的输入。因此，线粒体是半自主性的细胞器，它与核遗传体系是相互依存的关系。

## 10.5 其他细胞质遗传基因

### 10.5.1 共生体的遗传

在某些生物的细胞质中存在着一种细胞质颗粒，它们并不是细胞生存的必需组成部分，而是以某种共生的形式存在于细胞中，因而被称为共生体(symbiont)。这种共生体颗粒能够自我复制，连续地保持在寄主细胞中，并对寄主的表现产生一定的影响，类似于细胞质遗传的效果，因此，共生体颗粒也是细胞质遗传研究的重要对象。

最常见的共生体颗粒遗传的例子是草履虫(*Paramecium aurelia*)的放毒型遗传。草履虫是一种常见的单细胞二倍体真核动物，种类很多。每一种草履虫都含有两种细胞核：大核(macronucleus)和小核(micronucleus)。大核是部分多倍性的，主要负责营养；小核是二倍体，主要负责遗传。有的草履虫有大小核各一个，有的种则有 1 个大核和 2 个小核。草履虫既能进行无性生殖，又能进行有性生殖。无性生殖时，一个个体经有丝分裂成为两个个体，有性生殖采取接合生殖(图 10-9)。

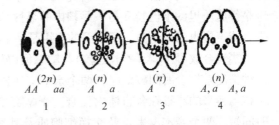
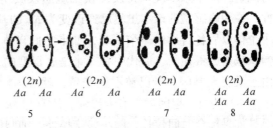

图 10-9 草履虫的接合生殖过程

即两个不同交配型的个体接合后，每个细胞内的小核经减数分裂产生 8 个单倍体的核，其中的 7 个小核和大核消失，剩余小核分裂一次，产生 2 个单倍体核，两个接合的细胞相互交换其中 1 个小核，从而发生遗传物质的交换，随后虫体分开，体内的 2 个小核融合产生 1 个二倍体的核，这个二倍体核有丝分裂两次产生 4 个小核，其中 2 个小核融合形成 1 个大核，接着每个细胞再进行一次细胞分裂共产生 4 个细胞，每个细胞含有 1 个大核 2 个小核。如果接合中的两个个体，一个是 $AA$，另一个是 $aa$，则最后形成的 4 个个体都是 $Aa$。此外，草履虫还能通过自体受精(autogamy)进行生殖(图 10-10)。

即同一个个体的两个小核经过减数分裂，留下 1 个小核，这个小核分裂 1 次，又相互合并，以后再分裂发育成大核和小核。通过自体受精后，不论个体原来的基因型怎样，最后产生的两个个体都是纯合体。

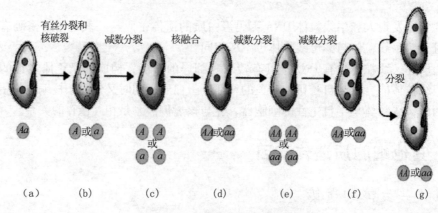

图 10-10 草履虫自体受精过程

在草履虫中有一个特殊的放毒型品系，它的体内含有一种卡巴粒(Kappa particle)，是一种直径 $0.2 \sim 0.8 \mu m$ 的游离体。凡含有卡巴粒的个体都能分泌一种毒素即草履虫素，能杀死其他无毒的敏感型品系。研究表明，草履虫的放毒型遗传必须有两种因子同时存在：一是细胞质里的卡巴粒，另一是核内的显性基因 $K$。$K$ 基因本身并不产生卡巴粒，也不携带合成草履虫素的信息。$K$ 基因的作用是使卡巴粒在细胞质内持续存在。

当纯合放毒型($KK$ + 卡巴粒)与敏感型($kk$、无卡巴粒)交配时可能出现两种情况：第一种情况是接合时间较短时，两个亲本交换各自两个小核中的一个，然后每个亲本的保留小核与换来的小核在各自体内接合，于是交换后的两个亲本的基因型都是 $Kk$，由于接合时间短，两个亲本没来得及交换细胞质及其所含的卡巴粒，原为放毒型的仍保持放毒特性；原为敏感型的亲本虽然已经改变为 $Kk$ 的基因型，但没有卡巴粒，仍为敏感型。这两个个体以后各自形成一个系统，如果它们自体受精，那么都产生 1/2 的 $KK$ 和 1/2 的 $kk$。但原来是放毒型的，后代中有一半是放毒型的，还有一半起初是放毒型的，经过几代后，由于没有 $K$ 基因，卡巴粒不能增殖，就成为敏感型。原来是敏感型的，虽然后代中有一半是 $KK$ 基因，但因为没有卡巴粒，所有与 $kk$ 一样都是敏感型[图 10-11(a)]。第二种情况是如果接合时间较长，除小核交换外，细胞质也发生了交换，这样双方除了基因型都是 $Kk$ 外，也都含有卡巴粒，都能放毒。它们的自体受精后代，不管是 $KK$ 还是 $kk$ 基因型，也都能放毒。再经过若干代无性繁殖后，$KK$ 个体仍保持放毒特性，$kk$ 个体则变成敏感类型[图 10-11(b)]。

由以上实验可知，放毒型的毒素是由细胞质中的卡巴粒产生的，但卡巴粒的增殖有赖于核基因 $K$ 的存在。一方面，如果没有 $K$ 基因，$kk$ 个体中的卡巴粒经 $5 \sim 8$ 代的分裂就会消失而变为敏感型。卡巴粒一经消失就不能再生，除非再从另一放毒型中获得。另一方面，如果细胞质内没有卡巴粒，即使 $K$ 基因存在，也不能产生卡巴粒，所以还是敏感型。

现在已经知道，卡巴粒直径大约是 $0.2 \mu m$，相当于一个小型细菌的大小。这种颗粒的外面有两层膜，外膜好像细胞壁，内膜是典型的细胞膜结构。卡巴粒内含有 DNA、RNA、蛋白质和脂类物质。这些物质的含量与普通细菌的含量相似。值得注意的是，卡巴粒的 DNA 的碱基比例与草履虫小核和线粒体的 DNA 不同，卡巴粒中的细胞色素与草履虫

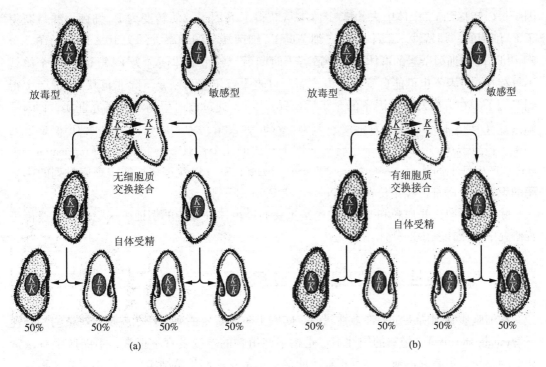

图 10-11　草履虫放毒性的遗传

也不相同，而与某些细菌相似。考虑到草履虫没有卡巴粒也能正常生存，因此有人推测卡巴粒是在进化历史的某一时期进入草履虫内的细菌。经过若干代的相互适应后，它们之间建立起一种特殊的共生关系。研究表明，卡巴粒中可能带有噬菌体，这种噬菌体编码一种放毒型毒素蛋白质（killer toxin protein），即草履虫素，可以导致敏感型草履虫死亡。

草履虫中除了卡巴粒外，后来又发现其他一些共生性颗粒，如和卡巴粒一样具有放毒特性的 σ 粒和 μ 粒，及无放毒特性的 δ 粒和 α 粒。这些颗粒同样含有遗传因子，而且也和卡巴粒一样，表现为与核基因共同作用的细胞质遗传。

## 10.5.2　质粒的遗传

质粒（plasmid）泛指染色体外一切能进行自主复制的遗传单位，包括共生生物、真核生物的细胞器和细菌中染色体以外的单纯的 DNA 分子。目前已普遍认为质粒仅指细菌、酵母和放线菌等生物中染色体以外的单纯 DNA 分子。质粒一般以独立于染色体的形式存在，但有些质粒能够与染色体接合，随寄主染色体的复制而复制，这种质粒称为附加体（episome）。

大肠杆菌的 F 因子是最早发现的质粒。大肠杆菌一般进行无性繁殖，但有时也进行个体间的接合生殖，F 因子是促成接合的必要条件。除 F⁻ 细胞不能彼此接合外，其他的接合都可能发生，如 F⁺×F⁺、F⁺×F⁻、Hfr×F⁻ 和 Hfr×F⁺ 等。所以 F 因子被称为性因子或致育因子（sex or fertility factor）。当 F⁺ 与 F⁻ 两类个体相接触时，F⁺ 个体表面就能产生性纤毛（sex fimbriae）或接合管（conjugation tube），使两者发生细胞间的联系，从而使 F

因子得以转移到 $F^-$ 个体中去。$F^-$ 个体一旦获得了 F 因子，便转变为 $F^+$ 细菌，并且获得了 $F^+$ 细菌的一切特性。F 因子由 $F^+$ 细菌向 $F^-$ 细菌转移的频率大约为 10% 以上。在一个 $F^+$ 和 $F^-$ 两种细菌杂居的群体中，经过若干时间后，整个群体便称为 $F^+$ 群体，$F^-$ 个体就不复存在。F 因子也可能自发地丧失，而一旦丧失就不能再恢复，除非再从 $F^+$ 细菌中得到 F 因子。在首次发现 F 因子的 8 年后(1961 年)，通过放射生物学的研究证实，F 因子确实含有 DNA 物质，其浮力密度为 $1.718g/cm^3$，含量约为大肠杆菌染色体 DNA 总量的 20%，相当于 $6×10^4$bp。目前已将与 F 因子有关的几个性状如复制起始点(replication origin)、产生纤毛的基因、一些插入序列 IS*1*、IS*2* 和 IS*3*，以及很多按特定顺序排列的内切酶的识别位点等都已经定位在它的小型环状 DNA 分子上。

除 F 因子外，R 质粒和 col 质粒也是重要的染色体外遗传的例证。这些质粒在遗传工程研究中被用作基因的载体。

## 10.6 植物雄性不育的遗传与应用

在细胞质基因所决定的许多性状中，实践上十分重要的一个性状就是有花植物的雄性不育(male sterility)。植物的雄性不育是指某些植物的雄蕊发育不正常，不能产生有正常功能的花粉，但是它的雌蕊发育正常，能接受正常花粉而受精结实。雄性不育在植物界很普遍，迄今已在 18 个科 110 多种植物中发现了雄性不育性的存在。如果杂交的母本具有雄性不育性，就可以免除人工去雄的大量工作而保证种子纯度，同时能够节省人力，降低种子成本。目前水稻、玉米、高粱、蓖麻、甜菜、油菜等作物都已经利用雄性不育性进行杂交种子的生产。此外，对小麦、大麦、谷子、棉花等作物的雄性不育性已进行了广泛的研究，有的已接近生产应用水平。

### 10.6.1 植物雄性不育的类别及遗传特点

根据发生的遗传机制不同，雄性不育又可分为核不育型和质核不育型等。其中质核不育型的实用价值较大，它在农作物的杂种优势利用上具有重要的价值。

#### 10.6.1.1 核不育型

这是一种由核基因所决定的雄性不育类型，简称核不育型。现有的核不育型多属自然发生的变异。这类变异在水稻、小麦、大麦、玉米、谷子、番茄和洋葱等许多作物及蔬菜中都发现过。玉米的 7 对染色体上已发现了 14 个核不育基因，番茄中有 30 多对核基因能分别决定核不育型。这种不育型的败育过程发生于花粉母细胞减数分裂期间，不能形成正常花粉。由于败育过程发生较早，败育得十分彻底，因此在含有这种不育株的群体中，可育株与不育株有明显的界限。核不育又分为两大类。

**(1) 隐性核基因不育**

受简单的一对隐性基因(*ms*)所控制，纯合体(*msms*)表现雄性不育。这种不育性能被显性基因 *Ms* 恢复，杂合体(*Msms*)后代呈简单的孟德尔式分离。

**(2) 显性核基因不育**

在棉花、小麦、谷子等农作物中发现。如20世纪70年代末，在我国的山西省太古县就发现了由显性雄性不育单基因所控制的核不育小麦，其不育性的表现是完全的，不受遗传背景和环境条件的影响，被国内外公认为是最有利用价值的显性雄性不育性种质资源。显性雄性不育植株的基因型是杂合的（$Msms$），不能产生正常花粉，它的两种卵细胞都有受精能力，它被隐性可育株（$msms$）传粉的后代按1∶1分离出显性不育株（$Msms$）与隐性可育株（$msms$），正常植株的自交后代都是正常株。

对于核不育型来说，用普通遗传学方法不能使整个群体均保持这种不育性，这是核不育型的一个重要特征。正是由于这一点，使核不育型的利用受到很大限制。

### 10.6.1.2 质核不育型

由细胞质基因和核基因互作控制的不育类型，简称质核型，又称为胞质不育型（cytoplasm male sterility, CMS）。在玉米、小麦、高粱等作物中，这种不育型花粉的败育多发生在减数分裂以后的雄配子形成期。但在矮牵牛、胡萝卜等植物中，败育发生在减数分裂过程中和在此之前。就多数情况而言，质核型不育性的表现型特征比核型不育性要复杂一些。遗传研究证明，质核型不育型是由不育的细胞质基因和相对应的核基因所决定的。当细胞质中有不育基因 $S$ 时，核内必须有相对应的一对（或一对以上）隐性基因 $rr$，个体才能表现不育。杂交或回交时，只要父本核内没有 $R$ 基因，则杂交子代一直保持雄性不育，表现了细胞质遗传的特征。如果细胞质基因是正常可育基因 $N$，即使核基因仍然是 $rr$，个体仍是正常可育的；如果核内存在显性基因 $R$，不论细胞质基因是 $S$ 还是 $N$，个体均表现育性正常。

如以上述不育个体为母本，分别与5种能育型杂交，结果如图10-12所示。

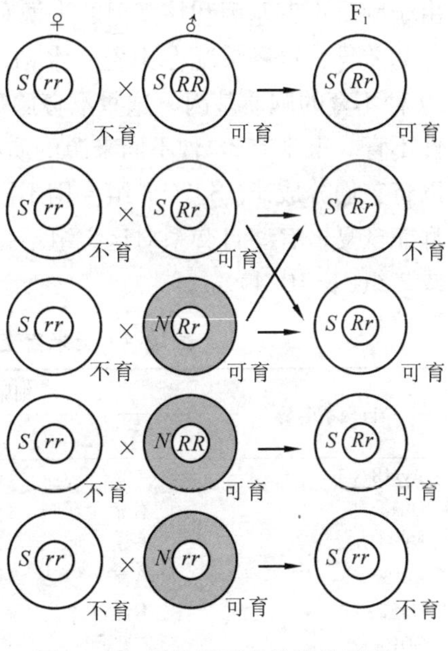

图10-12中各种杂交组合可以归纳为以下3种情况。

第一，$S(rr) \times N(rr) \to S(rr)$。$F_1$ 表现不育，说明 $N(rr)$ 具有保持不育性在世代中稳定传递的能力，因此称为保持系。$S(rr)$ 由于能够被 $N(rr)$ 所保持，从而在后代中出现全部稳定不育的个体，因此称为不育系。

**图10-12 质核型不育性遗传示意**

第二，$S(rr) \times N(RR) \to S(Rr)$，或 $S(rr) \times S(RR) \to S(Rr)$。$F_1$ 全部正常能育，说明 $N(RR)$ 或 $S(RR)$ 具有恢复育性的能力，因此称为恢复系。

第三，$S(rr) \times N(Rr) \to S(Rr) + S(rr)$，或 $S(rr) \times S(Rr) \to S(Rr) + S(rr)$。$F_1$ 表现育性分离，说明 $N(Rr)$ 或 $S(Rr)$ 具有杂合的恢复能力，因此称为恢复性杂合体。很明显，$N(Rr)$ 的自交后代能选育出纯合的保持系 $N(rr)$ 和纯合的恢复系 $N(RR)$；而 $S(Rr)$ 的自交

后代，能选育出不育系 $S(rr)$ 和纯合恢复系 $S(RR)$。

根据上述分析可以看出，质核型不育性由于细胞质基因与核基因间的互作，既可以找到保持系而使不育性得到保持，又可以找到相应的恢复系从而使育性得到恢复。

### 10.6.1.3 质核不育型的遗传特点

质核不育性的遗传比较复杂，它具有以下特点。

**(1) 孢子体不育和配子体不育**

根据雄性不育败育发生的过程和时间，可以把质核不育型分成孢子体不育和配子体不育 2 种类型。孢子体不育是指花粉的育性受孢子体（植株）基因型所控制，而与花粉本身所含基因无关。如果孢子体的基因型为 $rr$，则全部花粉败育；基因型为 $RR$，全部花粉可育；基因型为 $Rr$，产生的花粉有 2 种，一种含有 $R$，一种含有 $r$，这两种花粉都可育，自交后代表现株间分离。玉米 T 型不育系属于这个类型。配子体不育是指花粉的育性直接受雄配子体（花粉）本身的基因所决定。如果配子体内的核基因为 $R$，则该配子可育；如果配子体内的核基因为 $r$，则该配子不育。这种类型的植株的自交后代中，将有一半植株的花粉是半不育的，表现穗上的分离。玉米 M 型不育属于这种类型。

**(2) 胞质不育基因的多样性与核育性基因的对应性**

同一植物的物种可以有多种质核不育类型。这些不育类型虽然同属质核互作型，但是由于胞质不育基因和核基因的来源和性质不同，在表现型特征和恢复性反应上往往表现明显的差异，这种情况在小麦、水稻、玉米等作物中都有发现。如在普通小麦中已发现有 19 种不育的胞质基因，这些不育胞质基因与特定的核不育基因相互作用，都可以表现雄性不育。玉米有 38 种不同来源的质核型不育性，根据对恢复性反应上的差别，大体上可以将它们分成 T、S、C 3 组。用不同的自交系进行测定，发现有些自交系对这 3 组不育型都能恢复，有些自交系对这 3 组不育型均不能恢复，还有一部分自交系能恢复其中的 1 组或 2 组（表 10-4）。

表 10-4 玉米自交系对 3 组雄性不育细胞质的恢复性反应

| 自交系名称 | 细胞质组别 | | | 按恢复性能分类 |
| --- | --- | --- | --- | --- |
| | T | C | S | |
| Ayx187y-1 | 恢复 | 恢复 | 恢复 | 能恢复 2 组不育类型 |
| Oh43 | 不育 | 恢复 | 恢复 | 能恢复 1 组不育类型 |
| NyD410 | 恢复 | 不育 | 不育 | 能恢复 1 组不育类型 |
| Co150 | 不育 | 恢复 | 不育 | 能恢复 1 组不育类型 |
| Oh51A | 不育 | 不育 | 恢复 | 能恢复 1 组不育类型 |
| SD10 | 不育 | 不育 | 不育 | 能保持 3 组不育类型 |

上述表现说明，对于每一种不育类型而言，都需要某一特定的恢复基因来恢复，因而又反映出恢复基因有某种程度的专效性或对应性。这种多样性和对应性实际上反映出，在细胞质中和染色体上分别有多个对应位点与雄性的育性有关。例如，在正常状态下，如果细胞质中的有关可育因子分别为 $N_1$，$N_2$，$N_3$，…，$N_n$，它们的不育性的变异便相应的为：$N_1 \to S_1$，$N_2 \to S_2$，$N_3 \to S_3$，…，$N_n \to S_n$，同时在核内染色体上相对应的不育基因分别为

$r_1$, $r_2$, $r_3$, …, $r_n$，其恢复基因则相应的为 $r_1 \to R_1$，$r_2 \to R_2$，$r_3 \to R_3$，…，$r_n \to R_n$。核内的育性基因总是与细胞质中的育性基因发生对应的互作，即：$r_1$（或 $R_1$）对 $N_1$（或 $S_1$），$r_2$（或 $R_2$）对 $N_2$（或 $S_2$），$r_3$（或 $R_3$）对 $N_3$（或 $S_3$），…$r_n$（或 $R_n$）对 $N_n$（或 $S_n$），等等。某一个体具体的育性表现，则取决于有关质核间对应基因的互作关系。

**(3) 单基因不育性和多基因不育性**

核遗传型的不育性多表现单基因的遗传，很少有多基因的报道。质核互作不育型既有单基因控制的，也有多基因控制的。单基因不育性是指 1 对或 2 对核内主基因对相应的不育胞质基因决定的不育性。在这种情况下，由 1 对或 2 对显性的核基因就能使育性恢复正常。多基因不育性是指由 2 对以上的核基因与对应的胞质基因共同决定的不育性。在这种情况下，有关的基因有较弱的表现型效应，但是它们彼此之间往往有累加效果，因此，当不育系与恢复系杂交时，$F_1$ 的表现常因恢复系携带的恢复因子多少而表现不同，$F_2$ 的分离也较为复杂，常常出现由育性较好到接近不育等许多过渡类型。已知小麦 T 型不育系和高粱的 3197A 不育系就属于这种类型。

**(4) 易受环境条件的影响**

质核不育型容易受到环境条件的影响。特别是多基因不育性对环境的变化更为敏感。已知气温就是一个重要的影响因素。如高粱 3197A 不育系在高温季节开花的个体常出现正常的花药。在玉米 T 型不育性材料中，也曾发现由于低温季节开花而表现较高程度的不育性。

## 10.6.2 植物雄性不育的发生机理

前面已经讲过，质核型雄性不育是胞质基因与核基因共同作用的结果。不育胞质基因的载体是什么，它怎样与核基因相互作用导致不育，目前已有一些试验论证和假说。

### 10.6.2.1 胞质不育基因的载体

寻找细胞质内不育基因的载体，是深入研究不育性发生机理的关键。很多学者认为，线粒体基因组（mtDNA）是雄性不育基因的载体。在水稻、小麦、玉米和甜菜等作物中都有类似的报道。早在 20 世纪 60 年代已发现玉米不育株的线粒体亚显微结构与保持系有明显的不同。因此推断，雄性不育性可能与线粒体的变异有关。近年来分子生物学的进展为上述的假设提供了充分的证据。就雄性的育性来分，玉米有 N、T、C 和 S 4 种类型的细胞质。其中 N 为正常可育型，其余 3 种为不育型。它们的线粒体 DNA 分子组成有明显的区别。T 型种缺少 2 350bp 的 mtDNA 分子；C 型种则具有其他类型所没有的 2 种低分子量 mtDNA，它们的大小分别为 1 570bp 和 1 420bp。S 组的 mtDNA 中多出一个附加体系统，其中包括 2 个分子量较小的 DNA，即 $3.42 \times 10^6 \sim 3.48 \times 10^6$ 和 $4.01 \times 10^6 \sim 4.10 \times 10^6$。但这 4 种育性类型的叶绿体 DNA（ctDNA）并没有明显的差别。由此推断，有关雄性不育的细胞质基因存在于线粒体的基因组中。把这 4 种类型的 mtDNA 作为模版，在体外合成蛋白质的结果发现，N 型的 mtDNA 翻译合成的蛋白质与其他 3 种不育型均不相同。T 型的 mtDNA 能多翻译出 1 个分子量为 13 000 的多肽；C 型 mtDNA 能多翻译出 1 个分子量为 17 500 的多肽，但缺失 1 个分子量为 15 500 的多肽；S 型的翻译产物则多出 1 个大分子的多肽。

已完成的玉米 N 型和 T 型的 mtDNA 限制性内切酶图谱（BamHI、Sma I 和 Xho I 图谱）表明，N 型 mtDNA 和 T 型 mtDNA 分别含有 6 组和 5 组重复序列，但只有其中的 2 组是 2 种 mtDNA 所共有的。就限制性位点的分布及 Southern 杂交的结果看，N 型和 T 型所特有的碱基序列分别为 70kb(N) 和 40kb(T)，其余 500kb 的序列相同。从玉米 T 型 mtDNA 中分离出一个专化玉米 T 型胞质不育基因 T-$urf_{13}$。T-$urf_{13}$ 现已被克隆出来，它编码一个分子量为 13 000 的多肽（$URF_{13}$），这种蛋白只在 T 型 mtDNA 中存在。

Northern blotting 分析表明，玉米正常植株与 C 型不育植株的 mtDNA 基因 $atp_9$、$atp_6$ 和 $cox$ Ⅱ 的转录产物的长度和数目不同，进一步对这 3 个基因的结构进行分析，认为这 3 个基因很可能与 C 型雄性不育的表现有直接关系。

除玉米外，人们在甜菜、矮牵牛、水稻等植物中，也发现细胞质雄性不育系和正常可育系在 ctDNA 的结构上没有差异，但在 mtDNA 上有明显的差别。目前也已克隆出一些认为与细胞质雄性不育有直接关系的 mtDNA 基因，如甜菜 mtDNA 的 $cox$ Ⅱ 基因、矮牵牛的 S-pcf 基因、水稻 cms-Bo 细胞质 mtDNA 的 cob 基因等。

除了 mtDNA 之外，还有人认为叶绿体 DNA 是雄性不育基因的载体。试验观察指出，小麦、水稻、玉米、高粱和油菜的不育系和保持系之间在叶绿体超微结构和叶绿体 DNA 上存在明显的不同，于是据此推断，叶绿体基因组的某些变异可能破坏叶绿体与细胞核以及线粒体之间的固有平衡，从而导致雄性不育的形成。另有人认为存在一种决定育性的游离基因，使个体正常能育。当它进入细胞核内时，则使个体变成恢复系。如果个体没有这种游离基因，则导致雄性不育。也有人提出，与类病毒相似的特殊的 RNA 以及某些不含核酸的膜体系也可能是不育性的细胞质因子。

### 10.6.2.2　关于质核不育型的假说

通过细胞学和细胞化学等研究分析，已经了解不育性花粉败育发生在减数分裂之后，不育系花药内的一系列内含物在数量与成分上都与其同型保持系具有明显的不同。关于质核互作型雄性不育性发生的机理，现有多种假说。

#### （1）质核互补控制假说

这个假说认为，细胞质不育基因存在于线粒体上，在正常情况下（$N$）线粒体 DNA 携带能育的遗传信息，正常转录 mRNA，继而在线粒体的核糖体上合成各种蛋白质（或酶），从而保证雄蕊发育过程中的全部代谢活动正常进行，最终导致形成结构、功能正常的花粉。当线粒体 DNA 的某个（或某些）节段发生变异，并使可育的胞质基因突变为 $S$ 时，线粒体 mRNA 所转录的不育性信息使某些酶不能形成，或形成某些不正常的酶，从而破坏了花粉形成的正常代谢过程，最终导致花粉败育。线粒体 DNA 发生变异后，是否一定导致花粉的败育，还要看核基因的状态。当核基因为 $R$ 时，携带正常可育的遗传信息，这些信息通过 mRNA 的转录，转移到细胞质核糖体上，翻译成各种蛋白质（或酶），最终导致花粉的正常发育。当核基因为 $r$ 时，仅携带不育性的遗传信息，因此不能形成正常花粉。一般情况下，只要质核双方有一方携带可育性遗传信息，无论是 $N$ 还是 $R$，都能形成正常育性。$R$ 可以补偿 $S$ 的不足，$N$ 可以补偿 $r$ 的不足。只有 $S$ 与 $r$ 共存时，由于不能相互补偿,所以表现不育。如果 $N$ 与 $R$ 同时存在,由于 $N$ 同时有调节基因的作用,线粒体 DNA 能控制产生某种抑制物质,使 $R$ 处于阻遏状态,因此不会在细胞质中形成多余的物质而造成浪费。如果 $S$ 与 $R$ 同时存在,$S$ 不产生抑制物质,因此 $R$ 基因能执行正常的功能,从而导致花粉可育。

**(2) 亲缘假说**

这个假说根据水稻三系育种的实践,从个体水平上加以推论,认为遗传结构的变异引起个体间生理生化代谢上的差异,与个体间亲缘关系的远近成正相关。两个亲本间亲缘差距越大,杂交后的生理不协调程度也越大。当这种不协调达到一定程度,就会导致植株代谢水平下降,合成能力减弱,分解大于合成,使花粉中的生活物质(如蛋白质、核酸)减少,最终导致花粉的败育。为了获得保持系,也要从与不育系亲缘关系远的品种去寻找。如果要使不育系恢复,就要选用与不育系亲缘近的品种作为恢复系,才能成功。这个假说没有能够说明不育基因与恢复基因间如何相互作用,以及它们基因表达等问题。但是在水稻、小麦等自花授粉的禾谷类作物的雄性不育的三系选育中具有一定的参考价值。

**(3) 能量供求假说**

这个假说也认为线粒体是细胞质雄性不育性的重要载体。植物的育性与线粒体的能量转化效率有关。进化程度低的野生种或栽培品种的线粒体能量转换效率低,供能低,耗能也低,供求平衡,所以雄性能育;进化程度高的栽培品种线粒体能量转换效率高,供能高,耗能也高,供求平衡,因此雄花育性也是正常的。在核置换杂交时会出现 2 种情况:其一,低供能的作母本,高耗能的作父本,得到的核质杂种由于能量供求不平衡,因而表现雄性不育;其二,高供能的作母本,低耗能的作父本,由于杂种的供能高而耗能低,因而育性正常。不难看出,这个假说是假定供能水平的高低取决于 mtDNA,而耗能水平的高低则取决于核基因。这个假说没回答为何能量的平衡仅仅影响雄性的育性而不影响其他性状的表现。

## 10.6.3 植物雄性不育的应用

雄性不育性在杂种优势的利用上价值非常大,杂交母本获得了雄性不育性,就可以免去大面积繁育制种时的去雄工作,并保证杂交种子的纯度。

目前生产上推广的主要是质核互作型雄性不育性。应用这种雄性不育时必须三系配套(三系法),即必须具备雄性不育系(一般称为不育系)、保持系和恢复系。三系法的一般原理是首先把杂交母本转育成不育系。例如,希望优良杂交组合(甲×乙)利用雄性不育性进行制种,则必须先把母本甲转育成甲不育系,常用的做法是利用已有的雄性不育材料与甲杂交,然后连续回交若干次,就得到甲不育系。原来雄性正常的甲即成为甲不育系的同型保持系,它除了具有雄性可育的性状以外,其他性状完全与甲不育系相同,故又称同型系,它能为不育系提供花粉,保证不育系的繁殖留种。父本乙必须是恢复系。如果乙原来就带有恢复基因,经过测定,就可以直接利用配制杂交种,供大田生产用。否则,也要利用带有恢复基因的材料,进行转育工作。转育的方法与转育不育系基本相同。三系法的制种方法见图 10-13。

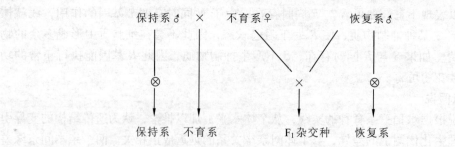

图 10-13 应用三系法配制杂交种示意

自从 1973 年我国学者石明松从晚粳品种农垦 58 中发现"湖北光敏核不育水稻"——"农垦 58S"以来，核不育型的利用受到极大关注。"湖北光敏核不育水稻"具有在长日光周期诱导不育，短日光周期诱导可育的特性，因此这种不育水稻可以将不育系和保持系合二为一，为此我国学者提出了利用光敏核不育水稻生产杂交种子的"两系法"，这种方法目前已在我国水稻生产上大面积推广应用。两系法的制种方法见图 10-14。

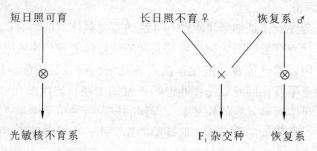

图 10-14 两系法——基于光敏核不育水稻的杂交制种示意

## 思考题

1. 什么叫细胞质遗传？它有哪些特点？
2. 何为母性影响？举例说明它与母性遗传的区别。
3. 植物雄性不育主要有几种类型？其遗传基础如何？
4. 紫茉莉的枝条颜色受细胞质基因控制，有绿色、白色和花斑三类。下列杂交产生的后代表型如何？
   (1) ♀绿色 × 白色♂
   (2) ♀白色 × 绿色♂
   (3) ♀花斑 × 绿色♂
5. 一般认为细胞质的雄性不育基因存在于线粒体 DNA 上，为什么？
6. 不同组合的不育株与可育株杂交得到以下后代，写出各杂交组合中父本的遗传组成。
   (1) 1/2 可育，1/2 不育
   (2) 后代全部可育
   (3) 仍然保持不育

## 主要参考文献

朱军. 2005. 遗传学[M]. 北京：中国农业出版社.
张建民. 2005. 现代遗传学[M]. 北京：化学工业出版社.
贺竹梅. 2002. 现代遗传学教程[M]. 广州：中山大学出版社.
杨业华. 2000. 普通遗传学[M]. 北京：高等教育出版社.
李泽炳. 1995. 光敏感核不育水稻育性转换机理与应用研究[M]. 武汉：湖北科学技术出版社.
李宝森，胡庆宝. 1991. 遗传学[M]. 天津：南开大学出版社.
SUNSTAD D P, SIMMONS N J, JENKINS J B. 1997. Principles of Genetics[M]. New York：John Wiley &Sons，Inc.

# 数量遗传基础

人类所关心的动植物经济性状大多属于数量性状，数量性状的特点是呈连续变异，且容易受环境影响。1909年，尼尔逊·埃尔（H. Nilson-Ehle）提出的微效多基因假说是数量性状的遗传基础。

## 11.1 数量性状的特征及其遗传基础

### 11.1.1 数量性状的概念和特征

遗传学所研究的生物性状大体上可以分为两大类：一类如豌豆的红花与白花、小麦的有芒与无芒、人类的血型等，这些性状的变异是不连续的，非此即彼，不同性状可以分组计数，但无法度量，我们把这些表现不连续变异的性状称为质量性状（qualitative trait）；另一类如小麦的产量、棉花的纤维长度、林木的树高及胸径等，这些性状不可以严格分类，群体内个体间的差异没有质的不同，这些性状的变异是连续的，不同性状间无法分组计数，只能度量，我们把这些可以度量的、呈连续变异的性状称为数量性状（quantitative trait）。动植物的经济性状大多为数量性状，品种改良的核心也是对数量性状的改良。因此，研究数量性状的遗传规律对动植物的育种具有非常重要的意义。

数量性状有以下 3 个主要特征。

**(1) 数量性状呈连续变异**

在一个自然群体或杂种后代混合群体中，数量性状总

> 数量性状以群体为研究对象，主要研究方法是先对群体内个体的数量性状进行度量，归纳统计其平均数、标准差、方差、变异系数等，进而进行方差分析、推算遗传参数，指导育种工作。
>
> 常用的遗传参数有重复力、遗传力和遗传相关 3 个。重复力主要用于无性系选择时预估遗传增量；遗传力主要用于对有性繁殖的生物上一代进行选择时预测其下一代的选择反应；遗传相关主要用来在间接选择时估计相关的选择响应。本章对这 3 个参数的概念和估算方法进行了比较详细的讲述。

是呈现连续变异,这是数量性状区别于质量性状的首要特征。例如,某种作物的株高,如果我们去度量某一群体内的各个个体,可以发现从最矮到最高的两个极端类型之间,存在着一系列逐渐变化的过渡类型,相邻两个个体之间的差异十分微小,很难对它们划分组别和测定分离比例。

**(2) 数量性状的表现易受环境条件的影响**

植物在光照、水分和营养等环境较好的条件下往往植株较高,产量也多;动物在饲料充足的条件下也往往表现为个体发育较快、体重较重。但是,由环境条件引起的这种变异是不遗传的。这种由环境引起的不遗传的变异常常与基因型引起的遗传的变异混合在一起而难以区分,给数量性状的遗传研究带来不少困难。

**(3) 数量性状受多基因控制且普遍存在着基因型与环境的互作**

数量性状不是由一对基因控制的,而是由多对基因控制的,而且这些基因在不同环境条件下表达的程度可能不同,于是就形成了对环境敏感的微效多基因系统控制的复杂遗传基础。

由于上述数量性状的特殊性和复杂性,所以数量性状的遗传研究,不能采用质量性状的系谱分析法,往往要分析群体中多对基因的传递,并要特别注意环境条件的影响。为此,必须借助生物统计学的理论和方法,把群体的变异区分为遗传因素引起的变异和环境因素引起的变异,进而分析数量性状的遗传规律。

数量性状与质量性状虽有比较明显的差异,但这种差异也不是绝对的。例如,植株高矮这一性状一般认为是数量性状,但在豌豆、水稻等作物中,有时高株与矮株亲本杂交时,后代可以明显区分为高矮两类,中间并无连续性变异,表现出质量性状的特征。这并不是说孟德尔的遗传规律对数量性状不起作用了,关键是决定质量性状的基因为一对或少数几对,而决定数量性状的基因对数很多。

另外,在众多的生物性状中,还有一类特殊的性状,不完全等同于数量性状或质量性状。例如,家畜对某些疾病的抵抗力表现为发病或健康两个状态;单胎动物的产崽数表现单胎、双胎和稀有的多胎等。这类性状的表现呈非连续型变异,与质量性状相似,但又不服从孟德尔遗传规律。一般认为这类性状具有一个潜在的连续型分布,其遗传基础是多基因控制的,与数量性状类似。通常称这类性状为阈性状(threshold character)。阈性状属于数量性状,但不是数量遗传学研究的理想对象,目前对它的研究还不够成熟,其应用范围也很有限。

## 11.1.2 数量性状的遗传基础

孟德尔曾经用"遗传因子"和两条遗传定律很好地解释了质量性状的遗传基础,以后的研究证实了他的理论,并且在生物细胞染色体上找到了这一"遗传因子",即基因。孟德尔的理论能否适用于数量性状? 1908 年,尼尔逊·埃尔(H. Nilson-Ehle)提出多基因假说(multiple-factor hypothesis),认为孟德尔的分离定律和独立分配定律也是解释数量性状遗传的基础,所不同的是,决定质量性状的基因为 1 对或少数几对,而决定数量性状的基因对数很多,多基因假说的要点是:

第一,数量性状是由许多彼此独立的基因决定的,每个基因对性状表现的效果较微,但其遗传方式仍然服从孟德尔的遗传规律。

第二,各基因的效应相等。

第三,各对等位基因表现为不完全显性,或表现为增效和减效作用。

第四,各基因的作用是累加性的。

尼尔逊·埃尔提出多基因假说的实验根据是小麦子粒颜色的遗传(图11-1)。用小麦的红粒品种与白粒品种杂交,$F_1$的子粒颜色全部是淡红色,表现为两亲的中间型。$F_2$子粒可分为红粒和白粒二组。有的组合表现3∶1分离,有的则表现15∶1分离或63∶1分离。进一步研究后发现,有3对作用相同、位于不同染色体上的基因决定小麦种皮的颜色,这3对基因中的任何1对单独分离时都可以产生3∶1的分离比例,而3对基因同时分离则产生63∶1的分离比例。仔细检查$F_2$的红粒,又可区分为各种程度不同的红色。

在3∶1分离中分为:1红∶2中红∶1白。

在15∶1分离中分为:1深红∶4中深红∶6中红∶4淡红∶1白。

在63∶1分离中分为:1极深红∶6深红∶15暗红∶20中深红∶15中红∶6浅红∶1白。

从上述各类红色的分离比例可以看出,红色深浅程度的差异与具有的红色基因数目有关,每增加1个红粒基因($R$),子粒的颜色就要更红一些。这样,由于各个基因型所含的红粒基因数的不同,就形成红色程度不同的许多中间子粒。现将2对和3对基因的遗传动态表述如下。

**(1) 小麦子粒颜色受2对重叠基因决定时的遗传动态**

设2对基因为$R_1$和$r_1$,$R_2$和$r_2$,相互不连锁。$R_1$和$R_2$决定红色,$r_1$和$r_2$决定白色,显性不完全,并有累加效应,所以麦粒的颜色随$R$因子的增加而逐渐加深(图11-1)。

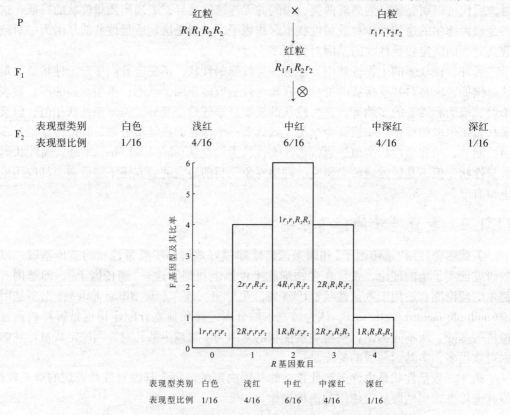

图11-1 小麦子粒颜色受2对重叠基因决定时$F_2$基因型频率分布

**(2) 小麦子粒颜色受 3 对重叠基因决定时的遗传动态**

设 3 对基因为 $R_1$ 和 $r_1$、$R_2$ 和 $r_2$、$R_3$ 和 $r_3$ 相互不连锁。

当某性状由 1 对基因决定时,由于 $F_1$ 能够产生具有等数 $R$ 和等数 $r$ 的雌配子和雄配子,所以 $F_1$ 产生的雌配子与雄配子都各为 $(\frac{1}{2}R + \frac{1}{2}r)$,雌雄配子受精后,得 $F_2$ 各基因型的频率为:

$$(\frac{1}{2}R + \frac{1}{2}r)(\frac{1}{2}R + \frac{1}{2}r) = (\frac{1}{2}R + \frac{1}{2}r)^2$$

因此,当性状由 $n$ 对独立基因决定时,设 $R_1 = R_2 = \cdots = R_n = R$,$r_1 = r_2 = \cdots = r_n = r$,则 $F_2$ 各基因型的频率为(图 11-2):

P　　　　　　　红粒　　　　　　　　×　　　　　　白粒
　　　　　　$R_1R_1R_2R_2R_3R_3$　　　　　　　　　　$r_1r_1r_2r_2r_3r_3$

↓

$F_1$　　　　　　　红粒
　　　　　　$R_1r_1R_2r_2R_3r_3$

↓ ⊗

| $F_2$ 表现型类别 | 最深红 | 暗红 | 深红 | 中深红 | 中红 | 淡红 | 白色 |
|---|---|---|---|---|---|---|---|
| 表现型比例 | 1 | 6 | 15 | 20 | 15 | 6 | 1 |
| 红粒有效基因数 | 6R | 5R | 4R | 3R | 2R | 1R | 0R |
| 红粒:白粒 | | | | 63:1 | | | |

图 11-2　小麦子粒颜色受 3 对重叠基因决定时 $F_2$ 基因型频率分布

$$(\frac{1}{2}R + \frac{1}{2}r)^2 (\frac{1}{2}R + \frac{1}{2}r)^2 (\frac{1}{2}R + \frac{1}{2}r)^2 \cdots = (\frac{1}{2}R + \frac{1}{2}r)^{2n}$$

当 $n = 2$ 时,代入上式并展开,即得:

$$(\frac{1}{2}R + \frac{1}{2}r)^{2 \times 2} = \frac{1}{16}RRRR + \frac{4}{16}RRRr + \frac{6}{16}RRrr + \frac{4}{16}Rrrr + \frac{1}{16}rrrr$$

当 $n = 3$ 时,代入上式并展开,即得:

$$(\frac{1}{2}R + \frac{1}{2}r)^{2 \times 3} = \frac{1}{64}RRRRRR + \frac{6}{64}RRRRRr + \frac{15}{64}RRRRrr + \frac{20}{64}RRRrrr + \frac{15}{64}RRrrrr + \frac{6}{64}Rrrrrr + \frac{1}{64}rrrrrr$$

以后对小麦子粒颜色生化基础的研究结果表明,红粒基因 $R$ 编码一种红色素合成酶。$R$ 基因份数越多,酶和色素的量也就越多,子粒的颜色就越深。可见,当这些微效多基因在分离世代重组新组合时,呈现的二项分布十分接近于正态分布,再加上环境效应,从而产生和加强了数量性状遗传变异的连续性表现。

数量性状的深入研究进一步丰富和发展了早年提出的多基因假说。近年来,借助于分子标记和数量性状位点(quantitative trait loci,QTL)作图技术,已经可以在分子标记连锁图上标出单个基因位点的位置,并确定其基因效应。对动植物众多的数量性状基因定位和效应分析表明,数量性状可以由少数效应较大的主基因(major gene)控制,也可以由数目较多、效应较小的微效多基因(minor gene)控制。主基因指对于性状的作用比较明显的 1 对或少数几对基因。微效多基因指控制数量性状的一系列效应微小的基因，由于效应微小，难以根据表型将各微效基因区别开来。各个微效基因的遗传效应值不尽相等，效应的类型包括等位基因间的加性效应、显性效应和非等位基因间的上位性效应。

也有一些性状虽然是受 1 对或少数几对主基因控制，但另外还有 1 组效果较微小的基因能增强或削弱主基因对表现型的作用，这类微效基因称为修饰基因(modifying gene)。例如，同一饲养条件下养育的某品种荷兰牛其身体上的花斑大小个体间不完全一样，这是因为牛的毛色花斑受 1 对隐性基因控制，花斑的大小则受 1 组修饰基因影响，修饰基因数的不同造成个体间的这种差异。

## 11.2 数量性状分析的统计学基础

数量性状是以群体为研究对象的，而群体是由多个个体构成的。对各个个体的数量性状进行度量之后，必须用生物统计学的方法进行归纳分析。常用的统计学参数有平均数、方差、标准差、变异系数、协方差、相关系数等。

### 11.2.1 群体平均值

群体平均值(average)是指群体内某数量性状的全部观测值(表现型值)的总平均值，它反映了该观察值的集中程度。

其定义式：

$$\bar{x} = \frac{\bar{x}_1 + \bar{x}_2 + \cdots + \bar{x}_n}{n} = \frac{\sum_{i=1}^{n} \bar{x}_i}{n} \tag{11-1}$$

式中　$\bar{x}$——平均数；

　　　$x_i$——各观察值；

　　　$n$——观察总个数。

如果观察数据中存在数值相同的观测值，则用频数加权平均法计算：

$$\bar{x} = f_1 x_1 + f_2 x_2 + \cdots + f_k x_k = \frac{\sum f_i x_i}{\sum f_i} \tag{11-2}$$

式中　$f_i$——各相同观测数对应的频率，$f_i = \frac{n_i}{N}$，$N = \sum n_i$。

同一群体内的不同个体由于所处环境的随机效应，使得它们的表型值与它们的基因型值具有一定的偏差，这种偏差既有正向的，也有负向的。当群体很大时，正负偏差相互抵消，于是群体的环境偏差为零，群体平均值就等于该群体的基因型值。所以，群体平均值的大小是衡量该群体基因型优劣的一个重要指标。

### 11.2.2 方差与标准差

方差(variance)和标准差(standard deviation)是群体内各个个体偏离平均数的统计量，它反映了群体的分散程度。

方差 V 的定义式为：

$$V = \frac{\sum (x - \bar{x})^2}{n - 1} \tag{11-3}$$

即各观测值与群体平均数离差的平方和除以自由度 $n-1$。

标准差 S 即方差的平方根：

$$S = \sqrt{\frac{\sum (x - \bar{x})^2}{n - 1}} \tag{11-4}$$

如果观察数据中存在数值相同的观测值，同样可用频数加权法计算方差和标准差：

$$V = \frac{\sum f(x - \bar{x})^2}{n - 1} \tag{11-5}$$

$$S = \sqrt{\frac{\sum f(x - \bar{x})^2}{n - 1}} \tag{11-6}$$

当调查数据为总体或者大样本（$n > 30$）时，上述式（11-3）至式（11-6）可用 $n$ 代替 $n-1$。

以上方差和标准差的定义式要求先要算出群体平均数，然后逐个相减。并一一平方，比较繁复。实际计算时，也可以用下列计算式直接求出：

$$V = \frac{\sum x - \frac{(\sum x)^2}{n}}{n - 1} \tag{11-7}$$

现以实例说明平均值、方差、标准差的计算方法。

**【例 11.1】** 用短果穗玉米（$P_1$）与长果穗玉米（$P_2$）杂交。将双亲及 $F_1$、$F_2$ 种于同一块地内。分别统计它们的果穗长度，得到频数分布如表 11-1。试统计亲代与子代的果穗平均长度及方差、标准差。

表 11-1 玉米穗长的频数分布

| 玉米穗长(cm) | | 5 | 6 | 7 | 8 | 9 | 10 | 11 | 12 | 13 | 14 | 15 | 16 | 17 | 18 | 19 | 20 | 21 | 总数($n$) |
|---|---|---|---|---|---|---|---|---|---|---|---|---|---|---|---|---|---|---|---|
| 频数($f$) | $P_1$ | 4 | 21 | 24 | 8 | | | | | | | | | | | | | | 57 |
| | $P_2$ | | | | | | | | | 3 | 11 | 12 | 15 | 26 | 15 | 10 | 7 | 2 | 101 |
| | $F_1$ | | | | | 1 | 12 | 12 | 14 | 17 | 9 | 4 | | | | | | | 69 |
| | $F_2$ | | | 1 | 10 | 19 | 26 | 47 | 73 | 68 | 68 | 39 | 25 | 15 | 9 | 1 | | | 401 |

**解** 根据式（11-2），可求出 $P_1$ 的平均值 $\bar{x}_{P_1}$：

$$\bar{x}_{P_1} = \frac{\sum (fx)}{n} = \frac{(4 \times 5) + (21 \times 6) + (24 \times 7) + (8 \times 8)}{57} = 6.632$$

同理可求出：

$\bar{x}_{P_2} = 16.802$，$\bar{x}_{F_1} = 12.116$，$\bar{x}_{F_2} = 12.888$

从上述平均值可以看到，$F_1$、$F_2$ 的平均值均介于双亲之间。

根据式（11-5），可计算 $P_1$ 的方差 $V_{P_2}$：

$$V_{P_1} = \frac{\sum f(x - \bar{x}_{P_1})^2}{n - 1} = \frac{1}{57}[4(5 - 6.632)^2 + 21 \times (6 - 6.632)^2 + 24 \times (7 - 6.632)^2 +$$

$8 \times (8 - 6.632)^2] = 0.665$

同理可得：

$V_{P_2} = 3.561$，$V_{F_1} = 2.309$，$V_{F_2} = 5.074$

4项标准差可直接由方差开平方得到：

$$S_{P_1} = \sqrt{V_{P_1}} = \sqrt{0.665} = 0.816$$

$$S_{P_2} = \sqrt{V_{P_2}} = \sqrt{3.561} = 1.887$$

$$S_{F_1} = \sqrt{V_{P_3}} = \sqrt{2.309} = 1.519$$

$$S_{F_2} = \sqrt{V_{P_4}} = \sqrt{5.074} = 2.252$$

从方差、标准差计算结果看，$F_1$ 的方差与标准差介于双亲之间，而 $F_2$ 方差与标准差明显大于双亲，表现出显著的分离现象。

### 11.2.3 变异系数

变异系数(coefficient of variability)是指某变量的标准差对于其平均值的比值，记作 $CV$，其定义式为：

$$CV = \frac{S}{\bar{x}} \times 100\% \tag{11-8}$$

变异系数说明了变量对其平均值的相对变异程度，便于对平均值不同甚至度量单位不同的变量之间进行比较，是数量性状观测时常用的统计量。

现以例11.1中4个群体的资料为例计算其变异系数：

$$CV_{P_1} = \frac{S_{P_1}}{\bar{x}_{P_1}} \times 100\% = \frac{0.816}{6.632} = 12.30\%$$

$$CV_{P_2} = \frac{S_{P_2}}{\bar{x}_{P_2}} \times 100\% = \frac{1.887}{16.802} = 11.23\%$$

$$CV_{F_1} = \frac{S_{P_3}}{\bar{x}_{P_3}} \times 100\% = \frac{1.519}{12.116} = 12.54\%$$

$$CV_{F_2} = \frac{S_{P_4}}{\bar{x}_{P_4}} \times 100\% = \frac{2.252}{12.888} = 17.47\%$$

可以看到，$P_1$、$P_2$、$F_1$ 三者变异系数比较相近，而 $F_2$ 显著变大，反映了 $F_2$ 代明显的分离现象。

### 11.2.4 协方差

协方差(covariance)也是两个相关变量 $x$、$y$ 之间相互关系的一个统计量，记作 $Cov_{xy}$，其定义式为：

$$Cov_{xy} = \frac{\sum(x - \bar{x})(y - \bar{y})}{N} \tag{11-9}$$

式中 $N$——观测总单元数。

在数量遗传分析中，常常涉及两个性状之间的相互联系或者不同亲属之间的相似性分析，这时就要用到协方差以及与协方差相关的相关系数、回归系数等。

## 11.2.5 方差分析

方差分析（analysis of variance）是研究数量性状最常用的方法之一。方差分析的基本思想就是把测量数据的总变异按照变异原因分解为处理效应和实验误差，并作出数量估计和统计学检验。

**(1) 方差分析的数学模型**

依据处理效应的不同假定，方差分析的数学模型可分为固定模型、随机模型和混合模型。

固定模型（fixed model）是指各个处理的效应值是固定的，各处理的平均效应是一个常量且总和为零。试验因素的各水平是根据试验目的事先选定的，将来得到的结论也只适用于方差分析中所考虑的几个水平。例如，我们试验几种不同温度下小麦种子的发芽情况，如果目的就是从这几个温度条件中选择一个最适温度，就要采用固定模型。

随机模型（random model）是指各处理的效应值不是固定的数值，而是随机因素引起的效应。将来得到的结论可以推广到多个随机因素的所有水平上。例如，我们同样做不同温度下的小麦发芽试验，如果目的是找到温度对发芽影响的规律，就要用随机模型了。我们研究数量性状的遗传参数时，是想得到该性状的遗传规律，用以指导今后更多群体的选择育种，所以计算遗传参数的方差分析一般都采用随机模型。

混合模型（mixed model）是指在多因素试验中，既包含固定效应的试验因素，又包含随机效应的实验因素。例如，为推断全国儿童的身高发育情况，从所有省份中随机抽取3个省，每个省又分为城市和农村两类地区，各抽取20例数据进行分析。这里，城市和农村2个水平组成的地区属于固定效应型，而省份的3个水平是通过抽样确定的，属于随机效应型。总体来看，该试验的方差分析属于混合模型。

**(2) 自由度及其分解**

在方差分析中，自由度是指独立观测值的个数，假如某因素有 $n$ 个观测值，在计算 $n$ 个观测值的方差时，每个 $x$ 与 $\bar{x}$ 比较，可以有 $n$ 个离均差，但只有 $n-1$ 个是可以自由变动的，最后一个离均差由于受到 $\sum(x-\bar{x})=0$ 的限制而不能自由变动，所以自由度 $df = n-1$。如果某个因素受到 $k$ 个条件的限制，则其自由度 $df = n-k$。

当试验的因素超过两个时，还需要考虑不同因素之间的分组关系。如果两个因素处于完全平等的地位，在试验中这两个因素的各个水平都能两两相遇，则这两个因素的关系称为交叉分组。例如，我们安排某作物的杂交试验，如果父本的各个水平都能与母本的各个水平相遇，则属交叉分组。在另外一类试验中，两个因素的各个水平不能两两相遇，而是一个因素从属于另一个因素，处于下级的因素的各个水平因上级因素的不同水平而变化，这样进行分组的试验称为巢式分组。例如，我们在10个农户中进行养鸡试验，每个农户养1只公鸡、10只母鸡，可以看出，每户虽然都是10只母鸡，但这一户的10只与另一户的10只各不相同，也就是说，10只公鸡与10只母鸡并不能"两两相遇"。这种公鸡与母鸡的搭配形式就属于巢式分组关系。

在大型试验中，明确了不同因素之间的相互关系后，即可写出各个因素的自由度。具体写法是：

总自由度 = 数据总数 – 1

某因素自由度 = 该因素水平数 – 1

巢式关系次级因素自由度 = 次级因素水平数 – 上级因素水平数

交叉关系互作项目自由度 = 有关因素自由度乘积

误差项自由度 = 组合总数 × (重复数 – 1)

(3) 离差平方和的计算

对于单因素试验，设该因素有 $k$ 个水平，每水平有 $n$ 次观测值，则总平方和 $SS_T$、处理平方和 $SS_A$ 及随机误差平方和 $SS_e$ 可由下列计算式得到：

$$SS_T = \sum_i \sum_j x_{ij}^2 - C \tag{11-10}$$

$$SS_A = \frac{1}{n} \sum_i x_{i.}^2 - C \tag{11-11}$$

$$SS_e = SS_T - SS_A \tag{11-12}$$

式中 $C = \frac{1}{kn} x_{..}^2$。

【例 11.2】 欲比较毛白杨 4 个无性系的生长量，每个无性系随机抽查 3 株，结果见表 11-2，试统计其各项离差平方和。

表 11-2  毛白杨 4 个无性系生长量结果

| 无性系 | $x_{ij}$ | | | $x_{i.}$ | $x_{..}$ |
|---|---|---|---|---|---|
| A | 2 | 4 | 9 | 15 | |
| B | 6 | 7 | 11 | 24 | 120 |
| C | 11 | 13 | 13 | 39 | |
| D | 12 | 12 | 18 | 42 | |

**解** 先计算校正系数 $C$，然后按式 (11-10)、式 (11-11) 和式 (11-12) 计算各项离差平方和：

$$C = \frac{1}{kn} x_{..}^2 = \frac{1}{4 \times 3} \times 120^2 = 1\,200$$

$$SS_T = \sum_i \sum_j x_{ij}^2 - C = 2^2 + 4^2 + \cdots + 18^2 - 1\,200 = 234$$

$$SS_A = \frac{1}{n} \sum_i x_{i.}^2 - C = \frac{1}{3}(15^2 + 24^2 + 39^2 + 42^2) - 1\,200 = 162$$

$$SS_e = SS_T - SS_A = 234 - 162 = 72$$

对于双因素交叉分组试验，设 $A$ 因素有 $a$ 个水平，$B$ 因素有 $b$ 个水平，每个交叉点有 $n$ 次重复，则可由下列计算式算出离差平方和：

$$SS_T = \sum_i \sum_j \sum_k x_{ijk}^2 - C \tag{11-13}$$

$$SS_A = \frac{1}{bn} \sum_i x_{i..}^2 - C \tag{11-14}$$

$$SS_B = \frac{1}{an}\sum_j x_{.j.}^2 - C \tag{11-15}$$

$$SS_{AB} = \frac{1}{n}\sum_i \sum_j x_{ij.}^2 - C - SS_A - SS_B \tag{11-16}$$

$$SS_e = SS_T - SS_A - SS_B - SS_{AB} \tag{11-17}$$

式中 $C = \frac{1}{abn}x_{...}^2$。

**【例 11.3】** 某杂交试验，设有 2 个母本，3 个父本，子代苗重复 2 次，结果见表 11-3，试统计其各项离差平方和。

表 11-3 杂交试验结果

| 母 本 | 父 本 | | $x_{.j.}$ |
|---|---|---|---|
| | 1 | 2 | |
| 1 | 1，3 | 9，7 | 20 |
| 2 | 5，3 | 3，5 | 16 |
| 3 | 5，7 | 5，7 | 24 |
| $x_{i..}$ | 24 | 36 | $x_{...}=60$ |

**解** 先计算校正系数 $C$，再依照式(11-13)至式(11-17)计算各项离差平方和：

$$C = \frac{1}{abn}x_{...}^2 = \frac{1}{2\times 3\times 2}\times 60^2 = 300$$

$$SS_T = \sum_i \sum_j \sum_k x_{ijk}^2 - C = 1^2 + 2^2 + \cdots + 7^2 - 300 = 56$$

$$SS_A = \frac{1}{bn}\sum_i x_{i..}^2 - C = \frac{1}{3\times 2}(24^2 + 36^2) - 300 = 12$$

$$SS_B = \frac{1}{an}\sum_j x_{.j.}^2 - C = \frac{1}{2\times 2}(24^2 + 16^2 + 24^2) - 300 = 8$$

$$SS_{AB} = \frac{1}{n}\sum_i \sum_j x_{ij.}^2 - C - SS_A - SS_B = \frac{1}{2}(4^2 + 16^2 + \cdots + 12^2) - 300 - 12 - 8 = 24$$

$$SS_e = SS_T - SS_A - SS_B - SS_{AB} = 56 - 12 - 8 - 24 = 12$$

**(4) $F$ 检验**

$F$ 检验是方差分析的核心环节，它的作用在于最终判断处理间的差异是否达到了显著水平。

在单因素试验中，只有处理间方差和处理内方差两个变异来源。无论固定模型还是随机模型，$F$ 值的计算公式都是一样的。如果处理间的方差为 $V_A$，处理间的自由度为 $df_A$，处理内（即随机误差）的方差为 $V_e$，处理内的自由度为 $df_e$，那么，$F$ 值即为该两方差之比：

$$F = \frac{V_A}{V_e}$$

此 $F$ 值遵从第一自由度为 $df_A$，第二自由度为 $df_e$ 的 $F$ 分布。此时，对于取定的概率 $\alpha$，可以从 $F$ 分布表的临界值 $F_\alpha$ 表上查到 $F_\alpha$。当 $\alpha$ 很小时，根据样本资料计算出来的 $F$ 值若很大，即 $F > F_\alpha$，表明小概率事件发生，据此可以推翻"该因素各水平间效应值相等"的假设,从而判断该因素各水平间差异显著。反之,若 $F < F_\alpha$,则不能推翻假设,即判断该因素各水平间无显著差异。

现仍以例 11.2 为例,继续计算方差(在方差分析中方差也称为均方,一般用 $MS$ 表示),并作 $F$ 检验。

在该例中,无性系间的离差平方和 $SS_A = 162$,无性系间的自由度 $df_A = 4 - 1 = 3$;无性系内(即随机误差)的离差平方和 $SS_e = 72$,其自由度 $df_e = 4(3 - 1) = 8$。用离差平方和除以各自的自由度即为均方:$MS_A = 162/3 = 54$,$MS_e = 72/8 = 9$,两个均方之比即为 $F$,$F = \dfrac{MS_A}{MS_e} = \dfrac{54}{9} = 6$。再查第一自由度为 3,第二自由度为 8 的 $F_\alpha$ 表,得到 $F_{0.05} = 4.07$,$F_{0.01} = 7.59$。因 $F > F_{0.05}$,即可判断无性系间差异显著。将上述计算过程列为表即为方差分析表,见表 11-4。

表 11-4 毛白杨无性系试验方差分析

| 变异来源 | 自由度 $df$ | 平方和 $SS$ | 均方 $MS$ | $F$(固定,随机) | $F_{0.05}$ | $F_{0.01}$ |
| --- | --- | --- | --- | --- | --- | --- |
| 无性系间 | 3 | 162 | 54 | 6* | 4.07 | 7.59 |
| 随机误差 | 8 | 72 | 9 | | | |
| 总计 | 11 | 234 | | | | |

在双因素交叉分组的试验中,变异来源有:因素 $A$、因素 $B$、交互作用 $A \times B$ 及随机误差,$F$ 值的计算公式要先区分是采用固定模型还是随机模型。如果是固定模型,则各变异来源的 $F$ 值均等于该变异来源的均方除以随机误差的均方。在本例中,处理 $A$ 的方差为 $V_A$,自由度为 $df_A$;处理 $B$ 的方差 $V_B$,自由度为 $df_B$;$A$ 与 $B$ 交互效应方差为 $V_{AB}$,自由度为 $df_{AB}$;随机误差的方差为 $V_e$,自由度为 $df_e$,则可按下式计算出各个 $F$ 值:

$$F_A = \frac{V_A}{V_e}, \quad F_B = \frac{V_B}{V_e}, \quad F_{AB} = \frac{V_{AB}}{V_e}$$

查 $F_\alpha$ 表,分别得到第一自由度为分子项的自由度、第二自由度为分母项的自由度的 $F_\alpha$。然后比较实际计算出的 $F$ 与 $F_\alpha$ 的大小,即可得出是否推翻假设(即该因素各水平间无差异)的结论。

如果采用随机模型,则 $F$ 值的计算公式为:

$$F_A = \frac{V_A}{V_{AB}}, \quad F_B = \frac{V_B}{V_{AB}}, \quad F_{AB} = \frac{V_{AB}}{V_e}$$

可以看到,检验因素 $A$ 和因素 $B$ 的 $F$ 值计算式都与固定模型不同,很有可能得出与固定模型不同的结论。

现仍对例 11.3 的计算结果继续计算,先算均方值:

母本 $$MS_A = \frac{SS_A}{df_A} = \frac{12}{1} = 12$$

父本 $$MS_B = \frac{SS_B}{df_B} = \frac{8}{2} = 4$$

交互 $$MS_{AB} = \frac{SS_{AB}}{df_{AB}} = \frac{24}{2} = 12$$

随机误差 $\quad MS_e = \dfrac{SS_e}{df_e} = \dfrac{12}{6} = 2$

再将各项均方值代入上述计算公式，即可分别得到固定模型和随机模型下各个变异来源的 $F$ 值，见表11-5。

表11-5　杂交试验的方差分析

| 变异来源 | 自由度 $df$ | 平方和 $SS$ | 均方 $MS$ | $F$（固定） | $F$（随机） |
|---|---|---|---|---|---|
| 母本 | $2-1=1$ | 12 | 12 | $6^*$ | 1 |
| 父本 | $3-1=2$ | 8 | 4 | 2 | 0.33 |
| 母本×父本 | $(2-1)\times(3-1)=2$ | 24 | 12 | $6^*$ | $6^*$ |
| 随机误差 | $2\times3\times(2-1)=6$ | 12 | 2 | | |
| 总计 | $12-1=11$ | 56 | | | |

$F_{0.05}(1,6)=5.99$, $F_{0.01}(1,6)=13.7$, $F_{0.05}(2,6)=5.14$, $F_{0.01}(2,6)=10.9$
$F_{0.05}(1,2)=18.5$, $F_{0.01}(1,2)=98.5$, $F_{0.05}(2,2)=19.0$, $F_{0.01}(2,2)=99.0$

从表11-5可以看出，在固定模型下，母本间的效应是显著的，而在随机模型下，母本间的效应就变得不显著了。固定模型 $F$ 值一般都是用各变异来源的均方与随机误差均方相比得到的，而随机模型 $F$ 值就不一定是各变异来源的均方与随机误差均方相比了。究竟与谁相比，要看期望均方（$EMS$）。例如，表11-5 母本的期望均方为 $\sigma^2+2\sigma_{AB}^2+6\sigma_A^2$，真正体现母本差异的方差分量是 $6\sigma_A^2$，求 $F$ 值时，就要用除它之外的剩余项（即 $\sigma^2+2\sigma_{AB}^2$）作为分母了。即 $F_A=\dfrac{\sigma^2+2\sigma_{AB}^2+6\sigma_A^2}{\sigma^2+2\sigma_{AB}^2}$，由于求算各项方差分量比较麻烦，习惯上就用方差（均方）来计算：母本均方的期望值正好是该式的分子，而母×父交互项均方的期望值恰好是该式的分母，于是 $F$ 值的计算式为 $F=\dfrac{V_A}{V_{AB}}$。

既然在随机模型下 $F$ 值的计算公式要由期望均方（$EMS$）而定，而计算遗传参数的方差分析一般都要用随机模型，所以正确写出各变异来源的期望均方就成为计算遗传参数的关键。可是，按照数理统计学的方法推导各变异来源的 $EMS$，非常烦琐。有没有比较简便的方法呢？美籍华人孔繁浩教授研究出一种方法可以直接写出各变异来源的 $EMS$，非常适用于从事专业技术的人员使用。下面就来介绍他的方法。

（5）随机模型期望均方（$EMS$）的写法

孔繁浩教授的方法既简便又准确，这种方法可以分为以下五步：

①第一列写出变异来源；

②第一行写出对应的方差成分；

③所有变异来源都含有误差项，系数为1；

④在对角线上写出对应的方差成分，其系数为变异来源中没有出现的系数的乘积；

⑤从对角线往上看，若方差成分的下标全都包括了变异来源，就照抄，否则就划掉这一项。

以例11.2为例，共4个无性系，每个无性系有3个观测值，则全部观测值个数为 $4\times3=12$ 个。按照上述方法，可以直接写出方差分析表中各变异来源的期望均方如表11-6。

表 11-6　毛白杨无性系试验方差分析

| 变异来源 | 自由度 $df$ | 平方和 $SS$ | 均方 $MS$ | $F$ | 期望均方 $EMS$ |
|---|---|---|---|---|---|
| 无性系间 | 3 | 162 | 54 | 6* | $\sigma_e^2 + 3\sigma_A^2$ |
| 随机误差 | 8 | 72 | 9 | | $\sigma_e^2$ |
| 总计 | 11 | 234 | | | |

根据期望均方，我们还可以计算另一个重要的参数——组内相关系数($t$)。组内相关系数是反映组群间与组群内差异相对大小的统计量，它的定义是组间方差成分占总方差之比：

$$t = \frac{\sigma_A^2}{\sigma_e^2 + \sigma_A^2} \qquad (11-18)$$

在本例中，无性系间方差即组间方差；随机误差方差即组内方差，由此可以算出组内相关系数 $t$：

$$\sigma_A^2 = \frac{54-9}{3} = 15$$

$$\sigma_e^2 = 9$$

$$t = \frac{15}{9+15} = 0.62$$

再以例 11.3 为例，写双因素试验的 $EMS$，2 个母本各与 3 个父本交配，子代苗重复 2 次，则全部观测值个数为：$2 \times 3 \times 4 = 24$，按上述方法，可以直接写出该方差分析表各变异来源的期望均方 $EMS$，并根据期望均方写出各变异来源的 $F$ 值计算式，见表 11-7。

表 11-7　例 11.3 随机模型期望均方

| 变异来源 | 均方 $MS$ | 期望均方 $EMS$ | | | | $F$(随机) |
|---|---|---|---|---|---|---|
| | | $\sigma_e^2$ | $\sigma_{AB}^2$ | $\sigma_B^2$ | $\sigma_A^2$ | |
| 母本 | $V_A$ | | | | $\sigma_e^2 + 2\sigma_{AB}^2 + 6\sigma_A^2$ | $\frac{V_A}{V_{AB}}$ |
| 父本 | $V_B$ | | | $\sigma_e^2 + 2\sigma_{AB}^2 + 4\sigma_B^2$ | | $\frac{V_B}{V_{AB}}$ |
| 母本×父本 | $V_{AB}$ | | $\sigma_e^2 + 2\sigma_{AB}^2$ | | | $\frac{V_{AB}}{V_e}$ |
| 随机误差 | $V_e$ | $\sigma_e^2$ | | | | |

## 11.2.6　协方差分析

上面介绍的方差分析是对生物群体一种性状(如苗高)的变量进行分析的方法。在生物学领域，我们常常需要同时分析两种性状(如苗高与地径)的相互关系，或者两种亲属关系(如母本与子代)之间的影响等，这就需要进行协方差分析(analysis of covariance)了。

协方差分析与方差分析的区别，仅仅是以乘积和($SP$)代替了平方和($SS$)，以均积($MP$)代替了均方($MS$)，以期望均积($EMP$)代替了期望均方($EMS$)。其他如变异来源、自由度以及期望均积的系数等均与方差分析相同。现以比较简单的试验说明协方差分析的方法。

设有 $F$ 个品种，采用完全随机区组试验设计进行对比，共 $B$ 个区组，用 $x_{ij}$ 和 $y_{ij}$ 分别

表 11-8　单点试验的方差分析与协方差分析

| 变异来源 | 自由度 | 方差分析 | | | 协方差分析 | | |
|---|---|---|---|---|---|---|---|
| | | 平方和 SS | 均方 MS | 期望均方 EMS | 乘积和 SP | 均积 MP | 期望均积 EMP |
| 区组间 | $B-1$ | $\frac{1}{F}\sum_j x_{\cdot j}^2 - C$ | | | $\frac{1}{F}\sum_j x_{i\cdot}^2 y_{i\cdot}^2 - C$ | | |
| 家系间 | $F-1$ | $\frac{1}{B}\sum_i x_{i\cdot}^2 - C$ | $V_1$ | $\sigma_e^2 + B\sigma_F^2$ | $\frac{1}{B}\sum_i x_{i\cdot}^2 y_{i\cdot}^2 - C$ | $W_1$ | $Cov_e + BCov_F$ |
| 随机误差 | $(B-1)(F-1)$ | $SS_T - SS_B - SS_F$ | $V_2$ | $\sigma_e^2$ | $SP_T - SP_B - SP_F$ | $W_2$ | $Cov_e$ |
| 总计 | $BF-1$ | $\sum_i\sum_j x_{ij}^2 - C$ | | | $\sum_i\sum_j x_{ij}y_{ij} - C$ | | |

注：方差分析中 $C = \frac{1}{BF}x_{\cdot\cdot}^2$；协方差分析中 $C = \frac{1}{BF}x_{\cdot\cdot}y_{\cdot\cdot}$。

代表第一性状和第二性状的观测值。则方差分析和协方差分析见表 11-8。

## 11.3　数量性状表型值与表型方差的分解

### 11.3.1　表型值及其分解

一个数量性状的表型值(phenotype value)就是对该个体某一性状度量所得到的数值。例如，某株油松树高 20.5m，胸径 18.6cm，这些数字就是油松树高或胸径的表型值。这个表型值是该个体的基因型值(genotypic value)与它所处的环境共同作用的结果。如果基因型与环境各自独立作用于表型，没有交互作用，则：

$$P = G + E \tag{11-19}$$

式中　$P$——表现型值；
　　　$G$——基因型值；
　　　$E$——环境方差(environmental deviation)。

式(11-19)即为数量性状的基本数学模型。

基因型值 $G$ 还可以继续分解，因为基因存在着下述 3 种效应：①基因的加性效应 $A$；②等位基因间的显性效应 $D$；③非等位基因间的上位效应 $I$。在这 3 种效应中，亲本基因效应能够稳定遗传给后代的部分只有加性效应 $A$，所以 $A$ 也称为育种值；而显性效应和上位效应只存在于特定的基因型组合中，不能稳定遗传。

如果 3 种效应都存在，则：

$$G = A + D + I \tag{11-20}$$

为了突出育种值效应，有时就把 $D$、$I$ 合并到环境差值 $E$ 中通称为剩余值，记作 $R$。于是数量性状的基本数学模型式(11-19)可以写为：

$$P = G + E = A + D + I + E = A + R \tag{11-21}$$

### 11.3.2　表型方差及其分解

根据表型值分解的模型式(11-21)，因为 $A$、$D$、$I$ 之间相互独立，则表型方差可以进

行相应的分解:

$$V_P = V_G + V_E = V_A + V_D + V_I + V_E \tag{11-22}$$

由式(11-22)可以看出,群体的表型方差是由基因型方差($V_G$)和环境方差($V_E$)构成的,基因型方差又可以分解为三部分:加性方差($V_A$)、显性方差($V_D$)、上位性方差($V_I$)。

加性方差 $V_A$ 也称为育种值方差,反映了群体内个体间育种值的差异,是我们制定选种路线和计算遗传参数的重要依据。

显性方差 $V_D$ 是由群体中杂合子带来的差异,它的大小取决于杂合子的频率和显性效应的大小。在纯种繁育的群体中,显性方差是遗传方差中不能固定的部分。所以显性方差的意义远不如加性方差那样重大。

上位性方差 $V_I$ 是不同座位基因间的互作方差,这种互作可以是两个座位间的,也可以是三个甚至更多个座位之间的。一般认为,多个座位间互作所贡献的方差太小,可以忽略不计。

环境方差 $V_E$ 是误差的来源,它既包含了生物所处环境的差异,也包含了度量时的误差。环境差异是客观条件的反映,而度量误差需要科学的试验设计和认真负责的工作态度尽量减少和消除。

为了突出加性方差 $V_A$ 的重要性,有时也可以把显性方差 $V_D$、上位性方差 $V_I$ 与环境方差 $V_E$ 合并称为剩余方差 $V_R$,于是式(11-22)也可写成:

$$V_P = V_A + V_R \tag{11-23}$$

### 11.3.3 亲属间的遗传协方差

遗传协方差是亲属间因加性效应产生的协方差,亲属间相像性的重要遗传原因就在于遗传协方差的大小。如果个体间不存在相关,遗传协方差等于零。所以,遗传协方差的计算,常常与相关系数 $r$、回归系数 $b$ 相关联。用亲属间协方差除以表型方差,可以变换为相关系数或回归系数。

相关系数是指两个变量之间的相关程度,它的计算公式以及与协方差的关系为:

$$r = \frac{\sum(x-\bar{x})(y-\bar{y})}{\sqrt{\sum(x-\bar{x})^2 \sum(y-\bar{y})^2}} = \frac{Cov_{xy}}{\sqrt{\sigma_x^2 \cdot \sigma_y^2}} \tag{11-24}$$

回归系数的计算公式以及与协方差的关系为:

$$b = \frac{\sum(x-\bar{x})(y-\bar{y})}{\sum(x-\bar{x})^2} = \frac{Cov_{xy}}{\sigma_x^2} \tag{11-25}$$

本节讨论的相关系数 $r$、回归系数 $b$ 以及前面介绍过的组内相关系数 $t$ 式(11-18)均与遗传协方差有重要关系,是将来计算遗传参数重复力、遗传力的重要依据,现将它们在亲属间关系分析中与协方差的联系概括于表11-9中。

表 11-9  不同亲属关系的协方差及相应系数

| 亲属关系 | 协方差 | 回归系数 $b$ | 相关系数 $r$ | 组内相关 $t$ |
|---|---|---|---|---|
| 子代与一亲本 | $Cov_{OP} = \frac{1}{2}V_A$ | $b_{OP} = \frac{Cov_{OP}}{V_P} = \frac{1}{2}\frac{V_A}{V_P}$ | $r_{OP} = \frac{Cov_{OP}}{\sqrt{V_P V_O}} = \frac{1}{2}\frac{V_A}{\sqrt{V_P V_O}}$ | |
| 子代与中亲 | $Cov_{O\bar{P}} = \frac{1}{2}V_A$ | $b_{O\bar{P}} = \frac{Cov_{O\bar{P}}}{V_{\bar{P}}} = \frac{V_A}{V_P}$ | $r_{O\bar{P}} = \frac{Cov_{O\bar{P}}}{\sqrt{V_{\bar{P}} V_O}} = \frac{1}{2}\frac{V_A}{\sqrt{V_{\bar{P}} V_O}}$ | |
| 半同胞 | $Cov_{HS} = \frac{1}{4}V_A$ | | | $t_{HS} = \frac{1}{4}\frac{V_A}{V_P}$ |
| 全同胞 | $Cov_{FS} = \frac{1}{2}V_A + \frac{1}{4}V_D$ | | | $t_{FS} = \frac{\frac{1}{2}V_A + \frac{1}{4}V_D}{V_P}$ |

注：上述关系式的推导需用到替代效应计算，限于篇幅，本教材不展开讨论。读者如有需要，请参阅有关数量遗传学专著。

## 11.4 主要遗传参数

### 11.4.1 重复力

#### 11.4.1.1 重复力的概念

重复力（repeatability）的原始概念是指动物同一个体、同一性状在不同次生产周期之间所能重复的程度。如奶牛不同年份间的产奶量、绵羊不同次剪毛的产毛量，等等。所以，长期以来，重复力成了动物数量性状的专用参数。但随着现代生物研究的深入，发现植物，尤其是树木的寿命比动物更长，它们每年也都有一次生产记录，如高生长量、胸径生长量、果实产量、种子产量等。除此之外，树木还有一个更为重要的特点：大多数树种都可以通过扦插、嫁接、组织培养等方法进行无性繁殖。如果说同一生物个体在不同年份的生产记录是时间上的重复的话，那么同一无性系的不同个体的生产记录就是同一基因型在空间上的重复。所以，重复力的基本概念就是生物同一基因型的生产记录在不同时间或不同空间所能重复的程度。当然，这个概念仅仅是用于理解，不能用于具体的计算，下面就来讨论重复力的生物学定义。

我们已经知道，数量性状的表型值 $P$ 可以分解为基因型值 $G$ 和环境差值 $E$ 两部分，其中基因型值 $G$ 又可以分解为育种值 $A$ 和显性效应值 $D$、上位性效应值 $I$ 等。那么环境差值 $E$ 可不可以继续分解呢？答案是肯定的。环境差值 $E$ 又可以分解为一般环境效应 $E_g$ 和特殊环境效应 $E_s$ 两部分。一般环境效应 $E_g$ 是指对生物一生都起作用的那一部分环境效应，例如，小奶牛在幼年发育时期营养不良，或关键时刻患病，都将影响它一生的牛奶产量；树木在这方面的影响更大，例如，同一无性系的两株苗，这一株栽在一个土层深厚的地方，那一株栽在土层很薄的一块"磨盘石"上，将来这两株树的表型肯定会出现巨大的差异。所以，一般环境效应对生物的影响是不可恢复的，它实际上已经与基因型的作用掺杂在一起很难区分。特殊环境效应 $E_s$ 是指对生物体局部或暂时起作用的那一部分环境效应，例如，对成年奶牛的饲养管理，当饲料差时泌乳量会下降；生长在山上的树木，哪一年雨量充沛，生长量或结实量就较大；哪一年干旱少雨，生长量或结实量都会明显降低。所以，特殊环境效应对生物体的影响是暂时的，可以恢复的。上述关系可以写为式(11-26)：

$$P = G + E = G + E_g + E_s \tag{11-26}$$

由于基因型效应值与两种环境效应值彼此独立，因此它们的方差也是可加的：

$$V_P = V_G + V_{E_g} + V_{E_s} \tag{11-27}$$

式(11-27)是对群体中的多个个体分别进行度量时表型方差的分解。如果总的观测群体是划分为若干无性系的，每个无性系又有 $K$ 个个体，将来用 $K$ 个变量值的平均值作为无性系的表型代表值，记作 $\bar{P}$，那么通过 $K$ 次重复度量可以减少的唯一方差组分是特殊环境方差 $V_{E_s}$，且减少的倍数为 $K$，如式(11-28)所示。

$$V_P = V_G + V_{E_g} + \frac{1}{K} V_{E_s} \tag{11-28}$$

重复力的生物学定义就是基因型方差与一般环境方差之和在表型方差中所占比例。依据式(11-27)或式(11-28)，有下述两个重复力的定义式：

个体重复力 $$R = \frac{V_G + V_{E_g}}{V_P} = \frac{V_G + V_{E_g}}{V_G + V_{E_g} + V_{E_s}} \tag{11-29}$$

无性系重复力 $$R = \frac{V_G + V_{E_g}}{V_{\bar{P}}} = \frac{V_G + V_{E_g}}{V_G + V_{E_g} + \frac{1}{K} V_{E_s}} \tag{11-30}$$

重复力在统计学上的概念就是生物个体或无性系在多次生产记录之间的组内相关系数。

如果用个体分组，则个体重复力就等于式(11-18)计算出的组内相关系数式(11-31)。

如果用无性系分组，即将方差分析表的变异来源中"组间"换为"无性系间"，"组内"换成"无性系内"，则无性系重复力的计算式如式(11-32)所示。

个体重复力 $$R = t = \frac{\sigma_b^2}{\sigma_b^2 + \sigma_w^2} = \frac{MS_b - MS_w}{MS_b + (k-1)MS_w} \tag{11-31}$$

无性系重复力 $$R = \frac{\sigma_b^2}{\sigma_b^2 + \frac{\sigma_w^2}{k}} = \frac{MS_b - MS_w}{MS_b} = 1 - \frac{1}{F} \tag{11-32}$$

### 11.4.1.2 重复力的估算方法

估算重复力主要采用方差分析法，对多个个体或多个无性系的度量值计算离差平方和，进行方差分析，再按式(11-31)或式(11-32)计算个体重复力或者无性系重复力；当组内个体数 $K$ 不等时，用一加权平均数 $K_0$ 代替，其计算式如式(11-33)所示。

$$K_0 = \frac{1}{n-1} \left( \sum_{i=1}^{n} K_i^2 + \frac{\sum_{i=1}^{n} K_i^2}{\sum_{i=1}^{n} K_i} \right) \tag{11-33}$$

计算出的重复力可以用 $F$ 检验或 $t$ 检验进行显著性检验，一般而言，$t$ 检验要比 $F$ 检验严格。对个体重复力进行 $t$ 检验时的标准误计算式为：

$$S_R = \frac{(1-R)[1+(k-1)R]}{\sqrt{\frac{1}{2}(n-1)k(k-1)}} \tag{11-34}$$

用估算出的重复力 $R$ 除以标准误 $S_R$，即得 $t$ 值：

$$t = \frac{R}{S_R} \tag{11-35}$$

将此 $t$ 值与临界值 $t_\alpha$ 相比，若 $t > t_\alpha$，重复力为显著。

**【例 11.4】** 乌鲁木齐种畜场 97 头同群同年生母羊 1 岁、3 岁、4 岁和 7 岁时毛丛长度的方差分析表见表 11-10，试计算母羊毛丛长度的重复力（引自道良佐"数量遗传学在绵羊育种中的应用"）。

**表 11-10 绵羊毛丛长度的方差分析**

| 变异来源 | 自由度 $df$ | 平方和 $SS$ | 均方 $ES$ | 期望均方 $EMS$ |
| --- | --- | --- | --- | --- |
| 年度间 | $4-1=3$ | — | — | $\sigma_w^2 + 97\sigma_y^2$ |
| 个体间 | $97-1=96$ | 101.13 | 1.0534 | $\sigma_w^2 + 4\sigma_b^2$ |
| 个体内 | $(4-1)\times(97-1)=288$ | 28.98 | 0.1006 | $\sigma_w^2$ |

**解** 由方差分析结果及 $EMS$，得：

$$\sigma_w^2 = 0.1006$$

$$\sigma_b^2 = \frac{(1.0534 - 0.1006)}{4} = 0.2382$$

根据式(11-31)，得个体毛丛长度的重复力为：

$$R = t = \frac{\sigma_b^2}{\sigma_b^2 + \sigma_w^2} = \frac{0.2382}{0.2382 + 0.1006} = 0.70$$

**【例 11.5】** 由例 11.2 毛白杨无性系方差分析（表 11-6），试计算毛白杨生长量的无性系重复力。

**解** 由表 11-6，无性系间 $F=6$，根据式(11-32)，毛白杨生长量的无性系重复力为：

$$R = \frac{\sigma_b^2}{\sigma_b^2 + \frac{\sigma_w^2}{k}} = 1 - \frac{1}{F} = 1 - \frac{1}{6} = 0.83$$

## 11.4.2 遗传力

### 11.4.2.1 遗传力的概念

遗传力(heritability)是遗传方差与总方差的比值。它是数量遗传学中最重要的一个参数，对于选择育种有重要的指导意义。根据遗传方差的具体成分，遗传力可以分为广义遗传力和狭义遗传力两种：广义遗传力($H^2$)是指基因型方差($V_G$)与表型方差($V_P$)的比值；狭义遗传力($h^2$)是指加性效应方差($V_A$)与表型方差的比值：

广义遗传力 $$H^2 = \frac{V_G}{V_P} \tag{11-36}$$

狭义遗传力
$$h^2 = \frac{V_A}{V_P} \tag{11-37}$$

从上述定义式看以看出，首先遗传力是一个群体的参数，因为一个个体是没有方差的；其次，遗传力的高低不是衡量群体遗传素质的尺度，某一性状的遗传力高，并不能说这个性状就是一个优良性状。遗传力只反映群体中某性状遗传方差的相对大小。遗传方差大，说明群体遗传基础变异较大，良莠悬殊，改良的潜力较大。最后，因为 $V_A$ 是 $V_G$ 的一个组成成分，所以，狭义遗传力一般比广义遗传力小。

### 11.4.2.2 遗传力的估算方法

**(1) 广义遗传力的估算方法**

利用基因型纯合群体估算环境方差从而估算 $H^2$　根据广义遗传力的计算公式（11-36），分母 $V_P$ 是表型值方差，可以通过度量得到，而 $V_P = V_G + V_E$，所以只要知道 $V_E$，就可计算出 $V_G$，从而得到该计算式的分子。在作物育种中，用于杂交的亲本都是纯种，每个亲本以及 $F_1$ 代的基因型都是一致的，即它们的遗传方差等于零，表型方差就是环境方差。因此，可以利用两个亲本表型方差的平均值，或 $F_1$ 表型值方差，或两亲本及 $F_1$ 代三个表型值方差的平均值估算环境方差：

$$V_E = \frac{1}{2}(V_{P_1} + V_{P_2}) \tag{11-38}$$

$$V_E = V_{F_1} \tag{11-39}$$

$$V_E = \frac{1}{3}(V_{P_1} + V_{P_2} + V_{F_1}) \tag{11-40}$$

树木大多是高度的杂合体，很难找到像农作物那样的纯种，所以难以用上述公式求算环境方差。不过，大多数树种可以进行无性繁殖，同一无性系具有相同的基因型，不同分株之间所具有的表型方差（$V_{P_C}$）即可作为环境方差的估计值：

$$V_E = V_{P_C} \tag{11-41}$$

例如，某优树半同胞家系实生苗苗高的方差为 507.15，而同龄并栽的优树无性系苗高的方差为 230.74，则该家系苗高的广义遗传力为：

$$H^2 = \frac{507.15 - 230.74}{507.15} = 0.54$$

对子代测验数据进行方差分析求算 $H^2$　无论是半同胞子代测验还是全同胞子代测验，在方差分析时家系方差分量反映了遗传方差即 $V_G$，而该家系方差的所有分量之和反映了总的表型方差即 $V_P$，据此可以求出各个家系的广义遗传力。

以全同胞子代测验为例，设有 $F$ 个母本，$M$ 个父本，进行所有组合间的交配，子代测验设 $B$ 个区组，单株小区，则该试验的线性模型为：

$$x_{ijk} = \mu + M_i + F_i + B_k + MF_{ij} + e_{ijk} \tag{11-42}$$

方差分析见表 11-11。

表 11-11 全同胞子代试验方差分析

| 变异来源 | 自由度 $df$ | 平方和 $SS$ | 均方 $MS$ | $F$ | 期望均方 $EMS$ |
|---|---|---|---|---|---|
| 区组间 | $B-1$ | $\frac{1}{MF}\sum_k x_{..k}^2 - C$ | | | |
| 母本 | $F-1$ | $\frac{1}{BM}\sum_j x_{.j.}^2 - C$ | $V_2$ | $\frac{V_2}{V_3}$ | $\sigma_e^2 + B\sigma_{MF}^2 + BM\sigma_F^2$ |
| 父本 | $M-1$ | $\frac{1}{BF}\sum_i x_{i..}^2 - C$ | $V_1$ | $\frac{V_1}{V_3}$ | $\sigma_e^2 + B\sigma_{MF}^2 + BF\sigma_M^2$ |
| 父本×母本 | $(M-1)(F-1)$ | $SS_{MF}$ | $V_3$ | $\frac{V_3}{V_4}$ | $\sigma_e^2 + B\sigma_{MF}^2$ |
| 随机误差 | $(B-1)(MF-1)$ | $SS_e$ | $V_4$ | | $\sigma_e^2$ |
| 总计 | $BMF-1$ | $\sum_i\sum_j\sum_k x_{ijk}^2 - C$ | | | |

表中：

$$SS_{MF} = \frac{1}{B}\sum_i\sum_j x_{ij.}^2 - \frac{1}{BF}\sum_i x_{i..}^2 - \frac{1}{BF}\sum_j x_{.j.}^2 + C$$

$$SS_e = SS_T - SS_B - SS_M - SS_F - SS_{MF}, \quad C = \frac{1}{RMF}x^2$$

根据方差组成，各种遗传力的计算式为：

母本家系
$$H^2 = \frac{\sigma_F^2}{\sigma_F^2 + \frac{\sigma_{MF}^2}{M} + \frac{\sigma_e^2}{BM}} = \frac{V_2 - V_3}{V_2} = 1 - \frac{1}{F_{(f)}} \tag{11-43}$$

父本家系
$$H^2 = \frac{\sigma_M^2}{\sigma_M^2 + \frac{\sigma_{MF}^2}{F} + \frac{\sigma_e^2}{BF}} = \frac{V_1 - V_3}{V_1} = 1 - \frac{1}{F_{(m)}} \tag{11-44}$$

全同胞家系
$$H^2 = \frac{F\sigma_M^2 + M\sigma_F^2 + \sigma_{MF}^2}{F\sigma_M^2 + M\sigma_F^2 + \sigma_{MF}^2 + \frac{\sigma_e^2}{B}} = \frac{V_1 + V_2 - V_3 - V_4}{V_1 + V_2 - V_3} \tag{11-45}$$

【例 11.6】 进行两种杨树杂交试验，设有 4 个母本，3 个父本，子代苗单株小区，重复 8 次，观测结果方差分析见表 11-12，求家系遗传力。

表 11-12 杨树全同胞子代试验方差分析

| 变异来源 | 自由度 $df$ | 平方和 $SS$ | 均方 $MS$ | $F$ | 期望均方 $EMS$ |
|---|---|---|---|---|---|
| 区组间 | 7 | 6.17 | | | |
| 母本 | 3 | 13.11 | 4.37($V_2$) | 4.51 | $\sigma_e^2 + 8\sigma_{MF}^2 + 32\sigma_F^2$ |
| 父本 | 2 | 10.22 | 5.11($V_1$) | 5.27* | $\sigma_e^2 + 8\sigma_{MF}^2 + 24\sigma_M^2$ |
| 母本×父本 | 6 | 5.82 | 0.97($V_3$) | 1.09 | $\sigma_e^2 + 8\sigma_{MF}^2$ |
| 随机误差 | 77 | 68.53 | 0.89($V_4$) | | $\sigma_e^2$ |
| 总计 | 95 | 103.85 | | | |

根据广义遗传力的定义，各家系的广义遗传力应为：

母本家系　$H^2 = \dfrac{24\sigma_F^2}{\sigma_e^2 + 8\sigma_{MF}^2 + 24\sigma_F^2} = \dfrac{V_1 - V_3}{V_1} = 1 - \dfrac{V_3}{V_1} = 1 - \dfrac{1}{F} = 1 - \dfrac{1}{4.51} = 0.78$

父本家系　$H^2 = \dfrac{32\sigma_M^2}{\sigma_e^2 + 8\sigma_{MF}^2 + 32\sigma_M^2} = \dfrac{V_2 - V_3}{V_2} = 1 - \dfrac{V_3}{V_2} = 1 - \dfrac{1}{F} = 1 - \dfrac{1}{5.27} = 0.81$

全同胞家系

$$H^2 = \dfrac{24\sigma_F^2 + 32\sigma_M^2 + 8\sigma_{MF}^2}{\sigma_e^2 + 8\sigma_{MF}^2 + 32\sigma_M^2 + 8\sigma_M^2} = \dfrac{V_1 + V_2 - V_3 - V_4}{V_1 + V_2 - V_3} = \dfrac{4.37 + 5.11 - 0.97 - 0.89}{4.37 + 5.11 - 0.97} = 0.89$$

**(2) 狭义遗传力的估算方法**

①亲子回归　包括异花授粉植物和自花授粉植物的亲子回归关系。

异花授粉植物：异花授粉植物的亲子回归关系，相当于子代与一个亲本的关系。根据表 11-9，可得：

$$Cov_{OP} = \dfrac{1}{2}V_A, \quad b_{OP} = \dfrac{1}{2}\dfrac{V_A}{V_P}$$

所以：$h^2 = 2b_{OP}$

即亲子回归系数的两倍即狭义遗传力。

自花授粉植物：自花授粉植物的亲子回归关系相当于子代与中亲值的关系。根据表 11-9，可得：

$$Cov_{OP} = \dfrac{1}{2}V_A, \quad b_{OP} = \dfrac{Cov_{OP}}{V_{\bar{P}}} = \dfrac{\dfrac{1}{2}V_A}{V\dfrac{1}{2}P_1 + V\dfrac{1}{2}P_2} = \dfrac{\dfrac{1}{2}V_A}{\dfrac{1}{2}V_P} = \dfrac{V_A}{V_P}$$

于是，$h^2 = b_{OP}$

即亲子回归系数就等于狭义遗传力。

需要指出，采用亲子回归方法估算遗传力时，要求亲子代所处的环境条件一致，年龄也要一致，这个条件对于多年生的树木而言是非常苛刻的，因为它意味着采种时亲代年龄有多大，那么播种后子代也要长到同样年龄才能进行调查统计和计算遗传力。

②亲子相关　包括异花授粉植物和自花授粉植物的亲子相关关系。

异花授粉植物：异花授粉植物的亲子相关，也相当于子代与一亲本的相关。根据表 11-9，可得：

$$r_{OP} = \dfrac{1}{2}\dfrac{V_A}{\sqrt{V_P V_O}}$$

所以，$h^2 = 2r_{OP}$

即亲子相关系数的 2 倍等于狭义遗传力。

自花授粉植物：由表 11-9，可得：$r_{OP} = \dfrac{1}{2}\dfrac{V_A}{\sqrt{V_P V_O}}$，所以 $h^2 = r_{OP}$，即亲子相关系数就等于狭义遗传力。

组内相关　根据子代测验进行方差分析时，不仅可以得到相应的家系遗传力[如式(11-43)、式(11-44)、式(11-45)]，而且可以得到单株遗传力。需要注意的是，方差分析得到的家系遗传力，其基本含义是 $\dfrac{V_G}{V_P}$，属于广义遗传力；而单株遗传力是先算出组内相关系数 $t$，再根据表 11-9 乘以相应的倍数，它的基本含义是 $\dfrac{V_A}{V_P}$，属于狭义遗传力。所以，由表 11-11 全同胞子代试验的方差分析表可以得到下列单株遗传力：

母本内单株 
$$h^2 = \dfrac{4\sigma_F^2}{\sigma_e^2 + \sigma_{MF}^2 + \sigma_F^2} = \dfrac{4(V_2 - V_3)}{V_2 + (M-1)V_3 + M(B-1)V_4} \tag{11-46}$$

父本内单株 
$$h^2 = \dfrac{4\sigma_F^2}{\sigma_e^2 + \sigma_{MF}^2 + \sigma_M^2} = \dfrac{4(V_1 - V_3)}{V_1 + (F-1)V_3 + F(B-1)V_4} \tag{11-47}$$

全同胞内单株 
$$h^2 = \dfrac{2(\sigma_M^2 + \sigma_F^2)}{\sigma_e^2 + \sigma_{MF}^2 + \sigma_F^2 + \sigma_M^2} = \dfrac{2[(MV_1 + FV_2) - (M+F)V_3]}{MV_1 + FV_2 + (FM - M - F)V_3 + FM(B-1)V_4} \tag{11-48}$$

仍以例 11.6 为例，由方差分析结果（表 11-12），按照上述公式，即可得到相应的单株遗传力：

母本内单株 
$$h^2 = \dfrac{4 \times (4.37 - 0.97)}{4.37 + 2 \times 0.97 + 21 \times 0.89} = 0.54$$

父本内单株 
$$h^2 = \dfrac{4 \times (5.11 - 0.97)}{5.11 + 3 \times 0.97 + 28 \times 0.89} = 0.50$$

全同胞内单株 
$$h^2 = \dfrac{2 \times (4 \times 4.37 + 3 \times 5.11 - 7 \times 0.97)}{4 \times 4.37 + 3 \times 5.11 + 5 \times 0.97 - 84 \times 0.89} = 0.46$$

## 11.4.3 遗传相关

### 11.4.3.1 遗传相关的概念

简单地说，遗传相关（genetic correlation）是指同一种生物群体两个性状之间由于遗传原因所造成的相关。也可以说，遗传相关是两个性状在表型相关中可以遗传、可以固定的那一部分相关。

遗传相关的定义式为：

$$r_{g_{12}} = \dfrac{Cov_{g_{12}}}{\sqrt{\sigma_{g_1}^2 \sigma_{g_2}^2}} \tag{11-49}$$

式中　$r_{g_{12}}$——第 1 性状与第 2 性状的遗传相关；

$Cov_{g_{12}}$——第 1 性状与第 2 性状的基因型协方差；

$\sigma_{g_1}^2$——第 1 性状的基因型方差；

$\sigma_{g_2}^2$——第 2 性状的基因型方差。

在实际工作中，我们无法直接测量基因型方差与协方差，因而不能按上述定义式计算遗传相关。从表型度量入手，通过对群体中大量个体的两个性状的度量，计算出这两个性状表型值之间的相关，称为表型相关。但是表型值除了受基因型值的影响之外，还受到环境因素的干扰。必须剔除掉这部分环境效应的影响，才能判断出两个性状间真正由遗传因素引起的相关关系。那么，表型相关与遗传相关究竟是什么关系呢？

我们已经知道了一个性状的表型方差可以分解为基因型方差与环境方差两部分：

$$\sigma_{P_1}^2 = \sigma_{g_1}^2 + \sigma_{e_1}^2$$
$$\sigma_{P_2}^2 = \sigma_{g_2}^2 + \sigma_{e_2}^2$$

类似于一个性状的表型方差的分解，两个性状的表型协方差也可以进行分解：

$$Cov_{P_{12}} = Cov_{g_{12}} + Cov_{e_{12}} \tag{11-50}$$

于是，两个性状的表型相关可作如下推导：

$$r_{P_{12}} = \frac{Cov_{P_{12}}}{\sqrt{\sigma_{P_1}^2 \sigma_{P_2}^2}} = \frac{Cov_{g_{12}} + Cov_{e_{12}}}{\sqrt{\sigma_{P_1}^2 \sigma_{P_2}^2}} = \frac{\sqrt{\sigma_{g_1}^2 \sigma_{g_2}^2} Cov_{g_{12}}}{\sqrt{\sigma_{P_1}^2 \sigma_{P_2}^2} \sqrt{\sigma_{g_1}^2 \sigma_{g_2}^2}} + \frac{\sqrt{\sigma_{e_1}^2 \sigma_{e_2}^2} Cov_{e_{12}}}{\sqrt{\sigma_{P_1}^2 \sigma_{P_2}^2} \sqrt{\sigma_{e_1}^2 \sigma_{e_2}^2}} =$$

$$\sqrt{h_1^2 h_2^2} r_{g_{12}} + \sqrt{(1-h_1^2)(1-h_2^2)} r_{g_{12}} \tag{11-51}$$

式(11-51)说明，在表型相关中，遗传相关占多大比重与这两个性状的遗传力关系密切：如果两个性状都具有较高的遗传力，那么表型相关主要由遗传相关决定；如果两个性状的遗传力都很低，那么表型相关主要由环境相关决定。式(11-51)的关系可以表示为图 11-3。

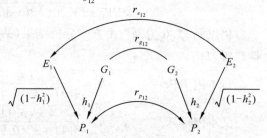

图 11-3　表型相关的分解

表型相关和遗传相关有时没有很大差异；但有时却差异很大，甚至符号相反。

### 11.4.3.2　遗传相关的估算方法

遗传相关的估算与遗传力的估算类似，可以通过亲子相关和同胞分析(半同胞、全同胞)两种途径来进行。其中，用亲子相关方法估算遗传相关一般只适用于动物数量性状的分析；而植物，特别是林木只适宜使用同胞分析法。

用同胞分析估算遗传相关，主要步骤是协方差分析。有关协方差分析的基本原理和计算方法，我们已在前面讨论过了(11.2.6)。表 11-8 列出了协方差分析与方差分析的联系与区别。在方差分析中，$\sigma_{f_1}^2$ 是 $\frac{1}{4}\sigma_{A_1}^2$ 的估计值，$\sigma_{f_2}^2$ 是 $\frac{1}{4}\sigma_{A_2}^2$ 的估计值；同样，在协方差分析中，$Cov_{f_{12}}$ 是 $\frac{1}{4}Cov_{A_{12}}$ 的估算值。

于是，

$$r_{g_{12}} = \frac{Cov_{A_{12}}}{\sqrt{\sigma_{A_1}^2 \sigma_{A_2}^2}} = \frac{4Cov_{f_{12}}}{\sqrt{4\sigma_{f_1}^2 4\sigma_{f_2}^2}} = \frac{Cov_{f_{12}}}{\sqrt{\sigma_{f_1}^2 \sigma_{f_2}^2}} \tag{11-52}$$

下面用实例说明遗传相关的计算方法。

**【例 11.7】** 采用完全随机区组设计对油松 5 个家系进行半同胞子代测验，设 10 个区组，单株小区，同时测量苗高和地径两个性状，方差和协方差分析如表 11-13。试求这两个形状的遗传力和遗传相关。

表 11-13 油松苗高和地径的方差分析及协方差分析

| 变异来源 | 自由度 | 苗高(性状1) | | | 地径(性状2) | | | 期望均方 EMS | 苗高×地径 | | |
|---|---|---|---|---|---|---|---|---|---|---|---|
| | | SS | MS | F | SS | MS | F | | SP | MP | EMP |
| 区组间 | 9 | 45 | 5 | | 54 | 6 | | | 18.40 | | |
| 家系间 | 4 | 72 | $18(V_1)$ | 3.6 | 48 | $12(V_1)$ | 3.0 | $\sigma_e^2 + 10\sigma_f^2$ | 26.16 | $6.54(W_1)$ | $Cov_{e12} + 10Cov_{f12}$ |
| 随机误差 | 36 | 180 | $5(V_2)$ | | 144 | $4(V_2)$ | | $\sigma_e^2$ | 19.44 | $0.54(W_2)$ | $Cov_{e12}$ |
| 总计 | 49 | 217 | | | 246 | | | | 64.00 | | |

**解**：由方差分析分别计算苗高、地径的家系遗传力和单株遗传力。

         苗高           地径

家系遗传力：$\quad H^2 = 1 - \dfrac{1}{3.6} = 0.72 \qquad\qquad H^2 = 1 - \dfrac{1}{3.0} = 0.67$

$\qquad\qquad\qquad\quad \sigma_{e_1}^2 = 5 \qquad\qquad\qquad\qquad\qquad \sigma_{e_2}^2 = 4$

$\qquad\qquad\qquad\quad \sigma_{f_1}^2 = \dfrac{18-5}{10} = 1.3 \qquad\qquad \sigma_{f_2}^2 = \dfrac{12-4}{10} = 0.8$

$\qquad\qquad\qquad\quad \sigma_{P_1}^2 = 1.3 + 5 = 6.3 \qquad\qquad \sigma_{P_2}^2 = 0.8 + 4 = 4.8$

单株遗传力：$\quad h^2 = \dfrac{4 \times 1.2}{6.3} = 0.82 \qquad\qquad h^2 = \dfrac{4 \times 0.8}{4.8} = 0.67$

由协方差分析：$\quad Cov_{e12} = 0.54 \qquad\qquad\qquad Cov_{f12} = \dfrac{6.54 - 0.54}{10} = 0.6$

$\qquad\qquad\qquad\quad Cov_{P_{12}} = Cov_{f12} + Cov_{e12} = 0.6 + 0.54 = 1.14$

于是：

遗传相关 $\quad r_{g_{12}} = \dfrac{Cov_{f_{12}}}{\sqrt{\sigma_{f_1}^2 \sigma_{f_2}^2}} = \dfrac{0.6}{\sqrt{1.3 \times 0.8}} = 0.588$

表型相关 $\quad r_{P_{12}} = \dfrac{Cov_{P_{12}}}{\sqrt{\sigma_{P_1}^2 \sigma_{P_2}^2}} = \dfrac{1.14}{\sqrt{6.3 \times 4.8}} = 0.207$

环境相关 $\quad r_{e_{12}} = \dfrac{r_{P_{12}} - \sqrt{h_1^2 h_2^2}\, r_{g_{12}}}{\sqrt{(1-h_1^2)(1-h_2^2)}} = \dfrac{0.207 - \sqrt{0.82 \times 0.67} \times 0.588}{\sqrt{0.18 \times 0.33}} = -0.94$

## 11.5 数量性状的选择改良与遗传参数的应用

### 11.5.1 数量性状的选择改良

  选择是育种工作的中心环节，它的主要作用是改变群体原有的基因频率，使群体平均值向着有利于人类需要的方向发展。一般而言，人类所追求的高生长量、高产量、优质、高抗逆性等性状大多属于数量性状。在原有群体中选择具有这些优良性状的个体用以繁殖，淘汰不符合人类需要的个体，自然就会使某些优良基因的频率逐步增加，而使某些不良基因的频率逐步降低。因此，选择是影响群体遗传组成的重要因素之一。

一般而言，遗传力高的性状，选择比较容易，在杂种的早期世代选择就会有显著效果；而遗传力低的性状，选择比较困难，在杂种后期世代进行选择才能收到较好的效果。所以，了解不同性状的遗传力，对于提高选择效果，缩短育种周期具有重要的意义。

假设原群体某数量性状的平均值为 $\bar{x}_0$，按照一定的要求进行选择后，中选群体的平均值为 $\bar{x}_1$，那么，二者之差称为选择差 $S$。

$$S = \bar{x}_1 - \bar{x}_0 \tag{11-53}$$

选择差是受群体表型标准差 $\sigma_P$ 影响的，将选择差 $S$ 除以标准差，就成为了标准化以后的选择差，称为选择强度 $i$。

$$i = \frac{S}{\sigma_P} \tag{11-54}$$

对群体进行选择后，如果只让中选群体繁殖后代，那么下一代群体平均值与原来群体平均值的离差，就称为选择反应，用 $R$ 表示。选择反应等于选择差与遗传力的乘积：

$$R = Sh^2 = i\sigma_P h^2 \tag{11-55}$$

从式（11-55）可以看出，对群体进行选择时，选择差一般不会百分之百地遗传，而要打一折扣，这个折扣就是遗传力。遗传力的一个重要用途，也是根据此式预估选择反应。

通过此式还可以看到，选择差是当代选择的离差，而选择反应是下一代获得的增益。它们作为联系上下代的桥梁，也是遗传力。所以，遗传力一定是用于有性繁殖的上下代之间的数量性状数值的计算；至于无性繁殖，由于没有上下代之间的关系，就不能用遗传力了。如果是从多个无性系间进行选择，就应该使用重复力；如果是想通过对一个性状的选择达到改良另一个性状的目的，则需要使用遗传相关了。

## 11.5.2 遗传参数的应用

### 11.5.2.1 重复力

无论是个体重复力还是无性系重复力，在遗传改良工作中都有多种用途。概括起来，主要有以下几个方面。

**(1) 预估无性系选择的遗传增益**

若用 $\Delta$ 表示无性系选择所带来的遗传增益，用 $S$ 表示中选无性系平均值与原来群体平均值的离差即选择差，用 $R$ 表示无性系重复力，则：

$$\Delta = SR \tag{11-56}$$

【例 11.8】 采用完全随机区组设计做某种杨树 8 个无性系的对比试验，设置 3 个区组，5 年生时测量树高，方差分析结果见表 11-14，各无性系的平均高见表 11-15，如果选择前 4 名无性系用于造林生产，问 5 年后树高的遗传增益有多少？

**解**：根据表 11-14，无性系间差异极显著，$F = 5.28$

则：无性系重复力 $R = 1 - \dfrac{1}{F} = 1 - \dfrac{1}{5.28} = 0.81$

表 11-14　杨树无性系测验方差分析

| 变异来源 | 自由度 $df$ | 平方和 $SS$ | 均方 $MS$ | $F$ | $F_{0.01}$ |
|---|---|---|---|---|---|
| 区组间 | 2 | 2.05 | 1.03 | 0.36 | |
| 无性系间 | 7 | 105.30 | 15.05 | 5.28** | 4.28 |
| 随机误差 | 14 | 39.95 | 2.85 | | |
| 总计 | 23 | 147.30 | | | |

表 11-15　杨树 8 个无性系 5 年生时平均高

| 无性系号 | 1 | 2 | 3 | 4 | 5 | 6 | 7 | 8 | 总平均 |
|---|---|---|---|---|---|---|---|---|---|
| 平均高(m) | 15.2 | 11.3 | 10.0 | 13.3 | 14.3 | 10.5 | 12.8 | 9.4 | 12.1 |

由表 11-15，前 4 名无性系为 1、5、4、7 号，中选无性系平均值为：

$$\frac{(15.2+14.3+13.3+12.8)}{4}=13.9$$

选择差 $S = 13.9 - 12.1 = 1.8$

由式(11-56)，遗传增益为 $\Delta = SR = 1.8 \times 0.81 = 1.5$

即中选的 4 个无性系 5 年生时将比现有群体平均值(12.1)增加 1.5，达到 13.6m。

**(2) 确定性状需要度量的次数**

当对生物性状进行 $K$ 次度量时，由式(11-28)、式(11-29)和式(11-30)可得：

$$V_P = V_G + V_{E_g} + V_{E_s} = RV_P + \frac{(1-R)V_P}{K} = \frac{1+(K-1)R}{K}V_P \tag{11-57}$$

于是：

$$\frac{V_P}{V_P} = \frac{1+(K-1)R}{K} \tag{11-58}$$

该比值反映了随着度量次数增加而产生的准确度增加情况，用该比值作为纵坐标，度量次数作为横坐标绘制曲线，则该曲线的拐点即为应该度量的次数。

**(3) 估计个体最大可能生产力**

动物育种工作常常需要根据各个体多次产量记录估计最大可能生产力(MPPA)，以便消除个体的特殊环境影响，获得更为可靠的结果。最大可能生产力 MPPA 的估算是采用回归计算法，回归方程为：

$$\overline{MPPA} = \overline{P} + b(\overline{P_K} - \overline{P}) \tag{11-59}$$

式中　$\overline{P}$——群体平均数；

$\overline{P_K}$——该个体 $K$ 次产量的平均值；

$b$——回归系数。

回归系数 $b$ 的计算式为：

$$b = \frac{KR}{1+(K-1)R} \tag{11-60}$$

亦即根据若干个体的多次产量记录，算出个体重复力 $R$ [见式(11-31)]，代入式(11-

60），算出回归系数 $b$，再代入式(11-59)，即可求出最大可能生产力的估计值。

**(4) 作为广义遗传力的上限估计值**

重复力是基因型方差与一般环境方差之和在表型方差中所占比例[见式(11-29)]，该比例肯定大于或等于广义遗传力，因此重复力是广义遗传力的上限估计值。据此可以判断遗传力估计的准确性：如果遗传力估计值高于同一性状的重复力估计值，则说明遗传力估计误差较大。表 11-16 是 Falconer 通过比较精确的试验得到的果蝇刚毛数和卵巢大小两个性状的各项方差组分百分数，从表中可以看出，由于 $V_{E_g}$ 很小，所以重复力可以作为广义遗传力（$V_G/V_P$）的良好估计值；而且，刚毛数的非加性方差也很小，因此重复力甚至可以用来估计狭义遗传力（$V_A/V_P$）。

表 11-16　黑腹果蝇两个性状的方差组分比例

| 组　分 | 刚毛数 | 卵巢大小 |
| --- | --- | --- |
| 加性方差 $V_A$ | 33 | 23 |
| 非加性方差 $V_{NA}$ | 6 | 27 |
| 一般环境方差 $V_{E_g}$ | 3 | 4 |
| 特殊环境方差 $V_{E_s}$ | 58 | 46 |
| 总方差 $V_P$ | 100 | 100 |

注：引自 Falconer《数量遗传学导论》第 8 章。

### 11.5.2.2　遗传力

育种工作的主要目的就是从群体（包括自然群体和人工群体）中选出良种。因此，提高选择效果是育种工作者的首要课题。遗传力可以把亲代与子代或者同胞（半同胞、全同胞）之间的生产记录合并成一个参数，是制订选种方案和预见选种效果的必要依据。

动物育种的主要对象是家系和个体，作物育种的主要对象是品系。而树木，既有家系，又有个体，还有种源、林分、无性系等，选种的层次比动物和作物都要复杂，因而需要计算的遗传力也要复杂得多。

遗传力是为选种服务的。有什么样的选择就有什么样的遗传力。如果不进行选择，也就没有必要计算遗传力。

利用遗传力估算选择反应时，就用式(11-55)。如果已知选择差，就用 $Sh^2$；如果不知选择差，就按预定的选择强度 $i$，用 $i\sigma_P h^2$ 估算。需要注意的是，选择差、遗传力、选择反应必须"配套"。比如，要估算母本家系的选择反应，就要用母本家系的选择差和母本家系遗传力；要估算全同胞的选择反应，就要换成全同胞的选择差和全同胞遗传力，绝不能混淆。

另外，遗传力不是一个常数，它随着物种、性状、测定年份、栽植环境而有变化。所以遗传力是群体的变异在特定条件下的一个估计值，这个估计值的取值范围在 0 与 1 之间。如果计算出的遗传力大于 1 或者小于 0，就失去了它的生物学意义。

尽管如此，遗传力又具有相对的稳定性，而且在不同的条件下，不同性状遗传力大小的排列次序是稳定的。这是我们在选择育种工作中应用遗传力的基础。

估算遗传力，可以有不同的试验设计和计算方法，而每种方法都有一定的假设条件，关键在于无偏地估计环境变异。因而育种工作者在布置试验时又需要掌握一套科学的田间试验设计方法。

**11.5.2.3 遗传相关**

遗传相关在育种工作中主要应用于两个方面：一是在间接选择时用来估计相关的选择响应；二是在多性状综合选择时用以计算选择指数。

**(1) 间接选择**

我们所关心的生物性状，有时不能直接选择，或者直接选择的效果很差，这时我们可以考虑借助另一个性状的选择，以达到改良原来性状的目的，这就是间接选择。间接选择在育种实践中具有重要意义，有些性状对于某些个体来说是难以度量的，甚至是无法度量的。例如，树木的光合作用能力，我们不可能逐株去进行测定，果园或种子园中雄株对结实的影响、公牛泌乳量、种猪瘦肉率等，都无法度量。另外，有些性状遗传力很低，直接选择效果不好。在上述这些情况下，都有必要考虑采用间接选择。

假如我们把用来进行间接选择的辅助状称为 $X$ 性状，要改良的目的性状称为 $y$ 性状，那么，对于 $X$ 性状进行选择时，选择响应为：

$$R_X = S_X h^2 = i\sigma_{P_X} \frac{\sigma_{g_X}^2}{\sigma_{P_X}^2} = i\sigma_{P_X} h_X^2 \tag{11-61}$$

对 $X$ 性状进行选择时，$y$ 性状的变化可以从 $y$ 的基因型值对于 $X$ 的基因型值的回归系数求出：

$$CR_y = b_{g_{yX}} R_X = \frac{Cov_g}{\sigma_{g_X}^2} i_X \sigma_{g_X} h_X = r_{g_{Xy}} \frac{\sigma_{gy}}{\sigma_{g_X}} i_X \sigma_{g_X} h_X = i_X h_X r_{g_{Xy}} \sigma_{gy} = i_X h_X h_y r_{g_{Xy}} \sigma_{p_y} \tag{11-62}$$

从式(11-62)可以看出，如果两个性状的遗传相关系数 $r_{g_{Xy}}$ 和遗传力（$h_X^2$ 和 $h_y^2$）已经估算出来，同时也了解目的性状的表型标准差 $\sigma_{p_y}$，那么，在指定的选择强度 $i_X$ 下，我们就可以对目的性状的间接选择效果作出估计。

例如，大豆的百粒重和产量之间遗传相关系数较高，但大豆产量性状遗传力低，而百粒重性状遗传力高。于是，育种工作者就把大豆的百粒重作为副性状进行选择，实现了提高产量的目的。

**(2) 估计选择指数**

对于某个生物群体进行多性改良时，可以有多种不同的途径和方法。例如，可以采用单项选择法，即先选第一个性状，再选第二个性状；也可以采用独立淘汰法，即对所选的几个性状都制定一个淘汰指标，候选个体只要有一项低于标准就淘汰；比较先进的方法是综合选择指数法，这种方法是把需要改良的几个性状，依据各自的遗传力、表型方差、经济加权值，以及遗传相关和表型相关，综合成一个指标，并据此对个体进行选择。综合选择指数法最早由史密斯(1937)提出，随后 Hazel 和 Lush(1942)进行了系统论述，现在已经有学者提出了约束选择指数、通用选择指数、最宜选择指数等新概念。我们在这里仅给出有关选择指数原理的最简要叙述。更详细的内容请参阅有关书籍。

假设我们要改良的性状有 $n$ 个,在进行选择时,每个个体都要对这 $n$ 个性状进行观测,我们可以把这 $n$ 个表型观测值综合为一个指数 $I$:

$$I = b_1 x_1 + b_2 x_2 + \cdots + b_n x_n \tag{11-63}$$

式中　$x_1, x_2, \cdots, x_n$——为各性状的表型观测值;
　　　$b$——各性状的权重。

有了这个公式,我们就可以给每个个体打出一个综合指数 $I$ 来,从而决定哪些个体入选,哪些个体淘汰。问题在于权重 $b$ 值如何确定。它不能凭主观意愿来给定,必须依据下列正规方程组来求算。

$$\begin{cases} b_1 P_{11} + b_2 P_{12} + \cdots + b_n P_{1n} = g_{1y} \\ b_1 P_{21} + b_2 P_{22} + \cdots + b_n P_{2n} = g_{2y} \\ \vdots \quad \vdots \quad \vdots \quad \vdots \\ b_1 P_{n1} + b_2 P_{n2} + \cdots + b_n P_{nn} = g_{ny} \end{cases} \tag{11-64}$$

式中　$P_{ii}$——各性状的表型方差($\sigma_P^2$);
　　　$P_{ij}$——两性状的表型协方差($Cov_P$);
　　　$g_{iy}$——各性状与目的性状的遗传协方差($Cov_g$)。

可以看到,要解这个方程组,先要求出各项方差和协方差,其中目的性状可以是产量,也可以是经济效益等。

## 思考题

1. 何为数量性状?它与质量性状的主要区别是什么?
2. 方差与协方差的概念有何联系?
3. 方差分析的主要步骤和核心内容是什么?
4. 重复力与遗传力有何联系和区别?
5. 估算遗传力的主要方法有哪些?
6. 重复力、遗传力和遗传相关在选择育种工作中各有什么用途?

## 主要参考文献

续九如. 2006. 林木数量遗传学[M]. 北京:高等教育出版社.
朱之悌. 1990. 林木遗传学基础[M]. 北京:中国林业出版社.
朱军. 2002. 遗传学[M]. 3 版. 北京:中国农业出版社.
郭平仲. 1993. 数量遗传分析[M]. 北京:首都师范大学出版社.
马育华. 1982. 植物育种的数量遗传学基础[M]. 南京:江苏科学技术出版社.
胡芳名,龙光生. 1995. 经济林育种学[M]. 北京:中国林业出版社.
王明庥. 2001. 林木遗传育种学[M]. 北京:中国林业出版社.
FALCONER D S, MACKAY T F C. 1996. Introduction to Quantitative Genetics[M]. London:Longman.

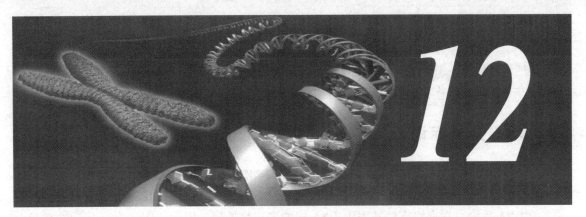

# 12

# 遗传图谱构建与基因定位

重要农艺性状如产量、品质和抗逆性等大多数量性状且都由其对应的基因控制。若采用经典的数量遗传来研究这些性状，只能把控制某一性状的多个基因作为一个整体来进行研究，这样是无法鉴别出单个数量基因以及与之有关的染色体片断，更难以确定数量性状基因位点（quantitative trait loci，QTLs），在染色体上的位置及其它基因的关系，因而也无法采用现代分子遗传学所发展的基因克隆和转移等方法对数量性状进行遗传操纵。解决这一问题的关键在于通过QTL作图将影响数量性状的多个基因剖分开来，可以像研究质量性状基因位点一样，对这些数量性状基因位点进行研究，研究这些基因在染色体上的位置，并寻找与其紧密连锁的分子标记，不仅可以对QTL所在的基因进行一段一段地分析，而且可以直接测量过去所不能鉴别的各染色体区段的效应，从而确定其在染色体上的位置、单个效应及互作效应。遗传连锁图可显示标记和基因在染色体上的相对位置，有利于更好地理解基因组结构和进化，为人们寻找和定位控制数量性状的基因提供极其有用的工具。若知道控制复杂性状的基因的数量及各个基因的效应，将有助于更好地理解数量性状的遗传结构，为分子标记辅助育种奠定基础。这些是遗传研究的重要内容，是分子标记辅助选择（MAS）和图位克隆（map-based cloning）的基础。

若要开展遗传连锁图谱构建与基因定位，首先就应该先来了解分子标记。分子标记是分子生物学发展的产物，

> 遗传图谱构建是遗传学研究中的基础工作，也是研究基因组结构和功能的基础。通过遗传连锁图谱可以进行重要性状的基因定位，从而进行分子标记辅助选择育种。而构建不同种或不同属物种的遗传连锁图，还可进行比较基因组学研究，以分析物种的遗传结构和系统进化关系。本章将着重介绍常见分子标记技术的基本原理、遗传连锁图谱构建与重要经济性状相关基因的定位和分子标记辅助选择等方面。

是继形态标记、细胞学标记和生化标记之后发展起来的一种 DNA 标记，已被广泛应用于生命科学研究的各个领域。

## 12.1 分子标记

这里介绍的分子标记（molecular markers）是指以 DNA 多态性为基础的遗传标记，简称分子标记。分子标记是指在分子水平上能反映生物个体或种群间基因组中某种差异特征的 DNA 片段，它直接反映基因组 DNA 间的多态性差异。因此，DNA 分子标记在数量上是十分丰富的。与形态标记（morphological markers）、细胞学标记（cytological markers）和生化标记（biochemical markers）相比，分子标记具有明显的优越性，其主要优点为：①直接以 DNA 的形式表现，在生物体的各个组织、各个发育阶段均能检测到，不受季节、环境限制，不存在表达与否等问题；②数量极多，遍布整个基因组，可检测座位几乎无限；③多态性高，自然界存在许多等位遗传变异，无须专门创造特殊的遗传材料；④表现为中性，不影响目标性状的表达；⑤大多数标记表现为共显性的特点，能区别纯合和杂合类型。基于上述优点，分子标记技术已成为遗传连锁图谱构建、基因定位和辅助育种的有力工具。随着分子生物学技术发展和研究水平的深入，分子标记的发展经历了三个阶段，也称为三代 DNA 分子标记。第一代分子标记即 RFLP，产生于 1980 年；随后即 1984—1993 年间，产生了以 PCR 为基础的第二代分子标记，主要包括 SSR、STS、RAPD 和 AFLP；最近，随着高通量测序技术的发展，产生了以 EST 和 SNP 为主的第三代分子标记。目前已有 20 多种分子标记，而在遗传图谱构建与基因定位中常用的有 RFLP、RAPD、AFLP、SSR、EST 和 SNP 等分子标记技术。下面分别介绍它们的基本概念、原理和特点。

### 12.1.1 限制性片段长度多态性

限制性片段长度多态性（restriction fragment length polymorphisms，RFLPs）标记技术是指用限制性内切酶酶切不同个体基因组 DNA 后，由于识别的酶切位点中的核苷酸发生变异，结果造成用核苷酸片段为探针杂交后含同源序列的酶切片段在长度上的差异。该概念首先由 Bostein 于 1980 年提出，并在 1987 年由 Donis-Keller 等人构建了第一张人的 RFLP 遗传连锁图谱，为早期遗传图谱的构建战略和技术带来了革命性的变化。

**（1）RFLP 标记的基本原理**

其基本原理是：特定生物类型的基因组 DNA 经限制性内切酶酶解后，产生分子量不同的同源等位片段，再通过电泳的方法将 DNA 片段按照各自的长度分开，利用同源性片段探针进行 Southern 杂交来检测基因组 DNA 的多态性（图 12-1）。限制性内切酶能识别 DNA 序列上由特定碱基组成的核苷酸序列位点，由于它具有专一性，所以用不同的限制性内切酶处理同一 DNA 样品，或用同一内切酶酶切不同的 DNA 样品时，可以产生与之对应的不同限制性片段。因此，对于特定的 DNA/限制性内切酶组合，所产生的片段是特异的，可提供大量位点多态性信息，以此作为某一 DNA 的特有"指纹"。

**（2）RFLP 标记的优缺点**

作为第一代 DNA 分子标记，RFLP 是一种非常丰富的分子标记技术，具有以下主要优

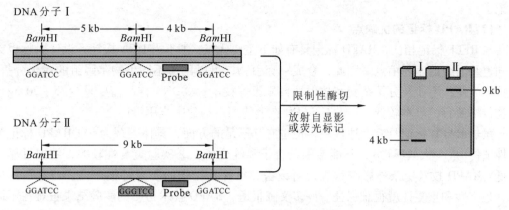

图 12-1　RFLP 标记技术简单流程

点：①遍布于整个基因组，数量几乎是无限的。RFLP 标记源于基因组 DNA 的自身变异，在数量上几乎不受限制；②变异更稳定。其表现不受环境条件的影响，无表型效应，不受发育阶段及器官特异性限制；③其标记为共显性，可区分纯合子和杂合子。因此，在配制杂交组合时不受杂交方式的影响；④结果稳定可靠、重复性好，特别适合于建立连锁图，早期的连锁框架图几乎都是利用 RFLP 标记构建的。

然而，由于其 DNA 需要量大，必须经过限制性酶切、电泳分离和 Southern 杂交等步骤。因此，该技术也暴露了其自身不可避免的缺点，主要表现在：DNA 样品需求量较大（5~10 μg）；检测技术繁杂，因而费时、费力、周期长；每次实验检测的位点较少；一般需用放射性同位素或非放射性荧光物标记探针，探针的种属特异性较强，开发探针的费用较大。因此，该技术难以用于大规模的育种实践中。

## 12.1.2　随机扩增多态性 DNA

随机扩增多态性 DNAs（random amplified polymorphic DNAs，RAPDs）标记技术是在聚合酶链式反应（polymerase chain reaction，PCR）技术基础上，由 Williams 等于 1990 年采用随机核苷酸序列为引物扩增基因组 DNA 而产生的随机多态性 DNA 片段，获得了另一种新的分子标记。所谓 RAPD 标记技术是指用随机序列组成的核苷酸通过专门的 PCR 反应扩增获得的长度不同的多态性 DNA 片段。它是继 RFLP 之后在遗传学研究中应用最广泛，特别是在寻找与目的基因连锁的分子标记方面报道最多的。

**（1）RAPD 标记的基本原理**

RAPD 是建立在 PCR 和电泳技术基础上的一种 DNA 分子标记技术。其基本原理是：用一个（有时用两个）随机引物（一般 8~10 个碱基）非定点地扩增基因组 DNA，然后用凝胶电泳分开扩增片段，从而获得多态性位点。与常规的 PCR 反应相比，RAPD 反应则是一种随机的扩增反应，不仅引物的序列短而且核苷酸的组成和排列也是随机的，在 PCR 反应中与基因组的配对位置取决于随机吻合的程度，退火是在非严格的条件下进行的。当然，RAPD 标记可以转化为 RFLP 标记，即将 RAPD 片段从凝胶上分离和回收后，克隆在大肠杆菌的质粒载体上进行测序，即可进行 RFLP 分析，若不是重复序列，就成为 RFLP

标记了。

**(2) RAPD 标记的优缺点**

与 RFLP 标记相比，RAPD 标记具有如下主要优点：①不需 DNA 探针，设计引物也无须知道基因组的序列信息。因此，合成一套引物，可以用于不同生物基因组的遗传分析；②技术简便，不涉及分子杂交和放射性自显影等技术；③DNA 样品需要量少（5~20 ng），引物价格便宜，成本较低。因此，RAPD 在遗传图谱构建中应用最广泛。

虽然 RAPD 标记具有上述优点，但也有其不足的方面，具体表现为：①RAPD 标记为显性遗传（极少数共显性），不能鉴别杂合子和纯合子；②实验重复性较差，结果可靠性较低。RAPD 技术受条件影响很大，对设备、条件及操作的要求都很严格，若达不到要求，稳定性和重复性就很难保证。许多文献报道，RAPD 技术得出的实验结果很难在不同实验室通用，因而不能达到全球数据共享，进行合作研究等目的。因此，近年来在遗传学研究中应用逐渐减少。

## 12.1.3 扩增性片段长度多态性

扩增性片段长度多态性（amplified fragment length polymorphisms，AFLPs）是 1993 年荷兰科学家 Zabeau 和 Vos 发明的一种新型 DNA 分子标记技术，是指经对基因组 DNA 限制性酶切片段的选择性扩增而产生的多态性位点，其实质也是显示限制性内切酶酶切片段的长度多态性，只不过这种多态性是以扩增片段的长度不同被检测出来。

**(1) AFLP 的基本原理**

AFLP 标记技术是在组合 RFLP 和 PCR 技术的基础上产生的，其基本原理是植物基因组 DNA 经限制性内切酶双酶切后，形成分子量大小不等的限制性片段；将特定的接头（adapter）连接在酶切片段的两端，形成带接头的特异片段，通过接头序列和 PCR 引物 3′末端的识别，特异性片段经变性、退火和延伸周期性循环而扩增，再通过变性聚丙烯酰胺凝胶电泳将这些特异的限制性片段分离开来，最后通过放射自显影或银染等技术得到清晰可辨的指纹（图 12-2）。

**(2) AFLP 反应基本流程**

AFLP 反应程序主要包括模板 DNA 制备，酶切片段扩增及凝胶电泳分析这 3 个基本步骤。各步骤具体的过程有：①首先要制备高分子量基因组 DNA，选择 6 个碱基识别位点的限制性内切酶（通常是 *Eco*R I 或 *Pst* I 或 *Sac* I）和 4 个碱基识别位点的限制性内切酶（通常是 *Mse* I 或 *Sse* I）；②酶切后的限制性片段在 $T_4$ 连接酶的作用下与特定的接头相连接，形成带有接头的特异性片段；③DNA 片段的预扩增；④AFLP 的选择性扩增；⑤PCR 产物变性后在含尿素的聚丙烯酰胺变性胶上电泳；⑥将电泳后的凝胶进行干胶处理，放射自显影后进行结果分析或将电泳后的凝胶经过银染程序进行显影。

**(3) AFLP 标记的优缺点**

AFLP 实际上是 RFLPs 与 PCR 相结合的产物，既有 RFLPs 的可靠性，也有 RAPDs 的灵敏性。因此，AFLP 技术具有很多优点，主要体现在：①由于 AFLP 分析可以采用的限制性内切酶及选择性碱基种类和数目很多，所以该技术所产生的标记数目是无限多的；②典型的 AFLP 分析，每次扩增反应产生的谱带数在 50~100 条之间，所以一次分析可以

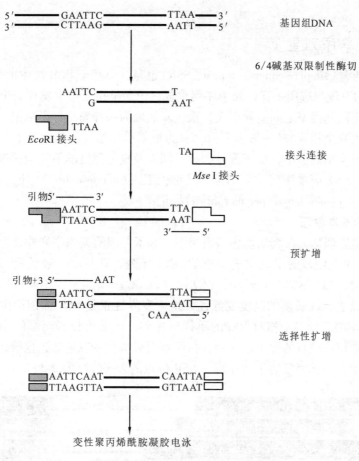

**图 12-2 AFLP 标记技术简单流程**

同时检测到多个座位,且多态性极高;③表现共显性,呈典型孟德尔式遗传;④分辨率高,结果可靠;⑤由于采用两次 PCR 扩增,因而对不同个体间的模板浓度要求不高,DNA 相差 1 000 倍都不会影响最终结果。

由于 AFLP 技术包括 DNA 制备、限制性酶切和连接、预扩增和选择性扩增、凝胶电泳分析以及放射自显影或银染等程序,步骤繁多,因此,对 AFLP 操作人员的素质要求较高。在 AFLP 技术中,每一步都很重要,预扩增尤为重要,因为它起了纯化模板和为选择性扩增提供足够模板的作用。目前有些实验室仍然使用 AFLP 试剂盒(Kit),成本很高,周期较长。

但是,随着 AFLP 技术的广泛开展,大多数实验室已不再受 AFLP 试剂盒的限制,用银染或荧光染料代替同位素且摸索了一套适用于生物基因组分析的 AFLP 优化体系。同传统方法相比,银染检测手段的 AFLP 技术可使成本降低几十倍且节省时间,特别对于缺少遗传研究基础的物种来说,AFLP 技术最适合于构建其高密度遗传连锁图谱。鉴于它的重复性好、稳定、可靠等优点,用 AFLP 技术得到的结果可为全球不同实验室共享,可达到合作研究的目的,共同探索生物基因组的结构和功能。通过一些实验室和科学家的使用和验证,AFLP 被认为是一种十分理想的、有效的分子标记技术,它可以在短时间内提供巨大的信息量。

## 12.1.4 简单序列重复

简单序列重复(simple sequence repeat, SSR)也是一类基于 PCR 技术的分子标记技术,与 RFLP 标记的发现与应用一样,简单序列重复标记最早在人类中发现,由于其重复次数在同一物种的不同基因型之间差异很大,很快发展成为一种新型分子标记。简单序列重复标记是指一类由几个核苷酸(一般为 1~5 个)为重复单位组成的长达几十个核苷酸的串联重复序列。在不同基因型中,由于重复次数不同以及重复程度的不完全而造成了同源基因座位的多态性,成为简单序列重复标记,又称微卫星(microsatellite)标记、简单序列长度多态性(simple sequence length polymorphism)标记。

**(1) SSR 的基本原理**

SSR 的基本原理是:在真核生物基因组中,除了基因的编码序列外,存在一类由几个(多为 1~5 个)碱基组成的串联重复而成的 DNA 序列,其长度一般较短,广泛分布于基因组的不同位置,如(CA)$n$、(AT)$n$、(CT)$n$、(GGC)$n$ 等重复。不同遗传材料重复次数的可变性,导致了 SSR 长度的高度变异性,这一变异性正是 SSR 标记产生的基础。由于在每个 SSR 两端的序列多是相对保守的单拷贝序列,因而可根据两端的序列设计一对特异的引物,扩增每一位点的微卫星序列,再经聚丙烯酰胺凝胶电泳,比较扩增产物的长度变化,即可显示不同基因型的个体在每一 SSR 位点的多态性(图 12-3)。

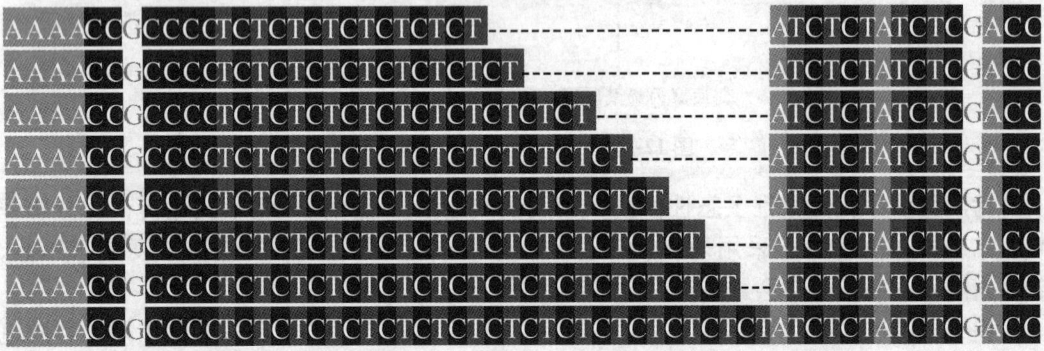

图 12-3 亮果桉(*Eucalyptus nitens*)8 个基因型个体中 *MYB2* 基因 3′UTR 区域存在的 SSR

**(2) SSR 标记的优缺点**

作为第 2 代分子标记技术,SSR 技术简单、方便、多态性高。与其他标记相比,具有很多优点,主要包括:①数量丰富,广泛分布于整个基因组;②具有较多的等位性变异;③共显性标记,可鉴别出杂合子和纯合子;④实验重复性好、结果可靠;⑤实验操作简单,仅进行一次 PCR 扩增和琼脂糖电泳即可得到结果。

由于创建新的标记时需知道重复序列两端的序列信息,因此其开发有一定困难,费用也较高。

## 12.1.5 表达序列标签

表达序列标签(expressed sequence tags，ESTs)是指从不同组织构建的 cDNA 文库中，随机挑选不同的克隆，进行克隆的部分测序后所产生的 cDNA 序列，一般长 300~500 bp。EST 技术是 1991 年建立起来的一种相对简便和快速鉴定大批表达基因的技术。它是将 mRNA 转录成 cDNA 并克隆到载体构建成 cDNA 文库后，大规模随机挑选 cDNA 克隆，对其 5′或 3′端进行一步法测序，所获序列与基因数据库已知序列比较，从而获得对生物体生长发育、繁殖分化、遗传变异、衰老死亡等一系列生命过程认识的技术。

**(1) EST 标记的基本原理**

EST 标记是根据表达序列标签本身的差异而建立的 DNA 标记技术，它同样也是以分子杂交或 PCR 为核心技术。因此，EST 标记可分为两大类：第一类是以分子杂交为基础的 EST 标记，它是以表达序列标签本身作为探针，与经过不同限制性内切酶消化后的基因组 DNA 杂交而产生的；第二类则是以 PCR 为基础的 EST 标记，它是指根据 EST 的核苷酸序列设计引物，对基因组特定区域进行特异性扩增后产生的，如 EST-PCR、EST-SSR 标记等。

**(2) EST 标记的特点**

由于 EST 来源于编码区，故用它建立的分子标记在很多方面都具有优越性：①如果发现一个 EST 标记与一个有益性状在遗传上是连锁的，它很可能直接影响这一性状；②那些与某些候选基因或特定组织中差异显示的 EST 具有同源性的 EST，能够成为遗传作图的特定目标；③EST 来源于编码 DNA，通常其序列保守性程度较高，EST 标记在家系和种界间的通用性比来源于非表达序列的标记更高。正因如此，EST 标记特别适用于远缘物种间比较基因组研究和数量性状位点信息的比较。

在 1998 年前除拟南芥和水稻以外，其他植物还很少有 EST 研究，但最近几年该技术也延伸到树木中，如在杨树、桉树、辐射松、火炬松和挪威云杉等具有重要经济价值的林木中也开展了 EST 研究。利用 EST 作为标记所构建的分子遗传图谱被称为转录图谱，与其他分子标记不同，EST 能用做矫正标记进行比较基因组作图，可以定位已知功能的基因或定位影响重要性状的候选基因(Temesegn et al.，2001)。作为第三代分子标记技术，EST 不仅为基因组遗传图谱的构建提供了大量的分子标记，而且来自不同组织和器官的 EST 也为基因的功能研究提供了有价值的信息。随着高通量测序技术的进步，使人们越来越相信，大规模地产生 EST，结合生物信息学的手段，将为人们提供一种快速而有效的发现新基因的方法。

## 12.1.6 单核苷酸多态性

单核苷酸多态性(single nucleotide polymorphisms，SNPs)是真核生物中最常见的遗传变异形式。SNPs 是指种内不同个体间在基因组某一特定位点内发生的单核苷酸变异。这种具有单核苷酸差异引起的遗传多态性特征的 DNA 区域，可以作为一种 DNA 标记，即 SNP 标记。自 20 世纪 80 年代快速测序和高通量基因型分析技术的开发和应用才得以实现大样本、多基因的较大规模的 SNPs 工作的开展(Sanger et al.，1977)。据估计，在人类基因组中至少包括 1 000 万个常见 SNPs(把 SNPs 在群体中出现频率超过 10% 的称为常见 SNP)(Kruglyak and Nickerson, 2001)。因此，SNP 是继 RFLP、RAPD、AFLP 和 SSR 之后的又一代新的 DNA 多态性遗传标记，自 1994 年第一次提出来之后，它渐渐成为与分子标记有关各领域研究的焦点。

**(1) SNP 的基本原理**

DNA 分子的基本单位是脱氧核苷酸，组成脱氧核苷酸的碱基有 4 种：腺嘌呤(A)、鸟嘌呤(G)、胞嘧啶(C)和胸腺嘧啶(T)，且可形成 A-T、G-C、T-A、C-G 4 种碱基配对形式。它们在 DNA 双螺旋结构上的排列顺序决定了一个基因的结构和功能。当基因组某一区域 DNA 片段内这 4 种碱基中的任何一种发生改变，即产生了一个 SNP。因此，从变异的性质上看，SNP 主要指碱基突变，也包括单碱基缺失和插入；碱基突变分为转换和颠换 2 种，转换是指嘌呤突变成嘌呤或嘧啶突变成嘧啶，如 G⇔A、C⇔T，颠换指嘌呤与嘧啶之间的互换，即 C⇔A、G⇔T、C⇔G、T⇔A，转换发生的频率与颠换之比总是大于等于 2:1，主要原因是 CpG 的 C 是甲基化的，容易自发脱氨基形成胸腺嘧啶 T，CpG 也因此成为突变热点；原则上说，突变处的碱基可以为 A、T、C、G，事实上 SNP 多发生在两个碱基之间，尤其是 C 和 T 间(图 12-4)。

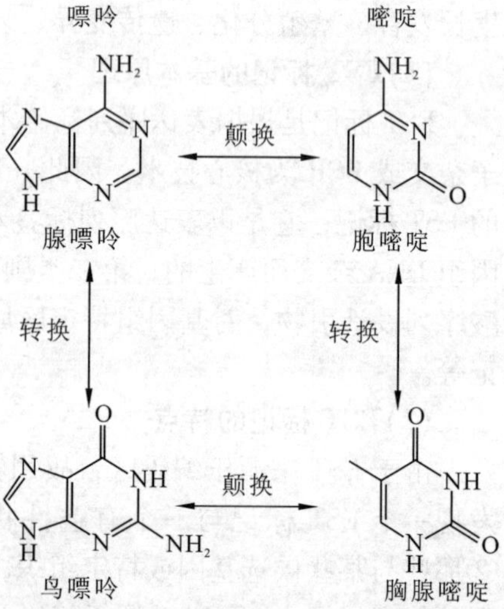

图 12-4　DNA 内发生的突变形式

在基因组 DNA 中，任何碱基均有可能发生变异，SNP 既有可能发生在基因编码区域(coding SNP, cSNP)，也有可能发生在非编码区域。cSNP 又可分为 2 种：一种是同义 cSNP(synonymous cSNP)，即 SNP 所致的编码序列的改变并不影响其所翻译的蛋白质的氨基酸序列；另一种是非同义 cSNP(non-synonymous cSNP)，指碱基序列的改变可以使翻译的蛋白质序列发生改变，从而影响了蛋白质的功能。这种改变常是导致生物性状改变的直接原因。因此，若 SNP 发生在基因的编码区，就可能导致产生新的蛋白质和 mRNA 的结构折叠，造成质量上的不同；若检测的 SNPs 位于调控区或内含子区，就可能影响基因表达水平、RNA 的稳定性而导致数量上的变化(Schaeffer, 2001)。这两种变异可以产生在功能上改变而影响了所研究物种的表型。

**(2) SNP 标记的特点**

作为第三代遗传标记，SNP 自身的特性决定了它更适合用于研究生物性状的遗传变异规律，它具有如下主要特点：①SNP 数量多，分布广泛。特别对于树木来说，由于进化历史较长、野生性强、高度杂合以及多年生等特点，其基因组内包含丰富的 SNP 位点。据估计，每 100 个核苷酸就有 1 个 SNP，且覆盖整个树木基因组(Zhang et al., 2005)；②突变稳定性。SNP 是由于物种在进化过程中单核苷酸突变形成的，因此，一旦检测到与表型性状显著连锁的 SNP 等位位点，就可以将其用于标记辅助育种或基因辅助育种，且在最近几代内非常稳定，很难在短期再次发生突变；③SNP 具有双等位性(bi-allelic)，是共显性标记。组成 DNA 的碱基虽然有 4 种，但在二倍体物种中，SNP 一般只有 2 种碱基组成，所以它是一种二态的标记，即二等位位点。由于 SNP 的二态性，非此即彼，在基因组筛选中 SNPs 往往只需 +/- 的分析，而不用分析片段的长度；④SNP 发现和候选 SNP 的基因型分析的自动化程度较高，易于进行高通量分析，省时、省力。

由于分子标记相对于形态标记、细胞学标记和生化标记有着无可比拟的优越性，因而分子标记的使用范围也越来越广泛。在实际应用中，不同的分子标记技术具有不同的特点，现将目前生物中常用的几种分子标记的特点汇总于表 12-1。

表 12-1　常用分子标记的特点

| 标记名称 | RFLPs | RAPDs | AFLPs | SSRs | ESTs | SNPs |
| --- | --- | --- | --- | --- | --- | --- |
| 发明人及年代 | Bostein, 1980 | Williams et al., 1990 | Zabeau and Vos, 1993 | Litt et al., 1989 | Adams et al., 1991 | Delahunty et al., 1996 |
| 主要原理 | 限制性内切酶酶切片段及 Southern 杂交 | 随机引物的 PCR 扩增 | 限制性酶切片段的选择性扩增 | 候选引物的 PCR 扩增 | Southern 杂交或 PCR 扩增 | 测序和 PCR 扩增 |
| 探针或引物来源 | 特定 DNA 序列作探针 | 单个随机引物（8~10 个碱基） | 由核心序列、酶切位点及选择性碱基组成的特定引物 | 特异引物 | 特异引物 | 特定 DNA 序列作引物或探针 |
| DNA 质量要求 | 高，5~30 μg | 中，5~20 ng | 高，200~500 ng | 中，10~40 ng | 中，10~40 ng | 中，10~40 ng |
| 标记类型 | 共显性 | 显性 | 显性 | 共显性 | 共显性 | 共显性 |
| 基因组丰富度 | 中等 | 很高 | 很高 | 高 | 中等 | 很高 |
| 多态性水平 | 中等 | 较高 | 很高 | 高 | 中等 | 很高 |
| 检测基因组区域 | 全基因组 | 全基因组 | 全基因组 | 重复序列 | 编码区 | 全基因组 |
| 可靠性 | 高 | 低 | 高 | 高 | 高 | 高 |
| 通用性程度 | 种特异 | 通用 | 通用 | 种特异 | 种特异 | 种特异 |
| 克隆和序列分析 | 需要 | 不需要 | 不需要 | 需要 | 需要 | 需要 |
| 实验周期 | 长 | 短 | 较长 | 短 | 短 | 短 |
| 实验成本 | 高 | 低 | 较高 | 高 | 高 | 高 |

由表 12-1 可见，每一分子标记技术都有其优缺点，因此，建议使用者根据每一标记技术的特点以及应用范围来选择最佳的标记技术进行基因型检测，从而迅速得到稳定和准确的研究结果。

## 12.2　遗传连锁图谱构建

遗传图谱构建是遗传学研究中一个很重要的领域，可为基因定位与克隆以及基因组结构和功能的研究奠定基础。构建遗传图谱的基本原理是真核生物遗传过程中会发生减数分裂，期间染色体要进行重组和交换，这种重组和交换的概率会随着染色体上任意两点间的相对距离的远近而发生相应的变化。据此，人们可以推断出同一条染色体上两点间的相对距离和位置关系。由此构建的图谱被称为遗传图谱（genetic map）。

基因组计划开展以来，遗传作图进展非常迅速，在短短的几年内，模式植物和主要农作物的遗传连锁图的绘制均已完成，为基因的精细定位和物理图谱的构建奠定了基础。由于林木自身的一些生物学特性，如许多树种起源复杂、高度杂合，难以获得像农作物那样的纯系，一直被视为植物遗传作图研究的难区。虽然林木遗传作图研究起步较晚，但发展极为迅速，且大大改变了林木分子数量遗传及相关领域的研究。

本节主要介绍遗传图谱构建中涉及的遗传作图群体的建立、分子标记分离数据的收集与处理、构建遗传连锁图的方法和常用的作图软件，以及主要农作物遗传连锁图谱研究的进展。要构建一张理想的遗传连锁图谱，首先就应该选择合适的亲本材料并建立呈正态分布的分离作图群体，其直接关系到构建图谱的难易程度、图谱的准确度及适用性。

## 12.2.1 遗传作图群体

根据遗传材料的稳定性，一般可以将用于分子标记遗传作图群体分为两类，一类为暂时性分离群体，另一类为永久性分离群体。以下分别进行介绍。

### 12.2.1.1 暂时性分离群体

暂时性分离群体主要包括回交群体、$F_1$群体和$F_2$群体3种。

**(1) 回交群体**

回交群体是由所研究的材料中选择出来的亲本杂交获得的$F_1$与其亲本之一进行交配产生出来的群体。这种群体的配子类型较少，在统计及作图分析方面比较简单。但它的不足也正是因为配子类型少，所能提供的信息量相对较少。另外，可提供作图的材料有限，不能多代使用。

**(2) $F_1$群体**

$F_1$群体是指利用目标性状差异较大的种间或种内两个杂合基因型个体进行交配得到的群体。在该类群体中，由于分子标记在一个亲本中呈杂合形式存在，而在另一亲本中呈零等位状态，因此，标记在$F_1$群体中则以符合拟测交比例1:1的形式分离，从而可分别构建亲本特异的分子标记遗传连锁图，再通过连锁图上的公共标记整合成一张遗传连锁图。该策略特别适用于生长周期较长、建立$F_2$或回交群体较困难的多年生植物。

**(3) $F_2$群体**

$F_2$群体是由所研究的材料中选择出来的亲本杂交获得的$F_1$，再自交得到的分离群体。建立$F_2$群体相对比较省时，对于雌雄同株或同花的短周期植物来说，不需要太长的时间便可获得一个较大的群体。而且$F_2$群体包含的基因型种类较全面，可提供的信息量大，作图的效率高。对于那些雌雄异株，且生长周期较长的树木来说，要建立$F_2$群体是十分困难的，即便建立了群体也不是真正意义上的$F_2$群体。

### 12.2.1.2 永久性分离群体

永久性分离群体主要包括双单倍体群体和重组自交系群体。

**(1) 双单倍体群体**

双单倍体(doubled haploid, DH)群体是通过对$F_1$进行花药离体培养或通过特殊技术获得目标植物的单倍体植株,再经过染色体加倍后获得的双单倍体,又称加倍单倍体群体。这样的 DH 群体相当于一个不再分离的"$F_2$ 群体",能够长期保存使用。但由于建立 DH 群体需要组织培养技术和染色体加倍技术,相对而言建立群体的技术较复杂。另外,由于 DH 群体规模往往较小,所以,能够提供的信息量一般比 $F_2$ 群体的要低。

**(2) 重组自交系群体**

重组自交系(recombinant inbred lines, RIL)群体是由 $F_2$ 经过多代自交,即一粒传(single seed descendant, SSD),使后代的基因型变得相对纯合的群体。建立 RIL 群体的基本程序是:用两个品种杂交产生 $F_1$,自交得到 $F_2$,从 $F_2$ 群体中随机选择数百个到上千个单株进行自交,每株只种一粒,再自交直到 $F_6 \sim F_8$ 代,最后形成数百个重组自交系。RIL 群体一旦建立起来,将是十分有用的群体,可以长期世代繁衍保存,有利于不同的实验室开展协同研究,而且作图的准确性高。

与暂时性分离群体相比,永久性分离群体至少具有以下两方面优点:①群体中各个品系的遗传组成相对固定,可以通过种子繁殖代代相传,不断地增加新的遗传标记,并可以在不同的研究小组之间共享信息;②可以对性状的鉴定进行重复试验,以得到更为可信的结果。这对于那些抗病虫害的抗性性状和那些受多个基因控制的易受环境影响的数量性状的分析而言尤为重要。RIL 群体的缺点是建立群体所需时间长,工作烦琐,而且有的物种很难产生 RIL 群体。

现将几种不同的作图群体的特点列于表 12-2。

表 12-2 不同作图群体的特点

| 群体 | $F_2$ | $F_1$ | $BC_1$ | DH | RIL |
| --- | --- | --- | --- | --- | --- |
| 群体形式 | $F_1$ 自交后代 | 种间或种内个体的杂交子代 | $F_1$ 回交后代 | $F_1$ 花粉植株个体 | $F_2$ 个体自交后代 |
| 性状研究对象 | 个体 | 个体 | 个体 | 品系 | 品系 |
| 准确度 | 较低 | 较低 | 低 | 高 | 高 |
| 要求的群体规模 | 大 | 大 | 大 | 中 | 中 |
| 分离比例 | 1:2:1 或 3:1 | 1:1、1:2:1 或 3:1 | 1:1 | 1:1 | 1:1 |

## 12.2.2 遗传图谱的制作

### 12.2.2.1 分子标记分离数据的收集与处理

遗传连锁分析的第一步是获得作图群体中不同个体的 DNA 多态性资料。由于各种分子标记最后显示的形式,均以电泳分离的谱带来呈现,因此,从群体中收集分子标记分离数据的关键是将电泳的带型数值化,转化为可供计算机分析处理的信息。进行这种转换与作图群体的类型以及标记的显隐性有关。对于共显性标记如 RFLPs 和 SSRs 等在 $F_2$ 群体的亲本 $P_1$ 和 $P_2$ 中具有多态性且各显示一条带,而在群体中不同个体间应显示 3 种带型,即 $P_1$ 型(显性纯合)、$P_2$ 型(隐性纯合)和杂合体(显隐性)类型。通常将含有 $P_1$ 带型的 $F_2$ 个体赋值为 1,$P_2$ 带型的个体赋值为 3,杂合体带型赋值为 2。而对于显性标记如 RAPDs 和 AFLPs,由于无法区分标记的杂合基因型,因此仅有 2 种基因型赋值,即显性纯合和显隐性杂合为一类,将其赋值为 1,而隐性纯合为一类,赋值为 0。数据的收集和处理应注意以下几个问题：①勿利用没有把握的数据：由于分子标记的多态性分析涉及较多实验步骤，在操作过程中难免出现错误或经常会得到谱带不清晰的实验结果，若在连锁分析时利用错误的数据，将会影响该标记在图谱上的位置及影响与其他标记的连锁关系。因此，在连锁分析时，应舍去没有把握的数据或重复实验得到正确的实验结果。②注意亲本基因型：如果已知某两个基因座位是连锁的，而所得结果显示这二者是独立分配的，这可能是由于亲本类型决定的错误，可试将基因型改变，重新计算。③当两亲本出现多条谱带的多态性时，应通过共分离分析区别其是属于同一基因座位还是分别属于多个基因座位，若属于多个基因座位，应逐带收集分离数据。

### 12.2.2.2 连锁的两点测验

当两对基因位于同一染色体上且相距较近时，在分离后代中必然表现为连锁遗传。连锁的基本检测是对分离的成对基因座位进行统计学分析和评价。在进行连锁检验之前，必须了解各检测基因座位的等位基因分离是否符合孟德尔分离比例，这是连锁检验的前提。在植物和林木中常见的作图群体为 $F_2$、$BC_1$ 和 $F_1$ 群体，而显性和共显性标记在这些群体中的孟德尔分离比例见表12-3。由表12-3可见，显性和共显性标记在 $F_2$ 群体中的期望孟德尔分离比例分别为3:1和1:2:1，在 $BC_1$ 群体中的分离比例均为1:1。而对于 $F_1$ 群体，显性标记的期望孟德尔分离比例为1:1或3:1，共显性标记则为1:1或1:2:1。

表12-3 显性和共显性标记在植物作图群体中的期望孟德尔分离比

| 群体 | $F_2$ | $BC_1$ | $F_1$ |
| --- | --- | --- | --- |
| 显性 | 3:1 | 1:1 | 1:1 或 3:1 |
| 共显性 | 1:2:1 | 1:1 | 1:1 或 1:2:1 |

标记在目标群体中的分离比例是否符合期望的孟德尔分离比，一般采用 $x^2$ 检验。只有当待检验的两个标记基因座位各自的分离比例正常时，才可进行这两个座位的连锁分析。目前在植物和树木的分子遗传图谱制作过程中，经常可见到许多分子标记偏离期望的孟德尔比例，这被称为标记的偏分离（segregation distortion）现象。出现标记偏分离这一结果说明存在造成偏分离的生物学基础。造成偏分离的原因目前还不十分清楚，一般认为与染色体缺失、遗传分离机制、发育能力基因、花粉致死等位基因的存在，以及由于隐性致死等位基因造成遗传负荷表达等因素有关。偏离期望孟德尔分离比的标记一般被认为该标记与遭受直接选择的基因存在连锁。当偏分离的原因不清楚时，偏分离标记应该抛弃而不用于遗传连锁图谱构建，但这样会造成连锁群上的部分区域丢失。基于这一原因，所有的标记都应进行连锁分析而用于图谱构建。但偏分离标记会增加作图时类型I错误，也就是说否定了表12-3所列的各种假设。此外，偏分离标记会使连锁群上标记间遗传距离不太准确。

### 12.2.2.3 利用极大似然法估计重组值

两个连锁座位不同基因型出现的频率是估算重组值的基础。通常情况下，重组值的估计根据分离群体中重组型个体数占总个体数量的比例来计算。但该方法无法得到估计值的标准误，因而也无法对估计值进行显著性检验和区间估计。而采用极大似然（maximum likelihood estimation, MLE)法对重组率进行估计可以解决上述问题。因此，在分子遗传图谱构建中重组率是通过极大似然估计法得到的。

### 12.2.2.4 似然比与连锁检验

在人类遗传学研究中，由于通常不知道父母的基因型或父母中标记基因的连锁相是相引还是相斥，因而也无法通过计算重组体出现的频率来进行连锁分析。因此，通常采用似然比(likelihood ratio or odds ratio, LOD)的方法进行连锁分析。这就是比较观测资料来自某一假设(如两个标记间以 $r$ 的重组率相连锁)的概率与来自另一假设(通常为非连锁 $r=1/2$)的概率。这两种概率之比为一假设相对于另一假设的似然比，即 $L(r)/L(1/2)$。为了计算上的方便，这一比值常取以 10 为底的对数，称为 LOD 值，即 LOD = $\log_{10}[L(r)/L(1/2)]$。对于不同的 $r$ 值，LOD 值是不同的。一般而言，当两个标记位点连锁时，$L(r)/L(0.5) > 1$，则相应的 LOD 为正。而当 $L(r)/L(0.5) < 1$ 时，相应的 LOD 值为负。为了证实两对标记基因之间存在连锁，一般要求 LOD 值大于 3，这样才能证实这两对基因间存在连锁，而要否定连锁的存在，一般要求 LOD 值小于 -2。在人类和其他生物包括植物和林木遗传图谱的构建中，似然比的概念也用来反映重组率估值的可靠性程度或作为连锁是否真实存在的一种判断尺度。

### 12.2.2.5 多点分析与基因直线排序

上述介绍的都是两点间的连锁测验及重组率估算，即每次只考虑两个标记基因座位间的关系。在遗传图谱构建中，两点分析只是一个起点。由于两点分析仅利用了有限数目标记共有的信息，所估计的重组率只是一个大概值。要从这样的重组率去推测基因的排列顺序可能会导致不正确的结论。因此，应同时考虑多个标记基因座位的共分离，这样才可以获得有关这些基因座位排列顺序的可靠信息。

极大似然估计法和似然比法，可以用于各种标记座位排列顺序的比较，从多种可能的图谱中挑选出具有最大可靠性的图谱，并计算出这些基因座位之间的重组率。为了得到多标记位点分析的最大似然值，须采用叠代法(iteration method)来进行连锁分析。人类遗传学中常用的叠代法是 EM 算法，这种叠代法可用于处理属于不完整的观测资料。EM 算法每一叠代步骤包括一次求期望(expectation, E)和随后的一个最大化(maximization, M)。EM 算法仅为进行 E 和 M 步骤提出了特定的程序，必须根据具体应用使算法具体化。

Lander 等于 1987 年编制了计算程序 Mapmaker，采用 Marhov 重建法进行遗传重建，以获得最大似然的遗传连锁图。当 LOD 值上下叠代间的增量低于某一给定的阈值(tolerance, T)时，就认为该步骤收敛了。Lander 等证明似然值不会随叠代而减少，因而只要选用一个正的 T 值就可以了。在实际计算中，常选的 T 值为 0.01 或 0.001。

对于 $M$ 个位点有 $M!/2$ 种可能的基因排列顺序，每一排列顺序都可以得到一个各自最大的 LOD 值。比较这些可能的排序，LOD 值最大者即为最佳的顺序。

生物的染色体数是固定的，位于同一染色体上的分子标记将连锁在一起形成一个连锁群。按照多点作图的原理，同一染色体上的标记联系在一起的可能性将大于其他染色体上的标记。先对所有的标记进行初步分群，然后在每一连锁群内寻找可能性最大的排序，最终获得所有连锁群的标记排序，后利用缺体、三体等非整倍体通过原位杂交的方法，可以将连锁群与相应的染色体相对应。

### 12.2.2.6 构建遗传连锁图所用的软件

构建植物遗传连锁图谱的主要软件有 MAPMAKEREXP3.0、JoinMap2.0、CRI–MAP、MAPQTL3.0 等。MAPMAKEREXP3.0 是一种用于构建遗传连锁图谱并利用连锁图谱进行复合性状基因定位的软件，所分析的群体类型包括 BC、$F_2$、$F_1$ 等。JoinMap2.0 主要应用于构建遗传连锁图谱，但在 PC 机上没有提供图形化输出功能，适合 $BC_1$、$F_2$、DH 等群体。MAPQTL3.0 功能特别强大，可以用 3 种不同的方法：区间、MQM 和非参数法进行 QTL 作图，分析的群体类型包括 $BC_1$、$F_2$、DH 等。

### 12.2.2.7 遗传图谱构建研究进展

自 1986 年玉米第一张 RFLP 标记遗传连锁图构建以来，已构建了模式植物拟南芥和水稻、小麦、大豆、棉花、花生等 20 多种农作物的遗传图谱。在树木中，遗传作图开展相对较晚，但发展很快，已有杨树、松树、桉树、云杉、柳树、栎树等 20 个树种中开展了遗传连锁图谱的构建。现简要介绍模式植物拟南芥、主要农作物和模式树木杨树遗传作图研究进展，并将主要结果分别列于表 12-4 和表 12-5 中。

表 12-4 已发表的拟南芥和主要农作物的分子标记遗传图谱

| 物 种 | 作图群体类型和大小 | 标记类型 | 标记数量 | 遗传图谱长度(cM) | 参考文献 |
| --- | --- | --- | --- | --- | --- |
| 拟南芥 | $F_2$ 的 118 个单株 | RFLP | 90 | 501 | Chang et al., 1988 |
| | $F_2$ 的 118 个单株 | RFLP | 111 | 493 | Nam et al., 1989 |
| | RI 的 150 个单株 | RFLP, RAPD | 320 | 630 | Reiter et al., 1992 |
| | RI 的 300 个单株 | RFLP | 564 | 373 | Lister and Dean 1993 |
| | RI 的 162 个单株 | AFLP, CAPS, SSR | 322 | 475 | Alonso-Blanco et al., 1998 |
| | RI 的 88 个单株 | AFLP, RFLP, CAPS, SSLP | 517 | 427 | Alonso-Blanco et al., 1998 |
| 水稻 | $F_2$ 的 50 个单株 | RFLP | 135 | 1 389 | McCouch et al., 1988 |
| | BC 的 113 个单株 | RFLP | 726 | 1 491 | Causse et al., 1994 |
| | DH 的 135 个单株 | RFLP | 135 | 1 811 | Huang et al., 1994 |
| | $F_2$ 的 186 个单株 | RFLP, EST | 2 275 | 1 522 | Harushima et al., 1998 |
| | DH 的 135 个单株 | RAPD, RFLP | 379 | 2 900 | Subudhi and Huang 1999 |
| 小麦 | RI 的 70 个单株 | SSR | 279 | 3 323 | Röder et al., 1998 |
| | RI 的 65 个单株 | RFLP | 213 | 1 352 | Blanco et al., 1998 |
| | RI 的 110 个单株 | RFLP, SSR, AFLP | 306 | 3 598 | Nachit et al., 2001 |
| | RI 的 240 个单株 | RFLP, EST, SSR | 380 | 3 086 | Paillard et al., 2003 |
| | DH 的 96 个单株 | RFLP, SSR, AFLP | 567 | 3 522 | Quarrie et al., 2005 |
| | RI 的 110 个单株 | SSR, TRAP | 352 | 3 045 | Liu et al., 2005 |
| | DH 的 92 个单株 | SSR | 464 | 3 441 | Torada et al., 2006 |
| 玉米 | $F_2$ 的 56 个单株 | RFLP | 1 736 | 1 708 | Davis et al., 1998 |
| | 整合图谱 | RFLP, AFLP, SSR | 5 650 | 1 707 | van Wijk et al., 2000 |
| | RIIBM 的 94 个单株 | EST | 1 056 | 1 825 | Falque et al., 2005 |
| | RI 的 94 个单株 | EST | 398 | 1 862 | Falque et al., 2005 |

**(1) 拟南芥**

拟南芥(*Arabidopsis thaliana*)由于具有基因组很小、生长周期较短、一次杂交能够得到较多的后代种子等优点,被公认为是有花植物基础生物学研究的模式植物。第一个较详细的拟南芥遗传连锁图是于 1983 年由 Koornneef 等人完成的,包含 76 个表型标记位点,覆盖基因组总长度约 430cM。随后,Chang 等人于 1988 年以 $F_3$ 群体为材料用共显性标记 RFLP 构建第一张拟南芥分子标记遗传连锁图,包含 90 个 RFLP 标记位点,分布于 5 个染色体上,连锁的标记位点在每一染色体上覆盖的遗传距离分别为 144、80、93、62 和 121 cM,所有标记位点总和覆盖拟南芥基因组总长度约 501cM。在此基础上,Nam 等人于 1989 年构建了另一拟南芥 RFLP 遗传连锁图,含有 111 个 RFLP 标记,其中有 94 个是新的 RFLP 标记,另外 17 个标记与先前 Chang 等人构建的遗传连锁图上的 RFLP 标记完全相同,所有这些标记位点覆盖拟南芥基因组总长度约 493cM。Reiter 等人利用 RIL 群体构建了拟南芥另一遗传连锁图,含有 320 个 RFLP、RAPD 和表型标记,覆盖基因组总长度约 630 cM,标记间的平均遗传距离约为 2 cM。Lister 和 Dean 利用拟南芥生态型 La-er × Col RIL 群体 300 个单株和 RFLP 标记构建了另一含有 564 个标记的新的拟南芥遗传连锁图。Liu 等人以拟南芥生态型 Columbia-0、Landsberg erecta、Wassilewskija 和 Rschew 建立的 RIL 群体为材料,构建了一张高密度拟南芥遗传连锁图,含有 222 个标记,其中 129 个新的 RFLP 标记,并有 66 个 RFLP 标记与 Chang 等人和 Nam 等人报道的连锁图上的标记完全相同。Alonso-Blanco 等人利用该分子标记技术和两个拟南芥 RIL 群体分别构建了两张拟南芥 AFLP 遗传连锁图,14 对引物组合共产生了 302 个多态性位点,17 个 CAPS 标记、2 个 SSR 标记和一个突变体表型标记,共含有 322 个标记位点,覆盖拟南芥基因组总长度约 475 cM。而对于另一拟南芥生态型 Ler/Col RI 遗传连锁图,共含有 395 个 AFLP 标记和 122 个 RFLP、CAPS、SSLP 标记。因此,得到的该生态型遗传连锁图共包含 517 个标记位点,覆盖拟南芥基因组总长度约 427cM。

**(2) 水稻**

水稻(*Oryza sativa* L.)是世界上重要的粮食作物,它的核基因组较小($C = 0.45$ pg),被认为是单子叶植物分子遗传学研究的模式。第一张水稻 RFLP 遗传连锁图是由 McCouch 等人于 1988 年以 Indica 和 Javanica 杂交的 $F_2$ 为作图群体 50 个单株构建的,包含 135 个 RFLP 标记,分布于水稻基因组的 12 个染色体上,连锁位点覆盖水稻基因组长度约 1 389 cM。Saito 等人(1991)和 Kurata 等人(1994)又分别以 FL134 × Kasalath 和 Nipponbare × Kasalath 的 $F_2$ 群体构建了包括 331 个标记(322 个 RFLP 标记和 9 个形态标记)和 1 383 个标记(其中 883 个 EST 标记、265 个 RFLP 和 147 个 RAPD 标记)的分子遗传连锁图谱。Causse 等人利用栽培稻与长花药野生稻(*O. longistaminata* L.)回交群体的 113 个单株构建了另一张水稻 RFLP 连锁图,共含有 726 个标记,分布于水稻基因组的 12 个染色体上,连锁位点覆盖水稻基因组总长度约 1 491cM,标记间的平均遗传距离为 4 cM。Huang 等人利用 RFLP 标记和 DH 群体的 135 个单株构建了另一张水稻遗传连锁图,共含有 135 个 RFLP 标记,连锁位点覆盖水稻基因组总长度约 1 811cM。在先前 Huang 等人基于 DH 群体构建的 RFLP 遗传连锁图的基础上,Subudhi 和 Huang 添加了 242 个 RAPD 标记,使得遗传连锁图共包含 379 个 DNA 标记,这些标记位点覆盖水稻基因组总长度约 2 900cM。

Harushima 等人于 1998 年报道了以日本水稻变种 Nipponbare × 印度水稻变种 Kasalath 的 $F_2$ 的 186 个单株为作图群体，构建了高密度的水稻遗传图谱。它含有 2 275 个遗传标记（其中包含 1 455 个 ESTs），连锁标记位点覆盖水稻基因组总长度约 1 522cM，标记间的平均遗传距离为 0.67 cM。

### (3) 小麦

小麦（*Triticum aestivum* L.）是世界上最重要的粮食作物，它的核基因组 DNA 很大（2C = $3.2 \times 10^{10}$ bp），约是水稻基因组的 40 倍。小麦染色体的平均长度为 11.2 μm（总长为 235.4 μm），平均每条染色体的 DNA 含量约为水稻单倍体 DNA 含量的 2 倍。由于普通小麦起源相对较近、基因组中约 75% 的 DNA 是由高度重复序列和多倍体性，给其分子遗传学研究带来了许多问题。尽管存在困难，小麦遗传连锁图谱的构建还是取得了长足的进展。由于普通小麦品种间的 RFLPs 的水平低，其遗传图谱的作图群体大多来自小麦的种间或属间杂交，而所构建的主要是各部分同源群染色体的 RFLP 图谱。Chao 等人 1989 年报道了第一张小麦同源群 7 染色体的 RFLP 遗传图谱，1993 年完成了其同源群 3 和 5 染色体的 RFLP 遗传连锁图，1995 年完成了同源群 1、2 和 4 染色体的 RFLP 连锁图，1996 年完成了同源群 6 染色体 RFLP 连锁图的构建。Roeder 等人 1998 年利用另一共显性标记 SSR 构建了异源 6 倍体小麦 RI 群体的 SSR 连锁图，包含 279 个标记位点，其中 93 个标记位点位于 A 基因组上，115 个位于 B 基因组上，71 个位于 D 基因组上，所有这些标记位点覆盖基因组总长度约 3 323 cM。同年，Blanco 等报道了利用 RFLP、等位酶标记和表型标记构建了四倍体小麦的 RIL 群体的 RFLP 连锁图，含有 213 个标记位点，分别位于 A 和 B 两个基因组的 14 个同源群染色体上，覆盖基因组总长度约 1 352 cM，标记间平均遗传距离为 6.3 cM。Nachit 等于 2001 年报道了利用了多种分子标记技术如 RFLP、SSR 和 AFLP 等构建了另一四倍体小麦 RIL 群体的遗传连锁图。它共含有 306 个标记位点，其中 138 个 RFLP、26 个 SSR、134 个 AFLP 和遗传距离为 11.8 cM。

近几年来小麦遗传连锁图谱的构建工作进展迅速，利用或组合利用不同的分子标记技术构建了多个小麦的遗传连锁图。如 Paillard 等于 2003 年报道了组合利用 RFLP、EST 和 SSR 标记技术构建了六倍体冬小麦的遗传连锁图，含有 380 个标记位点，覆盖小麦基因组总长度约 3 086 cM。其中位于 A 基因组上的位点覆盖 1 131 cM、B 基因组上的为 920 cM、C 基因组上的为 1 036 cM。Somers 等组合了 4 个 SSR 连锁图得到了一张含有 1 235 个 SSR 标记位点的饱和的 SSR 连锁图，连锁的标记位点覆盖小麦基因组总长度约 2 569cM，标记间的平均遗传距离为 2.2 cM。Quarrie 等利用 RFLP、AFLP 和 SSR 标记技术，以 DH 群体的 96 个单株为材料，构建了另一六倍体小麦的遗传连锁图。它共含有 567 个标记位点，这些位点覆盖小麦基因组总长度约 3 522 cM。Liu 等利用 SSR 标记技术和目标区域扩增多态性（target region amplification polymorphism，TRAP）的 PCR 技术构建了一个小麦遗传连锁图，共含有 352 个标记位点，覆盖小麦基因组总长度约 3 045 cM。最近，Torada 等利用 SSR 标记技术和普通小麦种内杂交产生的 DH 群体构建了一中等饱和的 SSR 遗传连锁图，包含 464 个 SSR 标记位点，覆盖小麦基因组总长度约 3 441 cM。

### (4) 玉米

玉米（*Zea mays* L.）是重要的农作物之一。在世界谷类作物中，玉米的种植面积和总产量仅次于小麦、水稻而居第 3 位，平均单产则居首位。由于其对人类的重要性，有许多研究者利用不同的分子标记技术和不同类型的作图群体构建了数十个玉米遗传连锁图。Helentjaris 等 1986 首先报道了玉米 RFLP 遗传连锁图的构建工作。他们利用 100 多个 500～1 000 bp 的简单序列克隆建立了第一张包含 113 个标记位点的玉米 RFLP 分子标记遗传图谱。至 1995 年已构建了近 10 张玉米遗传连锁图，且使连锁图上 RFLP 标记的数量达到了 1 168 个。这里仅对近十年来构建玉米的几个重要遗传连锁图进行简述。如 Davis 等利用 RFLP、EST 和 SSR 等技术构建了一张较为饱和的玉米 RFLP 遗传连锁图，共包含 1 736 个标记位点，覆盖玉米基因组总长度约 1 727 cM，标记平均遗传距离为 1 cM。Falque 等 2005 年利用两个杂交群体和 EST 标记技术同时构建了两张玉米 EST 遗传连锁图。对于 IBM（B73×Mo17）连锁图来说，含有 1 056 个 EST 标记位点，覆盖玉米基因组总长度约 1 825 cM。而对于 LHRF（$F_2×F_{252}$）来说，含有 398 个 EST 标记位点，覆盖玉米基因组总长度约 1 862 cM。迄今，在所报道的玉米遗传连锁图中，最为饱和的是 van Wijk 等利用 IntMap 软件整合的一张玉米遗传连锁图。该连锁图整合了先前报道的 23 张玉米遗传连锁图，整合后的遗传连锁图包含 5 650 个标记位点，连锁的标记位点覆盖玉米基因组总长度约 1 707 cM。

### (5) 杨树遗传连锁图谱构建

杨树遗传连锁图谱构建起步虽较晚，但进展相当迅速。由于杨树是林木遗传研究的模式树种，其遗传连锁图谱构建具有重要的理论意义和应用前景。第一个采用分子标记技术进行杨树遗传连锁图谱构建的是 Liu 和 Furnier，以美洲山杨（P. tremuloides Michx）5 个全同胞家系为材料，利用 RFLP 标记和等位酶标记构建了世界上第一张杨树遗传图谱（Liu and Furnier 1993），该图谱包含了 54 个 RFLP 标记和 3 个等位酶标记，形成 14 个连锁群，覆盖基因组总长约 664 cM。随后，Bradshaw 等以毛果杨×美洲黑杨产生的 $F_2$ 代 90 个单株为材料，用 RFLP、STS 和 RAPD 3 种标记技术构建了该群体的分子遗传连锁图谱（Bradshaw et al.，1994）。通过连锁分析有 312 个标记分属于 35 个不同的连锁群，其中最大的 19 个连锁群覆盖基因组总长度约 1 255.3 cM，包含了 131 个标记，标记间平均距离为 9.58 cM。Wu 等以美洲黑杨种内回交一代 93 株为材料，利用 AFLP 标记技术构建了由 144 个 AFLP 标记组成的 19 个较大的连锁群，覆盖基因组总长度约 2 927 cM，标记间平均距离为 23.3 cM（Wu et al.，2000）。为了进行杨树比较基因组学研究，Cervera 等利用 AFLP 标记和微卫星标记结合拟测交作图策略，用美洲黑杨无性系 S9-2×欧洲黑杨（P. nigra cv. Ghoy）和美洲黑杨无性系 S9-2×毛果杨两个作图群体构建了美洲黑杨、欧洲黑杨和毛果杨三张高密度遗传连锁图谱（Cervera et al.，2001）。利用多点连锁分析，美洲黑杨遗传连锁图含有 238 个标记分属于 19 个连锁群，覆盖基因组总长约为 2 178 cM；毛果杨遗传连锁图含有 194 个标记分属于 19 个连锁群，覆盖基因组总长约 1 920 cM；欧洲黑杨遗传连锁图含有 222 个标记分属于 19 个连锁群，覆盖基因组总长约 2 356 cM，结果表明 AFLP 标记随机分布于整个基因组。该研究还进行了用两个群体（美洲黑杨作为两个群体共同的杂交亲本）所构建的美洲黑杨遗传连锁图的相互比较，以及与欧洲黑杨、毛果杨和 Bradshaw 等构建的遗传连锁图进行了比较；比较基因组学研究结果表明：用两个作图群体构建的这两张美洲黑杨遗传连锁图的各连锁群上的标记排列顺序基本一致，符合率达到 96%，并利用连锁群上共有的 SSR 和 STS 标记将这两个群体构建的遗传连锁图上的各个对应的连锁群整合到一起，共得到 19 个同源群，正好对应于杨树单倍体染色体的数量（表 12-5）。Yin 等报道了利用 AFLP 和 SSR 标记，以（毛果杨×美洲黑杨）×美洲黑杨种间回交群体的 180 个单株为材料，结合拟测交作图策略，分别构建了毛果杨×美洲黑杨和美洲黑杨的分子遗传连锁图谱，其中毛果杨×美洲黑杨的遗传连锁图上共含有 544 个 AFLP 和 SSR 标记，覆盖杨树基因组约 2 481 cM，估计覆盖杨树基因组长度的 99.9%，被认为是林木中密度最高和基因组覆盖最完全的分子遗传图谱（Yin et al., 2004）。最近，北京林业大学张德强等选用 AFLP 标记技术结合拟测交作图策略构建了我国特有白杨派乡土树种毛白杨及其杂种毛新杨的 AFLP 遗传连锁图（Zhang et al., 2004）。在双亲间共检测到 808 个多态性位点，符合 1:1 分离的共有 655 个。多点连锁分析后，毛白杨遗传图上共含有 218 个 AFLP 标记位点，连锁位点覆盖毛白杨基因组总长约 2 683 cM，连锁框架图上相邻标记间的平均距离为 12.3 cM，估计覆盖毛白杨基因组总长的 87%（Zhang et al., 2004）。毛新杨遗传连锁图上共含有 144 个 AFLP 标记位点，连锁位点覆盖毛新杨基因组总长约 1 956.3 cM，相邻标记间的平均距离为 13.6 cM，估计覆盖毛新杨基因组总长的 77%（Zhang et al., 2004）。

表 12-5  已发表的主要杨树的分子标记遗传图谱

| 杨树树种 | 作图群体类型和大小 | 标记类型 | 标记数量 | 遗传图谱长度（cM） | 参考文献 |
| --- | --- | --- | --- | --- | --- |
| 美洲山杨 | $F_1$ 的 60 个单株 | RFLP，等位酶 | 57 | 664 | Liu and Furnier，1993 |
| 毛果杨×美洲黑杨 | $F_2$ 的 90 个单株 | RFLP，STS，RAPD | 131 | 1 255.3 | Bradshaw et al.，1994 |
| 美洲黑杨 $BC_1$ | $BC_1$ 的 93 个单株 | AFLP | 144 | 2 927 | Wu et al.，2000 |
| 美洲黑杨 | $F_1$ 的 127 个单株 | AFLP，SSR | 238 | 2 178 | Cervera et al.，2001 |
| 欧洲黑杨 | $F_1$ 的 127 个单株 | AFLP，SSR，STS | 222 | 2 356 | Cervera et al.，2001 |
| 毛果杨 | $F_1$ 的 105 个单株 | AFLP，SSR，STS | 194 | 1 920 | Cervera et al.，2001 |
| 毛果杨×美洲黑杨 | $BC_1$ 的 180 个单株 | AFLP，SSR | 544 | 2 481 | Yin et al.，2004 |
| 毛新杨 | $BC_1$ 的 120 个单株 | AFLP | 144 | 1 956.3 | Zhang et al.，2004 |
| 毛白杨 | $BC_1$ 的 120 个单株 | AFLP | 218 | 2 683 | Zhang et al.，2004 |

## 12.3  数量性状基因的定位

植物的大多数重要农艺性状，如产量、品质、成熟期等和林木的重要经济性状如树高、胸径、材积、材质和抗逆性等为数量性状且都由其对应的基因控制。若采用经典的数量遗传学来研究这些性状，只能把控制某一性状的多个基因作为一个整体来进行研究，这样无法鉴别出单个数量基因以及与之有关的染色体片段，更难以确定数量性状基因位点（quantitative trait loci, QTLs）在染色体上的位置及与其他基因的关系，因而也无法采用现代分子遗传学所发展的基因克隆和转移等方法对数量性状进行遗传操纵。解决这一问题的关键在于通过 QTL 作图将影响数量性状的多个基因剖分开来，可以像研究质量性状基因位点一样，对这些数量性状基因位点进行研究，研究这些基因在染色体上的位置，并寻找与其紧密连锁的分子标记，不仅可以对 QTL 所在的基因组进行一段一段的分析，而且可以直接测量过去所不能鉴别的各染色体区段的效应，从而确定其在染色体上的位置、单个效应及互作效应。近年来，随着高密度遗传连锁图谱的构建和不同统计方法的开发，对模式植物、主要农作物和林木的 QTL 作图进行了广泛的研究，取得了重要的研究进展，为分子标记辅助育种奠定了重要的基础。本节将对 QTL 分析的方法与在主要农作物和杨树中的应用情况做一简要的概述。

## 12.3.1 QTL 分析方法

简言之，QTL 分析就是要检测到目标数量性状与在群体中处于分离状态的标记之间的关系。QTL 分析有 2 个基本步骤，即对标记进行作图、找到性状与标记之间的内在联系。因此，QTL 分析有 3 个方面的问题需要解决：一是目标数量性状的表型检测要准确；二是标记基因型的鉴定要无误；三是 QTL 分析的统计方法要科学。目前，QTL 分析方法主要包括以下 3 个方面。

**(1) 单标记作图法**

单标记作图法(single marker mapping)是发展较早且较为简单的一种单标记基因型与表型连锁分析的统计方法。其原理是用方差分析、回归分析或似然比检验方法逐一分析每一分子标记基因型与表型值之间的关系。例如，在一个 $F_2$ 群体中存在一个分子标记 M，如果纯合基因型 $M_1M_1$ 个体的产量显著高于纯合基因型 $M_2M_2$ 个体，那么就推断可能存在一个与该标记连锁的 QTL。这种方法虽然简单但存在以下几个方面的缺点：①如果显著性水平定得太低，则会出现假阳性；②由于位于同一条染色体上的基因之间存在一定的连锁关系，任何一个 QTL 都可能与几个分子标记相连锁；③由于检测到的 QTL 不一定与特定的分子标记是等位的，因此它的确切位置和效应难以弄清；④基因型与环境存在互作，而用该方法并不能检测出；⑤由于该法不能确定某标记究竟与一个还是多个 QTLs 连锁，不能确定 QTL 的可靠位置，以及不能分辨 QTL 效应和重组率等，使其检测效率不高。

**(2) 区间作图法**

区间作图法(interval mapping)首先由 Lander 和 Botstein(1989)提出，其基本原理是：对一条染色体上两个相邻标记之间的区间进行扫描，用最大似然法确定每个区间内各种位置上存在 QTL 的可能性，这可用似然比对数(LOD)值(即在特定位置存在一个 QTL 的似然性与不存在 QTL 的似然性的比值的对数)来判断。如果 LOD 值超过指定的显著性水平，则可认为该位置可能存在一个 QTL。这需要确定适当的显著性水平以避免产生假阳性，同时还把置信区间定义为对应于峰两侧各下降 1 个 LOD 值的图谱区间。由于免费提供分析软件 MAPMAKER/QTL 且使用简便，使得区间作图法是目前应用最广泛的 QTL 分析方法。与单标记作图法相比，区间作图法具有以下几个优点：①通过支持区间可以清楚地推断 QTL 在整个染色体组的可能位置；②假设一条染色体上只有一个 QTL，对该 QTL 的位置和效应的估计是渐进无偏的；③检测 QTL 所需的个体数较少。但该方法本身也有其难以克服的缺点：①某一区间的检验统计量可能受到位于该染色体上其他区域 QTLs 的影响，即便在某一区间不存在 QTL，由于受邻近区域 QTL 的影响，在此区间检验的统计量仍有可能极为显著,由此产生的 QTL 是有偏的;②如果在某一染色体上存在 2 个或 2 个以上 QTLs,则正在检验的位置的统计量就会受到所有这些 QTLs 的影响,且由此估计的位置及所鉴别的 QTL 的效应可能也是有偏的;③一次只能用 QTL 两侧的两个标记信息,标记信息的利用率很低。

**(3) 复合区间作图法**

为了克服区间作图法的上述缺陷,最好的解决办法是使统计模型针对所有可能存在的 QTL。然而,QTL 的位置开始时并不知道,同时对 2 个或更多的 QTL 进行搜寻给计算上带来了极大的问题。为此,Zeng(1994)以及 Jansen 和 Stam(1994)提出了一种解决方案,即在进行区间作图的同时,还需要考虑来自其他 QTL 的方差,其方法是用根据基因组其他区域的标记得到的部分回归系数来估计。这种方法被称为复合区间作图(composite interval mapping,CIM)。在理论上,复合区间作图比区间作图的检测能力更高,也更准确。这主要是因为其他 QTL 的效应不再是剩余方差的一部分,同时复合区间作图也去除了由连锁的 QTL 带来的偏差。Zeng(1993)的研究表明,有充分的理由相信用复合区间作图检测到的 QTL 位于两个或几个最近的背景标记之间。但是,在模型中包括的背景标记很多,会大大降低 QTL 的检测能力,因为它们会消耗掉有限的自由度,并且如果背景标记离检测位置太近,它们会吸收相当部分的目标 QTL 效应,这样假的 QTL 峰就与真的 QTL 峰难以区分。如果包括的背景标记太少,复合区间作图与区间作图就没有多大区别。因此,需要找到合适的背景标记数目。总之,复合区间作图法主要有以下 4 个优点:①将多维检测问题简化为一维检测问题,单个 QTL 的效应和位置的估计是渐进无偏的;②以连锁标记为检验条件,极大地提高了 QTL 作图的精度;③同时利用了所有信息,比其他 QTL 作图方法更为有效;④仍然可利用 QTL 似然图谱来表示整个基因组上每一点上 QTL 的证据强度,从而保留了区间作图的特征。

**(4) 多区间作图**

Kao 等(1999)提出了 QTL 作图的另一新的统计模型,称之为多区间作图法(multiple interval mapping,MIM)。该方法可同时利用多个标记区间进行多个 QTL 的作图,MIM 模型也用最大似然法估计遗传参数。与 CIM 相比,MIM 法可使 QTL 作图的精度和有效性得到改进。QTL 间的上位性、个体的基因型值和数量性状的遗传力可以得到准确估计和分析。应用 MIM 模型,提出了以似然比检验统计量为临界值的分步选择步骤来证实 QTL。应用估计的 QTL 效应和位置,可以探索对于特殊目的和要求的性状改良的标记辅助选择的最佳策略。当然,将现行的 QTL 作图模型推广到多 QTL 模型中以进行多 QTL 作图,这样 QTL 可以在模型中直接控制,以进一步改进 QTL 作图。与上述的方法相比,MIM 在 QTL 检测中更有效且更精确。以 MIM 结果为基础,由单个 QTL 贡献的遗传方差组成也可以估计,并且可进行标记辅助选择。MIM 模型有两个问题需要解决:一是特定正态混合模型的参数估计。如当 QTL 数目增大时,估计的 QTL 效应和位置的最大似然估计值很快变得不太合适。为了解决这一问题,Kao 和 Zeng(1997)提出的一般公式可获得参数估计的最大似然估计值;二是 MIM 模型中如何寻找 QTL。鉴于此,在 QTL 作图策略中提出了分步模型选择步骤的方法。

## 12.3.2 QTL 分析的研究进展

随着日趋饱和的遗传连锁图谱的建立和日益完善的 QTL 定位统计分析方法的开发，已对许多作物重要的农艺性状和林木的重要经济性状进行了 QTL 分析，并取得了长足的进展。在作物中，番茄的 QTL 研究工作开展得较早。例如，Osborn 等于 1987 年利用番茄的 $F_2$ 作图群体和 RFLP 标记技术检测到了与果实可溶性物质含量相连锁的标记（Osborn et al., 1987）。Paterson 等（1988）将 6 个控制果重的 QTLs 分别定位在 4 条染色体上，控制果实 pH 值的 QTL 定位于 5 条染色体上。随后，在主要农作物如水稻、小麦、玉米，以及主要林木如杨树、松树和桉树中广泛开展了多个性状的 QTL 研究。因此，在本节中将对主要农作物如水稻、小麦和玉米，以及杨树的 QTL 研究进展做一简要概述。

**（1）水稻**

对水稻 QTL 的研究近年来发展非常迅速，已对抽穗期、果穗大小和重量、抗病性和雄性不育等性状进行了 QTL 分析。其中对抽穗期的 QTL 定位研究报道得较多。例如，Li 等利用 $F_4$ 群体的 2 418 株个体和已构建的 RFLP 遗传连锁图，对栽培稻的抽穗期和植株高度进行了 QTL 分析（Li et al., 1995）。该研究检测到影响抽穗期性状的 3 个 QTL，分别为 QHd3a、QHd8a 和 QHd9a，这些 QTL 总和可解释表型变异的 76.5%，分别可使抽穗期提前 8、7 和 3.5 天。对于植株高度这一性状，共检测到 4 个 QTLs，这些 QTLs 总和可影响表型变异的 48.8%，每一 QTL 可使植株高度增加 4~7 cm（Li et al., 1995）。随后，Yano 等（1997）利用 Nipponbare（粳）和 Kasalath（籼）杂交的 $F_2$ 群体检测到 2 个抽穗期主效基因（Hd-1 和 Hd-2）和 3 个抽穗期微效基因（Hd-3、Hd-4、Hd-5）。其中，Hd-1 和 Hd-2 分别位于第 6 染色体中部的 R1679 处和第 7 染色体末端的 C728 处。Hd-3、Hd-4 和 Hd-5 分别位于第 6、7 和 8 号染色体上。这 5 个 QTL 总和可解释表型变异的 84%。Lin 等利用 RI 群体和已构建的 RFLP 遗传连锁图，对种子休眠期和抽穗期进行了 QTL 分析（Lin et al., 1998）。对于种子休眠期，共检测到 5 个 QTLs，每一 QTL 可解释表型变异的 6.7%~22.5%，分别位于水稻第 3、5、7（两个区域）和 8 染色体上。而对于抽穗期性状，也检测到 5 个 QTLs，分别位于水稻的第 2、3、4、6 和 7 上，每一 QTL 可解释表型变异的 5.7%~23.4%。最近，Li 等利用水稻的 NILs 群体和已构建的 SSR 遗传连锁图，对其谷粒重量进行了 QTL 分析（Li et al., 2004）。他们检测到了好几个 QTLs 与谷粒重量相连锁，其中有一 QTL 可解释表型变异的 37.9%，被定位于水稻的第 3 染色体上。

**（2）小麦**

目前已对控制小麦株高、产量及其构成因子、抗逆性等育种家感兴趣的基因位点进行了广泛的研究，并取得了长足的进展。在小麦中，Anderson 等于 1993 年利用 DH 群体和 RFLP 遗传连锁图对小麦光周期反应和抽穗期进行了 QTL 分析（Anderson et al., 1993）。该研究共检测到 10 个 QTLs，分别位于小麦染色体 1A、2B、4DL、4BS、5AL、5DL 和 7BS，每一 QTL 可解释表型变异的 6.3%~36.2%。这是小麦 QTL 作图较早的研究报道。随后，Sourdille 等利用 RIL 的 114 个单株和 RFLP 遗传连锁图对谷粒硬度进行了 QTL 分析（Sourdille et al., 1996）。他们检测到位于染色体 5DS 臂的位点 Xmta9 于控制谷粒硬度的基因紧密连锁，可解释表型变异的 63.0%。Keller 等于 1999 年利用 RIL 的 226 个单株和含有

RFLP 和 SSR 的遗传连锁图对抗倒伏性、株高、秆的硬度、叶宽、抽穗期和开花期等 9 个性状进行了 QTL 分析(Keller et al. , 1999)。该研究共检测到 35 个 QTLs,每一 QTL 可解释表型变异的 6.6%~32.1%。Perretant 等利用 DH 群体的 187 个单株和由 RFLP、AFLP 和 SSR 标记组成的连锁图对子粒硬度、子粒蛋白含量和面团硬度进行了 QTL 分析(Perretant et al. , 2000)。他们共检测到 8 个 QTLs,分别位于染色体的 5D、1A、6D、1B、6A 和 3B 上,每一 QTL 可解释表型变异的 3%~65%。最近,Blanco 等利用回交 RIL 群体和 RFLP 遗传连锁图,对谷粒蛋白含量进行了 QTL 分析(Blanco et al. , 2006)。该研究检测到了影响谷粒蛋白含量的 3 个主效 QTLs,分别位于小麦染色体臂的 2AS、6AS 和 7BL,这些 QTLs 总和可解释表型变异的绝大部分。这些研究结果,为小麦数量性状的分子标记辅助育种提供了很好的经验。

(3) 玉米

在玉米上,QTL 定位的研究工作开始的较早,最初是研究分子标记与农艺性状的连锁关系,但并未把与控制这些性状的基因连锁的标记定位在相应的染色体上。但后来,随着实验技术和统计分析技术的进步,可把与表型性状连锁的 QTLs 定位在相应的染色体上。迄今,有研究者已对玉米的株高、千粒重、产量、开花时间、散粉期、品质性状和多种抗逆性状进行了 QTL 分析。例如,Schon 等利用玉米测交系和 RFLP 连锁图,对玉米蛋白质含量、千粒重和株高进行了 QTL 分析,分别检测到了 4 个、8 个和 7 个 QTL(Schon et al. , 1994)。随后,Austin 和 Lee 利用 $F_{2:3}$ 和 $F_{6:7}$ 2 群体研究了控制麦粒产量及其成分的 QTL 分析(Austin and Lee, 1996)。对于麦粒产量,共检测到 6 个,这些 QTLs 可解释表型变异的 22%。对于麦粒成分,则共检测到 63 个 QTLs 与之相连锁。为了研究 QTL 在不同群体中的稳定性,Melchinger 等利用了两个 $F_2$ 作图群体对多个性状进行了 QTL 稳定性分析(Melchinger et al. , 1998)。对于含有 344 个基因型的作图群体,共检测到 107 个 QTLs;而对于包含 107 个基因型的群体,仅检测到了 39 个 QTLs。经比较分析后发现仅有 20 个 QTLs 是两个群体都有的。为了对玉米严重的欧洲玉米螟虫害(European corn borer, ECB)进行基因检测,Jampatong 等利用 B73Ht × Mo47 的 $F_{2:3}$ 作图群体对两代抗玉米螟虫害进行了 QTL 分析(Jampatong et al. , 2002)。对于第一代 ECB,共检测到了 9 个 QTLs,分别位于玉米染色体的 1(3 个 QTLs)、2、4(2 个 QTLs)、5、6 和 8,每一 QTL 可解释表型变异的 4.4%~21.1%;而对于第二代 ECB,共检测到了 7 个 QTLs,分别位于玉米染色体的 2、5(2 个 QTLs)、6(2 个 QTLs)、8 和 9,每一 QTL 可解释表型变异的 4.1%~20.1%。

(4) 杨树

杨树的 QTL 定位工作主要集中于生长、发育和抗性等性状。Bradshaw 等在杨树中首先开展了该方面的研究工作。他们利用已构建的连锁图上的分子标记分别对树高、胸径、材积、干形、分枝角等重要经济性状进行了 QTL 定位研究,发现这些数量性状变异的 25%~96% 是受 1~5 个 QTLs 控制。Wu 等的研究发现叶子色素、叶柄长和叶长宽比率受少数 QTLs 控制,并指出父母本毛果杨和美洲黑杨对于它们的杂交子代表型有不同的贡献,例如,控制叶缘绿色和叶柄的扁平程度的基因位点主要由美洲黑杨控制,而控制叶脉着生方向和叶片角度基因位点主要由毛果杨控制。Barbara 等用 346 株 $F_2$ 子代为材料,在利用 AFLP 和 SSR 标记技术分别构建了亲本毛果杨和美洲黑杨这两张遗传连锁图谱(含有

276个AFLP标记、2个微卫星标记和一个候选基因位点($PHYB2$))的基础上,经QTL分析,检测到影响叶芽封顶的4个QTLs,每一QTL可解释表型变异的6.0%~12.2%。其中,2个位于美洲黑杨遗传图上,另2个位于毛果杨遗传图上;对于叶芽展开来说,共检测到9个QTLs,可解释表型变异的5.9%~16.8%,5个QTLs位于毛果杨遗传图上,4个QTLs位于美洲黑杨遗传图上。这一结果与先前Bradshaw等检测到影响叶芽展开的QTLs(可解释表型变异的28.7%~55.1%)相比偏小。

国内,对木材品质、生长和物候等性状进行了广泛研究,如黄秦军等(2004)对木材基本密度、微纤丝角、纤维长度和宽度等4个木材纤维品质性状进行了QTL分析,共检测到8个QTLs,每一QTL可解释表型变异的17%~48%。又如,Zhang等(2005,2006)首次利用毛新杨×毛白杨$BC_1$作图群体和AFLP遗传连锁图,对树高、地径、材积、分枝角、分枝数、叶面积、春季顶芽展叶时间、木材纤维素和木质素含量共15个性状进行了QTLs分析。利用区间作图检测到控制这些性状的QTLs共113个,其中当LOD值>2.0时,对于材积量、分枝角、分枝数、叶长、叶宽、叶面积、叶柄长、叶脉数目、春季顶芽展叶时间、木材纤维素和木质素含量共11个性状检测到50个QTLs。每一QTL可解释表型变异的7.2%~15.8%(Zhang et al.,2005,2006)(表12-6)。

表12-6 已发表的杨树主要经济性状QTL分析

| 杂交组合 | 群体大小 | 性状 | 表型变异(%) | 参考文献 |
|---|---|---|---|---|
| 毛果杨×美洲黑杨$F_2$群体 | 90 | 生长、分枝角、叶片 | 25~96 | Bradshaw and Stettler,1995 |
| 毛果杨×美洲黑杨$F_2$群体 | 90 | 叶片表形 | 30~60 | Wu et al.,1997 |
| 毛果杨×美洲黑杨$F_2$群体 | 346 | 封顶和萌芽时间 | 6~12 | Barbara et al.,2000 |
| 美洲黑杨×青杨$F_2$群体 | 87 | 木材品质 | 17~48 | 黄秦军等,2004 |
| 毛新杨×毛白杨$BC_1$群体 | 120 | 叶片表形 | 8~16 | Zhang et al.,2005 |
| 毛新杨×毛白杨$BC_1$群体 | 120 | 生长和木材品质 | 7~15 | Zhang et al.,2006 |

## 12.4 质量性状基因的定位

质量性状的基因定位是基于控制目标性状的基因已定位于某一染色体或连锁群的前提下,选择该连锁群上与控制目标性状的基因紧密连锁的分子标记,从而将检测到的标记用于植物和林木育种方案的制订中。目前在植物和林木质量性状基因定位中,主要采取近等基因系分析法(near isogenic lines,NILs)和混合分群分析法(bulked segregation analysis,BSA)。它们是进行质量性状基因快速定位的有效方法。在本节中主要对这两种方法的原理和在植物包括林木中的应用和进展做一简要概述。

### 12.4.1 近等基因系分析法

近等基因系分析法是基于在所研究的品系内不存在个体基因型间的差异,而品系间除目标性状外遗传背景基本一致的作图群体,结合有效的分子标记技术,检测到与控制目标性状基因相连锁的分子标记由于标记辅助早期选择或育种中。因此,一般凡是能在近等基因系间揭示多态性的分子标记,就极可能位于目标基因的两翼附近。例如,Young 等于 1988 年利用 NILs 群体和 RFLP 技术检测到了与番茄抗病毒基因 Tm-2a 相连锁的 RFLP 标记。随后,Martin 等利用 NILs 群体检测到了与番茄抗细菌病毒基因相连锁的 RAPD 标记。最近,Park 等利用 NILs 群体检测到了与普通豆抗锈病基因相连锁的 RAPD 和 SCAR 标记。需要指出的是,由于连锁累赘(linkage dragging),即在成对 NILs 间有差异的目标基因区段可能还连锁着其他有差异的 DNA 区段,有时在 NILs 中揭示的有多态性的标记位点可能与目标基因相距较远,甚至还可能位于不同的连锁群上。

### 12.4.2 混合分群分析法

混合分群分析法原理是将分离群体中的个体依据研究的目标性状(如抗病、感病)分成两组,将每组内一定数量植株的 DNA 混合,形成按表型区分的 DNA 池,并用作模板进行标记分析。由于分组时仅对目标性状进行选择,因此两个 DNA 混合池之间理论上就应主要在目标基因区段存有差异,这非常类似于 NILs,故也称为近等基因池法,由此克服了许多作物没有或难以创造相应 NILs 的限制。该方法首先由 Michelmore 等于 1991 年建立并成功地采用该方法检测到了与莴苣抗霜霉病基因相连锁的 3 个 RAPD 标记(Michelmore et al.,1991)。随后有研究者利用 BSA 法结合分子标记技术在水稻、小麦、豆类和马铃薯等中检测到了与生长、抗病等基因相连锁的分子标记。例如,van der Lee 等利用 BSA 法结合 AFLP 标记在马铃薯分离群体中检测到了与无毒性基因相连锁的 4 个标记 Avr4、Avr3、Avr10 和 Avr11。其中,第一个标记 Avr4 定位于连锁群 A2-a 上,其他 3 个标记 Avr3、Avr10 和 Avr11 被定位于连锁群 VIII 上。再如,Jeong 等利用相同的策略检测到了与大豆镶嵌病毒抗性基因 Rsv3 相连锁的 AFLP 标记,并将其定位于连锁群 B2 上。随后,Mammadov 等检测到了与大麦叶片锈病抗性基因 $Rph5$ 相连锁的 AFLP、RFLP 和 SSR 标记,并将其定位于大麦染色体 3H 的短臂上。

在树木中,有研究者利用 BSA 法结合不同的分子标记技术和已构建的遗传连锁图检测到了控制杨树叶锈病、叶枯病、糖松松疱锈病、辐射松纺锤形锈病、日本黑松松针胆汁蚊虫病、榆树黑叶斑病和桃树根结线虫病等相连锁的分子标记,并将其进行了图谱定位,这些与目标基因紧密连锁的分子标记的发现,使进一步克隆目标基因,进行基因转移成为可能。例如,Cervera 等以美洲黑杨×欧洲黑杨的 $F_1$ 的个体为材料,利用 AFLP 技术和 BSA 法,检测到了 3 个与抗杨树叶锈病基因紧密连锁的 AFLP 标记(Cervera et al.,1996)。Villar 等利用 BSA 法和 RAPD 技术相结合,检测出与杨树抗叶片锈病相连锁的 5 个 RAPD 标记(Villar et al.,1996)。Devey M E 等对糖松进行了抗松疱锈病基因局部作图,利用抗感型植株的种子的胚乳组织建立抗感病基因池,采用 800 个 RAPD 随机引物共获得 10 个与抗松疱锈病基因相连锁的标记,其中一个标记 OPF-03/810 与抗松疱锈病基因仅相距 0.9 cM(Devey et al.,1995);运用 BSA 法进行基因定位时,除要考虑分离群体中个体的表现型与其基因型的关系外,还需要注意多态性标记与目标基因间的距离不可太远,以及构成近等基因池的株数要适中。

## 12.5 基于候选基因的联合遗传学研究

随着人类、拟南芥、水稻、杨树和桉树等全基因组测序工作的完成和许多可利用的ESTs数据库的建立，人们把注意力迅速转移到了研究自然群体中个体间的遗传变异。而单核苷酸多态性（single nucleotide polymorphisms，SNPs）是真核生物中最常见的遗传变异形式。由于SNPs具有丰富性、稳定性、双等位性以及容易进行高通量的基因型分析等优点，近年来，在现代分子遗传学研究领域，SNPs正在迅速地替代简单序列长度多态性（simple sequence repeats，SSR）或其他的标记类型而成为第三代分子标记。SNPs拥有的这些特征暗示了它应该在分子遗传学领域具有重要的应用前景。毋庸置疑，SNPs最有希望的应用领域是通过联合遗传学（association genetics）手段来研究单个基因或基因组区域与数量性状的连锁关系。因此，有必要在本节简要讲述基于候选基因的联合遗传学研究的特点及其在植物育种中的应用。

### 12.5.1 特点

与先前的QTL作图相比，基于候选基因的联合遗传学是利用自然群体中的连锁不平衡来直接分析候选基因内SNP标记与目标性状的关联，它是利用种内进化史上的重组事件，可利用的重组是无限的，得到的信息可应用于整个群体的遗传改良。而QTL作图是基于标记和目的基因在家系子代中的分离，分析的是标记与基因间的连锁关系，仅利用了一代或少数几代的重组，因此，重组是有限的且得到的信息只能用于特定的杂交组合。此外，先前的QTL作图是基因组上某一大的染色体区段与表型性状的连锁，假如在杨树遗传图谱上某一标记与QTL的距离约为1 cM，其对应的物理距离约为22万个碱基对（Yin et al.，2004），有可能包含10几个基因，使研究者很难确定哪一个基因与目标性状相关联。而联合遗传学是直接利用基因内部某一个或多个SNPs与表型性状的连锁关系，其具有很高的分辨率。

### 12.5.2 应用

联合遗传学已经被广泛地应用于人类遗传学来检测个体基因或基因组区域与疾病表型。例如，肥胖症、糖尿病、高血压或心血管疾病等的连锁关系，并认为其对研究人类疾病是最有效的工具（Suha and Vijg，2005）。连锁不平衡（linkage disequilibrium，LD）在目标物种基因组中延伸的长度决定了其应该采用何种方式进行联合遗传学研究。总的来说，LD在人类中可从5 kb延伸到500 kb这样一个大的范围，这使得在人类中进行全基因组范围的LD作图是可行的（Reich et al.，2001）。然而，在植物中LD的延伸范围变异很大，一般来说，在自交物种如在拟南芥中可延伸至250 kb（Nordborg et al.，2002），在大麦中甚至可延伸至10 cM（Kraakman et al.，2004）。相反，在异交物种如玉米中LD延伸仅在1 kb之内就已消失（Remington et al.，2001）。有人预计，在玉米中，与先前的利用$F_2$或重组近交系群体进行的QTL作图相比，利用基于候选基因的联合遗传学研究可使标记与表型性状连锁的分辨率提高5 000倍（Remington et al.，2001）。直到最近几年，对于LD的研究开始延伸到一些经济价值比较高的林木中,例如,杨树、桉树和松树中(Zhang and Zhang, 2005)。由于林木大多数是近交物种,研究的结果表明:仅在 1~2 kb 之内 LD 的延伸就会消失(Zhang and Zhang, 2005)。有研究表明,当 LD 延伸距离很短时,LD 作图可能是非常准确的(Gaut and Long, 2003)。这些研究表明,在林木这些异交物种中,全基因组范围内的联合遗传学研究是不可行的,也是不必要的。而基于候选基因的联合遗传学研究对于林木育种方案的制订尤其有用(Zhang and Zhang, 2005)。

在植物中,第一个利用候选基因进行联合遗传学研究的是 Thornsberry 等于 2001 年对控制开花时间的转录因子 dwarf 8 基因在玉米中进行了 SNPs 与开花时间的连锁分析。研究结果表明,在该基因内部共有 9 个 SNPs 与开花时间相连锁,并且发现在基因内部由于编码该蛋白的 2 个氨基酸的缺失,使开花时间提前了 7~11 天(Thornsberry et al., 2001)。而在树木中第一个开展联合遗传学作图研究的是澳大利亚联邦科学与工业研究组织(CSIRO)的 Thurmma 等以亮果桉(Eucalyptus nitens)自然群体为试材,对木质素生物合成过程中的一个关键酶基因(Cinnamoyl CoA Reductase, CCR)进行了 SNPs 分析,结果表明在该基因内部(包括部分启动子区域)发现有 25 个常见 SNPs,并对自然群体中 290 株亮果桉进行了这些 SNPs 的基因型分析,最后经 SNP 基因型与表型连锁分析后,发现两个 SNPs(SNP20 和 SNP21)与微纤丝角(microfibril angle, MFA)相连锁,每一 SNP 可解释表型变异的 4.6%,且这两个 SNPs 与附近的 SNP19 形成了两种单体型(haplotype),单体型 1 可解释表型变异的 5.9%(Thumma et al., 2005)。这一结果在两个全同胞杂交群体中也得到了验证。该研究结果表明,基于候选基因的联合遗传学研究在林木遗传改良中是可行的,能被用来检测与目标性状相连锁的等位基因位点,并且可以分析其在整个群体中的变异情况。由于基于候选基因的联合遗传学研究对林木育种方案的重要性,在最近几年,在全球范围内启动了好几个大的研究项目。在辐射松中,Wu 等于 2003 年启动了关于木材材性基因发现和联合遗传学作图的研究课题(Wu et al., 2005)。在火炬松中,Neal 等启动了称为 ADEPT2 课题,其目标是对 5 000 个候选基因进行 SNP 发现,并且对其中的 1 000 个基因进行联合遗传学研究(Neal et al., 2005)。同时,在花旗松和白云杉(Krutovsky and Neal, 2005)等树种中也开展了该项研究。

## 12.6　重要经济性状的图位克隆

图位克隆(map-based cloning)是近年来随着植物分子遗传连锁图谱的相继建立和重要经济性状的基因定位发展起来的一种新的基因克隆技术。利用分子标记辅助的图位克隆无须事先知道基因的 DNA 序列,也不用了解基因的表达产物是什么就可以直接克隆基因。图位克隆技术首先在模式植物拟南芥中取得成功,随后在番茄、大麦、小麦、甜菜、水稻中也利用该方法克隆了多个基因。如在水稻中运用这一技术已分离出抗白叶枯病基因 Xa-21、Xa-1,抗稻瘟病基因 Pi-b 和矮生突变基因 $D_1$。但由于林木自身固有的特性如高度杂合、世代周期较长和多为异交等特性,虽然检测到了与林木抗病、抗虫和胚根发育生根基因相连锁的多个分子标记,但一直未见利用图位克隆的方法将这些基因分离出来,直到最近毛果杨全基因组测序工作的完成才为克隆林木经济性状的基因提供了可能。

先前有研究报道，Stirling 等利用 AFLP 标记技术对控制杨树叶锈病位点 *MXC3* 所在的染色体区域进行了精细作图，得到了包含 19 个 AFLP 标记，平均间隔 2.73 cM 的一个毛果杨×美洲黑杨高分辨率的一个同源群，其中有 7 个 AFLP 标记与 *MXC3* 位点共分离（Stirling et al., 2001）。在此基础上，Yin 等以欧美杨×美洲黑杨为材料，利用拟测交作图策略分别构建了亲本的高密度 AFLP 和 SSR 遗传连锁图，检测到了两个抗叶锈病基因位点 *MXC3* 和 *MER*，并将其分别定位于杨树 IV 和 XIX 连锁群上，后将这两个位点周围的标记进行了 STS 和 SSR 标记加密，结合已经整合的毛果杨基因测序图，在 *MXC3* 位点附件检测到了 4 个叶锈病候选基因（Yin et al., 2004）。因此，图位克隆是最为通用的基因识别途径，至少在理论上适用于一切基因。目前，在模式树种杨树中，建立的高密度遗传图谱和全基因组序列，已为图位克隆的广泛应用铺平了道路。

## 12.7 分子标记辅助选择育种

分子标记辅助选择（marker assisted selection，MAS）是利用与目标性状基因紧密连锁的分子标记进行间接选择以改良植物复杂数量性状。它是对目标性状在分子水平上的选择，不受环境影响，不受等位基因显隐性关系干扰，选择结果可靠；可以在早世代和植株生长的任何阶段进行选择，从而大大缩短育种周期。目前，分子标记辅助选择已被成功地应用于基因聚合、基因转移和基于 QTL 的基因克隆等育种方案。在本节中，将对分子标记辅助选择育种在植物育种方案中的具体应用和影响分子标记辅助选择的因素进行介绍。

### 12.7.1 MAS 的应用

近年来随着多种分子标记技术的开发、高密度遗传连锁图谱的构建以及控制数量性状和质量性状基因的精细定位，使得 MAS 应用于作物遗传改良已成为现实，并取得了长足的进展，主要体现在以下几个方面。

**(1) 基因聚合**

所谓基因聚合（gene pyramiding）就是将分散在不同品系内的优良性状如高产、优质、抗病虫等通过杂交、回交、复合回交等一系列手段聚合到同一个品种中。这主要应用于质量性状的遗传改良。例如，在水稻抗白叶枯病方面，Huang 等于 1997 年运用标记辅助育种策略分别将 2~4 个抗白叶枯病基因 *Xa4*、*Xa5*、*Xa13* 和 *Xa21* 聚合到同一个水稻品种中。柳李旺等（2003）将棉花（*Gossypium hirsutum*）胞质雄性不育恢复系 0-613-2R 与转 BT 基因抗虫棉 R019 杂交、回交产生 $BC_2$ 群体。再利用 CMS 恢复基因 *Rf*1 紧密连锁的 3 个 SSR 标记和 *BT* 基因特异的 STS 标记进行选择，从而培育出同时含有 *Rf*1 和 *BT* 基因的抗虫棉品种。

**(2) 基因渗入**

基因渗入（gene transgression）是指将供体亲本中有利的基因（目标基因）渗入到受体亲本遗传背景中，从而达到改良受体亲本个别性状的目的。这也就是人们所说的分子标记辅助高世代回交育种。这一育种过程中是将分子标记技术与回交育种相结合，快速地将与标记连锁的基因转移到受体亲本中，而受体亲本的遗传背景基本未变。例如，Ming 等

(1997)把抗玉米花叶病毒的 $mv1$ 基因定位在染色体 3 上后,利用 RFLP 标记 php20508 和 umc102 作辅助手段,通过回交策略把抗性基因转移到了感病高产自交系中,降低了成本、缩短了时间。又如,Chen 等(2000)以 IRBB21 为供体材料,对生产上广泛使用的明恢 63 进行抗性改良,检测到了 4 个与 $Xa21$ 紧密连锁的 PCR 标记。其中 $RG$103、$RG$248 与 $Xa21$ 共分离,C189、AB9 分别在 $Xa21$ 两侧 0.8 cM 和 3.0 cM 处,并且选用了标记间最大图距不超过 30 cM 且均匀分布于每条染色体的 128 个 RFLP 标记用于背景选择。通过两代正向选择和负向选择,将导入片段限定在 3.8 cM 以内。在 $BC_3F_1$ 代的 250 个抗性植株中,运用 RFLP 标记选择到 2 株除目标区域外遗传背景完全恢复为明恢 63 的个体,自交一代后运用标记 248 选出基因型纯合的抗病单株,从而得到改良的明恢 63 品种。

**(3)多个数量性状的 MAS**

在育种实践中,育种者往往需要将多个优良性状,且这些优良性状又都是数量性状聚合到一个品种中。目前建立的基于 QTLs 的 MAS 选择育种可以实现这一目标。虽然数量性状的遗传操作较质量性状复杂得多,但近年来也取得了许多成功的结果。在这一方面,较成功的例子是 Bouchez 等(2002)报道的利用 MAS 策略将控制收获期、麦粒湿度和麦粒干重的 3 个 QTLs 进行了检测并将其转移到目标品种中去。他们首先将控制这三个性状的基因进行了 QTL 分析。研究发现,对于收获期,检测到了两个主效 QTLs,分别位于连锁群 8a 和染色体 10 上,分别解释表型变异的 28.2% 和 16.9%;对于麦粒湿度,在连锁群 8a 上检测到一个主效 QTL,可解释表型变异的 38.8%;而对于麦粒干重,在连锁群 8a 和染色体 10 上检测到 5 个 QTLs,可解释表型变异的 42.5%。研究者欲将通过 MAS 结合杂交育种将这些 QTL 整合到育种品系中。他们从先前得到的 $BC_3$ 家系中选取了两个优良单株,分别含有上述描述的部分 QTLs,并将这两个近交品系进行了杂交,利用了 MAS 策略从后代中选取了含有上述的 QTLs,达到了 MAS 辅助玉米育种的目的。

## 12.7.2 影响 MAS 的关键因素

**(1)QTL 作图的精确性**

在实施利用检测到的 QTL 进行 MAS 时,第一个遇到的困难就是 QTL 的位置和效应预计的精确性。因为 QTL 没有不连续的表型影响,从而不能当作孟德尔因子来进行基因定位。它的作图是基于在基因组某一染色体上存在一个或多个 QTL 的最大似然性来进行基因定位。而很难以最大的可能性来进行 QTL 的准确定位。单靠增加遗传连锁图上标记的密度来提高 QTL 作图的分辨率是不大奏效的,但增加作图群体的大小或利用近等基因系进行 QTL 作图可以大大提高 QTL 作图的精确性。一般情况下,MAS 群体大小不应小于 200 个。选择效率随着群体增加而加大,特别是在低世代、遗传 $x$ 较低的情况下尤为明显。

**(2)标记与 QTL 间连锁的紧密程度**

正向选择的准确性主要取决于标记与目标基因的连锁强度,标记与基因连锁得越紧密,依据标记进行选择的可靠性就越高。若只用一个标记对目标基因进行选择,则标记与目标基因连锁必须非常紧密,才能达到较高正确率。如果用两侧相邻标记对目标基因进行跟踪选择,可大大提高选择正确率。

### (3)性状的遗传力

性状的遗传力可显著地影响 MAS 的选择效率。遗传力较高的性状,根据表型就可较有把握地对其实施选择,此时分子标记提供信息量较少,MAS 效率随性状的遗传力增加而显著降低。在群体大小有限的情况下,低遗传 $x$ 的性状 MAS 相对效率较高,但存在一个最适大小,如在 0.1~0.2 时,MAS 的效率会更高,在此限之下 MAS 效率就会降低。

### (4)世代的影响

在早期世代的群体里,具有变异方差大、重组个体多和中选概率大等特征,因此背景选择时间应在育种早期世代进行,随着世代的增加,背景选择效率会逐渐下降。在早期世代,分子标记与 QTL 间的连锁不平衡性较大;随着世代的增加,效应较大的 QTL 就被固定下来,MAS 效率随之降低。

### (5)控制目标性状基因的 QTL 数目

一般来说,随着 QTL 数目的增加,MAS 的效率也会逐渐降低。当目标性状由少数几个基因(1~3)控制时,用标记选择对提高遗传增益非常有效。但当目标性状由多个基因控制时,由于需要进行较多世代的选择,加剧了标记与 QTL 位点的重组,则降低了标记的选择效率。

### 思考题

1. 在作物和林木遗传改良中,常见的分子标记类型有哪些?其中,有哪些属于显性标记,哪些属于共显性标记?
2. RFLP、RAPD 和 AFLP 有何特点,相互之间又有何联系?
3. 简述模式植物和树木遗传图谱构建研究进展。
4. 简述联合遗传学研究与 QTL 定位分析的区别。
5. 简述分子标记辅助选择育种的概念及在植物遗传选择育种中的应用有哪些?
6. 简述影响分子标记辅助选择的关键因素有哪些?

### 主要参考文献

柳李旺,朱协飞,郭旺珍,等. 2003. 分子标记辅助选择聚合棉花 Rf1 育性恢复基因和抗虫 *Bt* 基因[J]. 分子植物育种,1:48-52.

BOSTEIN D, WHITE R, SKOLNICK M, et al. 1980. Construction of a genetic linkage map in man using restriction fragment length polymorphisms[J]. Am. J. Hum. Genet., 32:314-331.

BOUCHEZ A, HOSPITAL F, CAUSSE M, et al. 2002. Marker-assisted introgression of favorable alleles at quantitative trait loci between maize elite lines[J]. Genetics, 162:1945-1959.

BRADSHAW H D, STETTLER R F. 1995. Molecular genetics of growth and development in *Populus*. IV. Mapping QTLs with large effects on growth, form, and phenology traits in a forest tree[J]. Genetics, 139:963-973.

CERVERA M T, STORME V, IVENS B, et al. 2001. Dense genetic linkage maps of three *Populus* species (*Populus deltoides*, *P. nigra* and *P. trichocarpa*) based on AFLP and microsatellite markers[J]. Genetics, 158:787-809.

HUANG F, ANGELES E R, DOMINGO J. 1997. Pyramiding of bacterial blight resistance genes in rice, marker-assisted selection using RFLP and PCR[J]. Theor. Appl. Genet. , 95: 313-320.

KAO C H, ZENG Z B, TEASDALE R D. 1999. Multiple interval mapping for quantitative trait loci [J]. Genetics, 152: 1203-1216.

MICHELMORE R W, PARAN I, KESSELI RV. 1991. Identification of markers linked to disease-resistance genes by bulked segregant analysis: a rapid method to detect markers in specific genomic regions by using segregating population[J]. Proc. Nati. Acad. Sci. USA, 88: 9828-9832.

NORDBORG M, BOREVITZ J O, BERGELSON J, et al. 2002. The extent of linkage disequilibrium in *Arabidopsis thaliana*[J]. Nat. Genet. , 30: 190-193

REICH D E, CARGILL M, BOLK S, et al. 2001. Linkage disequilibrium in the human genome[J]. Nature, 411: 199-204.

REMINGTON D L, THORNSBERRY J M, MATSUOKAY, et al. 2001. Structure of linkage disequilibrium and phenotypic associations in the maize genome[J]. Proc. Natl. Acad. Sci. USA, 98: 11479-11484.

STIRLING B, NEWCOMBE G, VREBALOV J, et al. 2001. Suppressed recombination around the *Mxc*3 locus, a major gene for resistance to poplar leaf rust[J]. Theor. Appl. Genet. , 103: 1129-1137.

SUHA Y, VIJG J. 2005. SNP discovery in associating genetic variation with human disease phenotypes[J]. Mutation Research, 573: 41-53.

THORNSBERRY J M, GOODMAN M M, Doebley J, et al. 2001. *Dwarf* 8 polymorphisms associate with variation in flowering time[J]. Nat. Genet. , 28: 286-289.

THUMMA B R, NOLAN M F, Evans R, et al. 2005. Polymorphisms in *Cinnamoyl CoA reductase* (*CCR*) are associated with variation in microfibril angle in *Eucalyptus* spp. [J]. Genetics, 171: 1257-1265.

WILLIAMS J G, KUBELIK A R, Livak KJ, et al. 1990. DNA polymorphisms amplified by arbitrary primers are useful as genetic markers[J]. Nucleic Acids Res. , 18: 6531-6535.

ZHANG D Q and ZHANG Z Y. 2005. Single nucleotide polymorphisms discovery and linkage disequilibrium [J]. Forestry Studies in China, 7: 1-14.

ZHANG D Q, ZHANG Z Y, Yang K. 2006. QTL analysis of growth and wood chemical traits in an interspecific backcross family of white poplar (*Populus tomentosa* × *P. bolleana*) × *P. tomentosa*[J]. Can. , J. , For. , Res. , 36: 2015-2023.

ZHANG D Q, ZHANG Z Y, Yang K. et al. 2004. Genetic mapping in (*Populus tomentosa* × *P. bolleana*) and *P. tomentosa* using AFLP markers [J]. Theor. Appl. Genet. , 108: 657-662.

ZHAGN D Q, ZHANG Z Y, YANG K, et al. 2005. QTL analysis of leaf morphology and spring bud flush in (*Populus tomentosa* × *P. bolleana*) × *P. tomentosa*[J]. Scientia Silvae Sinicae, 41(1): 50-56.

# 13

## 遗传与发育

高等生物从受精卵开始发育，经过一系列的细胞分裂和分化，成长为新的个体，这一过程通常称为个体发育。发育是生物的共同属性，所有组织系统、器官和性状都是在个体发育过程中逐渐形成的，是物种遗传属性的表达和展现。个体发育表现出2个特点：一是个体发育的方向和模式由其基因型决定，同一物种的个体在发育过程产生一种特定的模式，而各种性状的形成是基因型和环境共同作用的结果；二是合子分裂到一定时期，细胞就会发生分化，形成不同的组织和器官。虽然这些组织和器官的细胞核内具有相同的遗传物质，但它们在形态结构、生理功能等方面却差异较大。在遗传物质相同的情况下，这些差异是如何产生的？细胞为何会出现分化现象？基因的作用是什么？细胞质是否也参与细胞分化的发生？面对众多发育遗传学的未知问题，学者们从胚胎学、遗传学、生物化学、细胞生理学、生物物理及进化等不同角度进行了数百年的研究，但得到的结果多是发育过程的描述，对于个体的发育机制尚缺乏全面而深入的认知。自20世纪70年代以来，随着分子遗传学和生物技术的快速发展与应用，已经鉴定和克隆了多个控制模式生物个体发育的基因，并明确了这些基因的生物学功能与个体发育的关系。这些研究结果为揭示个体发育过程及调控机制奠定了基础。

> 发育是生物的共同属性，是物种遗传属性的具体展现。发育过程就是其生活史开始后，复杂程度提高的有序变化过程。其中，基因按照特定的时间、空间进行有序表达，同时，在内外环境因子的影响下，逐步形成生物的各种性状。此外，当合子分裂到一定阶段时，细胞发生分化，个体不同部位的细胞形态结构和生理功能发生改变，形成不同的组织和器官。虽然这些组织和器官在形态结构、生理功能等方面差异悬殊，但其细胞核内拥有全套的遗传信息，一旦脱离所在组织、器官环境等条件的约束，这些细胞在适宜的条件下就有可能经过脱分化而恢复其全能性。

## 13.1 发育遗传学概述

传统上研究动物的发育被称为胚胎学(embryology),是研究从受精到出生之间胚胎发育的科学。随着认识的深入,该定义表现出了局限性。事实上,动物在出生后发育并未停止,甚至在成年时还在继续发育。例如,人体每天要置换约1g的皮肤细胞,骨髓每分钟要发育出几百万个红细胞。因此,现今所说的发育包括了胚胎及其以后的发育过程。

对遗传与发育之间关系的认识经历了漫长的历史过程。19世纪末,生理胚胎学家威尔森和摩尔根在对遗传和发育的关系上代表了两种对立的观点,并对此展开了争论。同时,哈特维希(O. Hartwig)、鲁克斯(W. Roux)和鲍维里(T. Boveri)等一批生物学家提出细胞核内的染色体包含了一种形态建成因子(form-building element)。威尔森认同这种观点,在1896年出版的《发育和遗传中的细胞》(*The Cell in Development and Inheritance*)一书中指出:"'原生动物再生时必须有细胞核'这一事实确立了下列假设,即细胞核如果不是再生时所需能量的所在地,至少是这种能量的控制因子,而后是遗传的控制因子。当我们进一步观察到成熟(减数)分裂、受精和细胞分裂等事实时,这个假设就更加确定。所有这些都可得出一个结论:染色体是发育最重要的因素。"然而,当时摩尔根却持不同的观点。他将刚受精的水母卵的细胞质除去,胚胎发育不正常。根据这一结果,摩尔根于1897年在《蛙卵》(*The Frog's Egg*)一书中指出:"这里虽然有完整的细胞核,但去掉了细胞质,于是胚胎发生了缺陷。""看来不能回避下述结论,即发育早期的分化力量是在细胞质而不是细胞核。"

1905年,摩尔根的学生斯蒂文斯(Stevens)发现92种昆虫的雌体细胞核内有2条X染色体(XX),而雄体只有1条X染色体(XY或XO)。据此发现,斯蒂文斯提出了细胞核的结构,即X染色体是控制性别发育的因子。但摩尔根此时依然坚守自己的观点,认为染色体是受细胞内某种性别决定物质所控制。1910年,摩尔根在果蝇实验中发现,果蝇的白眼基因是和X染色体连锁,另外一些性状也表现为与X染色体以及性别一起连锁遗传。基于该研究结果,摩尔根转变了原先的观点,认可染色体控制性状的发育。

在发育遗传学产生的早期,多本出版物和研究论文的公开发表,对该学科的发展起到了重要推动作用。1894年,鲁克斯创办杂志《生物体发育机构的文献》(*Arche für Entwicklungs Mechanik der Organisms*)指出胚胎学研究应建立在实验基础上,寻找体细胞的分化和组织结构的规律;杜里舒(Han Driesch)出版的《生物体发育的分析理论》(*Analytishe Theorie der Organischen Entwicklung*)中阐述了染色体和细胞质之间的关系,染色体指导细胞质中新物质的生成,细胞质又指导染色体合成原来不具有的各种物质;哈特维希在《先成论和后成论》(*Preformation and epigenesis*)一书中提出了研究胚胎发生要注意细胞间的相互作用,这种相互作用使胚胎中的每一个细胞与其相邻细胞间有一种确定的关系。20世纪20年代初,我国学者李汝祺在摩尔根指导下进行了果蝇染色体与发育关系的研究,并于1927年将其研究论文《果蝇染色体结构畸变在其发育上的效应》发表在《遗传学》。之后,沃尔什(G. Walsch)和沃丁顿(C. H. Waddington)两位胚胎学家再一次成功地把发育和遗传两门学科结合起来。沃尔什(1938,1940)证明了小鼠 *T* 基因的一些突变会影响小鼠胚胎的早期发育，使胚胎后部出现异常。突变基因的效应表现在造成体轴的中胚层缺陷，从而不能启动背轴的发育。沃丁顿(1939)定位了引起果蝇翅膀形态变化的几个基因，并分析了这些基因如何影响将来发育成翅的原基。在前人卓有成效、开创性工作的基础上，逐步发展并形成了一门新的学科——发育遗传学(developmental genetics)。

当今，发育遗传学的发展十分活跃。随着分子生物学和分子遗传学的迅速发展，尤其是各种基因克隆技术的不断完善，使从遗传学角度来探索生物体发育的分子机理成为现实，为传统研究方法很难解决的诸如细胞的生长和分化、细胞之间的信息交流、细胞群体甚至在单个细胞内的不对称性建立等基本问题提供了可能。生物体基因组研究工作提供的大量基因，通过引入胚胎或受精卵来研究这些基因的功能，或是认识这些基因对表型的直接效应，或是诱导(激活)细胞里的特定基因，或是抑制细胞中其他基因的表达，从而不仅可了解单个基因对胚胎发育的作用，而且可从基因间的相互作用来认识一组基因对表型产生的效应。这样就不难从细胞分化、器官发生和形态建成等不同层次上阐明生物体发育的遗传基础。

此外，随着研究的深入和认识的提高，无脊椎动物和脊椎动物的发育遗传研究已不再是截然分开的不同领域，无论是线虫、果蝇，还是人类，其发育途径基本相同，控制这些生物发育的基因在进化上是保守的，在结构和功能上有很高的同源性，这为发育遗传学的研究提供了十分便利的条件。

纵观发育遗传学的发展，从19世纪末到20世纪初，鲍维里、威尔森、鲁克斯、杜里舒和摩尔根等生物学家主要以蛔虫卵、青蛙卵、海胆卵和果蝇等为材料，对细胞的分裂、分化进行了观察和研究，创立了现代发育生物学。其中，果蝇被作为发育生物学的模式生物。但在同一时期，植物发育生物学的研究相对比较落后，主要是对植物形态发生学的宏观结构的观察。到了20世纪80年代末至90年代初，随着分子生物学的快速发展，及它与植物实验胚胎学、细胞生物学和植物生理学科的相互渗透，发育生物学的研究已从过去的形态解剖、生理生化研究迅速进入分子领域的研究，实现了从遗传学角度来探索植物发育的分子机理，并建立了以拟南芥(*Arabidopsis thaliana*)、金鱼草(*Antirrhinum majus*)等为模式植物的植物发育研究系统。

植物发育遗传学是研究植物在发育过程中所发生的遗传和变异的学科，是从遗传学的角度来研究植物发育过程中所发生的分子事件。由于植物发育遗传学的形成主要是植物发育生物学和分子遗传学等学科相互交叉、相互渗透的结果，因此，在研究范畴上，从发育的时空顺序看，涉及植物生殖细胞的发生、受精、胚胎发育和衰老等的遗传调控，营养器官(根、茎、叶)和繁殖器官(花、果实、种子)发育过程中的基因表达与调控；从遗传学的特定研究内容来看，主要包括植物发育相关基因的定位、克隆及其功能鉴定，植物发育过程中时空特异性基因的表达调控研究，调节元件与调节因子对植物发育程序性时空表达的调控研究，以及植物发育的系统进化等方面。由此可见，发育的实质就是基因根据预先设定的程序在不同时空位置上进行选择性表达，从而产生不同的细胞、组织和器官类型。在这一过程中，涉及植物极性，模式的形成、决定，组织间的相互作用，细胞分化，细胞间信息传导，核—质关系等一系列问题。但总体来看，主要包括：①分化(differentiation)指细胞按照一定的时空顺序产生具有某种特征的细胞类型。②模式形成(pattern formation)

指构成成熟个体的组织、器官在特定的时空位置上形成的过程。高等植物的模式形成产生于种子中休眠芽的胚胎,植物成体将由胚胎中的分生组织产生。在图式形成中,极性、对称性和周期性变化因素发挥着极其重要的作用,涉及细胞间的通信和位置信息的表达等。③细胞凋亡(apoptosis)或程序性死亡(programmed cell death)是一种积极、主动和生理性的细胞死亡过程。④形态发生(morphogenesis)是一个因种而异,渐进的、精确的三维形成过程,包括由细胞形态的变化、细胞分裂的方向和速度等的区域性差异而产生各种组织器官的基本形状,而且这一过程在植株成长过程中能够重复进行。⑤生长(growth)是一个细胞分裂和增大的过程,包括细胞数量、体积和重量的增加。植物发育需要经过此5个基本过程才能成长为成熟个体。

发育遗传学是21世纪生物学中最为活跃的研究领域之一,每一个调控机理的揭示都将极大地推动整个生命科学的发展。地球上的植物提供了人类约90%的能量,约80%的蛋白质。无论是作为食品,还是各种加工原料的植物,主要是用其种子、果实、花、茎、叶或特定的营养器官(如块茎、鳞茎、球茎和块根等变态器官),而这些器官均是植物在特定发育阶段的产物。因此,在发育遗传学的研究领域中,关于植物营养器官的生长发育、花诱导、花器官发生(性别分化、雄性不育等)、果实和种子的形成、植物激素在植物生长发育中的控制作用,以及植物在逆境条件下各器官生长发育的遗传调控等方面的知识和研究成果,将有利于人类有效控制作物生长发育、开花结实,提高产量和改善品质,促进工农业的全面发展,最终服务于人类自身。

## 13.2 细胞核与细胞质在个体发育中的作用

高等生物的细胞是由细胞核和细胞质两个部分构成,二者在细胞的生存中缺一不可,无论缺少哪一部分,细胞都不能存活。同时,细胞核和细胞质在个体发育过程中既有分工,又有合作,共同完成在生物个体发育全过程中由基因型(包括核基因和细胞质基因)预定的各种基因的时空表达,包括对外界环境条件变化做出的响应。

### 13.2.1 细胞核在细胞生长和分化中的作用

为了了解细胞核在细胞生长和分化中的作用,科学家做过两个经典的试验,其一是伞藻的嫁接试验,其二是美西螈的细胞核移植试验。

伞藻(*Acetabularia*)属于一种大型的单细胞海生绿藻,自顶部到根部长6~9cm,细胞核在基部的假根内。伞藻个体发育成熟时,顶部长出一个伞状的子实体,子实体边缘形态因伞藻种不同而不同。地中海伞藻(*A. mediterranea*)的子实体边缘为完整的圆形,而裂缘伞藻(*A. crenulate*)的子实体边缘分裂为细齿状。如果将地中海伞藻的子实体和带核的假根去掉,嫁接到裂缘伞藻的带核假根上,不久就会长出中间型的子实体。去除中间型的子实体后,再次生长出来的子实体属于裂缘伞藻型子实体。反之,若将裂缘伞藻的子实体和带核假根去掉,然后嫁接到地中海伞藻的带核假根上,去除中间型子实体后,长出的是圆形子实体(图13-1)。嫁接后之所以出现中间型子实体,是因为作为接穗的茎中起初还带有原来的细胞质。

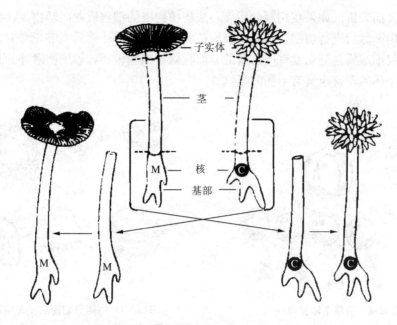

**图 13-1 伞藻嫁接试验**(引自刘庆昌，2007)

Signoret(1962)分别以体色为黑色和白色的美西螈为材料进行了细胞核移植试验。将取自亲本为黑色纯合体美西螈的囊胚的核移植入用紫外线照射的白色美西螈的去核卵中。在 138 个核移植细胞中，有 77% 的细胞发育为完全正常囊胚，其中有 37 个成长为幼虫，而且这 37 个幼虫的体色全部是黑色。由此可见，虽然决定美西螈体色的色素是在细胞质中合成，却受细胞核基因的控制。

研究表明，细胞核内的染色体是生物遗传信息的主要载体。控制生物体形态的核基因先在细胞核内转录成 mRNA，mRNA 进一步指导决定生物体形态的蛋白质的合成。虽然 mRNA 和蛋白质的后期加工均是在细胞质中完成，但它们的模板 DNA 却位于细胞核内的染色体上。因此，生物体性状的形成最终还是由核基因控制的，正如伞藻嫁接试验和美西螈核移植试验中所表现出的结果，充分肯定了细胞核在生物个体发育中的主导作用。

## 13.2.2 细胞质在细胞生长和分化中的作用

动植物的卵细胞虽然是单细胞，但它的细胞质内除显见的细胞器分化外，还存在动物极和植物极、灰色新月体和黄色新月体等分化。这些分化的物质在个体发育后期各自发育成何种组织和器官，在胚胎早期已基本决定。对单细胞生物海胆受精卵的研究表明，海胆受精卵的第一次和第二次分裂均是顺着对称轴的方向进行的。若在第二次分裂后，将 4 个卵裂细胞分开，每一个卵裂细胞都可以发育成正常的小幼虫，说明各个卵裂细胞中的细胞质是完全的(图 13-2)。而第三次卵裂方向与对称轴垂直，若此时将 8 个卵裂细胞分开，就不能发育成小幼虫。如果在海胆卵开始分裂前，顺着赤道板切成两半，其中一半只含有动物极，另一半只含有植物极。带核的植物极一半受精后，发育为比较复杂但不完整的胚，而带核的动物极一半受精后，发育成为空心且多纤毛的球状物(图 13-3)。二者因都不能正常发育而夭折。如果在切割前用离心法将植物极的细胞质抛向动物极，细胞质同处于一个半球内，然后进行切割，则含有细胞核的动物极半球受精后能够正常发育。这种现象表明，不仅细胞质是胚胎发育所必需的，而且除了细胞核和各种细胞器外的其他不同部分，对生物个体的发育也具有不同的影响。

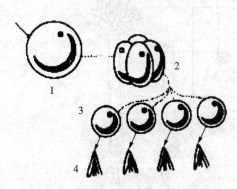

图 13-2　海胆个体发育
1. 卵接受精子　2. 受精卵经过两次分裂后形成 4 个卵裂细胞　3. 卵裂细胞分开
4. 4 个发育正常的小幼虫

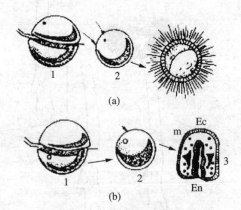

图 13-3　海胆卵切割后发育实验
(a) 海胆卵切割后，让上部动物极半球受精，发育成空心而多纤毛的球状物　(b) 海胆卵切割后，让下部植物极半球受精，发育为比较复杂而不完整的胚胎

在植物细胞中也有类似现象。例如，花粉粒的发育过程中，当花粉母细胞经过减数分裂形成 4 个小孢子，小孢子的核在经过第一次配子有丝分裂后形成 2 个子核。其中一个子核移动到细胞质稠密的一端，最后发育成生殖核；另一个子核移动到细胞的另一端，最后发育为营养核。如果小孢子的发育不正常，核的分裂面与正常的核分裂面垂直，使两个子核处于同样的细胞质环境之中，则子核不能发生营养核和生殖核的分化，无法进一步进行第二次孢子的有丝分裂，最后就不能发育为成熟的花粉粒。同样的，在植物卵细胞的发育中，远离珠孔一极的细胞质较多，靠近珠孔一极的细胞质较少。大孢母细胞经过减数分裂所形成的 4 个大孢子中，远离珠孔的 1 个子细胞能够继续分裂和发育为胚囊，而其余的 3 个大孢子最终退化。上述现象说明，细胞质的不同部分对细胞的分化具有不同的影响，植物细胞的细胞质对于细胞的分化发挥着重要的作用。

### 13.2.3　细胞核与细胞质在个体发育中的相互关系

在个体发育的过程中，细胞核和细胞质是相互依存、不可分割的整体系统，共同调控生物体遗传信息的时空表达，完成发育过程中的细胞分化、形态建成和生长。但在发育过程中，发挥主导作用的应该是细胞核。因为细胞核内的"遗传信息"是 mRNA 转录合成的物质基础，决定着个体发育的方向和模式，控制着细胞的代谢方式和分化程序。细胞质则是蛋白质合成的场所，并为 DNA 复制、mRNA 转录，以及 tRNA、rRNA 和蛋白质的合成等提供原料和能量。同时，细胞质中的一些物质又能调控核基因的活性，致使核内"遗传信息"完全相同的细胞间，由于细胞质不同而导致分化，从而产生多样化细胞，进一步发育为不同的组织和器官。细胞质的差异是细胞质不均等分裂的结果。由此可知，细胞质的不均等分裂在细胞分化和器官形成过程中起着重要的作用，没有细胞质的不均等分裂，其后果只能是细胞数目的增加，不会有细胞的分化现象发生。

综上所述，生物个体的发育，既受细胞核（核基因）的控制，又受细胞质的影响。对一个细胞来讲，细胞核和细胞质是一个统一的整体，相互依赖，互相制约，缺一不可。细胞质内生化物质的合成需要细胞核（核基因）"遗传信息"的指导，而细胞核"遗传信息"的表达又受到细胞质内一些物质的调控。

### 13.2.4 环境条件对个体发育的影响

生物个体的发育主要是受自身所携带的遗传物质决定。但是，个体所处的环境条件也直接或间接地影响着发育进程，一些生物或非生物的因子均可以调控相关基因的表达，从而影响个体发育。例如，植物与病原菌之间的互作就是典型例子。当植物体受到病原菌侵染时，植物自身抗病基因控制的受体（receptor）能够识别病原菌诱导因子（elicitor），激活植物相应基因的表达，使细胞内迅速产生 NO、$H_2O_2$ 等物质。这些物质可以直接或间接地导致植物产生过敏性反应（hypersensitive response），杀死入侵病原菌。同时，这些物质又可以作为信号传递分子，诱导植物防卫相关基因（defense-related gene）表达，产生几丁质酶、葡聚糖酶等，这些水解酶能够降解真菌细胞壁，抑制病菌生长，或诱导与细胞壁形成有关的基因表达，增强植物细胞壁，从而达到抵御病菌对活细胞侵入的目的。

又如，水稻植物的光/温敏核不育遗传现象是非生物因子对个体发育中基因表达调控的一种形式。温度高低或日照长短会影响花粉的发育，从而引起植物体雄配子育性的变化。同时，日照长短还影响植物的生长周期。

此外，营养、干旱、冷冻、高温、紫外线和激素类化合物等都可以诱导相关基因的表达，进一步影响生物个体发育。

## 13.3 基因对个体发育的调控

发育是通过细胞分化来实现的，分化产生了细胞的多样性，构成了形态建成和生长的基础，并保证生命的世代延续。从分子水平上看，细胞分化意味着优先合成某些特异性蛋白质，而蛋白质的合成是受核基因控制的。因此，细胞的发育和分化归根结底是受基因控制的，也就是由 DNA 的特异性和活动程序性决定的。目前，对基因如何控制分化的解释有：①全面抑制到分别激活学说；②全面激活到分别抑制学说；③基因群程序活动模型学说等几种不同的假说。其中，有些假说尚缺乏必要的实验证据。

**(1) 全面抑制到分别激活学说**

该学说由杜里舒（1894）提出，后来被摩尔根（1934）所充实，称为杜里舒—摩尔根（Driesch-Morgan）学说。该学说认为，在胚胎发育早期的卵裂阶段，核基因是被抑制的，以后它们将会被分别激活，并指导特定蛋白质的合成。基因在发育的特定阶段及特定的区域中被激活，形态发生的变化可因特殊基因的激活而引起。杜里舒—摩尔根学说为许多胚胎学家所赞同，也被认为是解释形态发生的最好学说。

**(2) 全面激活到分别抑制学说**

该学说又被称为 Caplan-Ordahl 分化理论，其核心内容是：发育潜能的降低可能是曾经有活性的基因逐渐被抑制的结果。也就是说，在胚胎早期的全部基因都是有活性的或者是能够转录的，但在发育的进展过程中，会使其中一些基因受到选择性的不可逆抑制，另一些基因则稳定在非抑制状态，并成为对新建表型特异的基因。依据这一学说可知，受精卵基因组的所有基因应该都可以转录，但不能预期一个受精卵中存在着每一个基因的转录物。

**(3) 基因群程序活动模型学说**

李振刚和吴秋英于1984年提出了这一模型学说，认为在染色体上存在着按不同发育时期进行活动的基因群，发育就是不同基因群的程序性活动，而且每一个基因群活动的结果是自身陷入抑制并激活下一个基因群。由此可知，在每一个发育时期只能有一个基因群处于活动状态，整个发育过程是由一系列不同的基因群不断地激活与抑制的连锁反应，而不是基因从全面抑制到分别激活或从全面激活到分别抑制。该学说认为发育与分化不是同一事件，而是密切联系的2个不同过程。发育是染色体基因群的程序性活动，是细胞核基因的转录事件，而分化则是某些基因在细胞质中进一步表达的结果。

## 13.3.1　个体发育的阶段性

受精是生物个体发育的第一步，随着受精卵的开始分裂，各种性状的发育也就随之开始。此后，随着细胞的多次分裂，形成各种不同组织和器官，相应性状相继而有序地表现。高等生物受精卵的初期分裂是不均等的，而高等植物甚至在第一次分裂时就是不均等分裂，形成两个大小不等的细胞。大细胞经过有限几次的分裂形成胚柄，小细胞经过多次分裂产生胚体。胚柄仅是临时性器官，当胚胎长成后就会退化。胚体经过球形胚、心形胚、鱼雷形胚等发育阶段后，分化成根、茎等原始组织器官。胚胎经过生长，各部分细胞分化成不同的形态特征和生理特性，这一过程中实际包括了一系列不间断的发育阶段，这些阶段按预定的顺序依次接连发生。在上一阶段趋向完成之时，同时也启动了下一阶段的开始。在通常情况下，一个细胞(组织或器官)分化到最终阶段，表现出其稳定的表型或生理功能，此时也就达到了末端分化。达到末端分化的细胞(组织或器官)通常不再分化或转化为其他的结构。

对烟草进行研究时发现，当烟草生长到10对叶片并显现花序时，按叶片的上下顺序分离叶片的表皮细胞分别进行培养。以最基部两个叶片的表皮细胞培养获得的植株，长出两个叶片后就不再生长。第3、4片叶的表皮细胞的培养植株，在长出3~4对叶后则开花；第5、6片叶的表皮细胞的培养植株，在长出2对叶后则开花；第8~10片叶的表皮细胞的培养植株，在长出1个叶片后就开花。若以花序的表皮细胞进行培养，得到的培养植株很快分化出花芽并直接开花。该研究结果表明，当植株发育到某一阶段时，所分化的细胞和组织就达到与该阶段相对应的发育状态。如果这种发育状态就是该细胞和组织的分化终点，则这类细胞和组织就维持在这一水平，不再向前发展。但一旦这类细胞和组织脱离周围组织而进行离体培养，则能够开始新的个体发育进程。正如烟草离体的表皮细胞能够在原来的发育基础上继续发育。

生物个体发育的这种特性是由内外两种因素控制的。内在因素也就是遗传因素，是全基因组的基因在不同时空上的选择性表达。外在因素则包括相邻的细胞、组织、器官以及外界环境条件的影响。

## 13.3.2 基因与发育模式

个体发育过程的阶段性，总是遵循着预定的方向和模式。这是由个体的基因型决定的。同形异位基因(homeotic gene)就是与个体发育有关的一种主要基因类型。这类基因调控个体的发育模式和组织、器官的形成。在果蝇的研究中发现，果蝇原来生长触角的部位，由于基因突变可以长出足来，这种足与正常的果蝇足在形态上完全相同，只是生长的位置不同。该现象被称为同形异位现象(homeosis)。目前，已在真菌、高等植物及人类等几乎所有真核生物中都发现了同形异位基因的存在。

通过功能研究表明，同形异位基因编码一组转录因子，进而调控其他重要的形态和器官结构基因的表达来控制生物发育及器官形成。同形异位基因编码的转录因子中都含有一段或几段高度保守的序列，这些保守序列能够形成一定空间结构，与特异的 DNA 序列结合来调控相应基因的转录。受同形异位基因调节的结构基因包括控制细胞分裂、纺锤丝形成和取向及细胞分化等发育过程的基因。

### 13.3.2.1 果蝇发育中的同形异位基因

同形异位基因最早是在果蝇胚胎发育研究中发现的。之后，刘易斯(E. B. Lewis)等人于 20 世纪 40 年代进行了许多果蝇同形异位突变的遗传分析。随着分子克隆技术的建立，同形异位基因的分离和克隆进一步揭示了这类基因的分子基础及调控机理。

果蝇的幼虫和成虫由体节组成，包括 1 个头、3 个胸节($T_1 \sim T_3$)和 8 个腹节($A_1 \sim A_8$)，每一节又分为前端(A)和后端(P)两部分。成虫的每一个胸节上着生一对足，同时，第二胸节上着生翅膀，第三胸节上着生平衡器(图 13-4)。

果蝇从胚胎发育至成熟个体的过程中，有两组同形异位基因簇参与调控。它们是触角

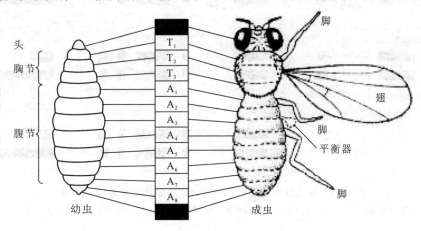

图 13-4　**果蝇幼虫与成虫结构**(引自朱军，2002)

足突变基因簇(antennapedia)和腹胸节基因簇(bithorax)。腹胸节基因突变后,导致第三胸节转变为第二胸节,使平衡器转变成一对多余的翅膀(图 13-5)。触角足突变则使果蝇头部的一对触角转变成一对足。果蝇的这两组同形异位基因簇都位于第 3 染色体上。触角足基因簇位于长约 350kb 的片段内,有 5 个编码基因,分别是控制头部的 *Lab*(Labial)和 *Dfd*(deformed)基因;控制前面两个胸节的 *Scr*(sex comb reduced)和 *Ant*(antennapedia)基因;可能参与胚胎发生或保持成虫分化状态的 *Pb*(proboscipedia)基因。腹胸节基因簇位于一段 300 kb 的区段内,包括 3 个编码基因,*Ubx*(ultrabithorax)基因控制第二胸节后端和第三胸节的结构,*abdA*(abdominal A)基因和 *abdB*(abdominal B)基因控制 8 个腹节的形成。此外,果蝇的同形异位基因都具有一个或几个同形异位框。

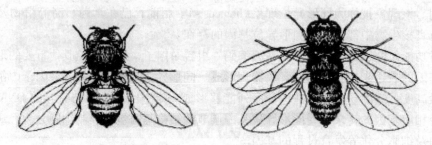

图 13-5 果蝇野生型(左)及突变型(右)(引自朱军,2002)

果蝇的上述两组同形异位基因的表达受其他基因控制,机理比较复杂。以触角足基因簇中的 *Ant* 基因为例(图 13-6),该基因具有 8 个外显子和很长的内含子,总长度约 103kb,其编码序列从第 5 个外显子开始,编码一条相对分子质量为 43 000 的蛋白质。同时,*Ant* 基因还具有两个启动子,一个位于外显子 1 的上游,另一个位于外显子 3 的上游。两种转录子分别在外显子 8 内和外显子 8 之后终止,翻译形成相同的蛋白质,差别仅表现在非翻译区前体 mRNA 的前导序列。

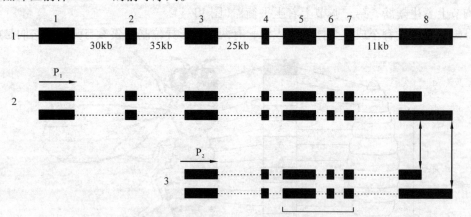

图 13-6 果蝇触角足基因簇中的 *Ant* 基因结构及其转录子期
1. *Ant* 基因结构 2. 由启动子 1($P_1$)形成的转录子 3. 由启动子 2($P_2$)形成的转录子

进一步研究表明,同形异位基因也通过对前体 mRNA 的不同切割方式来调控基因表达。*Ubx* 基因长约 75kb,在早期胚胎发育中,*Ubx* 基因转录后的 mRNA 被切割加工,形成不同长度的5'端和包含中间2个微小外显子的序列,翻译出一系列长度不同的蛋白质。而在胚胎发育晚期,形成的转录子可能只包含有一个微小外显子,甚至不含有微小外显子序列(图13-7)。

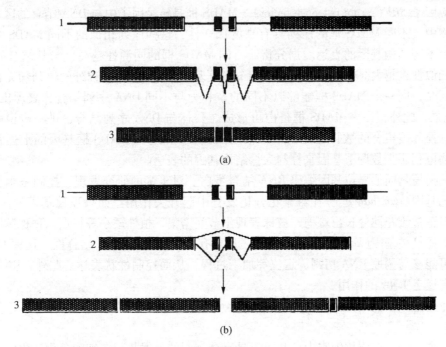

图13-7　腹胸节基因簇中的 *Ubx* 基因前体 mRNA 的加工(引自朱军, 2002)
(a)胚胎发育早期　(b)胚胎发育晚期
1. *Ubx* 基因　2. 前体 mRNA　3. 加工后的 mRNA

### 13.3.2.2　高等植物发育中的同形异位基因

高等植物从受精卵发育成具有复杂的组织器官和结构的完整植株,同形异位基因也发挥着重要作用。自1991年首次克隆了玉米打结基因(*knotted* I)和拟南芥无配子基因(*agamous*)以来,许多植物的同形异位基因已经被分离和鉴定出来,并据此提出一些基因调控模型。

对拟南芥和金鱼草的研究表明,有3组同形异位基因分别控制花分生组织的形成、花的对称性和花器官的形成。如果这些基因发生突变,将会影响花的发育。同时,遗传分析及分子原位杂交研究表明,至少有5种基因参与了控制花器发育。

植物同形异位基因也编码转录因子,参与调控其他结构基因的表达。但与果蝇同形异位基因的结构不同,控制植物花序发育的同形异位基因不含有同形异位框序列,而且,植物同形异位基因编码的有些转录因子,在其氨基端带有一个长约60个氨基酸的 MADS 框,这类基因称为 MADS 框基因。此外,遗传图谱研究还表明,同一植物不同的同形异位基因通常分布在不同染色体上,这也有别于果蝇中的同形异位基因分布。例如,拟南芥的 $Ag_1$ 同形异位基因位于第4染色体上,而 $PI_2$ 基因则位于第5染色体上。玉米中两个高度同源的同形异位基因 *Zmh* 1a 和 *Zmh* 1b(Zea mays homeobox 1a, 1b)分别位于第8和第6染色体上。

　　MADS 是 4 个基因首字母的缩写，即酵母菌决定交配型基因 *MCM*1（minichromosome maintenance）、拟南芥无配子基因 *AG*（agamous）、金鱼草缺失基因 *DEF*（deficiens）和人的血清反应因子 *SRF*（serum response factor）。MADS 框是转录因子中与 DNA 结合的区域。在真核生物中，不同 MADS 框的序列具有高度保守性，这些序列相似的不同 MADS 框基因参与调控不同结构基因的表达。据分析，不同 MADS 框的同源性越高，与其结合的 DNA 序列间相似性也越大。但是，在不同的 MADS 框基因中，MADS 框以外的序列却无任何同源性。同时，同一个 MADS 框能够以不同的亲和力与不同 DNA 序列结合，表现出"一因多效"现象。此外，许多 MADS 框蛋白可形成二聚体与 DNA 序列结合，进一步说明能形成不同调控基因组合的数目要比 MADS 框基因数目大得多。MADS 框基因的上述特点表明，生物可利用少数调节基因来控制大量结构基因的表达。

　　另一类植物同形异位基因编码 RNA 结合蛋白。对玉米的研究发现，控制玉米花序发育的顶穗基因（*terminalear* 1）在雌雄花分化发育中起开关作用。如果顶穗基因发生突变，则导致在正常雄花穗处长出雌穗，植株表现出节间密集、植株矮小等特点。顶穗基因在玉米分化中比打结基因（*knotted* I）表达得早，且含有 3 个保守的 RNA 结合框，这种 RNA 结合蛋白可能参与调控 RNA 切割、定位等加工过程，从而控制性状表达。此外，RNA 结合蛋白还有稳定 RNA 的作用。

### 13.3.3　基因与发育工程

　　同一个体的各部位体细胞中核基因组是完全相同的。但是，在细胞分化过程中，核基因的表达已被逐渐限制，各种分化细胞只有少量基因能够表达。因此，个体发育阶段性转变的过程，实质上是不同基因被激活或被阻遏的过程。在发育的某个阶段，某些基因被激活而得到表达，而原来表达的基因可能被抑制。基因是否得到表达，可以通过检测基因的转录产物 mRNA 或表达产物蛋白质来判定，也可以通过比较野生型与突变型的表型进行推断。

　　高等生物的结构复杂，形态建成涉及一系列新陈代谢过程。这些过程的完成有赖于各种特异蛋白质的及时合成，并按照一定顺序组合到各种形态结构中去，使器官从大到小，从简单到复杂。高等生物的这一过程极其复杂，且难以分析，现有研究工作只涉及其中的部分过程。原核生物和单细胞的低等生物则结构简单，比较容易研究，而且相关研究结果对认识高等生物的分化和发育具有很大的启发作用。

#### 13.3.3.1　噬菌体的分化和自然装配

　　噬菌体是依靠细胞的新陈代谢来装配和自我繁殖的。其中，以感染大肠杆菌的 T 系列噬菌体的研究最为透彻。噬菌体在侵入大肠杆菌后，能够很快利用宿主细胞内的 RNA 聚合酶进行自身遗传物质的复制和合成蛋白质外壳所需的 mRNA。这些转化的 mRNA 在宿主的核糖体上进行翻译，合成能裂解宿主 DNA 的酶。在这种酶的作用下，宿主 DNA 裂解成为合成噬菌体 DNA 所必需的新装置。在侵染 5～6min 后，就能够出现新合成的噬菌体 DNA，随即合成早期的蛋白质。在侵染 9～10min 后，几种后期蛋白质被合成，包括头部外壳蛋白、尾部及各种附属结构的蛋白质和溶菌酶。溶菌酶裂解细菌的细胞壁，使新的噬菌体得以释放。

研究发现，新的噬菌体个体要在所有器官（"部件"）全部合成后才进行装配。装配过程至少需要12个步骤，而且按一定的顺序进行，要在头尾结合以后，才进行尾丝的装配（图13-8）。采用突变体所进行的研究还表明，在噬菌体各"部件"的合成和装配过程中，有70个基因参与，这些基因大致可分为两大类。第一类称为早期基因（early gene），主要是控制噬菌体的早期侵染行为，转录产生早期的mRNA，编码合成噬菌体DNA的酶等；第二类称为晚期基因（late gene），主要是控制各蛋白质"部件"的合成，装配新的噬菌体，产生溶菌酶。无论是早期基因或晚期基因发生突变，噬菌体的分化都会停止，不能形成完整的新的噬菌体。这是因为这些基因发生突变后，只能形成头部而不能形成尾部，或只形成头部和尾部，而不能形成尾丝。但是，噬菌体的突变体之间具有互补性。如果将具有不同突变体的裂解液混合，使它们进行体外装配，可以得到完整且具有活性的新的噬菌体个体（图13-9）。然而，虽然裂解液中噬菌体的各种"部件"齐全，但缺失正常基因13和14，也不能装配出完整且有活性的噬菌体。这一现象说明，在噬菌体的分化和装配过程中，除了控制合成结构所需的各种"部件"的基因外，还有特异性调控装配过程的基因。

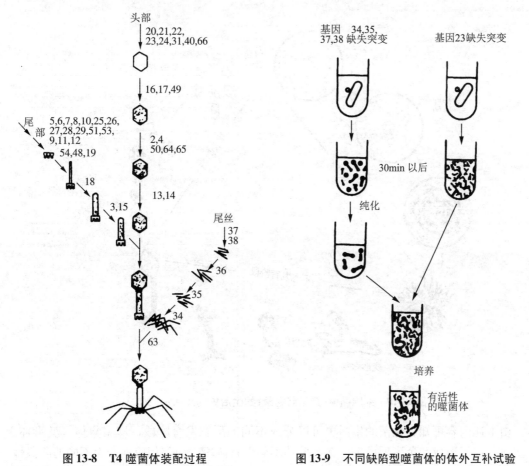

图13-8　T4噬菌体装配过程　　　　　图13-9　不同缺陷型噬菌体的体外互补试验
　　　（引自朱军，2002）　　　　　　　　　　　（引自朱军，2002）

### 13.3.3.2 细胞黏菌的发育调控

细胞黏菌是低等单细胞藻菌植物,由于生活史简单,发育阶段分明,是研究个体发育的极好材料。在细胞黏菌中,盘基网柄菌(*Dictyostelium discoideum* Raper)完成其生活史只需 20~50h。当食物(细胞)来源充足时,细胞黏菌分裂繁殖成大量细胞,类似于变形虫。当食物来源匮乏时,细胞停止分裂而彼此聚集,形成聚集体(aggregate),数小时后,产生一个聚集中心。聚集中心则包含一个或几个能产生聚集素(acrasin)的细胞。当细胞感受到聚集素信号以后,开始向聚集中心移动,并排列成同心圆,进而彼此连接在一起,外面由一种黏菌鞘所包围。聚集体可以包含几十万个细胞,直径达 1cm 以上。以后就进入细胞黏菌的形态发育阶段。

在形态发育开始时,聚集体中心出现一个突起,成为虫状结构,称为变形体(slug)。变形体的形态可以改变,并沿着附着物移动。经过一段时间后,移动停止,形态变圆变扁,进而分化出一个由纤维素组成的柄。变形体中的细胞流入柄中,在顶端形成一个球形的子实体,子实体中产生孢子,并合成一种特有的黄色素,使成熟的孢子呈现黄色(图13-10)。

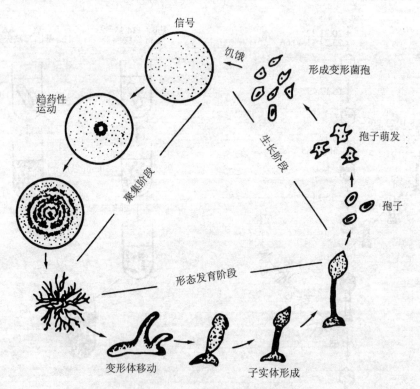

图 13-10 细胞黏菌(盘基网柄菌)的生活史(引自朱军,2002)

由上述内容可知,黏菌的生活史可以分成不同的形态发育阶段,即聚集体、变形体、子实体、孢子形成和色素形成等。在黏菌的不同发育阶段,内部相应地产生不同的阶段性专一酶。相关实验证明,这些阶段性专一酶是不同的基因在不同发育阶段表达的结果。

1977年,罗密斯(Loomis)等依据发育时期将细胞黏菌的阶段性专一酶划分为3类,它们分别在发育的早期、中期、晚期发挥作用。这些专一性酶类主要有:

早期酶:N-乙酰葡萄糖胺酶、α-甘露糖苷酶;

中期酶:苏氨酸脱氨酶、海藻糖磷酸合成酶;

晚期酶:碱性磷酸酯酶、β-葡萄糖苷酶。

### 13.3.3.3 高等植物发育中基因的顺序表达

在高等植物中,目前尚无类似噬菌体基因装配的完整实例来说明不同基因在发育过程中的顺序表达,但可以肯定的是高等植物发育中基因的表达在时间和空间上均受到精确控制。植物体内在某一特定发育时期某些 mRNA 及蛋白质合成的变化,就是有关基因根据植物发育的需要而依次表达的结果。例如,在胚胎发育或花芽分化过程的不同阶段,出现不同的阶段性专一酶。对小麦和大麦花芽分化的不同时期的酶类研究发现,从生长锥伸长到抽穗灌浆为止,苏氨酸脱氨酶及碱性磷酸酯酶的比活性有明显的变化。苏氨酸脱氨酶的比活性在花芽分化初期最高,以后呈逐渐下降的趋势。碱性磷酸酯酶的比活性在花芽分化前期很低,随着分化进程的推进而升高,在受精时达到最高值,受精后又逐渐下降至低水平。这说明个体的不同发育阶段的形态变化受不同的酶控制,而这些酶的合成是受制于不同基因的依次开启或关闭。

以胚胎发育不同时期的 mRNA 为材料,进行差别杂交或芯片杂交的研究表明,每一特定发育时期均有一些相应的特异基因高效表达,而另一些基因则不表达或微量表达。以大豆为试材的研究还发现,大豆从子叶期至胚成熟中期(在开花后 25~95 天),有 14 000~18 000 种不同的 mRNA 分子存在,表明在此发育阶段有如此多基因在表达,而这个基因数目与成熟叶及茎中表达的基因数相同。由此推测,植物胚胎发育并不伴随着基因表达数目的减少。但是,有些 mRNA 的拷贝数在不同发育时期差别很大。目前,已经分离和克隆了大量控制植物种子发育、萌发、休眠、生育期、株高和品质等的基因,许多已用于遗传工程而进行植物性状的改良。

### 13.3.3.4 高等动物发育中基因的顺序表达

在高等动物发育中,人的血红蛋白基因是发育阶段专一性表达的基因。人的血红蛋白是由 2 条 α 链和 2 条 β 链聚合而成的四聚体,即 $\alpha_2\beta_2$,α 链和 β 链均为珠蛋白多肽链,并且分别由独立遗传的 2 个基因簇编码。α 珠蛋白基因簇位于第 16 号染色体短臂上长约 28kb 的 DNA 区段内,包括一个有活性的 ζ 基因、2 个有活性的 α 基因,还有一个 ζ 假基因、2 个 α 假基因。β 珠蛋白基因簇位于第 22 号染色体短臂上长约 50kb 的 DNA 区段内,含有 5 个功能基因,分别为 1 个 ε 基因、2 个 γ 基因、1 个 δ 基因和 1 个 β 基因,还包含有 1 个 β 假基因。在人的一生中,血红蛋白要经历多次变化,也就是这些不同的链是在发育的不同时期表达的。据研究,在 8 周以内的胚胎期,α 基因簇中的 ζ 链最先表达,但很快被 α 链取代。在 β 基因簇中,只有 ε 和 γ 链表达。因此,2 种 ζ 和 2 种 α 链依次组成 3 种不同的胚胎血红蛋白,即 $\zeta_2\varepsilon_2$、$\varepsilon_2\gamma_2$ 和 $\alpha_2\varepsilon_2$。当胚胎发育到 3~9 个月时,α 基因簇中仅有 α 链表达,而 β 基因簇中的 ε 链表达降低,并被 γ 链取代,此时的胎儿血红蛋白只有 1 种组成($\alpha_2\gamma_2$)。从胎儿后期到出生，β 基因簇中的 γ 链表达降低，β 链合成上升。从出生到成人期，β 基因簇中以 β 链表达为主，伴随有少量 δ 链表达。而 α 基因簇在这 2 个时期都只有 α 链表达。因此，血红蛋白基因从胎儿到成人期始终表达的只有 α 基因簇的 α 链基因，而其他 5 个基因只在发育的特定时期才有活性。在成人血红蛋白中，$\alpha_2\beta_2$ 组合的四聚体占 97%，$\alpha_2\delta_2$ 占 2%，由胎儿期遗留下来的 $\alpha_2\gamma_2$ 组合约占 1%。

### 13.3.4 植物花器官的发育

尽管植物发育与动物具有相似的基本过程，但是，它们在营养方式、细胞结构和成体结构上存在较大差异，决定了它们的发育具有各自的特点。其中，胚胎发育与个体形态发生就是差别之一。动物的胚胎发育与个体形态发生则是连续的。动物受精卵经过细胞增殖、分化、模式形成、细胞迁移，直至形态发生等一系列的发育阶段后，已基本完成了器官的分化过程，此时已成为一个初具个体形态特征的胚胎。高等植物胚胎发育与个体形态发生是不连续的。高等植物胚胎发育终止于休眠种子的形成，并不直接产生具有一定结构与形态的个体，即已完成图式形成阶段，而没有完成个体形态发生，但此时植物胚胎的分生组织中已含有将来植株形态发生的全部遗传信息。因此，不同于动物个体发育，高等植物经过一段时间的营养生长后，在适宜的外界环境条件下转向生殖生长，开始花器官的发育。植物成花过程既受自身遗传特性的制约，又受多种内外因子的影响。

#### 13.3.4.1 植物花器官发育的阶段性

在植物个体发育中，开花是实现世代交替的关键环节，而花的分化是从生殖生长开始的。经过一定时期的生长，在适当的环境条件下，植物的营养分生组织转变为花序分生组织，花序分生组织进一步转变为花分生组织，然后由花分生组织产生花器官原基，最后产生花器官。因此，从形态发生的角度来划分，高等植物的成花过程可分为 4 个阶段，即花序分生组织的形成(花序发育)、花分生组织的形成(花芽发育)、花器官原基的形成(花器官发育)和花器官发育成熟(花型发育)。如果从植物分生组织由营养型向生殖型转变的过程来看，成花可划分为 2 个阶段，即成花诱导阶段(由茎尖分生组织转变为花分生组织阶段)和花器官发育阶段(花原基的形成阶段)。这 2 个阶段受环境和遗传调控的双重影响。如果从遗传上看，前者受成花计时基因控制，后一阶段受植物的同形异位基因(homeotic gene, 或同源异型基因)调控。

#### 13.3.4.2 植物花器官发育的 ABC 模型

20 世纪 90 年代，通过对拟南芥和金鱼草花器官同源异型突变体的研究，建立了高等植物花器官发育的 ABC 模型。在该模型中有 A、B 和 C 共 3 类基因参与了 4 种花器官特征的决定，而且每类基因均在相邻的 2 轮花器官中起作用，即 A 类基因作用于轮 I (萼片)和轮 II (花瓣)；B 类基因作用于轮 II (花瓣)和轮 III (雄蕊)；C 类基因作用于轮 III (雄蕊)和轮 IV (心皮)。在轮 I 和轮 IV 中，A 和 C 分别单独决定萼片和心皮的形成，A 和 B 共同作用形成花瓣，B 和 C 共同作用形成雄蕊。同时，A 类基因与 C 类基因相互阻遏，A 抑制 C 在轮 I 和轮 II 中表达，C 抑制 A 在轮 III 和轮 IV 中表达(图 13-11)。但是，A、B、C 的

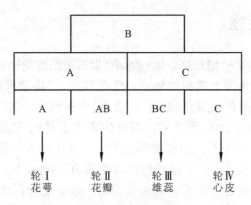

图 13-11　植物花器官发育的 ABC 模型(引自戴思兰, 2005)

活性与它们在花中的位置无关，如在 $bc$ 双突变体中，A 类基因的活性存在于所有轮中，使 4 轮均发育为萼片。

在拟南芥中，同源基因 $AP_1$、$AP_2$ 和 $LUG$ 属于 A 类基因；$AP_3$ 和 $PI$ 属于 B 类基因；$AG$ 属于 C 类基因。这些花同源基因中的某一个发生突变后，会导致拟南芥花的形态产生相应变异。如 $ap_3$ 或 $pi$ 突变体的花丧失了花瓣和雄蕊，$ap_1$ 突变体的花无萼片，而 $ag$ 突变体的花仅发育出萼片和花瓣，缺少雄蕊和心皮(图 13-12)。

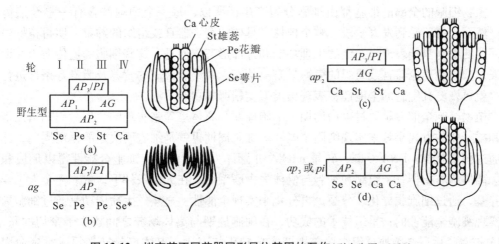

图 13-12　拟南芥不同花器同形异位基因的互作(引自朱军, 2002)

随着新的突变体的培育和研究的深入，植物花器官发育的 ABC 模型不断得到补充、发展和完善。在研究矮牵牛(*Petunia hybrida*)时发现了决定胎座和胚珠中央分生组织特征的 $FBP_7$ 和 $FBP_{11}$ 基因，并将其列为 D 类基因，使 ABC 模型延伸至 ABCD 模型。后期的研究中又发现了能够产生另一种花同源异形功能的基因，冈特·瑟奔(Gunter Theiben)提出 E 功能，把这类基因命名为 E 类基因，并进而提出了 ABCDE 模型。

## 13.4  细胞的全能性

1902 年，德国植物学家哈伯兰特(Haberlandt)根据细胞理论提出了高等植物的器官和组织可以不断地分割，直至单个细胞的观点。他还预言，"植物的体细胞在一定条件下，可以如同受精卵一样，具有潜在发育成植株的能力"。多细胞生物的任何一个细胞都具有一套完整的遗传信息，所以，在理论上具有再生成新个体的能力。1958 年，斯特沃特(Steward)与山兹(Shantz)用胡萝卜根韧皮部细胞，经液体培养而得到了完整的植株。这个实验首次证实了植物细胞具有发育成植株的潜在能力。1964 年，印度的古哈(Guha)与马希瓦利(Maheshwari)培养毛叶曼陀罗花药而得到小孢子发育而成的小植株，1966 年经鉴定该植物为单倍体。此结果证明生殖细胞和体细胞一样，在离体条件下也能表现其发育成完整植物体的潜在能力。和植物相似，低等动物的再生也是动物细胞全能性(totipotency)的表现。例如，将部分水螅的躯体切下，可以再生成完整的新个体。这种生物个体某个组织或器官已分化的细胞在适合的条件下再生成完整个体的遗传潜力就是细胞的全能性。

### 13.4.1  植物细胞的全能性

植物细胞的全能性有两方面的含义：①植物细胞不论是性细胞还是体细胞，都含有该物种全部的遗传信息；②每一植物细胞都具有发育成完整植株的潜能。

植物细胞的全部活细胞都由细胞分裂产生，所以，每一个细胞都含有一整套遗传物质。然而，由于受到发育阶段、整个植株、具体的某一器官或组织的约束，使得植株中不同部位的细胞只能表现出一定的生理功能和外部形态。但是，这些细胞的遗传潜力并没有消失，一旦脱离原器官或组织的束缚呈游离状态，并给予必需的营养及激素等条件进行培养，就可恢复其细胞的全能性，表现出类似受精卵的功能。

植物细胞全能性是通过生命周期、细胞周期和离体培养来实现的。生命周期指以孢子体和配子体的世代交替来实现细胞全能性。细胞周期也就是细胞所决定的核质周期，此过程通过核质互作，DNA 复制，转录 mRNA 并翻译为蛋白质，使细胞全能性得以形成和保持。离体培养指器官、组织和细胞与供体失去联系后，在无菌条件下，依靠完全人工合成培养基，通过细胞脱分化、分裂、再分化来实现全能性。显然，生命周期是通过细胞周期来实现细胞全能性的；重组技术的成功，在细胞周期与离体培养之间建立了密切的联系。DNA 被克隆后，必须通过组织培养周期实现转化与表达；离体培养又必须通过生命周期来实现细胞的全能性。可见，通过生命周期、细胞周期和离体培养可使植物细胞全能性得以实现和利用，同时也说明离体培养技术在实现植物细胞全能性中的重要作用。离体培养的作用在于将离体状态下的植物细胞(组织或器官)，通过理化因子的人工调控而发育成完整植物体，从而使植物固有的潜在能力得以充分表达。进行离体培养时，培养基和培养条件应满足离体材料向其他方向发育(愈伤组织、胚状体等)所需的各种平衡关系，以达到培养目的。该技术中，植物细胞全能性实现主要是通过培养植物的体细胞(如根、茎、叶、花、果实等)、性细胞、原生质体等实现的。但是，目前该技术还不能达到让所有的离体细胞实现其全能性。大多情况下，在全能性保持较好的细胞（如分生组织细胞）中进行离体培养均能实现其全能性。

### 13.4.2 动物细胞的全能性

由上可知，低等动物的再生能力也是细胞全能性的表现。我们知道动物、植物细胞都是以 DNA 为遗传信息，而大量事实已经证明高度分化的植物细胞具有再生成完整植物体的能力，而分化了的动物细胞在离体培养条件下，只能细胞分裂，不能细胞分化，失去再生成完整个体的能力。虽然在动物成熟组织中发现的干细胞具有惊人的分化潜能（如鼠骨髓间充质干细胞及脑神经干细胞等），但该方面的研究还相当少，而且对组织干细胞的起源及其存在的意义等都还不太清楚。

1918 年，施佩曼（Spemann）以蝾螈为实验对象，进行核移植研究，发现了胚胎诱导，并于 1938 年首次提出"细胞核移植"一词，还建议把胚胎发育后期的分化细胞，甚至是高度分化的体细胞核通过核移植技术导入去核的卵细胞中，用来研究各种分化细胞核是否含有重新发育成新个体所需要的全部遗传信息。1952 年，美国科学家罗伯特·布利格斯（Robert Briggs）和托马斯·金（Thomas King）将未分化的美洲豹蛙（*Rana pipiens*）囊胚细胞的细胞核移植到蛙的去核受精卵中，获得了正常发育的蝌蚪。在以后的研究中，他们还发现，如果供体核来源于原肠胚和发育更后时期的胚胎细胞，通过核移植得到的正常蝌蚪数会逐渐减少，尾芽后期的胚胎细胞核则根本不能发育为蝌蚪。因此，他们提出：随着美洲豹蛙胚胎发育的进程和细胞分化的提高，其胚胎细胞核的发育潜能逐步下降。1958 年，格登（Gurdon）等报道了通过核移植技术，爪蟾囊胚细胞的细胞核可以发育成蝌蚪，并且达到性成熟，所获得的性成熟爪蟾的比例随着供体胚胎细胞发育时间的推后而递减。1962 年，格登将供体核移植到去核卵母细胞中，以重构胚的胚胎细胞作为供体进行第二次核移植使得供体核进一步去分化。通过连续核移植，他将爪蟾蝌蚪分化了的肠上皮细胞核移植到去核的卵母细胞中，获得了可育的成熟个体（图 13-13）。1975 年格登等人又将成熟青蛙表皮细胞的细胞核移植到去核的卵细胞中，等到发育至胚囊泡时期后再转移至另一个去核的卵细胞中，重复多次后发现，不管细胞核来源如何，这种核转移后的细胞最后都可发育成一定比例的蝌蚪。即使移植的是完成分化的表皮细胞核，也能指导合成在正常表皮细胞中不存在的成分（如肌浆球蛋白、血红蛋白等），部分最终能够发育成蝌蚪。1975 年，布罗姆海尔（Bromhall）将兔的早期胚胎细胞核移入去核卵细胞中获得了胚泡。特节罗达（Tsunoda）将有遗传标记的核移入未去核小鼠受精卵中，发现取外囊胚内细胞的细胞核可以发育到囊胚期，采用已经分化的滋养外胚层细胞的核不能发育。1996 年，坎贝尔（Carnpell）等人首次将羊胚胎细胞核移植到去核的卵母细胞中，成功地培育出了克隆羊。1997 年，他们又将成年羊乳腺细胞核移植到去核的羊卵母细胞，培育出了克隆羊"多莉"（图 13-14）。目前，应用该技术已经成功克隆了山羊、牛、小鼠、猪和狗等。可见，体细胞克隆技术可以实现高等动物的再生能力。

从众多的动物克隆试验中，我们可以发现一个共同点，那就是都必须将细胞核移植到去核的受精卵或卵母细胞中，没有哪个试验是把细胞核移植到另外一种体细胞的细胞质中能形成新胚胎的。这些试验的共同点证明分化了的动物细胞的细胞质本身是丧失了全能性的，也即动物细胞体细胞不具有发育成完整个体的全能性，但分化了的动物细胞的细胞核并没有丧失全能性。只有把分化了的动物细胞的细胞核转移到具有全能性发育潜能的卵细胞质或受精卵细胞质中，才有希望恢复整个细胞的全能性。可见，细胞质在控制基因表达中发挥着重要的作用。因此，我们对细胞的全能性应该理解为：细胞全能性是细胞核全能性和细胞质全能性共同作用的结果。因而，动物分化细胞丧失全能性有其细胞质方面的问题。

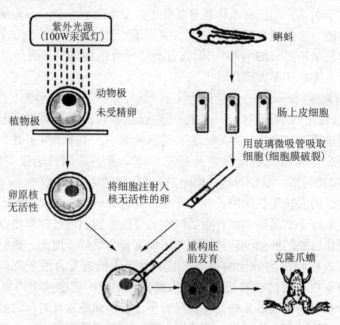

图 13-13　非洲爪蟾细胞核的移植实验图解(引自 WhittaKer，1968，仿 Maclean，1977)

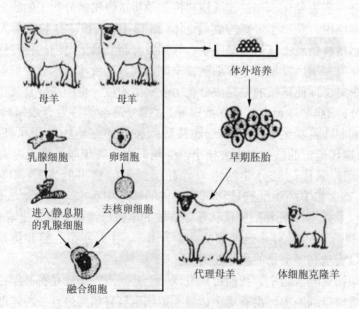

图 13-14　羊体细胞克隆过程(引自丁小燕，1997)

动物细胞核全能性实验结果均表明，动物克隆成功率的高低取决于细胞分化程度的高低。细胞分化过程中的基因组印记(印记基因只在特定的组织和发育阶段表达等位基因中的一个，有些只从父源染色体上表达，而有些则从母源染色体上表达)、基因的选择性扩增、基因组扩增和染色体的丢失等可能是影响细胞分化的因素。如果恰好这些基因参与胚胎发育，就有可能影响分化细胞的发育潜能，从而影响体细胞克隆成功的难易程度。目前，人们还不能在体外完全创造出细胞的体内生存环境。所以，体外培养条件及过程也是影响细胞全能性的重要因素。

事实证明，高度分化的细胞核其完整的遗传信息并没有丢失。某一高度分化的细胞中，大部分基因的表达受到抑制，但在一定条件下可以激活表达而实现重新编程的过程，最终获得全能发育特性。上述细胞核移植实验同时也表明了细胞质在控制基因表达中发挥着重要的作用。在细胞分化中控制细胞核分化的分子机制，还需进一步研究阐明。

## 思考题

1. 如何理解细胞质和细胞核在个体发育中的独立作用及其二者之间的相互作用？
2. 如何理解个体发育的阶段性和连续性？
3. 阐述同形异位基因在个体发育中的重要作用。
4. 简述植物花器官发育的 ABC 模型的主要内容。
5. 植物细胞或组织怎样恢复它的全能性？
6. 简述植物细胞的全能性在植物生产及育种上的应用。
7. 从动物克隆的事实，如何正确理解动物细胞的全能性？

## 主要参考文献

戴思兰. 2005. 园林植物遗传学[M]. 北京：中国林业出版社.
桂建芳, 易梅生. 2002. 发育生物学[M]. 北京：科学出版社.
刘庆昌. 2007. 遗传学[M]. 北京：科学出版社.
孟繁静. 2000. 植物花发育的分子生物学[M]. 北京：中国农业出版社.
王亚馥, 戴灼华. 2001. 遗传学[M]. 北京：高等教育出版社.
王蒂. 2004. 植物组织培养[M]. 北京：中国农业出版社.
许智宏, 刘春明. 1998. 植物发育的分子机理[M]. 北京：科学出版社.
余其兴, 赵刚. 2001. 人类遗传学[M]. 北京：高等教育出版社.
张建民. 2005. 现代遗传学[M]. 北京：化学工业出版社.
周维燕. 2004. 植物细胞工程原理与技术[M]. 北京：中国农业大学出版社.
朱军. 2002. 遗传学[M]. 北京：中国农业出版社.
潘建伟, 潘伟槐, 朱睦元. 2002. 植物发育遗传学——一个新兴的遗传学分支[J]. 浙江大学学报(理学版), 29(5): 558-563.
COEN E S. 1991. The role of homeotic genes in flower development and evolution[J]. Annu Rev Plant Physiol Plant Mol Biol, 42: 241-297.
MEINKE D W, CHERRY J M, DEAN C, et al. 1998. Arabidopsis thaliana: A model plant for genome analysis [J]. Science, 282: 662-682.

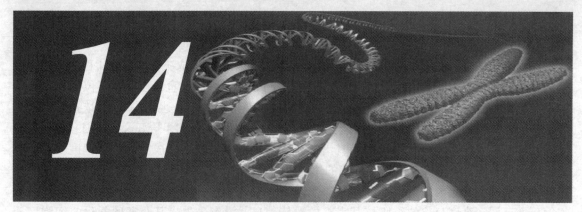

# 14 近亲繁殖与杂种优势

有性和无性是动植物繁殖的基本方式。靠有性繁殖的动植物，由于产生雌雄配子的亲本来源及交配方式的不同，其后代表现的遗传组成会有明显的差异，这种差异为动植物育种提供了重要途径。近亲繁殖与杂种优势是数量性状遗传研究的重要内容，也是近代育种工作的一项重要手段。了解、掌握近亲繁殖与杂种优势是遗传学在农业生产中应用的前提和基础。

## 14.1 近亲繁殖及其遗传效应

### 14.1.1 近亲繁殖的概念

近亲繁殖（inbreeding），也称近亲交配，简称近交，是指血统或亲缘关系相近的两个个体间的交配，或者基因型相同或相近的两个个体间的交配。近交按亲缘关系的远近程度不同，可以分为亲表兄妹（first cousins）交配、半同胞（half-sib，同父或同母的兄妹）交配、全同胞（full-sib，同父母的兄妹）交配、回交（back-cross，父女或母子）、自交（selfing，自体受精或自花授粉）等交配方式。其中自交为近亲繁殖的终端类型。

根据植物天然杂交率的高低，植物群体或个体近亲交配的程度分为3大类：自花授粉植物（self-pollinated plant），如水稻、小麦、大豆和烟草等；常异花授粉植物（often

> 本章在阐述近亲繁殖与杂种优势概念的基础上，重点讨论近交、自交和回交的遗传效应，杂种优势的遗传假说和分子机理，以及近亲繁殖与杂种优势在动植物育种中的应用。

cross-pollinated plant），如棉花和高粱等；异花授粉植物（cross-pollinated plant），如玉米、黑麦和白菜型油菜等。栽培作物中约有 1/3 是自花授粉植物，不过它们不是绝对自交繁殖，由于遗传基础和环境条件的影响，常发生少量的天然杂交，杂交率一般为 1%~4%。常异花植物的天然杂交率一般在 5%~20%，自花授粉植物和常异花授粉植物绝大多数是雌雄同花，自然状态下大多能够实现自交繁殖。异花授粉植物的天然杂交率一般在 20%~50%，自然状态下自由传粉。

近交的程度采用近交系数（inbreeding coefficient，F）来表示。所谓近交系数是指一个个体从它的某一祖先那里得到一对纯合的、等同的，即在遗传上是完全相同的基因的概率。同一基因座上的两个等位基因，如果分别来自无亲缘关系的 2 个祖先，尽管这 2 个等位基因在结构和功能上是相同的，仍不能视作遗传上是等同的，只有同一祖先的基因座上的某一等位基因的 2 份拷贝，才算是遗传上等同的。2 个有亲缘关系的个体交配，这 2 个个体有可能从共同祖先那里得到同一基因，而这两个近亲交配的个体，就有可能把同一基因遗传给下代。此时，下一代个体得到的一对等位基因将不仅是纯合的，而且在遗传上是等同的。得到这样一对遗传上等同基因的概率就是近交系数。近交系数在 0 和 1 之间，当在一个群体中没有来自同一个祖先的纯合个体时，$F=0$，也就是说没有近交；当在一个群体中的所有个体是从同一祖先来的纯合子，则 $F=1$，也就是说这个群体都是由近交所产生的个体所组成。

例如，假设一个杂合体 $Aa$ 自交，自交一代后，在得到的后代中有一半是杂合子，一半是纯合子，纯合子 $AA$ 或 $aa$，不仅是纯合的，而且是遗传上等同的。因为纯合子的一对 $AA$（或 $aa$），就是其杂种亲本仅有的 2 个等位基因中的 1 个（$A$ 或 $a$）的 2 份拷贝。自交第一代个体中，纯合子占一半，即带有遗传上等同的 2 个基因的个体所占比例为 1/2，也就是近交系数 F 为 1/2。自交二代后，1/4 的 $AA$ 个体全部产生 $AA$ 个体，将占群体总数的 1/4；1/4 的 $aa$ 个体全部产生 $aa$ 个体，也将占群体总数的 1/4；但 1/2 的 $Aa$ 中又产生 1/4 $AA$ 和 1/4 $aa$，它们在总群体中将各占 1/8，因而在自交二代的群体中，带等同基因纯合子的比例是 3/4，即 $F=3/4$。依此类推，自交 $n$ 代后，$F=1-\left(\frac{1}{2}\right)^n$。在一个群体中，只要所有基因型的交配次数相同，无论近交多少代其等位基因的频率是不变的。因此，尽管近交影响后代中基因型的频率，但它并不会影响等位基因的频率。

近交的一个最重要的遗传效应就是近交衰退（inbreeding depression），表现为近交后代的生活力下降，甚至出现畸形性状。因为近交亲本来自共同的祖先，因而许多基因是相同的，这样就必然导致等位基因的纯合而增加隐性有害性状表现的机会。本来是杂交繁殖的生物，让其进行自交，随着纯合度的增加，机体的生活力不断下降。已有大量的动植物育种资料表明，近交是导致发生这种衰退现象的原因。事实上，生物界采用了许多不同的方式来减少近交或自交，如雌雄同体的动物往往卵巢与睾丸的成熟期不同，或必须与其他个体交配，互换生殖细胞，如蚯蚓等就是这样；大多数雌雄同花的显花植物以色彩、香气、花蜜等引诱昆虫，或雌雄蕊成熟期不同等，以保证异花授粉；还有一些生物，采用自交不亲和性来避免近交产生的衰退，如在烟草及报春花等植物中，是通过多个复等位基因控制有性繁殖过程中的亲和性。

近交衰退的遗传学解释主要有2点。

首先，有害隐性基因的暴露。一般有害的突变基因绝大多数都是隐性的，所以处于杂合状态时不表现出病态或不利的性状。这些有害基因的作用可被显性的杂合子等位基因所掩盖，但经过一段时间的近亲繁殖，纯合的基因（纯合子）比例渐渐增多，于是有害的隐性基因相遇成为纯合子而显出作用，出现了不利的性状，对个体的生长发育、生活和生育等产生明显的不利影响。例如，杂种动物所带有的不育的隐性基因往往被其显性的等位基因所掩盖，而不表达其不育的性状，但由于近亲交配，动物的纯合性逐渐增高，不育的现象也就表现出来了。

其次，多基因平衡的破坏。个体的发育受多个基因共同作用的影响，尽管其中每个基因的作用效应微小。由于自然选择的作用，对环境适应较好的野生或杂交动物保存了生物适应能力较强的多基因平衡系统，近交繁殖往往会破坏这个平衡，造成个体发育的不稳定。

近交衰退往往在近交培养过程中的最初若干世代中表现出来，以后经过一定的人工选择，带有纯合有害基因的动植物被逐渐淘汰，或者由于无意识地保留了一小部分的杂合性，经过5~10代的培育繁殖，后代中生育与生活力可以逐渐稳定，不再下降。

## 14.1.2 自交的遗传效应

在植物中，雌雄同花植物的自花授粉或雌雄异花的同株内授粉均为自交。动物由于多为雌雄异体，所以基因型相同的个体间交配即为自交，其含义较植物要广泛些。从育种的角度来理解，自交的遗传效应包含3个方面。

**(1) 自交使纯合基因型保持不变**

对纯合基因型品种群体中的不同个体而言，基因型是同质的，对一个个体的同源染色体而言，等位基因是纯合的，这样的群体称为同质纯合群体。自花授粉作物的品种大致属于这种群体。自交可保持同质纯合群体的基因型不发生改变，这是自花授粉作物良种繁育的基本依据之一。

**(2) 自交使杂合基因型后代迅速纯合**

以一对杂合基因型 $Aa$ 为例，自交使群体中同时出现 $AA$、$Aa$ 和 $aa$ 3种基因型，性状发生了分离。这种个体间基因型不同质，而且个体同源染色体上等位基因表现杂合的群体称为异质杂合群体。自花授粉作物单交 $F_2$ 群体大致属于这种群体类型。如果对 $Aa$ 基因型不加选择，只连续进行自交，则每自交一代，群体中纯合基因型的个体数递增1/2，而杂合基因型的个体数递减1/2，当连续自交多代时，后代将逐渐趋于纯合，每自交一代，杂合体所占比例即减少一半，并逐渐接近于0，但是仍存在，而不会完全消失。自交到 $r$ 代时，群体中有 $(\frac{1}{2})^r$ 杂合体，$1-(\frac{1}{2})^r$ 纯合体（表14-1）。这时获得的群体中，各个个体的基因型纯合，但个体间基因型不同。这种群体中存在若干种遗传上不同的纯合基因型，称为异质纯合群体。异质杂合和异质纯合群体，都是育种工作进行选择的群体。

表 14-1　一对杂合基因($Aa$)连续自交的后代基因型比例的变化

| 世代 | 自交代数 | 基因型的比数 | 杂合体($Aa$) | | 纯合体($AA + aa$) | |
|---|---|---|---|---|---|---|
| | | | 比数 | % | 比数 | % |
| $F_1$ | 0 | $Aa$ | 1 | 100 | 0 | 0 |
| $F_2$ | 1 | $1AA$　$2Aa$　$1aa$ | $\frac{2}{4}$ | $\left(\frac{1}{2}\right)=50$ | $\frac{2}{4}$ | $1-\left(\frac{1}{2}\right)=50$ |
| $F_3$ | 2 | $6AA$　$4Aa$　$6aa$ | $\frac{4}{16}$ | $\left(\frac{1}{2}\right)^2=25$ | $\frac{12}{16}$ | $1-\left(\frac{1}{2}\right)^2=75$ |
| $F_4$ | 3 | $28AA$　$8Aa$　$28aa$ | $\frac{8}{16}$ | $\left(\frac{1}{2}\right)^3=12.5$ | $\frac{56}{64}$ | $1-\left(\frac{1}{2}\right)^3=87.5$ |
| $F_5$ | 4 | $120AA$　$16Aa$　$120aa$ | $\frac{16}{256}$ | $\left(\frac{1}{2}\right)^4=6.25$ | $\frac{240}{256}$ | $1-\left(\frac{1}{2}\right)^4=93.75$ |
| ⋮ | ⋮ | ⋮ | ⋮ | | ⋮ | |
| $F_{r+1}$ | $r$ | | $\left(\frac{1}{2}\right)^r\to 0$ | $1-\left(\frac{1}{2}\right)^r\to 1$ | $1-\left(\frac{1}{2}\right)^r\to 100$ | |

若有多对独立遗传基因，自交后代纯合体增加的速度，取决于异质基因的对数和自交的代数。设有 $n$ 对异质基因，自交 $r$ 代($F_{r+1}$)，其后代群体中各种纯合成对基因的个体数，可用通式 $[1+(2^r-1)]^n$ 表示。在这个二项式中，前一项为1，其 $n$ 次方表示具有杂合基因对的个体数；后一项为 $(2^r-1)$，其 $n$ 次方表示具有纯合基因对的个体数。如求3对异质基因自交5代后代的个体组成，则 $[1+(2^r-1)]^n = [1+(2^5-1)]^3 = 1^3 + 3\times 1^2 \times 31 + 3\times 1\times 31^2 + 31^3 = 1+93+2\,883+29\,791$，即1个个体的3对基因均为杂合；93个个体的2对基因杂合，1对纯合；2 883个个体的1对基因杂合，2对纯合；29 791个个体的3对基因均为纯合。这个群体的纯合率为 29 791/32 768 = 90.91%，杂合率为9.09%。

自交后代群体中纯合率也可直接用下式估算：

$$X\% = [1-(1/2^r)]^n \times 100\% = [(2^r-1)/2^r]^n \times 100\%$$

假定 $n=3$，$r=5$，则 $F_6$ 群体纯合率，即为：

$$X\% = [(2^r-1)/2^r]^n \times 100\% = [(2^5-1)/2^5]^3 \times 100\% = 90.91\%$$

以上公式的应用必须具备2个条件：一是各对基因是独立遗传的；二是各种基因型后代的繁殖能力相同。按上式分别求出1、5、10和15对独立遗传基因自交1~10代的纯合率(图14-1)。此曲线图表明，在同一自交世代中，等位基因对数越少，纯合体占的比例就越大；等位基因对数越多，纯合体占的比例则越小。随自交世代的增加，纯合体逐渐趋近于100%。由此可见，杂合体通过自交可以导致后代基因分离，并使后代群体的遗传组成迅速趋于纯合。

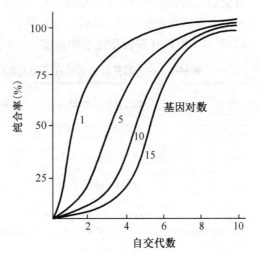

图 14-1　杂种所涉及的基因对数与自交后代纯合的关系

**(3) 自交使杂合基因型隐性性状得以表现**

杂合体通过自交能够使等位基因纯合，使隐性性状得以表现，从而可淘汰有害的隐性个体，改良群体遗传组成。自交对显性性状和隐性性状的作用是一样的，只不过隐性性状在杂合体中被显性基因所掩盖，不暴露出来，自交使隐性基因纯合，使隐性性状表现出来。有些隐性基因是有害的，如玉米长期异交，一旦自交就可能出现多种白苗、黄苗等畸形性状，所以可以通过自交加以淘汰。通过自交可以淘汰良隐性基因，选育优良的自交系。长期进行自交的植物，就很少出现有害性状。

## 14.1.3 回交的遗传效应

回交(*backcrossing*)是杂交后代与2个亲本之一再次交配，是近亲繁殖的方式之一。习惯上用$BC_1$表示回交一代，$BC_2$表示回交二代，依此类推。例如，$X \times Y \to F_1$，$F_1 \times Y \to BC_1$，$BC_1 \times Y \to BC_2$，……或$F_1 \times X \to BC_1$，$BC_1 \times X \to BC_2$，……也有用$(A \times B) \times B$或$A \times B_2$等方式表示的。所不同的是$A \times B_2$实质上是回交第一代，依此类推。被用来连续回交的亲本，称为轮回亲本(*recurrent parent*)；未被用来回交的亲本，称为非轮回亲本(*non-recurrent parent*)。

回交与自交类似，如连续多代回交，其后代群体的基因型将逐代趋于纯合。连续回交可使后代的基因型逐代增加轮回亲本的核基因成分，逐代减少非轮回亲本的核基因成分。从而使轮回亲本的遗传组成替换非轮回亲本的遗传组成，导致后代群体的性状逐渐趋于轮回亲本。因此，可以看到在轮回的情况下，子代基因型的纯合是定向的，它将逐渐趋近于轮回亲本的基因型。但在自交的情况下，子代基因型的纯合不是定向的，将出现多种多样的组合方式。因此，自交子代基因型的纯合方向是无法事先控制的，只能等已经纯合之后才能加以选择，而回交子代的基因型，在选定轮回亲本的同时，就已经确定了。

回交后代的纯合率同样可用公式$[(2^r-1)/2^r]^n$估算，求得纯合率也相同。但回交后代纯合率只是轮回亲本一种纯合基因型的数值，而自交后代的纯合率则是多种纯合率的累加值。自交后代将分离出几种纯合基因型，而回交后代将聚合成一种纯合基因型。自交后代中一种纯合基因型的频率为：$[(2^r-1)/2^r]^n \times (1/2)^n$。回交后代纯合基因型的频率为：$[(2^r-1)/2^r]^n$。所以在基因型纯合的进度上，回交显然大于自交(表14-2)。

表14-2 在一对基因杂合情况下回交后代中轮回亲本基因型比例的变化

| 世代 | 基因型的种类和比值 | AA基因型(轮回亲本)(%) ||
|---|---|---|---|
| | | 回交后代 | 自交后代 |
| 亲代 | $AA \times aa$ | | |
| $F_1$ | $Aa \times AA$ | | |
| $BC_1$ | $(1AA+1Aa) \times AA$ | $1-\frac{1}{2}=50$ | $1-\frac{1}{2}\times\frac{1}{2}=25$ |
| $BC_2$ | $(2AA+1AA+1Aa) \times AA$ | $1-\frac{1}{2}=75$ | $1-\frac{1}{2}\times\frac{1}{2}=37.5$ |

(续)

| 世代 | 基因型的种类和比值 | AA 基因型(轮回亲本)(%) | |
|---|---|---|---|
| | | 回交后代 | 自交后代 |
| BC$_3$ | $(4AA+2AA+1AA+1Aa)\times AA$ | $1-\left(\frac{1}{2}\right)^4 = 87.5$ | $1-\left(\frac{1}{2}\right)^4 \times \frac{1}{2} = 43.75$ |
| BC$_4$ | $(8AA+4AA+2AA+1AA+1Aa)\times AA$ | $1-\left(\frac{1}{2}\right)^5 = 93.75$ | $1-\left(\frac{1}{2}\right)^5 \times \frac{1}{2} = 46.87$ |
| ⋮ | | ⋮ | ⋮ |
| BC$_r$ | | $1-\left(\frac{1}{2}\right)^{r+1} \to 100$ | $1-\left(\frac{1}{2}\right)^{r+1} \times \frac{1}{2} \to 50$ |

回交的遗传解释还有一种核置换理论(图14-2)。两个亲本杂交后，F$_1$ 的核基因组成各占双亲的 $\frac{1}{2}$。经过一次回交，BC$_1$ 中所含轮回亲本的基因组中，除了有轮回亲本直接提供 $\frac{1}{2}$ 外，还有 F$_1$ 间接提供 $\frac{\frac{1}{2}}{2}=\frac{1}{4}$，两者合起来为 $\frac{1}{2}+\frac{1}{4}=\frac{3}{4}$。同理，BC$_2$ 中轮回亲本直接提供 $\frac{1}{2}$，由 BC$_1$ 间接提供 $\frac{\frac{3}{4}}{2}=\frac{3}{8}$，两者合起来为 $\frac{1}{2}+\frac{3}{8}=\frac{7}{8}$，依此类推。概括地说，一个杂种与其轮回亲本回交 1 次，将使后代增加轮回亲本 $\frac{1}{2}$ 的基因组成；多次连续回交后，其后代基本上恢复轮回亲本的核基因组成。由于一般将轮回亲本作为父本，所以回交后代的细胞质仍为母本即非轮回亲本的基因组成。

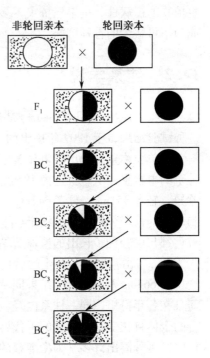

图 14-2 回交的核置换效应

## 14.1.4 近亲繁殖在育种中的应用

近交是选育、保持和繁殖优良种畜和植物原种的重要方法之一。虽然自交导致衰退，但近交也有有利的一面，如自交或近交的后代纯合性高，性状比较整齐一致，便于作物栽培管理。杂合体通过自交，导致等位基因的纯合而使隐性性状表现出来。例如，玉米自交后代常出现白苗、黄苗、花苗、矮生等畸形性状，但通过自交使隐性基因暴露的玉米，若加以人工选择，可培育出优良的自交系。杂合体通过自交可使遗传性状重组和稳定，使同一群体内出现多个不同组合的纯合基因型。例如，$AaBb$ 通过长期自交，就会出现 $AABB$、$AAbb$、$aaBB$ 和 $aabb$ 4 种纯合基因型，表现出 4 种不同的性状，而且逐代趋于稳定。这对于品种的保纯和物种的相对稳定具有重要意义。

在家畜育种工作中，采用家系繁育和品系繁育等较缓和的近亲繁殖方式，培育出了许多著名的优良家畜品种，如英国的短角牛、莱斯特羊及中国的新淮猪等。只要合理地利用近交，剔除分离出来的有害基因，近交就并不总是有害的。对某些家畜常利用多代高度近交的方法，结合选择培育不同基因型的近交系（包括自交系），然后再在近交系之间实行经济杂交，生产商品性禽畜。这种方法已在鸡的商品生产中广为应用。但因培育近交系的经济代价很高，目前家畜育种中尚未普遍推广。在医学上为繁育高纯度的实验动物（如大、小白鼠），高度近交则是常用的方法。许多近交系一旦育成后并不会比一般品系出现更多的异常。

回交在育种工作中同样具有重要意义，要想改良某一优良品种的1~2个缺点或把野生植物的抗病性、抗旱、抗灾、多粒等性状转移给栽培品种时和转育雄性不育时，回交就成为不可缺少的育种措施。

## 14.2 纯系学说

纯系学说（pure line theory）是丹麦遗传学家约翰逊根据菜豆（*Phaseolus vulgaris*）的粒重选种试验结果，于1909年提出的一种遗传学说。他以天然混杂的同一菜豆品种种子为材料，按单粒称重，选出轻重显著不同的100粒种子分别播种，成熟后分株收获，测定每株种子的单粒重，从中挑选由19个单株后代组成的19个株系，它们的平均粒重有着明显的差异，轻者351mg，重者642mg。1902—1907年，约翰逊连续6代在每个纯系内选最重的和最轻的种子分别播种。结果（表14-3）发现，每代由重种子长出的植株所结种子的平均粒重都与由轻种子长出的植株所结种子的平均粒重相似，由轻粒种子产生的后代平均粒重为368mg，由重粒种子产生的后代平均粒重为374mg。同样，在大粒的株系中，其后代平均重为667mg和662mg。结果同一株系内轻粒和重粒的后代平均粒重彼此都很少有差异；而且在各年份里，同一株系内轻粒和重粒的后代平均粒重也几乎没有差异。约翰逊把由纯合的个体自花受精所产生的子代群体称为一个纯系。他认为在自花授粉植物的天然混杂群体中，可分离出许多基因型纯合的纯系；在纯系内，个体间的表型虽因环境影响而有所差异，但其基因型则相同，因而选择是无效的；而在由若干个纯系组成的混杂群体内进行选择时，选择却是有效的。

表14-3 菜豆2个株系按粒重大小选择和种植的结果  单位：g/100粒

| 收获年份 | 小粒株系 | | | | 大粒株系 | | | |
|---|---|---|---|---|---|---|---|---|
| | 选择亲本种子的平均重 | | 后代种子的平均重 | | 选择亲本种子的平均重 | | 后代种子的平均重 | |
| | 轻粒种子 | 重粒种子 | 轻粒种子 | 重粒种子 | 轻粒种子 | 重粒种子 | 轻粒种子 | 重粒种子 |
| 1902 | 30 | 40 | 35.8 | 34.8 | 60 | 70 | 63.2 | 64.9 |
| 1903 | 25 | 42 | 40.2 | 41.0 | 55 | 80 | 75.2 | 70.9 |
| 1904 | 31 | 43 | 31.4 | 32.6 | 50 | 87 | 54.6 | 56.9 |
| 1905 | 27 | 39 | 38.3 | 39.2 | 43 | 73 | 63.6 | 63.6 |
| 1906 | 30 | 46 | 37.9 | 39.9 | 46 | 84 | 74.4 | 73.0 |
| 1907 | 24 | 47 | 37.4 | 37.0 | 46 | 81 | 69.1 | 67.7 |
| 平均 | 27.8 | 42.8 | 36.8 | 37.4 | 51.7 | 79.2 | 66.7 | 66.2 |

约翰逊在纯系学说中正确区分了生物的可遗传变异与不遗传变异,指出了选择可遗传变异的重要性,并且说明了在自花授粉作物的天然混杂群体中,单株选择是有效的。但是在一个经过选择分离而基因型纯合的纯系里,继续选择是无效的。纯系学说为自花授粉植物的纯系育种建立了理论基础。育种实践中应用的植物自交系和动物近亲繁殖系也是根据这个学说发展起来的。

当然,约翰逊当时提出的纯系学说只针对菜豆粒重一个性状,而植物性状是个复合体,所以对其纯系应正确理解。实际上,纯系只是暂时的,纯是相对的,不纯才是绝对的。自然界虽然存在大量自花授粉作物,即使是严格的自花授粉植物,纯系的保持也只是相对的,绝对的完全自花授粉几乎是没有的,由于受种种因素的影响,总有一定程度的天然杂交;同时基因也会发生突变。况且大多数经济性状都是数量性状,是受多基因控制的,所以,完全的纯系是没有的。所谓"纯"是局部的、暂时的和相对的,随着繁殖与群体扩大,必然会降低后代的相对纯度。因此,在良种繁育工作中需要强调提纯、留种,防止混杂退化。其次,纯系内选择无效也是不存在的。由于天然杂交和突变,必然会引起基因的分离和重组,纯系内的遗传基础不可能是完全纯合的。因此,继续选择是有效的。通常在一个纯系品种中,特别是推广时间长和种植面积广的品种,总存在多种变异个体,因而选择有效。我国的水稻、小麦、棉花等作物采用了这样的连续选择,已先后育成了许多新的优良品种。约翰逊本人似乎也意识到这一点,因为他曾提到"'不应含有纯系'将是'绝对稳定的'"这样一种意思。在他生前发表的最后著作中,还指出"在纯系的某一后代中当基因型发生改变时,纯系可能分裂为几种基因型"。

## 14.3 杂种优势

### 14.3.1 杂种优势的表现

杂种优势(heterosis)是生物界的一种普遍现象,是指 2 个性状不同的亲本杂交产生的杂种 $F_1$ 代个体在生长势、生活力、繁殖力、适应性,以及产量、品质等性状方面均超过其双亲的现象。例如,在营养生长方面表现出苗势旺、植株生长势强、枝叶繁茂、营养体增大、持绿期延长;在生殖生长方面表现出结实器官增大、结实性增强、果实与子粒产量提高;在品质性状方面表现出某些有效成分含量提高、成熟期一致、产品外观品质和整齐度提高;在生理功能方面表现出适应性增强、抗病虫性增强、对不良环境条件耐力增强、光合能力提高和有效光合期延长等。当利用杂种优势时,可以偏重某一方面。例如,蔬菜作物以利用营养体的产量优势为主,粮食作物则以利用子粒产量优势为主,但同时也不能忽视它们在品质方面和生理功能方面的优势表现。

为了便于研究和利用杂种优势,通常采用下列方法度量杂种优势的强弱。

① 中亲优势(mid-parent heterosis):指杂交种($F_1$)的产量或某一数量性状的平均值与双亲($P_1$ 与 $P_2$)同一性状平均值差数的比率。计算公式为:

中亲优势 = $[F_1-(P_1+P_2)/2]/[(P_1+P_2)/2]\times100\%$

② 超亲优势(over-parent heterosis):指杂交种($F_1$)的产量或某一数量性状的平均值与

高值亲本(HP)同一性状平均值差数的比率。计算公式为：

超亲优势 = $(F_1 - HP)/HP \times 100\%$

有些性状在 $F_1$ 可能表现出超低值亲本(LP)的现象，如果这些性状也是杂种优势育种的目标时，可称为负向的超亲优势。计算公式为：

负向超亲优势 = $(F_1 - LP)/LP \times 100\%$

③超标优势(over-standard heterosis)：指杂交种($F_1$)的产量或某一数量性状的平均值超过当地推广品(CK)同一性状的平均值差数的比率，也称为竞争优势。计算公式为：

超标优势 = $(F_1 - CK)/CK \times 100\%$

④杂种优势指数(index of heterosis)：指杂交种某一数量性状的平均值与双亲同一性状的平均值的比值，也用百分率表示。计算公式为：

杂种优势指数 = $F_1/(P_1 + P_2)/2 \times 100\%$

经过上述公式计算后，可将杂种优势归纳为 4 类：当 $F_1$ 值大于 HP 值时，称为超亲优势；当 $F_1$ 值小于 HP 值而大于双亲平均值(MR)时，称为中亲优势；当 $F_1$ 值小于 MP 值而大于 LP 值时，称为负向中亲优势；当 $F_1$ 值小于 LP 值时，称为负向超亲优势或负向完全优势。

杂种优势是生物界的普遍现象，凡是能进行正常有性繁殖的动植物，都存在该现象。但杂种优势因受双亲基因互作和与环境条件作用的影响，它们的表现是复杂的，也是有条件的。概括起来杂种优势有如下特点。

**(1) 复杂多样性**

杂种优势的表现因组合不同、性状不同、环境条件不同而呈现复杂多样性。从基因型看，自交系之间的杂种优势往往强于自由授粉品种间的杂种优势；不同自交系组合间的杂种优势，也有很大差异。从性状看也是不一致的，在一些综合性状上往往表现出较强杂种优势；在一些单一性状上，杂种优势相对较低。杂种一代的品质性状表现更为复杂，不同性状和不同组合都有较大的差异。据 Sernyk 和 Stefansson 1983 年对玉米品质性状杂种优势的研究，关于玉米子粒的淀粉含量和油分含量，绝大多数杂交组合都表现出不同程度的杂种优势；关于玉米子粒的蛋白质含量则相反，绝大多数杂交组合都表现出不同程度的负向优势，甚至低于低值亲本；而玉米子粒中赖氨酸含量的变幅更大，多数杂交组合呈中间性，接近中亲值，但同时出现少数超高值亲本和超低值亲本的杂交组合。

**(2) 杂种优势强弱与亲本性状的差异及纯度密切相关**

自然条件下，在杂交亲和范围内，双亲的亲缘关系、生态类型、地理距离和性状上差异越大，某些性状越能互补，其杂种优势往往越强；反之，则越弱。例如，同一生态类型的高粱品种之间的杂交种和同一生态类型的玉米地方品种之间的杂交种，其杂种优势都不强。而不同生态型品种间的杂交高粱，以及大多数中国玉米品种(自交系)与美国玉米品种(自交系)之间的杂交种都表现出较强的杂种优势。双亲性状之间互补性对杂种优势表现的影响也很明显。例如，穗长而子粒行数较少的玉米自交系和穗粗而子粒行数较多的玉米自交系杂交，$F_1$ 常表现出大穗、多行和多子粒的杂种优势。

在双亲的亲缘关系和性状有一定差异的前提下，基因型的纯度越高，则杂种优势越强。因为纯度高的亲本，产生的配子都是同质的，杂交后的 $F_1$ 是高度一致的杂合基因型，每一个体都能表现较强的杂种优势,而群体又是整齐一致的。如果双亲的纯度不高,基因型是杂合的,势必发生分离,产生多种基因型的配子,其 $F_1$ 必然是多种杂合基因型的混合群体,无论是杂种优势还是植株整齐度都会降低。如玉米品种间杂交种的杂种优势明显地低于自交系间杂交种。即使同一杂交组合,用纯度高的亲本配制的 $F_1$,其优势也明显地高于用纯度低的亲本配制的 $F_1$。因此,异花授粉作物和常异花授粉作物利用杂种优势时,要首先选育自交系和纯合的品种,在亲本繁殖和制种时,必须采取严格的隔离保纯措施。

**(3) 杂种优势的衰退**(depression of heterosis)

$F_1$ 群体基因型的高度杂合性和表现型的整齐一致性是构成强杂种优势的基本条件。$F_2$ 由于基因分离,会产生多种基因型的个体,其中既有杂合基因型个体,也有纯合基因型个体,个体间性状发生分离。以 1 对等位基因为例,$P_1(aa) \times P_2(AA) \rightarrow F_1(Aa)$,$F_1$ 全部个体的基因型都是 $Aa$,杂种优势强而且整齐一致。自交以后,$F_2$ 的基因型分离为 3 种:1/4 $AA$、1/2 $Aa$、1/4 $aa$。纯合基因型和杂合基因型各占一半,只有杂合基因型个体表现杂种优势,另一半纯合基因型个体的性状趋向双亲,不表现杂种优势。因此,$F_2$ 群体的杂种优势和整齐度比 $F_1$ 明显下降,生产上一般只利用 $F_1$ 的杂种优势,$F_2$ 不宜继续利用。如果 $F_1$ 的基因型具有 2 对杂合位点 $AaBb$,则 $F_2$ 具有 9 种基因型,其中有 4 种纯合基因型 $AABB$、$aaBB$、$AAbb$ 和 $aabb$,各占 1/16,即共有 1/4 双纯合体。其余的基因型均为杂合体,其中双杂合体占 1/4,单杂合体占 2/4。由此可见,$F_1$ 基因型的杂合位点越多,则 $F_2$ 群体中的纯合体越少,杂种优势的下降就较缓和。$F_2$ 以后世代杂种优势的变化,则因作物授粉方式而有区别。一般异花授粉作物,$F_2$ 群体内自由授粉,如不经过选择和不发生遗传漂移,其基因和基因型频率不变,则 $F_3$ 基本保持 $F_2$ 的优势水平。但如进行自交,或是自花授粉作物,则后代基因型中的纯合体将逐代增加,杂合体将逐代减少,杂种优势将随自交代数的增加而不断下降,直到分离出许多纯合体为止。

## 14.3.2 杂种优势的遗传假说

人们对杂种优势的认识和利用已有相当长的时间,在生产实践中也取得了长足进展。但是,到目前为止,杂种优势产生的原因尚无明确定论,基本上停留在 20 世纪初的研究水平。关于杂种优势的遗传理论有很多假说,其中最主要的有 2 种,即显性假说和超显性假说。近年来,利用最新发展起来的基因组学研究方法和技术,从杂种优势的 QTL 定位、表观遗传调控及重要性状杂种优势形成的基因表达调控网络等角度进行研究,提出了新的假说和见解。

**(1) 显性假说**

显性假说(dominance hypothesis)是 1910 年由布鲁斯(A. B. Bruce)提出,并受到了琼斯(D. F. Jones)等的支持。这一假说的基本论点是:杂交亲本的有利性状大都由显性基因控制,不利性状大都由隐性基因控制。通过杂交,杂种 $F_1$ 集中了控制双亲有利性状的显性基因,每个基因都能产生完全显性或部分显性效应,由于双亲显性基因的互补作用,从而产生杂种优势。

根据显性假说,按照独立分配规律,如果所涉及的显性基因只是少数几对,其 $F_2$ 的理论应为$(3/4+1/4)^n$的展开，表现为偏态分布。但事实上，$F_2$一般表现为正态分布。另外，$F_2$代以后虽然杂种优势显著降低，但理论上应该能从其后代中选出具有与$F_1$同样优势，而且把全部纯合显性基因聚合起来的个体。然而，事实上很难选出这种后代。为此，琼斯又提出了显性连锁基因假说做了补充解释，认为一些显性基因与一些隐性基因位于各个染色体上，形成一定的连锁关系。而且控制某些有利性状的显性基因是非常多的，即$n$很大时，则$F_2$将不是偏态分布而是正态分布了。同时，在这样非常大的分离群体中，选出显性基因完全纯合的个体几乎是不可能的。

现以2个玉米自交系为例，说明显性假说。假设两个具有不同基因型的亲本自交系杂交 $AABBccdd \times aabbCCDD$，其$F_1$的基因型为$AaBbCcDd$。假设纯合的等位基因$A$对某一数量性状的贡献为12，$B$的贡献为10，$C$的贡献为8，$D$的贡献为6，相应的隐性等位基因的贡献分别为6、5、4、3。则亲本$AABBccdd$的该性状值为$12+10+4+3=29$，另一亲本$aabbCCDD$的值为$6+5+8+6=25$，$F_1$该性状的表现，要根据基因的效应而定。如果没有显性效应，则杂合的等位基因$Aa$、$Bb$、$Cc$、$Dd$的贡献值都等于相应的等位显性基因和隐性基因的平均值，即$F_1: AaBbCcDd = (12+6+10+5+8+4+6+3)/2 = 27$，恰恰是双亲的平均值，没有杂种优势。如果具有部分显性效应，则$F_1$性状的值大于中亲值偏向高值亲本，表现出部分杂种优势，即$AaBbCcDd > (12+6+10+5+8+4+6+3)/2 > 27$。如果具有完全显性效应时，则$Aa=AA=12$，$Bb=BB=10$，$Cc=CC=8$，$Dd=DD=6$。因此，杂种$F_1: AaBbCcDd = 12+10+8+6 = 36$，由于双亲的显性基因的互补作用而表现出超亲杂种优势。

显性假说在早期受到来自2方面的质疑。一是如果显性假说是杂种优势的遗传学基础，那么通过自交，杂种优势是可以被固定的。二是根据孟德尔定律，在$F_2$代个体中应遵守3∶1的分离。然而，以上2种推测在实际研究中并没有被观察到。2003年，Birchler等通过在多倍体中观察到的杂种优势和近交衰退现象，进一步说明显性假说的局限性。在多倍体育种中，通常异源多倍体会表现出比同源多倍体更强的杂种优势，这种现象表示杂种优势的程度与个体中异质基因的数目多少成正比关系。按照显性假说，从$AABB$到$ABCD$，只有每一次变换的基因型优于已经存在的基因型，如$C$优于$A$、$B$，$D$优于$C$、$B$和$A$时，才会使基因型整体效应增大。然而，这种概率应该是相当低的。多倍体自交衰退的例子似乎更明显，如果显性假说正确的话，自交衰退应该是源于不利基因在后代个体中的纯合，这种纯合的速率越快，群体衰退就越明显。理论上，一个同源四倍体在一次自交后，每一个位点获得纯合的比例应该是远远小于二倍体的，从而表现出较轻程度的自交衰退。然而，实际观察到的却是多倍体的自交衰退程度丝毫不比二倍体低，相反在一些物种上，多倍体的衰退速度更快。因此，显性假说只考虑了显性基因的作用，没有考虑到非等位基因的相互作用，更没有考虑到杂种优势的性状大多是数量性状，是受多基因控制的，基因效应是累加的，这个假说不能完美地说明杂种优势的原因。

（2）超显性假说

超显性假说（overdominance hypothesis）于1908年由Shull提出，并得到了East和Hull等的支持。这一假说的基本论点是：杂合等位基因的互作胜过纯合等位基因的作用，杂种优势是由双亲杂交的$F_1$的异质性引起的，即由杂合性的等位基因间互作引起的。按照这一假说，杂合等位基因的贡献可能大于纯合显性基因和纯合隐性基因的贡献，即 $Aa > AA$ 或 $aa$，$Bb > BB$ 或 $bb$，所以称为超显性假说，又称等位基因异质结合假说(hypothesis of allelic heterozygosity)。这一假说认为杂合等位基因之间以及非等位基因之间是复杂的互作关系，而不是显隐性关系。由于这种复杂的互作效应，才可能超过纯合基因型的效应。这种效应可能是由于等位基因各有本身的功能，分别控制不同的酶和不同的代谢过程，产生不同的产物，从而使杂合体同时产生双亲的功能。

为了说明超显性假说，假定玉米的两个自交系各有3对基因与生长势有关，且各等位基因间均无显隐性关系。同时假定 $a_1a_1$、$b_1b_1$、$c_1c_1$ 为同质等位基因时的生长量为1个单位，而 $a_1a_2$、$b_1b_2$、$c_1c_2$ 为异质基因时的生长量为2个单位。这2个自交系杂交产生的杂种优势可表示为：

$$P \quad\quad a_1a_1b_1b_1c_1c_1 \times a_1a_1b_2b_2c_2c_2$$
$$(1+1+1=3) \downarrow (1+1+1=3)$$
$$F_1 \quad\quad a_1a_2b_1b_2c_1c_2$$
$$(2+2+2=6)$$

之所以等位基因的杂合会产生杂种优势，从生化和生理功能上看，如果2个纯合体 $a_1a_1$ 和 $a_2a_2$ 只能分别合成某一种酶，而杂合体 $a_1a_2$ 则能同时合成2种酶或者能合成第三种酶，是因为，在完成代谢机能方面杂合体 $a_1a_2$ 优于纯合体 $a_1a_1$ 和 $a_2a_2$。另外，杂合体可以合成适量的重要活性物质。例如，对抗原的合成，由于 $a_1$ 基因活性不足，纯合体 $a_1a_1$ 合成的抗原太少；$a_2$ 活性太大，纯合体 $a_2a_2$ 产生的抗原过多，这都会影响正常生理活动，而 $a_1a_2$ 的活性适中，能产生适量的抗原，从而在某些性状上优于双亲。总之，由于等位基因的互作，常可导致来源于双亲代谢机能的互补或生化反应能力的加强，因此杂合体的新陈代谢在强度上和广度上都比纯合体优越。

虽然有很多实验验证了超显性假说，但这一假说也存在某些片面性，它完全排除了事实上存在的、决定性状的等位基因之间的差别，不承认显性效应在杂种优势中的作用，而且在自花授粉植物中，一些杂种并不一定比其亲本表现出优势，也就是异质结合不一定就有优势，这种现象与超显性假说是背离的。

## 14.3.3 杂种优势的分子机理

早在20世纪初就提出的显性和超显性假说，在此后的80多年中一直没有重大进展。进入20世纪90年代后，随着分子标记技术、基因芯片和表观遗传学的发展和应用，有关杂种优势的分子机理研究取得了重要进展。

杂种优势是数量遗传学研究的重要内容，数量性状基因座(QTL)定位方法的建立为探讨 QTL 杂合程度及互作方式与杂种优势的关系奠定了基础。Stuber 等首先研究了 QTL 互作方式与玉米杂种优势的关系，认为超显性是杂种优势的遗传基础。随后 Li 等对水稻的生物学产量和子粒产量的 QTL 研究表明，大多数和自交衰退以及杂种优势相关的 QTL 表现为上位性，90%对杂种优势有贡献的 QTL 表现为超显性。因此，上位性和超显性是水稻杂种优势的遗传学基础。我国科学家采用"永久 $F_2$ 群体"，对水稻和玉米等作物的 QTL 互作方式与杂种优势的关系研究发现，所有类型的遗传效应，包括单位点的部分显性、完全显性和超显性以及二位点间的 3 种类型互作都对杂种优势有所贡献。这说明长达 1 个世纪的关于杂种优势遗传学基础的各种学说都是相对不完整的。

从基因表达与调控来看。杂交种的全部基因组来自 2 个亲本，并没有新的基因出现，但其性状并非亲本的简单组合，这可能与来自亲本的基因在杂种一代的基因表达方式的改变有关。近 10 年来的研究结果表明，杂交种与亲本相比，不但在基因转录上出现显著变化，而且在蛋白质组上也发生明显的表达改变，表现为加性和非加性等差异表达模式。其中，加性表达表示杂交种的表达水平等于 2 个亲本的平均值，即中亲表达，可以解释为基因的加性效应。在非加性表达模式中存在单亲沉默、杂种特异、杂种增强、杂种减弱、杂种偏低亲本和杂种偏高亲本等多种差异表达类型。其中，单亲沉默、杂种偏低亲本和偏高亲本可以解释为基因的显性效应，双亲共沉默及杂种特异、增强和减弱可解释为基因的超显性效应，即多种分子模型共同对植物杂种优势的形成起作用。进一步研究发现，某些基因的差异表达模式与水稻、玉米和小麦的某些性状杂种优势存在显著的相关，这为从基因表达角度探讨作物杂种优势机理提供了重要理论依据。迄今为止，已经建立了水稻、小麦和玉米等植物的杂交种与亲本不同组织和器官的表达谱，并筛选出了大量的差异表达基因。功能分类结果显示，这些差异表达基因涉及转录和翻译、代谢、能量、信号转导、细胞结构和胁迫响应等类别。尽管这些差异表达基因在杂种优势形成过程中的作用还不十分明确，但其中的部分基因经转基因证实了与植物的生长发育有重要关系，为阐明基因差异表达与特异农艺性状杂种优势形成的关系奠定了基础。

植物激素在植物生长发育过程中起着重要的调控作用，最近关于植物激素与植物形态性状发育关系的研究已经取得了很大进展。例如，赤霉素是植物生长发育的重要调控物质。Zhang 从形态学、激素和基因表达等 3 个层次上对赤霉素代谢调控与小麦株高杂种优势表现的关系进行了系统分析，并初步提出了小麦株高杂种优势形成的赤霉素分子调控模式。该研究发现，由于控制赤霉素生物合成的一些关键酶基因，如 $KAO$、$GA_{20}$ 氧化酶和 $GA_3$ β-羟化酶基因在杂种中增强表达，导致杂种中的活性赤霉素含量显著高于亲本，同时赤霉素受体蛋白基因 $GID1$ 在杂种中表达量显著高于亲本，杂种内源 GA 信号应答的效率可能比亲本高，导致了参与赤霉素信号应答基因，特别是受赤霉素诱导表达的靶基因在杂种中表达上调。这些靶基因在杂种中的增强表达导致了杂种分生组织和伸长区细胞的分裂和伸长都比亲本活跃，促使杂种茎以更快的速度伸长，最终形成了株高的杂种优势。另外，其他植物激素，如细胞分裂素、生长素，与农作物穗粒数及侧根生长的杂种优势的相关性研究都取得了很大进展。因此，全面解析植物杂种优势形成的分子基础，一个重要的研究方向将是深入探讨杂交种与亲本之间在激素代谢及其调控上的差异。

### 14.3.4 杂种优势在育种中的应用

无论动物或植物，自花授粉或异花授粉植物，除亲缘关系较远的类型外，杂种一代一般都有不同程度的优势。统计资料表明，1987 年全国种植的玉米杂交种已占玉米总面积的 80% 以上。中国杂交高粱的研究始于 20 世纪 50 年代后期，到 60 年代后期，育成并推广了一批高粱杂交种。现在高粱杂交种也已普及，约占高粱总面积的 70%。中国杂交水稻的研究始于 1964 年，70 年代前期完成了粳型水稻三系配套，70 年代中期开始推广种植杂交水稻，到 1990 年杂交水稻种植面积占全国水稻面积的 50%。中国杂交水稻的大面积推广，开创了自花授粉作物杂种优势利用的先例，处于国际领先地位。杂交小麦的研究始于 1965 年，现已选育出一批强优势组合，正在进行区域试种。油菜杂种优势的研究始于 60 年代中期，经过 20 多年的研究，已育成秦油 2 号、华杂 2 号等几个杂交组合，正在进行示范推广，据初步统计，1990 年秋播杂交油菜面积已超过 $40 \times 10^4 \mathrm{km}^2$，在国际上处于领先地位。

目前世界上已经利用和即将利用杂种优势的植物有：大田作物——玉米、水稻、高粱、黑麦、向日葵、棉花、烟草、小麦、大麦、燕麦、谷子、珍珠粟、大豆、油菜、甜菜以及苜蓿等牧草；蔬菜作物——甜玉米、番茄、洋葱、茄子、黄瓜、西葫芦、西瓜、笋瓜、南瓜、甘蓝、花椰菜、白菜、萝卜、胡萝卜、菠菜、石刁柏、莴苣、辣椒、葱、芹菜、食荚菜豆、菜豆、豌豆、马铃薯；还有椰子等果树植物；杨树、桉树等林木植物以及秋海棠等观赏植物。利用杂种优势可大幅度提高作物产量和改良作物品质，具有巨大的社会效益和经济效益，是现代农业科学技术的突出成就之一。随着研究的不断深入，预期会取得更大的进展。

杂种优势表现的程度常因不同物种、不同杂交组合和不同性状而异。相对而言，自花授粉作物的优势不如异花授粉作物；异花授粉作物中，品种间杂交的优势又不如自交系间杂交；遗传差异大、生态类型不同的杂交组合优势大；地理上远距离的杂交组合也常会出现明显优势；同一杂交组合，不同性状的优势表现也不相同。一般来说，产量是衡量优势大小的最好指标。例如，玉米单交种一代一般可比普通开放传粉的品种增产 20%~30%。高粱杂交种一般增产 30% 左右，水稻杂交种增产 10%~30%。20 世纪 70 年代中国在白菜、甘蓝、萝卜、茄子、番茄、甜(辣)椒、黄瓜、洋葱等十几种蔬菜作物上利用杂种优势，一般增产 20% 以上。

利用杂种优势的方法因作物的传粉方式、繁殖方法和遗传特点不同而有区别。

**异花授粉作物**　如十字花科、葫芦科、蔷薇科、藜科等，天然杂交率高，品种的遗传基础复杂，不但株间遗传组成不同，性状差异大，而且每一植株也是个杂合体。因此，虽然也可以利用品种间杂种，但 $F_1$ 生长不整齐，杂种优势不够强，产量不够高。

为了克服异花授粉作物的杂合状态，应人工控制授粉，强迫进行自交，提高杂交亲本的纯合性。根据育种目标，在选定的材料中，连续几代按表型选株自交分离，并测定配合力，育成基因纯合优良、配合力高的自交系。然后根据组合选配的原则选配这样的自交系作亲本，配制优良的自交系间杂交种(interlineal hybrid)，供生产上利用。这种利用杂种优势的方式，把自交、选择和杂交 3 个环节结合起来，使 $F_1$ 性状优良又整齐一致，可提高杂种的优势和增产效果。

**常异花授粉作物**　如高粱、棉花等，其花器构造、繁殖方式和遗传特点基本与自花授粉作物相似，但天然异交率略高，而人工自交对后代并无不良影响。其杂种优势利用方式，基本与自花授粉作物相同。如高粱可利用细胞质雄性不育系作母本，与育性恢复力强的恢复系杂交，配制强优势的优良杂交种用于生产。常异花授粉植物，为了防止自然杂交，保持和提高品种纯度，可结合选择进行人工自交。

**自花授粉作物**　品种群体内个体间的基因型基本一致，其个体一般也是纯合的。由 2

个纯系品种杂交得到的杂种一代比较整齐。杂种优势的利用是通过品种间杂交，特别注意选配优势强的组合。由于这类作物雌雄同花，花器小，繁殖系数低，人工去雄较费工，所以利用杂种优势的关键在于解决去雄问题。

**无性繁殖作物**　大多数无性繁殖作物在一定条件下也能进行有性繁殖。这类作物，如甘薯、马铃薯、大蒜进行有性杂交后，杂种一代可通过无性繁殖方法，使其优势继续保持下去，免除年年制种的麻烦。但其原始品种群体遗传基础复杂，所有的个体都是杂合的，有性杂交时杂种一代就会出现性状分离。所以要在杂交后代中进行单株选择，筛选出优良无性系繁殖利用；或以优良无性系配成强优势组合，再用无性繁殖加以利用。

利用杂种优势，需要年年配制杂交一代种子。为解决制种中母本去雄问题，针对各类作物的特点，可分别采用以下几种方法。

**人工去雄**　雌雄异花作物如玉米、黄瓜等，繁殖系数高的作物如烟草、番茄等，花器较大去雄方便的作物如棉花等，均可用人工去雄。

**化学杀雄**　选用某些有选择性的化学杀雄剂，在一定的生长发育时期喷洒于母体上，杀伤或抑制雄性器官的发育而不妨碍雌蕊的正常功能，以达到去雄目的，已在小麦、棉花等作物上应用。

**标记性状的利用**　利用某种显性或隐性性状作标记，以具有显性性状的材料作父本，进行不去雄授粉，根据杂种一代的标记性状区别真假杂种，间苗时拔除假杂种。可用做标志性状的有水稻的紫色叶枕，棉花的"芽黄"、红叶等。

**自交不亲和性的利用**　十字花科植物如大白菜、甘蓝、萝卜、白菜型油菜的一些品系，雌雄蕊正常，能散粉、受精；但自交或系内株间传粉均不结实或结实极少。利用优良自交不亲和系做母本，选择适当父本进行杂交，配制两系杂种，已应用于蔬菜生产。

**细胞核雄性不育性的利用**　油菜、棉花等可利用隐性单基因控制的核不育系和恢复系配制杂种种子。不育系则一系两用，以其中的可育株给不育株授粉，下一代可保持半数植株具雄性不育性。为此，制种区的母本和大田种植的杂交种，都要根据形态特点分别拔除可育株和假杂种。

**细胞质雄性不育系的利用**　即雄性不育系、保持系和恢复系三系配套，以不育系做母本，保持系做父本，繁殖不育系；进而利用不育系做母本，恢复系做父本，配制杂交种子。这已广泛应用于玉米、高粱、水稻、甜菜、向日葵、洋葱、番茄等作物上，效果良好。

### 14.3.5　杂种优势的固定

杂种优势衰退的主要原因是随着杂交一代进一步自交繁殖，破坏原有高度杂合一致的基因，出现了基因分离重组，使一些不良的隐性基因得以纯合，造成群体间差异显著，降低了生产水平。据此，可采取相应的方法固定杂种优势。

**（1）染色体加倍法**

"双二倍体"是有效固定杂种优势的可行途径之一。双二倍体由于同源联会的关系，可使具有杂种优势的 $F_1$ 中来自双亲的全部杂合染色体加倍而使原来的每个染色体都成为同质的一对。这样杂种以后各代就不再发生分离现象，而成为"永久杂种"。以一对基因

$Aa$ 为例，根据显性假说，$F_2$ 之所以优势下降是因为 $F_2$ 中出现了 25% 的 $aa$ 基因型。如果将 $F_1(Aa)$ 加倍变成双二倍体 $AAaa$，这种双二倍体自交留种，下一代 $aaaa$ 基因型的个体只占 1/16(6.5%)。事实上，许多自然发生的双二倍体，早已被人们不自觉地引用为栽培植物，并形成许多优良品种在生产上应用。而近代育种学已能用人工的方法，如用秋水仙素处理幼苗茎尖，来诱导双二倍体，以期得到优良杂种的双二倍体，并从中选取健壮的永久杂种，而将其杂种优势固定下来。用此法可以部分固定杂种优势，但随着留种代数的增加，基因型为纯合隐性的个体会逐渐增加。

**(2) 无性繁殖法**

无性繁殖是固定杂种优势的最好办法。实际上无性繁殖植物一直在用此法固定杂种优势。以营养体部分繁殖的作物，如马铃薯、甘薯、甘蔗、香蕉等，利用无性繁殖固定杂种优势已取得显著成效。通过有性杂交只要鉴定为优势组合的，便可立即用无性繁殖把杂种优势固定起来。甘蓝、大白菜三倍体、西瓜等杂种一代，可采用生长素处理叶腋的腋芽继代繁殖。具宿根性的高粱、水稻的一些品种及一些收获后有再生能力的水稻、胡麻等作物品种，也能无性繁殖 $F_1$ 代。近年来，发展起来的其他无性繁殖技术，如微扦插、组织培养、体细胞胚胎发生、人工种子等，更是极有前途的通过无性繁殖途径固定杂种优势的方法。无性繁殖固定法的主要问题在于多数有性繁殖植物无性繁殖困难，或成本过高，甚至比每年制种所需的费用还大。

**(3) 无融合生殖法**

所谓无融合生殖，就是植物不经过精卵结合的受精作用而产生种子的过程，是植物界由二倍体向多倍体进化中产生的一种巧妙的繁殖机制。无融合生殖法实际上是无性繁殖的一种特殊形式，可分为营养的无融合生殖和无融合结籽 2 类。柑橘类、葱属、苹果属、树莓属、无花果属以及多种花卉常存在无融合生殖。我国已在水稻无融合生殖研究中取得了不少突破。若将这种控制无融合生殖的基因导入杂种一代中，杂种后代的杂合性就不会降低，而会通过无融合生殖的方法将 $F_1$ 的杂种优势固定下来。这样水稻的"三系"制种就会简化为"一系"生产，其他因制种困难而不能利用杂种优势的作物利用此方法也会把杂种优势永远保持下来。无融合生殖也可以通过选择、诱变、远缘杂交等方法获得。

**(4) 平衡致死法**

英国科学家在探讨固定杂种优势的过程中，发现自然界有一种月见草，在单倍性的配子中产生一系列的"易位"突变，将所有染色体连成一个复组。它和正常配子结合所产生的杂交种不可能有纯合子，因为带有"易位"突变的配子在纯合时会致死，所以可使一切同质结合的个体自行死亡而被自然淘汰，即产生所谓的平衡致死效应。故其后代全部为异质结合体，永远保持杂合性，而获得所谓的"永久杂种优势"。因此，利用该法可以固定杂种优势。目前，已有可能用人工诱变的方法诱发具有平衡致死的易位突变。

**(5) 营养突变体方法**

在自然界中，常常存在某些营养缺陷型突变体，这些缺陷型自身往往得不到营养而死亡，而补充了这种营养植株体则能成活。利用这个特点可以固定杂种优势。

营养缺陷型分为以下 3 类。

母本营养缺陷型：$msmsaxax$（致死性）× $MsMsAxAx$（能成活）→ $MsmsAxax$（能成

活);

父本营养缺陷型：$msmsAxAx$（能成活）× $MsMsaxax$（致死性）→ $MsmsAxax$（能成活);

互补性营养缺陷型：$msmsax_1ax_2$（致死性）× $MsMsAx_1Ax_2$（致死性）→ $MsmsAx_1ax_1Ax_2ax_2$（能成活)。

该方法用于生产纯杂种一代具有若干优点：①一般的自交物种也可应用；②制种区中2个亲本可以混合种植，因而增加了异花授粉的机会；③由于该方案自身就包含有不需要植株具有选择限制的遗传控制系统，因而它又能用于不完全雄性不育或自交不孕系。该方法已用于番茄等作物 $F_1$ 杂种的生产。

## 思考题

1. 试述近交衰退发生的原因。
2. 杂合体回交和自交后代在基因型纯合的内容和进度上有什么差别？
3. 假设有3对独立遗传的异质基因，自交5代后群体中个体基因型的组成是什么？
4. 试述纯系学说的基本内容、局限性及其在育种上的意义。
5. 试述杂种优势的特点及其遗传学基础。
6. 杂种优势利用的途径或方法是什么？
7. 如何在生产上利用杂种优势？

## 主要参考文献

张义荣，姚颖垠，彭慧茹，等. 2009. 植物杂种优势形成的分子遗传机理研究进展[J]. 自然科学进展，19(7)：697-703.

李博，张志毅，张德强，等. 2007. 植物杂种优势遗传机理研究[J]. 分子植物育种，5(6)：36-44.

LI Z K, LUO L J, MEI H W, et al. 2001. Overdominant epistatic loci are the primary genetic basis of inbreeding depression and heterosis in rice. I. biomass and grain yield [J]. Genetics, 158：1737-1753.

WU H L, NI Z F, YAO Y Y, et al. 2008. Cloning and expression profiles of 15 genes encoding WRKY transcription factor in wheat (Triticum aestivem L.) [J]. Progress in Natural Science, 18：697-705.

ZHANG Y, Ni Z F, YAO YY, et al. 2007. Gibberellins and heterosis of plant height in wheat (Triticum aestivum L.) [J]. BMC genetics, 8：40.

MA X Q, TANG J H, TENG W T, et al. 2007. Epistatic interaction is an important genetic basis of grain yield and its components in maize[J]. Molecular Breeding, 20：41-51.

STUBER C W, LINCOLN S E, WOLFF D W, et al. 1992. Identification of genetic factors contributing to heterosis in a hybrid from two elite maize inbred lines using molecular markers[J]. Genetics, 132, 823-839.

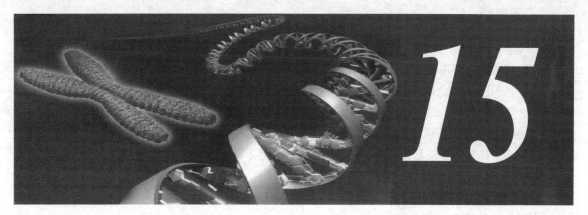

# 15 群体遗传学

群体遗传学研究一个群体中基因的组成及其遗传规律，它涉及群体中遗传变异的产生方式以及这些方式的改变和进化等，它的研究对象是群体。群体遗传学上的群体是一种特定的孟德尔群体（Mendelian population），即一群相互交配的个体，其基因的传递遵循孟德尔遗传定律，它所强调的是杂交性和杂交的可育性。在群体遗传学中，将群体中所有个体共有的全部基因称为一个基因库（gene pool）。一个孟德尔群体是一群能够相互繁殖的个体，它们享有一个共同的基因库，一个物种就是一个最大的孟德尔群体。

> 群体遗传学中的群体是一种特定的孟德尔群体。Hardy-Weinberg 遗传平衡定律是群体遗传学中的基本定律。选择、突变、迁移、遗传漂变等因素可以打破群体的遗传平衡，改变群体的基因频率。遗传多样性的测定可从形态学水平、细胞学水平、蛋白质水平、分子水平 4 个层次上进行，通过计算多项群体遗传学参数，可从不同角度反映群体遗传多样性变异。分子进化是在分子水平上研究生物进化问题，中性学说是对分子水平进化的阐述。物种形成过程大致分为地理隔离、独立进化、生殖隔离机制的建立 3 个步骤，物种形成的方式分为渐变式和骤变式 2 种。

## 15.1 基因频率与基因型频率

群体中各种等位基因的频率，以及由不同的交配体制所带来的各种基因型在数量上的分布称为群体的遗传结构。基因频率和基因型频率是群体遗传结构的重要指标。

### 15.1.1 基因频率与基因型频率的概念

群体在繁殖过程中并不能把基因型传递给子代，传递给子代的是不同频率的基因，要想进一步了解群体遗传特征在世代间的连续性，必须研究群体的基因频率。基因频率（gene frequency）是指在一个群体内某特定基因座位某一等位基因占该基因座位等位基因总数的比率，也可以说是该等位基因在群体内出现的概率。例如，若 A 座位上 2 个等位基因中$A_1$基因占1/3，则$A_1$基因的频率就是0.33，显然，$A_2$的基因频率则是0.67。同一基因座位上全部等位基因频率之和应等于1。

基因型频率(genotype frequency)是指特定基因型占群体内全部基因型的比率，也可以说是特定基因型在群体内出现的概率。例如，假定二倍体生物的一个常染色体上的基因座位$A$，具有2个等位基因$A_1$和$A_2$，根据孟德尔定律得知，群体中$A$座位会有3种不同的基因型$A_1A_1$、$A_1A_2$和$A_2A_2$。假如群体内$A_1A_1$、$A_1A_2$和$A_2A_2$个体的比例分别为1/5、2/5和2/5，那么则它们的基因型频率分别是0.20、0.40和0.40。同一基因座位所有基因型频率之和应等于1。

### 15.1.2 基因频率与基因型频率的关系

当交配制度一定时，基因频率就决定了基因型频率，因而群体的基因频率可通过有关基因型的实测数目或基因型频率来加以估算。

假设在一由$N$个个体组成的群体中有2个等位基因$A_1$和$A_2$，它们在群体中组成的3种基因型中，有$n_1$个$A_1A_1$，$n_2$个$A_1A_2$，$n_3$个$A_2A_2$，则3种基因型的频率及$A_1$和$A_2$的基因频率可通过表15-1得出。

表15-1 基因频率和基因型频率

|  | 类型 | $A_1A_1$ | $A_1A_2$ | $A_2A_2$ | 总和 |
|---|---|---|---|---|---|
| 基因型 | 个体数 | $n_1$ | $n_2$ | $n_3$ | $N = n_1 + n_2 + n_3$ |
|  | 频率 | $\dfrac{n_1}{N}$ | $\dfrac{n_2}{N}$ | $\dfrac{n_3}{N}$ | 1 |
|  | 符号 | $D$ | $H$ | $R$ | $D + H + R = 1$ |
|  | 类型 | $A_1$ | | $A_2$ | 总和 |
| 基因 | 个体数 | $2n_1 + n_2$ | | $2n_3 + n_2$ | $2N$ |
|  | 频率 | $\dfrac{2n_1 + n_2}{2N}$ | | $\dfrac{2n_3 + n_2}{2N}$ | 1 |
|  | 符号 | $p$ | | $q$ | $p + q = 1$ |

根据表15-1可知，若某基因座位上3种基因型$A_1A_1$、$A_1A_2$和$A_2A_2$的频率分别用$D$、$H$、$R$表示，则所有基因型频率之和为：

$$D + H + R = \frac{n_1}{N} + \frac{n_2}{N} + \frac{n_3}{N} = 1$$

$A_1$和$A_2$的基因频率$p$和$q$为：

$$p = \frac{2n_1 + n_2}{2N} = \frac{n_1}{N} + \frac{n_2}{2N} = D + \frac{1}{2}H$$

$$q = \frac{2n_3 + n_2}{2N} = \frac{n_3}{N} + \frac{n_2}{2N} = R + \frac{1}{2}H$$

而$A_1$和$A_2$的频率之和为：

$$p + q = D + \frac{1}{2}H + R + \frac{1}{2}H = 1$$

从而得到基因型频率与基因频率的关系式为：

$$p = D + \frac{1}{2}H \qquad q = R + \frac{1}{2}H$$

据研究，挪威云杉幼苗颜色的遗传，分别受一对等位基因（$A_1$和$A_2$）的控制，属于不完全显性遗传，其纯合子基因型$A_1A_1$，幼苗为绿色；杂合子基因型$A_1A_2$，幼苗为黄色；而双隐性纯合子基因型$A_2A_2$，幼苗为白色。设某一挪威云杉幼苗群体共有 10 000 株，其中绿色苗有 3 000 株，黄色苗有 5 000 株，白色苗有 2 000 株，根据其幼苗颜色的表型，就可以识别其基因型，从而计算出基因型频率和基因频率。

基因型组成　　　$A_1A_1$　　　$A_1A_2$　　　$A_1A_2$

$n_1 = 3\ 000$　　$n_2 = 5\ 000$　　$n_3 = 2\ 000$　　$N = 10\ 000$

三种基因型频率分别是：

基因型$A_1A_1$的频率：　　　$D = \dfrac{n_1}{N} = \dfrac{3\ 000}{10\ 000} = 0.30$

基因型$A_1A_2$的频率：　　　$H = \dfrac{n_2}{N} = \dfrac{5\ 000}{10\ 000} = 0.50$

基因型$A_2A_2$的频率：　　　$R = \dfrac{n_3}{N} = \dfrac{2\ 000}{10\ 000} = 0.20$

$A_1$和$A_2$的基因频率分别是：

基因$A_1$的频率：　　$p = D + \dfrac{1}{2}H = 0.30 + \dfrac{1}{2} \times 0.50 = 0.55$

基因$A_2$的频率：　　$q = R + \dfrac{1}{2}H = 0.20 + \dfrac{1}{2} \times 0.50 = 0.45$

## 15.2　遗传平衡定律

1908 年英国数学家哈迪（G. Hardy）和德国医生温伯格（W. Weinberg）经过各自独立研究，分别发表了有关基因频率与基因型频率守恒的法则，也即后人公称的遗传平衡定律或哈迪—温伯格（Hardy-Weinberg）定律，它是群体遗传学中的一条基本定律。

### 15.2.1　遗传平衡定律的主要内容

#### 15.2.1.1　定律的要点

遗传平衡定律要点如下。

● 在随机交配的大群体中，如果没有其他因素的干扰，则各代等位基因频率保持不变。

● 在任何一个大群体内，不论其等位基因频率和基因型频率如何，只要一代的随机交配，这个群体就可达到平衡，只要基因频率不发生变化，以后每代都经过随机交配，这种平衡状态始终保持不变。

● 一个群体在平衡状态时，等位基因频率和基因型频率的关系是：

$$[p(A_1) + q(A_2)]^2 = p^2 A_1A_1 + 2pq A_1A_2 + q^2 A_2A_2$$

即　　　　　　　　　　　　$D = p^2 \quad H = 2pq \quad R = q^2$

符合上述条件的群体称为平衡群体,它所处的状态就是哈迪—温伯格平衡。

从上述要点可以看出,哈迪—温伯格定律的成立是有条件的:①随机交配。所谓随机交配是指在一个有性繁殖的生物群体中,任何一对雌雄个体的结合都是随机的,不受任何选配的影响。②无穷大的群体。若一个群体很小,可能导致基因频率和基因型频率发生偏差。所谓的无穷大是假设模式,没有任何群体具有无穷的个体。③没有进化选择压,即没有基因突变、选择、迁移、遗传漂变等因素的干扰。

上述这些条件在自然界是不可能存在的,所以称具备这些条件的群体为"理想群体",但是实际上自然界许多群体都是很大的,个体间的交配一般也是接近于随机的,所以哈迪—温伯格定律基本上适用,它已成为分析自然群体的基础。

还需要指出,一个随机交配的大群体,不仅对于一对基因,而且对于数量性状的多对基因来说,都可以达到平衡,只不过达到平衡所需要的世代数要多些。

### 15.2.1.2 定律的证明

遗传平衡定律证明,在任何一个大群体内,不论其基因频率和基因型频率如何,只要一代随机交配,这个群体就可以达到平衡。

设一群体在一给定座位 $A$ 上有一对等位基因 $A_1$ 和 $A_2$,群体中可能的基因型有 $A_1A_1$、$A_1A_2$、$A_2A_2$ 3 种。初始群体(零世代)频率如下:

零世代基因型　　　　　$A_1A_1$　　$A_1A_2$　　$A_2A_2$
零世代基因型频率　　　$D_0$　　　$H_0$　　　$R_0$
零世代基因频率　　　　$A_1 = p_0$　$A_2 = q_0$

零世代个体间进行随机交配,各雌雄配子随机结合,产生第一世代个体,则各基因型频率如表 15-2 所示。

表 15-2　第一世代基因型频率和配子频率的关系

| 雌配子及其频率 | 雄配子及其频率 | |
|---|---|---|
| | $A_1(p_0)$ | $A_2(q_0)$ |
| $A_1(p_0)$ | $A_1A_1(p_0^2)$ | $A_1A_2(p_0q_0)$ |
| $A_2(q_0)$ | $A_1A_2(p_0q_0)$ | $A_2A_2(q_0^2)$ |

第一世代 $A_1$ 基因的频率　　$p_1 = D_1 + \dfrac{1}{2}H_1 = p_0^2 + p_0q_0 = p_0(p_0 + q_0) = p_0$

第一世代 $A_2$ 基因的频率　　$q_1 = R_1 + \dfrac{1}{2}H_1 = q_0^2 + p_0q_0 = q_0(p_0 + q_0) = q_0$

可见第一世代基因频率与零世代基因频率相同。

同样可以证明:
$$p_0 = p_1 = p_2 = \cdots = p_n$$
$$q_0 = q_1 = q_2 = \cdots = q_n$$

由此可以证明,亲代群体在随机交配的条件下,只要没有其他影响基因频率的因素干扰,群体中的基因频率在各世代保持不变。

基因型频率又如何呢?在随机交配下:

第一世代基因型频率为：$D_1 = p_0^2 \quad H_1 = 2p_0q_0 \quad R_1 = q_0^2$

第二世代基因型频率为：$D_2 = p_1^2 \quad H_2 = 2p_1q_1 \quad R_2 = q_1^2$

同理，第 $n$ 世代基因型频率为：$D_n = p_{n-1}^2 \quad H_n = 2p_{n-1}q_{n-1} \quad R_n = q_{n-1}^2$

由于
$$p_0 = p_1 = p_2 = \cdots = p_n$$
$$q_0 = q_1 = q_2 = \cdots = q_n$$

于是
$$D_1 = D_2 = \cdots = D_n = p_0^2$$
$$H_1 = H_2 = \cdots = H_n = 2p_0q_0$$
$$R_1 = R_2 = \cdots = R_n = q_0^2$$

由此可以证明，只要经过随机交配一代，基因型频率就在此基础上达到平衡，一直保持不变。

为了加深对遗传平衡定律的理解，从个体随机交配的角度做进一步证明。仍然考虑上面的假定群体，一对等位基因 $A_1$ 和 $A_2$ 的起始群体频率为 $p_1$ 和 $q_1$，组成的 3 种可能基因型频率为 $D_0$、$H_0$ 和 $R_0$。令此群体随机交配，则各种交配的频率如表 15-3 所示。

表 15-3 随机交配下各种交配频率

| 雌 性 | 雄 性 | | |
|---|---|---|---|
| | $A_1A_1(D_0)$ | $A_1A_2(H_0)$ | $A_2A_2(R_0)$ |
| $A_1A_1(D_0)$ | $D_0^2$ | $D_0H_0$ | $D_0R_0$ |
| $A_1A_2(H_0)$ | $D_0H_0$ | $H_0^2$ | $H_0R_0$ |
| $A_2A_2(R_0)$ | $D_0R_0$ | $H_0R_0$ | $R_0^2$ |

上述 9 种交配方式可归类成 6 种，见表 15-4。

表 15-4 随机交配下平衡的建立

| 亲 本 | | 后 代 | | |
|---|---|---|---|---|
| 交配类型 | 频率 | $A_1A_1$ | $A_1A_2$ | $A_2A_2$ |
| $A_1A_1 \times A_1A_1$ | $D_0^2$ | $D_0^2$ | | |
| $A_1A_1 \times A_1A_2$ | $2D_0H_0$ | $D_0H_0$ | $D_0H_0$ | |
| $A_1A_1 \times A_2A_2$ | $2D_0R_0$ | | $D_0R_0$ | |
| $A_1A_2 \times A_1A_2$ | $H_0^2$ | $\frac{1}{4}H_0^2$ | $\frac{1}{2}H_0^2$ | $\frac{1}{4}H_0^2$ |
| $A_1A_2 \times A_2A_2$ | $2H_0R_0$ | | $H_0R_0$ | $H_0R_0$ |
| $A_2A_2 \times A_2A_2$ | $R_0^2$ | | | $R_0^2$ |
| | | $D_1$ | $H_1$ | $R_1$ |

根据表 15-4 可计算出 $A_1A_1$ 基因型的后代频率为：

$$D_1 = D_0^2 + D_0H_0 + \frac{1}{4}H_0^2$$
$$= \left(D_0 + \frac{1}{2}H_0\right)^2$$
$$= p_0^2$$

同样，$A_1A_2$ 和 $A_2A_2$ 后代的频率分别为：

$$H_1 = D_0 H_0 + D_0 R_0 + \frac{1}{2}H_0^2 + H_0 R_0$$

$$= 2(D_0 + \frac{1}{2}H_0)(R_0 + \frac{1}{2}H_0)$$

$$= 2 p_0 q_0$$

$$R_1 = \frac{1}{4}H_0^2 + H_0 R_0 + R_0^2$$

$$= (R_0 + \frac{1}{2}H_0)^2$$

$$= q_0^2$$

此时第一世代中各种基因频率为：

$$p_1 = D_1 + \frac{1}{2}H_1 = p_0^2 + p_0 q_0 = p_0(p_0 + q_0) = p_0$$

$$q_1 = R_1 + \frac{1}{2}H_1 = q_0^2 + p_0 q_0 = q_0(p_0 + q_0) = q_0$$

可见第一世代基因频率与零世代基因频率相同。

以此类推可以证明，亲代群体在随机交配的条件下，只要没有其他影响基因频率的因素干扰，群体中的基因频率在各世代保持不变。

### 15.2.2 遗传平衡定律的应用和扩展

遗传平衡定律是群体遗传学中最基本的定律，其用途非常广泛，已成为分析自然群体的基础。

#### 15.2.2.1 一对等位基因频率的计算

根据遗传平衡定律，一对等位基因频率的计算一般分为 2 种情形，即共显性和完全显性。

基因表现为共显性时，可以直接根据表现型计算基因型频率，进而得到基因频率。

【例 15.1】 一对等位基因共有 3 种基因型：$A_1A_1$、$A_1A_2$、$A_2A_2$，其基因型频率为 $D = 0.49$、$H = 0.42$、$R = 0.09$，则等位基因的频率为：

$$p_1 = D_1 + \frac{1}{2}H_1 = 0.49 + \frac{1}{2} \times 0.42 = 0.70$$

$$q_1 = R_1 + \frac{1}{2}H_1 = 0.09 + \frac{1}{2} \times 0.42 = 0.30$$

当基因表现为完全显性时，有 3 种基因型，而表现型只有 2 种，即显性纯合子 $A_1A_1$ 和杂合子 $A_1A_2$ 不能按表现型加以区分，但是隐性纯合子 $A_2A_2$ 的表现型却是可以识别的。所以，只要已知隐性纯合子 $A_2A_2$ 频率 $R$，由于 $R = q^2$，从而可以估算 $A_2$ 基因频率。

【例 15.2】 已知白化病患者是受一对隐性基因 $A_2A_2$ 的控制。据调查 10 000 人中，有 1 个白化病患者，问正常人中携带有白化病基因但不表现出白化病的有几人？

隐性基因型 $A_2A_2$ 频率为 $\qquad R = q^2 = 0.0001$

隐性基因频率 $A_2$ 频率为 $\qquad q = \sqrt{R} = \sqrt{0.0001} = 0.01$

整个群体的杂合子频率为 $\qquad H = 2(1-q)q = 2 \times 0.99 \times 0.01 = 0.0198$

正常人中携带者频率为

$$H' = \frac{H}{P+H} = \frac{2q(1-q)}{(1-q)q + 2q(1-q)} = \frac{2q}{1+q} = \frac{2 \times 0.01}{1+0.01} = 0.0198$$

由此可见，尽管白化病患者在人群中很少，但携带白化病基因的人却很多，约为患者人数的 200 倍。因此，近亲结婚是很危险的。

### 15.2.2.2 复等位基因频率的计算

群体内同一基因座位上存在 3 种或更多的等位基因，称为复等位基因。其中最简单的情况则是同一座位具有 3 个等位基因。假设，$A$ 座位具有 3 个等位基因 $A_1$、$A_2$、$A_3$，其相应的频率分别是 $p$、$q$ 和 $r$，且 $p+q+r=1$。那么，根据哈迪—温伯格定律，在随机交配的大群体内，有关的基因频率和基因型频率之间的关系可以表示为：

$$(p+q+r)^2 = p^2 + q^2 + r^2 + 2pq + 2pr + 2qr$$
$$\phantom{(p+q+r)^2=\;} A_1 \quad A_2 \quad A_3 \quad A_1A_1 \quad A_2A_2 \quad A_3A_3 \quad A_1A_2 \quad A_1A_3 \quad A_2A_3$$

则某基因频率等于相应纯合子的频率加上含有该基因的所有杂合子频率总和的一半。即

$$p = p^2 + \frac{1}{2}(2pq + 2pr) = p^2 + pq + pr = p(p+q+r) = p$$

$$q = q^2 + \frac{1}{2}(2pq + 2qr) = q(p+q+r) = q$$

$$r = r^2 + \frac{1}{2}(2pr + 2qr) = r(p+q+r) = r$$

在 3 个以上等位基因时，这一关系仍然适用。

例如，人类的 ABO 血型受单基因控制，该基因座位有 3 个复等位基因，$I^A$、$I^B$ 和 $I^O$，其中 $I^A$ 和 $I^B$ 是共显性，$I^A$ 和 $I^B$ 对 $I^O$ 是显性。设 $I^A$、$I^B$ 和 $I^O$ 的频率分别为 $p$、$q$ 和 $r$，$p+q+r=1$，则在随机婚配情况下，4 种表现型的基因型及其频率如表 15-5 所示。

表 15-5　人类群体中 ABO 血型的表现型和基因型

| 表现型 | 基因型 | 基因型频率 |
| --- | --- | --- |
| A 型 | $I^AI^A$ | $p^2$ |
|  | $I^AI^O$ | $2pq$ |
| B 型 | $I^BI^B$ | $q^2$ |
|  | $I^BI^O$ | $2qr$ |
| AB 型 | $I^AI^B$ | $2pq$ |
| O 型 | $I^OI^O$ | $r^2$ |

假定群体内这 4 种血型的频率为：

A 型（基因型 $I^AI^A$ 和 $I^AI^O$）= 0.45

B 型（基因型 $I^BI^B$ 和 $I^BI^O$）= 0.13

AB 型(基因型 $I^A I^B$) = 0.06

O 型(基因型 $I^O I^O$) = 0.36

那么，根据哈迪—温伯格定律，O 型($I^O I^O$)频率 = $r^2$，

则 $I^O$ 基因频率 $r = \sqrt{I^O I^O} = \sqrt{0.36} = 0.6$

B 型和 O 型相加频率是 $(q^2 + 2qr) + r^2 = (q+r)^2 = 0.13 + 0.36 = 0.49$

则 $q + r = \sqrt{0.49} = 0.7$

已知 $r = 0.6$，则 $q = 0.7 - 0.6 = 0.1$，即 $I^B$ 基因的频率为 0.1

那么，$I^A$ 的频率就是 $p = 1 - (q+r) = 1 - 0.7 = 0.3$

### 15.2.2.3　不同基因座位的等位基因平衡

就 2 个基因座位而言，处于平衡状态的随机交配群体，各种基因型的频率是各基因座位上等位基因频率的乘积。假设等位基因 $A_1$ 和 $A_2$ 的频率为 $p_A = 0.6$，$q_A = 0.4$；位于另一座位的等位基因 $B_1$ 和 $B_2$ 的频率分别是 $p_B = 0.3$，$q_B = 0.7$，而 $p + q = 1$。根据已知各等位基因的频率就能确定任何一类基因型的频率，如以这 2 对不同座位的基因所组成的 9 种基因型中的 3 种为例：

$A_1 A_1 B_1 B_1$：$(p_A)^2 (p_B)^2 = 0.6^2 \times 0.3^2 = 0.032\,4$

$A_1 A_2 B_1 B_2$：$(2 p_A q_A)(2 p_B q_B) = 4 \times (0.6 \times 0.4) \times (0.3 \times 0.7) = 0.201\,6$

$A_1 A_2 B_2 B_2$：$(2 p_A q_A)(q_B)^2 = 2 \times (0.6 \times 0.4) \times 0.7^2 = 0.235\,2$

当不同基因座位上的等位基因随机结合时，它们的频率成比例，这些基因就处于连锁平衡状态。带有 $A_1 B_1$ 配子的频率与 $A_2 B_2$ 配子频率的乘积，与 $A_1 B_2$ 频率和 $A_2 B_1$ 频率的乘积相等。但若不同基因座位上的等位基因不是随机结合，则 $A$ 和 $B$ 是处于连锁不平衡状态，相应的两个乘积也不相等。

### 15.2.2.4　群体平衡的检验

为了确定一个群体是否是遗传平衡群体，我们首先从基因型频率中计算基因频率 $p$ 和 $q$。根据这些基因频率就可计算理论基因型频率($p^2$、$2pq$ 和 $q^2$)，并将这些频率和实际获得的基因型频率相比较，用卡方来检验。

例如，如果一个群体的构成是 $550 A_1 A_1$，$300 A_1 A_2$ 和 $150 A_2 A_2$，判断这个群体是否符合哈迪—温伯格平衡。

首先计算 3 种基因型实际频率

$$D(A_1 A_1) = \frac{550}{550 + 300 + 150} = 0.55$$

$$H(A_1 A_2) = \frac{300}{550 + 300 + 150} = 0.30$$

$$R(A_2 A_2) = \frac{150}{1\,000} = 0.15$$

从实际观察值中计算基因频率

$A_1$ 基因频率 $\quad p = D + \frac{1}{2}H = 0.55 + \frac{1}{2} \times 0.30 = 0.70$

$A_2$ 基因频率 $\quad q = R + \frac{1}{2}H = 0.15 + \frac{1}{2} \times 0.30 = 0.30$

再将计算得到的基因频率代入表 15-6 计算 $\chi^2$ 值。

表 15-6 遗传平衡的 $\chi^2$ 检验

|  | $A_1A_1$ | $A_1A_2$ | $A_2A_2$ | 总计 |
|---|---|---|---|---|
| 观察值($o$) | 550 | 300 | 150 | 1 000 |
| 期望值($e$) | $p^2N = 490$ | $2pqN = 420$ | $q^2N = 90$ | 1 000 |
| $\frac{(o-e)^2}{e}$ | 7.347 | 34.286 | 40.000 | 81.633 |

$\chi^2 = 81.633 > \chi^2_{\alpha(df=1, P=0.05)} = 3.841$，表明该群体的 3 种基因型频率不符合哈迪—温伯格平衡。

## 15.3 影响遗传平衡的因素

遗传平衡所讲的群体是理想的群体，严格地讲，在自然界中这样的群体是不存在的，只有近似于遗传平衡所要求条件的群体。因而在考虑遗传平衡时，也必须考虑影响遗传平衡的因素。影响遗传平衡的因素有很多，如选择、突变、遗传漂变和迁移等。这些因素都是促使生物发生进化的原因。

### 15.3.1 选择

在一个大的群体中，选择(selection)是能够造成基因频率变化最大的定向性力量。按照群体遗传学的理论，不论自然选择还是人工选择，都是作用于一定的基因组合。自然选择理论中的主要假设是一个群体中某些遗传类型在存活或繁殖力上比其他类型具一定优点；人工选择理论的主要基础是群体中某些遗传类型较其他的更适合人们的需要。

选择的作用在于增加或降低个体的适合度。适合度(fitness)是指在同一环境条件下，某一基因型个体与其他基因型个体相比时，能够存活并留下后代的相对能力，适合度一般记为 $W$。适合度高的个体，可以留下更多的后代，这样，群体中该个体的基因型和有关基因的频率就会增加；反之，则减少。一般把最适基因型的适合度定为 $W = 1(100\%)$，而其他基因型的 $W$ 值则小于 1，未能交配或交配后未能产生后代的基因型的适合度为 0。例如，基因型 $AA$ 的个体平均产生 100 个达成年的后代，而 $aa$ 基因型在同样的环境下只产生 90 个，则 $AA$ 的适合度 $W_A = 1.00$，$aa$ 的适合度 $W_a = 0.90$。

与此相关的另一个概念是选择系数(selection coefficient)，记作 $s$。$s$ 是测量某一基因型在群体中不利于生存的程度的数值，也就是选择作用所降低的适合度，即 $s = 1 - W$。上例中 $AA$ 基因型的 $s = 0$，$aa$ 基因型的 $s = 0.1$，如果是致死基因或不育基因的纯合体，则 $W = 0$，$s = 1$。

为了简化，我们这里仅就涉及一对等位基因的情况下，讨论几种不同选择作用下基因频率的变化。

### 15.3.1.1 对隐性纯合体不利的选择

在二倍体生物中，如果从一对基因来考虑有3种可能的基因型 $AA$、$Aa$、$aa$，对隐性纯合体不利的选择就是对 $aa$ 基因型的生存不利。对 $aa$ 基因型选择的有效程度与显性度有关，如果显性完全，杂合体 $Aa$ 和纯合体 $AA$ 在表型上是一样的，不受选择作用的影响，选择只对隐性个体起作用，这样群体中有害的隐性基因甚至是致死的隐性基因就可以存在很多代数。设基因 $A$ 和 $a$ 其原始频率为 $p$ 和 $q$，不利于 $aa$ 个体的选择系数是 $s$，经过一代选择后基因型的频率如表15-7所示。

表15-7 显性完全，选择对隐性个体不利时，基因型频率经过一代选择的变化

| 基因型 | $AA$ | $Aa$ | $aa$ | 总计 |
|---|---|---|---|---|
| 选择前频率 | $p^2$ | $2pq$ | $q^2$ | 1 |
| 适合度 | 1 | 1 | $1-s$ | |
| 选择后频率 | $p^2$ | $2pq$ | $q^2(1-s)$ | $1-sq^2$ |
| 相对频率 | $\dfrac{p^2}{1-sq^2}$ | $\dfrac{2pq}{1-sq^2}$ | $\dfrac{q^2(1-s)}{1-sq^2}$ | 1 |

由表15-7可求得经过一代选择后的基因频率 $q_1$，及其基因频率的改变 $\Delta q$。

$$q_1 = \frac{1}{2} \times \frac{2pq}{1-sq^2} + \frac{q^2(1-s)}{1-sq^2} = \frac{q(1-sq)}{1-sq^2}$$

$$\Delta q = q_1 - q = \frac{q(1-sq)}{1-sq^2} - q = \frac{-sq^2(1-q)}{1-sq^2} = \frac{-spq^2}{1-sq^2}$$

从上式可以看出，选择对改变基因频率的作用不仅与选择系数 $s$ 有关，还随初始基因频率的大小而不同。如果选择系数不变，基因的初始频率越接近0.5，选择造成的基因频率改变量越大。因为 $\Delta q$ 经常为负值，所以 $a$ 基因的频率每代都要减少，经过几代的连续选择，$q$ 变得非常小，$sq^2$ 可以忽略不计，分母 $1-sq^2$ 可视为1，这样选择引起的 $q$ 的改变可以近似地表示为：

$$\Delta q = -sq^2(1-q)$$

由此可见，$q$ 很小时，$\Delta q$ 很小，因此难以将隐性基因淘汰干净。

假定完全淘汰隐性个体，即 $s=1$，如致死基因或不育基因纯合体。则

$$q_1 = \frac{q_0(1-sq_0)}{1-sq_0^2} = \frac{q_0(1-q_0)}{1-q_0^2} = \frac{q_0(1-q_0)}{(1+q_0)(1-q_0)} = \frac{q_0}{1+q_0}$$

如果逐代以 $s=1.0$ 淘汰隐性个体，则经过 $n$ 世代后，群体中隐性基因频率 $q_n$ 就变为：

$$q_n = \frac{q_0}{1+nq_0}$$

根据这一公式可以容易地推导出由 $q_0$ 到 $q_n$ 的改变所需要的世代数。

$$n = \frac{1}{q_n} - \frac{1}{q_0}$$

例如，锦鸡儿（*Carggana ardoreseeas*）枝条下垂和上举的特性是由一对基因 $A$ 和 $a$ 决定

的，$A$ 对 $a$ 为显性，$AA$ 和 $Aa$ 为枝条上举，$aa$ 则为枝条下垂。今有锦鸡儿群体，下垂的占 1/4，如果每代将下垂的个体淘汰，问要使下垂个体在 10 000 株中还有 1 株存在，需要经过多少代淘汰才能达到？

已知：$q_0^2 = \dfrac{1}{4}$    则：$q_0 = \sqrt{0.25} = 0.5$

$q_n^2 = \dfrac{1}{10\,000}$    则：$q_n = \sqrt{0.000\,1} = 0.01$

所需世代数为：    $n = \dfrac{1}{q_n} - \dfrac{1}{q_0} = \dfrac{1}{0.01} - \dfrac{1}{0.5} = 98$

可见经过 98 代选择后，隐性基因频率才能降到 0.01，这时 $R = q^2 = 0.000\,1$，也就是说在 10 000 个个体中还有 1 个是具隐性性状的个体。由于选择所依据的是表现型而非基因型，即如果选择的对象是隐性表现型时，则杂合子就不会成为选择的对象，因此隐性基因频率的降低是十分缓慢的，并且只要群体中的杂合体能够成活并产生后代，隐性基因就不可能从群体中消失。

#### 15.3.1.2 对显性基因不利的选择

选择也可对显性基因不利。与对隐性基因不利的选择相比，对显性基因不利的选择显然更为有效。如果带有显性等位基因的个体是致死的，那么它的选择系数 $s=1$，经过一代的选择，它的频率就等于 0。例如，在由显性基因控制的红花品种与隐性基因控制的白花品种杂交后代中选留白花，很快就能把红花植株从群体中淘汰，从而把红花等位基因频率降低到 0，白花等位基因的频率增加到 1。

如果对显性基因的选择系数减小，隐性基因取代显性基因的速率就会大大放慢。设显性基因 $A$ 的频率是 $p$，隐性基因 $a$ 的频率是 $q$，对显性基因的选择系数是 $s$，基因频率 $p$ 的改变如表 15-8。

表 15-8　显性完全，选择对显性个体不利时，基因型频率经过一代选择的变化

| 基因型 | $AA$ | $Aa$ | $aa$ | 总计 |
|---|---|---|---|---|
| 选择前频率 | $p^2$ | $2pq$ | $q^2$ | 1 |
| 适合度 | $1-s$ | $1-s$ | 1 | |
| 选择后频率 | $p^2(1-s)$ | $2pq(1-s)$ | $q^2$ | $1-sp(2-p)$ |
| 相对频率 | $\dfrac{p^2(1-s)}{1-sp(2-p)}$ | $\dfrac{2pq(1-s)}{1-sp(2-p)}$ | $\dfrac{q^2}{1-sp(2-p)}$ | |

一代选择后 $A$ 基因频率

$$p_1 = \dfrac{p^2(1-s) + \dfrac{1}{2}\cdot 2pq(1-s)}{1 - sp(2-p)} = \dfrac{p - ps}{1 - sp(2-p)}$$

$A$ 基因频率的变化

$$\Delta p = \dfrac{p(1-s)}{1-sp(2-p)} - p = \dfrac{-sp(1-p)^2}{1-sp(2-p)}$$

因为 $\Delta p$ 是负值，所以 $A$ 基因的频率将逐渐降低为零。在极端情况下，即若显性基因

是致死的或不育的($s=1$),则一代选择后基因频率的变化为:

$$\Delta p = \frac{-p(1-p)^2}{1-p(2-p)} = -p$$

这表明,显性基因的频率经过一代选择就变为零,因此无论是显性纯合体,还是杂合体都不能留下后代。

对于任何被选择的基因来说,如果选择系数 $s$ 相同,在选择对显性基因不利的情况下,比选择对隐性基因不利的情况下基因频率的改变要大些,因为在前一种情况下,杂合体同样接受选择,而后一种情况下杂合体不被选择。

### 15.3.1.3 无显性基因的选择

在等位基因没有显隐性关系时,杂合体的适合度等于2个纯合体的平均值,此时对 $a$ 基因的选择相当于对配子的选择。设 $A$ 基因的频率为 $p$,$a$ 基因的频率为 $q$,选择系数为 $s$,则经一代选择后,$a$ 基因频率 $q$ 的改变见表15-9。

表15-9 无显性时基因型频率经过一代选择的变化

| 基因型 | $AA$ | $Aa$ | $aa$ | 总计 |
|---|---|---|---|---|
| 选择前频率 | $p^2$ | $2pq$ | $q^2$ | 1 |
| 适合度 | 1 | $1-\frac{1}{2}s$ | $1-s$ | |
| 选择后频率 | $p^2$ | $2pq\left(1-\frac{1}{2}s\right)$ | $(1-s)q^2$ | $1-sq$ |
| 相对频率 | $\dfrac{p^2}{1-sq}$ | $\dfrac{2pq\left(1-\frac{1}{2}s\right)}{1-sq}$ | $\dfrac{q^2(1-s)}{1-sq}$ | 1 |

一代选择后 $a$ 基因的频率

$$q_1 = \frac{(1-s)q^2 + \left(1-\frac{1}{2}s\right)pq}{1-sq}$$

于是 $a$ 基因频率的变化

$$\Delta q = q_1 - q = -\frac{\frac{1}{2}sq(1-q)}{1-sq}$$

只要在群体中始终存在着2个等位基因,并且具有选择,$\Delta q$ 就是负值,仅仅在 $q=0$ 时,也就是被选择的基因 $a$ 完全消失时,才能达到平衡,此时 $\Delta q=0$。

一般从选择作用影响等位基因频率的效果来看,可以得到以下结论:①等位基因频率接近0.5时,选择最有效,而当频率大于或小于0.5时,有效度降低很快;②隐性基因很少时,对1个隐性基因的选择或淘汰的有效度就非常低,因为这时隐性基因几乎完全存在于杂合体中而得到保护;③在完全显性条件下对显性基因选择或淘汰的有效度最高,在完全隐性条件下对隐性基因选择或淘汰的有效度最低,而在无显隐性关系条件下对某一基因选择或淘汰的有效度介于前二者之间。

## 15.3.2 突变

基因突变(mutation)对改变群体遗传组成的作用有 2 个方面：第一，它提供遗传变异的原始材料，没有突变，选择即无从发生作用；第二，突变本身改变等位基因的频率。

突变可以分为非频发突变和频发突变。非频发突变是指整个群体某一基因座位上仅仅发生 1 次突变，以后不再发生同样的突变或发生同样突变的概率很小。非频发突变对基因频率影响很小，因为以很小概率出现的突变体，即使不受选择作用，也将逐渐被随机漂变所淘汰，因此不能使群体的基因频率产生永久性的变化。

频发突变是指在某一基因座位上可多次重复发生的突变。频发突变是导致基因频率改变的 1 个因素。例如，一对等位基因，当基因 $A_1$ 不断变为 $A_2$ 时，群体内 $A_1$ 的频率将逐渐减少，而 $A_2$ 的频率就会逐渐增加。假若长时期连续发生 $A_1 \to A_2$ 的突变，而又没有其他因素的阻碍，最后这个群体中的 $A_1$ 将为 $A_2$ 完全替代。

假设群体中一个基因座位上有 2 个等位基因 $A_1$ 与 $A_2$，初始频率为 $p_0$ 和 $q_0$，每个世代中每个配子从 $A_1$ 突变到 $A_2$ 的突变率为 $u$，反过来由 $A_2$ 突变为 $A_1$ 的突变率为 $v$：

$$p(A_1) \underset{v}{\overset{u}{\rightleftharpoons}} q(A_2)$$

$A_1$ 基因每代以 $u$ 的频率突变成 $A_2$，经过 1 代，$A_2$ 的频率将在原来的 $q_0$ 的基础上增加 $up_0$。同时 $A_2$ 突变为 $A_1$ 的频率为 $v$，则经 1 代回复突变，$A_2$ 频率减少 $vq_0$。在同时有突变和回复突变发生的情况下，$A_2$ 基因频率的变化为：

$$\Delta q = up_0 - vq_0$$

上式中，如果 $p_0$ 很大而 $q_0$ 很小，则 $\Delta q$ 较大，$A_2$ 基因频率迅速增加；随着 $q$ 逐渐增大和 $p$ 逐渐减小，$\Delta q$ 逐渐变小。经过足够世代，增加与减少相等时，即达到 $\Delta q = 0$ 的平衡状态，这时 $u\hat{p} = v\hat{q}$，可得到 $A_2$ 的平衡频率 $\hat{q}$。

$$v\hat{q} = u(1 - \hat{q})$$

$$\hat{q} = \frac{u}{u+v}, \text{ 而 } \hat{p} = \frac{v}{u+v}$$

假定 $u = 1.5 \times 10^{-6}$，$v = 1 \times 10^{-6}$，平衡时的 $A_2$ 基因频率

$$\hat{q} = \frac{1.5 \times 10^{-6}}{1 \times 10^{-6} + 1.5 \times 10^{-6}} = 0.6$$

表示在正、反突变压影响下，群体中基因 $A_1$ 的频率为 40%，基因 $A_2$ 的频率是 60%，群体处于平衡状态。若 $u = v$，达到平衡状态群体的 $p$ 和 $q$ 值都等于 0.5。

假定在极端情况下，群体中只发生 $A_1 \to A_2$ 1 个方向上的突变，即 $v = 0$，发生突变后 $A_1$ 的频率($p_1$)是原来的频率减突变的基因频率($up_0$)，即

$$p_1 = p_0 - up_0 = p_0(1 - u)$$

第二世代中，$A_1$ 等位基因频率($p_2$)将变为：

$$p_2 = p_1 - up_1 = p_1(1 - u) = p_0(1 - u)^2$$

经过 $n$ 个世代群体中 $A_1$ 等位基因频率为：

$$p_n = p_0(1 - u)^n$$

在自然条件下，突变速率很小，一般都在 $10^{-7} \sim 10^{-4}$，因此要想明确改变群体的基因频率，需要经过许多世代。例如 $u = 10^{-5}$，可计算出大约需要 70 000 代才能使 $A_1$ 基因频率减少一半，即 $p_n = \frac{1}{2}p_0$。从上述公式可以看出，随着 $n$ 的增加，$p_n$ 将变得很小，如果这个过程无限地进行下去，$A_1$ 的频率将减少到接近零。反过来基因频率越小，完成一定量的改变所需的时间就越长。这也说明在自然群体中基因突变虽然是遗传变异的主要动力，但仅靠突变本身并不能对基因频率产生重大影响。

另外，在正向突变率高于负向突变率的情况下，我们可能期望有许多群体的突变型基因频率高于野生型基因频率。假定正向突变 $u = 10^{-5}$，负向突变 $v = 10^{-7}$，则平衡时，
$$q = 10^{-5}/(10^{-5} + 10^{-7}) = 0.99$$
$$p = 0.01$$
即群体中 99% 的基因应当为突变型基因 $A_2$。事实上，我们很少在自然界中看到这样的现象。来自这种正向与负向突变相抵消的平衡虽然在理论上是可能的，但实际中不常出现。主要是由于野生型基因的产物是生物体作为整体已经适应了的，突变基因的产物则不能满足代谢的需要，因而突变基因往往在选择上是不利的，突变不断地提供 $A_2$ 基因，选择则不断地淘汰 $A_2$ 基因。因而可预期在突变与选择之间会出现平衡，平衡时有确定的基因频率。

### 15.3.3　遗传漂变

在一个小群体中，由于抽样的随机误差所造成的群体中基因频率的随机波动，称为随机遗传漂变(random genetic drift)。这是由群体遗传学家赖特(S. Wright)于 1930 年提出的，所以又称为赖特效应(Wright effect)。

任何群体都包含有限的个体数，只是有多有少而已，小群体和大群体不同，它的基因频率很难保持平衡。尽管遗传漂变在任意群体中都能发生，但是群体越小，遗传漂变的效应越大，并对基因频率产生一定影响。因为在一个有限的小群体内，不论是对个体的选留、相互间的交配方式，以及基因的分离和重组，都不是充分随机的，而会产生一定的误差，从而造成基因频率在小群体中随机地增加或减少。

遗传漂变也是影响群体平衡的重要因素，但与其他影响群体平衡因素如突变、选择和迁移相比的不同之处在于它改变群体基因频率的作用方向是完全随机的。一般情况下，一个频率很低的基因，很容易在子代群体中消失，也有可能增加，不过概率很小；相反，一个频率很高的基因，也有可能在子代群体中消失，但概率也很小，而向增加的方向漂变的概率却很大。群体越小，遗传漂变的作用越显著，所以当野生动植物由于气候的变动、传染病的侵袭、杀虫剂的使用等，使它们数量显著减少时，遗传漂变的影响就特别明显。

遗传漂变在生物进化中也起到一定的作用，许多中性的或不利性状的存在不能用自然选择来解释，可能是遗传漂变的结果。无适应意义的中性突变基因，或选择与之不利但尚未达到携带者致死程度的基因都有机会因漂移作用而被固定。人类的 ABO 血型在不同的种族之间是有差异的(表 15-10)，而血型这个性状看来并没有适应上的意义。有人认为，这种差异的造成可能是由于过去原有群体发生的遗传漂变的结果。

表15-10　ABO血型在几个种群中的频率

| 种群 | 受试数目 | O型 | A型 | B型 | AB型 |
|---|---|---|---|---|---|
| 中国人(四川) | 1 000 | 44.8 | 28.9 | 23.7 | 2.6 |
| 埃塞俄比亚人 | 400 | 42.7 | 26.5 | 25.3 | 5.5 |
| 英国人 | 3 696 | 43.7 | 44.2 | 8.9 | 3.2 |
| 纽约白种人 | 265 | 41.5 | 46.8 | 9.8 | 1.9 |
| 纽约黑种人 | 267 | 46.4 | 34.1 | 17.2 | 2.2 |
| 爱斯基摩人 | 569 | 23.9 | 56.2 | 11.2 | 8.7 |
| 印第安人 | 120 | 73.3 | 25.8 | 0.8 | 0.0 |

## 15.3.4　迁移

迁移(migration)是指个体从一个群体迁入另一个群体或从一个群体迁出的过程。迁移，尤其是大规模的迁移，可形成迁移压力，它可产生打破遗传平衡的作用，引起群体基因频率的改变，是一种定向的进化力量。

在生物体发生迁移的过程中，如果与受纳群体的个体发生杂交，基因也会发生流动，从而导致群体间的基因流(gene flow)。基因流对群体有2个主要作用：①它将新的等位基因导入群体中，使群体发生遗传变异；②当迁入的基因频率和受纳群体不同时，基因流改变了收纳群体的等位基因频率。通过基因的交换，使群体间保持相似性，因此，迁移是一种倾向于阻止群体发生变异的均化力量。

就树木而言，限制基因流动有3个重要因子：①同一树种的不同个体，在繁殖能力上差异很大，在一个种群内，许多本来可以进行基因交换的树木中只有少数能开花结实，对下一代的遗传性起到一定的影响。②雌雄花花期不同步。在一个种群内，雌雄花的花期往往是一致的，但同一树种不同地域往往开花期存在差异，通常生长在南方的树木开花较早，越往北越晚；而生长在地势低的地方的树木其开花期又比地势高的为早。例如，1粒花粉经过远距离传播到另一个群体时，由于为时尚早或过晚，以致不能有效地与当地的雌花授粉。③花粉和种子的传播力量也会影响基因流动，附近树木的花粉先到达珠孔的可能性较大，所以它们得到受精的概率比远地区传来的花粉大。一般树木的种子其传播范围都比较小，只有少数树种种子传播较远。当基因流动只限制于邻近的树木之间时，有利于近亲繁殖；而当远距离的基因交流时，则可以丰富授粉群的基因库。自然选择就是在这种基因流动的情况下支配着种群的遗传组成。

假设在一个大的群体内，每代有一部分个体新迁入，其迁入率为$m$，则$1-m$是原来就有的个体的比例。以$q_m$为迁入个体某一等位基因的频率，$q_0$为原来个体所具同一等位基因的频率，两者混杂后的群体内该等位基因的频率$q_1$将是：

$$q_1 = mq_m + (1-m)q_0$$
$$= m(q_m - q_0) + q_0$$

迁入所引起的等位基因频率的变化$\Delta q$则为：

$$\Delta q = q_1 - q_0$$
$$= m(q_m - q_0) + q_0 - q_0$$
$$= m(q_m - q_0)$$

也就是说，在有迁入个体的群体里，基因频率的变化等于迁移率($m$)同迁入个体等位基因频率($q_m$)与原来群体的等位基因频率($q_0$)的差数($q_m - q_0$)的乘积。

### 15.3.5 非随机交配

哈迪—温伯格平衡定律的前提条件是随机交配，若群体内个体间不能进行随机交配，其基本效应是改变群体中纯合基因型与杂合基因型的比例，但基因频率并不发生变化。非随机交配(nonrandom mating)方式有选型交配和近亲交配，两者都能导致基因型频率的变化。

选型交配(assortative mating)分为选同交配(positive assortative mating)和选异交配(negative assortative mating)。选同交配是指带有相似表现型的个体优先交配，比随机交配所预期的频率高。例如，人类婚配的选择性就很高，高个子女人和高个子男人婚配，矮个子女人与矮个子男人婚配都比较常见，比随机频率要高。选异交配是不同表现型的个体交配的概率要大于随机交配，情况和上面的例子相反。选同交配和选异交配的类型都不会影响群体的基因频率但它们可能会影响基因型频率。

近亲交配(inbreeding)简称近交，是指有亲缘关系的个体相互交配，繁殖后代。近交的遗传效应是使基因纯合，即增加纯合子的频率，减少杂合子的频率，最终是使杂合子群体分解为它们各自组成部分——纯系。这一结论可以用近交的极端形式自交(self-fertilization)为例加以说明。如表15-11所示，一个具一对等位基因的杂合体，经过3代自交后的基因型频率，结果只有12.5%的个体仍为杂合体。值得指出的是基因$A_1$和$A_2$的频率仍然分别为0.5。

表15-11　一个群体中以$A_1A_2$杂合子起始的连续自交结果

| 自交代数 | 基因型频率 | | | 杂合子频率 | $F$值 | 等位基因$A_1$的频率 |
| --- | --- | --- | --- | --- | --- | --- |
| | $A_1A_1$ | $A_1A_2$ | $A_2A_2$ | | | |
| 0 | 0 | 1 | 0 | 1 | 0 | 0.5 |
| 1 | 1/4 | 1/2 | 1/4 | 1/2 | 1/2 | 0.5 |
| 2 | 3/8 | 1/4 | 3/8 | 1/4 | 3/4 | 0.5 |
| 3 | 7/16 | 1/8 | 7/16 | 1/8 | 7/8 | 0.5 |
| $n$ | $\dfrac{1-(1/2)^n}{2}$ | $(1/2)^n$ | $\dfrac{1-(1/2)^n}{2}$ | $(1/2)^n$ | $1-(1/2)^n$ | 0.5 |

表15-11中的$F$值为近交系数，是指一个个体从它的某一祖先那里得到一对纯合的、等同的，即在遗传上是完全相同的基因的概率。近交系数是反映近交的遗传效应的重要参数。

近亲交配在植物育种中有3种用途：①多代近亲交配可获得在大部分基因座位上都变成纯合状态的纯系，以便将来纯系间杂交产生强杂种优势；②由于纯合体在遗传上是稳定的，群体不发生分离，因此通过连续自交可形成稳定的品种；③近亲交配导致的基因座位纯合使不利隐性基因决定的性状得以表现从而将其淘汰，以增加群体有利基因和基因型频率，提高群体的平均值，这也是群体改良的目的。

## 15.4 遗传多样性

生物多样性通常包括4个层次，即遗传多样性、物种多样性、生态系统多样性和景观多样性。遗传多样性是生物多样性的基础和最重要的组成部分，对物种和群落多样性有决定性的作用。遗传多样性的研究，对揭示生物分子进化、地理变异和物种形成提供了强有力的证据和方法，同时也是现代动植物遗传改良的基础。

### 15.4.1 遗传多样性的概念

生物的遗传多样性（genetic diversity）在广义上是指种群内或种群间表现在分子、细胞、个体3个水平的遗传变异度，狭义上则主要是指种内不同群体和个体间的遗传多态性程度。遗传多样性体现在种内不同水平上：群体（又称种群、居群）水平、个体水平、组织和细胞水平以及分子水平。遗传多样性不仅包括遗传变异高低，也包括遗传变异分布格局，即群体的遗传结构。一个物种的进化潜力和抵御不良环境的能力取决于种内遗传变异的大小，也有赖于遗传变异的群体结构。

遗传多样性是由基因组控制的，在许多基因的协调作用下，生物表现出外部特征。不同生物的基因数量和组合不同，外部特征也不同，如形态、代谢等，导致每个物种含有成百上千个不同的基因型，形成物种的亚种内和亚种间，群体内和群体间丰富的遗传多样性。同时物种内不断发生新的遗传变异，遗传物质在外界或内在的因素作用下，在复制过程中出现差错（如DNA片段的倒位、易位、缺失或转座等），从而导致不同程度的遗传变异。自然界的生物以极低的频率不断发生点突变和多种由DNA更新机制引起的更为复杂的突变，这些突变在遗传漂变和漫长的选择中走向固定或消失，促进了物种间和物种内丰富的遗传多样性的形成。

遗传多样性的高低反映了种群对环境的适应能力及进化前景。具有较高遗传多样性的种群，其后代的基因型就较多，相应地对环境的适应能力较强，在环境的压力下能得以生存及发展。相反，遗传多样性较低的种群，难以排除近亲繁殖和遗传漂变的恶果，后代生活力、适应性都会下降，难免成为自然选择的牺牲品。一个物种遗传多样性越丰富，其进化的潜力就越大。同时，种内多样性也有助于保持物种和整个生态系统的多样性，或延缓由于适应和进化所导致的灭绝过程。

### 15.4.2 遗传多样性的测定与评价

#### 15.4.2.1 遗传多样性的测定方法

检测遗传多样性的方法是随着生物学研究层次的提高和实验手段的不断改进而逐步发展起来的，从形态学水平、细胞学（染色体）水平、蛋白质（等位酶）水平直至目前的分子水平，无论在什么层次上进行研究，都是为了揭示遗传物质的变异。迄今为止，任何一种检测遗传多样性的方法都存在各自的优点和局限,还未找到一种可以完全取代其他方法的技术。因此,包括经典的形态学、细胞学,以及同工酶和 DNA 技术在内,各种方法都能从自身的角度提供有价值的信息,都有助于我们认识遗传多样性及其生物学意义。

**(1) 形态学水平**

从形态学或表现型性状来检测遗传变异是最直接也是最简便易行的方法。由于表现型和基因型之间存在着基因表达、调控、个体发育等复杂的中间环节,如何根据表现型上的差异来反映基因型上的差异就成为用形态学方法检测遗传变异的关键所在。对于质量性状可以通过统计该性状在一定样本内出现的频率来推测种群内个体间及种群之间的差异,从而推断遗传变异的程度。如孟德尔用豌豆进行的遗传因子分离和独立分配定律试验,是经典的质量性状分析范例。对于数量性状,多基因假说认为它是许多基因共同作用的结果,表现为群体性,只能用数理统计的方法估计一些遗传参数,反映遗传变异的特点,探索其中的规律。

在许多情况下,利用形态性状来估测变异是最现实的方法,尤其是当要求在短期内对变异性有所了解或在其他生化方法无法开展之时,形态学手段不失为一种有价值的选择。但是,由于表现型性状经常会受环境因素的影响而发生变化,有些情况下表现型变化并不能真实反映遗传变异,要更加准确、细致地了解种群的遗传变异状况,仅仅依赖表现型性状是远远不够的,还必须进行更深层次的研究,并加以比较和验证。

**(2) 细胞学(染色体)水平**

染色体是遗传物质的载体,是基因的携带者,染色体数量和结构的变化必然导致遗传变异的发生。染色体变异主要体现为染色体组型特征的变异,包括染色体数目变异(整倍性或非整倍性)以及染色体结构变异(缺失、易位、倒位、重复)。多倍性在植物中广泛存在,大多数被子植物科属都有一些种呈现种内多倍性。非整倍性常导致发育失败或不正常,因而在进化中的意义不大,但在不少动植物种内,非整倍性变异仍是很普遍的现象。与染色体数目变化相比,染色体结构的变化在植物中更为普遍。据估计,大约每 500 个个体中就有 1 个结构变异发生。

目前从染色体水平检测遗传多样性常利用染色体核型和带型分析技术。核型如染色体的数目、大小、随体、着丝点位置等,是代表一个物种的染色体特征。带型如 G 带、C 带、N 带等,是染色体分带技术的产物,可鉴别许多物种核型中的任意一条染色体。目前在遗传多样性的检测中主要采用的是 C 带技术。由于染色体分带技术的技术性较强,易受实验条件的影响,且大多数染色体具有的这种细胞学标记数目有限,导致细胞学标记对某些不具有特异性带型的染色体或片段进行鉴定时结果的可靠性较差。此外,染色体的缺失、易位、倒位或非整倍体的缺体、单体、三体等均有其特定的细胞学特征,可根据减数分裂同源染色体联会期间的特征进行判断。但是,由于受制片技术和观察时机的把握上的影响,实现的难度较大。随着染色体研究技术的不断发展,如分带技术、细胞原位杂交方法的应用,无疑能在染色体水平上揭示出更多的遗传多样性。

**(3) 蛋白质(等位酶)水平**

等位酶(allozyme)是同一基因座位的不同等位基因所编码的一种酶的不同形式,作为结构基因编码的产物,其变化能很好地代表 DNA 分子水平上的变化,表明等位基因变化的存在。等位酶的遗传和表达遵循孟德尔定律,酶位点的不同等位基因都是等显表达的,从酶谱上可以直接分析识别出编码它们的等位基因,且能统计出等位基因频率和基因型频率,作为一种稳定的基因组标志比形态特征更直接地反映遗传信息。等位酶分析方法是了解天然群体的遗传结构、种内遗传多样性、基因丰富程度、群体的交配系统、基因流以及栽培植物种质资源遗传多样性等的重要手段。

等位酶技术是根据不同等位酶电荷性质的差异,在一定的电泳系统中将不同基因编码的酶蛋白分开,从而对植物基因型进行分析。等位酶技术比其他分子标记技术更简单,如水平切片淀粉凝胶等位酶技术可以在同一块胶上同时进行多种等位酶的染色分析,一次能检测大量个体的多个特征,方便、省时、经济。30多年来,在植物系统学、保护生物学以及分子生态学研究中等位酶分析已经积累了丰富的资料,尤其是对采样原则、试验方法、数据处理和结果分析形成的一套统一的标准,建立的衡量遗传变异和种群遗传结构的定量指标,使得整个生物界遗传变异的研究结果可以在共同的基础上进行比较。例如,Ayala和Kiger(1984)对涉及69个植物物种的来自等位酶研究的遗传多样性分析中,自交物种的多态座位比例为0.179,基因多样性指数为0.058;而异交种物种的多态座位比例为0.511,基因多样性指数为0.185。异交种的遗传多样性明显高于自交种的遗传多样性水平。

等位酶分析也存在一些缺陷。例如,在有机体4 000~50 000个基因座位中,全部酶也只是其中很少一部分基因的反映,可染色观察到的酶约有100种,常用的也就20~30种。另外,所选酶的所有基因未必都能表达在酶谱上。由于大约30%的氨基酸的替代物没有电荷上的不同,电泳后就可能没有被区分,因此所检查到的电泳结果未必代表了给定酶的全部变异形式。另外,酶变异未必都和形态变异或生态适应性直接相关。

蛋白质组(proteome)学在生物遗传多样性研究中逐渐得到应用。蛋白质组是指由一个基因组或一个细胞、组织表达的所有的蛋白质。现在已经证明,一个基因并不只产生一个相应的蛋白质,它可能会产生几个,甚至几十个蛋白质。机体所处的不同环境和本身的生理状态差异,会导致基因转录产物有不同的剪切和转译成不同的蛋白。双向凝胶电泳是目前较好的蛋白质分离方法。N. Bahrman等(1994)用双向电泳法研究了7个自然地域的海岸松群体之间的关系,比较在不同地域起源内部或之间的遗传变异性。根据雌配子体中蛋白座位可能存在的不同等位形式,共评价了968个蛋白座位,其中84%蛋白座位存在遗传变异性。据此可以区分3个主要的松树群体即大西洋、地中海和北非群体。

**(4) DNA分子水平**

上述3种研究遗传多样性的方法都是以基因表达的结果即表现型为基础,是对基因的间接反映,而DNA水平上研究遗传多样性是DNA分子碱基序列变异的直接反映。目前DNA分析技术主要是针对部分DNA进行的,从原理上可大致分为2类:一类是直接测序,主要是分析一些特定基因或DNA片段的核苷酸序列,度量这些片段DNA的变异性;另一类是检测基因组的一批识别座位,从而估测基因组的变异性。直接测序是一件费时、费力、经济投入很大的工作,主要是针对一些比较保守的DNA片段,如Rubisco大亚基基团、rDNA部分片段等。相比之下,通过RFLP、AFLP、RAPD、SSR等分子标记技术分析一些特定基因或DNA片段的核苷酸序列,度量其变异性,检测基因组的一批识别座位,从而估计基因组的变异性，是目前研究的重点，研究方法也日新月异。

DNA 分析技术避免了根据表现型来推断基因型时可能产生的各种问题，具有许多优点，例如，生物大分子多态性普遍存在、自发产生、数目不受限制，不受取材部位、时间、发育时期和环境的影响，信息量大、准确率高等，因此成为目前最有效的遗传分析方法。原则上已可做到对任何基因组中任何片段进行分析，包括 DNA 的编码区和非编码区、保守区和高变区、核 DNA 和细胞器 DNA。所以，来自 DNA 的遗传标记几乎是无穷的，克服了等位酶遗传标记数量有限的不足。DNA 分析技术已在生物遗传多样性研究中广泛应用，并取得了巨大成果。

### 15.4.2.2 遗传多样性评价常用参数

迄今已有许多度量遗传结构的参数被提出来，这些参数大体上可以分成 3 类：①平均群体的遗传多样性（包括所表达的等位基因的种类和数目，杂合度及座位间等位基因的相互关系）；②不同群体之间的遗传多样性的差异程度；③不同群体间的遗传距离。下面仅介绍一些常用的遗传参数。

**(1) 等位基因频率**

等位基因频率是指在一个群体内某特定基因座位某一等位基因占该基因座等位基因总数的比率。等位基因频率是基因多样性研究的基本参数，群体基因数量变化由其频率变化来描述。本章前面已对该参数进行了充分论述。

**(2) 多态座位百分数**

多态座位百分数 $P$（proportion of polymorphic loci）是指在所测定的全部座位中，多态座位所占的百分率。Nei(1975)将多态座位定义为等位基因出现的频率小于或等于 0.99。当群体中某座位有 2 个以上等位基因，每个等位基因频率均在 0.01 以上时，即为多态座位，否则即为单态的。

$$P = \frac{k}{n} \times 100\% \tag{15-1}$$

式中　$k$——多态座位数目；
　　　$n$——所测座位总数。

多态座位百分数 $P$ 是反映遗传多态性的重要指标之一，用来衡量群体内基因变异水平，$P$ 值高说明群体有较大的潜在变异能力。

**(3) 平均每个座位等位基因数**

平均每个座位等位基因数 $A$（mean number of alleles per locus）是各座位的等位基因数之和除以所测定座位的总数。它反映了群体内等位基因的丰富程度，等位基因的数目越多，群体越具有潜在的变异能力，反之群体则趋于固定。

$$A = \frac{1}{n} \sum_{i=1}^{n} A_i / n \tag{15-2}$$

式中　$A_i$——第 $i$ 个多态座位上的等位基因数；
　　　$n$——所测定的座位总数。

**(4) 有效等位基因数目**

平均每个座位的等位基因数目 $A$ 反映不出每个座位等位基因的频率及其在群体中的

重要性。如果等位基因的数目很多，但频率都极低，它们在群体的遗传结构中的重要性较低，平均等位基因数目群很大。平均每个座位有效等位基因数目 $A_e$(mean effective number of alleles per locus)则可较好地反映在群体中起作用的等位基因的数目。

$$A_e = \frac{1}{n}\sum_{i=1}^{n} \left[ 1 / \sum_{j=1}^{m_i} q_{ij}^2 \right] = \frac{1}{n}\sum_{i=1}^{n} A_{ei} \tag{15-3}$$

式中　$A_{ei}$——第 $i$ 个座位的有效等位基因数；

　　　$q_{ij}$——第 $i$ 个座位上第 $j$ 个等位基因的频率；

　　　$n$——所测定的座位总数；

　　　$m_i$——第 $i$ 个座位上测定到的等位基因的总数。

**(5) 杂合度**

只要座位存在着等位基因，它们就会按照哈迪—温伯格平衡定律自由组合形成许多杂合座位，根据杂合座位所占的比率，就可以了解等位基因的多少以及群体的遗传变异性大小。杂合度包括预期杂合度 $H_e$ 和实际杂合度 $H_o$。

平均每个座位的预期杂合度 $H_e$(mean expected heterozygosity per locus)是根据哈迪—温伯格平衡定律推算出来的理论杂合度，在随机交配群体中 $H_e$ 值就代表群体中杂合体的比例，而在非随机交配群体中 $H_e$ 值只是杂合体的一个理论期望值。由于 $H_e$ 能同时反映群体中等位基因的丰富程度和均匀程度，Nei(1973)把它也称为基因多样度指数(index of gene diversity)。

$$h_{ei} = 1 - \sum_{j=1}^{m} q_{ij}^2 \tag{15-4}$$

$$H_e = \sum_{i=1}^{n} h_{ei}/n = \sum_{i=1}^{n}\left(1 - \sum_{j=1}^{m_i} q_{ij}^2\right)/n$$

式中　$h_{ei}$——第 $i$ 个座位上的预期杂合度；

　　　$q_{ij}$——第 $i$ 个座位第 $j$ 个等位基因的纯合基因型频率；

　　　$m_i$——第 $i$ 个座位上测定到的等位基因的总数；

　　　$n$——所测定的座位总数。

平均每个座位的实际杂合度 $H_o$(mean observed heterozygosity per locus)，也就是我们实际观察到的杂合度。由于取样的误差和群体内交配不平衡，会造成 $H_e$ 和 $H_o$ 之间存在一定差异。

$$h_{oi} = 1 - \sum_{j=1}^{m} d_{ij} \tag{15-5}$$

$$H_o = \sum_{i=1}^{n} h_{oi}/n = \sum_{i=1}^{n}\left(1 - \sum_{j=1}^{m_i} d_{ij}\right)/n$$

式中　$h_{oi}$——第 $i$ 个座位上的实际杂合度；

　　　$d_{ij}$——第 $i$ 个座位第 $j$ 个等位基因的纯合基因型频率；

　　　$m_i$——第 $i$ 个座位上测定到的纯合基因型的种类数；

　　　$n$——所测定的座位总数。

**(6) 固定指数**

群体内的遗传变异也可以用固定指数 $F$(fixation index)度量。固定指数 $F$ 反映了由于群体的大小、选择、近亲交配等使群体偏离了哈迪—温伯格平衡的程度。

$$F = 1 - \frac{H_o}{H_e} \tag{15-6}$$

式中　$H_e$——预期杂合度；

　　　$H_o$——实际杂合度。

固定指数 $F$ 介于 $+1$ 和 $-1$ 之间。$F>0$ 说明纯合体过多，杂合体缺乏；$F<0$ 说明杂合体过多，纯合体缺乏，$F=0$ 说明该群体是随机交配，符合哈迪—温伯格平衡。固定指数实际上就是近交系数，对于探查群体繁育系统，交配方式和近亲繁殖等情况具有帮助。

**(7) 基因分化系数**

基因分化系数 $G_{ST}$ (coefficient of gene differentiation)反映了同一个种不同群体间的分化情况。通过计算基因分化系数，可以把样本的变异划分为群体间变异和群体内变异，以判别遗传变异的主要来源。

要计算 $G_{ST}$ 首先要计算分群体内基因多样度($H_S$)、总群体基因多样度($H_T$)和分群体间基因多样度($D_{ST}$)，计算公式如下：

$$H_S = \sum_{i=1}^{n}(1 - \sum_{j=1}^{m_i} q_{ij}^2)/n \tag{15-7}$$

式中　$H_S$——分群体内基因多样度；

　　　$q_{ij}$——第 $i$ 个群体在该座位上第 $j$ 个等位基因的频率；

　　　$n$——所测定的群体总数；

　　　$m_i$——第 $i$ 个群体在该座位上的等位基因数。

$$H_T = 1 - \sum_{j=1}^{m} r_j^2 \tag{15-8}$$

式中　$H_T$——总群体基因多样度；

　　　$r_j$——该座位上第 $j$ 个等位基因在总群体中的平均频率；

　　　$m$——该座位上的等位基因数。

$$D_{ST} = H_T - H_S$$
$$G_{ST} = (H_T - H_S)/H_T = D_{ST}/H_T \tag{15-9}$$

以上是对 1 个座位所进行的计算，对于全部座位来说，平均多样度的 $H_S$、$H_T$、$G_{ST}$ 可以通过所有座位的算术平均值获得。

由公式可见，$G_{ST}$ 值反映群体间变异量占总变异量的比值，当每个分群体间没有分化时，即各分群体所有等位基因频率均相同时，$G_{ST}$ 值接近 0；随着分群体间分化程度的加大，$G_{ST}$ 值趋于 1。

**(8) 遗传距离**

群体间的遗传距离 $D$ (genetic distance)反映群体间的遗传相似程度，遗传距离越小，说明两群体间的相似程度越大；反之就越小。通常分析都采用 Nei 的遗传距离 $D$ (Nei, 1975)。

$$D = -\ln I$$
$$I = J_{XY}/\sqrt{J_X J_Y} \tag{15-10}$$

式中　$I$——群体间遗传相似度。

在 $X$、$Y$ 两个群体中，第 $j$ 个基因座位上的第 $i$ 个等位基因频率分别为 $X_{ij}$、$Y_{ij}$ 时，可以由下式求得 $J_X$、$J_Y$、$J_{XY}$：

$$J_X = \sum\sum (X_{ij})^2/n \quad J_Y = \sum\sum (Y_{ij})^2/n \quad J_{XY} = \sum\sum (X_{ij}Y_{ij})^2/n$$

(15-11)

式中　$n$——所调查的基因座位数；

$J_X$，$J_Y$——分别表示从 $X$、$Y$ 群体内选出相同等位基因的平均频率；

$J_{XY}$——从 $X$ 和 $Y$ 群体间同时选出相同等位基因的频率。

### 15.4.3　遗传多样性的保护与利用

遗传多样性是每种生物所固有的特性，是长期适应与进化的产物。天然群体高水平遗传多样性的存在是群体稳定的基础，而物种受威胁和灭绝是因其遗传多样性消失而产生的。一个种群没有遗传多样性就不能进化，也无法适应其生存环境的变化，当基因多样性降低至某一阈值后，近交衰退导致物种灭绝。因此，保护物种的遗传多样性，是保护物种多样性和生态系统多样性的基础。随着全球生态系统的急剧退化，许多物种的遗传多样性正迅速降低，有的已威胁到种的生存，有的产生了潜在的危险，遗传多样性的保护已成为十分紧迫和艰巨的任务。

就目前的保护技术而言，主要有原地保存、迁地保存和建立种质基因库等几种类型。

**(1) 原地保存**

原地保存是将遗传资源在原自然生境内进行保存。自然保护区、国家森林公园以及优良天然林和母树林等都具有原地保存的功能，它是野生动、植物保护的主要形式。原地保存可以保存自然生态系统，使物种得以继续进化。保存区的面积必须考虑到保存群体的生态和遗传稳定性。

**(2) 迁地保存**

迁地保存是指将遗传资源迁移出原生地栽培保存。它是栽培植物保存的主要形式，如品种（种质）资源库、近缘野生种和珍稀濒危动、植物保护中心、树木园、植物园等。由于受经济制约，通常只限于对优良的或潜在价值明显的植物材料进行保存，如主要造林或商品性树种、种源、家系和无性系等，其目标可区分为保护原始群体基因频率的静态保存、进化保存和选择性保存。迁地保存遗传多样性的水平高低，取决于从原群体中抽取的样本大小，也取决于影响其进化的某些生物学和遗传学等因素，如样本基因型对选择压力的适应性；样本基因型在异地的交配模式；影响遗传漂变和近交系数的有效群体大小等。不同植物遗传多样性的特点和影响因素不同，因此要对保存地点、面积与隔离等问题进行充分研究。

**(3) 建立种质基因库**

建立种质基因库是指对种质资源的种子、花粉及根、穗条、芽等繁殖材料，离开母体进行贮藏保存。分子生物学的发展使基因库的建立更容易，为生物基因的保存开辟了一条新途径。一个生物的 DNA 在适当的调控元件作用下，可以在另一个生物中表达。这样人们就可以在低温条件下的试管中保存具有特殊意义的各种 DNA，以保存生物的遗传多样性和培养转基因生物。

遗传多样性是动植物遗传改良的物质基础，遗传资源的应用已使农业品种改良和农业生产发生了革命性的变化。19世纪以来，世界各国科学家通过改良当地生物品种，繁育出优良的新品种，使农林作物产量大幅度增加，极大地满足了人们的需求。遗传多样性是各种生物技术，包括基因工程、细胞工程、人工诱变乃至常规育种的基因来源，一种新基因的发现和利用常可使相应产业发生新的飞跃。遗传多样性在农林业领域的应用近年来发展十分迅猛，大批抗虫、抗病、提高品质等的转基因农林作物进入大田试验和商品化生产阶段。

## 15.5 进化与物种形成

### 15.5.1 达尔文进化学说及其发展

地球上的生命从无到有、从简单到复杂、从低级到高级，经历了长期的发生和发展过程，最终出现了人类，这就是生物的进化。进化是生物界的一个基本特征，表现在生物界的各个方面，是生物科学的一大基本规律。

#### 15.5.1.1 达尔文的进化理论

在达尔文之前，拉马克写了一本著作《动物哲学》，提出了"用进废退"和"获得性遗传"原理来解释生物进化。其学说的主要内容是：①认为环境条件的转变能够引起生物的变异；②环境的多样性是生物多样性的原因。拉马克认为动物和植物的生存条件的改变是引起遗传特性发生变异的根本原因，而外界环境条件对生物的影响则有2种形式：对于植物和低等动物，这种影响是直接的，即"环境→机能→形态构造"，如水生毛茛生长在水面上的叶片呈掌状，而生长在水面下的叶片呈枯枝状；对于具有发达神经系统的高等动物则是间接的，当外界环境条件改变时，首先引起动物性习性和行为的改变，然后促使某些器官使用的加强或减弱，即"环境→需要→习性→机能→形态结构"。这样，由于"用进废退"和"获得性遗传"，生物逐渐得到发展。

1859年，英国博物学家达尔文正式出版了《物种起源》一书，系统阐述了他的进化学说。达尔文虽然接受了拉马克的"获得性遗传"和"用进废退"学说，但把选择的作用提到首要位置，并主张物种演变和共同起源。达尔文认为变异、遗传和选择是生物进化的3个要素，生物有呈几何级数增加的繁殖，任何生物必然为生存而斗争。其学说的要点如下。

第一，自然界中的生物体普遍存在着变异的现象。当外界环境发生变化时，生物就会在形态结构、生理功能和生活习性等方面发生变异，而不同变异对生物体的生存价值也不同。达尔文很重视不定变异，认为微小的不定变异是经常发生的，不定变异比一定变异对新品种形成的作用更大。这些变异大都可以通过世代遗传而稳定下来并得以加强，从而获得新的稳定的遗传性状。

第二，各种生物都有着很强的繁殖能力，如果毫无限制地增殖，最终会出现生殖过剩现象(overproduction)。但实际上，生物后代中只有很小一部分能够生存，而群体的大小保持相对的稳定，其原因是存在着生存竞争。生存竞争包括3个方面：一是生物与无机自然条件的竞争；二是同种生物内个体之间的竞争，称为种内竞争；三是不同物种个体间的竞争，称为种间竞争。

第三，生存斗争—适者生存的过程就是自然选择过程。即具有适应生存条件的变异的个体被保留下来，不具适应性变异的个体被淘汰。因而生存下来的个体都具有适应性的变异。

第四，自然选择是利用微小的不定变异作为主要材料，通过生存斗争和生存环境的选择作用，在长期发展中，物种的变异被定向地向着一个方向积累，于是性状逐渐和原来的祖先种不同，而演化出新的生物类型（新种）。自然选择是生物进化的主要力量。

达尔文的研究证明了生物界是进化发展的产物。生物有共同的起源，因而表现了生命的同一性；生物不断发生变异，而变异的选择和积累则是生物多样性的根源。但由于当时科学水平的限制和其他一些原因，达尔文的进化理论尚存在若干不足之处。例如，对遗传、变异的机理未能阐明，强调物种变化是由微小变异逐渐积累成显著变异而引起的，对突变的作用认识不足等。尽管如此，这一理论仍然令人信服地阐明了生物界发生、发展的历史，对生物进化的机制也做出了基本合理的解释，使其成为科学史上的伟大的里程碑。

### 15.5.1.2 新达尔文主义

在达尔文之后，生物学界以拉马克的"获得性遗传"学说和达尔文的"选择学说"为基础，形成了2个学派，即新拉马克学派和新达尔文学派。新拉马克主义者否认自然选择的真理性，或认为自然选择只是进化的辅助因素。该学派认为，生物具有很大的可塑性，环境发生变化时生物就会发生相应的变异，以适应新的环境条件。这样的变异被认为是定向变异，是生物在后天环境中所获得的，简称获得性状。该学派强调获得性状能够通过生殖细胞直接传递给后代，主张生物是通过获得性状及其遗传而进化的。这个学说在19世纪后半期颇受尊崇，在20世纪的40年代和50年代初期也曾在一些国家里流行一时。但这个学说所依据的实验，大都经不起重复，所以没得到遗传学的支持。

新达尔文主义是对达尔文学说的一次修正和过滤，消除了达尔文进化论中除了"自然选择"以外的庞杂内容，如拉马克的"获得性遗传"说，而把"自然选择"强调为进化的主要因素，把"自然选择"原理强调为达尔文学说的核心。新达尔文主义是德国动物学家魏斯曼提出的，魏斯曼、孟德尔、狄·弗里斯和摩尔根等都是有影响的新达尔文主义者，他们组成了新达尔文主义学派。

19世纪下半叶，细胞学得到了长足的进步，陆续发现了细胞核、染色体，以及有丝分裂、减数分裂等重要事实。在这些成就的基础上，魏斯曼用连续21世代切断鼠尾而后代仍具有正常鼠尾的实验，来反对获得性遗传的论点，提出了种质学说，即生物体是由种质和体质组成的。种质是生殖细胞，体质是体细胞，新物种的形成是由种质产生的，二者不能转化。环境条件只能引起体质的改变而不能引起种质的变化，因此获得性状是不能遗传的。孟德尔提出了"遗传因子说"，即控制生物性状的遗传物质是以自成单位的因子存在着。它们可以隐藏不显，但不会消失。在减数分裂形成配子时，成对因子互不干扰彼此分离，通过因子重组再表现出来。孟德尔的观点说明了支配遗传性状的是因子，而不是环境。这与拉马克"获得性遗传"的说法显然不同。狄·弗里斯通过对月见草的研究，提出了"突变论",他认为物种并不一定按照达尔文的渐变方式(以微小变异为材料)而形成的,可以以突变方式直接形成。在狄·弗里斯看来,自然选择在进化中的作用并不重要,只是对突变起筛选作用。摩尔根提出了"基因论",他认为基因在染色体上呈直线排列,从而确立了不同基因与性状之间的对应关系,使得人们可以根据基因的变化来判断性状的变化。摩尔根认为,生物的基因重组是按一定的频率必然要发生的,它的发生与外界环境没有必然的联系。并认为,这种变异一经发生就以新的状态稳定下来,因此获得性状是不遗传的。

魏斯曼的种质学说、孟德尔的"遗传因子说"和狄·弗里斯的"突变论",从不同侧面引入了骤变进化的模式,并强调了遗传变异的作用。而作为新达尔文主义在 20 世纪成就的集中反映,约翰逊的"纯系说"和摩尔根的"基因论"通过对基因的研究,揭示了遗传变异的机制,克服了达尔文学说的主要缺陷;同时又通过遗传学的手段从事进化论的研究,为进化论进入现代科学行列奠定了基础。但是,新达尔文进化学说是在个体水平上,而不是在群体范畴内研究生物进化的,用这一学说解释生物进化在总体上会有一定的局限性。同时,这一学派中的多数学者漠视自然选择在进化中的重要地位,因此,他们不可能正确地解释进化的过程。

#### 15.5.1.3 现代综合进化学说

现代综合进化学说是在自然选择学说、基因学说以及群体遗传学的基础上,结合生物学其他分支学科的新成就发展起来的。其代表人物是美籍苏联学者杜布赞斯(Theodosius Dobzhansky),他的重要贡献是在《遗传学和物种起源》(1937)中完成了对现代进化理论的综合,即对达尔文选择论和新达尔文主义基因论的综合。

现代综合进化论的主要内容有以下几个方面:第一,认为自然选择决定进化的方向,使生物向着适应环境的方向发展。主张两步适应(间接适应)即变异经过选择的考验才能形成适应。认为生物进化发展的动力是生物内在的遗传与变异一对矛盾运动的结果,生物就是在遗传与变异这一对矛盾的推动下不断进化。第二,认为种群是生物进化的基本单位,进化机制的研究属于群体遗传学范畴,进化的实质在于种群内基因频率和基因型频率的改变及由此引起的生物类型的逐渐演变。第三,认为突变、选择、隔离是物种形成和生物进化的机制。他认为结构基因中的点突变为生物进化提供了原始材料,是生物变异的源泉。虽然大多数突变是有害的,但通过自然选择可以淘汰不利变异,而保留对个体生存和繁衍后代有利的突变。不过,自然选择下群体基因库中基因频率的改变,并不意味着新种的形成,还必须通过隔离,首先是空间隔离(地理隔离或生态隔离),使已出现的差异逐渐扩大,达到阻断基因交流的程度,即生殖隔离的程度,最终导致新种的形成。由于综合进化学说的基本观点仍是自然选择,所以又称为现代达尔文主义。

现代综合进化学说重申了达尔文自然选择学说在生物进化中的主导地位,从群体水平和分子水平上阐述了突变等因素在物种形成和生物进化中的遗传机理,从而丰富了达尔文的选择论和狄·弗里斯的突变论。但是,这个理论还不能很好地解释生物进化中的一些重要问题,如生物体的新结构、新器官的形成,适应性的起源,以及生活习性和生活方式的改变等;只解释了已有变异,而没有说明产生变异的原因。

## 15.5.2 分子进化与中性学说

分子进化(molecular evolution)就是用分子生物学的方法在分子水平上研究生物进化问题。生物进化是以生物大分子为基础的,在核酸和蛋白质分子组成的序列中,蕴藏着大量生物进化的遗传信息。在不同物种间,从相应的核酸和蛋白质组成成分的差异上,可以估测它们相互之间的亲缘关系。随着现代生物技术的发展和应用,我们现在能够确定 DNA 分子的核苷酸序列和各种多肽链的氨基酸序列。通过对各种相关序列进行比较,就能明确各种生物进化的分子基础,建立分子进化的系统树(phylogenetic tree)。

### 15.5.2.1 分子进化钟

利用古生物学资料在研究现存各种生物的祖先发生进化分歧的时间时,就会发现这些生物在整个进化期间某一蛋白在不同物种间的取代数与所研究物种间的分歧时间接近正线性关系,进而将分子水平的这种恒速变异称为分子进化钟(molecular evolutionary clock)。因此,我们就可通过比较不同物种的同源蛋白质的氨基酸序列或其 DNA 序列,推测分子变异的代换速率,确定物种分歧的大致时间。

要计算同源蛋白质之间氨基酸差异比例($K_{aa}$),首先要知道比较的蛋白质之间氨基酸座位总数($N_{aa}$),然后找出差异氨基酸座位数($d_{aa}$),则经过校正的氨基酸差异比例计算公式为 $K_{aa} = -\ln(1 - d_{aa}/N_{aa})$。如比较人和鲨鱼之间的血红蛋白 α 链的差异,人和鲨鱼的血红蛋白 α 链氨基酸座位总数为 139 个,其中差异氨基酸座位数为 74 个,那么实际氨基酸差异比例 $K_{aa} = -\ln(1 - d_{aa}/N_{aa}) = -\ln(1 - 74/134) = 0.760$。

知道氨基酸差异比例,可以进一步计算分子进化速率。分子进化速率通常用每年每个氨基酸座位的替换率来表示,公式为 $k_{aa} = K_{aa}/2T$,$T$ 为比较的两个蛋白质之间从共同的祖先分歧开始的年数。如果知道了用来比较的 2 个物种的分歧年数和蛋白质氨基酸的差异,就可以计算出该蛋白质的进化速率。如人和鲨鱼的分歧年数为 $4.2 \times 10^8$ 年,血红蛋白 α 链差异 $K_{aa}$ 为 0.76,则 $k_{aa} = 0.76/(2 \times 4.2 \times 10^8) = 0.9 \times 10^{-9}$。研究过的部分蛋白质的进化速率见表 15-12。

表 15-12　以氨基酸的替换计算出的蛋白质进化速率

| 蛋白质 | $k_{aa}(\times 10^{-9})$ | 蛋白质 | $k_{aa}(\times 10^{-9})$ |
| --- | --- | --- | --- |
| 血纤蛋白肽 | 8.3 | 肌红蛋白 | 0.89 |
| 胰 RNase | 2.1 | 胰岛素 | 0.44 |
| 溶菌酶 | 2.0 | 细胞色素 c | 0.3 |
| 血红蛋白 α | 1.2 | 组蛋白 $H_4$ | 0.01 |

对不同物种众多的氨基酸分子进化速率的计算结果表明,$k_{aa}$ 值一般都在 $1 \times 10^{-9}$。也就是说,蛋白质是以相对恒定的速率进化的,即在分子水平上的进化速率是相对恒定的,并且进化的速率与世代的长短、生存的环境条件以及群体的大小等无关。但这种恒定性并不是说所有的蛋白质(生物大分子)以及某一蛋白质中的所有氨基酸的进化速率都完全相同,实际上不同的蛋白质在进化速率上是有差异的,甚至有的差异还很大,但这并不否定分子进化速率的恒定性,只能说明分子进化速率是相对恒定的,大多数蛋白质的进化速率

在 $10^{-9}$ 的数量级。因此，日本学者木村资生（M. Kimura）建议将 $1 \times 10^{-9}$ 定为生物分子进化钟的速率，并把每年每个氨基酸座位的 $1 \times 10^{-9}$ 进化速率定为分子进化速率的单位，$1 \times 10^{-9}$ 称为 1 Pauling。

如果已知进化速率（$k_{aa}$），还可以估算不同物种进化分歧的时间：$T = K_{aa}/2k_{aa}$。如细胞色素 c 的进化速率是 $0.3 \times 10^{-9}$，可以计算人类和其他一些物种的分歧时间（表 15-13）。

表 15-13　基于细胞色素 c 估算的人类和其他一些物种的分歧时间

| 物种名称 | 与人类分歧的时间（$\times 10^9$） | 物种名称 | 与人类分歧的时间（$\times 10^9$） |
| --- | --- | --- | --- |
| 人类 | — | 狗 | 0.223 |
| 黑猩猩 | 0.000 | 马 | 0.297 |
| 恒河猴 | 0.016 | 企鹅 | 0.317 |
| 兔子 | 0.204 | 蛇 | 0.708 |
| 猪 | 0.223 | 酵母菌 | 1.289 |

### 15.5.2.2　氨基酸序列和核酸序列的进化

随着生物的进化，蛋白质也发生不同程度的进化，主要表现在氨基酸组成及序列上产生某种变化。通过比较各种生物都共有的蛋白质的氨基酸序列可以测量不同生物间的进化关系或进化分歧。细胞色素 c 是研究得较多的一种蛋白质。它由一条多肽链组成，在脊椎动物中一般有 104 个氨基酸残基，而在无脊椎动物、植物和真菌中其 N 末端另含有 4～8 个氨基酸残基。由表 15-14 可以看出各种生物和人的细胞色素 c 所不同的氨基酸数目，其中黑猩猩和人的完全相同，差异是 0，说明二者之间的亲缘关系最近；而人与酵母菌之间却相差 44 个氨基酸，说明表中列出的生物中以酵母菌与人的亲缘关系最远。

表 15-14　各种生物的细胞色素 c 的氨基酸比较

| 物种名称 | 氨基酸差别 | 物种名称 | 氨基酸差别 |
| --- | --- | --- | --- |
| 黑猩猩 | 0 | 金枪鱼 | 21 |
| 猕猴 | 1 | 鲨鱼 | 23 |
| 袋鼠 | 10 | 天蚕蛾 | 31 |
| 豹 | 11 | 小麦 | 35 |
| 马 | 12 | 链孢霉 | 43 |
| 鸡 | 13 | 酵母菌 | 44 |
| 响尾蛇 | 14 | | |

注：表中数字表示各种生物和人的细胞色素 c 所不同的氨基酸数目。

一个氨基酸的差异可能需要多于一个的核苷酸改变。例如，使甲硫氨酸密码子 AUG 改变成谷氨酰胺密码子 CAG 至少需要替换 2 个核苷酸对。因此，在进化期间必须发生 2 个以上独立的突变才能产生可见的变异。2 个种之间决定所有氨基酸差异的所代换的核苷酸总数称为最小突变距离。采用物种间的最小突变距离，可以构建进化树（evolution tree）和种系发生树（phylogenic tree）。根据 20 种不同生物的细胞色素 c 的氨基酸碱基序列的差异计算平均最小突变距离，构建的物种进化树如图 15-1 所示。它与过去依据形态、解剖学特征所构建的进化树基本符合。这种分子树比过去的系统树有更多的优点。以蛋白质结构定量解决那些结构简单的微生物间进化更有特殊意义。

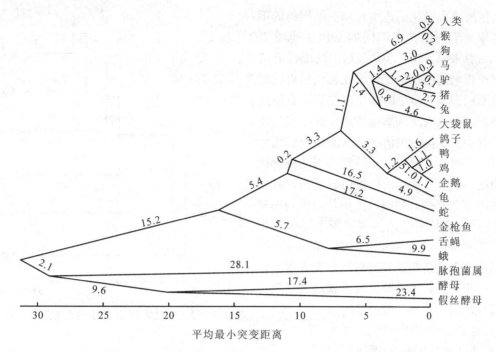

图 15-1　依细胞色素 c 氨基酸序列差异构建的进行化树

不同蛋白质分子的进化速率不同，对 4 种蛋白质进化速率研究表明，血纤维蛋白肽的进化速率最快，改变氨基酸序列的 1% 所需时间为 1.1 百万年，其次是血红蛋白，改变氨基酸序列的 1% 所需时间为 5.8 百万年，细胞色素 c 为 20 百万年，最慢的是组蛋白 $H_4$，改变氨基酸顺序的 1% 所需时间为 600 百万年。这显然与这种蛋白质对生物生存的制约性相关，凡是对生物生存制约性大的必然进化速度慢，反之进化速度快。另外，不同蛋白质分子之间还存在着协同进化现象。例如，在细胞因子与其受体、配体、以及受体、蛋白酶多肽抑制剂之间，均存在着序列的协进化。这种协进化首先体现在序列进化速率的相关性上，不同细胞因子之间或它们的受体之间，进化速率可相差许多倍，但这些细胞因子的进化速率与其相应受体的进化速率却高度正相关。

分子进化研究的初期，研究的重点为蛋白质，但由于蛋白质的分析比较复杂，近年来研究的重点转移到了 DNA 和 RNA，如 5SrRNA、16SrRNA 以及 18SrRNA 等，对它们进行序列比较，所得数据通过计算机分析建立分子系统树，研究生物种的亲缘关系。DNA 进化的研究也取得了可喜进展，特别是 PCR 技术的应用，更为这一领域的研究提供了便利条件。由于不同物种核苷酸替换在进化过程中的积累，核酸序列的差异能体现出它们之间亲缘关系的远近。对于一种同源的核酸分子来说，它在亲缘关系越近的生物之间差异就越小，相反差异就越大，即两同源分子分歧的时间与它们之间的序列差异成正比。因此，这种差异可以用来研究生物的系统发育。图 15-2 为 R. L. Cann 等对人的线粒体 DNA 进行比较研究，由此建立了人类分子系统树，提出人类有共同的祖先，他们诞生于非洲，然后扩散到其他大陆。

核酸序列变化的速率在同一基因组的不同区域是不同的，在不同的基因中也有差异。一般来说，核苷酸替代后对功能没有或有很小影响的座位的变化率比替代后对功能产生不利影响的座位的变化率要高。自然选择将对这些具有不利影响的座位改变发生作用，并使其从群体中消除，从而使我们无法看到这些改变。没有功能的假基因的进化速率最高，例如，人类的珠蛋白假基因，其核苷酸的变化率是有功能珠蛋白基因编码序列的10倍。这是由于这些假基因不再编码蛋白，这些基因的改变并不影响人的适应性，因此也不会被自然选择所淘汰。在进化过程中，如果某个基因的替换率非常高，它就可能进化成为一个新功能的基因。

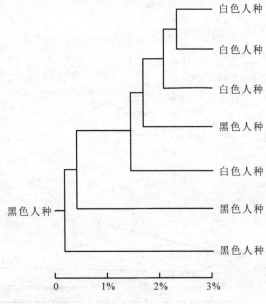

图 15-2　依人线粒体 DNA 构建的人类分子系统树

### 15.5.2.3　基因组的进化

以人类基因组计划为标志的基因组学的建立和生物信息学的兴起，为人们认识和理解生物的进化提供和积累了新的资料。从原核生物到真核生物，形态学进化伴随基因组进化。基因组的复杂性日益增加，一方面基因数目增加，另一方面基因组内 DNA 序列种类增加和组织结构复杂化。以基因组为对象研究进化主要从基因组 DNA 含量、基因组的结构以及基因组所含基因的数量多少等方面进行的。

不同种生物基因组的平均 DNA 含量变化很大，可归纳为 4 大重叠类群（图 15-3）。在进化过程中，每个细胞 DNA 含量从细菌到真菌、到动物、到植物依次有大量增加的趋势。几乎所有高等真核生物的基因组都大于 0.1pg，表明维持高等真核生物体的组成需要达到最低 DNA 含量。基因组的大小大体上反映了一种进化趋势，但也存在例外，如玉米和蝾

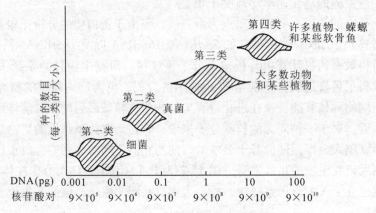

图 15-3　不同物种 DNA 含量

螈的DNA含量远高于人。DNA含量多少与细胞核大小呈正相关，但与细胞内染色体数目多少并不一定有相关性。

不同生物种的基因组结构存在差异。原核生物基因组一般是环状，再形成拟核高级结构，DNA含量仅数百万碱基对。其基因组都是由单拷贝或低拷贝的DNA序列组成，基因的排列比较紧密，基因数目较少，为几百个到几千个，一般以多顺反子为转录单位，较少非编码序列，更缺少非编码的重复序列和内含子，非编码成分只占拟核基因组很小一部分。真核生物的核基因一般是线状，再形成染色体或间期核的高级结构，它们通常比原核生物拟核基因组大许多倍，基因数目多，为几千个到几万个，且变化范围大。在结构组成上普遍存在非编码区、重复序列以及内含子结构，内含子在基因组内占相当重要的比例，真核基因基本上都是内含子的断裂基因。

在进化进程中，通过不断获得新的基因，使基因数目增加。现在认为基因组可以通过基因组中现有基因的全部或一部分实现倍增获得，或者从其他物种那里获取。在进化中可以发生整个基因组倍增、1条染色体或1条染色体的一部分倍增以及1个基因、1组基因倍增。整个基因组倍增使基因数目突然增加，这是增加基因数目最迅速的途径，但并未改变基因组的复杂性，仅增加了基因的拷贝数。从进化角度看，更多考虑的是单个基因或一些基因的倍增，而不是整个基因组的倍增。基因的重复倍增在进化过程中是经常发生的，通过突变和选择，可产生新的基因，从而促进基因组的进化。从其他物种的基因组中获取基因的方式，主要有转化、转导、转座等基因转移的途径。另外染色体重排和染色体畸变等，也是重要的途径。

通过对各种生物进行基因组测序和比较，可以对基因组的起源与进化有更深的了解。根据基因组测序结果发现，人与果蝇之间的种间同源基因有2 758个，人与线虫之间的种间同源基因有2 031个，人、线虫和果蝇3者之间共有的种间同源基因有1 523个，这是跨越了无脊椎动物与脊椎动物之间的种间同源基因。同时，科学家通过几个完整基因组的比较，统计出维持生命活动需要的最少基因的个数为250个左右。另外，我们比较人和鼠的基因组就会发现，尽管2基因组大小和基因数目相似，但基因组的组织却差别很大。例如，存在于鼠第1号染色体上的基因已分布到人的第1、2、5、6、8、13、18号7条染色体上了。完整基因组分析的最新结果还发现，同源基因的百分比与它们的亲缘关系紧密相关。人们试图通过比较基因的排列顺序来研究物种间的系统发育关系。亲缘关系越近，基因排列顺序越相似。

### 15.5.2.4 分子进化的中性理论

1968年，日本遗传学家木村资生根据核酸、蛋白质中的核苷酸和氨基酸代换速率一定，以及这种代换并不影响生物大分子功能等事实，提出分子进化的中性理论。后来又有很多的证据支持了这一理论，目前普遍被人们接受。其主要观点是分子水平上的进化大都不是通过达尔文的自然选择，而是由选择中性或近中性突变基因的随机固定实现的。这一学说的要点如下。①突变大多是中性的。这种突变不影响核酸、蛋白质的功能，对个体生存和生殖并不重要，选择对它们没有作用，只是随物种而随机漂变着，然后在群体中固定下来。②中性突变造成的分子进化速率是恒定的，同种分子在不同物种中的进化速率相同，不同种类的分子代换率不同，进化速率也不同；分子进化的速率与物种的群体大小、世代长短以及环境状态无关，只取决于绝对时间。所以蛋白质的进化表现与时间呈直线关系，从而可根据不同物种间同源蛋白质分子的差别来估计物种进化的历史，推测生物的系统发育。③分子进化是由分子本身的突变率决定的，随机漂变在进化中起主导作用。遗传漂变使中性突变在群体中依靠机会自由结合，并在群体中传播，从而推动物种进化。所以生物进化是偶然的、随机的。

在理解选择理论与中性理论时，不应将它们完全对立。在考虑自然选择时，必须区分2种水平，一种是表现型水平，另一种是分子水平，中性学说是对分子水平进化的阐述。但是，生物的进化并不是单由突变的偶然过程来决定的，基因型必然呈现出物种性状而产生表现型，表现型就会受到自然选择的严峻考验。因此，不能把分子水平和表现型水平的进化机械地分开。事实上分子水平进化也受到自然选择的制约和影响，自然选择不仅有筛选变异的消极作用，而且有起诱导基因突变的积极作用。对于一部分中性突变的进化，遗传漂变可能起主要作用，但又是与自然选择共同作用的结果。

### 15.5.3　物种的形成

#### 15.5.3.1　物种的概念

自然界的群体是物种结构的一个组成部分，也是物种形成的基础。物种的概念在生命科学发展的各个时期都有争论，目前尚无统一的概念。一般来说，物种是一个生物类群，有形态、地理分布、生理、生殖等多方面的特征。同种个体间基因组相同，种群基因库可以通过互交而交流，异种间基因组不同，基因库交流有困难，种间有的可以杂交，但种间杂种不能稳定产生后代。

传统的生物学家，例如，林奈认为自然界中物种是真实存在的，并且以形态标准和繁殖标准来识别种。林奈认为，物种是由形态相似的个体组成，同种个体可自由交配，并能产生可育的后代，异种杂交则不育。但林奈种的概念认为物种是不变的、独立的，种间没有亲缘关系。

达尔文打破了物种不变的观点，认为一个物种可变为另一物种，种间存在不同程度的亲缘关系。但他过分强调个体差异和种间的连续性，把物种看作人为的分类单位，认为物种是为了方便起见任意地用来表示一群亲缘关系密切的个体的。

现代生物学界定物种的主要标准是能否进行相互的杂交。凡是能够杂交而且产生能生育的后代的种群或个体，就属于同一个物种；不能相互杂交，或者能够杂交但不能产生生育后代的种群或个体则属于不同的物种。

对于一些古生物或非有性繁殖的生物，很难应用相互杂交并产生后代的物种标准，通常采用形态结构上的以及生物地理上的差异作为鉴定物种的标准。在分类学中实际上仍然是以形态上的区别为分类的标准。还要注意生物地理的分布区域，因为每一个物种在空间上有一定的地理分布范围，超过这个范围，它就无法存在，或是产生新的特性或特征而转变为另一个物种。

总之，物种的概念可从以下5个方面进行描述：

第一，物种是分类单元，是生物系统中的基本单位，以共居群客观存在于自然界，物种的差异归根结底是 DNA 碱基序列的差异。

第二，物种是繁殖单元，是遗传信息的载体，与其他种的居群是生殖隔离的。

第三，物种是进化单元，是生物进化链条上的基本环节，突变、自然选择和隔离是物种形成的基本环节。

第四，物种要求一定的生存条件，并在地球上形成一定的分布格局。

第五，一个物种就是一个独特的基因库。

物种的结构是由个体构成群落（群体），由群落组合为亚种，再由亚种组合为种。群落是指生活在特定生态和地理环境中的一群同一物种的个体。群落是物种存在的基本结构单元。

### 15.5.3.2 物种的形成过程

遗传变异是物种形成（speciation）的原始材料。这里所说的变异主要是指由于基因突变和染色体畸变等遗传物质改变而引起的可遗传变异，没有变异就没有进化，也就谈不上物种的形成。

自然选择是物种形成的主导因素。已经发生的变异能否保留下来成为新种的基础，还必须经过自然选择的考验。通过选择，变异才会在自然界中积累和加强，并稳定下来。选择决定着物种形成的方向，当选择不断地作用于群体时，群体的遗传组成就会发生变化。在大分布区边缘的小群体，或者群体迁移到一个新的生境时，方向性选择的作用更加突出，从而出现适应新环境的生物类型。

隔离是物种形成的重要条件。物种的形成一般是通过隔离实现的，只有隔离才能导致遗传物质交流的中断，使群体差异不断加深，直至新物种形成。环境隔离是物种形成的重要条件，生殖隔离是物种形成的重要标志。

目前广为学者们接受的地理物种形成学说（geographical theory of speciation）将物种形成过程大致分为 3 个步骤。

地理隔离 通常由于地理屏障将 2 种群隔离开，阻碍了种群间个体交换，使种群间基因流受阻。

独立进化 2 个地理上和生殖上隔离的种群适应各自的特殊环境而分别独立进化。

生殖隔离机制的建立 2 种群间产生生殖隔离机制，即使 2 种群内个体有机会再次相遇，彼此间也不再发生基因流，因而形成 2 个种，物种形成过程完成。

生殖隔离机制是阻止种间基因流动，使生境非常相近的种保持其独特性。生殖隔离大致可划分为 2 大类（表 15-15）：①合子前生殖隔离，能阻止不同群体的成员交配或产生合子；②合子后生殖隔离，是降低杂种生活力或生殖力的一种生殖隔离。这 2 种生殖隔离最终达到阻止群体间基因交流的目的。

### 15.5.3.3 物种的形成方式

物种的形成是一种由量变到质变的过程，它大致可以分为 2 种不同的方式：一种是渐变式的，即在一个较长的时间内，由旧的物种逐渐演变成新的物种，这是物种形成的主要

表 15-15　生殖隔离机制的分类

| 类　型 | 生殖表现 |
|---|---|
| 1. 合子前生殖隔离：阻止受精和杂种合子形成 | 生态隔离：群体占据同一地区，但生活在不同的栖息地<br>时间隔离：群体占据同一地区，但交配期或开花期不同<br>行为隔离：动物群体雌雄间不存在性吸引<br>机械隔离：生殖结构的不同阻滞了交配或受精<br>生理隔离：配子在异己生殖管道上不能存活 |
| 2. 合子后生殖隔离：降低杂合体的生活力或繁殖力 | 杂种无生活力：杂种不能存活或不能达到性成熟<br>杂种不育：杂种 $F_1$ 代的 1 种性别或 2 种性别不能产生功能性配子<br>杂种衰败：$F_1$ 杂种有活力并可育，但 $F_2$ 世代表现活力减弱或不育 |

方式；另一种是骤变式的，即在较短的时间内，以飞跃的方式由一个物种变为另一物种，这在高等植物的物种形成过程中比较普遍。

**（1）渐变式物种形成**

渐变式是物种形成的常见方式，通过变异、选择和隔离 3 个环节，先形成亚种，再发展形成一个或多个新种。这种形成方式往往需要极长的时间才能完成，主要通过继承式和分化式 2 种途径进行。

继承式　指一个种通过漫长地质年代的演变，逐渐积累微小变异而发展形成新种。在这里，物种的数目虽无增加，但因变异一般是定向的，故存在一系列中间类型。这种物种形成方式，由于时间很长，所以无法见到。当演变成另一个新种后，原来的物种便逐渐被自然选择所淘汰。例如，马的进化，原始马有 5 个脚趾，现代马只有 1 个脚趾，现在再也找不到多趾马了。

分化式　指一个物种在其分布范围内逐渐分化成 2 个以上的物种。一般认为分化式物种形成是 1 个种在其分布范围内，由地理隔离或生态隔离逐渐分化而形成 2 个或多个新种。物种形成的过程大致如下：先是原始物种的种群分化出不同的群体，分布到不同的地理区域。各群体之间由于地理隔离或生态隔离，比如山脉、河流的障碍，或者是迁移到不同的岛上，从而中断了它们之间的基因交流。在新的地区或环境条件下自然选择便会按照其适应性保留下某些个体，这些个体适应当地的环境或生活方式而逐渐产生新的变异，并各自发展成新的种群，具有自己的基因频率。在环境条件对突变和基因重组的不断选择下，逐渐形成新的亚种。如果地理隔离继续存在，性状分歧将进一步发展，产生了生殖隔离的机制，即使它们有机会再生活在一起，彼此也不能杂交或杂交不育，各自形成新的物种。如达尔文在加拉帕戈斯群岛所发现的许多种鸣禽就是一例。这些鸣禽的祖先是由于偶然的原因从南美洲大陆迁来的，它们逐渐分布到各个岛上，由于水域相隔，而且每个岛上的食物和栖息条件不同，使每一岛上都有了彼此略有相异的物种，如雀科鸣禽，达尔文在那里区别出 13 个鸣禽物种。

**（2）骤变式物种形成**

进化并非总是匀速的、缓慢、渐变的进化，快速、跳跃式的进化也同时存在。现代许多学者从事实和理论的分析中得出结论，除渐进式外还有骤变的物种形成（sudden speciation）。骤变式物种形成方式，不需要悠久的演变历史，在较短的时间内即可形成新物种，这种物种形成方式也称为量子物种形成（quantum speciation）。

最有代表性的骤变式物种形成方式是通过杂交和多倍化形成新物种。远缘杂交，结合染色体加倍，即形成异源多倍体，而与原来的物种立即发生生殖隔离，这是植物新种形成的重要方式。许多野生和栽培植物都是在自然化中形成的多倍体类型，占被子植物的30%~35%和栽培植物的1/2。例如，根据小麦种、属间大量远缘杂交研究分析，证明普通小麦起源于2个不同的亲线属，逐步地通过属间杂交和染色体数加倍，形成了异源六倍体普通小麦。科学上已经用人工方法合成了与普通小麦相似的新种。其形成过程如图15-4所示。

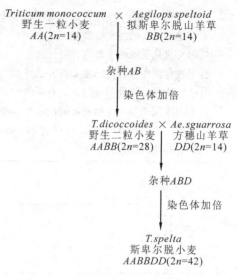

图15-4 斯卑尔脱小麦的人工合成示意

染色体畸变也是快速形成新物种的途径之一。通过连续固定和累积多重染色体畸变（主要是多重的相互易位和倒位），使畸变纯合体的育性仅有轻微的降低，而杂合体则基本不育，从而形成生殖隔离。在植物中一个充分研究过的例子是柳叶菜科山字草属的 *Clarkia lingualta*，这种植物分布区仅出现于其祖先种 *C. biloba* 分布区边缘的2个地点。*C. biloba* 分布较广，染色体 $2n=16$，虫媒；*C. lingualta* $2n=18$，自花授粉；它们的杂种 $2n=17$，减数分裂形成4条染色体组成的环，5条染色体组成的链。表明从 *C. biloba* 到 *C. lingulata* 至少发生了2次染色体阶段易位，使 $2n=16$ 变成 $2n=18$，至少发生过2次臂间倒位，并且 *C. biloba* 的1个染色体分裂为 *C. lingulata* 的2个染色体。由于染色体结构差异，杂种不育，也不能回交，但形态上几乎完全相同。等位基因酶分析表明，2亲本种之间的遗传差异也很小，说明 *C. lingualta* 是由 *C. biloba* 发生重大染色体结构变异而形成的，推测起源时间不超过1万年。

另一种骤变式物种形成途径涉及"奠基者效应"（founder effect），即在有一定程度环境隔离的小种群中，由于遗传漂变和自然选择的效应，比较容易发生遗传组成上快速偏离母种群，发展为新的物种。奠基者效应也称为建立者效应，它是遗传漂变的一种极端情况，是指基于很少几个最初建立者的新群体的定居过程。假如从一个大群体中分离出少数几个个体（称为建立者），当它们迁移到新的生境以后就与原来的群体产生了隔离。在生境适宜的地方，这些建立者在数目上逐渐增加，由于这些建立者所带的基因或基因组合只是整个物种基因库中极小的一部分，因而在它们大量繁殖后代时，取样误差就导致这些个体在许多座位的基因频率与原来的大群体不同，使这些个体跟祖先之间的差异有增无减。与此同时，在建立者群体内部由于遗传漂变为强烈的分散效应和近交使群体内的遗传变异急剧下降，全体遗传组成趋于一致。

## 思考题

1. 名词解释

   孟德尔群体　基因频率　基因型频率　遗传漂变　迁移适合度　生物多样性　分子进化钟

2. 遗传平衡定律的主要内容是什么？如何证明遗传平衡定律？
3. 影响遗传平衡的因素有哪些？
4. 达尔文进化学说的主要内容是什么？
5. 分子进化的中性理论的主要内容是什么？
6. 什么叫物种？物种形成的方式有哪些？
7. 什么叫生殖隔离？生殖隔离的机制有哪些？
8. 在随机交配的群体中，如 $AA$ 个体占 18%，$Aa$ 个体占 82%，且假设隐性个体全部淘汰，请填写下表，并写明计算过程。

| 交配组合 | 频率 | 子一代频率 | | | 子二代频率 | | |
| --- | --- | --- | --- | --- | --- | --- | --- |
| | | $AA$ | $Aa$ | $aa$ | $AA$ | $Aa$ | $aa$ |
| $AA \times AA$ | | | | | | | |
| $AA \times Aa$ | | | | | | | |
| $Aa \times Aa$ | | | | | | | |
| 合　计 | | | | | | | |

## 主要参考文献

郭平仲. 1993. 群体遗传学导论[M]. 北京：农业出版社.
季维智，宿兵. 1999. 遗传多样性研究的原理与方法[M]. 杭州：浙江科学技术出版社.
P. C. 温特，G. I. 希基，H. L. 弗莱彻. 2001. 遗传学[M]. 谢雍，译. 北京：科学出版社.
王明庥. 2001. 林木遗传育种学[M]. 北京：中国林业出版社.
王中仁. 1996. 植物等位酶分析[M]. 北京：科学出版社.
杨业华. 2000. 普通遗传学[M]. 北京：高等教育出版社.
朱军. 2004. 遗传学[M]. 北京：中国农业出版社.
朱之悌. 1990. 林木遗传学基础[M]. 北京：中国林业出版社.
时明芝，宋会兴. 2005. 植物遗传多样性研究方法概述[J]. 世界林业研究，18(5)：27-31.
FALCONER D S and MACKAY T F C. 1996. Introduction to quantitative genetics[M]. 4$^{th}$ ed. London: Longman Limited.

# 附　录

## 附1：遗传学专业词汇英汉对照

**Adenine**（腺嘌呤）

A nitrogenous purine base found in DNA and RNA. It is paired with thymine in DNA.

**Allele(s)**（等位基因）

Alternative forms of a gene found at the same location on a chromosome pair. A single allele for each locus is inherited separately from each parent. Examples: At a locus for eye color different alleles may result in blue or brown eyes. On chromosome 19, at the apolipoprotein E locus (APOE), an individual may have different alleles (E2, E3, or E4) resulting in different risks to develop late-onset Alzheimer disease.

**Amino acid**（氨基酸）

One of the twenty chemical building blocks that can be linked together to form a polypeptide chain or a protein. Examples: phenylalanine, threonine, and alanine.

**Anticodon**（反密码子）

A triplet of bases in a tRNA molecule that can base pair with a complementary triplet of bases in an mRNA molecule during the process of protein synthesis. Each tRNA is capable of carrying the amino acid that corresponds to the codon to which that tRNA can base pair. Thus, tRNA's are responsible for decoding the amino acid sequence specified by an mRNA based upon the specificity of the codon-anticodon interaction.

**Autosome**（常染色体）

Any one of the non-sex determining chromosomes. The diploid human genome consists of 46 chromosomes, 22 pairs of autosomes, and 1 pair of sex chromosomes (the X and Y chromosomes).

**Base pair**（碱基对）

A pair of nitrogenous bases, one on each strand of a DNA or RNA double helix, which hold the two strands together by virtue of weak, hydrogen bonds between the bases. There are specific rules that determine which bases can pair: adenine pairs with thymine (in DNA) or uracil (in RNA), and guanine pairs with cytosine.

**Base sequence**（碱基顺序）

The order of nucleotide bases in a DNA molecule.

**Bioinformatics**（生物信息学）

The science that uses advanced computing techniques for management and analysis of biological data. Bioinformatics is particularly important as an adjunct to genomic research, which generates a large amount of complex data, involving DNA sequences and hundreds of thousands of genes.

**Carrier**(携带者)

An individual who has one copy (allele) of a disease-causing gene. Carriers do not usually express the condition caused by the recessive allele, but can pass it on to their offspring. Examples: A carrier for cystic fibrosis or sickle cell anemia.

**cDNA**(**complementary DNA**)(互补 DNA)

A DNA strand copied in vitro from mRNA using reverse transcriptase. It is complementary to the RNA from which it was reverse transcribed.

**Cell**(细胞)

The basic unit of any living organism. This small compartment contains chemicals, cellular organelles and a complete copy of the organism's genome.

**Centimorgan**(**cM**)(厘摩)

A unit of measure of genetic distance. One centimorgan is equal to a 1% chance that there will be a recombination between two loci. In human beings, 1 centimorgan approximates, on average, 1 million base pairs.

**Centromere**(着丝粒)

The point at which the two chromatids of a chromosome are joined, and the region of the chromosome which becomes attached to the spindle during cell division.

**Chromosome**(染色体)

The self-replicating structures in the nucleus of human cells that spacially and functionally organize the DNA in an individual's genome. The normal chromosome number in humans is 46. Examples: 46, XX, normal female; 46, XY, normal male.

**Clone**(克隆)

A group of genetically identical organisms. Identical twins are an example of naturally occuring clones. A bacterial colony, grown on a petri dish starting from a single bacterium, is a clone of identical cells. If the original bacterial cell contained a recombinant DNA molecule, e. g. a human DNA fragment, all the bacteria in the colony will have identical copies of that human DNA fragment. That is called a cloned DNA fragment.

**Coding region**(编码区)

The part of a gene which directly specifies the amino acid sequence of its protein product.

**Codominant alleles**(共显性基因)

Alleles whose phenotypes are both expressed in the heterozygote. Example: The AB blood group is due to a single gene which produces a protein that is found on the surface of the red blood cells. The A and B alleles of this gene produce antigenically distinct forms of this protein which can be recognized by antibodies specific to each form. A person who inherits the A allele from one parent and the B allele from the other will express both forms of the protein, so their red cells will react with both the A and B antibodies. We say they have type AB blood.

**Complementary sequence**（互补序列）
Nucleic acid base sequences that can form a double-stranded structure by matching base pairs.

**Codon**（密码子）
A sequence of three adjacent nucleotides that code for an amino acid, chain initiation, or chain termination. Example: GAG = glutamic acid

**Cytogenetic map**（细胞遗传学图谱）
A map which illustrates where genes are located on each chromosome.

**Cytosine**（胞嘧啶）
A pyrimidine base found in DNA and RNA. It is paired with guanine.

**Differential Gene Expression**（**DGE**）（基因差别表达）
A laboratory technique that compares the body of expressed, (switched on) genes in different cells under different conditions by measuring the mRNA produced. Example: comparing the mRNA in a diseased liver cell with that in a healthy liver cell.

**DNA**（**Deoxyribonucleic acid**）（脱氧核糖核酸）
The double stranded molecule that carries the genetic instructions for making living organisms. DNA is composed of four nitrogenous bases, adenine (A), cytosine (C), guanine (G), and thymine (T), which are bonded to a repeating backbone of deoxyribose-phosphate to form a DNA strand. Two complementary anti-parallel strands, where all the Gs pair with Cs and As with Ts, form a double helix held together by hydrogen bonds between the bases. The DNA bases encode messenger RNA (mRNA), which in turn encodes amino acid sequences.

**DNA library**（基因库）
A collection of recombinant DNA molecules from a particular source that, in total, represent all, or the vast majority, of the nucleic acid sequences in that source. A library made from the DNA of an organism is called a genomic library, as it represents the entire genome of the organism. A cDNA library is usually made from the mRNA population expressed in a particular cell or tissue type, and represents all of the genes expressed in that cell or tissue.

**DNA sequence**（DNA 序列）
The relative order of base pairs in the DNA molecule, whether it is in a fragment of DNA, a gene, a chromosome, or the entire genome.

**Dominant**（显性）
A disease or trait that is expressed in individuals even when it is present in only one of the alleles of a gene pair. Males and females are equally likely to be affected, and the trait can be passed on to successive generations of a family. Examples: neurofibromatosis, Huntington disease.

**Double helix**(双螺旋)
The structural arrangement of DNA that looks like a twisted ladder. The sides of the ladder are formed by a backbone of sugar and phosphate molecules and the rungs consist of nucleotide bases joined in the middle by hydrogen bonds.

**Enzyme**(酶)
A protein that acts as a catalyst, speeding the rate at which a biochemical reaction proceeds but not altering the direction or nature of the reaction.

**Eukaryote**(真核细胞)
A cell or organism with a distinct membrane-bound nucleus as well as specialized membrane-based organelles.

**Exon**(外显子)
A sequence of genomic DNA which becomes part of a messenger RNA. In eukaryotes, most genes are composed of multiple exons, arranged on a chromosome in the order in which they appear in mRNA, but physically separated by intervening sequences, or introns. The entire gene, including both exons and introns, is transcribed into RNA, and the introns are then spliced out of the RNA molecule to produce the final messenger RNA.

**Frameshift mutations**(移码突变)
Mutations in DNA, arising from insertions or deletions that change the reading frame of mRNA. The reading frame determines which sets of 3 nucleotides are read as codons. Examples: insertions or deletions.

**Gamete**(配子)
A male or female reproductive cell. In the female, an ovum or egg; in the male, a sperm. Gametes are haploid; they consist of a single set of chromosomes.

**Gel electrophoresis**(凝胶电泳)
A technique used to separate molecules according to size or charge. The molecules are passed through a gel under the influence of an electric field.

**Gene**(基因)
The fundamental physical and functional unit of heredity. A gene is a defined section of DNA that encodes information for the production of a specific functional product: a protein or RNA molecule. The are approximately 100,000 genes in the human genome.

**Gene expression**(基因表达)
The process by which a gene's coded information is converted into the structures present and operating in the cell. Expressed genes include those that are transcribed into mRNA and then translated into protein and those that are transcribed into RNA but not translated into protein. Genes in humans are subject to complex patterns of regulation. Cells express only about 15% of their genes

with different genes expressed by different cell types. The pattern of gene expression determines the characteristics of a cell and its role in the organism. Changes in the pattern of gene expression drive cell differentiation. Abnormal patterns of gene expression are associated with the development of tumors.

**Gene families**（基因家族）
Groups of closely related genes that make similar products (e.g. proteins).

**Gene product**（基因产物）
The biochemical material, either RNA or protein, that results from expression of a gene. The amount of gene product is used to measure how active a gene is; abnormal amounts can be correlated with disease-causing alleles.

**Gene therapy**（基因治疗）
A means of treating or correcting genetic disorders by introducing the normal or functioning gene into the cells of individuals who lack the normal gene.

**Genetic code**（遗传密码）
The correlation between the codons in genomic DNA or mRNA and the amino acid that each codon specifies. Codons are 3 nucleotides long, and since there are 4 bases (C, G, A, and T), there are 64 possible codons ($4 \times 4 \times 4$). There are 20 naturally occurring amino acids in proteins, some of which can be specified by more than one codon. 61 of the 64 possible codons specify amino acids, and the remaining 3 codons, called "stop codons", indicate the end of the protein sequence.

**Genetic counseling**（遗传咨询）
A multi-faceted interaction between a health care professional and an individual in which information about individual and familial genetic risks is provided along with information about a diagnosis, cause of the disease, risk of recurrence, gene specific tests, treatments, support services and family planning options.

**Genetic testing**（遗传测定）
The analysis of human DNA, RNA, and/or chromosomes to detect heritable or acquired disease-related genotypes, mutations, phenotypes, or karyotypes. The information can be used to:
* confirm suspected clinical diagnosis
* detect a carrier for a recessive disease
* prenatal diagnosis
* newborn screening
* susceptibility testing for healthy individuals
* prediction of responsiveness to therapy

**Genetics**（遗传学）
The study of traits passed on from parent to child and variation of those traits within and between

individuals.

**Genome**（基因组,染色体组）
All the genetic material in the chromosomes of a particular organism; its size is generally given as its total number of base pairs. The human genome contains approximately 3 billion base pairs.

**Genome map**（基因组图谱）
A reconstruction of the entire set of chromosomes for a given organism. This map shows the relative position of the genes.

**Genomic(s)**（基因组学）
The determination and analysis of the genome (DNA) and its products (RNAs).

**Genomic imprinting**
Differing expression of genetic material dependent on the sex of the transmitting parent.

**Genotype**（基因型）
The "type" of gene or genetic marker an individual has at a specific location in his or her genome. A genotype consists of 2 alleles since chromosomes come in pairs. However, a genotype on either of the male sex chromosomes (X or Y) consists of a single allele.

**Germline cells**（性细胞）
Cells responsible for the production of gametes. In humans, the egg and sperm cells. Germline cells are haploid; they contain 23 chromosomes.

**Guanine**（鸟嘌呤）
A purine base in DNA and RNA.

**Haploid**（单倍体）
A single set of chromosomes (half the full set of genetic material) present in the egg and sperm cells of humans. Human beings have 23 chromosomes in their reproductive cells.

**Heterozygote**（杂合体）
An individual who has two different alleles at a particular locus on the same pair of chromosomes.

**Histones**（组蛋白）
Type of protein rich in lysine and arginine found in association with DNA in chromosomes.

**Homologous chromosomes**（同源染色体）
Chromosomes containing the same linear sequence of genes, one derived from one parent, and the other derived from the other parent.

**Homozygote**（纯合体）
An individual who has two similar alleles at a particular locus on the same pair of chromosomes.

**Human genome project**（人类基因组计划）
A major international collaborative effort to map and sequence the entire human genome of 3 bil-

lion base pairs. The ultimate goal is to discover all of the more than 30,000 human genes and render them accessible to further study. It is now scheduled to complete the full sequence by the end of 2003, 2 full years ahead of earlier projections.

**Hybridization** (杂交)
The process of joining two complementary strands of DNA or one each of DNA and RNA to form a double stranded molecule.

**Infectious disease** (传染病)
Diseases predominantly influenced by environmental exposures to a specific bacteria or virus. Genes can make us more prone to infection or determine how sick we get when infected. Example: some individuals who are HIV positive never develop AIDS because of their genetic makeup. Efforts are underway in the scientific community to identify treatment strategies based on this finding.

**Intron** (**intervening sequence**)(内含子)
Region of DNA which, although located within a gene, does not specify a gene product. Introns are spliced out during transcription. At present the function of an intron is not known.

**In vitro** (离体)
In the laboratory; literally, "in glass".

**In vivo** (活体)
In the normal body or animal; literally "in the living organism".

**Karyotype** (核型或染色体组型)
A photomicrograph of an individual's chromosomes arranged in a standard format showing the number, size, and shape of each chromosome type; used in low-resolution physical mapping to correlate gross chromosomal abnormalities with the characteristics of specific diseases.

**Linkage** (连锁)
The proximity of two or more markers (genes or polymorphisms) on a chromosome; the closer together the markers are, the lower the probability that they will be separated by genetic recombination during meiosis and, therefore, the greater probability that they will be inherited together.

**Linkage map** (连锁遗传图)
A map of the relative positions of genetic loci on a chromosome, determined on the basis of how often the loci are inherited together. The distances are measured in centi-Morgans.

**Locus** (**plural, loci**) (位点)
The location on a chromosome of a gene or other chromosome marker.

**Marker** (标记)
An identifiable physical location on a chromosome (e.g., restriction enzyme cutting site, gene) whose inheritance can be monitored. Markers can be either expressed regions of DNA (genes),

or some segment of DNA with no known coding function but whose pattern of inheritance can be determined.

**Meiosis**（减数分裂）
The process by which the diploid chromosome number (46 chromsomes = 23 pairs in humans) is reduced to haploid (23 unpaired chromosomes) during the formation of gametes. Meiosis involves a single round of DNA replication followed by two rounds of cell division. During the first meiotic division, homologous chromosomes pair, allowing recombination to occur and ensuring that one member of each pair segregates into each of the daughter cells.

**Mendelian**
Diseases or traits that are the result of a single mutant gene that has a large effect on phenotype, and that are inherited in simple patterns similar to, or identical with, those described by Gregor Mendel. Modes of inheritance reveal whether a Mendelian trait is dominant or recessive and whether the gene that controls it is carried on an autosome or a sex chromosome. Examples of Mendelian diseases: cystic fibrosis, sickle cell disease, Huntington Disease, and hemophilia.

**Microarrays**（微阵）
Two-dimensional array in which genes or gene fragments are aligned in order to allow them to be probed in a high-throughput manner.

**Microsatellite markers**（微卫星标记）
Polymorphic variants of DNA sequences resulting from variation in number of tandem repeats of short (2～6 base pair) sequence motifs.

**Mitosis**（有丝分裂）
The process of cell division which produces daughter cells that are genetically identical to each other and to the parent cell.

**Monogenic**（单基因的）
A disease or trait caused by variation in a single gene.

**Mutant**（突变子）
A gene that has undergone a change or mutation.

**Mutation**（突变）
A change in the genetic material of an individual. A mutation, which occurs in the egg or sperm, is an inheritable change; a change which occurs in the somatic cells is not inheritable. Changes found in 1% or more of the population are called polymorphisms. Changes found less frequently than 1% are called mutations or variants.

**Non-coding region**（非编码区）
Regions of a gene that are not translated into protein. These include introns, non-coding sequences at the beginning and end of the mRNA produced from the gene, and control regions,

such as promoter sequences.

**Nucleic acid**（核酸）
A large molecule composed of nucleotide subunits. DNA and RNA are nucleic acids.

**Nucleotide**（核苷酸）
A subunit of DNA or RNA consisting of a nitrogenous base, a sugar (deoxyribose or ribose in DNA or RNA, respectively), and a phosphate molecule. DNA and RNA are long, linear arrays of nucleotides formed by linking the phosphate of one nucleotide to the sugar of the next.

**Nucleus**（细胞核）
The cellular organelle in eukaryotes that contains the genetic material.

**Oligonucleotide**（寡核苷酸）
A chain of a few nucleotides.

**Oncogene**（致癌基因）
A gene, one or more forms of which is associated with cancer. Many oncogenes are involved, directly or indirectly, in controlling the rate of cell growth.

**Peptide**（肽链）
A short sequence of amino acids connected by peptide bonds.

**Peptide bond**（肽键）
A covalent bond which forms between the amino group of one amino acid and the carboxyl group of another amino acid.

**PCR (polymerase chain reaction)**（多聚酶链式反应）
A laboratory technique that permits a small DNA section located between two fixed points on the DNA molecule to be duplicated many times, yielding many copies of that DNA section.

**Pharmacogenetics**（药物反应遗传学）
The study of variability in drug response due to hereditary factors in different populations.

**Pharmacogenomics**（药物反应基因组学）
The determination and analysis of the genome (DNA) and its products (RNAs) as they relate to drug response.

**Phenotype/Trait**（表型/性状）
The observable or measurable characteristics (physical, biochemical, physiological) of an individual which results from an interaction of their genes with their environment.

**Polygenic disorder**（多基因病）
Genetic disorder resulting from the combined action of alleles of more than one gene. Although such diseases are inherited they depend on the simultaneous presence of several alleles; thus the

hereditary patterns are usually more complex than those of single gene disorders. Example: cardiovascular disease, Alzheimer disease.

**Polymorphism** (多态性)

Difference in DNA sequence among individuals that occurs in 1% or more of a population.

**Polypeptide** (肽)

An arrangement of amino acids joined together by peptide bonds.

**Primer** (引物)

A short pre-existing polynucleotide chain to which new deoxyribonucleotides can be added by DNA polymerase.

**Promoter** (启动子)

A site on DNA to which RNA polymerase will bind and initiate transcription.

**Probe** (探针)

A labeled, single-stranded DNA/RNA fragment, which hybridizes with, and thereby detects and locates, complementary sequences among DNA/RNA fragments on, for example, a nitrocellulose filter.

**Protein** (蛋白质)

A large molecule composed of one or more chains of amino acids in a specific order; the order is determined by the base sequence of nucleotides in the gene coding for the protein. Proteins are required for the structure, function, and regulation of the body's cells, tissues, and organs. Examples: enzymes, antibodies.

**Pseudogene** (假基因)

Genes that are similar in DNA sequence to coding genes but that have been altered so that they cannot be transcribed or translated.

**Purine** (嘌呤)

A nitrogenous base with fused five-and six-member carbon rings. Examples: adenine and guanine are purines.

**Pyrimidine** (嘧啶)

A nitrogenous base with a six-member carbon ring. Examples: cytosine, uracil, and thymine are pyrimidines.

**Recessive** (隐性性状)

A disease or trait that is expressed only when the mutation occurs in both genes of a gene pair. Males and females are equally likely to be affected in the case of autosomal recessive diseases, which result from a gene (allele) residing on an autosomal chromosome. The disorder can appear suddenly with no prior history of it in a family. Examples: cystic fibrosis, sickle cell anemia, color blindness in males.

**Recombination**（重组）
Physical exchange of portions of a homologous pair of chromosomes. Recombination occurs during meiosis when homologous chromosomes are aligned in close proximity. It usually produces recombinant chromosomes that contain a complete complement of genes, but with a novel recombination of the alleles of genes that is different from either of the parental chromosomes. Recombination creates genetic diversity by making new combinations of existing alleles. The frequency of recombination between two loci is what is measured in a genetic mapping experiment.

**Recombinant DNA**（重组 DNA）
A DNA molecule formed by joining two molecules of DNA from different sources using a variety of laboratory methodologies. Example: A human gene may be joined to a small bacterial chromosome, termed a plasmid. This allows the resulting recombinant DNA molecule to be propagated in bacteria in the laboratory, producing large quantities of the isolated human gene for study.

**Restriction enzyme**（限制性酶）
A protein that recognizes specific, short nucleotide sequences and cuts DNA at those sites. Over 400 such enzymes that recognize and cut over 100 different DNA sequences have been identified in different species of bacteria.

**RFLP（restriction fragment length polymorphism）**
Variation between individuals in DNA fragment sizes cut by specific restriction enzymes; polymorphic sequences that result in RFLPs are used as markers on both physical maps and genetic linkage maps. RFLPs are usually caused by mutation at a cutting site.

**RNA**（核糖核酸）
Ribonucleic Acid. A single stranded molecule that consists of a sugar（ribose）, phosphate group, and a series of bases（adenine, cytosine, guanine, and uracil）. There are several types of RNA: messenger RNA（mRNA）, transfer RNA（tRNA）, ribosomal RNA（rRNA）and other small RNAs, each serving a different purpose.

**Ribosomes**（核糖体）
Large, multi-subunit, macromolecular assemblies composed of specialized RNA and protein. The site translation of mature messenger RNA into amino acid sequences.

**Sequencing**（测序）
Determination of the order of nucleotides（base sequences）in a DNA or RNA molecule or the order of amino acids in a protein.

**Sex chromosomes**（性染色体）
The X or Y chromosome in human beings that determines the sex of an individual. Females have two X chromosomes in diploid cells; males have an X and a Y chromosome.

**Somatic cells**（体细胞）
Cells of the body other than those of the gamete-forming germ line. Somatic cells are diploid; they

contain 46 chromosomes.

**Susceptibility gene**（感受态基因）

A gene that confers a risk to develop a disease, but is not necessary or sufficient by itself to cause the disease. It can also contribute to age of onset, severity, as well as protection against developing the disease.

**Thymine**（胸腺嘧啶）

A pyrimidine base in DNA (replaced by Uracil in RNA). It base pairs with adenine.

**Transcription**（转录）

The synthesis of an mRNA copy from a sequence of DNA. The first step in gene expression.

**Translation**（翻译）

The process whereby genetic information from messenger RNA is translated into protein.

**Transposon**（转座子）

A mobile genetic element able to replicate and insert a copy of itself at a new location in the genome.

**Uracil**（尿嘧啶）

A pyrimidine base normally found in RNA but not DNA; uracil is capable of forming a base pair with adenine.

**Wild type**（野生型）

The form of a gene or allele that is considered "standard" or most common.

**X chromosome**（X 染色体）

One of the sex chromosomes. Females have two X chromosomes; males have one X chromosome.

**Y chromosome**（Y 染色体）

One of the sex chromosomes. Males have one Y chromosome; females have none.

**Zygote**（合子）

A fertilized egg.

# 附2:遗传学相关网站

1. 遗传学词汇　　　　　　　http://www.genome.gov/glossary
2. 中国林业信息网　　　　　http://www.lknet.ac.cn/
3. 中国遗传网　　　　　　　http://www.chinagene.cn/
4. Genetics Online　　　　　http://www.genetics.org/
5. NCBI　　　　　　　　　　http://ncbi.nih.gov/
6. Nature Reviews Genetics　http://www.nature.com/nrg/index.html
7. Genetics Education Center　http://www.kumc.edu/gec